Malcev, Algorithmen und rekursive Funktionen

Logik und Grundlagen der Mathematik

Herausgegeben von
Prof. Dr. Dieter Rödding, Münster

Band 13

A. I. Malcev

Algorithmen
und
rekursive Funktionen

VIEWEG · BRAUNSCHWEIG

Übersetzung aus dem Russischen: Donatella Barnocchi in Börger

Originaltitel: А. И. Мальцев
　　　　　Алгоритмы и рекурсивные функции

1974

ISBN-13:978-3-528-08327-4　　　　　　　　e-ISBN-13:978-3-322-85356-1
DOI: 10.1007/978-3-322-85356-1

Ich möchte an dieser Stelle meinem Mann Egon Börger
für die Formulierungshilfe und für die Durchsicht des
fertigen Manuskriptes danken.

Donatella Barnocchi in Börger

Vorwort

Noch in den 30er Jahren unseres Jahrhunderts erweckten die mathematische Logik und die damals entstehende Algorithmentheorie den Anschein besonders abstrakter und von praktischen Anwendungen besonders weit entfernter mathematischer Disziplinen. Heute hat sich die Situation radikal verändert. Es ist jetzt allgemein anerkannt, daß die beiden genannten Disziplinen eine theoretische Grundlage für Aufbau und Anwendungen schnell arbeitender Rechen- und Steuerungssysteme schaffen. Das relative Gewicht der mathematischen Logik und der Algorithmentheorie wuchs auch in der Mathematik selbst stark an. Darüber hinaus dringen gegenwärtig in beträchtlichem Maße durch die Algorithmentheorie und die mathematische Logik mathematische Methoden in die Biologie, die Linguistik, die Wirtschaftswissenschaften und sogar Philosophie der Naturwissenschaften ein. All dies hat dazu geführt, daß die mathematische Logik und die Algorithmentheorie angefangen haben, in die Lehrpläne unserer Universitäten und pädagogischen Hochschulen als für das Studium der Mathematikstudenten aller Fachrichtungen obligatorische Disziplin einzudringen.

Das vorliegende Buch ist aus der Bearbeitung von Nachschriften von Vorlesungen über mathematische Logik, Algorithmentheorie und deren Anwendungen entstanden, die der Verfasser in den Jahren 1956—1959 an der pädagogischen Hochschule von Ivanovsk und seit dem Jahr 1960 an der Universität Novosibirsk gehalten hat. In ihm wird nur die allgemeine Theorie der Algorithmen und der rekursiven Funktionen entwickelt.

Ganz außerhalb des Rahmens des Buches blieben die Komplexe Automatentheorie, Anwendungen der Algorithmentheorie auf formale Theorien und Theorie der Unlösbarkeitsgrade. Eine irgendwie ausführliche Darstellung dieser Disziplinen zum gegenwärtigen Zeitpunkt bedarf besonderer Einzeldarstellungen.

Als wichtigerer Mangel des vorliegenden Buches mag sich herausstellen, daß in ihm Informationen über wirkliche Rechenmaschinen fehlen. Es werden jedoch heute an allen Universitäten Vorlesungen über die Theorie des Programmierens und der Konstruktionsprinzipien wirklicher Rechenmaschinen als selbständige Veranstaltung gehalten. Zu diesen Kursen gibt es Lehrbücher verschiedensten Niveaus. Deshalb schien es uns überflüssig, die entsprechenden Fragen in die allgemeine Theorie der Algorithmen einzubeziehen, und in diesem Buch werden sie nicht einmal erwähnt.

Weil die Vorlesungen über Algorithmentheorie manchmal vor den Vorlesungen über mathematische Logik gehalten werden, benutzen wir logische Symbolik in sehr geringem Umfang und werden die Bedeutungen aller verwendeten logischen Symbole ausführlich erläutern. Aus eben diesem Grund werden in diesem Buch keine Fragen besprochen, die mit der intuitionistischen und konstruktiven Bedeutung der Ergebnisse in Zusammenhang stehen.

Wie gewöhnlich werden vom Leser außerhalb des Programms der höheren Schule keine besonderen Vorkenntnisse erwartet. Die Beweise werden überall vollständig geführt, mit Ausnahme der letzten Kapitel, wo bisweilen Standard-Schlüsse ausgelassen wurden, die jeder Leser mühelos einsetzen kann, der bis zu diesen Kapiteln gekommen ist.

Die erste Hälfte des Buches wurde 1960 in einer etwas anderen Form von Studenten der Universität Novosibirsk im Rotaprintverfahren veröffentlicht. Die übrigen Kapitel wurden von Mitarbeitern und Studenten des Lehrstuhls für Algebra und mathematische Logik der NSU[1]) in Manuskriptform gelesen. Der Verfasser ist ihnen allen für Ratschläge und Bemerkungen dankbar.

A. I. MALCEV

---

[1]) Novosibirsk Staats-Universität (Anm. d. Übers.).

Inhaltsverzeichnis

Kapitel I

Grundbegriffe

Kapitel II

Primitiv rekursive Funktionen und rekursiv aufzählbare Mengen

Kapitel III

Allgemein rekursive und partiell rekursive Funktionen

Kapitel V

Algorithmen und Turing-Maschinen

Kapitel VI

Varianten der Maschinen und Algorithmen von Turing und Post

Einleitung

Schon in der frühesten Entwicklungsstufe der Mathematik (antikes Ägypten, Babylonien, Griechenland) begannen verschiedene Rechenprozesse rein mechanischen Charakters zu entstehen; mit ihrer Hilfe wurden die gesuchten Größen einer Reihe von Problemen aus den gegebenen Anfangsgrößen sukzessive nach festen Regeln und Instruktionen ausgerechnet. Mit der Zeit bekamen alle derartigen Prozesse in der Mathematik die Bezeichnung Algorithmus oder — nach einer anderen Schreibweise — Algorifmus.

Bis in die dreißiger Jahre unseres Jahrhunderts hat sich dieser Begriff des Algorithmus in seiner Grundlage nicht geändert, obgleich er immer größere und größere Bestimmtheit bekam. Nichtsdestoweniger blieb dieser Begriff ein intuitiver Begriff, der eher methodologischen als mathematischen Wert hatte. Sein Sinn wird leicht aus den folgenden Beispielen klar.

Im Dezimalsystem werden die natürlichen Zahlen durch endliche Folgen der Zeichen 0, 1, ..., 9 dargestellt. Es wird gefragt, wie sich die Dezimaldarstellung einer Zahl finden läßt, die gleich der Summe, der Differenz, dem Produkt, dem Quotienten von zwei in ihrer Dezimaldarstellung vorgegebenen Zahlen ist. Die Verfahren, mit denen diese Aufgaben gelöst werden, sind allen seit der Volksschule bekannt, es sind eben die Algorithmen der Addition, Subtraktion, Multiplikation und Division ganzer Zahlen im Dezimalsystem. Analoge Algorithmen sind auch für beliebige p-adische Rechensysteme bekannt.

Als ein derartig treffendes Beispiel für einen Algorithmus kann auch das Verfahren zum Auffinden des größten gemeinsamen Teilers zweier positiver natürlicher Zahlen a_1, a_2 dienen. Es besteht bekanntlich in Folgendem:

1. Wir dividieren a_1 durch a_2, erhalten einen Rest a_3 und schauen nach, ob er gleich 0 ist oder nicht. Ist er gleich 0, so bricht der Prozeß ab und a_2 ist der gesuchte größte gemeinsame[1]) Teiler. Ist jedoch $a_3 > 0$, so

2. dividieren wir a_2 durch a_3 und erhalten einen Rest a_4. Ist $a_4 = 0$ so bricht das Verfahren ab und a_3 ist der gesuchte größte gemeinsame Teiler. Ist $a_4 > 0$, so

3. dividieren wir a_3 durch a_4 usw.

---

[1]) Im russischen Text fehlt das Wort „gemeinsam" (Anm. d. Übers.).

Da $a_2 > a_3 > a_4 > \cdots > 0$, bricht das angegebene Verfahren nach höchstens a_2 Schritten ab, und an der Stelle, an der es abbricht, finden wir den geforderten größten gemeinsamen Teiler der Zahlen a_1 und a_2.

Analoge Verfahren werden für das Auffinden des größten gemeinsamen Maßes zweier Strecken, des größten gemeinsamen Teilers zweier Polynome und dergleichen gebraucht. Alle diese Verfahren sind jetzt unter dem Namen EUKLIDische *Algorithmen* bekannt.

An anderen Algorithmen geben wir noch an die Algorithmen der Zerlegung einer natürlichen Zahl in Primfaktoren, des Quadratwurzelziehens aus einer natürlichen Zahl, das Verfahren zur Lösung eines linearen Gleichungssystems durch die Methode der sukzessiven Elimination der Unbekannten usw.

Wir heben jetzt einige allgemeine Eigenschaften von Algorithmen hervor, die sich aus den vorhergehenden Beispielen klar abzeichnen und die oft (KOLMOGOROV und USPENSKIJ [51], MARKOV [61]) als für den Begriff des Algorithmus charakteristisch angesehen worden sind.

a) Ein Algorithmus ist ein Verfahren zur sukzessiven Konstruktion von Werten, welches in diskreter Zeit derart verläuft, daß zu Beginn ein endliches Ausgangssystem von Werten vorliegt und in jedem Folgezeitpunkt das System von Werten durch ein wohlbestimmtes Gesetz (Programm) aus dem Wertesystem zum vorhergehenden Zeitpunkt erhalten wird (*Diskretheit des Algorithmus*).

b) Das in irgendeinem (nicht Anfangs-) Zeitpunkt erhaltene System von Werten ist eindeutig bestimmt durch das Wertesystem, das zu den vorhergehenden Zeitpunkten erhalten wurde (*Determiniertheit des Algorithmus*).

c) Das Gesetz, nach dem man das Folgesystem von Werten aus dem vorhergehenden bekommt, muß einfach und lokal sein (*Elementarität der Schritte des Algorithmus*).

d) Gibt das Verfahren, mit dem man den Folgewert aus irgendeinem beliebig vorgegebenen Wert erhält, kein Resultat, so muß festgesetzt sein, was man als Ergebnis des Algorithmus anzusehen hat (*Konklusivität des Algorithmus*).

e) Das Anfangssystem von Werten kann aus einer potentiell unendlichen Menge von Werten gewählt werden (*Generalität des Algorithmus*).

Der durch die Forderungen a)—e) in einem gewissen Maße bestimmte Begriff des Algorithmus ist natürlich nicht präzis: in den Formulierungen dieser Forderungen kommen die Worte „Verfahren", „Wert", „einfach", „lokal" vor, deren exakte Bedeutung nicht festgelegt wurde. Im Folgenden wird dieser nicht strenge Begriff des Algorithmus der unmittelbare oder intuitive Begriff des Algorithmus genannt.

Obgleich der intuitive Begriff des Algorithmus nicht präzis ist, ist er doch so klar, daß es praktisch keine ernsthaften Fälle gibt, in denen sich die Mathematiker in der Meinung darüber trennen, ob dieses oder jenes konkret vorgegebene Verfahren ein Algorithmus ist oder nicht. Von daher wird es leicht, eine Erklärung der eigenartigen Lage zu finden, die sich in der Mathematik zu Beginn des 20. Jahrhunderts für algorithmische Probleme herausgebildet hat. In solchen Problemen wird verlangt, einen Algorithmus zur Lösung einer gewissen Gesamtheit verwandter Aufgaben zu finden, in deren Bedingungen ein endliches System von Parametern eingeht, die gewöhnlich beliebige ganzzahlige Werte annehmen können. Zum Beispiel soll ein Algorithmus gefunden werden, der für jedes Quadrupel $a, b, c,$ d ganzer Zahlen zu erkennen gestattet, ob es ganze Zahlen x, y gibt, die die Gleichung

$$ax^2 + bxy + cy^2 = d$$

erfüllen, oder nicht. Es ist ein Verfahren gefunden worden, mit dessen Hilfe man von vorgegebenen Zahlen ausgehend nach einer endlichen Anzahl von Operations-„Schritten" auf die angegebene Frage die Antwort „ja" oder „nein" bekommen kann. Auch viele andere algorithmische Probleme sind durch Angabe konkreter Lösungsverfahren gelöst worden. Die Lage veränderte sich wesentlich im 20. Jahrhundert, nachdem algorithmische Probleme in den Vordergrund getreten waren, für die die Existenz einer positiven Lösung zweifelhaft war. In der Tat ist es eine Sache, die Existenz eines Algorithmus zu zeigen, und eine andere, das Nicht-vorhanden-Sein eines Algorithmus zu beweisen. Das erste kann durch die faktische Beschreibung eines die Aufgabe lösenden Verfahrens geschehen; in diesem Fall genügt auch der intuitive Begriff des Algorithmus, um sich zu vergewissern, daß das beschriebene Verfahren ein Algorithmus ist. Es ist unmöglich, auf diesem Wege die Nicht-Existenz eines Algorithmus zu zeigen. Dazu muß man genau wissen, was denn ein Algorithmus ist. In den zwanziger Jahren unseres Jahrhunderts wurde die Aufgabe einer präzisen Definition des Begriffs des Algorithmus eines der zentralen mathematischen Probleme. Seine Lösung wurde in der Mitte der dreißiger Jahre in den Arbeiten von HILBERT, GÖDEL, CHURCH, KLEENE, POST und TURING in zwei Formen erreicht. Die erste Lösung wurde auf dem Begriff der rekursiven Funktion aufgebaut, die zweite auf der Beschreibung einer präzise umrissenen Klasse von Prozessen.

Wie bereits oben gesagt ist für algorithmische Probleme die Situation kennzeichnend, einen Algorithmus für die Lösung einer Aufgabe finden zu sollen, in deren Voraussetzungen Werte eines gewissen endlichen Systems ganzzahliger Parameter $x_1, ..., x_n$ eingehen und bei der als gesuchtes Ergebnis ebenfalls eine ganze Zahl dient. Anders ausgedrückt ist die Rede von der Existenz eines Algorithmus zur Berechnung der Werte einer Zahlfunktion y, die von den ganzzahligen Werten der Argumente $x_1, ..., x_n$ abhängig ist. Die Zahlfunktionen, deren Werte mittels eines gewissen Algorithmus (eines für eine gegebene Funktion) berechnet werden können, heißen *berechenbare Funktionen*. Da der Begriff des Algorithmus in dieser Definition im intuitiven Sinne genommen wird, erweist sich auch der Begriff der berechenbaren Funktion als ein intuitiver Begriff. Nichtsdestoweniger entsteht beim Übergang von Algorithmen zu berechenbaren Funktionen ein sehr wesentlicher Tatbestand. Die Gesamtheit der Prozesse, die den Bedingungen a) bis e) genügen und folglich unter den intuitiven Begriff des Algorithmus fallen, ist sehr umfangreich und wenig übersichtlich. Dagegen erwies sich die Menge der berechenbaren Funktionen für die verschiedensten Auffassungen der Prozesse, die den Bedingungen a)—e) genügen, als ein und dieselbe und überdies in üblichen mathematischen Termini leicht beschreibbar. Diese exakt beschriebene Menge von Zahlfunktionen, die unter Zugrundelegung der umfassendsten bis jetzt bekannten Auffassung von Algorithmus mit der Menge aller berechenbaren Funktionen zusammenfällt, trägt den Namen der Menge der *rekursiven Funktionen.*

Von Ideen HILBERTS ausgehend definierte zum ersten Mal GÖDEL [39] die Klasse aller rekursiven Funktionen als die Klasse aller zahlentheoretischen Funktionen, die in einem gewissen formalen System definierbar sind. Von ganz anderen Voraussetzungen ausgehend kam CHURCH 1936 zu derselben Klasse zahlentheoretischer Funktionen wie auch GÖDEL. Eine Analyse der Ideen, die zu dieser Funktionenklasse führten, gestattete es CHURCH, als erster die Hypothesen zu publizieren, daß die Klasse der rekursiven Funktionen gleich der Klasse der überall definierten berechenbaren Funktionen ist. Diese Hypothese ist heute unter dem Namen *These von* CHURCH bekannt. Man kann die These von CHURCH nicht beweisen, weil der Begriff der berechenbaren Funktion nicht präzis definiert ist.

Wie bereits oben bermekt können wir bei der Verarbeitung gewisser zu Beginn gegebener $x_1, \ldots, x_n$ gemäß einem vorgegebenen Algorithmus auf das Phänomen stoßen, daß der Bearbeitungsprozeß zu keinem Ende kommt. In diesem Fall sagen wir, daß der gegebene Algorithmus die Zahlen $x_1, \ldots, x_n$ in „Unbestimmtheit" bearbeitet. Um auch diese sehr wichtigen Fälle sich unendlich lange fortsetzender Verarbeitungsprozesse zu erfassen, führte KLEENE [48] den Begriff der partiell rekursiven Funktion ein und sprach die Hypothese aus, daß alle durch einen Algorithmus berechenbaren partiellen (d. h. nicht unbedingt für alle Argumentewerte definierten) Funktionen partiell rekursiv sind. Natürlich ist die allgemeinere Hypothese von KLEENE ebenso unbeweisbar wie auch die Hypothese von CHURCH. Jedoch haben von sehr vielen Mathematikern im Verlaufe der letzten dreißig Jahre durchgeführte Untersuchungen gezeigt, daß es sehr zweckmäßig ist, den Begriff der partiell rekursiven Funktion für das wissenschaftliche Äquivalent des intuitiven Begriffs der partiellen berechenbaren Funktion zu halten.

Im folgenden werden wir die Thesen von CHURCH und KLEENE nicht unterscheiden und unter dem Namen der These von CHURCH die Hypothese von CHURCH in jenem erweiterten Sinne verstehen, der ihr von KLEENE gegeben worden ist.

Die These von CHURCH erwies sich als hinreichend, den Formulierungen algorithmischer Probleme die notwendige Genauigkeit zu geben und in einer größeren Anzahl von Fällen einen Unlösbarkeitsbeweis zu ermöglichen. Der Grund dafür liegt darin, daß es sich bei algorithmischen Problemen der Mathematik gewöhnlich nicht um Algorithmen handelt, sondern um die Berechenbarkeit gewisser in spezieller Weise konstruierter Funktionen. Nach der These von CHURCH ist die Frage nach der Berechenbarkeit einer Funktion äquivalent zur Frage nach ihrer Rekursivität. Der Begriff der rekursiven Funktion ist scharf. Daher gestatten es übliche mathematische Techniken bisweilen, direkt zu zeigen, daß eine die Aufgabe lösende Funktion nicht rekursiv sein kann. In der Tat gelang es auf diese Weise als erstem CHURCH [14], die Unlösbarkeit des fundamentalen algorithmischen Problems der Prädikatenlogik zu beweisen — des Problems der Allgemeingültigkeit der Ausdrücke des Kalküls erster Stufe.

Eine präzise Beschreibung der Klasse der partiell rekursiven Funktion gibt zusammen mit der These von CHURCH eine der möglichen Lösungen der Aufgabe, den Begriff des Algorithmus zu präzisieren. Diese Lösung ist jedoch nicht völlig direkt, weil der Begriff der berechenbaren Funktion im Hinblick auf den Begriff des Algorithmus sekundär ist. Es wird gefragt, ob man den Begriff des Algorithmus selbst präzisieren und danach mit seiner Hilfe auch die Klasse der berechenbaren Funktionen definieren kann. Das wurde von POST [76] und TURING [112] unabhängig voneinander und fast gleichzeitig mit den oben beschriebenen Arbeiten von CHURCH und KLEENE geleistet. Der Hauptgedanke von POST und TURING besteht darin, daß algorithmische Prozesse Prozesse sind, die eine geeignet gebaute Maschine vollziehen kann. In Übereinstimmung mit diesem Gedanken wurden von ihnen in präzisen mathematischen Termini ziemlich enge Maschinenklassen beschrieben, jedoch erwies es sich als möglich, auf diesen Maschinen alle algorithmischen Prozesse durchzuführen oder zu simulieren, die tatsächlich irgendwann von Mathematikern beschrieben worden sind. Es wurde vorgeschlagen, die auf den erwähnten Maschinen realisierten Algorithmen als mathematische Repräsentanten aller Algorithmen im allgemeinen zu betrachten. Einfache Rechnungen zeigten, daß die Klasse der auf diesen Maschinen berechenbaren Funktionen mit der Klasse aller partiell rekursiven Funktionen völlig übereinstimmt. Dadurch erhielt man eine weitere fundamentale Bestätigung der These von CHURCH.

Die von POST und TURING eingeführten Maschinen unterschieden sich nicht sehr wesentlich und hießen in der Folgezeit TURING-Maschinen ungeachtet dessen, daß sie von den angegebenen Autoren gleichzeitig und unabhängig voneinander eingeführt wurden. Mehr als das stimmen die im vorliegenden Buch im Kapitel V unter dem Namen TURING-Maschinen beschriebenen Maschinen fast genau mit der Variante überein, die von POST vorgeschlagen wurde.

Vergleicht man die übliche Definition der partiell rekursiven Funktionen mit der Definition derselben Funktionen als auf TURING-POST-Maschinen berechenbaren Funktionen, so sieht man leicht die folgende Tendenz dieser Definitionen. Die übliche Definition der partiell rekursiven Funktionen ist dermaßen weit, daß aus ihr fast unmittelbar die partielle Rekursivität der Funktionen erkennbar ist, die mit Hilfe von Prozessen berechenbar sind, deren algorithmischer Charakter intuitiv klar ist. Im Gegensatz dazu ist die Definition mit TURING-POST-Maschinen sehr speziell. Ihr Ziel ist, zu zeigen, wie die kompliziertesten Prozesse auf äußerst einfachen Maschinen simuliert werden können. Daher werden meist die TURING-POST-Maschinen als Ausgangspunkt der Überlegungen genommen, wenn gezeigt werden soll, daß algorithmische Prozesse auf irgendwelchen weiteren speziellen Rechenmaschinen simulierbar sind. Insbesondere wurde auf diese Weise von P. S. NOVIKOV [72] das klassische Wortproblem der Gruppentheorie gelöst. Dies war das erste wichtige algorithmische Problem, das in der Mathematik unabhängig von mathematischer Logik und Algorithmentheorie entstanden ist und mit Hilfe der hochentwickelten Algorithmentheorie gelöst wurde. Andererseits bleibt eines der berühmtesten algorithmischen Probleme der Mathematik — das sogenannte 10. Problem von HILBERT über die Lösbarkeit algebraischer Gleichungen in ganzen Zahlen — noch offen (1963), obwohl vor kurzem von einer Gruppe amerikanischer Mathematiker die algorithmische Unlösbarkeit eines ähnlichen Problems über die Existenz ganzzahliger Lösungen exponentieller Gleichungen festgestellt wurde (s. § 16 dieses Buches).[1])

Ursprünglich ist die Algorithmentheorie in Verbindung mit inneren Erfordernissen der theoretischen Mathematik entstanden. Auch heute bleiben mathematische Logik, Grundlagen der Mathematik, Algebra, Geometrie und Analysis eines der Hauptanwendungsgebiete der Algorithmentheorie. Ein anderes Anwendungsgebiet ist in den vierziger Jahren im Zusammenhang mit dem Aufbau schnell arbeitender Rechen- und Steuerungsmaschinen entstanden, in denen die TURING-POST-Maschinen mit großer Genauigkeit simuliert werden. Schließlich erweist sich die Algorithmentheorie auch als eng verbunden mit einer Reihe von Gebieten der Linguistik, der Wirtschaftswissenschaft, der Gehirnphysiologie und Psychologie und der Philosophie der Naturwissenschaften. Zum Beispiel werden die ziemlich alten Fragen danach, ob das Gehirn eine komplizierte Maschine ist, wie es arbeitet, worin der Unterschied zwischen schöpferischer und mechanischer Arbeit besteht, jetzt in einer ersten Annäherung oft folgendermaßen formuliert: Kann man prinzipiell eine TURING-Maschine konstruieren, die eintretende Information ebenso verarbeitet wie das Gehirn irgendeines Tieres? Kann man mechanische Arbeit mit Arbeit gemäß einem vorgegebenen Algorithmus identifizieren? und dergleichen. Es ist klar, daß die Algorithmentheorie selbst nicht imstande ist, eine Antwort auf diese und viele andere analoge Fragen zu geben, aber sie hilft, das Wesen von Fragen dieser Art klarer zu verstehen.

Es ist notwendig, eine hinreichend entwickelte unabhängige Theorie der Algorithmen zu haben, um in verschiedenen Teilen der theoretischen und angewandten Mathematik entstandene algorithmische Probleme sicherer lösen zu können. Zum gegenwärtigen Zeitpunkt ist eine solche selbständige und reiche Theorie der Algorithmen bereits geschaffen. Die erste systematische Darstellung wurde von

---

[1]) Siehe Anhang (Anm. d. Übers.).

KLEENE [50] durchgeführt, dessen Monographie „Einführung in die Metamathematik" bis heute Hauptlehrbuch des betrachteten Wissenschaftsgebietes bleibt. In dieser Monographie wird die Theorie der Algorithmen und der rekursiven Funktionen jedoch im Hinblick auf einen hochqualifizierten Leser in Verbindung mit einer Reihe von Zweigen der mathematischen Logik dargelegt. Außerdem sind seit dem Erscheinungszeitpunkt der angegebenen Monographie viele neue bedeutende Arbeiten über die Theorie der Algorithmen und der rekursiven Funktionen erschienen, die in verschiedenen Zeitschriften verstreut sind und in Bibliotheken häufig fehlen.

Im vorliegenden Buch werden in erster Linie alle grundlegenden Resultate vorgeführt, die sich im eigentlichen Sinne auf die Theorie der Algorithmen und der rekursiver Funktionen beziehen. An Anwendungen werden nur einige spezielle Probleme betrachtet, deren Lösung sich fast unmittelbar aus den im Haupttext vorgeführten Theoremen und Methoden ergibt.

Über die logische Abhängigkeit der Abschnitte des Buches

In dem vorliegenden Buch werden diejenigen Abschnitte in gewöhnlichem Schrifttyp gedruckt, deren Material in der Regel in den allgemeinen Vorlesungen über Algorithmentheorie vorgeführt wird. Die Abschnitte, welche Resultate spezielleren Charakters enthalten, sind in kleinem Schrifttyp zusammengestellt. Bei der ersten Lektüre können diese Abschnitte nach Belieben ausgelassen werden. Der Leser kann schließlich viele Ergebnisse spezielleren Charakters in den Ergänzungen, Beispielen und Aufgaben finden, die am Ende jedes Paragraphen eingefügt worden sind. Diese Resultate werden ohne Beweise gebracht, aber es werden die Quellen angegeben, wo man die Beweise finden kann.

Es ist bei der Lektüre dieses Buches nicht notwendig, die Abschnitte in der Reihenfolge zu lesen, in der sie gedruckt sind. Darüber hinaus wäre es für diejenigen, die in erster Linie nur an Anwendungen der Algorithmentheorie interessiert sind, vermutlich geeignet, die Abschnitte des Buches in der folgenden Reihenfolge zu studieren: § 1, § 2, §§ 3.1.—3.4., § 4, § 11, §§ 12.1—12.4., § 6.3., § 12.5., § 13, §§ 7.1.—7.3., §§ 8.1.—8.2., § 14, § 15, § 16.

Kapitel 1

Grundbegriffe

In der Einleitung wurde eine Reihe von Grundbegriffen ausführlich erörtert: der partiellen Funktion, des Algorithmus, der algorithmisch berechenbaren Funktion und andere. Die genannten Begriffe wurden jedoch nur beschreibend eingeführt ohne eine klare und exakte Definition. Es ist Ziel dieses Kapitels, exakte Definitionen für einige dieser Begriffe, vor allem für den Begriff der rekursiven Funktion, zu geben und eben dadurch ein sicheres Fundament für ein detailliertes Studium dieser Begriffe in den folgenden Kapiteln des Buches zu legen.

§1. Funktionen und Operationen

Dieser Paragraph hat Hilfscharakter. Wir bringen hier mit dem Ziel der Festlegung der Terminologie und der im weiteren verwendeten Notation die Definition einer Reihe allen bekannter allgemeiner mathematischer Begriffe in Erinnerung.

1.1. Alphabet. Worte. Als Ausgangsmaterial dient uns der Begriff des in („gleiche") Abschnitte, genannt Felder oder Kästchen, aufgeteilten Bandes. Das Band wird als zu jedem Zeitpunkt endlich, nach beiden Seiten hin unbeschränkt verlängerbar und gerichtet angenommen, so daß es zu jedem Bandfeld ein rechtes und ein linkes Nachbarfeld gibt.

Es wird vorausgesetzt, daß jedes Bandfeld sich in verschiedenen Zuständen befinden kann und daß diese Zustände vergleichbar sind, so daß wir hinsichtlich der Zustände zweier beliebiger Felder ohne irgendwelche Zwiespältigkeit entscheiden können, ob diese sich in den „gleichen" oder in verschiedenen Zuständen befinden. Einer der möglichen Zustände der Felder heißt Anfangszustand. Die Felder, die sich in diesem Zustand befinden, heißen leer. Die übrigen Zustände werden mit Buchstaben bezeichnet, die die entsprechenden Felder besetzen.

Eine beliebige endliche Menge von Buchstaben heißt ein *Alphabet*. Der Ausdruck „Betrachten wir ein aus den Buchstaben A, B bestehendes Alphabet" bedeutet, daß ein Band betrachtet wird, dessen Felder sich in vereinbarungsgemäß mit den Buchstaben A, B bezeichneten Zuständen befinden können.

Eine Folge von mit gewissen Buchstaben besetzten Feldern heißt ein *Wort*. Wort in einem gegebenen Alphabet heißt jedes Wort, dessen sämtliche Buchstaben diesem Alphabet angehören. Wenn zum Beispiel das Alphabet aus den Buchstaben A, B, C besteht, so sind die Worte

$$A,\ BAA,\ CA,\ CC,\ ACBAB \tag{1}$$

Worte in diesem Alphabet. Die ersten zwei davon sind gleichzeitig auch Worte im Alphabet A, B.

Die Länge eines Wortes ist die Zahl des Vorkommens seiner Symbole (d. h. die Zahl der von ihm besetzten Felder). Somit ist die Länge der oben (1) aufgeschriebenen Worte respektive die Zahl 1, 3, 2, 2, 5. Zwei Worte heißen (graphisch) gleich, wenn sie die gleiche Länge haben und sich an den entsprechenden Stellen in ihnen die gleichen Buchstaben befinden.

Die Symbole $\mathfrak{a}$, $\mathfrak{b}$ mögen Worte bezeichnen, die in einem Alphabet geschrieben sind, das die Symbole $\mathfrak{a}$, $\mathfrak{b}$ selbst nicht enthält. Dann wird durch $\mathfrak{ab}$ dasjenige Wort bezeichnet, das man erhält, wenn zuerst das Wort $\mathfrak{a}$ hingeschrieben und dann rechts von ihm das Wort $\mathfrak{b}$ danebengeschrieben wird. Wenn zum Beispiel $\mathfrak{a}$ das Wort *aba* und $\mathfrak{b}$ das Wort *ac* bedeutet, so bezeichnet $\mathfrak{ab}$ das Wort *abaac*. Das Wort $\mathfrak{ab}$ heißt die *Verknüpfung* (manchmal auch das Produkt) der Worte $\mathfrak{a}$ und $\mathfrak{b}$. Die Operation der Wortverknüpfung ist offenbar assoziativ, aber nicht kommutativ.

Aus rein formalen Gründen ist es günstig, noch den Begriff des leeren Wortes (das nicht mit dem leeren Feld zu verwechseln ist) einzuführen, dessen Verknüpfung mit einem beliebigen Wort per definitionem als gleich eben diesem Worte gilt.

Ein Wort $\mathfrak{a}$ heißt *Teilwort* eines Wortes $\mathfrak{b}$, wenn $\mathfrak{b}$ in der Form

$$\mathfrak{b} = \mathfrak{cad} \tag{2}$$

dargestellt werden kann, wobei $\mathfrak{c}$, $\mathfrak{d}$ passende (möglicherweise leere) Worte sind. Ist $\mathfrak{a}$ Teilwort von $\mathfrak{b}$, so sagt man auch, daß $\mathfrak{a}$ in $\mathfrak{b}$ vorkommt.

Für gegebene Worte $\mathfrak{b}$, $\mathfrak{a}$ sind mehrere Zerlegungen der Form (2) möglich. Für die Worte

$$\mathfrak{b} = ababab,\ \mathfrak{a} = ab$$

zum Beispiel existieren folgende Zerlegungen der angegebenen Gestalt:

$$\mathfrak{b} = \mathfrak{a} \cdot abab = ab \cdot \mathfrak{a} \cdot ab = abab \cdot \mathfrak{a}.$$

Man spricht vom ersten *Vorkommen* des Wortes $\mathfrak{a}$ in $\mathfrak{b}$, wenn in der Zerlegung der Form (2) das Wort $\mathfrak{c}$ die kleinstmögliche Länge hat. Analog kann man vom zweiten Vorkommen des Wortes $\mathfrak{a}$ im Wort $\mathfrak{b}$ sprechen usw. Ist das Wort $\mathfrak{a}$ einfach ein Buchstabe, so spricht man kurz vom Vorkommen des Buchstabens $\mathfrak{a}$ im Wort $\mathfrak{b}$.

Nehmen wir an, daß die Zerlegung (2) dem ersten (allgemein dem k-ten) Vorkommen des Wortes $\mathfrak{a}$ im Wort $\mathfrak{b}$ entspricht und sei $\mathfrak{m}$ irgendein Wort. Dann wird das Wort $\mathfrak{cmb}$ das Wort genannt, das man erhält, wenn man im Wort $\mathfrak{b}$ das erste (k-te) Vorkommen des Wortes $\mathfrak{a}$ durch das Wort $\mathfrak{m}$ ersetzt. In diesem Fall spricht man auch von der Substitution des Wortes $\mathfrak{m}$ an der Stelle des entsprechenden Vorkommens des Wortes $\mathfrak{a}$ im Wort $\mathfrak{b}$. Zum Beispiel erhalten wir durch die Substitution des Wortes *ac* an der Stelle des zweiten Vorkommens des Wortes *ab* im Wort *ababab* das Wort *abacab*. Wird in demselben Wort an der Stelle des ersten Vorkommens des Wortes *ab* das leere Wort substituiert, so erhalten wir das Wort *abab*.

1.2. Funktionen. Terme. A, B seien irgendwelche Mengen, zum Beispiel die Mengen aller Worte in geeigneten Alphabeten. Die Gesamtheit aller Paare der Gestalt $\langle a, b \rangle$ mit $a \in A$, $b \in B$ heißt kartesisches Produkt von A und B und wird mit $A \times B$ bezeichnet. Analog heißt für gewisse in einer bestimmten Reihenfolge genommene Mengen $A_1, A_2, \ldots, A_m$ die Menge $\big(((A_1 \times A_2) \times A_3) \times \cdots \times A_m\big)$ das kartesische Produkt der angegebenen Mengen und wird kurz durch $A_1 \times A_2 \times \cdots \times A_m$ bezeichnet. Sind alle Mengen $A_1, \ldots, A_m$ untereinander gleich, so nennt man ihr kartesisches Produkt die kartesische m-te Potenz von A.

Sind gewissen Elementen einer Menge X bestimmte Elemente einer Menge Y eindeutig zugeordnet, so sagt man, daß eine *partielle Funktion* von X in Y vorliegt. Die Gesamtheit der Elemente der Menge X, für die es entsprechende Elemente in Y gibt, heißt *Definitionsbereich* der Funktion und die Gesamtheit der Elemente der Menge Y, die gewissen Elementen der Menge X entsprechen, der Wertebereich der Funktion. Stimmt der Definitionsbereich einer Funktion von X in Y mit X überein, so heißt die Funktion überall definiert.

Ordnet die Funktion f dem Element $x \in X$ das Element $y \in Y$ zu, so heißt y der Wert der Funktion f an der Stelle x. Funktionen f und g von X in Y heißen gleich, wenn sie denselben Definitionsbereich haben und ihre Werte an jeder Stelle des Definitionsbereiches übereinstimmen.

Es ist in vielen Fällen notwendig, neben partiellen Funktionen mit einem nicht leeren Definitionsbereich auch die nirgends definierte Funktion zu betrachten.

Partielle Funktionen von $X \times X \times \cdots \times X = X^{(n)}$ in Y heißen partielle Funktionen von n Variablen oder n-stellige Funktionen von X in Y. Eine n-stellige Funktion von $X^{(n)}$ in X heißt n-stellige partielle Operation auf X.

Man benutzt für die Schreibung von Funktionen und das Studium ihrer Eigenschaften eine besondere formale Sprache. Das Alphabet dieser Sprache besteht aus in drei Gruppen aufgeteilten Zeichen. Die Zeichen der ersten Gruppe heißen Objektsymbole. Als solche Zeichen werden gewöhnlich die Buchstaben $a, b, x, y, \ldots$ oder diese Buchstaben indiziert $a_0, a_1, x_1, y_0, y_1, \ldots$ gebraucht.

Die Zeichen der zweiten Gruppe heißen Funktionszeichen. Dies werden Buchstaben mit oberem und möglicherweise unterem Index sein: $f^1, g^2, f_0^1, f_1^2, \ldots$ Die Buchstaben mit oberem Index n ($n \geq 1$) heißen n-stellige Funktionszeichen.

1*

Die oberen Indizes werden manchmal nicht ausgeschrieben, die Stellenzahl für die gegebenen Funktionszeichen wird jedoch unbedingt angegeben.

Die Zeichen der dritten Gruppe schließlich sind die Zeichen für die linke, die rechte Klammer und das Komma: (,), ,.

Terme sind in diesem funktionalen Alphabet geschriebene Worte einer besonderen Gestalt. Ihre Definition ist wie folgt. Terme der Länge 1 sind einbuchstabige Worte aus Objektvariablen. Nun benutzen wir Induktion. Für ein gewisses $s > 1$ seien die Terme einer Länge kleiner als s bereits definiert. Dann ist ein Wort der Länge s ein Term, wenn es die Gestalt $f(a_1, \ldots, a_n)$ hat, wobei $a_1, \ldots, a_n$ Terme einer kleineren Länge sind und f ein n-stelliges Funktionszeichen. Sind zum Beispiel a, x Objektsymbole und f, g respektive einstellige und zweistellige Funktionszeichen, so sind die Worte

$$x, \ f(a), \ g(x, a), \ g(f(x), g(a, x))$$

Terme der Länge 1, 4, 6, 14 respektive.

Wir führen nun den Begriff des Wertes eines Terms für vorgegebene Werte der Objekt- und Funktionszeichen ein. Den Wert eines Objektsymbols vorzugeben bedeutet per definitionem, eine gewisse Menge, genannt Grundmenge, anzugeben und dem zu wertenden Zeichen ein gewisses Element dieser Menge zuzuordnen. Eben dieses Element heißt Wert des gegebenen Zeichens.

Den Wert eines n-stelligen Funktionszeichens vorzugeben bedeutet, ihm irgendeine auf der Grundmenge definierte partielle n-stellige Operation zuzuordnen.

Der Wert eines Terms der Länge 1 ist der Wert des Objektsymbols, das diesen Term bildet. Es werde ein Term a von größerer Länge betrachtet. Setzen wir voraus, daß die Grundmenge ausgewählt ist, die Werte aller in dem Term vorkommenden Objekt- und Funktionszeichen auf dieser Menge definiert sind und der Term a die Gestalt $f(a_1, \ldots, a_n)$ hat, wobei f ein n-stelliges Funktionszeichen ist und $a_1, \ldots, a_n$ Terme kleinerer Länge sind. Nach Induktionsvoraussetzung können wir annehmen, daß die Werte der Terme $a_1, \ldots, a_n$ bereits definiert und gleich gewissen Elementen $x_1, \ldots, x_n$ der Menge X sind. Nach Voraussetzung ist dem Zeichen f eine n-stellige auf X definierte Operation f_0 zugeordnet. Der Wert dieser Operation im Punkt $\langle x_1, \ldots, x_n \rangle$ sei irgendein Element x aus X. Dieses Element x ist der Wert des Terms a für die vorgegebenen Werte der Objekt- und Funktionszeichen.

Es kann geschehen, daß als Werte der Funktionszeichen partielle, auf der Grundmenge nicht überall definierte Operationen erfaßt sind. Dann kann sich auch der Wert des Terms als undefiniert erweisen. Und zwar gilt der Wert des Terms $a = f(a_1, \ldots, a_n)$ als undefiniert, wenn der Wert mindestens eines der Terme $a_1, \ldots, a_n$ oder der Wert der Operation f_0 im Punkt $\langle x_1, \ldots, x_n \rangle$ nicht definiert ist, wobei $x_1, \ldots, x_n$ die Werte der Terme $a_1, \ldots, a_n$ sind. Zum Beispiel haben die Terme

$$(2 + 8):2, \quad (2 \times 7) - 7$$

respektive die Werte 5, 7, während die Werte der Terme

$$5 - (3 + 3), \quad 2{:}3, \quad 3{:}(2 - 2), \quad 5 + (2{:}3)$$

nicht definiert sind. Der Term

$$((3x + y){:}y) + 4$$

hat für die Werte 2 und 3 der Objektsymbole x, y den Wert 7, ist für die Werte 2, 5 nicht definiert und hat für die Werte 0 und 1 der Zeichen x, y den Wert 5.

Hat man einige Operationen, die auf irgendeiner Menge X gegeben sind, so kann man mit Hilfe von Termen eine unendliche Anzahl neuer, auf derselben Menge X definierter Operationen anschreiben. Das geschieht auf folgende Weise. Bezeichnen wir die gegebenen Operationen mit irgendwelchen Funktionszeichen $f_1, \ldots, f_s$. Es seien außerdem in X noch gewisse andere mit den Symbolen $a_1, \ldots,$ a_r bezeichnete Elemente ausgesondert. Betrachten wir einen beliebigen Term $\mathfrak{a}$, der aus den Zeichen $a_1, \ldots, a_r, f_1, \ldots, f_s$ und den Hilfs-Objektsymbolen $x_1, \ldots,$ x_t aufgebaut ist. Da die Grundmenge X und die Werte der Zeichen $a_1, \ldots, a_r, f_1, \ldots,$ f_s schon festgelegt sind, können wir für in der Menge X beliebig angegebene Werte der Symbole $x_1, \ldots, x_t$ den Wert des Terms $\mathfrak{a}$ finden (welcher sich auch als undefiniert erweisen kann, falls einige der gegebenen Operationen nicht überall definiert sind). Auf diese Weise entspricht jeder Folge $\langle x_1, \ldots, x_t \rangle$ von Elementen der Menge X ein definierter (oder undefinierter) Wert des Terms $\mathfrak{a}$, und deshalb haben wir auf X eine t-stellige Operation. Man sagt, daß diese Operation durch den Term $\mathfrak{a}$ dargestellt ist.

Beim Hinschreiben von Termen benutzt man gewöhnlich die eine oder andere Abkürzung. Zum Beispiel wird für ein Objektsymbol x und ein einstelliges Funktionszeichen f der Term $f(x)$ oft in der Form fx, xf oder x^f geschrieben. Weiterhin schreibt man für Objektsymbole x, y und ein Zeichen f einer zweistelligen Operation den Term $f(x, y)$ gewöhnlich in der Form xfy. Betrachtet man insbesondere die durch die Symbole $+, \cdot, -$ bezeichneten zweistelligen Operationen, so bezeichnet man die Terme $+(\mathfrak{a}, \mathfrak{b})$, $\cdot (\mathfrak{a}, \mathfrak{b})$, $-(\mathfrak{a}, \mathfrak{b})$ stets abgekürzt durch $(\mathfrak{a}) + (\mathfrak{b})$, $(\mathfrak{a}) (\mathfrak{b})$, $(\mathfrak{a}) - (\mathfrak{b})$. Man läßt in der angegebenen Schreibweise die Klammern weg und schreibt einfach $\mathfrak{a} + \mathfrak{b}$, $\mathfrak{a}\mathfrak{b}$, $\mathfrak{a} - \mathfrak{b}$, wenn die Terme $\mathfrak{a}$, $\mathfrak{b}$ die Länge 1 haben.

Im folgenden sind überall, wo nicht ausdrücklich das Gegenteil gesagt wird, unter Zahlen die natürlichen Zahlen 0, 1, 2, 3, ... zu verstehen. Die Zahlenzeichen 0, 1, 2, ..., 9 und die Folgen 10, 11, 102, ... davon werden als Objektsymbole mit festem Wert betrachtet, der respektive gleich den natürlichen Zahlen Null, Eins, ..., Zehn, Elf usw. ist. Die Gesamtheit aller natürlichen Zahlen wird mit dem Symbol N bezeichnet. Die leere Menge wird durch $\emptyset$ bezeichnet.

Die partiellen Funktionen aus $N \times \cdots \times N = N^{(k)}$ in N heißen *k-stellige zahlentheoretische partielle Funktionen*. In diesem Zusammenhang werden zahlentheoretische Funktionen der Kürze halber einfach Funktionen genannt. Die

Symbole $+$, $\cdot$, $-$ werden als zweistellige Funktionszeichen betrachtet, deren feste Werte die gewöhnlichen arithmetischen Operationen der Addition, Multiplikation und Subtraktion sind. Im Bereich der natürlichen Zahlen sind die ersten beiden Operationen überall definiert, die Operation der Subtraktion hingegen ist partiell.

Es werden uns ferner häufig die zahlentheoretischen Funktionen s^1, o^n, I_m^n begegnen, die per definitionem die folgenden Werte haben:

$$s^1(x) = x + 1$$
$$o^n(x_1, \ldots, x_n) = 0$$
$$I_m^n(x_1, \ldots, x_n) = x_m \ (1 \leq m \leq n; n = 1, 2, \ldots).$$

Wir werden diese Funktionen *Anfangsfunktionen* nennen. Statt s^1, o^1 werden wir gewöhnlich s, o schreiben.

Wir bemerken, daß ein Term, der die Objektsymbole x, y, z enthält, nur dann eine eindeutig definierte Operation darstellt, wenn diese Symbole auf eine wohl bestimmte Weise geordnet sind. Ändern wir ihre Ordnung, so verändern wir auch die Operation. Der Term

$$2x + y \tag{3}$$

zum Beispiel stellt eine Funktion dar, die dem Paar $\langle 1, 3 \rangle$ die Zahl 5 zuordnet, wenn die Variable x als erste und die Variable y als zweite gilt. Derselbe Term (3) stellt eine Funktion dar, die dem Paar $\langle 1, 3 \rangle$ die Zahl 7 zuordnet, wenn die Variable y als erste und die Variable x als zweite gilt.

Aus den betrachteten Beispielen ist klar, daß die in den Termen vorkommenden Objekt- und Funktionszeichen in zwei Kategorien aufgeteilt werden können: 1. Symbole, deren Werte festliegen, und 2. Symbole, deren Werte nicht festgelegt worden sind. Die ersten heißen *konstante Symbole* und die zweiten *variable Symbole*.

Auf einer Menge X seien Operationen $f_1, \ldots, f_s$ gegeben und Elemente $a_1, \ldots, a_r$ festgelegt. Dann heißt jede Operation auf X, die durch mit Hilfe der Funktionszeichen $f_1, \ldots, f_s$, der Objektsymbole $a_1, \ldots, a_r$ und beliebiger Objektvariablen aufgeschriebene Terme dargestellt ist, termal bezüglich der gegebenen Operationen und Elemente. Ist zum Beispiel die Grundmenge die Menge N der natürlichen Zahlen, die gegebene Operation $+$ und die Zahl 1 festgelegt, so sind alle linearen Funktionen der Gestalt

$$b_0 + b_1 x_1 + \cdots + b_n x_n$$

mit positiven natürlichen Zahlen b_i termal. Ist die Zahl 1 nicht fixiert und nur die Operation $+$ gegeben, so sind lediglich die homogenen linearen Funktionen der Gestalt $b_1 x_1 + \cdots + b_n x_n$ mit wiederum positiven natürlichen Zahlen b_i termal.

Der Begriff des Terms wird häufig ein wenig erweitert. Eine n-stellige Operation f heißt bezüglich gegebener Grundoperationen $f_1, \ldots, f_s$ und Elemente $a_1, \ldots, a_r$

termal, wenn ein aus einigen der Symbole $a_1, \ldots, a_r, f_1, \ldots, f_s$ und den Objektvariablen $x_{i_1}, \ldots, x_{i_k}$ $(1 \leq i_1 < \cdots < i_k \leq n)$ aufgebauter Term $\mathfrak{a}$ existiert, so daß der Wert der Operation f in einem beliebigen Punkt $\langle c_1, \ldots, c_n \rangle$ zusammenfällt mit dem Wert des Terms für die Werte $c_{i_1}, \ldots, c_{i_k}$ der Variablen $x_{i_1}, \ldots, x_{i_k}$ respektive. Das bedeutet, daß wir zum Beispiel den Term $x + y$ entweder als Term auffassen können, der eine zweistellige Funktion von x, y darstellt (alte Definition), oder als Term, der eine Funktion von drei Variablen x, y, z darstellt, wobei die Variable z jetzt in dem Term nur fiktiv vorkommt.

1.3. Algebren. Ein aus einer nicht leeren Menge A und einer Folge $f_1{}^{n_1}, f_2{}^{n_2}, \ldots$ von auf A definierten Operationen bestehendes System heißt eine Algebra. Die Menge A heißt die Grundmenge der Algebra und die Operationen $f_1{}^{n_1}, f_2{}^{n_2}, \ldots$ ihre *Grundoperationen*. Die Folge $n_1, n_2, \ldots$ heißt Typus der Algebra und die Gesamtheit der die Grundoperationen bezeichnenden Symbole $f_1{}^{n_1}, f_2{}^{n_2}, \ldots$ die *Signatur* der Algebra. Algebren heißen vom gleichen Typ, wenn ihre Typen übereinstimmen. Ein beliebiges System von Algebren gleichen Typs heißt eine *Klasse* von Algebren. Bei der Untersuchung von Klassen von Algebren werden die sich entsprechenden Operationen dieser Algebren gewöhnlich mit ein und demselben Symbol bezeichnet. Eine Algebra mit der Grundmenge A und den Grundoperationen $f_1, f_2, \ldots$ wird durch $\langle A; f_1, f_2, \ldots \rangle$ bezeichnet. Sind einige der Operationen $f_1, f_2, \ldots$ partiell, so heißt auch die Algebra partiell. Partielle Algebren $\mathfrak{A} = \langle A;$ $f_1, f_2, \ldots \rangle$ und $\mathfrak{B} = \langle B; g_1, g_2, \ldots \rangle$ gleichen Typs heißen *isomorph*, wenn es eine eineindeutige Abbildung φ von der Menge A auf die Menge B gibt, so daß für beliebige in A angenommene Werte der Variablen $a_1, \ldots, a_{n_i}$

$$f_i(a_1, \ldots, a_{n_i})^\varphi = g_i(a_1{}^\varphi, \ldots, a_{n_i}^\varphi) \quad (i = 1, 2, \ldots) \tag{4}$$

(mit a^φ wird das Bild des Elements a unter der Abbildung φ bezeichnet).

Eine Abbildung φ mit der Eigenschaft (4) heißt ein *Isomorphismus* der ersten Algebra auf die zweite.

Sind die Operationen f_i, g_j partiell, so bedeutet das Gleichheitszeichen in (4) wie auch überall im Folgenden, daß der Wert der linken Seite, einschließlich des „undefinierten Wertes", mit dem Wert der rechten Seite identisch ist.

Auf einer Menge A sei irgendeine partielle Operation f^n definiert. Eine Untermenge A_1 von A heißt abgeschlossen bezüglich f^n, wenn für alle Elemente $a_1, \ldots,$ a_n aus A_1, für die der Wert $f^n(a_1, \ldots, a_n)$ definiert ist, dieser Wert zu A_1 gehört.

Man verifiziert leicht, daß der Durchschnitt eines beliebigen Systems von bezüglich einer Operation f abgeschlossenen Untermengen entweder leer oder bezüglich f abgeschlossen ist.

Betrachten wir nun eine nicht leere Menge A, auf der beliebige partielle Operationen $f_1, f_2, \ldots$ definiert sind. Wählen wir in dieser Menge irgendeine Gesamtheit D von Elementen. Wir betrachten das System aller derjenigen Teilmengen von A, die D enthalten und bezüglich jeder der Operationen $f_1, f_a, \ldots$ abgeschlossen sind. Dieses System ist nicht leer, da A selbst bezüglich der Operationen $f_1, f_2, \ldots$ abgeschlossen ist und $A \supseteq D$. Der Durchschnitt D^* aller Mengen dieses Systems ist abgeschlossen bezüglich der betrachteten Operationen und enthält die Gesamtheit D. Dieser Durchschnitt heißt die in A durch die Elemente der Menge D mit Hilfe der Operationen $f_1, f_2, \ldots$ *erzeugte* Teilmenge.

Offensichtlich kann man D^* auch als die kleinste Teilmenge von A definieren, die D enthält und bezüglich der betrachteten Operationen abgeschlossen ist.

Eine ein wenig klarere Idee von der Struktur der Menge D^* gibt das

Theorem 1. *Die in A durch die Elemente der Gesamtheit D mit Hilfe der Operationen $f_1, f_2, \ldots$ erzeugte Teilmenge D^* besteht aus den Werten der Terme, die mit Hilfe von Symbolen für die Operationen $f_1, f_2, \ldots$ und von Symbolen für Elemente aus D aufgeschrieben sind.*

Führen wir den Beweis. Es sei T die Gesamtheit der Werte der Terme, die im Theorem angegeben werden. Da jedes Element d aus D Wert des Terms d aus einem einzigen Buchstaben ist, enthält T D. Es seien $a_1, \ldots, a_{n_i}$ Elemente aus T, für welche $f_i(a_1, \ldots, a_{n_i})$ den Wert a hat. Nach Voraussetzung sind $a_1, \ldots, a_{n_i}$ Werte gewisser Terme $\mathfrak{a}_1, \ldots, \mathfrak{a}_{n_i}$ der angegebenen Gestalt. Aber dann ist a Wert des Terms $f_i(\mathfrak{a}_1, \ldots, \mathfrak{a}_n)$, der ebenfalls die oben angegebene Gestalt hat. Also ist $a \in T$ und folglich T abgeschlossen bezüglich der Operationen $f_1, f_2, \ldots$ Aus der Abgeschlossenheit von T und der Bedingung $D \subseteq T$ folgt $D^* \subseteq T$.

Es bleibt noch zu zeigen, daß T in D^* enthalten ist. Dafür genügt es, zu zeigen, daß jede Untermenge $B \subseteq A$, die bezüglich der Operationen $f_1, f_2, \ldots$ abgeschlossen ist und die Gesamtheit D enthält, den Wert jedes Terms der im Theorem angegebenen Form enthält. Die Behauptung ist offensichtlich für Terme der Länge 1. Hat ein Term die Gestalt $f_i(\mathfrak{a}_1, \ldots, \mathfrak{a}_{n_i})$ und liegen die Werte der Terme $\mathfrak{a}_1, \ldots, \mathfrak{a}_{n_i}$ in B, so folgt aus der Abgeschlossenheit der Menge B, daß der Wert des Terms $f_i(\mathfrak{a}_1, \ldots, \mathfrak{a}_{n_i})$ ebenfall in B liegt. Nach Induktionsvoraussetzung kann unsere Behauptung als bewiesen gelten, und zusammen damit ist auch das Theorem gezeigt.

Betrachten wir eine partielle Algebra $\mathfrak{A} = \langle A; f_1, f_2, \ldots \rangle$. Wir nehmen eine beliebige nicht leere Teilmenge A_1 von A und definieren auf A_1 eine Operation $\bar{f}_i$, indem wir für beliebige $a_1, \ldots, a_{n_i}$ aus A_1 den Wert $\bar{f}_i(a_1, \ldots, a_{n_i})$ als gleich dem Wert $f_i(a_1, \ldots, a_{n_i})$ festlegen, wenn dieser letzte in A_1 vorkommt, und $\bar{f}_i(a_1, \ldots, a_{n_i})$ als undefiniert festlegen, wenn der Wert $f_i(a_1, \ldots, a_{n_i})$ in A_1 nicht vorkommt oder undefiniert ist. Die Algebra $\mathfrak{A}_1 = \langle A_1; \bar{f}_1, \bar{f}_2, \ldots \rangle$ heißt partielle Unteralgebra der Algebra $\mathfrak{A}$. Für die Operationen $\bar{f}_1, \bar{f}_2, \ldots$ werden gewöhnlich die gleichen Symbole $f_1, f_2, \ldots$ benutzt wie auch für die Operationen der Algebra $\mathfrak{A}$ selbst, und statt „Unteralgebra $\mathfrak{A}_1 = \langle A_1; f_1, f_2, \ldots \rangle$" sagt man kurz: „Unteralgebra A_1 der Algebra A". Eine partielle Unteralgebra $\mathfrak{A}_1$ heißt abgeschlossen, wenn die Menge A_1 bezüglich der Operationen $f_1, f_2, \ldots$ abgeschlossen ist. Auf Grund des oben Gesagten ist der Durchschnitt der abgeschlossenen partiellen Unteralgebren einer beliebigen partiellen Algebra entweder leer oder eine abgeschlossene partielle Unteralgebra.

Eine partielle Algebra heißt *Algebra*, wenn alle ihre Grundoperationen überall definiert sind. Analog heißt eine partielle Unteralgebra einfach *Unteralgebra*, wenn sie eine Algebra ist. Man verifiziert leicht, daß eine partielle Unteralgebra einer beliebigen Algebra dann und nur dann einfach Unteralgebra ist, wenn sie abgeschlossen ist. Auf diese Weise bildet jede bezüglich der Grundoperationen einer Algebra abgeschlossene Menge zusammen mit diesen Operationen eine Unteralgebra dieser Algebra.

Man sagt, daß eine Gesamtheit D von Elementen einer partiellen Algebra $\mathfrak{A} = \langle A; f_1, f_2, \ldots \rangle$ eine partielle Unteralgebra $\mathfrak{A}_1 = \langle A_1; f_1, f_2, \ldots \rangle$ *erzeugt*, wenn D die Menge A_1 mit Hilfe der Grundoperationen $f_1, f_2, \ldots$ in A erzeugt. Die Elemente der Menge D heißen die *Erzeugenden* der partiellen Algebra $\mathfrak{A}$, wenn die durch die Gesamtheit D erzeugte partielle Unteralgebra mit $\mathfrak{A}$ zusammenfällt.

Betrachten wir das Theorem 1, so sehen wir, daß *eine Gesamtheit D von Elementen einer partiellen Algebra $\mathfrak{A}$ genau dann eine erzeugende Gesamtheit dieser Algebra ist, wenn jedes Element von $\mathfrak{A}$ Wert eines geeigneten Terms ist, der aus Symbolen für Grundoperationen von $\mathfrak{A}$ und Symbolen für Elemente von D aufgebaut ist.* Anders gesagt erzeugen die Elemente von D genau dann die Algebra $\mathfrak{A}$, wenn man jedes Element von $\mathfrak{A}$ durch endlichmalige Anwendung von Grundoperationen der Algebra aus den Elementen von D erhalten kann.

Eine partielle Algebra heißt *endlich erzeugt*, wenn sie von irgendeiner endlichen Menge ihrer Elemente erzeugt wird.

Die Algebra $\langle N; + \rangle$ zum Beispiel ist endlich erzeugt. Als erzeugende Menge kann man eine beliebige Menge von Zahlen nehmen, die 0, 1 enthält.

Die Algebra $\langle N, \times \rangle$ hingegen ist nicht endlich erzeugt. Nehmen wir nämlich irgendeine endliche Menge von Zahlen $a_1, \ldots, a_r$, so können wir mit Hilfe der Operation der Multiplikation aus ihnen diejenigen Zahlen erhalten, die durch solche Primzahlen teilbar sind, durch die wenigstens eine der gegebenen Zahlen $a_1, \ldots, a_r$ teilbar ist. Da es unendlich viele Primzahlen gibt, kann man aus den Zahlen $a_1, \ldots, a_r$ durch Multiplikation nicht alle natürlichen Zahlen erhalten.

1.4. Kodierung. Die Algorithmentheorie hat mit Worten in einem endlichen Alphabet zu tun. Es gibt jedoch mathematische Objekte, die eine fundamentale Rolle spielen und die man ohne Vorbehalte nicht direkt als Worte in einem gewissen Alphabet betrachten kann. Zu diesen Objekten kann man zum Beispiel die rationalen Zahlen rechnen, die algebraischen Zahlen, die Funktionen und viele andere. Trotzdem kann eine Reihe solcher Objekte durch eine endliche Anzahl ganzzahliger Parameter oder einfach durch Worte in einem passenden endlichen Alphabet charakterisiert werden. Nehmen wir zum Beispiel ein Alphabet, das nur aus dem Zeichen I besteht. Worte in diesem Alphabet sind Folgen von „Stäbchen": I, II, III, ... Ordnen wir jedem Wort II ... I, das $n + 1$ Stäbchen enthält die natürliche Zahl n zu. Man sagt, daß das besagte Wort die Zahl n darstellt oder daß es *Kodifikat* der Zahl n ist.

Analog kann man statt des aus dem einen Buchstaben I bestehenden Alphabets das aus zwei Buchstaben 0, 1 bestehende Alphabet betrachten und als kodierte Schreibweise einer natürlichen Zahl deren dyadische Darstellung nehmen. Das Kodifikat der Zahl fünf zum Beispiel ist in dem neuen Alphabet das Wort 101.

Bei der dyadischen Kodierung stößt man auf die Besonderheit, daß nicht jedes Wort Kodifikat einer natürlichen Zahl ist. Das Wort 01 zum Beispiel ist kein Kodifikat irgendeiner natürlichen Zahl.

Betrachten wir die übliche Kodierung der positiven rationalen Zahlen. Wir führen das aus dem geraden Strich I und dem schrägen Strich / bestehende Alphabet ein. Wir vereinbaren, ein Wort der Gestalt II $\cdots$ I/I $\cdots$ II, das aus $m + 1$ Zeichen I, dem schrägen Strich / und darauffolgenden $n + 2$ Zeichen I besteht, Kodifikat der rationalen Zahl $m/n + 1$ zu nennen. Es ist klar, daß jetzt nicht nur nicht jedes Wort Kodifikat einer rationalen Zahl ist, sondern auch jede positive rationale Zahl unendlich viele verschiedene Kodifikate hat. Die Zahl 1/2 zum Beispiel hat die Kodifikate II/III, III/IIIII usw.

In allen angegebenen Fällen war die folgende wesentliche Forderung erfüllt: Für ein gegebenes Kodifikat ist das zu kodierende Objekt eindeutig wiederherstellbar. Diese Forderung wird gewöhnlich auch bei der allgemeinen Definition einer Kodierung beibehalten.

$\mathfrak{M}$ sei eine Gesamtheit gewisser Objekte, A irgendein endliches Alphabet. Die Gesamtheit $\mathfrak{M}$ im Alphabet A zu kodieren bedeutet, eine eindeutige Abbildung $\varkappa$ einer Menge $\mathfrak{A}_\varkappa$ von Worten im Alphabet A auf die Gesamtheit $\mathfrak{M}$ anzugeben. Das Wort a aus der Menge $\mathfrak{A}_\varkappa$ heißt *Kodifikat* (manchmal *Name*) des Objekts $\varkappa(a)$ für die Kodierung $\varkappa$.

In dieser Definition wird nicht gefordert, daß die Abbildung $\varkappa$ eineindeutig sei. Daher kann es geschehen, daß ein und dasselbe Objekt mehrere verschiedene Kodifikate hat.

Die Abbildung $\varkappa$ und die Menge $\mathfrak{A}_\varkappa$ können sehr kompliziert sein, jedoch werden gewöhnlich nur nicht-komplizierte Abbildungen betrachtet und Kodierungen genannt. Betrachten wir einige besonders oft vorkommende Kodierungen.

a) **Kodierung von Worten in Alphabeten mit mehreren Buchstaben.** Das Alphabet A bestehe aus den Buchstaben 0, 1 und das Alphabet B aus den Buchstaben $b_1, b_2, \ldots, b_n, \ldots$ Betrachten wir die Gesamtheit $\mathfrak{A}_\varkappa$ aller derjenigen Worte im Alphabet A, die mit 1 anfangen, mit dem Buchstaben 0 aufhören und kein Teilwort der Gestalt 00 enthalten. Bezeichnen wir mit 1^n das Wort $111 \cdots 1$ der Länge n. Jedes Wort aus $\mathfrak{A}_\varkappa$ läßt sich eindeutig in der Form $1^{i_1}01^{i_2}0 \cdots 1^{i_k}0$ schreiben. Diesem Wort ordnen wir das Wort $b_{i_1} b_{i_2} \cdots b_{i_k}$ im Alphabet B zu. Es ist klar, daß die erhaltene Kodierung eineindeutig ist.

In dem betrachteten Fall ist das Alphabet B unendlich. Ist es endlich, so kann man dieselbe Abbildung $\varkappa$ als Code nehmen. Es verändert sich lediglich die Menge $\mathfrak{A}_\varkappa$.

b) **Unendliche Alphabete.** Nach der grundlegenden Definition ist ein Alphabet eine *endliche* Menge von Zeichen. Es ist jedoch tatsächlich sehr oft geeigneter, unendliche Alphabete zu betrachten, die aus einer endlichen Anzahl von Buchstaben bestehen, welche mit irgendeinem die natürlichen Werte 0, 1, 2, ... annehmenden System von Indizes versehen sind. Es bestehe zum Beispiel das Alphabet B aus den Symbolen a, b, ..., c, f_i, $g_i{}^j$ $(i, j, = 0, 1, 2, ...)$. Dieses Alphabet ist formal unendlich. Betrachten wir das aus den Zeichen a, b, ..., c und den neuen Zeichen α, β bestehende Alphabet A. Wir vereinbaren, die Symbole f_i und $g_i{}^j$ in der Sprache A durch die Worte $f\alpha \cdots \alpha$ und $g\alpha \cdots \alpha\beta \cdots \beta$ respektive zu kodieren, wobei das Symbol α i-mal und das Symbol β j-mal vorkommt. Die Symbole a, b, ..., c seien durch sich selbst kodiert. Bezeichnen wir mit $\{x\}$ $(x \in B)$ den Codewert des Symbols x im Alphabet A. Ist $\mathfrak{a}$ ein Wort im Alphabet B, so erhalten wir ein gewisses Wort im Alphabet A, das wir durch $\{\mathfrak{a}\}$ bezeichnen, wenn wir in $\mathfrak{a}$ statt der Symbole deren Codewerte einsetzen. Es ist klar, daß wir aus dem Kodifikat $\{\mathfrak{a}\}$ das Wort $\mathfrak{a}$ auch eindeutig wiederherstellen können. Deshalb kann man statt beliebiger Worte $\mathfrak{a}$, $\mathfrak{b}$, ... im unendlichen Alphabet B auch deren Codewerte $\{\mathfrak{a}\}$, $\{\mathfrak{b}\}$, ... im endlichen Alphabet A betrachten und eben dadurch die Betrachtung unendlicher Alphabete vermeiden.

c) **Folgen von Worten.** A sei ein Alphabet. Bezeichnen mit B das Alphabet, das man durch Hinzufügung eines neuen Symbols α $(\alpha \notin A)$ zu A erhält. Im Folgenden werden wir neben einzelnen Worten $\mathfrak{a}$, $\mathfrak{b}$, ... im Alphabet A oft Paare $\langle \mathfrak{a}, \mathfrak{b} \rangle$ von Worten, Worttripel $\langle \mathfrak{a}, \mathfrak{b}, \mathfrak{c} \rangle$ usw. betrachten. Jedoch kann man Paare $\langle \mathfrak{a}, \mathfrak{b} \rangle$ von Worten im Alphabet A durch das Wort $\mathfrak{a}\alpha\mathfrak{b}$ im Alphabet B kodieren, ein Tripel $\langle \mathfrak{a}, \mathfrak{b}, \mathfrak{c} \rangle$ von Worten in A durch das Wort $\mathfrak{a}\alpha\mathfrak{b}\alpha\mathfrak{c}$ im Alphabet B usw.

Beispiele und Übungen

1. N sei die Gesamtheit der natürlichen Zahlen, $+$ die gewöhnliche arithmetische Operation der Addition von Zahlen. Man zeige, daß in der Algebra $\mathfrak{A} = \langle N; + \rangle$ die Zahl 2 die Menge aller positiven geraden Zahlen erzeugt, daß die Zahl 1 die Menge aller positiven Zahlen erzeugt und daß die Zahlen 0 und 1 die ganze Algebra $\mathfrak{A}$ erzeugen.

2. Man zeige, daß alle Unteralgebren der Algebra $\mathfrak{B} = \langle N; +, - \rangle$ durch die folgenden Unteralgebren ausgeschöpft sind: a) die von der Zahl 0 erzeugte und nur aus dieser bestehende Unteralgebra (0); b) die von der Zahl 1 erzeugte und mit der Algebra $\mathfrak{B}$ selbst zusammenfallende Unteralgebra (1); c) die von einer beliebigen Zahl $a > 1$ erzeugte und aus den Zahlen 0, 1a, 2a, 3a, ... bestehende Unteralgebra (a).

3. Man zeige, daß jede Unteralgebra der Algebra $\mathfrak{A} = \langle N; + \rangle$ aus allen möglichen Vielfachen einer passenden Zahl a besteht, möglicherweise mit Ausnahme von endlich vielen davon.

4. Betrachten wir die Algebra $\mathfrak{C} = \langle N; +, \cdot, - \rangle$, wobei die Operation $-$ als partielle zweistellige Operation betrachtet wird. Der Wert des Terms $x - y$ gilt für $x \geq y$ als gleich der gewöhnlichen Differenz und für $x < y$ als nicht definiert. Welche Funktionen werden durch die Terme $0 \cdot (x.- (x + 1))$, $(x - y) + y$, $(x + y) - y$ dargestellt? Man zeige, daß die Funktion 2^x in der Algebra $\mathfrak{C}$ durch keinen Term dargestellt werden kann (d. h. durch keinen im Alphabet x, $+$, $\cdot$, $-$ aufgeschriebenen Term).

§ 2. Grundlegende berechenbare Operatoren

Operationen über zahlentheoretischen Funktionen heißen im folgenden Operatoren. In diesem Paragraphen wird eine Reihe von Operatoren definiert, die die Eigenschaft besitzen, daß wir bei Anwendung dieser Operatoren auf im intuitiven Sinne (s. Einleitung) berechenbare Funktionen ebenfalls offensichtlich im intuitiven Sinne berechenbare Funktionen erhalten. Die partiellen Funktionen, die man mit Hilfe dieser Operatoren aus den Anfangsfunktionen $s(x) = x + 1$, $o(x) = 0$, $I_m{}^n(x_1, \ldots, x_n) = x_m$ erhalten kann, heißen partiell rekursiv. Die grundlegende Hypothese von CHURCH hat zum Inhalt, daß die Klasse der partiell rekursiven Funktionen mit der Klasse der eine maschinelle oder algorithmische Berechnung gestattenden Funktionen zusammenfällt.

2.1. Einsetzung partieller Funktionen. Es seien n beliebige partielle Funktionen $f_1, \ldots, f_n$ ein und derselben Zahl m von Variablen gegeben, die auf irgendeiner Menge A mit Werten in einer Menge B definiert sind, und auf der Menge B sei eine partielle Funktion f von n Variablen definiert, deren Werte einer dritten Menge C angehören. Wir führen jetzt eine partielle Funktion g von m Variablen ein, die auf A mit Werten in C definiert ist, indem wir per definitionem für beiebige $x_1, \ldots, x_m$ aus A setzen

$$g(x_1, \ldots, x_m) = f(f_1(x_1, \ldots, x_m), \ldots, f_n(x_1, \ldots, x_m)).$$

Man sagt, daß die Funktion g durch die Operation der Einsetzung[1]) oder der Substitution aus den Funktionen f, f_1, $\ldots$, f_n gewonnen wird. Die Operation der Substitution wird im folgenden durch das Symbol S^{n+1} bezeichnet. Der obere Index bedeutet die Anzahl der Funktionen. Weiter unten wird als Menge A, B, C fast überall die Menge N der natürlichen Zahlen genommen. Wir vereinbaren, mit $\mathfrak{F}^n$ die Gesamtheit der partiellen zahlentheoretischen Funktionen von n Variablen zu bezeichnen. Der Operator S^{n+1} ist eine überall definierte Funktion von $\mathfrak{F}^n \times \mathfrak{F}^m \times \cdots \times \mathfrak{F}^m$ in $\mathfrak{F}^m$. Betrachtet man die Menge $\mathfrak{F}$ aller partiellen zahlentheoretischen Funktionen einer beliebigen Anzahl von Variablen, so kann der Operator S^{n+1} als partielle auf $\mathfrak{F}$ definierte Funktion von $n + 1$ Variablen mit Werten in $\mathfrak{F}$ angesehen werden. In diesem Zusammenhang hat der Term $S^{n+1}(f, f_1, \ldots, f_n)$ dann

---

[1]) Die wörtliche Übersetzung des russischen Wortes ist „Zusammensetzung". Auf Grund der im deutschsprachigen Raum eingebürgerten Redeweise „Einsetzung" wird „Zusammensetzung" zur Bezeichnung des Ergebnisses einer Operation der Einsetzung gebraucht. (Anm. d. Übers.).

und nur dann einen definierten Wert (gleich einer partiellen m-stelligen Funktion), wenn der Wert der Variablen f eine n-stellige Funktion ist und die Werte der Symbole $f_1, \ldots, f_n$ partielle Funktionen ein und derselben Anzahl von Variablen sind. Zum Beispiel ist unter dem letzten Gesichtspunkt der Wert des Terms $S^3(I_1{}^2, I_1{}^3, I_2{}^2)$ undefiniert, aber der Wert des Terms $S^3(I_1{}^2, I_1{}^3, I_2{}^3)$ gleich $I_1{}^3$, wobei $I_1{}^2, I_1{}^3, I_2{}^3$ Symbole der im Unterparagraphen 1.2. definierten Funktionen sind.

In Übereinstimmung mit § 1.3. ist das aus der Gesamtheit $\mathfrak{F}$ aller Funktionen und den darauf definierten partiellen Operationen $S^2, S^3, \ldots$ bestehende System $\mathfrak{P}$ eine partielle Algebra.

Es sei $f_1{}^{n_1}, \ldots, f_s{}^{n_s}$ irgendeine partielle zahlentheoretische Funktion von respektive $n_1, \ldots, n_s$ Argumenten ($n_1, \ldots, n_s$ beliebig). Die partiellen Funktionen, die man durch die Operation der Substitution aus den Funktionen $I_m{}^n$ ($m, n = 1, 2, \ldots$) und aus $f_1{}^{n_1}, \ldots, f_s{}^{n_s}$ erhalten kann, heißen elementar bezüglich $f_1{}^{n_1}, \ldots, f_s{}^{n_s}$. Die Gesamtheit dieser Funktionen ist eine von den Elementen $I_m{}^n, f_1{}^{n_1}, \ldots, f_s{}^{n_s}$ erzeugte Unteralgebra der Algebra $\mathfrak{P}$. Theorem 1 aus § 1.3. zeigt, daß die und nur die partiellen Funktionen relativ elementar sind, die in der Form von Termen geschrieben werden können, welche Funktionszeichen $S^2, S^3, \ldots$ der Substitutionsoperationen, Symbole $f_1{}^{n_1}, \ldots, f_s{}^{n_s}$ der gegebenen Funktionen und Symbole $I_m{}^n$ der Anfangsfunktionen enthalten. Für relativ elementare Funktionen ist jedoch auch eine noch einfachere Darstellung möglich.

Theorem 1[1]. *Dafür, daß eine n-stellige partielle zahlentheoretische Funktion f elementar ist bezüglich partieller Funktionen $f_1, \ldots, f_s$, ist es notwendig und hinreichend, daß f in der Form eines Terms darstellbar ist, der mit Hilfe der Funktionszeichen $f_1, \ldots, f_s, I_m{}^j$ ($j, m = 1, 2, \ldots$) und gewisser Objektvariablen aufgeschrieben ist, von denen ein Teil in dem Term auch fiktiv vorkommen kann.*

Es wird also behauptet, daß es für relativ elementare Funktionen zwei Schreibweisen gibt: 1. in der Form des Wertes eines Terms, als dessen Funktionszeichen die Symbole S^i der Substitutionsoperationen und als dessen Objektsymbole die

---

[1]) Durch einen Hinweis von Herrn H.-J. HOEHNKE ist uns das folgende, von J. SCHMIDT entdeckte Gegenbeispiel für die Formulierung von Theorem 1 *ohne* die Projektionsfunktionen $I_m{}^j$ bekanntgeworden: Definiert man auf einer zweielementigen Menge $\{a, b\}$ eine einstellige partielle Funktion f durch $f(a) = b$ und $f(b)$ undefiniert, so ist die Einschränkung der Identitätsabbildung von $\{a, b\}$ auf $\{a\}$ wegen der Darstellbarkeit als $S^3 I_1{}^2, I_1{}^1, f)$ zwar elementar bezüglich f, kann aber nicht in Form eines Terms dargestellt werden, der nur aus dem Funktionszeichen f und einer Objektvariablen aufgebaut ist; denn so sind lediglich f, die leere Abbildung und die totale Identitätsfunktion der Menge $\{a, b\}$ darstellbar, wie man sich leicht überlegt.

Im russischen Original ist Theorem 1 ohne Hinzunahme der Funktionen $I_m{}^j$ formuliert worden. Die hier vorgenommene Korrektur durch Aufnahme der $I_m{}^j$ in die Satzaussage geht auf den Vorschlag von H.-J. HOEHNKE zurück. Zu einer eingehenderen Diskussion dieses Satzes konsultiere man H.-J. HOEHNKE, Superposition partieller Funktionen in H.-J. HOEHNKE (Hg.): Studien zur Algebra und ihre Anwendungen, Akademie-Verlag, Berlin 1972, pp. 13—32 (Anm. d. Übers.).

Symbole $f_1, \ldots, f_s,\ I_m{}^n$ dienen (Terme dieser Gestalt werden wir Operatorterme nennen); in der Form eines Terms (und nicht des Wertes eines Terms), der aus den Funktionszeichen $f_1, \ldots, f_s$ und gewissen (möglichrweise fiktiven) Objektvariablen aufgebaut ist. Diese Schreibweise werden wir die *Termschreibweise* nennen. Wir bemerken noch einmal, daß im ersten Fall die Funktion f *Wert eines Terms* ist, und daß im zweiten Falle die Funktion f *durch einen Term dargestellt* wird.

Zum Beweis des Theorems muß man zeigen, daß man von einer Termschreibweise zu einer mit Operatoren übergehen kann und umgekehrt. Es sei f der Wert eines Operatorterms $\mathfrak{a}$. Ist die Länge von $\mathfrak{a}$ gleich 1, so ist $\mathfrak{a}$ entweder f_i oder $I_j{}^n$. Im ersten Fall ist die Termdarstellung für f der Term $f_i(x_{i1}, \ldots, x_{in})$ und im zweiten Falle der Term x_j. Ist die Länge von $\mathfrak{a}$ größer als 1, so hat $\mathfrak{a}$ die Gestalt $S^{k+1}(\mathfrak{b}, \mathfrak{b}_1, \ldots, \mathfrak{b}_k)$ mit Operatortermen $\mathfrak{b}, \mathfrak{b}_1, \ldots, \mathfrak{b}_k$ kleinerer Länge. Unsere Induktionsvoraussetzung ist, daß uns eine Termdarstellung

$$c = c(x_1, \ldots, x_k), \quad c_i = c_i(x_1, \ldots, x_n)\ (i = 1, \ldots, k)$$

für die Werte der Terme $\mathfrak{b}, \mathfrak{b}_1, \ldots, \mathfrak{b}_k$ bekannt ist. Dann ist

$$c(c_1(x_1, \ldots, x_k), \ldots, c_k(x_1, \ldots, x_n))$$

die gesuchte Termdarstellung für den gegebenen Operatorterm $\mathfrak{a}$.

Es sei umgekehrt eine n-stellige partielle Funktion f mit ihrer Termdarstellung $\mathfrak{a}(x_1, \ldots, x_n)$ gegeben, wobei die Variablen $x_{i_1}, \ldots, x_{i_k}$ in dem Term tatsächlich vorkommen und die übrigen der Variablen $x_1, \ldots, x_n$ als fiktiv zu betrachten sind. Ist die Länge von $\mathfrak{a}$ gleich 1, so hat $\mathfrak{a}$ die Gestalt x_j, und folglich ist f gleich dem Wert des Operatorterms $I_j{}^n$. Ist aber die Länge des Terms $\mathfrak{a}$ größer als 1, so hat $\mathfrak{a}$ die Gestalt $f_i(\mathfrak{a}_1, \ldots, \mathfrak{a}_{n_i})$ mit Termen $\mathfrak{a}_1, \ldots, \mathfrak{a}_{n_i}$ kleinerer Länge. Nach Induktionsvoraussetzung hat man für jede n-stellige partielle Funktion von $x_1, \ldots, x_n$, die durch den Term $\mathfrak{a}_j$ dargestellt wird, ihren Ausdruck in der Form eines Operatorterms $c_j (j = 1, \ldots, n_i)$ gefunden. Dann ist klar, daß die Funktion f der Wert des Operatorterms $S^{n_i+1}(f_i, c_1, \ldots, c_{n_i})$ ist.

Es seien zum Beispiel die üblichen Funktionen $+$ und $\times$ gegeben. Die Funktion von x_1, x_2, x_3 mit der Termdarstellung $x_1 \cdot x_2 + x_3$ ist Wert des Operatorterms

$$S^3(+, S^3(\times, I_1{}^3, I_2{}^3), I_3{}^3).$$

2.2. Operator der primitiven Rekursion. Es seien irgendwelche partiellen zahlentheoretischen Funktionen gegeben: eine n-stellige Funktion g und eine $n+2$-stellige Funktion h. Man sagt, daß eine $n+1$-stellige partielle Funktion f aus den Funktionen g und h *primitiv rekursiv* entsteht, wenn wir für alle natürlichen Werte $x_1, \ldots, x_n, y$

$$f(x_1, \ldots, x_n, 0) = g(x_1, \ldots, x_n), \tag{1}$$

$$f(x_1, \ldots, x_n, y + 1) = h(x_1, \ldots, x_n, y, f(x_1, \ldots, x_n, y)) \tag{2}$$

haben.

Diese Definition werden wir auch für $n = 0$ anwenden und sagen, daß eine einstellige partielle Funktion f aus einer konstanten, mit einer Zahl a identischen einstelligen Funktion und einer zweistelligen partiellen Funktion h primitiv rekursiv entsteht, wenn

$$f(0) = a, \tag{3}$$

$$f(x + 1) = h\,(x, f(x)). \tag{4}$$

Es erhebt sich die Frage, ob es für alle partiellen Funktionen g, h von n und $n + 2$ Variablen eine partielle Funktion f von $n + 1$ Variablen gibt, die den Bedingungen (1), (2) beziehungsweise (3), (4) genügt und ob eine solche Funktion eindeutig ist. Da der Definitionsbereich der Funktionen die Menge aller natürlichen Zahlen ist, ist die Antwort auf beide Fragen offensichtlich positiv. Wenn eine Funktion f existiert, so finden wir aus (1) und (2) sukzessiv

$$
\begin{aligned}
&f(x_1, \ldots, x_n, 0) = g(x_1, \ldots, x_n), \\
&f(x_1, \ldots, x_n, 1) = h(x_1, \ldots, x_n, 0, g(x_1, \ldots, x_n)), \\
& \cdot\,\cdot\,\cdot\,\cdot\,\cdot\,\cdot\,\cdot\,\cdot\,\cdot\,\cdot\,\cdot\,\cdot\,\cdot\,\cdot\,\cdot\,\cdot\,\cdot\,\cdot\,\cdot \\
&f(x_1, \ldots, x_n, m + 1) = h(x_1, \ldots, x_n, m, f(x_1, \ldots, x_n, m)),
\end{aligned}
\tag{5}
$$

und deshalb ist f eindeutig definiert. Aus den Beziehungen (5) läßt sich insbesondere erkennen, daß bei einem undefinierten Wert $f(x_1, \ldots, x_n, t)$ für gewisse $x_1, \ldots, x_n, t$ auch die Werte $f(x_1, \ldots, x_n, y)$ für alle $y \geqq t$ nicht definiert sind.

Es genügt, die Gleichungen (5) als die Werte der Funktion f definierende Gleichungen anzunehmen, um für gegebene partielle Funktionen g, h eine partielle Funktion f zu finden. Auf diese Weise existiert zu einer beliebigen partiellen n-stelligen Funktion g und einer $n + 2$-stelligen Funktion h genau eine partielle $n + 1$-stellige Funktion f, die aus g und h primitiv rekursiv entsteht. Symbolisch schreibt man

$$f = \boldsymbol{R}(g, h)$$

und betrachtet $\boldsymbol{R}$ als Zeichen einer zweistelligen, auf der Menge $\mathfrak{F}$ aller partiellen Funktionen definierten partiellen Operation. Aus den Beziehungen (5) folgt, daß bei überall definierten Funktionen g und h auch die Funktion f überall definiert ist.

Auf Grund der Beziehungen (5) ist auch der folgende, für uns grundlegende Tatbestand offensichtlich: sind wir auf irgendeine Weise imstande, die Werte der Funktionen g, h zu finden, so kann man die Werte der Funktion f mit Hilfe einer Prozedur vollkommen „mechanischen" Charakters ausrechnen. In der Tat genügt es für das Auffinden des Wertes $f(a_1, \ldots, a_n, m + 1)$, nacheinander die Zahlen

$$b_0 = g(a_1, \ldots, a_n),$$
$$b_1 = h(a_1, \ldots, a_n, 0, b_0),$$
$$b_2 = h(a_1, \ldots, a_n, 1, b_1),$$
$$\cdot \cdot \cdot \cdot \cdot \cdot \cdot \cdot \cdot \cdot \cdot \cdot \cdot \cdot$$
$$b_{m+1} = h(a_1, \ldots, a_n, m, b_m)$$

zu finden. Die Zahl b_{m+1}, die wir nach dem $m + 1$-ten Schritt erhalten, ist der gesuchte Wert der Funktion im Punkt $\langle a_1, \ldots, a_n, m + 1 \rangle$. Der vorgeführte Prozeß zur Berechnung von $f(a_1, \ldots, a_n, m + 1)$ dauert nur in dem Falle unendlich lange, in dem sich der Prozeß zur Berechnung einer der Ausdrücke

$$g(a_1, \ldots, a_n), \quad h(a_1, \ldots, a_n, 0, b_0), \ldots, h(a_1, \ldots, a_n, m, b_m)$$

als unbegrenzt herausstellt, d. h. wenn mindestens einer dieser Ausdrücke einen undefinierten Wert hat. Aber dann ist in Übereinstimmung mit der Definition der Funktion f der Wert von $f(a_1, \ldots, x_n, m + 1)$ nicht definiert.

Wir führen jetzt einen der Hauptbegriffe der Theorie der rekursiven Funktionen ein. Gegeben sei ein System γ irgendwelcher partieller Funktionen. Eine partielle Funktion f heißt *primitiv rekursiv bezüglich γ*, wenn man sie aus den Funktionen des Systems γ und den Anfangsfunktionen $s, o, I_m{}^n$ durch eine endliche Anzahl von Operationen der Substitution und der primitiven Rekursion erhalten kann.

Eine Funktion f heißt einfach *primitiv rekursiv*, wenn man sie nur von den Anfangsfunktionen $s, o, I_m{}^n$ ausgehend durch eine endliche Anzahl von Operationen der Substitution und der primitiven Rekursion erhalten kann.

Die Operationen der Substitution und der primitiven Rekursion geben auf überall definierte Funktionen angewandt als Resultat wieder überall definierte Funktionen. Deshalb sind die bezüglich γ primitiv rekursiven Funktionen überall definiert, wenn ein System γ von überall definierten Funktionen gegeben ist. Insbesondere *sind alle primitiv rekursiven Funktionen überall definiert*.

Es ist klar, daß eine bezüglich irgendeines Systems partieller Funktionen primitiv rekursive partielle Funktion f auch bezüglich eines umfassenderen Systems primitiv rekursiv ist. Die primitiv rekursiven Funktionen kann man als die bezüglich des leeren Systems γ primitiv rekursiven Funktionen auffassen. Deshalb sind die primitiv rekursiven Funktionen die Funktionen, die bezüglich eines beliebigen Systems von Funktionen primitiv rekursiv sind.

Aus den Definitionen folgt schließlich unmittelbar, daß *die Operationen der Substitution und der primitiven Rekursion, angewandt auf bezüglich irgendeines Systems γ primitiv rekursive partielle Funktionen, als Ergebnis wieder bezüglich γ primitiv rekursive Funktionen liefern.*

Die Eigenschaften der primitiv rekursiven Funktionen werden in § 3 ausführlich untersucht, und hier zeigen wir als Beispiel nur die primitive Rekursivität ganz einfacher arithmetischer Funktionen.

Nach Definition sind die einstelligen Funktionen $s(x) = x + 1$, $o^1(x) = 0$, $I_1^1(x) = x$ und die mehrstelligen Funktionen

$$I_m^n(x_1, \ldots, x_n) = x_m \ (m, n, = 1, 2, \ldots)$$

primitiv rekursiv.

Für die n-stelligen Funktionen $o^n(x_1, \ldots, x_n) = 0$ haben wir die Darstellung

$$o^n = S^2(o^1, I_1^n),$$

und deshalb ist die Funktion o^n primitiv rekursiv. Eine beliebige n-stellige konstante Funktion $f^n = a$ gestattet eine Darstellung in der Form des Terms

$$s\big(s(\ldots s(o^n(x_1, \ldots, x_n)) \ldots)\big),$$

der mit Hilfe von Objektvariablen und Symbolen der primitiv rekursiven Funktionen s, o^n aufgeschrieben ist. Deshalb sind alle konstanten Funktionen primitiv rekursiv.

Die zweistellige Funktion $f(x, y) = x + y$ erfüllt die Beziehungen

$$x + 0 = x = I_1^1(x),$$
$$x + (y + 1) = (x + y) + 1 = s(x + y).$$

Folglich entsteht die Funktion $x + y$ aus den primitiv rekursiven Funktionen I_1^1, $h(x, y, z) = z + 1$ durch die Operation der primitiven Rekursion, und deshalb ist die Funktion $x + y$ primitiv rekursiv.

Die zweistellige Funktion xy genügt dem Schema

$$x \cdot 0 = o(x),$$
$$x(y + 1) = xy + x$$

der primitiven Rekursion mit primitiv rekursiven Anfangsfunktionen (s. (1),(2))

$$g(x) = o(x), \quad h(x, y, z) = z + x.$$

Deshalb ist die Funktion xy primitiv rekursiv.

Betrachten wir die Funktion x^y, wobei wir annehmen, daß $x^0 = 1$ ist. Die Beziehungen

$$x^0 = 1,$$
$$x^{y+1} = x^y x$$

stellen ein primitiv rekursives Schema mit primitiv rekursiven Anfangsfunktionen

$$g(x) = 1, \quad h(x, y, z) = z \cdot x$$

dar. Deshalb ist auch die Funktion x^y primitiv rekursiv.

In der Analysis kommt manchmal die Funktion sg x (*signum x* oder *sign x*) vor, die für positive reelle Werte des Zeichens x gleich $+1$ ist, für negative x gleich -1 und 0 für $x = 0$. Wir werden diese Funktion nur für natürliche Werte betrachten, für die sie durch die Formel

$$\text{sg } x = \begin{cases} 0, \text{ falls } x = 0, \\ 1, \text{ falls } x > 0 \end{cases}$$

definiert werden kann. Wir führen noch die Funktion $\overline{\text{sg}}$ ein, die durch die Matrix

$$\overline{\text{sg}} \ x = \begin{cases} 1, \text{ falls } x = 0, \\ 0, \text{ falls } x > 0 \end{cases}$$

definiert ist und mit der Differenz $1 - \text{sg } x$ zusammenfällt.

Die Funktionen sg und $\overline{\text{sg}}$ genügen den primitiv rekursiven Schemata

$$\text{sg } 0 = 0, \quad \overline{\text{sg}} \ 0 = 1,$$

$$\text{sg } (x + 1) = 1, \quad \overline{\text{sg}} \ (x + 1) = 0,$$

die die Form (3), (4) haben. Deshalb sind die Funktionen sg und $\overline{sg}$ primitiv rekursiv.

Im Bereich der natürlichen Zahlen wird die Differenz $x - y$ natürlicherweise als *partielle* zweistellige Funktion von x, y betrachtet, die nur für $x \geq y$ definiert ist, weil negative Zahlen in dem betrachteten Bereich nicht vorkommen. Die primitiv rekursiven Funktionen sind jedoch überall definiert. Deshalb führt man in der Theorie der rekursiven Funktionen statt der gewöhnlichen Differenz eine modifizierte Differenz ein, die mit dem Symbol $\doteq$ bezeichnet und durch die Formel

$$x \doteq y = \begin{cases} x - y, \text{ falls } x \geq y, \\ 0, \qquad \text{ falls } x < y \end{cases} \tag{6}$$

definiert wird.

Die modifizierte Differenz ist im Gegensatz zur gewöhnlichen Differenz im Bereich der natürlichen Zahlen überall definiert und gleichzeitig mit der gewöhnlichen Differenz auf sehr einfache Weise verbunden. So ist zum Beispiel nach (6)

$$5 \doteq 3 = 2, \quad 3 \doteq 5 = 0, \quad (x \doteq y) \doteq z = x \doteq (y + z).$$

Die Funktion $x \div 1$ genügt dem primitiv rekursiven Schema

$$0 \div 1 = 0,$$
$$(x + 1) \div 1 = x$$

mit den primitiv rekursiven Anfangsfunktionen o^1 und $I_1{}^2$. Deshalb ist die Funktion $x \div 1$ primitiv rekursiv.

Andererseits folgt aus (6), daß für beliebige x, y

$$x \div 0 = x,$$
$$x \div (y + 1) = (x \div y) \div 1.$$

Diese Identitäten zeigen, daß die zweistellige Funktion $x \div y$ durch primitive Rekursion aus den Funktionen $I_1{}^1$ und $h(x, y, z) = z \div 1$ entsteht. Die beiden letzten Funktionen sind primitiv rekursiv. Deshalb ist auch die Funktion $x \div y$ primitiv rekursiv.

Aus der primitiven Rekursivität der Funktionen $+$ und $\div$ folgt schließlich die primitive Rekursivität der Funktion

$$|x - y| = (x \div y) + (y \div x).$$

Damit unterbrechen wir vorläufig das Studium der Eigenschaften primitiv rekursiver Funktionen. Es wird in § 3. fortgesetzt, und jetzt wenden wir uns noch einmal der Definition der relativ primitiv rekursiven Funktionen zu.

In diesem und im vorhergehenden Unterparagraphen wurden auf der Menge $\mathfrak{F}$ aller partiellen Funktionen einer beliebigen Anzahl von Argumenten die partiellen Operationen S^i $(i = 1, 2, \ldots)$ der Zusammensetzung und R der primitiven Rekursion definiert. Nach § 1.3. ist das System

$$\mathfrak{B} = \langle \mathfrak{F}; R, S^2, S^3, \ldots \rangle$$

eine partielle Algebra. Aus den oben angegebenen Definitionen folgt unmittelbar, daß die Gesamtheit $\mathfrak{F}_{pr}$ aller primitiv rekursiven Funktionen eine Unteralgebra der Algebra $\mathfrak{B}$ ist, die durch das System der Funktionen $o, s, I_m{}^n$ $(m, n = 1, 2, \ldots)$ erzeugt wird. Analog ist für ein System $\mathfrak{S}$ irgendwelcher Funktionen aus $\mathfrak{F}$ die Gesamtheit aller bezüglich $\mathfrak{S}$ primitiv rekursiven Funktionen Unteralgebra der Algebra $\mathfrak{B}$ und wird erzeugt durch die Funktionen des Systems $\mathfrak{S}$ und die Anfangsfunktionen $o, s, I_m{}^n$. Nach Theorem 1 von § 1.3. kann man behaupten, daß *die und nur die Funktionen primitiv rekursiv sind, die Werte von mit Hilfe der Individuen-Objektsymbole $o, s, I_m{}^n$ und der Funktionszeichen $R, S^2, S^3, \ldots$ angeschriebenen Termen sind.*

Analog sind die und nur die Funktionen bezüglich $\mathfrak{S}$ primitiv rekursiv, die Werte von mit Hilfe der Individuen-Objektsymbole $o, s, I_m{}^n$, der Symbole von Funktionen aus $\mathfrak{S}$ und der Funktionszeichen $R, S^2, S^3, \ldots$ angeschriebenen Termen sind.

2*

Terme dieser Gestalt nennen wir wie auch in § 2.1. Operatoren. Vom formalen Standpunkt aus sind Operatorterme Worte im von den Zeichen R, S^i, o, s, $I_m{}^n$ und Symbolen für die Funktionen aus dem System $\mathfrak{S}$ gebildeten Alphabet. In der Regel wird das System $\mathfrak{S}$ als endlich vorausgesetzt, aber sogar auch in diesem Fall bekommt man ein unendliches Alphabet, weil dieses eine unendliche Zahl von Zeichen S^2, S^3, ... einschließt. Diese Kompliziertheit ist jedoch leicht zu beseitigen, wenn man eine geeignete Kodierung benutzt, wie zum Beispiel die in § 1.4. angegebene. Dann wird jede primitiv rekursive Funktion Wert eines geeigneten Worts in einem festen endlichen Alphabet.

Die Darstellung einer primitiv rekursiven Funktion in der Form eines Operatorterms wird im Folgenden als die Standard- (konstruktive) Angabe dieser Funktion betrachtet. In der Regel besteht der Nachweis der primitiven Rekursivität einer Funktion darin, den Weg für den Aufbau eines Operatorterms zu zeigen, dessen Wert gleich der gegebenen Funktion ist. Der oben angeführte Beweis für die primitive Rekursivität der modifizierten Differenz zum Beispiel gibt die folgende Termdarstellung:

$$x \mathbin{\dot{-}} 1 = R(o, I_1{}^2)(x)$$
$$\mathbin{\dot{-}} = R(I_1{}^1, I_3{}^3 \mathbin{\dot{-}} 1) = R\big(I_1{}^1, S^2(R(o, I_1{}^2), I_3{}^3)\big).$$

Bemerken wir jedoch sofort, daß die Funktion $\mathbin{\dot{-}}$ auch unendlich viele andere Darstellungen zuläßt, weil der Wert des Terms sich nicht ändert, wenn man zum Beispiel das Wort $+0$ hinzuschreibt.

2.3. Operation der Minimalisierung. Betrachten wir eine beliebige n-stellige ($n \geqq 1$) partielle zahlentheoretische Funktion f. Nehmen wir an, daß ein „Mechanismus" zur Berechnung der Funktionswerte von f existiert, wobei ein Wert der Funktion f genau dann nicht definiert ist, wenn dieser Mechanismus unendlich lange arbeitet und kein endgültiges Resultat ausgibt. Wir halten irgendwelche Werte $x_1, \ldots, x_{n-1}$ für die ersten $n-1$ Argumente der Funktion f fest und betrachten die Gleichung

$$f(x_1, \ldots, x_{n-1}, y) = x_n. \tag{1}$$

Um eine (natürliche) Lösung y dieser Gleichung zu finden, werden wir mit Hilfe des oben angegebenen „Mechanismus" sukzessive die Werte $f(x_1, \ldots, x_{n-1}, y)$ für $y = 0, 1, 2, \ldots$ berechnen. Den kleinsten Wert a, für den wir

$$f(x_1, \ldots, x_{n-1}, a) = x_n$$

erhalten, bezeichnen wir mit

$$\mu_y(f(x_1, \ldots, x_{n-1}, y) = x_n). \tag{2}$$

Der beschriebene Prozeß zum Auffinden des Wertes des Ausdrucks (2) setzt sich in den folgenden Fällen unendlich lange fort:

a) der Wert $f(x_1, \ldots, x_{n-1}, 0)$ ist nicht definiert;

b) die Werte $f(x_1, \ldots, x_{n-1}, y)$ sind definiert für $y = 0, 1, \ldots, a - 1$, aber verschieden von x_n, und der Wert $f(x_1, \ldots, x_{n-1}, a)$ ist nicht definiert;

c) die Werte $f(x_1, \ldots, x_{n-1}, y)$ sind für alle $y = 0, 1, 2, \ldots$ definiert und verschieden von x_n.

In allen diesen Fällen gilt der Wert des Ausdrucks (2) als undefiniert. In den übrigen Fällen bricht der beschriebene Prozeß ab und gibt die kleinste Lösung $y = a$ der Gleichung (1). Diese Lösung ist, wie gesagt, auch der Wert des Ausdrucks (2).

Ein Beispiel: wir haben bereits vereinbart, durch $x \mathbin{\dot-} y$ die Funktion zu bezeichnen, die für $x \geqq y$ gleich der gewöhnlichen Differenz und für $x < y$ gleich Null ist. Deshalb haben wir in Übereinstimmung mit der angegebenen Bedeutung des Symbols μ für alle x, y

$$x - y = \mu_z(y + z = x). \tag{3}$$

Analog

$$\mu_x(\operatorname{sg} x = 1) = 1,$$
$$\mu_y(y \mathbin{\dot-} x = 0) = 0.$$

Dies sind respektive die kleinsten Lösungen der Gleichungen $\operatorname{sg} x = 1$ und $y \mathbin{\dot-} x = 0$.

Dagegen ist der Wert des Ausdrucks

$$\mu_y\big(y(y - (x + 1)) = 0\big) \tag{4}$$

nicht definiert, weil schon der Wert des Terms $0 \cdot (0 - (x - 1))$ undefiniert ist. Gleichzeitig hat die Gleichung

$$y(y - (x + 1)) = 0$$

die Lösung $y = x + 1$, aber diese fällt nicht mit dem Wert des Ausdrucks (4) zusammen. Dieses Beispiel zeigt, daß für partielle Funktionen $f(x_1, \ldots, x_{n-1}, y)$ der Ausdruck (2) strenggenommen nicht die kleinste Lösung der Gleichung (1) ist. Ist jedoch die Funktion $f(x_1, \ldots, x_{n-1}, y)$ überall definiert und hat die Gleichung (1) eine Lösung, dann ist (2) die kleinste Lösung für (1).

Der Wert des Ausdrucks (2) für eine gegebene Funktion f ist von der Wahl der Werte für die Parameter $x_1, \ldots, x_{n-1}, x_n$ abhängig und deshalb eine (partielle) Funktion der Argumente $x_1, \ldots, x_n$. Diese Funktion werden wir symbolisch durch Mf bezeichnen, wobei M das Zeichen der Operation ist, die die Funktion f in die Funktion Mf überführt. Ist die gegebene Funktion f einstellig, so wird die Funktion Mf oft mit f^{-1} bezeichnet und *Umkehrung* der Funktion f oder kürzer die inverse Funktion genannt. Somit ist

$$f^{-1}(x) = \mu_y(f(y) = x).$$

Für die Funktionen sg und **s** zum Beispiel sind die Inversen die Funktionen

$$\mathrm{sg}^{-1}\,x = \begin{cases} x, & \text{falls } x = 0, 1, \\ \text{undef. falls } x > 1 \end{cases}$$

und entsprechend

$$\mathbf{s}^{-1}(x) = \begin{cases} x - 1, & \text{falls } x > 0, \\ \text{undef., falls } x = 0. \end{cases}$$

Für mehrstellige Funktionen f ist die Schreibweise f^{-1} nicht üblich. Im folgenden wird der Operator $\boldsymbol{M}$ der *Operator der Minimalisierung* genannt. Aus der Formel (3) zum Beispiel erhält man

$$\boldsymbol{M}(+) = \boldsymbol{S}^3(-, \boldsymbol{I}_2{}^2, \boldsymbol{I}_1{}^2).$$

Neben Ausdrücken der Form (2) stoßen wir im Folgenden auf Ausdrücke der Gestalt

$$\mu_y(f(x_1, \ldots, x_n, y) = g(x_1, \ldots, x_n, y)),$$

$$\mu_y(f(x_1, \ldots, x_n, y) \neq g(x_1, \ldots, x_n, y)).$$

Deren Werte fallen nach Definition mit den Werten der Ausdrücke

$$\mu_y(|f(x_1, \ldots, x_n, y) - g(x_1, \ldots, x_n, y)| = 0),$$

$$\mu_y(\mathrm{sg}\,|f(x_1, \ldots, x_n, y) - g(x_1, \ldots, x_n, y)| = 1)$$

respektive zusammen.

Wir wollen jetzt die folgende

Hauptdefinition einführen. *Eine partielle Funktion f heißt partiell rekursiv bezüglich eines Systems $\mathfrak{S}$ partieller Funktionen, wenn f aus den Funktionen des Systems $\mathfrak{S}$ und den Anfangsfunktionen $\boldsymbol{o}$, $\boldsymbol{s}$, $\boldsymbol{I}_m{}^n$ durch eine endliche Anzahl von Operationen der Substitution, der primitiven Rekursion und der Minimalisierung erhalten werden kann.*

Eine partielle Funktion f heißt partiell rekursiv, wenn sie aus den Anfangsfunktionen $\boldsymbol{o}$, $\boldsymbol{s}$, $\boldsymbol{I}_m{}^n$ durch eine endliche Anzahl von Operationen der Substitution, der primitiven Rekursion und der Minimalisierung erhalten werden kann.

In der Sprache der Terme kann diese Definition auf folgende Weise ausgedrückt werden: Eine partielle Funktion f heißt partiell rekursiv bezüglich eines Systems $\mathfrak{S}$ partieller Funktionen, wenn f Wert eines (Operator-) Terms ist, der mit Hilfe der Operatorsymbole $\boldsymbol{R}$, $\boldsymbol{M}$, $\boldsymbol{S}^i$, der Objektsymbole $\boldsymbol{o}$, $\boldsymbol{s}$, $\boldsymbol{I}_m{}^n$ der Anfangsfunktionen und von Objektsymbolen für Funktionen aus dem System $\mathfrak{S}$ angeschrieben ist.

Eine partielle Funktion heißt partiell rekursiv, wenn sie Wert eines (Operator-) Terms ist, der mit Hilfe der Operatorsymbole $\boldsymbol{R}$, $\boldsymbol{M}$, $\boldsymbol{S}^i$ und der Symbole $\boldsymbol{o}$, $\boldsymbol{s}$, $\boldsymbol{I}_m{}^n$ der Anfangsfunktionen angeschrieben ist.

Aus der angegebenen Definition folgen unmittelbar die folgenden Eigenschaften partiell rekursiver Funktionen.

1. Jede partielle Funktion, die bezüglich eines Systems $\mathfrak{S}$ von Funktionen primitiv rekursiv ist, ist auch partiell rekursiv bezüglich $\mathfrak{S}$. Insbesondere sind alle primitiv rekursiven Funktionen partiell rekursiv.

2. Die Klasse der partiell rekursiven Funktionen ist weiter als die Klasse der primitiv rekursiven Funktionen, weil alle primitiv rekursiven Funktionen überall definiert sind und man unter den partiell rekursiven Funktionen auch Funktionen antrifft, die nicht überall definiert sind, zum Beispiel die Funktionen sg^{-1}, s^{-1} und auch die nirgendwo definierte Funktion

$$f(x) = \mu_z(x + 1 + z = 0).$$

3. Die Anwendung der Operationen der Substitution, der primitiven Rekursion und der Minimalisierung auf bezüglich eines Systems $\mathfrak{S}$ partiell rekursive Funktionen gibt als Resultat wieder bezüglich $\mathfrak{S}$ partiell rekursive Funktionen. Insbesondere stellt jeder (funktionale) Term eine bezüglich $\mathfrak{S}$ partiell rekursive Funktion von $x_1, \ldots, x_n$ dar, der mit Hilfe von Symbolen bezüglich $\mathfrak{S}$ partiell rekursiver Funktionen und der Objektvariablen $x_1, \ldots, x_n$ aufgeschrieben ist.

Man sieht schon aus den in § 2.2. gebrachten Beispielen, daß viele zahlentheoretische Funktionen primitiv rekursiv sind. Um eine erste, grobe Vorstellung über die Beziehung zwischen primitiv rekursiven und partiell rekursiven Funktionen zu bekommen, führen wir die folgenden Begriffe ein.

Charakteristische Funktion χ_A einer Menge A natürlicher Zahlen heißt die einstellige Funktion, die in den Punkten der Menge A gleich 0 und in den nicht zu A gehörenden Punkten gleich 1 ist. *Partielle charakteristische Funktion* der Menge A heißt die Funktion, die in den Punkten der Menge A gleich 0 und in den nicht zu A gehörenden Punkten undefiniert ist.

Die charakteristische Funktion der leeren Menge zum Beispiel ist die Funktion, die für jeden beliebigen Wert des Arguments 1 ist, und die partielle charakteristische Funktion der leeren Menge ist die nirgends definierte Funktion. Es ist überhaupt leicht zu verstehen, daß die charakteristischen und die partiellen charakteristischen Funktionen nur für die Menge aller natürlichen Zahlen übereinstimmen.

Eine Menge natürlicher Zahlen heißt *primitiv rekursiv*, wenn ihre charakteristische Funktion primitiv rekursiv ist. Eine Menge A heißt *partiell rekursiv*, wenn ihre partielle charakteristische Funktion partiell rekursiv ist. Analog werden die Begriffe der *bezüglich eines Funktionensystems* $\mathfrak{S}$ *primitiv rekursiven* und *partiell rekursiven* Mengen definiert.

Wir werden zeigen, daß *jede (relativ) primitiv rekursive Menge (relativ) partiell rekursiv ist*. Es sei in der Tat $\chi(x)$ die charakteristische Funktion einer Menge A

natürlicher Zahlen. Dann ist die durch die Gleichung

$$\chi_p(x) = 0 - \chi(x) \tag{5}$$

definierte Funktion χ_p die partielle charakteristische Funktion der Menge A. Da die Operation der Subtraktion partiell rekursiv ist, folgt aus der Formel (5), daß die Funktion $\chi_p(x)$ ebenfalls partiell rekursiv ist.

Eine zentrale Aufgabe der Theorie der rekursiven Funktionen ist ein ausführliches Studium der Eigenschaften partiell rekursiver Funktionen. Es wird in Kapitel III durchgeführt. Als vorläufige Information über Eigenschaften der partiell rekursiven Funktionen kann das folgende offensichtliche Theorem dienen.

Theorem 1. *$f(x)$ sei irgendeine primitiv rekursive Funktion und A eine beliebige primitiv rekursive Menge natürlicher Zahlen. Dann ist die durch das Schema*

$$f_p(x) = \begin{cases} f(x), & \text{falls } x \in A, \\ undef., \text{ falls } x \notin A \end{cases} \tag{6}$$

definierte Funktion $f_p(x)$ partiell rekursiv.

In der Tat ist nach dem oben Bewiesenen die partielle charakteristische Funktion $\chi_p(x)$ der Menge A partiell rekursiv. Aus dem Schema (6) folgt, daß für alle Werte x

$$f_p(x) = f(x) + \chi_p(x)$$

und also die Funktion $f_p(x)$ partiell rekursiv ist.

Theorem 1 gibt die Möglichkeit, zahlreiche Beispiele partiell rekursiver Funktionen zu konstruieren.

Der Begriff der partiell rekursiven Funktion ist einer der Hauptbegriffe der Algorithmentheorie. Sein Wert wurde schon in der Einleitung aufgewiesen. Kurz gesagt besteht dieser Wert in folgendem. Einerseits ist jede standard-, zum Beispiel mittels des oben angegebenen Operatorterms angegebene partiell rekursive Funktion durch eine wohlbestimmte Prozedur mechanischen Charakters berechenbar, die unzweifelhaft unserer intuitiven Vorstellung von Algorithmen entspricht. Andererseits erwies sich in allen Fällen unverändert, wie auch immer man derartige Klassen exakt beschriebener „Algorithmen" bis zum jetzigen Zeitpunkt konstruierte, daß die mit Hilfe von Algorithmen aus diesen Klassen berechneten zahlentheoretischen Funktionen partiell rekursiv sind. Deshalb nimmt man gegenwärtig allgemein die folgende naturwissenschaftliche These an, die gewöhnlich formuliert wird als

These von CHURCH. *Die Klasse der algorithmisch (oder maschinell) berechenbaren partiellen zahlentheoretischen Funktionen fällt mit der Klasse aller partiell rekursiven Funktionen zusammen.*

Diese These gibt eine algorithmische Deutung des Begriffs der partiell rekursiven Funktion. Ein wenig komplizierter verhält sich die Angelegenheit bei der Deutung des Begriffs der partiellen Rekursivität bezüglich eines vorgegebenen

Systems $\mathfrak{S}$ von Funktionen. Eine solche Deutung wurde zum ersten Mal von TU-RING angegeben. Der Einfachheit halber setzen wir voraus, daß das System $\mathfrak{S}$ nur aus einer Funktion $h(x)$ besteht. Sind die Werte dieser Funktion mittels eines gewissen Algorithmus berechenbar und ist also unter Berücksichtigung der These von CHURCH die Funktion $h(x)$ partiell rekursiv, so ist jede bezüglich h partiell rekursive Funktion f einfach partiell rekursiv. Ist die gegebene Funktion h nicht partiell rekursiv, so gibt es keinen einheitlichen Algorithmus zur Berechnung eines beliebigen Funktionswertes von h, und es ist ein mathematisches Problem, irgendeinen Funktionswert $h(x)$ zu berechnen. Es sei uns jetzt irgendeine bezüglich h partiell rekursive Funktion f gegeben. Das bedeutet, daß die Funktion f in der Form des Wertes eines Operatorterms dargestellt werden kann, der das Symbol der Funktion h und die Symbole der Anfangsfunktionen enthält. Setzen wir voraus, daß uns dieser Term α bekannt ist. Durch Betrachtung der Definition der Operatoren R, M, S^t überzeugen wir uns in diesem Falle leicht, daß zusammen mit dem Term α auch ein Algorithmus definiert ist, der es gestattet, die Werte der Funktion f zu berechnen *unter der Voraussetzung, daß wir* (durch die Lösung der entsprechenden Probleme) *diejenigen Funktionswerte von h finden können, die der Algorithmus anzeigt.*

Man sagt, daß die Funktion f *bezüglich der Funktion h algorithmisch berechenbar* ist, wenn es einen Algorithmus gibt, der die Funktionswerte von f unter der Voraussetzung zu berechnen gestattet, daß wir die durch den Algorithmus angezeigten Werte der Funktion h finden können. In diesem Zusammenhang können nach späteren Schritten des Algorithmus notwendig werdende Funktionswerte von h von Funktionswerten von h abhängig sein, die für vorhergehende Schritte des Algorithmus erforderlich waren.

Diese Definition der relativen algorithmischen Berechenbarkeit ist natürlich nicht vollständig. Ihre Bedeutung hängt von der Bedeutung ab, die wir in den Begriff des üblichen (nicht relativen) Algorithmus hineinlegen, und von anderen Umständen. Wie auch den Begriff des Algorithmus kann man den Begriff des relativen Algorithmus durch verschiedene Verfahren präzisieren. Bei allen tatsächlich versuchten Präzisierungen hat sich jedoch herausgestellt, daß die relativ berechenbaren Funktionen relativ partiell rekursiv sind. Deshalb nimmt man in Analogie zur These von CHURCH meist auch die These von TURING als naturwissenschaftliche Hypothese an.

These von TURING. *Die Klasse der bezüglich irgendeiner Funktion h (oder Funktionenklasse $\mathfrak{S}$) algorithmisch berechenbaren Funktionen fällt mit der Klasse der bezüglich h (respektive bezüglich des Systems $\mathfrak{S}$) partiell rekursiven partiellen Funktionen zusammen.*

Aus der These von TURING folgt die These von CHURCH, Die Umkehrung darf man offensichtlich nicht als richtig annehmen. Natürlich ist hier nicht von strenger logischer Abhängigkeit, sondern eher von Abhängigkeit in einem bestimmten philosophischen Sinn die Rede.

2.4. Allgemein rekursive Funktionen. Wie bereits gesagt gibt es zu jeder partiell rekursiven Funktion f einen mechanischen Prozeß, durch den eine beliebige natürliche Zahl x in den Funktionswert $f(x)$ der Funktion f verwandelt wird. Dieser Prozeß setzt sich genau dann ohne Ausgabe eines endgültigen Ergebnisses unendlich lange fort, wenn der Funktionswert von f im Punkt x nicht definiert ist. Somit sind überall definierte partiell rekursive Funktionen Funktionen, zur Berechnung deren Funktionswerte ein Algorithmus existiert, der für jede natürliche Zahl nach einer endlichen Anzahl von Schritten abbricht. In der Algorithmentheorie spielen Algorithmen, die eine beliebige vorgegebene Zahl in eine wohlbestimmte Zahl verarbeiten, eine besondere Rolle. Zusammen mit diesen nehmen in der Theorie der rekursiven Funktionen auch die überall definierten partiell rekursiven Funktionen eine besondere Stellung ein.

Die folgende Methode zur Gewinnung überall definierter partiell rekursiver Funktionen ist völlig offensichtlich. Die in § 2.3. eingeführte Operation der Minimalisierung ordnet einer beliebig vorgegebenen Funktion f eine bestimmte partielle Funktion Mf zu. Wir führen jetzt noch eine Operation ein, die wir vorübergehend mit dem Symbol M^1 bezeichnen und schwache Minimalisierung nennen werden. Per definitionem setzen wir

$$M^1 f = Mf,$$

falls die Funktion Mf überall definiert ist. Ist diese Funktion jedoch nicht überall definiert, so werden wir den Wert von $M^1 f$ für nicht definiert halten.

Die Funktionen, die man aus den Anfangsfunktionen o, s, $I_m{}^n$ durch eine endliche Anzahl von Operationen der Substitution, der primitiven Rekursion und der schwachen Minimalisierung erhalten kann, heißen *allgemein rekursiv.*

Da die Anwendung der Operationen R, M^1, S^i auf überall definierte Funktionen entweder nichts oder wiederum überall definierte Funktionen gibt, sind *alle allgemein rekursiven Funktionen überall definiert.*

Ist andererseits das Ergebnis der Operation der schwachen Minimalisierung definiert, so fällt es mit dem Ergebnis der Operation der üblichen Minimalisierung zusammen. Deshalb *sind alle allgemein rekursiven Funktionen überall definierte partiell rekursive Funktionen.*

Die Umkehrung ist ebenfalls gültig: Jede überall definierte partiell rekursive Funktion ist allgemein rekursiv. Dieses Resultat ist jedoch ein Korollar eines ziemlich subtilen Theorems, das erst in § 6.1. gezeigt wird. Wir bemerken vorläufig, daß nach Definition jede primitiv rekursive Funktion allgemein rekursiv ist.

In § 5.2. werden allgemein rekursive Funktionen konstruiert, die nicht primitiv rekursiv sind. Somit ist die Klasse der allgemein rekursiven Funktionen weiter als die Klasse der primitiv rekursiven Funktionen.

Beispiele und Übungen

1. Die Operation der Substitution einer einstelligen Funktion in eine einstellige Funktion ergibt wieder eine einstellige Funktion. Wir bezeichnen diese Operation mit dem Symbol $*$. Somit ist nach Definition

$$f * g = S^2(f, g),$$
$$(f * g)(x) = f(g(x)).$$

Die Operation $*$ ist assoziativ, aber nicht kommutativ:

$$f * (g * h) = (f * g) * h,$$
$$s * \mathrm{sg} \neq \mathrm{sg} * s.$$

Man zeige, daß für eine beliebige einstellige Funktion f gilt

$$I_1^1 * f = f * I_1^1 = f * f^{-1} * f = f, \quad f^{-1} * f * f^{-1} = f^{-1}.$$

Ist f^{-1} überall definiert, so ist $f * f^{-1} = I_1^1$. Ist der Ausdruck $f^{-1}(x)$ für ein gewisses x definiert, so ist

$$(f * f^{-1})(x) = x.$$

Man zeige, daß es einstellige Funktionen f gibt, für die f^{-1} überall definiert und gleichzeitig $f^{-1} * f \neq I_1^1$ ist.

2. Für zweistellige Funktionen führen wir eine Operation τ ein durch

$$f^\tau(x,y) = f(y, x).$$

Die Operation τ erfüllt die folgenden Beziehungen:

$$f^\tau = S^3(f, I_2^2, I_1^2),$$
$$\mu_x(f(x, y) = z) = (Mf^\tau)(y, z).$$

3. Für eine reelle Zahl x bezeichnet das Symbol $[x]$ den ganzzahligen Anteil von x, das ist die größte ganze Zahl, die x nicht überschreitet. Man zeige, daß die Funktion

$$q(x) = x - [\sqrt{x}]^2$$

die Beziehungen

$$q^{-1}(2x) = x^2 + 2x,$$
$$q^{-1}(2x + 1) = x^2 + 4x + 2$$

erfüllt.

4. $\mathfrak{F}$ sei die Menge aller partiellen Funktionen einer beliebigen Anzahl von Variablen. Wir betrachten die partielle Algebra

$$\mathfrak{A} = \langle \mathfrak{F}; M, R, S^2, S^3, \ldots \rangle.$$

Die Hauptdefinition der partiellen Rekursivität ergibt: die Gesamtheit aller bezüglich eines Systems $\mathfrak{S}$ von partiellen Funktionen partiell rekursiven Funktionen ist eine Unteralgebra der Algebra $\mathfrak{A}$, die in $\mathfrak{A}$ durch das System $I_m{}^n$, o, s erzeugt wird. Bezeichnen wir durch $\mathfrak{F}_l$ die Gesamtheit aller überall definierten Funktionen aus $\mathfrak{F}$ und betrachten wir die partielle Unteralgebra

$$\mathfrak{A}_l = \langle \mathfrak{F}_l; M, R, S^2, S^3, \ldots \rangle$$

der Algebra $\mathfrak{A}$. Die Gesamtheit aller allgemein rekursiven Funktionen ist eine Unteralgebra der Algebra $\mathfrak{A}_l$, die in $\mathfrak{A}_l$ von den Anfangsfunktionen o, $I_m{}^n$, s erzeugt wird.

5. Man zeige, daß jede überall definierte Funktion primitiv rekursiv ist, die mit Ausnahme einer endlichen Anzahl von Punkten überall gleich einer natürlichen Zahl a ist.

6. Man zeige die primitive Rekursvität der zweistelligen Funktionen $[x/y]$, rest (x, y), wobei $[x/y]$ den (Teil-)Quotienten und rest (x, y) den Rest der Division von x durch y bezeichnet. Wir setzen per definitionem auch $[x/0] = x$ und rest $(x, 0) = x$.

7. Wird der Wert einer primitiv rekursiven, partiell rekursiven oder allgemein rekursiven Funktion nur in einer endlichen Menge von Punkten verändert, so ist die neue Funktion wieder respektive primitiv rekursiv, partiell rekursiv oder allgemein rekursiv.

8. Man zeige, daß jede

a) endliche Gesamtheit von Zahlen;

b) Gesamtheit der Zahlen der Gestalt $an + b$ $(n = 0, 1, 2, \ldots)$;

c) Gesamtheit der Zahlen der Gestalt $a \cdot b^n$ $(n = 0, 1, 2, \ldots)$ primitiv rekursiv ist.

9. Man zeige, daß der Definitionsbereich einer einstelligen partiell rekursiven Funktion eine partiell rekursive Menge ist. Die Gesamtheit der Werte einer n-stelligen partiell rekursiven Funktion ist eine partiell rekursive Menge.

Kapitel II

Primitiv rekursive Funktionen
und rekursiv aufzählbare Mengen

In der ersten Hälfte des Kapitels wird das Studium von Eigenschaften der primitiv rekursiven Funktionen fortgesetzt, deren genaue Definition wir bereits im vorigen Kapitel gegeben haben. In der zweiten Hälfte des Kapitels wird ein neuer grundlegender Begriff — der Begriff der rekursiv aufzählbaren Menge natürlicher Zahlen — eingeführt und eine Reihe von Eigenschaften dieser Mengen gezeigt, die die Grundlage bilden, auf der sich die weitere Theorie der rekursiven Funktionen aufbaut.

§ 3. Primitiv rekursive Funktionen

In § 2.2. ist der Begriff der primitiv rekursiven Funktion eingeführt und das Studium der Eigenschaften dieses Begriffes begonnen worden. Das Studium der Eigenschaften primitiv rekursiver Funktionen wird jetzt fortgesetzt mit dem Hauptziel des Nachweises der primitiven Rekursivität einer Reihe besonders oft angetroffener zahlentheoretischer Funktionen.

3.1. Die Operationen der Summation und der majorisierten Umkehrung. Nach § 2.2. gibt eine Anwendung der Operationen der Substitution und der primitiven Rekursion auf primitiv rekursive Funktionen als Resultat wieder primitiv rekursive Funktionen. Wir werden jetzt einige weitere Operationen definieren, die diese Eigenschaft besitzen.

Theorem 1. *g sei eine (partielle) n-stellige (bezüglich irgendeines Systems $\mathfrak{S}$ partieller Funktionen) primitiv rekursive Funktion. Dann ist die durch die Gleichung*

$$f(x_1, \ldots, x_n) = \sum_{i=0}^{x_n} g(x_1, \ldots, x_{n-1}, i)$$

definierte n-stellige Funktion f ebenfalls (bezüglich $\mathfrak{S}$) primitiv rekursiv.

In der Tat folgt aus der angegebenen Gleichung

$$f(x_1, \ldots, x_{n-1}, 0) = g(x_1, \ldots, x_{n-1}, 0),$$

$$f(x_1, \ldots, x_{n-1}, y + 1) = f(x_1, \ldots, x_{n-1}, y) + g(x_1, \ldots, x_{n-1}, y + 1).$$

Also entsteht die Funktion f durch primitive Rekursion aus den primitiv rekursiven Funktionen

$$g(x_1, \ldots, x_{n-1}, 0), \; h(x_1, \ldots, x_{n-1}, y, z) = z + g(x_1, \ldots, x_{n-1}, y + 1),$$

und deshalb ist f primitiv rekursiv.

Korollar 1. *Ist eine n-stellige Funktion g (bezüglich $\mathfrak{S}$) primitiv rekursiv, so ist auch die durch das Schema*

$$f(x_1, \ldots, x_{n-1}, y, z) = \begin{cases} \sum\limits_{i=y}^{z} g(x_1, \ldots, x_{n-1}, i), \text{ falls } y \leqq z; \\ 0 \qquad\qquad\qquad\quad, \text{ falls } y > z \end{cases} \tag{1}$$

definierte $n + 1$-stellige Funktion f (bezüglich $\mathfrak{S}$) primitiv rekursiv.

Nach Schema (1) ist offensichtlich

$$f(x_1, \ldots, x_{n-1}, y, z) = \left(\sum_{i=0}^{z} g(x_1, \ldots, x_{n-1}, i) \; \dot- \; \sum_{i=0}^{y} g(x_1, \ldots, x_{n-1}, i) \right)$$
$$+ g(x_1, \ldots, x_{n-1}, y) \cdot \overline{\mathrm{sg}}\,(y \dot- z).$$

Da die Operation $\dot-$ primitiv rekursiv ist, ist somit nach Theorem 1 auch f primitiv rekursiv.

Man sagt manchmal, daß die in Theorem 1 definierte Funktion f aus der Funktion g durch die Operation der Summation entsteht. Theorem 1 bedeutet, daß die Anwendung der Operation der Summation auf eine primitiv rekursive Funktion wieder eine primitiv rekursive Funktion ergibt.

Korollar 2. *Sind g, h, k primitiv rekursive Funktionen, so ist die durch die Beziehung*

$$f^*(x_1, \ldots, x_n) = \sum_{i=h(x_1,\ldots,x_n)}^{k(x_1,\ldots,x_n)} g(x_1, \ldots, x_{n-1}, i) \tag{2}$$

definierte Funktion f^* ebenfalls primitiv rekursiv.

Die Formel (2) ist gleichbedeutend mit der Formel

$$f^*(x_1, \ldots, x_n) = f(x_1, \ldots, x_{n-1}, h, k),$$

wobei f die durch das Schema (1) definierte Funktion ist. Da f, h, k primitiv rekursiv sind, ist auch f^* primitiv rekursiv.

Analog zu Theorem 1 zeigt man auch das

Theorem 2. *Ist eine n-stellige Funktion g (bezüglich eines Funktionensystems $\mathfrak{S}$) primitiv rekursiv, so ist auch die durch die Formel*

$$f(x_1, \ldots, x_{n-1}, x_n) = \prod_{i=0}^{x_n} g(x_1, \ldots, x_{n-1}, i)$$

definierte n-stellige Funktion primitiv rekursiv (bezüglich $\mathfrak{S}$).

Man sagt in diesem Falle, daß die Funktion $f(x_1, \ldots, x_n)$ aus der Funktion $g(x_1, \ldots, x_n)$ durch die Operation der Multiplikation entsteht.

Den Beweis lassen wir seiner Einfachheit halber aus.

Im folgenden kommt oft die sogenannte Definition einer Funktion durch Fallunterscheidung[1]) vor. Es handelt sich um folgendes. Vorgegeben seien gewisse Funktionen $f_i(x_1, \ldots, x_n)$, $i = 1, \ldots, s+1$ und irgendwelche Bedingungen $P_j(x_1, \ldots, x_n)$ $(j = 1, \ldots, s)$ angegeben, die für ein beliebiges System $x_1, \ldots, x_n$ von Zahlen wahr oder falsch sein können. Wir nehmen ferner an, daß für kein System $x_1, \ldots, x_n$ von Zahlen gleichzeitig zwei der erwähnten Voraussetzungen wahr sein können. Eine durch das Schema

$$f(x_1, \ldots, x_n) = \begin{cases} f_1(x_1, \ldots, x_n), & \text{falls } P_1(x_1, \ldots, x_n) \text{ wahr ist,} \\ f_2(x_1, \ldots, x_n), & \text{falls } P_2(x_1, \ldots, x_n) \text{ wahr ist,} \\ \cdots \cdots \cdots \cdots \cdots \cdots \cdots \cdots \cdots \cdots \\ f_s(x_1, \ldots, x_n), & \text{falls } P_s(x_1, \ldots, x_n) \text{ wahr ist,} \\ f_{s+1}(x_1, \ldots, x_n), & \text{für die übrigen } x_1, \ldots, x_n \end{cases}$$

definierte Funktion $f(x_1, \ldots, x_n)$ heißt *durch das Schema der Fallunterscheidung definierte Funktion*. Es ist von der Natur der Funktionen f_i und der Bedingungen P_j abhängig, ob die Funktion f primitiv rekursiv ist. Einen sehr einfachen Fall, in dem die Funktion f primitiv rekursiv ist, liefert das

Theorem 3. *Es seien n-stellige (bezüglich $\mathfrak{S}$) primitiv rekursive Funktionen f_1, $\ldots, f_{s+1}, \alpha_1, \ldots, \alpha_s$ vorgegeben, wobei für keine Werte der Variablen zwei der Funktionen $\alpha_1, \ldots, \alpha_s$ gleichzeitig 0 werden. Dann ist die durch das Schema der Fallunterscheidung*

$$f(x_1, \ldots, x_n) = \begin{cases} f_1(x_1, \ldots, x_n), & \text{falls } \alpha_1\,(x_1, \ldots, x_n) = 0, \\ \cdots \cdots \cdots \cdots \cdots \cdots \cdots \cdots \cdots \cdots \\ f_s(x_1, \ldots, x_n), & \text{falls } \alpha_s(x_1, \ldots, x_n) = 0, \\ f_{s+1}(x_1, \ldots, x_n), & \text{in den übrigen Fällen} \end{cases}$$

definierte Funktion f primitiv rekursiv (bezüglich $\mathfrak{S}$).

Zum Beweis genügt die Bemerkung, daß man die Funktion f in der Form

$$f = f_1\,\overline{\mathrm{sg}}\,\alpha_1 + \cdots + f_s\,\overline{\mathrm{sg}}\,\alpha_s + f_{s+1}\,\mathrm{sg}\,(\alpha_1 \cdots \alpha_s)$$

darstellen kann, wobei sg, $\overline{\mathrm{sg}}$ die in § 2.2. eingeführten primitiv rekursiven einstelligen Funktionen sind.

---

[1]) Wörtliche Übersetzung: stückweise Angabe einer Funktion (Anm. d. Übers.).

In Theorem 3 wird der typische Fall betrachtet, in dem die Bedingungen P_i die Form $\alpha_i = 0$ haben. Da die Bedingungen der Form

$$\alpha_i = \beta_i,\ \alpha_i \leqq \beta_i,\ \alpha_i < \beta_i \tag{3}$$

respektive äquivalent den Bedingungen

$$|\alpha_i - \beta_i| = 0,\quad \alpha_i \mathbin{\dot-} \beta_i = 0,\quad \overline{\mathrm{sg}}\,(\beta_i \mathbin{\dot-} \alpha_i) = 0$$

sind, bleibt Theorem 3 auch in dem Falle richtig, in dem im Schema der Fallunterscheidung die Identitäten $\alpha_i = 0$ beliebig durch Bedingungen der Form (3) mit primitiv rekursiven Funktionen $\alpha_i,\ \beta_i$ ersetzt werden.

Betrachten wir die Gleichung

$$g(x_1, \ldots, x_n, y) = 0, \tag{4}$$

deren linke Seite eine überall definierte Funktion ist. Wir nehmen an, daß die Gleichung (4) für alle Werte $x_1, \ldots, x_n$ eine eindeutige Lösung y hat. Dann ist diese Lösung eine eindeutige überall definierte Funktion von $x_1, \ldots, x_n$. Es wird gefragt, ob diese Funktion $y = f(x_1, \ldots, x_n)$ primitiv rekursiv ist, wenn die linke Seite der Gleichung (4) eine primitiv rekursive Funktion von $x_1, \ldots, x_n, y$ ist. In Kapitel IV wird gezeigt, daß die Antwort auf diese Frage im allgemeinen Fall negativ ist. Dieses schließt natürlich nicht die Möglichkeit aus, daß die Antwort in einzelnen Fällen positiv ist.

Theorem 4 (über majorisierbare implizite Funktionen). $g(x_1, \ldots, x_n, y)$, $\alpha(x_1, \ldots, x_n)$ *seien primitiv rekursive Funktionen der Art, daß die Gleichung*

$$g(x_1, \ldots, x_n, y) = 0 \tag{5}$$

für alle $x_1, \ldots, x_n$ wenigstens eine Lösung hat und daß

$$\mu_y(g(x_1, \ldots, x_n, y) = 0) \leqq \alpha(x_1, \ldots, x_n) \tag{6}$$

für beliebige $x_1, \ldots, x_n$. Dann ist auch die Funktion

$$f(x_1, \ldots, x_n) = \mu_y(g(x_1, \ldots, x_n, y) = 0)$$

primitiv rekursiv.

Halten wir beliebige Werte $x_1, \ldots, x_n$ fest und sei

$$a = \mu_y(g(x_1, \ldots, x_n, y) = 0).$$

Wir betrachten die Folge der Produkte

$$g(x_1, \ldots, x_n, 0)\, g(x_1, \ldots, x_n, 1) \ldots g(x_1, \ldots, x_n, i)$$
$$(i = 0, 1, 2, \ldots). \tag{7}$$

Da $y = a$ die kleinste Lösung der Gleichung (5) ist, sind die ersten a Glieder der Folge (7) ungleich Null, und alle übrigen Glieder enthalten den Faktor $g(x_1, \ldots, x_n, a)$, der gleich Null ist, und sind deshalb gleich Null. Daher folgt aus der Gleichung (6)

$$a = \sum_{i=0}^{\alpha(x_1,\ldots,x_n)} \mathrm{sg}\ (g(x_1, \ldots, x_n, 0) \ldots g(x_1, \ldots, x_n, i)). \tag{8}$$

Durch Einführung der primitiv rekursiven Funktion

$$h(x_1, \ldots, x_n, z) = \prod_{i=0}^{z} g(x_1, \ldots, x_n, i)$$

können wir die Gleichung (8) in die Form

$$f(x_1, \ldots, x_n) = \sum_{i=0}^{\alpha(x_1,\ldots,x_n)} \mathrm{sg}\ h(x_1, \ldots, x_n, i)$$

umschreiben. Nach Theorem 1, 2 folgt hieraus, daß die Funktion f primitiv rekursiv ist.

3.2. Primitive Rekursivität einiger arithmetischer Funktionen. Mit Hilfe der im vorigen Abschnitt entwickelten allgemeinen Theorie kann man jetzt leicht überprüfen, daß die üblichen mit Teilbarkeitsbeziehungen und der Primzahleigenschaft natürlicher Zahlen verbundenen arithmetischen Funktionen primitiv rekursiv sind.

Wir beginnen mit dem Quotienten und dem Rest der Division einer Zahl x durch eine Zahl y, die wir mit $[x/y]$ und rest (x, y) bezeichnen werden. Um mit überall definierten Funktionen zu tun zu haben, nehmen wir für alle x an

$$[x/0] = x, \quad \mathrm{rest}\ (x, 0) = x.$$

Es ist klar, daß die so definierten Funktionen durch die Identität

$$\mathrm{rest}\ (x, y) = x \div (y \cdot [x/y])$$

verbunden sind, und also folgt aus der primitiven Rekursivität der Funktion $[x/y]$ auch die primitive Rekursivität der Funktion rest (x, y).

Nach Definition erfüllt die Zahl $[x/y] = n$ für $y > 0$ die Beziehungen

$$ny \leqq x < (n + 1)\,y.$$

Hiernach ist n offensichtlich gleich der Anzahl von Nullen in der Folge

$$1y \div x, 2y \div x, \ldots, ny \div x, \ldots, xy \div x.$$

Deshalb haben wir für $y > 0$ die Formel

$$[x/y] = \sum_{i=1}^{x} \overline{\mathrm{sg}}\, (iy \dot- x). \qquad (1)$$

Eine direkte Überprüfung zeigt, daß die Formel (1) auch für $y = 0$ gültig ist. Da die unter dem Summenzeichen vorkommende Funktion $\overline{\mathrm{sg}}\, (iy \dot- x)$ primitiv rekursiv ist, schließen wir auf Grund von Theorem 1, daß die Funktion $[x\,y]$ und zusammen damit auch die Funktion $\mathrm{rest}(x, y)$ primitiv rekursiv ist.

Man sagt, daß eine Zahl x (ohne Rest) durch eine Zahl y teilbar ist oder daß $y\,x$ *teilt*, wenn $\mathrm{rest}(x, y) = 0$ ist. Wir führen eine zweistellige Funktion $\mathrm{div}(x, y)$ ein durch die definitorische Festsetzung

$$\mathrm{div}\,(x, y) = \begin{cases} 1, \text{ falls } \mathrm{rest}(x, y) = 0, \\ 0, \text{ falls } \mathrm{rest}(x, y) \neq 0. \end{cases}$$

Die offensichtliche Beziehung

$$\mathrm{div}\,(x, y) = \overline{\mathrm{sg}}\, \mathrm{rest}\,(x, y)$$

zeigt, daß die Funktion $\mathrm{div}\,(x, y)$ primitiv rekursiv ist.

Setzen wir per definitionem

$$\mathrm{nd}\, x = \sum_{i=0}^{x} \mathrm{div}\,(x, i). \qquad (2)$$

Ist $x \neq 0$, so überschreiten die Teiler der Zahl $x\,x$ nicht, und daher ist für positive x die Zahl $\mathrm{nd}\, x$ identisch mit der Anzahl der verschiedenen Teiler von x (die Zahl 1 eingeschlossen). Nach Formel (2) ist offensichtlich, daß die Funktion nd primitiv rekursiv ist.

In der Arithmetik heißt eine natürliche Zahl x eine *Primzahl,* wenn sie genau zwei verschiedene Teiler hat. Die Zahl 0 hat unendlich viele und die Zahl 1 nur einen Teiler. Deshalb sind 0 und 1 keine Primzahlen. Für die Primzahlen 2, 3, 5, 7, ... führen wir die Standardbezeichnung $p_0 = 2$, $p_1 = 3$, ... ein. Damit ist p_n die $n + 1$-te Primzahl in der natürlichen Zahlenreihe.

Wir werden mit $\chi_p(n)$ die charakteristische Funktion der Eigenschaft bezeichnen, Primzahl zu sein. Anders gesagt setzen wir $\chi_p(n) = 0$ für eine Primzahl n und $\chi_p(n) = 1$ für eine Zahl n, die keine Primzahl ist. Da die Primzahlen und nur sie genau 2 Teiler haben, ist

$$\chi_p(x) \doteq \mathrm{sg}\, |\mathrm{nd}\, x - 2|$$

und folglich die Funktion $\chi_p(x)$ primitiv rekursiv.

Eine der bekanntesten arithmetischen Funktionen ist die Funktion $\pi(x)$, die gleich der Anzahl der x nicht überschreitenden Primzahlen ist. Die offensichtliche Formel

$$\pi(x) = \sum_{i=0}^{x} \overline{\mathrm{sg}}\, \chi_p(x)$$

zeigt, daß die Funktion $\pi(x)$ primitiv rekursiv ist.

Aus der Definition der Funktion $\pi(x)$ folgt unmittelbar

$$\pi(p_n) = n + 1,$$

$$\pi(x) < n + 1, \text{ falls } x < p_n.$$

Hiermit ist klar, daß $x = p_n$ die kleinste Lösung der Gleichung $\pi(x) = n + 1$ ist. Deshalb ist

$$p_n = p(n) = \mu_x \left(|\pi(x) - (n + 1)| = 0 \right).$$

Die unter dem Zeichen des μ-Operators stehende Funktion $|\pi(x) - (n + 1)|$ ist primitiv rekursiv. Nach dem Theorem über majorisierbare implizite Funktionen (§ 3.1.) bleibt für den Beweis der primitiven Rekursivität der Funktion $p(n)$ nur noch eine primitiv rekursive Funktion $\alpha(n)$ der Art zu finden, daß für alle n $p_n \leq \alpha(n)$ ist. Es ist aus der Zahlentheorie gut bekannt, daß man 2^{2^n} als Funktion $\alpha(n)$ nehmen kann.

In der Tat ist die von uns geforderte Ungleichung

$$p_n \leq 2^{2^n} \tag{3}$$

bekanntlich für $n = 0$ wahr. Nach Induktionsvoraussetzung setzen wir weiterhin voraus, daß die Ungleichung (3) für alle Werte n wahr ist, die kleiner als eine gewisse Zahl $s + 1$ sind. Wir werden zeigen, daß (3) auch für $s + 1$ wahr ist.

Auf Grund der Voraussetzung haben wir

$$p_0 p_1 \cdots p_s + 1 \leq 2^{2^0 + 2^1 + \cdots + 2^s} + 1 < 2^{2^{1+s}}.$$

Die Zahl $a = p_0 p_1 \cdots p_s + 1$ ist größer als die Eins und hat daher notwendigerweise irgendeinen Primteiler p_r. Dieser Teiler kann mit keiner einzigen der Primzahlen $p_0, p_1, \ldots, p_s$ identisch sein, weil man bei der Division der Zahl a durch irgendeine der Zahlen $p_0, p_1, \ldots, p_s$ den Rest 1 erhält. Alle p_s nicht überschreitende Primzahlen sind in der Folge $p_0, p_1, \ldots, p_s$ enthalten. Die Zahl p_r kommt in ihr nicht vor, und deshalb ist $p_{s+1} \leq p_r$. Da $p_r \leq a$, gilt

$$p_{s+1} \leq a \leq 2^{2^{s+1}},$$

was auch gefordert war.

3*

Die Ungleichung (3) ist also gezeigt und mit ihr auch die primitive Rekursivität der Funktion $p(x) = p_x$.

Wir führen noch eine für das Folgende wichtige Funktion ein. Diese Funktion werden wir durch ex (x, y) oder abgekürzt $\mathrm{ex}_x y$ bezeichnen und *Exponent* der Zahl p_x in der Zahl y nennen. Per definitionem setzen wir für $y \neq 0$ $\mathrm{ex}_x y$ gleich dem Exponenten der höchsten Potenz der Primzahl p_x, durch die y geteilt wird. Für $y = 0$ setzen wir per definitionem $\mathrm{ex}_x 0 = 0$ für alle Werte x. Zum Beispiel ist

$$\mathrm{ex}_0 8 = 3, \ \mathrm{ex}_1 8 = 0, \ \mathrm{ex}_0 0 = 0.$$

Jede natürliche Zahl $n > 1$ kann man eindeutig in der Form eines Produkts

$$n = p_{i_0}^{a_0} p_{i_1}^{a_1} \cdots p_{i_s}^{a_s} \ (a_j > 0, i_0 < i_1 < \cdots < i_s)$$

positiver Potenzen verschiedener Primzahlen darstellen. Hieraus erhalten wir nach Definition der Funktion ex

$$\mathrm{ex}_{i_0} n = a_0, \ \ldots, \ \mathrm{ex}_{i_s} n = a_s$$

und $\mathrm{ex}_i n = 0$ für alle von $i_0, \ldots, i_s$ verschiedenen Werte i.

Zum Nachweis der primitiven Rekursivität der Funktion ex(x, y) benutzen wir wieder das Theorem über majorisierbare implizite Funktionen. Nach Definition ist ex$(x, y + 1)$ der größte Wert u, für den $p_x^{\,u}$ Teiler von $y + 1$ ist. Deshalb kann man auch behaupten, daß ex$(x, y + 1)$ der kleinste Wert u ist, für den $p_x^{\,u+1}$ $y + 1$ nicht teilt, d. h.

$$\mathrm{ex}(x, y + 1) = \mu_u (\overline{\mathrm{sg}} \ \mathrm{rest} \ (y + 1, p_x^{\,u+1}) = 0). \tag{4}$$

Die Funktion $p_x^{\,u+1}$ ist primitiv rekursiv, und außerdem ist

$$\mathrm{ex} \ (x, y + 1) \leq y + 1. \tag{5}$$

Nach dem erwähnten Theorem über majorisierbare implizite Funktionen folgt aus (4) und (5), daß die Funktion ex$(x, y + 1)$ und mit ihr auch die Funktion $\mathrm{ex}(x, y) = \mathrm{ex}(x, (y \,\dot-\, 1) + 1)$ primitiv rekursiv ist.

Betrachten wir schließlich noch die Funktion

$$q(x) = x \,\dot-\, \left[\sqrt{x}\right]^2,$$

wobei durch das Symbol $[z]$ der ganze Teil der reellen Zahl z bezeichnet wird, der gleich der größten ganzen Zahl ist, die z nicht übertrifft. Die Zahl $q(x)$ heißt der *quadratische Rest* der Zahl x. Er ist gleich dem Abstand von x zur von links nächsten Quadratzahl.

Die Gleichung $n = \left[\sqrt{x}\right]$ für eine natürlich Zahl n ist der Beziehung

$$n^2 \leq x < (n + 1)^2$$

äquivalent. Somit ist

$$\left[\sqrt{x}\right] = \mu_t\left(\mathrm{sg}((t+1)^2 \dot{-} x) = 1\right)$$

und zusammen damit $\left[\sqrt{x}\right] \leq x$. Nach dem Theorem über majorisierbare implizite Funktionen folgt hieraus, daß die Funktion $\lfloor\sqrt{x}\rfloor$ primitiv rekursiv ist. Mit dieser ist auch die Funktion $q(x) = x \dot{-} \lfloor\sqrt{x}\rfloor$ primitiv rekursiv. Analog wird die primitive Rekursivität der Funktion $\left[\sqrt[n]{x}\right]$ und vieler anderer arithmetischer Funktionen gezeigt.

Eine *Rekursion* ist eine Methode zur Definition einer Funktion, bei der die Werte der zu definierenden Funktion für beliebige Argumentwerte in einer bekannten Weise ausgedrückt werden mit Hilfe von Werten der zu definierenden Funktion für kleinere Argumentwerte. Die *primitive Rekursion* ist eine der einfachsten Formen solcher allgemeinerer Rekursionen. Im folgenden Kapitel werden kompliziertere Rekursionen 2-ter Stufe betrachtet, und hier wollen wir als Anwendungsbeispiel der oben eingeführten arithmetischen Funktionen die sogenannte Wertverlaufsrekursion betrachten, die leicht durch die gewöhnliche Rekursion ausgedrückt wird.

Definition. $\alpha_1(x), \ldots, \alpha_s(x)$ *seien überall definierte Funktionen, die für alle Werte die Bedingungen*

$$\alpha_i(x+1) \leq x \quad (i = 1, \ldots, s) \tag{6}$$

erfüllen. Man sagt, daß eine Funktion $f(x_1, \ldots, x_{n+1})$ *durch Wertverlaufsrekursion aus Funktionen* $g(x_1, \ldots, x_n)$, $h(x_1, \ldots, x_n, y, z_1, \ldots, z_s)$ *und den Hilfsfunktionen* $\alpha_1, \ldots, \alpha_s$ *erhalten wird, wenn für alle Werte der Variablen* $x_1, \ldots, x_n, y$

$$f(x_1, \ldots, x_n, 0) = g(x_1, \ldots x_n),$$
$$f(x_1, \ldots, x_n, y+1) = h(x_1, \ldots, x_n, y, \tag{7}$$
$$f(x_1, \ldots, x_n, \alpha_1(y+1)), \ldots, f(x_1, \ldots, x_n, \alpha_s(y+1))).$$

Wie auch im Falle der primitiven Rekursion zeigt man leicht, daß für beliebige den in der Definition ausgedrückten Bedingungen genügende Funktionen g, h, α_i eine den Forderungen (7) genügende Funktion f existiert und eindeutig bestimmt ist. Darüber hinaus gilt das folgende

Theorem 1. (über Wertverlaufsrekursion). *Eine Funktion* f, *die aus den Bedingungen* (6) *genügenden Funktionen* $g(x_1, \ldots, x_n)$, $h(x_1, \ldots, x_n, y, z_1, \ldots, z_s)$ *und Hilfsfunktionen* $\alpha_1(x), \ldots, \alpha_s(x)$ *durch eine Wertverlaufsrekursion entsteht, kann aus eben diesen Funktionen* g, h, α_i *und den Anfangsfunktionen* o, s, I_m^n *durch die Operationen der Substitution und der primitiven Rekursion erhalten werden.*

Mit anderen Worten ist die Funktion f primitiv rekursiv bezüglich der Funktionen $g, h, \alpha_1, \ldots, \alpha_s$.

Zum Beweis führen wir eine neue Funktion F ein durch die Festsetzung

$$F(x_1, \ldots, x_n, y) = \prod_{i=0}^{y} p_i^{f(x_1,\ldots,x_n,i)}. \tag{8}$$

Erinnern wir uns an die Definition der Funktion ex (u, v), so folgern wir unmittelbar, daß für $u \leqq y$ gilt

$$f(x_1, \ldots, x_n, u) = \mathrm{ex}(u, F(x_1, \ldots, x_n, y)). \tag{9}$$

Nach Voraussetzung ist $\alpha_i(y + 1) \leqq y$. Deshalb gilt für beliebige Werte $x_1, \ldots, x_n, y$ die Beziehung

$$f(x_1, \ldots, x_n, \alpha_i(y + 1)) = \mathrm{ex}(\alpha_i(y + 1), F(x_1, \ldots, x_n\, y)). \tag{10}$$

Wir werden jetzt ein primitiv rekursives Schema für F finden. Aus (7) und (8) haben wir zunächst

$$F(x_1, \ldots, x_n, 0) = p_0^{g(x_1,\ldots,x_n)}. \tag{11}$$

Nach (8) haben wir auch

$$F(x_1, \ldots, x_n, y + 1) = F(x_1, \ldots, x_n, y)\, p_{y+1}^{f(x_1,\ldots,x_n,y+1)}.$$

Ersetzen wir jetzt den Term $f(x_1, \ldots, x_n, y + 1)$ durch seinen Wert aus (7), so erhalten wir

$$F(x_1, \ldots, x_n, y + 1)$$
$$= F(x_1, \ldots, x_n, y) \times p_{y+1}^{h(x_1,\ldots,x_n,y,f(x_1,\ldots,x_n,\alpha_1(y+1)),\ldots,f(x_1,\ldots,x_n,\alpha_s(y+1)))}. \tag{12}$$

Die Beziehungen (11), (12) kann man mit Hilfe der Formeln (10) in der Form

$$\begin{cases} F(x_1, \ldots, x_n, 0) = G(x_1, \ldots, x_n), \\ F(x_1, \ldots, x_n, y + 1) = H(x_1, \ldots, x_n, y, F(x, \ldots, x_n, y)) \end{cases}$$

wiedergeben mit

$$G(x_1, \ldots, x_n) = p_0^{g(x_1,\ldots,x_n)},$$

$$H(x_1, \ldots, x_n, y, z) = z p_{y+1}^{h(x_1,\ldots,x_n,y,\mathrm{ex}(\alpha_1(y+1),z),\ldots,\mathrm{ex}(\alpha_s(y+1),z))}.$$

Auf diese Weise erhält man die Funktion F durch primitive Rekursion aus den Funktionen G und H, und die Funktion f wird nach (9) durch F mittels der Formel

$$f(x_1, \ldots, x_n, y) = \mathrm{ex}\,(y, F(x_1, \ldots, x_n, y))$$

ausgedrückt.

Eben damit ist Theorem 1 gezeigt. Als Beispiel bringt man gewöhnlich die in der Zahlentheorie unter dem Namen FIBONACCI-*Folge* bekannte Folge

$$0, 1, 1, 2, 3, 5, 8, 13, 21, \ldots$$

Beginnend mit dem dritten ist jedes Glied dieser Folge gleich der Summe der beiden vorhergehenden. Bezeichnen wir durch $\Phi(n)$ das n-te Glied der FIBONACCI-Folge, so erhalten wir

$$\Phi(0) = 0,$$
$$\Phi(1) = 1,$$
$$\Phi(n + 2) = \Phi(n) + \Phi(n + 1)$$

oder

$$\Phi(0) = 0,$$
$$\Phi(n + 1) = \Phi(n) + \Phi(n - 1) + \overline{sg}\, n.$$

Hiernach ist klar, daß die Funktion $\Phi(n)$ durch Wertverlaufsrekursion aus den Funktionen[1])

$$g(x) = 0, \; h(x, y, z_1, z_2) = \overline{sg}\, y + z_1 + z_2$$

und den Hilfsfunktionen

$$\alpha_1(y) = y \dotminus 1, \; \alpha_2(y) = y \dotminus 2$$

entsteht. Da alle diese Funktionen primitiv rekursiv sind, ist auch die Funktion Φ primitiv rekursiv.

3.3. Aufzählung von Paaren und n-Tupeln von Zahlen. Man kann alle Paare natürlicher Zahlen in einer einfachen Folge anordnen, und sogar mit vielen Methoden. Um uns auf eine festzulegen, betrachten wir die folgende Anordnung dieser Paare, die wir die CANTOR*sche Anordnung* nennen werden:

$$\langle 0, 0 \rangle; \langle 0, 1 \rangle, \langle 1, 0 \rangle; \langle 0, 2 \rangle, \langle 1, 1 \rangle, \langle 2, 0 \rangle; \langle 0, 3 \rangle, \ldots \tag{1}$$

In dieser Folge laufen die Paare in der Ordnung des Anwachsens der Summe ihrer Glieder, und von Paaren mit gleicher Summe ihrer Glieder kommt zuerst das Paar mit dem kleinen ersten Glied. Wir bezeichnen durch $c(x, y)$ den Index des Paares $\langle x, y \rangle$ in der Folge (1), wobei wir die Aufzählung mit der Null beginnen lassen. Damit ist

$$c(0, 0) = 0, \; c(0, 1) = 1, \; c(1, 0) = 2, \ldots$$

Die Zahl $c(x, y)$ nennen wir den (CANTORschen) Index des Paares $\langle x, y \rangle$. Durch $l(n)$ und $r(n)$ bezeichnen wir das linke und entsprechend rechte Glied des Paares

---

[1]) strenggenommen: $h\,(y, z_1, z_2) = \overline{sg}\, y + z_1 + z_2$ (Anm. d. Übers.).

mit der Nummer n. Zum Beispiel ist

$$l(2) = 1, r(2) = 0.$$

Wir wollen jetzt die Funktionen c, l, r durch die üblichen arithmetischen Funktionen ausdrücken. Beginnen wir mit der Funktion c. Das Paar $\langle x, y \rangle$ befindet sich in dem Abschnitt

$$\langle 0, x + y \rangle, \langle 1, x + y - 1 \rangle, ..., \langle x, y \rangle, ..., \langle x + y, 0 \rangle$$

auf dem x-ten Platz nach dem Paar $\langle 0, x + y \rangle$. Vor dem Paar $\langle 0, x + y \rangle$ befinden sich in der Folge (1) $x + y$ Abschnitte, die insgesamt $1 + 2 + \cdots + (x + y)$ Paare enthalten. Deshalb ist

$$c(x, y) = \frac{(x + y)\,(x + y + 1)}{2} + x = \frac{(x + y)^2 + 3x + y}{2}. \tag{2}$$

Es sei umgekehrt

$$x = l(n), y = r(n)$$

und also $n = c(x, y)$. Nach Formel (2) haben wir

$$2n = (x + y)^2 + 3x + y,$$
$$8n + 1 = (2x + 2y + 1)^2 + 8x = (2x + 2y + 3)^2 - 8y - 8.$$

Hieraus folgt, daß

$$2x + 2y + 1 \leq \left[\sqrt{8n + 1}\right] < 2x + 2y + 3$$

oder

$$x + y + 1 \leq \frac{\left[\sqrt{8n + 1}\right] + 1}{2} < x + y + 2.$$

Damit ist

$$x + y + 1 = \left[\frac{\left[\sqrt{8n + 1}\right] + 1}{2}\right]. \tag{3}$$

Durch Vergleich mit der Formel (2) erhalten wir

$$l(n) = x = n \,\dot{-}\, \frac{1}{2}\left[\frac{\left[\sqrt{8n + 1}\right] + 1}{2}\right]\left[\frac{\left[\sqrt{8n + 1}\right] \,\dot{-}\, 1}{2}\right]. \tag{4}$$

Aus (3) und (4) erhalten wir eine analoge Formel für $r(n)$.

Im folgenden wird keine konkrete Form der Formeln für $c(x, y), l(n), r(n)$ benötigt, sondern nur die Tatsache, daß diese Funktionen durch die elementaren arithmetischen Funktionen $+$, $\dot{-}$, $\cdot$, $[\sqrt{\ }]$, $[/2]$ mit Hilfe von Substitutionen darstellbar sind.

Erwähnen wir schließlich, daß gleich aus der Definition der Funktionen $c(x, y)$, $l(x)$, $r(x)$ als mit der Aufzählung der Paare verbundener Funktionen die folgenden Identitäten folgen:

$$c(l(n), r(n)) = n, \ l(c(x, y)) = x, \ r(c(x, y)) = y. \tag{5}$$

Es ist klar, daß diese Identitäten nicht davon abhängig sind, daß die betrachtete Aufzählung der Paare die CANTORsche ist. Sei zum Beispiel

$$\langle x_0, y_0 \rangle, \ \langle x_1, y_1 \rangle, \ ..., \ \langle x_n, y_n \rangle, \ ... \tag{6}$$

irgendeine andere Anordnung der Gesamtheit aller Paare natürlicher Zahlen in einer einfachen Folge. Bezeichnen wir durch $C(x, y)$ den Index des Paares $\langle x, y \rangle$ in der Folge (6) und setzen wir $L(n) = x_n$, $R(n) = y_n$, so erhalten wir wieder Funktionen, die durch den Identitäten (5) analoge Identitäten

$$C(L(n), R(n)) = n,$$
$$L(C(x, y)) = x, \ R(C(x, y)) = y \tag{7}$$

verbunden sind. Wenn umgekehrt auf der Menge der natürlichen Zahlen irgendwelche durch die Identitäten (7) verbundene Funktionen C, L, R definiert sind, so erhalten wir eine eineindeutige Aufzählung der Gesamtheit der natürlichen Zahlen, indem wir die Zahl $C(x, y)$ als den Index des Paares $\langle x, y \rangle$ bezeichnen. Die mit dieser Aufzählung verbundenen Funktionen werden gerade die Funktionen C, L, R sein.

Mit Hilfe einer Aufzählung der Paare natürlicher Zahlen ist es leicht, Aufzählungen der Tripel, Quadrupel usw. natürlicher Zahlen zu bekommen. Zu diesem Zweck führen wir die folgenden Funktionen ein:

$$c^3(x_1, x_2, x_3) = c(c(x_1, x_2), x_3),$$
$$\cdot \ \cdot \tag{8}$$
$$c^{n+1}(x_1, x_2, ..., x_{n+1}) = c^n(c(x_1, x_2), x_3, ..., x_{n+1})$$

und nennen per definitionem die Zahl $c^n(x_1, ..., x_n)$ den CANTORschen *Index* des n-Tupels $\langle x_1, ..., x_n \rangle$. Wenn gilt

$$c^n(x_1, ..., x_n) = x,$$

dann erhalten wir aus den Identitäten (5), (8)

$$x_n = r(x),$$
$$x_{n-1} = rl(x),$$
$$\cdots\cdots\cdots$$
$$x_2 = rl \cdots lx,$$
$$x_1 = ll \cdots lx.$$

$$(9)$$

Durch Einführung der Bezeichnungen $c_{nn}(x), \ldots, c_{n1}(x)$ für die rechten Glieder der Gleichungen (9) haben wir

$$c^n(c_{n1}(x), \ldots, c_{nn}(x)) = x,$$
$$c_{ni}(c^n(x_1, \ldots, x_n)) = x_i \quad (i = 1, \ldots, n).$$

Das sind die zu den Identitäten (5) analogen Identitäten für die CANTORsche Aufzählung der n-Tupel natürlicher Zahlen.

Schließlich könnte man noch eine Aufzählung der Gesamtheit aller natürlicher Zahlen, aller Paare, aller Tripel usw. natürlicher Zahlen betrachten. Wir werden das jedoch hier vorläufig nicht tun, sondern lediglich die sogenannte GÖDEL-Funktion Γ betrachten, die in vielen Fällen eine Aufzählung der angegebenen gemischten Gesamtheit ersetzt.

Wir setzen per definitionem

$$\Gamma(x, y) = \mathrm{rest}\,(l(x), 1 + (y + 1)\,r(x)).$$

$$(10)$$

Hiernach ist die GÖDEL-Funktion offensichtlich primitiv rekursiv. Die grundlegende Eigenschaft der GÖDEL-Funktion drückt das folgende

Theorem 1. aus. *Für eine beliebige endliche Folge $a_0, a_1, \ldots, a_n$ natürlicher Zahlen hat das Gleichungssystem*

$$\Gamma(x, 0) = a_0,$$
$$\Gamma(x, 1) = a_1,$$
$$\cdots\cdots\cdots\cdots\cdots$$
$$\Gamma(x, n) = a_n$$

$$(11)$$

wenigstens eine Lösung x.

Es seien also Zahlen $a_0, a_1, \ldots, a_n$ gegeben. Wir werden Zahlen u, b suchen, so daß die Zahl $x = c\,(u, b)$ die Gleichungen (11) erfüllt. Infolge der Relation (10) bedeutet dies, daß wir die Zahlen u, b passend wählen müssen derart, daß sie den

Beziehungen

$$\operatorname{rest}(u, 1 + (y + 1)\, b) = a_y \quad (y = 0, 1, \ldots, n)$$

genügen, d. h. daß sie die Ungleichungen

$$1 + (y + 1)\, b > a_y \; (y = 0, 1, \ldots, n) \tag{12}$$

erfüllen und daß die Differenzen $u - a_y$ durch $1 + (y + 1)\, b$ teilbar sind. Der kürzeren Schreibweise halber führen wir die Bezeichnung

$$m_y = 1 + (y + 1)\, b \tag{13}$$

ein. Die Ungleichungen (12) sind offensichtlich erfüllt, wenn wir

$$b = (1 + n + a_0 + \cdots + a_n)! \tag{14}$$

setzen. Eine derartige Wahl des Wertes für b garantiert uns aber auch den wichtigen Sachverhalt, daß die Zahlen $m_0, m_1, \ldots, m_n$ paarweise teilerfremd sind. In der Tat ist für $0 \leq i < j \leq n$

$$m_j - m_i = (j - i)b \; (0 < j - i \leq n).$$

Nach (14) ist die Zahl b durch $j - i$ teilbar. Hätten also die Zahlen m_j, m_i irgendeinen gemeinsamen Primteiler p_s, so müßte auch die Zahl b durch p_s teilbar sein. Nach (13) haben jedoch m_i und b offensichtlich keinen gemeinsamen Primteiler. Somit sind die Zahlen m_j und m_i tatsächlich paarweise teilerfremd.

Wir führen jetzt Zahlen $M_0, M_1, \ldots, M_n$ ein durch die Festsetzung

$$M_i = m_0 \cdots m_{i-1}\, m_{i+1} \cdots m_n \quad (i = 0, 1, \ldots, n).$$

Da die Zahlen $m_0, m_1, \ldots, m_n$ paarweise teilerfremd sind, sind auch die Zahlen m_i und M_i gegenseitig teilerfremd. Deshalb lassen sich nach einem bekannten Satz der Zahlentheorie natürliche Zahlen z_i, w_i finden, die der Beziehung

$$M_i z_i - m_i w_i = 1 \tag{15}$$

genügen.

Uns bleibt noch die Zahl u passend zu wählen derart, daß jede Zahl $u - a_y$ durch m_y teilbar ist. Wir werden jetzt zeigen, daß wie bekannt die Zahl

$$u = a_0 M_0 z_0 + a_1 M_1 z_1 + \cdots + a_n M_n z_n \tag{16}$$

diesen Identitäten genügt.

In der Tat sind mit Ausnahme der Zahl $a_i M_i z_i$ (weil für $i \neq j$ M_j durch m_i teilbar ist) alle Glieder dieser Summe durch m_i teilbar. Die Beziehung (15) zeigt, daß das Produkt $M_i z_i$ bei der Division durch m_i den Rest 1 ergibt. Deshalb erhält man bei der Division des Gliedes $a_i M_i z_i$ durch m_i den Rest a_i. Da die übrigen Glieder der Summe (16) bei der Division durch m_i den Rest 0 haben, ist rest (u, m_i) $= a_i$, was auch verlangt war.

3.4. Abhängigkeiten zwischen den Operatoren der primitiven Rekursion und der Minimalisierung. Nach § 2 kann man jede bezüglich eines Funktionensystems $\mathfrak{S}$ primitiv rekursive Funktion aus den Funktionen von $\mathfrak{S}$ und den Anfangsfunktionen o, s, $I_m{}^n$ durch die Operationen der Substitution und der primitiven Rekursion erhalten. Starten wir jedoch nicht nur mit den Anfangsfunktionen, sondern auch mit den Aufzählungsfunktionen c, l, r, so ist es zur Gewinnung der bezüglich $\mathfrak{S}$ primitiv rekursiven Funktionen nicht erforderlich, von den Operationen der primitiven Rekursion in ihrer allgemeine Form Gebrauch zu machen. Es reicht, lediglich eine gewisse sehr spezielle Form dieser Operationen anzuwenden.

Eine analoge Situation besteht auch bei bezüglich $\mathfrak{S}$ partiell rekursiven Funktionen. Um diese Funktionen aus den Funktionen des Systems $\mathfrak{S}$ und den Funktionen o, s, $I_m{}^n$. c, l, r zu gewinnen, ist es nicht erforderlich, die Operationen der primitiven Rekursion und der Minimalisierung in der allgemeinen Form zu benützen, sondern es genügt, lediglich gewisse spezielle Formen dieser Operationen zu verwenden. Diese Fragen werden detaillierter in den Paragraphen 3.5. und 5.4. untersucht, und bis dahin werden wir nur einige vorbereitende Theoreme beweisen.

Theorem 1. *Eine aus partiellen Funktionen $g(x_1, \ldots, x_n)$ und $h(x_1, \ldots, x_n, y, z)$ durch die primitive Rekursion*

$$\begin{aligned}
f(x_1, \ldots, x_n, 0) &= g(x_1, \ldots, x_n), \\
f(x_1, \ldots, x_n, y + 1) &= h(x_1, \ldots, x_n, y, f(x_1, \ldots, x_n, y))
\end{aligned} \tag{1}$$

gewonnene partielle Funktion $f(x_1, \ldots, x_n, y)$ kann man aus den Funktionen g, h, c, l, r, o, s, $I_m{}^n$ durch eine spezielle Rekursion der Gestalt

$$\begin{aligned}
\varphi(x, 0) &= x, \\
\varphi(x, y + 1) &= \Phi(\varphi(x, y))
\end{aligned} \tag{2}$$

und Substitutionen erhalten.

Insbesondere kann jede bezüglich eines Systems $\mathfrak{S}$ partieller Funktionen primitiv rekursive Funktion aus den Funktionen von $\mathfrak{S}$ und den Funktionen c, l, r, o, s, $I_m{}^n$ durch Operationen der Substitution und spezielle Rekursionen der Gestalt (2) gewonnen werden.

Wir führen die Funktion

$$\psi(t, y) = c^{n+2}\big(c_{n1}(t), \ldots, c_{nn}(t), y, f(c_{n1}(t), \ldots, c_{nn}(t), y)\big) \tag{3}$$

mit den im vorigen Abschnitt definierten Aufzählungsfunktionen c^{n+2}, c_{ni} ein,
die durch Substitutionen aus den Funktionen c, l, r gewonnen werden. Aus der
Beziehung (3) folgt unmittelbar

$$f(x_1, \ldots, x_n, y) = c_{n+2\ n+2}\big(\psi(c^n(x_1, \ldots, x_n), y)\big).\tag{4}$$

Die erste der Gleichungen (1) gibt

$$\psi(t, 0) = c^{n+2}\big(c_{n1}(t), \ldots, c_{nn}(t), 0, g(c_{n1}(t), \ldots, c_{nn}(t))\big).$$

Aus (3) und (1) folgt unmittelbar

$$\psi(t, y + 1) = c^{n+2}(c_{n1}(t), \ldots, c_{nn}(t), y + 1,$$
$$h\big(c_{n1}(t), \ldots, c_{nn}(t), y, c_{n+2\ n+2}(\psi(t, y))\big).\tag{6}$$

Da

$$c_{ni}(t) = c_{n+2i}(\psi(t, y)), \ y = c_{n+2\ n+1}(\psi(t, y)),$$

kann man die Gleichung (6) in die Form

$$\psi(t, y + 1) = \Phi(\psi(t, y))\tag{7}$$

umschreiben, wobei

$$\Phi(u) = c^{n+2}(c_{n+2\ 1}(u), \ldots, c_{n+2\ n+1}(u) + 1,$$
$$h(c_{n+2\,1}(u), \ldots, c_{n+2\ n+2}(u)).$$

Die Funktion f wird also aus den Funktionen g, h, l, r, c, o, s, I_m^n durch Substitutionen und eine Rekursion

$$\psi(x, 0) = G(x),$$
$$\psi(x, y + 1) = \Phi(\psi(x, y))$$

gewonnen.

Statt der Funktion ψ führen wir jetzt eine Funktion φ ein durch die Rekursion

$$\varphi(x, 0) = x, \ \varphi(x, y + 1) = \Phi(\varphi(x, y)),$$

die die verlangte Gestalt (2) besitzt. Da

$$\psi(x, y) = \Phi\big(\Phi\big(\cdots \Phi(G(x)) \cdots \big)\big),$$
$$\varphi(x, y) = \Phi\big(\Phi\big(\cdots \Phi(x) \cdots \big)\big),$$

ist

$$\psi(x, y) = \varphi(G(x), y),$$

und also wird die Funktion f aus den Funktionen c, l, r, o, s, I_m^n, g, h durch Substitutionen und eine Rekursion der Gestalt (2) gewonnen.

Setzen wir in Theorem 1 $n = 0$, $g = 0$, so erhalten wir die folgenden Spezialfälle: Eine aus einer Funktion $h(y, z)$ durch die Rekursion

$$f(0) = 0, \quad f(y + 1) = h(y, f, (y))$$

entstandene Funktion $f(y)$ kann aus den Funktionen h, c, l, r, o, s, $I_m{}^n$ durch Substitutionen und eine Rekursion der Gestalt

$$\varphi(0) = 0, \; \varphi(y + 1) = \Phi(\varphi(y))$$

gewonnen werden, wobei Φ eine geeignete Zusammensetzung der Funktionen h, c, l, r, o, s, $I_m{}^n$ ist.

Theorem 2. *Eine Funktion $f(x_1, \ldots, x_n)$, die aus einer partiellen Funktion $g(x_1, \ldots, x_n, y)$ durch die Minimalisierungsoperation*

$$f(x_1, \ldots, x_n) = \mu_y(g(x_1, \ldots, x_n, y) = 0) \tag{8}$$

gewonnen werden kann, kann aus den Funktionen g, c, l, r durch Substitutionen und die Minimalisierungsoperation der speziellen Gestalt

$$F(x) = \mu_y(G(x, y) = 0) \tag{9}$$

gewonnen werden.

Durch Einführung der Funktion

$$F(x) = f(c_{n1}(x), \ldots, c_{nn}(x))$$

erhalten wir in der Tat

$$f(x_1, \ldots, x_n) = F(c^n(x_1, \ldots, x_n)).$$

Gleichzeitig folgt aus (8)

$$F(x) = \mu_y(G(x, y) = 0)$$

mit

$$G(x, y) = g(c_{n1}(x), \ldots, c_{nn}(x), y).$$

Aus den Theoremen 1 und 2 erhalten wir unmittelbar das

Korollar. *Jede bezüglich eines Funktionensystems $\mathfrak{S}$ partiell rekursive Funktion kann aus den Funktionen des Systems $\mathfrak{S}$ und den Funktionen c, l, r, o, s, $I_m{}^n$ durch eine endliche Anzahl von Operationen der Substitution, von speziellen Rekursionen der Gestalt (2) und von speziellen Minimalisierungen der Gestalt (9) gewonnen werden.*

Ebenso einfach beweist man auch das

Theorem 3. (GÖDEL [39]). *Eine Funktion $\varphi(x_1, \ldots, x_n, y)$, die aus überall definierten Funktionen $g(x_1, \ldots, x_n)$ und $h(x_1, \ldots, x_n, y, z)$ durch die primitive Rekursion*

(1) *gewonnen wird, kann aus diesen Funktionen und den Funktionen* Γ, c, l, r, $+$, $\doteq$, s, o, $I_k{}^m$ *durch eine endliche Anzahl von Substitutionen und Minimalisierungen gewonnen werden.*

Unter Berücksichtigung von Theorem 1 genügt es, den Beweis nur für den Fall $n = 1$ und die Rekursion der speziellen Gestalt (2) durchzuführen. Halten wir beliebig vorgegebene Zahlen x, y fest und betrachten wir bezüglich z das Gleichungssystem:

$$\Gamma(z, 0) = \varphi(x, 0),$$
$$\Gamma(z, 1) = \varphi(x, 1),$$
$$\cdots\cdots\cdots\cdots \tag{10}$$
$$\Gamma(z, y) = \varphi(x, y)$$

mit der GÖDEL-Funktion Γ aus § 3.3.. Nach (2) kann dieses System umgeschrieben werden in die Form

$$\Gamma(z, 0) = x,$$
$$\Gamma(z, u + 1) = \Phi(\Gamma(z, u)) \quad (0 \leqq u < y)$$

oder

$$\Gamma(z, o) = x,$$
$$\mu_u(|y - u|\,\overline{\mathrm{sg}}\,|\Gamma(z, u + 1) - \Phi(\Gamma(z, u))| = 0) = y. \tag{11}$$

Der Faktor $|y - u|$ ist hier zu dem Zweck eingeführt worden, daß die Funktion

$$F(y, z) = \mu_u(|y - u|\,\overline{\mathrm{sg}}\,|\Gamma(z, u + 1) - \Phi\,(\Gamma(z, u))| = 0)$$

überall definiert ist. Nach der grundlegenden Eigenschaft der Funktion Γ haben das System (10) und also auch das dazu äquivalente System (11) und die Gleichung

$$|\Gamma(z, 0) - x| + |F(y, z) - y| = 0 \tag{12}$$

für jedes x, y eine Lösung in z. Da das linke Glied der Gleichung (12) eine überall definierte Funktion ist, gibt die Formel

$$z = \mu_u(|\Gamma(u, 0) - x| + |F(y, u) - y| = 0)$$

die kleinste Lösung z des Systems (10). Bezeichnen wir diese Lösung mit $G(x, y)$, so erhalten wir aus der letzten Gleichung des Systems (10)

$$\varphi(x, y) = \Gamma(G(x, y), y).$$

Auf diese Weise werden die Funktionen F, G und φ durch Substitutionen und Minimalisierungen aus der Funktion Φ und den Funktionen Γ, $+$, $\doteq$, $I_k{}^m$ gewonnen.

Die Nebenfunktionen c, l, r, s, o wurden in Theorem 3 dazu angegeben, um das Theorem 1 anwenden und den Sachverhalt auf den Fall einer Rekursion der speziellen Gestalt (2) zurückführen zu können. Andererseits erhält man mit ihrer Hilfe leicht die benutzten Funktionen $x \cdot y$ und $\overline{sg}\, x$. Es gilt nämlich

$$\overline{sg}\, x = 1 \div x = so(x) \div x = so(x) \div I_1{}^1(x),$$

$$[y/2] = \mu_z(y \div (2z + 1) = 0),$$

$$c(x, x) = 2x^2 + 2x,\ 2x^2 = c(x, x) - 2x,\ x^2 = [2x^2/2],$$

$$x \cdot y = \left[\frac{(x + y)^2 \div x^2) \div y^2}{2}\right].$$

Nach § 2.4. heißt eine Funktion allgemein rekursiv, wenn sie aus den Anfangsfunktionen durch die Operationen der Substitution, der primitiven Rekursion und Operationen der Minimalisierung gewonnen werden kann, ohne über die Grenze der überall definierten Funktionen hinauszuführen. Deshalb folgt aus Theorem 3, daß *jede allgemein rekursive Funktion aus den Funktionen Γ, c, l, r, s, o, $+$, $\div$, $I_k{}^m$ gewonnen werden kann durch eine endliche Anzahl von Substitutionen und von speziellen Minimalisierungen der Gestalt (9), die nur auf solche Funktionen angewandt werden, bei denen das Ergebnis der Minimalisierung eine überall definierte Funktion ist.*

Die Gesamtheit der Ausgangsfunktionen enthält hier eine gewisse Redundanz. Minimale Gesamtheiten werden in den §§ 3.5. und 5.4. definiert.

3.5. Einstellige primitiv rekursive Funktionen. Die in § 2.2. angegebene grundlegende Definition der primitiv rekursiven Funktionen hat nur dann einen Sinn, wenn simultan Funktionen einer beliebigen Anzahl von Argumenten betrachtet werden. Man trifft jedoch ziemlich oft eine Situation an, in der es genügt, nur Funktionen einer Variablen zu betrachten. Deshalb entsteht natürlicherweise die Frage: Kann man nicht eine Definition des Begriffs des primitiven Rekursivität einstelliger Funktionen finden, die ganz in der Theorie der einstelligen Funktionen ausgedrückt ist? Das unten bewiesene Theorem von ROBINSON gibt eine positive Antwort auf diese Frage. Es wird durch eine geeignete Verschärfung des Theorems 1 aus dem vorigen Abschnitt gewonnen.

Betrachten wir die folgenden Operationen über einstelligen partiellen Funktionen:

a) Die zweistellige Operation der Addition einstelliger partieller Funktionen. Diese Operation wird durch das Symbol $+$ bezeichnet und durch die Formel

$$(f + g)\,(x) = f(x) + g(x)$$

definiert.

b) **Die zweistellige Operation der Komposition einstelliger partieller Funktionen.** Diese Operation wird im folgenden durch das Symbol $*$ bezeichnet und durch die Beziehung

$$(f * g)(x) = f(g(x))$$

definiert.

c) **Die einstellige Operation der Iteration einer einstelligen partiellen Funktion.** Diese Operation wird im Folgenden durch das Symbol J bezeichnet und auf folgende Weise definiert: man sagt, daß eine einstellige partielle Funktion f durch die Operation der Iteration aus einer einstelligen partiellen Funktion g entsteht (symbolisch $f = J\,g = g^J$), wenn

$$f(0) = 0,$$
$$f(n + 1) = g(f(n)).$$

Natürlich ist es leicht, die Operationen $+$, $*$, J durch die vorherigen Operationen auszudrücken. Es ist zum Beispiel klar, daß gilt

$$f + g = S^3(+, f, g),$$
$$f * g = S^2(f, g),$$
$$Jg = R(o, S^2(I_2^2, g)).$$

Die charakteristische Besonderheit der neuen Operationen ist, daß sie über einstelligen Funktionen ausgeführt werden und als Resultat wieder einstellige Funktionen geben.

Theorem (ROBINSON [94]). *Alle einstelligen primitiv rekursiven Funktionen und nur diese können aus den Funktionen* $s(x) = x + 1$ *und* $q(x) = x \,\dot{-}\, \left[\sqrt{x}\right]^2$ *durch eine endliche Anzahl von Operationen der Addition, der Komposition und der Iteration von Funktionen gewonnen werden.*

Vereinbaren wir für den Augenblick, eine einstellige Funktion f zulässig zu nennen, wenn sie aus den Funktionen s und q durch eine endliche Anzahl der Operationen $+$, $*$, J gewonnen werden kann. Wir müssen zwei Behauptungen zeigen:

1. *alle zulässigen einstelligen Funktionen sind primitiv rekursiv;*

2. *alle primitiv rekursiven einstelligen Funktionen sind zulässig.*

Die erste Behauptung ist offensichtlich, weil die Ausgangsfunktionen s und q primitiv rekursiv sind und die Anwendung der Operationen der Addition, der Komposition und der Iteration auf primitiv rekursive Funktionen wieder primitiv rekursive Funktionen gibt. Deshalb reduziert der Sachverhalt sich auf den Beweis der zweiten Behauptung. Zu allererst erweitern wir den Begriff der Zulässigkeit auch auf mehrstellige Funktionen. Wir nennen eine n-stellige Funktion

$f(x_1, \ldots, x_n)$ $(n \geq 2)$ zulässig, wenn für beliebige zulässige einstellige Funktionen $\alpha_1(t), \ldots, \alpha_n(t)$ die einstellige Funktion $f(\alpha_1(t), \ldots, \alpha_n(t))$ zulässig ist. Zusammen mit Behauptung 2. werden wir die allgemeinere Behauptung:

3. *alle* (ein- und mehrstelligen) *primitiv rekursiven Funktionen sind zulässig* zeigen.

Wir zerlegen den Beweis in eine Reihe von Hilfsbehauptungen, aus deren Gegenüberstellung man auch die Behauptung 3. erhält.

A. *Zusammensetzung und Summe zulässiger Funktionen (mit beliebiger Anzahl von Argumenten) sind zulässige Funktionen.*

Es seien nämlich $g(x_1, \ldots, x_n)$, $h_1(x_1, \ldots, x_m)$, $\ldots$, $h_n(x_1, \ldots, x_m)$ zulässig und

$$f(x_1, \ldots, x_m) = g(h_1(x_1, \ldots, x_m), \ldots, h_n(x_1, \ldots, x_n)).$$

Dann wird für beliebige zulässige Funktionen $\alpha_1(t), \ldots, \alpha_m(t)$ die einstellige Funktion

$$f(\alpha_1(t), \ldots, \alpha_m(t)) = g(\beta_1(t), \ldots, \beta_n(t))$$

mit

$$\beta_i(t) = h_i(\alpha_1(t), \ldots, \alpha_m(t)) \quad (i = 1, \ldots, n)$$

zulässig, weil nach Voraussetzung g, h_i zulässig sind. Aber dann ist auch die Funktion f zulässig. Analog wird auch die Zulässigkeit der Summe zulässiger Funktionen gezeigt.

B. *Die einstelligen Funktionen* o, $I_1{}^1$, sg, $\overline{sg}$ *und die mehrstelligen Funktionen* $I_m{}^n$, $ax + by + c$ *für feste natürliche Zahlen* a, b, c *sind zulässig.*

Die Zulässigkeit der Funktionen $I_1{}^1$, o, sg, $\overline{sg}$ ergibt sich aus den offensichtlichen Beziehungen

$$s^J = I_1{}^1, \quad I_1{}^{1J} = o,$$

$$sg = (s * o)^J, \quad \overline{sg}\,x = q(2 + 2\,sg\,x).$$

Da für zulässige Funktionen $\alpha_1(t), \ldots, \alpha_n(t)$ die Funktion

$$I_m{}^n(\alpha_1(t), \ldots, \alpha_n(t)) = \alpha_m(t)$$

zulässig ist, ist $I_m{}^n$ zulässig. Also schließen wir aus der Formel

$$ax + by + c = I_1{}^2(x, y) + \cdots + I_2{}^2(x, y) + \cdots + 1 + \cdots + 1$$

und der Zulässigkeit der Summe, daß auch die Funktion $ax + by + c$ zulässig ist.

C. *Die Funktion* x^2 *ist zulässig.* Nach B. ist die Funktion

$$\overline{sg}\,q(x) = \begin{cases} 1, \text{ falls } x \text{ eine Quadratzahl ist,} \\ 0, \text{ falls } x \text{ keine Quadratzahl ist,} \end{cases}$$

zulässig. Andererseits zeigen die Gleichungen $0^2 = 0$ und

$$(x + 1)^2 = x^2 + 2x + 1 = \varphi(x^2) + 1$$

mit

$$\varphi(t) = t + 2 \left[\sqrt{t}\right],$$

daß x^2 die Iteration der Funktion $\varphi + 1$ ist. Die Gleichungen $\varphi(0) = 0$ und

$$\varphi(t + 1) = \varphi(t) + 1 + 2 \left(\left[\sqrt{t + 1}\right] - \left[\sqrt{t}\right]\right)$$
$$= \varphi(t) + 1 + 2 \,\overline{sg}\, q(\varphi(t) + 4)$$

ihrerseits zeigen, daß φ durch Iteration der Funktion

$$\psi(u) = u + 1 + 2 \,\overline{sg}\, q(u + 4)$$

gewonnen wird. Da die letzte Funktion zulässig ist, sind die Funktionen φ und x^2 zulässig.

D. *Die Funktionen* $[x/2]$, $\left[\sqrt{x}\right]$, xy, $x \mathbin{\dot-} y$ *sind zulässig.* Aus A., B., C. folgt, daß die Funktion $q((x + y)^2 + 5x + 3y + 4)$ zulässig ist. Da

$$(x + y)^2 + 5x + 3y + 4 = (x + y + 2)^2 + x - y,$$

haben wir dann für $x \geq y$

$$(x + y + 2)^2 \leq (x + y + 2)^2 + x - y < (x + y + 3)^2$$

und also

$$q((x + y)^2 + 5x + 3y + 4) = x - y \quad (x \geq y).$$

Ist aber $x < y$, so folgt aus

$$(x + y + 1)^2 \quad < (x + y + 1)^2 + 3x + y + 3$$
$$= (x + y + 2)^2 + x - y < (x + y + 2)^2,$$

daß

$$q((x + y)^2 + 5x + 3y + 4) = 3x + y + 3 \quad (x < y).$$

Bei Einführung der Bezeichnung $x \mathbin{\dot-} y$ für $q((x + y)^2 + 5x + 3y + 4)$ kommen wir zu der Schlußfolgerung, daß die durch das Schema

$$x \mathbin{\dot-} y = \begin{cases} x - y, & \text{falls } x \geq y, \\ 3x + y + 3, & \text{falls } x < y \end{cases}$$

definierte Funktion zulässig ist.

4*

Nach Definition der Iteration haben wir

$$\overline{sg}^{J}(0) = 0,$$
$$\overline{sg}^{J}(1) = \overline{sg}(0) = 1,$$
$$\overline{sg}^{J}(2) = \overline{sg}\,1 = 0,$$

$$\cdot\;\cdot\;\cdot\;\cdot\;\cdot\;\cdot\;\cdot\;\cdot\;\cdot\;\cdot\;\cdot$$

d. h.

$$\overline{sg}^{J}(x) = \begin{cases} 0, & \text{falls } x \text{ gerade ist,} \\ 1, & \text{falls } x \text{ ungerade ist.} \end{cases}$$

Betrachten wir die Funktion

$$f(x) = x^2 + [x/2].$$

Da

$$f(0) = 0,\; \left[\sqrt{f(x)}\right] = x$$

und

$$\overline{sg}^{J}\,x = \overline{sg}^{J}\,x^2 = \overline{sg}^{J}\left[\sqrt{f(x)}\right],$$

folgt aus

$$f(x+1) = f(x) + 2x + 1 + \left(\left[\frac{x+1}{2}\right] - \left[\frac{x}{2}\right]\right)]$$
$$= f(x) + 2\left[\sqrt{f(x)}\right] + 1 + \overline{sg}^{J}\left[\sqrt{f(x)}\right]^2 = F(f(x))$$

mit

$$F(t) = t + 2\left[\sqrt{t}\right] + 1 + \overline{sg}^{J}\left[\sqrt{t}\right]^2,$$

daß die Funktion f durch Iteration aus der Funktion F gewonnen wird. Nach B. ist die Funktion $t + 2\left[\sqrt{t}\right]$ zulässig. Anderserseits gilt

$$\left[\sqrt{t}\right]^2 = t - q(t) = t \div q(t),$$

und deshalb ist auch die Funktion $\left[\sqrt{t}\right]^2$ zulässig. Aber dann ist auch die Funktion $F(t)$ zulässig, und mit dieser sind auch die Funktionen

$$f(x) = x^2 + \left[\frac{x}{2}\right],\; \left[\frac{x}{2}\right] = f(x) \div x^2$$

zulässig. Schließlich folgt aus der Zulässigkeit der Funktionen $\left[\dfrac{x}{2}\right]$ und $\varphi(t) = t + 2\left[\sqrt{t}\right]$ die Zulässigkeit der Funktionen

$$2\left[\sqrt{t}\right] = \varphi(t) \div t,\; \left[\sqrt{t}\right] = \left[\frac{2\left[\sqrt{t}\right]}{2}\right]$$

und

$$xy = \frac{((x+y)^2 \div x^2) \div y^2}{2}.$$

Es bleibt noch die Zulässigkeit der Funktion $\div$ zu zeigen. Dazu bemerken wir zuerst, daß

$$((x \div y) + y) \div x = \begin{cases} 0, & \text{falls } x \geq y, \\ 2x + 2y + 3, & \text{falls } x < y, \end{cases}$$

und also die Funktion

$$\beta(x, y) = \overline{\text{sg}} \, (((x \div y) + y) \div x) = \begin{cases} 1, \text{ falls } x \geq y, \\ 0, \text{ falls } x < y, \end{cases}$$

zulässig ist. Aber dann ist auch die Funktion

$$x \mathbin{\dot-} y = (x \div y)\, \beta(x, y)$$

zulässig.

E. *Wenn $g(x_1, \ldots, x_n)$ und $h(x_1, \ldots, x_n, y, z)$ zulässige Funktionen sind, dann ist auch die aus g und h durch die primitive Rekursion*

$$f(x_1, \ldots, x_n, 0) = g(x_1, \ldots, x_n),$$
$$f(x_1, \ldots, x_n, y + 1) = h(x_1, \ldots, x_n, y, f(x_1, \ldots, x_n, y))$$

entstehende Funktion f zulässig.

Nach Theorem 1 des vorigen Abschnitts kann die Funktion f aus den Funktionen g, h, c, l, r, o, s, $I_m{}^n$ durch Substitutionen und eine Rekursion der Gestalt

$$\varphi(x, 0) = x, \; \varphi(x, y + 1) = \Phi(\varphi(x, y)) \tag{1}$$

gewonnen werden, wobei $\Phi(z)$ eine geeignete Zusammensetzung der Funktionen g, h, o, s, $I_m{}^n$, c, l, r ist. Aus dem vorher Bewiesenen folgt, daß die Funktionen c, l, r, o, s, $I_m{}^n$ zulässig sind und daß die Zusammensetzung zulässiger Funktionen zulässig ist. Deshalb genügt es für uns, zu zeigen, daß mit der Funktion $\Phi(z)$ auch die mit Φ durch die Rekursion (1) verbundene Funktion $\varphi(x, y)$ zulässig ist.

Betrachten wir die Hilfsfunktionen

$$v(x) = \boldsymbol{q}\left(\left[\sqrt{x}\right]\right), \; w(x, y) = ((x + y)^2 + y)^2 + x. \tag{2}$$

Aus den Ungleichungen

$$((x + y)^2 + y)^2 \leq ((x + y)^2 + y)^2 + x < ((x + y)^2 + y + 1)^2,$$
$$(x + y)^2 \leq (x + y)^2 + y < (x + y + 1)^2$$

folgt

$$q(w(x, y)) = x,\ v(w(x, y)) = y.\tag{3}$$

Wir werden zeigen, daß

$$q(x + 1) = q(x) + 1,\quad v(x + 1) = v(x),\tag{4}$$

wenn sich für x herausstellt, daß $q\,(x + 1) \neq 0$.

In der Tat bedeutet die Voraussetzung, $q(x + 1) \neq 0$, daß $x + 1$ keine Quadratzahl ist. Aber dann ist der Abstand der nächstkleineren Quadratzahl zu $x + 1$ um 1 größer als der Abstand dieses Quadrats zu x, d. h. $q(x + 1) = q(x) + 1$. Da andererseits $x + 1$ keine Quadratzahl ist, ist $\left[\sqrt{x + 1}\right] = \left[\sqrt{x}\right]$ und deshalb $v(x + 1) = v(x)$.

Wir führen jetzt statt der durch die Rekursion (1) definierten Funktion $\varphi(x, y)$ die Funktion

$$\vartheta(x) = \varphi(v(x), q(x))$$

ein.

Aus der Relation (3) erhalten wir

$$\vartheta(w(y, x)) = \varphi(x, y).$$

Damit ist die Funktion $\varphi(x, y)$ offensichtlich zulässig, wenn die Funktion $\vartheta(x)$ zulässig ist. Sehen wir uns an, welchem rekursiven Schema $\vartheta(x)$ genügt. Die Formeln (1), (2) geben $\vartheta(0) = 0$.

Des weiteren haben wir für $q(x + 1) \neq 0$ nach (4)

$$\vartheta(x + 1) = \varphi(v(x), q(x) + 1) = \Phi\,(\vartheta(x)).$$

Ist hingegen $q(x + 1) = 0$, so ist

$$\vartheta(x + 1) = \varphi(v(x + 1), 0) = v(x + 1).$$

Deshalb haben wir für beliebige Werte x

$$\vartheta(x + 1) = \Phi(\vartheta(x))\,\mathrm{sg}\,(q(x + 1)) + v(x + 1)\,\overline{\mathrm{sg}}\,(q(x + 1)).$$

Also können wir durch Einführung der zulässigen Funktion

$$\Theta(x, z) = \Phi(z)\,\mathrm{sg}\,(q(x + 1)) + v(x + 1)\,\overline{\mathrm{sg}}\,(q(x + 1))$$

für $\vartheta(x)$ ein rekursives Schema in der Form

$$\vartheta(0) = 0,\ \vartheta(x + 1) = \Theta(x, \vartheta(x))\tag{5}$$

aufschreiben.

Nach einem Spezialfall des Theorems 1 (§ 3.4.) kann die dem Schema (5) genügende Funktion $\vartheta(x)$ aus den zulässigen Funktionen Θ, c, l, r, o, s, $I_m{}^n$ durch Substitutionen und Iteration einer geeigneten Zusammensetzung der Funktionen Θ, c, l, r, o, s, $I_m{}^n$ gewonnen werden. Somit ist die Funktion $\vartheta(x)$ zulässig und die Behauptung E. bewiesen.

Aus den Behauptungen A., B., E. folgt unmittelbar, daß *alle primitiv rekursiven Funktionen zulässig sind.*

In der Tat kann jede primitiv rekursive Funktion aus den Anfangsfunktionen o, s, $I_m{}^n$ durch eine endliche Anzahl von Operationen der Substitution und der primitiven Rekursion gewonnen werden. Nach B. sind die Anfangsfunktionen zulössig. Nach A., E. sind Substitutionen und primitive Rekursionen zulässiger Funktionen zulässige Funktionen. Deshalb sind alle primitiv rekursive Funktionen zulässig, und das Theorem ist bewiesen.

Das Theorem von ROBINSON kann elegant formuliert werden in der Sprache der Algebren. Bezeichnen wir durch $\mathfrak{F}^1$ und $\mathfrak{F}^1_{\mathrm{pr.r}}$ die Gesamtheit aller einstelligen partiellen Funktionen und entsprechend die Gesamtheit aller einstelligen primitiv rekursiven Funktionen. Die Algebren

$$\mathfrak{P} = \langle \mathfrak{F}^1; +, *, J \rangle,$$
$$\mathfrak{P}_{\mathrm{pr.r}} = \langle \mathfrak{F}^1_{\mathrm{pr.r}}; +, *, J \rangle$$

heißen ROBINSON-*Algebren.* Das Theorem von ROBINSON bedeutet, daß die Gesamtheit $\mathfrak{F}^1_{\mathrm{pr.r}}$ von den Funktionen s, q mit Hilfe der Operationen $+$, $*$, J, erzeugt wird oder, was dasselbe ist, daß die Unteralgebra $\mathfrak{P}^1_{\mathrm{pr.r}}$ in $\mathfrak{P}$ von den Elementen q, s erzeugt wird.

Das Theorem von ROBINSON ist oben nur für primitiv rekursive Funktionen formuliert und bewiesen worden. Es gilt jedoch auch ein allgemeineres Theorem über bezüglich irgendeines fest gewählten Systems partieller Funktionen primitiv rekursive Funktionen.

Verallgemeinertes Theorem von ROBINSON. *Genau diejenigen einstelligen partiellen Funktionen sind bezüglich eines beliebig vorgegebenen Systems $\mathfrak{S}$ einstelliger partieller Funktionen primitiv rekursiv, die man aus den Funktionen des Systems $\mathfrak{S}$ und den Funktionen s, q durch eine endliche Anzahl von Operationen $+$, $*$, J erhalten kann.*

Der oben vorgeführte Beweis für das Theorem von ROBINSON bleibt auch für das verallgemeinerte Theorem von ROBINSON gültig, wenn man in ihm überall das Wort *Funktion* durch die Worte *partielle Funktion* und das Wort *primitiv rekursiv* durch die Worte *primitiv rekursiv bezüglich* $\mathfrak{S}$ ersetzt.

In der Sprache der Theorie der Algebren kann man das verallgemeinerte Theorem von ROBINSON offensichtlich auf folgende Weise formulieren: *Die Gesamtheit aller bezüglich eines Systems $\mathfrak{S}$ einstelliger partieller Funktionen primitiv rekursiven einstelligen partiellen Funktionen ist die vom System $\mathfrak{S}$ und den Funktionen s, q mit Hilfe der Operationen $+$, $*$, J erzeugte Gesamtheit.*

Ergänzungen, Beispiele und Übungen

1. Man zeige die primitive Rekursivität der folgenden Funktionen: a) der Funktion $\sigma(n)$, die gleich der Summe aller Teiler der natürlichen Zahl n ist; b) der Funktion $\varphi(n)$ von EULER, die gleich der Anzahl derjenigen natürlichen Zahlen ist, die n nicht überschreiten und zu n teilerfremd sind.

2. Man zeige, daß der Absolutbetrag eines Polynoms in x mit ganzen Koeffizienten eine primitiv rekursive Funktion von x ist.

3. $\sqrt{2} = a_0, a_1 a_2 \ldots a_n \ldots$ sei die Zerlegung von $\sqrt{2}$ in einen unendlichen Dezimalbruch. Man zeige, daß a_n eine primitiv rekursive Funktion von n ist.

4. Man zeige, daß $\left[x\sqrt{2} \right]$, $[e^x]$ primitiv rekursive Funktionen von x sind.

5. Man zeige, daß durch eine simultane Rekursion der Form

$$f_1(0) = a_1, \qquad\qquad f_2(0) = a_2,$$
$$f_1(x+1) = h_1(x, f_1(x), f_2(x)), \quad f_2(x+1) = h_2(x, f_1(x), f_2(x))$$

mit Hilfe gegebener Funktionen h_1, h_2 definierte Funktionen f_1, f_2 primitiv rekursiv sind bezüglich h_1, h_2. Man definiere den Begriff der simultanen Wertverlaufsrekursion und zeige dafür die analoge Behauptung.

6. Ordnen wir alle Paare natürlicher Zahlen in der folgenden Reihenfolge:

$$\langle 0, 0 \rangle; \langle 0, 1 \rangle, \langle 1, 0 \rangle, \langle 1, 1 \rangle; \langle 0, 2 \rangle, \langle 2, 0 \rangle, \langle 1, 2 \rangle, \langle 2, 1 \rangle, \langle 2, 2 \rangle; \ldots$$

Man zeige, daß der Index $C(x, y) = z$ des Paares $\langle x, y \rangle$ in dieser Folge und die entsprechenden Funktionen $x = L(z)$, $y = R(z)$ primitiv rekursiv sind.

7. Bezeichnen wir mit $\mathfrak{F}^2$ die Gesamtheit aller partiellen Funktionen von zwei Variablen. Auf $\mathfrak{F}^2$ definieren wir die Operationen $+$, $*$, J, durch die Formeln

$$(f + g)(x, y) = f(x, y) + g(x, y),$$
$$(f * g)(x, y) = f(x, g(x, y)),$$
$$f^J(x, 0) = 0, \, f^J(x, y+1) = f(y, f^J(x, y)).$$

Man zeige das folgende Analogon zum Theorem von ROBINSON: Eine zweistellige Funktion f ist genau dann primitiv rekursiv bezüglich eines beliebigen Systems $\mathfrak{S}$ zweistelliger partieller Funktionen, wenn f aus den Funktionen des Systems $\mathfrak{S}$ und den Funktionen I_1^2, I_2^2, $s(I_2^2)$, $q(I_2^2)$ durch eine endliche Anzahl von Operationen $+$, $*$, J gewonnen werden kann.

8. Nach dem Theorem von ROBINSON wird die Algebra $\mathfrak{P}_{\mathrm{pr.r}} = \langle \mathfrak{F}^1_{pr.r}; +, *, J \rangle$ von dem Funktionenpaar s, q erzeugt. Man zeige, daß die Algebra $\mathfrak{P}_{\mathrm{pr.r}}$ auch erzeugt wird von dem Funktionenpaar s, l (auch vom Paar s, r), wobei l, r die CANTORschen Funktionen aus § 3.3. sind (s. R. ROBINSON [94]).

9. Wir führen durch die definitorische Festsetzung $(frg)(x) = c(f(x), g(x))$ eine zweistellige Operation r über den einstelligen Funktionen ein. Man zeige, daß die Algebra $\langle \mathfrak{F}^1_{pr.r}; r, *, J \rangle$ durch das Funktionenpaar s, l (und das Paar r, s) erzeugt wird. (R. ROBINSON [94]).

10. Die Algebra $\langle \mathfrak{F}^1_{pr.r}; *, J \rangle$ wird von einem Paar geeigneter Funktionen erzeugt und wird von keiner der Funktionen aus $\mathfrak{F}^1_{pr.r}$ allein erzeugt (J. ROBINSON [92]).

§ 4. Rekursiv aufzählbare Mengen

Bisher waren die Begriffe der primitiven Rekursivität, der allgemeinen und der partiellen Rekursivität nur für Funktionen definiert. Diese Begriffe werden jetzt auf Teilmengen der natürlichen Zahlen wie auch auf Mengen anderer Objekte übertragen. In diesem Paragraphen werden lediglich einfache Eigenschaften dieser Begriffe untersucht. Subtilere Eigenschaften werden in den folgenden Abschnitten parallel zum Studium von Eigenschaften von Funktionen untersucht.

4.1. Rekursive und primitiv rekursive Mengen. Eine Teilmenge A der Menge N aller natürlichen Zahlen heißt *rekursiv* (*primitiv rekursiv*), wenn die charakteristische Funktion der Menge A partiell rekursiv (entsprechend primitiv rekursiv) ist.

Da alle primitiv rekursiven Funktionen partiell rekursiv sind, *ist jede primitiv rekursive Menge rekursiv.* Die Umkehrung gilt nicht: In § 5.2. werden rekursive Mengen konstruiert, die nicht primitiv rekursiv sind.

Vom Standpunkt der Algorithmentheorie aus muß von den beiden eingeführten Begriffen — der rekursiven Menge und der primitiv rekursiven Menge — der erste wegen des folgenden Sachverhalts als grundlegend angesehen werden.

Entscheidungsproblem einer Zahlenmenge A heißt das Problem, einen Algorithmus zu finden, der bei einer Standard- (zum Beispiel der Dezimal-) Schreibweise einer beliebigen natürlichen Zahl a zu erkennen gestattet, ob diese Zahl a in A auftritt oder nicht, d. h. der es gestattet, die Werte der charakteristischen Funktion der Menge A zu berechnen. Nach der These von CHURCH ist die Existenz eines solchen Algorithmus äquivalent zur Rekursivität der charakteristischen Funktion. Man kann daher sagen, daß die rekursiven Mengen Mengen mit einem algorithmisch lösbaren Entscheidungsproblem sind.

Wir führen jetzt einige der grundlegenden Eigenschaften rekursiver und primitiv rekursiver Mengen ein.

Die charakteristischen Funktionen der leeren Menge $\emptyset$ und der Menge N aller natürlichen Zahlen sind die konstanten einstelligen Funktionen 1 und 0. Diese Funktionen sind primitiv rekursiv. Deshalb sind auch die Mengen $\emptyset$ und N primitiv rekursiv.

Als charakteristische Funktion einer endlichen Zahlenmenge $\{a_1, \ldots, a_n\}$ ($a_1 < a_2 < \cdots < a_n$) dient die primitiv rekursive Funktion

$$\operatorname{sg}\left(|x - a_1| \cdot |x - a_2| \cdot \cdots \cdot |x - a_n|\right).$$

Deshalb ist jede endliche Menge natürlicher Zahlen primitiv rekursiv.

In § 3.2. wurde gezeigt, daß die charakteristischen Funktionen der Eigenschaften „gerade Zahl sein", „Primzahl sein", „Quadratzahl sein" primitiv rekursiv sind. Deshalb sind auch die Mengen aller geraden Zahlen, aller Primzahlen, aller Quadratzahlen primitiv rekursiv. Man überzeugt sich auf analogem Wege leicht, daß die Gesamtheit der Potenzen a^0, a^1, a^2, ... einer beliebigen Zahl a und viele andere oft vorkommende Zahlgesamtheiten primitiv rekursiv sind.

Theorem 1. *Das Komplement einer rekursiven (primitiv rekursiven) Menge wie auch Vereinigung und Durchschnitt eines beliebigen endlichen Systems rekursiver (primitiv rekursiver) Mengen sind rekursive (primitiv rekursive) Mengen.*

Es seien nämlich $f_1(x), \ldots, f_n(x)$ die charakteristischen Funktionen von Mengen $A_1, \ldots, A_n$. Dann sind die Funktionen

$$f(x) = \overline{\mathrm{sg}}\, f_1(x),$$

$$g(x) = f_1(x) \cdot \cdots \cdot f_n(x),$$

$$h(x) = \mathrm{sg}\,(f_1(x) + \cdots + f_n(x))$$

die charakteristischen Funktionen für respektive das Komplement der Menge A_1, die Vereinigung und den Durchschnitt der Mengen $A_1, \ldots, A_n$. Wenn die Funktionen $f_1(x), \ldots, f_n(x)$ partiell rekursiv oder entsprechend primitiv rekursiv sind, dann sind ebendies auch die Funktionen $f(x)$, $g(x)$, $h(x)$.

Theorem 2. *Ist eine überall definierte Funktion $f(x)$ partiell rekursiv (primitiv rekursiv), so ist die Menge A der Lösungen der Gleichung*

$$f(x) = 0$$

rekursiv (primitiv rekursiv).

Denn als charakteristische Funktion der Menge A dient die Funktion $\mathrm{sg}\, f(x)$, die zusammen mit der Funktion $f(x)$ rekursiv oder primitiv rekursiv ist.

Die Gesamtheit aller von einer primitiv rekursiven Funktion angenommenen Werte ist im allgemeinen Fall weder eine primitiv rekursive noch überhaupt eine rekursive Menge. Diese Gesamtheiten werden im folgenden unter dem Namen rekursiv aufzählbare Mengen untersucht. Es gibt jedoch eine Reihe einfacher Kriterien für die primitive Rekursivität (Rekursivität) der Gesamtheit der Werte einer primitiv rekursiven (rekursiven) Funktion. Ein solches zeigt das

Theorem 3. *Wenn eine primitiv rekursive (allgemein rekursive) Funktion $f(x)$ die Bedingung*

$$f(x) \geqq x \ (x = 0, 1, 2, \ldots)$$

erfüllt, insbesondere wenn $f(x)$ monoton steigt, dann ist die Gesamtheit M aller Werte dieser Funktion eine primitiv rekursive (rekursive) Menge.

Denn aus der Ungleichung $f(y) \geqq y$ folgt, daß die Funktion

$$g(x) = \prod_{y=0}^{x} \mathrm{sg}\, |f(y) - x|$$

die charakteristische Funktion von M ist.

4.2. Rekursiv aufzählbare Mengen. Diese Mengen spielen in der Theorie der rekursiven Funktionen eine fundamentale Rolle. Es gibt mehrere äquivalente Definitionen der angegebenen Mengen. Als Ausgangsdefinition nehmen wir die folgende Definition.

Eine Zahlenmenge A heißt rekursiv aufzählbar, wenn es eine zweistellige primitiv rekursive Funktion $f(a, x)$ gibt, so daß die Gleichung $f(a, x) = 0$ genau dann eine Lösung x besitzt, wenn $a \in A$.

Weiter unten (§ 6.1.) wird gezeigt, daß man in dieser Definition als Funktion $f(a, x)$ in der Tat eine beliebige partiell rekursive Funktion nehmen kann. Dieses Resultat wird von uns jedoch nur als Ergebnis einer langen Kette von Theoremen erreicht. In der Zwischenzeit hingegen halten wir uns streng an die angegebene Definition und folgern aus ihr eine Reihe von Korollaren.

Korollar 1. *Jede primitiv rekursive Menge ist rekursiv aufzählbar.*

Nach Definition ist die charakteristische Funktion $f(x)$ einer beliebigen primitiv rekursiven Menge A primitiv rekursiv. Dann hat aber die primitiv rekursive Gleichung

$$f(a) + x = 0$$

genau dann eine Lösung x, wenn $a \in A$.

Korollar 2. *$F(a, x_1, ..., x_n)$ sei eine primitiv rekursive Funktion der Variablen $a, x_1, ..., x_n$. Die Menge der Werte des Parameters a, für welche die Gleichung*

$$F(a, x_1, ..., x_n) = 0 \tag{1}$$

wenigstens eine Lösung $x_1, ..., x_n$ hat, ist rekursiv aufzählbar.

Führen wir in der Tat die primitiv rekursive Funktion

$$f(a, x) = F(a, c_{n1}(x), ..., c_{nn}(x))$$

ein, wobei $c_{ij}(x)$ die CANTORschen Funktionen aus § 3.3. sind. Wegen

$$f(a, c(x_1, ..., x_n)) = F(a, x_1, ..., x_n)$$

fällt die Gesamtheit der Werte des Parameters a, für die die Gleichung $f(a, x) = 0$ lösbar ist, mit der analogen Gesamtheit für die Gleichung (1) zusammen, und deshalb ist diese letzte Gesamtheit rekursiv aufzählbar.

Theorem 1. *Eine nicht leere Menge A ist genau dann rekursiv aufzählbar, wenn sie mit der Gesamtheit der Werte einer primitiv rekursiven Funktion zusammenfällt.*

$f(x)$ sei eine primitiv rekursive Funktion, A die Menge aller ihrer Werte. Die linke Seite der Gleichung

$$|f(x) - a| = 0$$

ist primitiv rekursiv, und diese Gleichung hat genau dann eine Lösung x, wenn $a \in A$. Folglich ist A rekursiv aufzählbar.

Sei umgekehrt die Menge A nicht leer und rekursiv aufzählbar. Nach Definition bedeutet das, daß A die Gesamtheit aller Werte des Parameters a ist, für die die Gleichung der Form $F(a, x) = 0$ für eine passende primitiv rekursive Funktion $F(a, x)$ lösbar ist. Betrachten wir die primitiv rekursive Funktion

$$f(t) = l(t)\,\overline{\mathrm{sg}}\,F(l(t), r(t)) + b \cdot \mathrm{sg}\,F(l(t), r(t)) \tag{2}$$

mit den Cantorschen Funktionen $l(t)$, $r(t)$ aus § 3.3. und irgendeiner Zahl b aus A. Wir werden zeigen, daß A mit der Gesamtheit aller Werte der Funktion $f(t)$ zusammenfällt.

Wenn nämlich für ein t

$$F(l(t), r(t)) = 0, \tag{3}$$

dann ist $l(t) \in A$, und aus (2) haben wir

$$f(t) = l(t) \in A.$$

Gilt (3) hingegen nicht, so erhalten wir aus (2)

$$f(t) = b \in A.$$

Somit kommen alle Werte der Funktion $f(t)$ in A vor.

Es sei nun $a \in A$ und also $F(a, x) = 0$ für ein passendes x. Setzen wir $t = c$ (a, x) und beachten wir, daß $l(c(a, x)) = a$, so erhalten wir aus (2) $f(t) = a$. Also fällt A mit der Gesamtheit aller Werte der Funktion $f(t)$ zusammen und ist Theorem 1 gezeigt.

Die in diesem Theorem angegebene Eigenschaft der rekursiv aufzählbaren Mengen wird manchmal auch zur Definition dieser Mengen genommen.

Theorem 2. *Die Summe und der Durchschnitt einer endlichen Anzahl rekursiv aufzählbarer Mengen sind rekursiv aufzählbare Mengen.*

A_i sei die Menge aller Werte des Parameters a, für die eine Lösung x der Gleichung

$$f_i(a, x) = 0 \qquad (i = 1, \dots, n)$$

existiert, wobei f_i eine gewisse primitiv rekursive Funktion ist. Dann ist die Gesamtheit der Werte des Parameters a, für die die Gleichung

$$f_1(a, x_1) \cdot \dots \cdot f_n(a, x_n) = 0 \tag{4}$$

oder entsprechend die Gleichung

$$f_1(a, x_1) + \dots + f_n(a, x_n) = 0 \tag{5}$$

bezüglich $x_1, \dots, x_n$ lösbar ist, die Vereinigung oder entsprechend der Durchschnitt der Mengen A_i. Da die linken Seiten der Gleichungen (4), (5) primitiv rekursiv sind, ist nach Korollar 2 die Vereinigung und der Durchschnitt der Mengen A_i rekursiv aufzählbar.

In Analogie zu den Eigenschaften der rekursiven Mengen könnte man annehmen, daß das Komplement einer rekursiv aufzählbaren Menge eine rekursiv aufzählbare Menge ist. Das gilt jedoch nicht. In § 6.3. werden rekursiv aufzählbare Mengen konstruiert, deren Komplemente nicht rekursiv aufzählbar sind. Mehr als das muß man diesen Fall in der Tat als typisch ansehen, weil gilt

Theorem 3 (Post). *Wenn eine beliebige Menge A rekursiv aufzählbar ist und ihr Komplement A' ebenfalls rekursiv aufzählbar ist, dann sind die Mengen A und A' rekursiv.*

Die Mengen A und A' seien die Gesamtheiten der Werte des Parameters a, für die die Gleichung $f(a, x) = 0$ und entsprechend die Gleichung $g(a, x) = 0$ lösbar ist bei primitiv rekursiven Funktionen f, g. Da für ein beliebiges a offensichtlich eine der angegebenen Gleichungen lösbar ist, ist die Funktion

$$h(a) = \mu_x(f(a, x)\, g(a, x) = 0) \tag{6}$$

überall definiert und also allgemein rekursiv. Deshalb ist auch die Funktion

$$F(a) = \mathrm{sg}\, f(a, h(a))$$

allgemein rekursiv. Nach der Formel (6) ist $f(a)$ offensichtlich die charakteristische Funktion von A, und deshalb sind A und A' rekursiv.

In Ergänzung zu Theorem 1 werden wir noch zeigen, daß *die Gesamtheit der von einer beliebigen mehrstelligen primitiv rekursiven Funktion $F(x_1, \ldots, x_n)$ angenommenen Werte eine rekursiv aufzählbare Menge ist.*

Betrachten wir die einstellige Funktion

$$f(x) = F(c_{n1}(x), \ldots, c_{nn}(x)). \tag{7}$$

Diese Funktion ist primitiv rekursiv. Nach (7) und der Beziehung

$$f(c(x_1, \ldots, x_n)) = F(x_1, \ldots, x_n)$$

fällt die Gesamtheit der Funktionswerte von f mit der Gesamtheit aller Funktionswerte von F zusammen, und deshalb ist diese Gesamtheit rekursiv aufzählbar.

4.3. Erzeugte Mengen. Erinnern wir an einige Begriffe aus § 1.3. M sei eine beliebige Menge irgendwelcher Elemente. Jede auf M definierte (partielle) Funktion $F(x_1, \ldots, x_n)$ mit Werten, die eben dieser Menge M angehören, heißt eine (partielle) *Operation* auf M. Eine Teilmenge A der Menge M heißt bezüglich der partiellen Operation F abgeschlossen, wenn für alle aus dem Definitionsbereich von F genommenen und zu A gehörenden Werte $x_1, \ldots, x_n$ auch der Wert $F(x_1, \ldots, x_n)$ zu A gehört.

Nehmen wir an, daß in einer mit einem System von Operationen F_i ausgestatteten Menge M irgendeine Gesamtheit V von Elementen aus M ausgesondert ist. Die Gesamtheit V^g — der Durchschnitt aller Untermengen der Menge M, die bezüglich der Operationen F_i abgeschlossen sind und V enthalten — heißt *durch das System V* mit Hilfe der Operationen F_i *erzeugte* Gesamtheit. In § 1.3. wurde gezeigt, daß V^g aus genau denjenigen Elementen von M besteht, die Werte der mit Hilfe von Symbolen der vorgegebenen Operationen F_i und von Symbolen der Elemente des Systems V darstellbaren Terme sind.

Im folgenden wird der Fall wichtig, in dem die Menge M die Gesamtheit aller natürlichen Zahlen ist und die Operationen primitiv rekursive Funktionen sind.

Theorem 1. *Die durch eine rekursiv aufzählbare Gesamtheit V mit Hilfe eines endlichen Systems primitiv rekursiver Funktionen $F_i(x_1, \ldots, x_{m_i})$ $(i = 1, \ldots, s)$ erzeugte Menge V^g natürlicher Zahlen ist rekursiv aufzählbar.*

Bezeichnen wir durch $v(x)$ eine primitiv rekursive Funktion, deren Wertemenge mit V übereinstimmt. Nach dem oben Gesagten besteht die erzeugte Menge V^g aus den Werten der Terme $\mathfrak{a}\,(a_1, \ldots, a_m)$, die mit Hilfe der Funktionszeichen F_i und beliebiger Zahlen $a_1, \ldots, a_m$ aus V dargestellt sind. Da V aus den Werten der Funktion $v(x)$ besteht, besteht V^g aus den Werten der Terme der Gestalt $\mathfrak{a}(v(b_1), \ldots v(b_m))$ mit beliebigen natürlichen Zahlen $b_1, \ldots, b_m$. Wir vereinbaren, Terme der letztgenannten Gestalt v-Terme zu nennen.

Wir werden jetzt alle v-Terme aufzählen. Die Zahl 3^b nennen wir Index des Terms $v(b)$. Wir zählen induktiv weiter auf, indem wir von kürzeren zu längeren Termen aufsteigen. Die Terme $\mathfrak{a}_1, \ldots, \mathfrak{a}_{m_i}$ mögen bereits die Indizes $c_1, \ldots, c_{m_i}$ bekommen haben. Dann nennen wir die Zahl $2^i p_1^{c_1} \cdots p_{m_i}^{c_{m_i}}$ Index des Terms F_i $(\mathfrak{a}_1, \ldots, \mathfrak{a}_{m_i})$, wobei die Symbole p_0, p_1, p_2, $\ldots$ die aufeinanderfolgenden Primzahlen 2, 3, 5, $\ldots$ bezeichnen.

Die kürzesten v-Terme sind die Terme der Gestalt $v(b)$. Ihre Indizes sind, wie gesagt, Potenzen der Zahl 3. Die Indizes der übrigen v-Terme sind geradzahlig. Somit ist nicht jede natürliche Zahl Index irgendeines Terms, aber wenn eine natürliche Zahl Index eines beliebigen v-Terms ist, dann wird dieser Term durch die Primfaktorzerlegung der Zahlen eindeutig wiederhergestellt.

Wir wollen jetzt eine Hilfsfunktion $f(x)$ konstruieren der Art, daß $f(n)$ der Wert des v-Terms mit dem Index n ist, wenn n Index eines Terms ist. Mit diesem Ziel setzen wir per definitionem $f(0) = v(0)$ und weiter

$$f(n + 1) = \begin{cases} F_1\big(f(\mathrm{ex}(1, n + 1)), \ldots, f(\mathrm{ex}(m_1, n + 1))\big), \\ \qquad\qquad \text{falls ex } (0, n + 1) = 1, \\ \cdots\cdots\cdots\cdots\cdots\cdots\cdots\cdots\cdots\cdots\cdots \\ F_s\big(f(\mathrm{ex}(1, n + 1)), \ldots, f(\mathrm{ex}(m_s, n + 1))\big), \\ \qquad\qquad \text{falls ex } (0, n + 1) = s \\ v(\mathrm{ex}(1, n + 1)) \text{ für die übrigen } n. \end{cases} \qquad (1)$$

Hier ist ex $(i, n + 1)$ der Exponent der höchsten Potenz der Zahl p_i, durch die $n + 1$ teilbar ist (s. § 3.2.).

Nach § 3.1. kann man die angegebene Definition der Funktion $f(x)$ in der folgenden Form darstellen:

$$f(0) = v(0),$$
$$f(n + 1) = G\big(n, f(\mathrm{ex}(1, n + 1)), \ldots, f(\mathrm{ex}(t, n + 1))\big), \tag{2}$$

wobei $t = \max\{m_1, \ldots, m_s\}$ und

$$G(n, x_1, \ldots, x_t) = v(\mathrm{ex}(1, n + 1)) \, \mathrm{sg} \prod_{i=1}^{s} |\mathrm{ex}(0, n + 1) - i|$$
$$+ \sum_{i=1}^{s} F_i(x_1, \ldots, x_{m_i}) \, \overline{\mathrm{sg}} \, |\mathrm{ex}(0, n + 1) - i|.$$

Da die Funktionen $\mathrm{ex}(i, n + 1)$ die Beziehungen

$$\mathrm{ex}(i, n + 1) \leqq n$$

erfüllen, bilden die Gleichungen (2) das in § 3.2. beschriebene Schema der Wertverlaufsrekursion. Die Ausgangsfunktionen $\mathrm{ex}(i, n + 1)$ und $G(n, x_1, \ldots, x_t)$ sind primitiv rekursiv. Daher ist auch die Funktion $f(x)$ primitiv rekursiv.

Wir werden zeigen, daß $f(n)$ gleich dem Wert des v-Terms mit dem Index n ist, wenn n überhaupt Index irgendeines v-Terms ist, und daß $f(n)$ für beliebiges n gleich dem Wert eines geeigneten v-Terms ist.

Für $n = 0, 1$ ist das offensichtlich richtig, weil nach (1) offenbar $f(0) = f(1) = v(0)$.

Die Behauptung, die wir gerade beweisen, sei für jedes n wahr, das kleiner als eine gewisse Zahl $a + 1$ ist. Es können nur drei Fälle vorkommen.

a) Die Zahl $a + 1$ ist Index eines v-Terms der Gestalt $F_i(\mathfrak{a}_1, \ldots, \mathfrak{a}_{m_i})$. Nach der angenommenen Aufzählung der Terme haben wir

$$a + 1 = 2^i \cdot p_1^{a_1} \cdots p_{m_i}^{a_{m_i}}$$

wobei $a_1, \ldots, a_{m_i}$ die Indizes der Terme $\mathfrak{a}_1, \ldots, \mathfrak{a}_{m_i}$ sind. Aus (1) finden wir

$$f(a + 1) = F_i(f(a_1), \ldots, f(a_{m_i})).$$

Da $a_j \leqq a$, ist nach Voraussetzung $f(a_j)$ gleich dem Wert des Terms $\mathfrak{a}_j$ und also

$$f(a + 1) = F_i(\mathfrak{a}_1, \ldots, \mathfrak{a}_{m_i}).$$

Anders gesagt ist $f(a + 1)$ in dem betrachteten Fall gleich dem Wert des v-Terms mit dem Index $a + 1$.

b) Die Zahl $a + 1$ ist Index eines Terms der Gestalt $v(c)$, und deshalb ist $a + 1 = 3^c$. Aus (1) finden wir

$$f(a + 1) = v(c),$$

d. h., wir erhalten wiederum, daß $f(a + 1)$ gleich dem Wert des v-Terms mit dem Index $a + 1$ ist.

c) Die Zahl $a + 1$ ist nicht Index eines v-Terms. Sei

$$\mathrm{ex}(i, a + 1) = a_i \quad (i = 0, 1, 2, \ldots).$$

Nach (1) erhalten wir, daß entweder für ein i $(1 \leqq i \leqq s)$

$$f(a + 1) = F_i(f(a_1), \ldots, f(a_{m_i})) \tag{3}$$

oder aber

$$f(a + 1) = v(a_1). \tag{4}$$

Da $a_j \leqq a$, ist $f(a_j)$ gleich dem Wert irgendeines v-Terms $\mathfrak{a}_j$ (nicht notwendig mit Index a_j). Dann aber ist $f(a + 1)$ im Falle (3) gleich dem Wert des v-Terms F_i $(\mathfrak{a}_1, \ldots, \mathfrak{a}_{m_i})$, und ist im Falle (4) $f(a + 1)$ gleich dem Wert des v-Terms $v(\mathfrak{a}_1)$.

Also sind alle Induktionsbedingungen erfüllt und kann man die Behauptung für bewiesen halten. Aus dieser Behauptung folgt, daß die erzeugte Menge V^g mit der Gesamtheit aller Werte der Funktion $f(n)$ übereinstimmt. Da diese Funktion primitiv rekursiv ist, ist die Menge V^g rekursiv aufzählbar, was auch gefordert war.

4.4. Mengen von n-Tupeln natürlicher Zahlen. Neben Mengen natürlicher Zahlen muß man gewöhnlich Mengen von Paaren, Tripeln und im allgemeinen Fall n-Tupeln natürlicher Zahlen betrachten. Deshalb werden wir jetzt die Begriffe und Resultate der vorhergehenden Abschnitte auf die Gesamtheit der n-Tupel natürlicher Zahlen erweitern.

Halten wir ein $n \geqq 2$ fest. Mit N^n bezeichnen wir die Gesamtheit aller n-Tupel natürlicher Zahlen. In § 3.3. wurde jedem n-Tupel $\langle x_1, \ldots, x_n \rangle$ natürlicher Zahlen sein CANTORscher Index $c(x_1, \ldots, x_n)$ zugeordnet und gezeigt, daß diese Zuordnung zwischen N^n und N eineindeutig ist. Wir ordnen jeder Menge A von n-Tupeln von Zahlen die Menge $c(A)$ der Indizes der Tupel aus A zu und erweitern so die CANTORsche Zuordnung zwischen N^n und N zu einer eineindeutigen CANTORschen Zuordnung zwischen den Mengen von Zahlen und den Mengn von n-Tupeln von Zahlen. Daraus entsteht die natürliche

Definition. *Eine Menge A von n-Tupeln natürlicher Zahlen heißt primitiv rekursiv, rekursiv oder rekursiv aufzählbar, wenn die Menge $c(A)$ der Indizes aller n-Tupel aus A diese Eigenschaft hat.*

Da Vereinigung und Durchschnitt von Mengen von n-Tupeln Vereinigung und Durchschnitt der Gesamtheit der Indizes dieser n-Tupel entsprechen, erhalten wir aus den Theoremen von § 4.1. und § 4.2. unmittelbar das

Korollar 1. *Vereinigung und Durchschnitt einer endlichen Anzahl rekursiv aufzählbarer (rekursiver, primitiv rekursiver) Mengen von n-Tupeln natürlicher Zahlen sind rekursiv aufzählbare (rekursive, primitiv rekursive) Mengen.*

Das Komplement einer rekursiven (primitiv rekursiven) Menge von n-Tupeln ist eine rekursive (primitiv rekursive) Menge.

Wenn das Komplement A' einer rekursiv aufzählbaren Menge A von n-Tupeln rekursiv aufzählbar ist, dann sind A und A' rekursive Mengen.

Charakteristische Funktion einer Menge A von n-Tupeln natürlicher Zahlen heißt die n-stellige Funktion $f(x_1, \ldots, x_n)$, die für die in A vorkommenden n-Tupel $\langle x_1, \ldots, x_n \rangle$ gleich 0 ist und für die nicht in A vorkommenden n-Tupel gleich 1. Ist $c(A)$ die Menge der Indizes aller n-Tupel aus A und $g(x)$ die charakteristische Funktion der Menge $c(A)$, so folgt aus den Beziehungen

$$g(x) = f(c_{n1}(x), \ldots, c_{nn}(x)),$$

$$g(c(x_1, \ldots, x_n)) = f(x_1, \ldots, x_n)$$

(s. § 3.3.) und der primitiven Rekursivität der CANTORschen Funktionen c, c_{ni}, daß *eine Menge von n-Tupeln genau dann rekursiv (primitiv rekursiv) ist, wenn ihre charakteristische Funktion partiell rekursiv (primitiv rekursiv) ist.*

Analog zeigt man auch das

Theorem 1. *Wenn eine überall definierte Funktion $F(x_1, \ldots, x_n)$ partiell rekursiv (primitiv rekursiv) ist, dann ist die Gesamtheit der die Gleichung*

$$F(x_1, \ldots, x_n) = 0$$

erfüllenden n-Tupel $\langle x_1, \ldots, x_n \rangle$ eine rekursive (primitiv rekursive) Menge.

Wenn eine Funktion $F(x_1, \ldots, x_n, y_1, \ldots, y_m)$ primitiv rekursiv ist, dann ist die Gesamtheit A der n-Tupel $\langle a_1, \ldots, a_n \rangle$, für die die Gleichung

$$F(a_1, \ldots, a_n, y_1, \ldots, y_m) = 0 \tag{1}$$

wenigstens eine Lösung $\langle y_1, \ldots, y_m \rangle$ hat, eine rekursiv aufzählbare Menge.

Die erste Behauptung ist offensichtlich (s. § 4 1.). Zum Beweis der zweiten Behauptung führen wir die Funktion

$$f(a, y) = F(c_{n1}(a), \ldots, c_{nn}(a), c_{m1}(y), \ldots, c_{mm}(y))$$

ein. Diese Funktion ist primitiv rekursiv. Die Gleichung (1) ist für Werte $a_1, \ldots, a_n$ dann und nur dann lösbar, wenn die Gleichung

$$f(a, y) = 0 \tag{2}$$

bezüglich y lösbar ist mit dem Index a des n-Tupels $\langle a_1, \ldots, a_n \rangle$. Die Gesamtheit der Parameterwerte a, für die die Gleichung (2) lösbar ist, ist jedoch eine rekursiv aufzählbare Menge. Deshalb ist auch die Gesamtheit A rekursiv aufzählbar.

Theorem 2. *Für die rekursive Aufzählbarkeit einer nicht leeren Gesamtheit von n-Tupeln ist es notwendig und hinreichend, daß sie für passende primitiv rekursive Funktionen $f_1(x), \ldots, f_n(x)$ die Gesamtheit aller n-Tupel der Gestalt*

$$\langle f_1(x), \ldots, f_n(x) \rangle \quad (x = 0, 1, \ldots) \tag{3}$$

ist.

Sind nämlich Funktionen $f_1(x), \ldots, f_n(x)$ primitiv rekursiv, so stimmt die Gesamtheit der Indizes aller n-Tupel der Gestalt (3) mit der Gesamtheit aller Werte der primitiv rekursiven Funktion

$$f(x) = c(f_1(x), \ldots, f_n(x))$$

überein, und daher ist die Gesamtheit der n-Tupel der Gestalt (3) rekursiv aufzählbar.

Es sei umgekehrt $c(A)$ die Menge der Indizes der n-Tupel einer nicht leeren rekursiv aufzählbaren Gesamtheit. Nach Theorem 1 aus § 4.2. ist $c(A)$ die Gesamtheit der Werte einer gewissen primitiv rekursiven Funktion $f(x)$. Aber in einem solchen Falle besteht A aus den n-Tupeln der Gestalt

$$\langle c_{n1}(f(x)), \ldots, c_{nn}(f(x)) \rangle,$$

was auch zu beweisen war.

Die Gesamtheit der $n + 1$-Tupel der Gestalt $\langle x_1, \ldots, x_n, F(x_1, \ldots, x_n) \rangle$ mit definiertem Wert $F(x_1, \ldots, x_n)$ heißt *Graph* der Funktion $F(x_1, \ldots, x_n)$. Hieraus folgt für eine überall definierte Funktion F, daß die Funktion

$$\operatorname{sg} |x_{n+1} - F(x_1, \ldots, x_n)|$$

die charakteristische Funktion ihres Graphs ist, und somit *sind die Graphen primitiv rekursiver und allgemein rekursiver Funktionen respektive primitiv rekursive und allgemein rekursive Mengen.*

Es ist leicht, ein Beispiel einer nicht überall definierten Funktion zu konstruieren, deren Graph primitiv rekursiv ist. Und mehr als das ist es sogar möglich, eine überall definierte nicht primitiv rekursive Funktion zu konstruieren, deren Graph primitiv rekursiv ist. Diese ziemlich subtile Konstruktion wird in § 6.4. durchgeführt, und unmittelbar zeigen wir lediglich die folgende ziemlich offensichtliche Behauptung:

Theorem 3. *Wenn der Graph M einer überall definierten Funktion $F(x_1, \ldots, x_n)$ rekursiv aufzählbar ist, dann ist die Funktion F allgemein rekursiv.*

Nach Theorem 2 besteht die Gesamtheit M aus den $n + 1$-Tupeln der Gestalt $\langle f_1(t), \ldots, f_n(t), f_{n+1}(t) \rangle$ für passende primitiv rekursive Funktionen $f_1, \ldots, f_{n+1}$. Die Funktion F ist überall definiert. Deshalb hat die Gleichung

$$|x_1 - f_1(t)| + \cdots + |x_n - f_n(t)| = 0$$

für beliebige $x_1, \ldots, x_n$ wenigstens eine Lösung t, wobei wir für jede Lösung t dieser Gleichung $F(x_1, \ldots, x_n) = f_{n+1}(t)$ haben. Folglich gilt

$$F(x_1, \ldots, x_n) = f_{n+1}\big(\mu_t(|x_1 - f_1(t)| + \cdots + |x_n - f_n(t)| = 0)\big),$$

und also ist die Funktion $F(x_1, \ldots, x_n)$ allgemein rekursiv.

Zum Schluß wollen wir für n-Tupel natürlicher Zahlen noch ein Theorem über erzeugte Mengen formulieren.

Nach § 1.2. ist eine m-stellige (partielle) Operation auf der Menge N^n aller n-Tupel eine Abbildung, die Folgen $\langle \mathfrak{x}_1, \ldots, \mathfrak{x}_m \rangle$ ein wohlbestimmtes n-Tupel $\mathfrak{y} = F(\mathfrak{x}_1, \ldots, \mathfrak{x}_m)$ zuordnet. Ist

$$\mathfrak{x}_i = \langle x_{i1}, \ldots, x_{in} \rangle \qquad (i = 1, \ldots, m),$$

so wird jede Koordinate y_i des n-Tupels $\mathfrak{y} = \langle y_1, \ldots, y_n \rangle$ eine Funktion der Koordinaten des n-Tupels $\mathfrak{x}_1, \ldots, \mathfrak{x}_n$:

$$y_i = f_i(x_{11}, \ldots, x_{1n}, \ldots, x_{m1}, \ldots, x_{mn}) \; (i = 1, \ldots, n). \tag{4}$$

Umgekehrt können wir bei beliebiger Vorgabe von Funktionen f_i zu n-Tupeln $\mathfrak{x}_1, \ldots, \mathfrak{x}_m$ ein n-Tupel $\mathfrak{y}$ finden und damit die Operation F rekonstruieren. Ist die Operation F partiell, so sind auch die Koordinatenfunktionen f_i partiell und umgekehrt.

Mit der Operation F verbinden wir außer den Koordinatenfunktionen f_i noch eine Funktion f, die *darstellende Funktion für F* heißen wird. Sie wird folgendermaßen definiert.

Es seien Zahlen $a_1, \ldots, a_m$ gegeben. Wir nehmen die n-Tupel $\mathfrak{r}_1, \ldots, \mathfrak{r}_m$ mit Indizes $a_1, \ldots, a_m$, d. h. die n-Tupel

$$\mathfrak{r}_i = \langle c_{n1}(a_i), \ldots, c_{nn}(a_i) \rangle$$

und berechnen den Index a des n-Tupels $F(\mathfrak{r}_1, \ldots, \mathfrak{r}_m)$. Des Weiteren setzen wir per definitionem $f(a_1, \ldots, a_m) = a$. Ist umgekehrt die Funktion $f(a_1, \ldots, a_m)$ bekannt, so läßt sich auf offensichtliche Weise die Operation $F(\mathfrak{r}_1, \ldots, \mathfrak{r}_m)$ rekonstruieren, die durch die Funktion $f(a_1, \ldots, a_m)$ dargestellt ist.

Definition. *Eine auf der Menge N^n aller n-Tupel natürlicher Zahlen gegebene Operation $F(\mathfrak{x}_1, \ldots, \mathfrak{x}_m)$ heißt partiell rekursiv, allgemein rekursiv oder primitiv rekursiv, wenn die die Operation F darstellende Funktion $f(a_1, \ldots, a_m)$ von diesem Typ ist.*

Durch Vergleich der Definition der darstellenden und der Koordinatenfunktionen erhalten wir unmittelbar das

Korollar. *Für die partielle Rekursivität, allgemeine Rekursivität oder primitive Rekursivität einer auf N^n definierten Operation $F(x_1, \ldots, x_m)$ ist es notwendig und hinreichend, daß alle Koordinatenfunktionen (4) der Operation F von dieser Art sind.*

Betrachten wir zum Beispiel die ganzen komplexen Zahlen $x_1 + ix_2$ als Paare natürlicher Zahle $\langle x_1, x_2 \rangle$, so sehen wir, daß die Operation der Addition dieser Zahlen primitiv rekursiv ist.

5*

Analog seien irgendwelche primitiv rekursiven Funktionen

$$g(x_1, x_2, y_1, y_2), \; h_i(x_1, x_2, y_1, y_2) \qquad (i = 1, 2, 3, 4)$$

vorgegeben. Dann ist die auf N^2 durch die Bedingungen

$$F(\langle x_1, x_2\rangle, \langle y_1, \; y_2\rangle) = \begin{cases} \langle h_1(x_1, \ldots, y_2), h_2(x_1, \ldots, y_2)\rangle, \\ \qquad\qquad \text{falls } g(x_1, \ldots, y_2) = 0, \\ \langle h_3(x_1, \ldots, y_2), h_4\,(x_1, \ldots, y_2)\rangle \\ \qquad\qquad \text{für die übrigen } x_1, \ldots, y_2 \end{cases}$$

definierte zweigliedrige Operation $F(*, \mathfrak{y})$ primitiv rekursiv.

In der Tat bedeuten die angegebenen Bedingungen, daß die Koordinatenfunktionen f_1, f_2 für die Operation F durch die Tabellen

$$f_1(x_1, \; x_2, \; y_1, \; y_2) = \begin{cases} h_1(x_1, x_2, y_1, y_2), \\ \qquad\qquad \text{falls } g(x_1, \ldots, y_2) = 0, \\ h_3(x_1, x_2, y_1, y_2) \\ \qquad\qquad \text{für die übrigen } x_1, \ldots, y_2, \end{cases}$$

$$f_2(x_1, \; x_2, \; y_1, \; y_2) = \begin{cases} h_2(x_1, x_2, y_1, y_2), \\ \qquad\qquad \text{falls } g(x_1, x_2, y_1, y_2) = 0, \\ h_4(x_1, x_2, y_1, y_2) \\ \qquad\qquad \text{für die übrigen } x_1, x_2, y_1, y_2 \end{cases}$$

gegeben sind, welche zeigen (s. § 3.1.), daß die Koordinatenfunktionen und zusammen mit diesen auch die Operation F primitiv rekursiv sind.

Das Theorem (§ 4.3.) über erzeugte Mengen wird ohne Veränderungen leicht auch auf Mengen von n-Tupeln von Zahlen übertragen.

Theorem 4. *Auf der Menge N^n aller n-Tupel natürlicher Zahlen sei eine endliche Anzahl primitiv rekursiver Operationen $F_i(\mathfrak{x}_1, \ldots, \mathfrak{x}_{m_i})$ und eine rekursiv aufzählbare Menge V von n-Tupeln aus N^n vorgegeben. Dann ist die von den Elementen aus V mit Hilfe der Operationen F_i erzeugte Gesamtheit V^g von n-Tupeln ebenfalls rekursiv aufzählbar.*

$c(V), c(V^g)$ seien die Gesamtheiten der CANTORschen Indizes aller n-Tupel aus V und entsprechend aus V^g. Bezeichnen wir mit $f_i(x_1, \ldots, x_{m_i})$ die Funktion, die die Operation $F_i(\mathfrak{x}_1, \ldots, \mathfrak{x}_{m_i})$ $(i = 1, \ldots, s)$ darstellt. Es bleibt uns nur noch, uns zu vergewissern, daß die Zahlenmenge $c(V^g)$ von der Menge $c(V)$ mit Hilfe der Operationen $f_1, \ldots, f_s$ erzeugt wird, weil dann $c(V^g)$ und V^g unter Berücksichtigung von Theorem 1 aus § 4.3. rekursiv aufzählbar sind.

Die Menge V^g ist die Gesamtheit der Werte der Terme, die mit Hilfe von Symbolen der Operationen F_i und von Bezeichnungen für n-Tupel aus V darstellbar sind. $\mathfrak{a}\,(\mathfrak{x}_1, \ldots, \mathfrak{x}_m)$ sei ein solcher Term. Ersetzen wir in ihm die Symbole der Operationen F_i durch die Symbole der darstellenden Funktionen f_i und die Symbole der n-Tupel $\mathfrak{x}_i$ durch die Symbole deren Indizes, so erhalten wir einen Term, dessen Wert gleich dem Index des Wertes des Terms $\mathfrak{a}$ ist. Somit ist die Gesamtheit $c(V^g)$ die Menge der Werte der Terme, die mit Hilfe von Symbolen der Funktionen f_i und von Symbolen für Zahlen aus $c(V)$ darstellbar sind, d. h. $c(V^g)$ wird von der Gesamtheit $c(V)$ mit Hilfe der Funktionen f_i erzeugt, was auch zu beweisen war.

Nach § 1.3. ist eine Menge M, die mit einem endlichen System von auf ihr definierten Operationen $F_i(x_1, \ldots, x_{m_i})$ ausgestattet ist, eine Algebra, die symbolisch durch $\mathfrak{M} = \langle M; F_1, \ldots, F_s \rangle$ bezeichnet wird.

Ist die Grundmenge M der Algebra $\mathfrak{M}$ die Gesamtheit aller n-Tupel natürlicher Zahlen und sind die Grundoperationen F_i primitiv rekursiv, so heißt die Algebra $\mathfrak{M}$ primitiv rekursiv. Theorem 4 kann jetzt auf folgende Art umformuliert werden: *Jede rekursiv aufzählbare Menge von Elementen einer primitiv rekursiven Algebra erzeugt in dieser Algebra eine rekursiv aufzählbare Unteralgebra.*

Beispiele und Übungen

1. Jede unendliche rekursiv aufzählbare Menge enthält eine unendliche rekursive Teilmenge.

2. *Projektionen.* Geometrisch deutet man n-Tupel von Zahlen gewöhnlich als Punkte eines n-dimensionalen Raumes; die Zahlen $x_1, \ldots, x_n$ heißen Koordinaten des n-Tupels $\langle x_1, \ldots, x_n \rangle$. Sei $1 \leq i_1 < \ldots < i_m \leq n$. Man nennt das m-Tupel $\langle x_{i_1}, \ldots, x_{i_m} \rangle$ Projektion des Punktes $\langle x_1, \ldots, x_n \rangle$ auf die $\langle i_1, \ldots, i_m \rangle$ - Koordinatenebene. Die Gesamtheit der Projektionen aller Punkte der Menge A auf die $\langle i_1, \ldots, i_m \rangle$-Ebene heißt die Projektion der Menge A auf diese Ebene.

Man zeige, daß die Projektion einer rekursiv aufzählbaren Menge eine rekursiv aufzählbare Menge ist und daß jede rekursiv aufzählbare n-dimensionale Menge Projektion einer geeigneten $n + 1$-dimensionalen primitiv rekursiven Menge ist.

3. Eine reelle Zahl α der Gestalt

$$\alpha = a_0 + a_1 \cdot 10^{-1} + a_2 \cdot 10^{-2} + \cdots$$

mit ganzen Zahlen $a_0, a_1, \ldots, 0 \leq a_i \leq 9$ für $i = 1, 2, \ldots$, heißt rekursiv (primitiv rekursiv), wenn die durch die Bedingungen

$$f_\alpha(0) = |a_0|,\, f_\alpha(n + 1) = a_{n+1}$$

definierte Funktion $f_\alpha(x)$ rekursiv (primitiv rekursiv) ist. Man zeige, daß alle algebraischen reellen Zahlen primitiv rekursiv sind und daß alle rekursiven reellen Zahlen ein algebraisch abgeschlossenes Feld bilden.

Kapitel III

Allgemein rekursive und partiell rekursive Funktionen

Ein zentraler Begriff der Algorithmentheorie ist der Begriff einer Funktion, deren Werte mit Hilfe eines Algorithmus berechenbar sind. Nach der These von CHURCH (§ 2.3.) werden die algorithmisch berechenbaren Funktionen mit den partiell rekursiven Funktionen identifiziert. Das vorliegende Kapitel ist dem Beweis der grundlegenden Theoreme über rekursive und partiell rekursive Funktionen gewidmet. Diese Theoreme bilden die Grundlage der Theorie der rekursiven Funktionen.

§ 5. Allgemein rekursive Funktionen

Bis zu dieser Stelle ist nicht hergeleitet worden, daß die Klasse der allgemein rekursiven Funktionen wirklich umfassender ist als die Klasse der primitiv rekursiven Funktionen. Im vorliegenden Paragraphen wird diese Lücke durch die tatsächliche Konstruktion einer allgemein rekursiven, nicht primitiv rekursiven Funktion ausgefüllt. Die konstruierte allgemein rekursive Funktion zweier Variablen erweist sich darüber hinaus als universell für alle einstelligen primitiv rekursiven Funktionen und spielt in den folgenden Erörterungen eine besondere Rolle. Die Konstruktion der universellen Funktion verläuft sehr einfach mittels einer speziellen Form von Rekursion. Wir beginnen die Darstellung des Stoffes dieses Paragraphen mit der Betrachtung von Eigenschaften dieser Form von Rekursion.

5.1. Rekursionen der zweiten Stufe. Die Zahlen der natürlichen Reihe 0, 1, 2, ... bilden auf natürliche Weise eine geordnete Folge. Diese Ordnung spielt bei der Definition von Funktionen mit Hilfe der primitiven Rekursion eine grundlegende Rolle. Ist nämlich die zu definierende Funktion mehrstellig, so wird aus den Argumenten eines ausgewählt und der Wert der Funktion angegeben, wenn dieses Argument gleich 0 ist, und eine Regel, welche beschreibt, wie der Wert der Funktion im Punkt $n + 1$ zu finden ist, wenn ihre Werte für kleinere Argumentewerte bekannt sind. Nehmen wir jetzt an, daß wir mit einer analogen Methode eine Funktion $F(x, y)$ zweier Argumente angeben, daß wir aber die Rekursion nicht bezüglich eines Arguments, sondern sofort bezüglich beider Argumente führen wollen. Dann müssen wir vorbereitend alle Zahlenpaare $\langle x, y \rangle$ irgendwie ordnen. Natürlich kann man sie nach vielen Methoden ordnen. Wir bleiben bei der lexikographischen Ordnung stehen: ein Paar $\langle x, y \rangle$ wird als einem Paar $\langle x_1, y_1 \rangle$ vorhergehend betrachtet, wenn entweder $x < x_1$ oder $x = x_1$, aber $y < y_1$. Schreiben wir die Paare in der soeben festgelegten Ordnung auf, so erhalten wir

$$\langle 0, 0 \rangle < \langle 0, 1 \rangle < \cdots < \langle 1, 0 \rangle < \langle 1, 1 \rangle < \cdots < \langle 2, 0 \rangle < \langle 2, 1 \rangle < \cdots \qquad (1)$$

In dieser Anordnung spielen die Paare der Gestalt $\langle n, 0 \rangle$ eine besondere Rolle — sie haben keine unmittelbar vorhergehenden Paare, und das Paar $\langle 0, 0 \rangle$ ist allgemein das Anfangspaar.

Kehren wir jetzt zu der Funktion $F(x, y)$ zurück, die wir durch eine Rekursion sofort bezüglich zweier Argumente angeben wollen. Unter Beachtung der Anordnung (1) müssen wir zunächst $F(0,0)$ angeben, indem wir es gleich einer gewissen Zahl a setzen. Danach müssen wir $F(x, y)$ irgendwie durch die Werte eben dieser Funktion für vorhergehende Paare von Werten der Argumente ausdrücken. Hierbei sind zwei Fälle möglich:

a) Es muß $F(0, x)$ gefunden werden. Die vorhergehenden Funktionswerte haben die Gestalt $F(0, y)$ für $y < x$.

b) Es muß $F(n + 1, 0)$ gefunden werden. Die vorhergehenden Funktionswerte haben die Gestalt $F(n_1, x)$ mit $n_1 \leq n$ und beliebigem x. Insbesondere kann man, wenn die „vorhergehenden" Funktionswerte von F bekannt sind, auch die Werte von Ausdrücken der Gestalt

$$F(f_1(n), g(x)); \; F\big(f_1(n), F(f_2(n), g(x))\big);$$
$$F\big(f_1(n), F(f_2(n), F(f_3(n), x))\big); \; \ldots \qquad (2)$$

für bekannt halten, wobei $f_i(n)$, $g(x)$ irgendwie im voraus gegebene Funktionen sind, die den Bedingungen

$$f_i(n) \leq n \quad (i = 1, 2, \ldots) \qquad (3)$$

genügen.

c) Es muß $F(n + 1, x + 1)$ gefunden werden. Die vorhergehenden Funktionswerte von F können von den folgenden Typen sein:

$$F(n + 1, f_1(x)); \; F\big(f_1(n), F(f_2(n), g(x))\big);$$
$$F\big(f_1(n), F(n + 1, f_2(x))\big); \; \ldots \qquad (4)$$

wobei die f_i im voraus gegebene Funktionen sind, die den Bedingungen (3) unterworfen sind.

Somit können wir, um eine Funktion $F(x, y)$ durch Rekursion bezüglich eines Paares von Variablen anzugeben, die Ausdrücke für $F(n + 1, 0)$, $F(n + 1, x + 1)$ durch Glieder der Gestalt (2), (4) sowie die Funktion $F(0, x + 1)$ einer Variablen und die Zahl $F(0, 0)$ angeben. Wir benötigen diese Definitionsmethode weiterhin nicht in ihrem ganzen Umfang. Insbesondere benötigen wir keine Glieder der Gestalt $F\big(f_1(n), F(f_2(n), F(f_3(n), x))\big)$ und analoger komplizierterer Struktur. Wir beschränken uns auf die Betrachtung nur der folgenden Methode, die allein uns im folgenden begegnen wird. Diese Methode nennen wir Rekursion zweiter Stufe.

Definition. *Gegeben seien überall definierte Funktionen*

$$G(x_0, x_1, \ldots, x_m), \ H(x_0, x_1, \ldots, x_k), \ h(x)$$

und überall definierte Funktionen $f_i(x)$, $g_j(x)$, *die den Forderungen*

$$f_i(x) \leqq x, g_j(x) \leqq x \quad (i = 1, \ldots, m; j = 1, \ldots, k) \tag{5}$$

genügen. Man sagt, daß eine überall definierte Funktion $F(x, y)$ *aus den Funktionen* G, H, h, f_i, g_j *durch eine Rekursion 2ter Stufe entsteht, wenn*

$$F(n + 1, x + 1)$$
$$= G\big(n + 1, x, F(f_1(n), F(n + 1, x)), F(f_2(n), F(f_3(n), x + 1)),$$
$$F(f_4(n), x + 1), \ldots, F(f_m(n), x + 1)\big),$$
$$F(n + 1, 0) \tag{6}$$
$$= H\big(n + 1, F(g_1(n), F(g_2(n), 0)), F(n, 0), F(g_3(n), 0), \ldots, F(g_k(n), 0)\big),$$
$$F(0, x) = h(x)$$

für alle Werte n, x.

Zum Beispiel werden wir in § 5.3. die durch das Schema

$$B(n + 1, x + 1) = B(n, B(n + 1, x)),$$
$$B(n + 1, 0) = \operatorname{sg} n,$$
$$B(0, x) = 2 + x$$

definierte Funktion $B(x, y)$ ausführlich untersuchen. Ein Vergleich dieses Schemas mit dem Schema (6) zeigt, daß $B(x, y)$ durch eine Rekursion 2ter Stufe aus den Funktionen

$$f_1(n) = n, \ h(x) = 2 + x, \ H(n) = \operatorname{sg} n$$

entsteht.

Wir zeigen jetzt, daß eine und nur eine dem Schema (6) genügende Funktion $F(x, y)$ existiert, wie auch immer die Funktionen G, H, h und die den Bedingungen (5) genügenden Funktionen f_i, g_i seien.

Die Konstruktion der Funktion $F(x, y)$ wird in ganz offensichtlicher Weise durchgeführt. Per definitionem setzen wir für alle x $F(0, x) = h(x)$. Sind weiter für alle Paare $\langle u, v \rangle$, die kleiner sind als das Paar $\langle n + 1, 0 \rangle$, die Werte $F(u, v)$ definiert und für sie die Bedingungen (6) erfüllt, so definieren wir den Wert von $F(n + 1, 0)$ mit der zweiten Formel aus (6). Sind schließlich die Werte von F für alle Paare definiert, die kleiner sind als das Paar $\langle n + 1, x + 1 \rangle$, so definieren wir den Wert von $F(n + 1, x + 1)$ mit der ersten Formel aus (6). Es ist klar, daß die auf diese Weise erhaltene Funktion den Bedingungen (6) genügt. Da die für $F(n, x)$ gewählten Werte sich eindeutig aus den Formeln (6) ergaben, definieren die Formeln (6) F eindeutig.

Grundsätzliche Bedeutung für das Folgende hat das

Theorem 1 (über Rekursion 2ter Stufe). *Wenn die in der Definition der Rekursion 2ter Stufe angegebenen Funktionen G, H, h, f_i, g_j primitiv rekursiv sind, dann ist die aus ihnen mittels der Rekursion (6) entstehende Funktion F allgemein rekursiv.*

Um das Hinschreiben der Formeln zu reduzieren, zeigen wir dieses Theorem für $m = 4$, $k = 3$. Im allgemeinen Fall bleiben die Überlegungen die gleichen.

Bezeichnen wir durch M den Graph der Funktion F, d. h. die Gesamtheit der Zahlentripel der Gestalt $\langle x, y, F(x, y) \rangle$. Nach § 4.4. ist das Theorem 1 gezeigt, wenn wir beweisen, daß die Gesamtheit M rekursiv aufzählbar ist. Wir werden untersuchen, was die Gleichungen (6) für M bedeuten.

Die erste der Gleichungen (6) kann man offensichtlich so umschreiben: *Wenn die Tripel*

$$\langle n + 1, x, u \rangle,\ \langle f_1(n), u, v \rangle,\ \langle f_3(n), x + 1, p \rangle,$$

$$\langle f_2(n), p, q \rangle,\ \langle f_4(n), x + 1, w \rangle \tag{7}$$

zu M gehören, dann ist

$$\langle n + 1, x + 1, G(n + 1, x, v, q, w) \rangle \in M. \tag{8}$$

Die zweite Gleichungen (6) ist äquivalent zu der Behauptung: *Wenn die Tripel*

$$\langle g_2(n), 0, u \rangle,\ \langle g_1(n), u, v \rangle,\ \langle n, 0, w \rangle,\ \langle g_3(n), 0, p \rangle \tag{9}$$

zu M gehören, dann ist

$$\langle n + 1, 0, H(n + 1, v, w, p) \rangle \in M. \tag{10}$$

Die letzte der Gleichungen (6) schließlich behauptet, daß M *alle Tripel der Gestalt $\langle 0, x, h(x) \rangle$ enthält.*

Bezeichnen wir mit N^3 die Gesamtheit aller Zahlentripel. Wir wollen auf N^3 Operationen $\mathfrak{A}(u_1, u_2, u_3, u_4, u_5)$ und $\mathfrak{B}(u_1, u_2, u_3, u_4)$ definieren, die für Aggregate von Tripeln (7), (9) als ihre Werte entsprechend Tripel (8) und (10) haben. Zu diesem Ziel setzen wir per definitionem für beliebige x_i, y_i, z_i

$$\mathfrak{A}(\langle x_1, y_1, z_1 \rangle, \ldots, \langle x_5, y_5, z_5 \rangle) = \langle x_1, y_3, G(x_1, y_1, z_2, z_4, z_5) \rangle, \tag{11}$$

wenn die Bedingungen

$$x_2 = f_1(x_1 \dotdiv 1),\ y_2 = z_1,\ x_3 = f_3(x_1 \dotdiv 1),\ y_3 = y_1 + 1,$$
$$x_4 = f_2(x_1 \dotdiv 1),\ y_4 = z_3,\ x_5 = f_4(x_1 \dotdiv 1),\ y_5 = y_1 + 1 \tag{12}$$

erfüllt sind, und

$$\mathfrak{A}(\langle x_1, y_1, z_1 \rangle, \ldots, \langle x_5, y_5, z_5 \rangle) = \langle 0, 0, h(0) \rangle, \tag{13}$$

wenn die Bedingungen (12) nicht erfüllt sind.

Analog setzen wir per definitionem

$$\mathfrak{B}(\langle x_1, y_1, z_1 \rangle, \ldots, \langle x_4, y_4, z_4 \rangle) = \langle x_3 + 1, 0, H(x_3 + 1, z_2, z_3, z_4) \rangle, \tag{14}$$

wenn die Bedingungen

$$x_1 = g_2(x_3),\ x_2 = g_1(x_3),\ y_2 = z_1,\ x_4 = g_3(x_3) \tag{15}$$

erfüllt sind, und

$$\mathfrak{B}(\langle x_1, y_1, z_1 \rangle, \ldots, \langle x_4, y_4, z_4 \rangle) = \langle 0, 0, h(0) \rangle, \tag{16}$$

wenn die Bedingungen (15) für $x_1, y_1, \ldots, z_4$ nicht erfüllt sind.

Da die Funktionen G, H, h, f_i, g_i primitiv rekursiv sind, sind nach § 4.4. auch die Operationen $\mathfrak{A}$ und $\mathfrak{B}$ primitiv rekursiv.

Bezeichnen wir mit M_0 die Gesamtheit der Tripel der Gestalt $\langle 0, x, h(x) \rangle$. Aus der primitiven Rekursivität der Funktion $h(x)$ folgt, daß die Gesamtheit M_0 rekursiv aufzählbar ist.

Nach dem Theorem über erzeugte Gesamtheiten (§ 4.4.) ist die Gesamtheit M^* aller Tripel, die man aus den Tripeln der Menge M_0 mit Hilfe der Operationen $\mathfrak{A}, \mathfrak{B}$ erhalten kann, rekursiv aufzählbar, und es bleibt uns lediglich das Zusammenfallen der Gesamtheit M^* mit dem Graph M zu zeigen.

Wir bemerken zunächst, daß M die erzeugende Menge M_0 enthält. Außerdem zeigen die Bedingungen (11), (13) und (14), (16), daß die Gesamtheit M bezüglich der Operationen $\mathfrak{A}, \mathfrak{B}$ abgeschlossen ist. Die Gesamtheit M^* ist nach Definition die kleinste Gesamtheit, die bezüglich $\mathfrak{A}, \mathfrak{B}$ abgeschlossen ist und M_0 enthält. Somit ist $M^* \subseteq M$.

Die umgekehrte Inklusion $M \subseteq M^*$ zeigt man sehr einfach durch Induktion nach den Parametern n, x der den Graph M bildenden Tripel $\langle n, x, F(n, x)\rangle$. Für $n = 0$ enthält der Graph M nur die Tripel $\langle 0, x, h(x)\rangle$. Alle diese Tripel kommen in M^* vor. Für ein gewisses n mögen alle der Bedingung $r \leqq n$ genügenden Tripel $\langle r, x, F(r, x)\rangle$ in M^* vorkommen. Wir werden zeigen, daß dann auch das Tripel $\langle n + 1, 0, F(n + 1, 0)\rangle$ in M^* vorkommt. Durch die Festsetzung

$$u = F(g_2(n), 0), \qquad v = F(g_1(n), u),$$

$$w = F(n, 0), \qquad p = F(g_3(n), 0)$$

haben wir nach (6)

$$F(n + 1, 0) = H(n + 1, v, w, p).$$

Da $g_i(n) \leqq n$, kommen nach Voraussetzung alle Tripel (9) in M^* vor. Durch Anwendung der Operation $\mathfrak{B}$ auf die Tripel (9) erhalten wir das Tripel $\langle n + 1, 0, F(n + 1, 0)\rangle$. Die Gesamtheit M^* ist bezüglich der Operation $\mathfrak{B}$ abgeschlossen. Folglich gehört das Tripel $\langle n + 1, 0, F(n + 1, 0)\rangle$ zu M^*.

Analog zeigt man auch die Behauptung, daß für gegebene n, x auch das Tripel $\langle n + 1, x + 1, F(n + 1, x + 1)\rangle$ in M^* enthalten ist, wenn alle Tripel $\langle r, s, F(r, s)\rangle$ mit den Bedingungen $\langle r, s\rangle < \langle n + 1, x + 1\rangle$ in M^* enthalten sind. Ebendadurch ist die Inklusion $M \subseteq M^*$ und zusammen mit ihr die Gleichung gezeigt.

5.2. Universelle allgemein rekursive Funktionen. Betrachten wir ein beliebiges System $\mathfrak{S}$ partieller n-stelliger Funktionen. Eine partielle Funktion $F(x_0, x_1, ..., x_n)$ von $n + 1$ Variablen heißt *universell* für die Familie $\mathfrak{S}$, wenn die folgenden beiden Bedingungen erfüllt sind:

a) *für jede feste Zahl i gehört die n-stellige Funktion $F(i, x_1, ..., x_n)$ zu $\mathfrak{S}$*;

b) *zu jeder Funktion $f(x_1, ..., x_n)$ aus $\mathfrak{S}$ gibt es eine Zahl i, so daß für alle $x_1, ..., x_n$ gilt*

$$F(i, x_1, ..., x_n) = f(x_1, ..., x_n).$$

Anders gesagt ist eine Funktion $F(x_0, x_1, ..., x_n)$ für eine Familie $\mathfrak{S}$ universell' wenn man alle Funktionen aus $\mathfrak{S}$ in der Folge

$$F(0, x_1, ..., x_n), \; F(1, x_1, ..., x_n), \; ..., \; F(i, x_1, ..., x_n) \tag{1}$$

anordnen kann.

Die Zahl i heißt *Index* der Funktion $F(i, x_1, ..., x_n)$, und die auf diese Weise gewonnene Aufzählung der Funktionen der Familie $\mathfrak{S}$ heißt die der universellen Funktion F entsprechende Aufzählung. Ist umgekehrt irgend eine Aufzählung des Systems $\mathfrak{S}$ vorgegeben, d. h., ist irgend eine Abbildung $i \to f_i$ der natürlichen

Zahlenreihe auf $\mathfrak{S}$ vorgegeben, so ist die durch die Formel

$$F(x, x_1, ..., x_n) = f_x(x_1, ..., x_n)$$

definierte Funktion $F(x_0, x_1, ..., x_n)$ universell für $\mathfrak{S}$.

Wir vermerken, daß die hier betrachteten Aufzählungen im Unterschied zu den Aufzählungen von Paaren, Tripeln usw. aus § 3.3. nicht eineindeutig sind: Verschiedene Zahlen j, i können Index ein und derselben Funktion aus $\mathfrak{S}$ sein.

Eine wichtige Charakteristik eines Systems $\mathfrak{S}$ ist die Existenz einer hinreichend „schönen" universellen Funktion. Besteht das System $\mathfrak{S}$ zum Beispiel nur aus überall definierten Funktionen, so gibt es eine sehr einfache Methode (Diagonalmethode von CANTOR) zur Konstruktion einer überall definierten Funktion, die in $\mathfrak{S}$ nicht vorkommt.

Sei nämlich $F(x, x_1, ..., x_n)$ eine universelle Funktion für eine Familie $\mathfrak{S}$ gewisser überall definierter Funktionen von n-Variablen. Aus der Definition folgt, daß diese universelle Funktion ebenfalls überall definiert ist. Wir führen eine neue Funktion g ein, indem wir setzen

$$g(x_1, ..., x_n) = F(x_1, x_1, x_2, ..., x_n) + 1. \tag{2}$$

Die Funktion f kommt in $\mathfrak{S}$ nicht vor.

Würde nämlich g zur Familie $\mathfrak{S}$ gehören, so wäre für ein passendes natürliches i für alle $x_1, ..., x_n$ die Gleichung

$$F(i, x_1, ..., x_n) = F(x_1, x_1, x_2, ..., x_n) + 1$$

wahr. Für $x_1 = i$ verwandelt diese sich jedoch in die widersprüchliche Beziehung

$$F(i, i, ..., x_n) = F(i, i, ..., x_n) + 1,$$

was auch unsere Behauptung beweist.

Wir heben zwei wichtige Folgerungen dieser Behauptung hervor. $\mathfrak{S}$ sei das System aller n-stelligen rekursiven oder respektive primitiv rekursiven Funktionen. Die Gleichung (2) zeigt, daß mit der Funktion $F(x_0, x_1, ..., x_n)$ auch die Funktion $g(x_1, ..., x_n)$ rekursiv oder primitiv rekursiv ist. Diese Funktion kommt aber in $\mathfrak{S}$ nicht vor und ist also nicht rekursiv oder respektive nicht primitiv rekursiv. Eben dadurch ist man zu folgendem einfachen, jedoch wesentlichen Theorem gekommen.

Theorem 1. *Das System aller n-stelligen allgemein rekursiven Funktionen hat keine allgemein rekursive universelle Funktion. Das System aller n-stelligen primitiv rekursiven Funktionen hat keine universelle primitiv rekursive Funktion ($n = 1$, $2, ...$).*

Das unmittelbar folgende Theorem gehört zur Zahl der wesentlichen Theoreme der Theorie der rekursiven Funktionen.

Theorem 2. *Das System aller einstelligen primitiv rekursiven Funktionen hat eine allgemein rekursive universelle Funktion.*

Um die gesuchte universelle Funktion zu konstruieren, muß man alle einstelligen primitiv rekursiven Funktionen in einer Folge der Gestalt (1) anordnen. Zu diesem Ziel benutzen wir das Theorem von ROBINSON aus § 3.5., nach welchem man alle einstelligen primitiv rekursiven Funktionen aus den Funktionen $s(x) = x + 1$ und $q(x) = x - \left[\sqrt{x}\right]^2$ mit den Operationen der Addition, der Komposition und der Iteration von Funktionen erhalten kann. Diese Operationen wurden in § 3.5. durch die Symbole $+$, $*$, J bezeichnet. Das erwähnte Theorem von ROBINSON behauptet, daß jede einstellige primitiv rekursive Funktion Wert eines passenden Terms ist, der sich aus den Individuensymbolen s, q und diesen Funktionszeichen zusammensetzt. Das Umgekehrte gilt ebenfalls: Der Wert jedes Terms der erwähnten Gestalt ist eine primitiv rekursive einstellige Funktion. Durch eine Aufzählung der Terme werden wir also gleichzeitig auch alle einstelligen primitiv rekursiven Funktionen aufzählen. Wir vereinbaren, den Index eines Terms $\mathfrak{a}$ durch $N(\mathfrak{a})$ zu bezeichnen.

Für die kürzesten Terme s und q setzen wir per definitionem

$$N(s) = 1, \quad N(q) = 3. \tag{3}$$

Weiter definieren wir die Indizes der Terme induktiv, indem wir von den kürzeren Termen zu den längeren aufsteigen. Kennen wir nämlich für irgendwelche Terme $\mathfrak{a}$, $\mathfrak{b}$ bereits ihre Indizes $N(\mathfrak{a}) = a$, $N(\mathfrak{b}) = b$, so setzen wir per definitionem

$$N(\mathfrak{a} + \mathfrak{b}) = 2 \cdot 3^a \cdot 5^b,$$
$$N(\mathfrak{a} * \mathfrak{b}) = 4 \cdot 3^a \cdot 5^b, \tag{4}$$
$$N(J\mathfrak{a}) = 8 \cdot 3^a.$$

Die Terme $s + Jq$ und $J(s + s)$ zum Beispiel haben den Index $2 \cdot 3 \cdot 5^{8 \cdot 3^3}$ und respektive $8 \cdot 3^{30}$.

Man kann folglich annehmen, daß wir für jeden Term $\mathfrak{a}$ seinen Index definiert haben. Es ist klar, daß bei weitem nicht jede natürliche Zahl Index eines Terms ist, aber wenn eine Zahl Index eines Terms ist, dann nur eines einzigen, und dieser Term läßt sich durch Zerlegung von a in Primfaktoren leicht rekonstruieren.

Wir definieren jetzt eine Funktion $F(n, x)$ durch die Formel

$$F(n, x) = f_n(x), \tag{5}$$

wobei f_n der Term mit dem Index n ist. Da nicht alle natürlichen Zahlen Indizes von Termen sind, ist die Funktion $F(n, x)$ auch nicht für alle Werte n definiert und deshalb partiell. Für diejenigen Werte n jedoch, für die F definiert ist, folgen aus der Aufzählungsmethode der Terme (3) und (4) die folgenden Beziehungen:

$$F(n, x) = \begin{cases} f_a(x) + f_b(x), & \text{falls } n = 2 \cdot 3^a \cdot 5^b; \\ f_a(f_b(x)), & \text{falls } n = 4 \cdot 3^a \cdot 5^b; \\ f_a(f_n(x - 1)), & \text{falls } n = 8 \cdot 3^a, x > 0; \\ 0, & \text{falls } n = 8 \cdot 3^a, x = 0; \\ q(x), & \text{falls } n = 3; \\ s(x), & \text{falls } n = 1. \end{cases} \qquad (6)$$

Unter Beachtung der Gleichung (5) können wir die Beziehungen (6) in die Form

$$F(n, x) = \begin{cases} F(\mathrm{ex}_1\, n, x) + F(\mathrm{ex}_2\, n, x), & \text{falls } \mathrm{ex}_0\, n = 1; \\ F(\mathrm{ex}_1\, n, F(\mathrm{ex}_2\, n, x)), & \text{falls } \mathrm{ex}_0\, n = 2; \\ F(\mathrm{ex}_1\, n, F(n, x - 1)), & \text{falls } \mathrm{ex}_0\, n = 3, x > 0; \\ 0, & \text{falls } \mathrm{ex}_0\, n = 3, x = 0; \\ Q(n, x) & \text{für die übrigen } n, x \end{cases} \qquad (7)$$

umschreiben, wobei der Kürze halber

$$Q(n, x) = s(x)\, \overline{\mathrm{sg}}\, |n - 1| + q(x)\, \overline{\mathrm{sg}}\, |n - 3|$$

angenommen wird.

Wir betonen nochmals, daß die Beziehungen (7) nur für diejenigen Werte n aufgestellt sind, die Indizes von Termen sind. Wir wollen jetzt eine überall definierte Funktion $D(n, x)$ finden, die dieselben Beziehungen (7) für alle n, x erfüllt. Es tauchen die Fragen auf: gibt es eine solche Funktion D, und wenn die Funktion D existiert, fallen die Werte von $D(n, x)$ im Definitionsbereich von F mit den Werten von $F(n, x)$ zusammen? Um die erste Frage zu beantworten, schreiben wir die Bedingungen (7) für die Funktion D in einer ausführlicheren Form um:

$$D(n + 1, x + 1) = \begin{cases} D(f_1(n), x + 1) + D(f_2(n), x + 1), & \text{falls } \mathrm{ex}_0\,(n + 1) = 1; \\ D(f_1(n), D(f_2(n), x + 1)), & \text{falls } \mathrm{ex}_0\,(n + 1) = 2; \\ D(f_1(n), D(n + 1, x)), & \text{falls } \mathrm{ex}_0\,(n + 1) = 3; \\ Q(n + 1, x + 1) & \text{für die übrigen } n, \end{cases} \qquad (8)$$

$$D(n + 1, 0) = \begin{cases} D(f_1(n), 0) + D(f_2(n), 0), & \text{falls } \mathrm{ex}_0\,(n + 1) = 1; \\ D(f_1(n), D(f_2(n), 0)), & \text{falls } \mathrm{ex}_0\,(n + 1) = 2; \\ 1, & \text{falls } n = 0 \\ 0 & \text{für die übrigen } n^1), \end{cases} \qquad (9)$$

$$D(0, x) = 0, \qquad (10)$$

---

^{1}) Der Fall $n = 0$ fehlt im russ. Original (Anm. d. Übers.).

wobei

$$f_1(n) = \mathrm{ex}_1(n + 1), \qquad f_2(n) = \mathrm{ex}_2(n + 1) \tag{11}$$

gesetzt wird.

Mit Hilfe des in § 3.1. untersuchten Verfahrens können wir die Schemata (8), (9) in die Form einfacher Gleichungen umschreiben und auf diese Weise die Bedingungen (8), (9), (10) durch die Bedingungen

$$D(n + 1, x + 1) = G\big(n + 1, x, D(f_1(n), D(n + 1, x)), D\big(f_1(n),$$
$$D(f_2(n), x + 1)\big), D(f_1(n), x + 1), D(f_2(n), x + 1)\big), \tag{12}$$
$$D(n + 1, 0) = H\big(n + 1, D(f_1(n), D(f_2(n), 0)), D(f_1(n), 0), D(f_2(n), 0)\big)$$

mit

$$G(m, x, y, z, u, v) = (u + v)\,\overline{\mathrm{sg}}\,|\mathrm{ex}_0\, m - 1| + z\,\overline{\mathrm{sg}}\,|\mathrm{ex}_0\, m - 2|$$
$$+ y\,\overline{\mathrm{sg}}\,|\mathrm{ex}_0\, m - 3| + Q(m, x)\,\mathrm{sg}\,(|\mathrm{ex}_0\, m - 1||\mathrm{ex}_0\, m - 2||\mathrm{ex}_0\, m - 3|),$$
$$H(m, y, z, u) = (z + u)\,\overline{\mathrm{sg}}\,|\mathrm{ex}_0\, m - 1| + y\,\overline{\mathrm{sg}}\,|\mathrm{ex}_0\, m - 2| + \overline{\mathrm{sg}}\,|m - 1|$$

ersetzen[1]). Die Bedingungen (12) sind jedoch zu dem im vorigen Abschnitt betrachteten Schema der Rekursion 2-ter Stufe äquivalent. Nach (11) genügen die Funktionen $f_1(x)$, $f_2(x)$ offensichtlich den Forderungen

$$f_1(x) \leqq x, \qquad f_2(x) \leqq x,$$

die in § 5.1. an diese Funktionen gestellt worden sind. Durch eine Anwendung des Theorems über die Rekursion 2ter Stufe aus § 5.1. kommen wir zu der Schlußfolgerung, daß eine den Forderungen (8), (9), (10) genügende Funktion $D(n, s)$ nicht nur existiert, sondern daß sie auch eine *rekursive Funktion* ist.

Wir zeigen jetzt durch Induktion nach dem Parameter m, daß für alle Indizes m von Termen

$$D(m, x) = F(m, x) \qquad (x = 0, 1, 2, \ldots) \tag{13}$$

und daß für die übrigen Werte m die einstellige Funktion $D(m, x)$ primitiv rekursiv ist, obwohl die Gleichung (13) wegen der Undefiniertheit des rechten Gliedes nicht wahr ist.

In der Tat erhalten wir für die Anfangswerte $m = 0, 1, 2, 3$ aus (8), (9), (10) unmittelbar

$$D(0, x) = D(2, x) = 0,\ D(1, x) = s(x),\ D(3, x) = q(x).$$

Des weiteren sei die Behauptung, die hier bewiesen wird, für alle ein gewisses n nicht übertreffenden Werte m richtig. Betrachten wir die Ausdrücke $D(n + 1, x)$

---

[1]) Der Anteil $+ \overline{\mathrm{sg}}\,|m - 1|$ in der Definition von $A\,(m, y, z, u)$ fehlt im russ. Original (Anm. d. Übers.).

als Funktion von x. Nach Voraussetzung sind die Ausdrücke $D(f_1(n), x)$, $D(f_2(n), x)$ primitiv rekursive Funktionen von x. Die ersten beiden Gleichungen aus System (12) zeigen, daß die Funktion $D(n + 1, x)$ aus primitiv rekursiven Funktionen mittels der gewöhnlichen primitiven Rekursion entsteht, und deshalb ist diese Funktion primitiv rekursiv.

Es sei schließlich $n + 1$ Index eines Terms. Dann sind auch $f_1(n)$ und $f_2(n)$ Indizes von Termen, und folglich ist

$$D(f_i(n), x) = F(f_i(n), \ x) \ (i = 1, 2; \ x = 0, 1, \ldots). \tag{14}$$

Für den betrachteten Wert $n + 1$ sind die ersten beiden Gleichungen des Systems (12) wie für die Funktion $D(n + 1, x)$ so auch für die $F(n + 1, x)$ richtig. Nach (14) sind die rechten Glieder der angegebenen Gleichungen für die Funktion $D(n + 1, x)$ und für die Funktion $F(n + 1, x)$ gleich. Deshalb ist $D(n + 1, x = F(n + 1, x)$, was auch zu beweisen war.

Wir haben also eine allgemein rekursive Funktion $D(n, x)$ konstruiert, die die folgenden Eigenschaften besitzt:

a) für jedes feste n ist die einstellige Funktion $D(n, x)$ primitiv rekursiv;

b) für jede einstellige primitiv rekursive Funktion $f(x)$ gibt es eine Zahl n (gleich dem Index des die Funktion f darstellenden Terms), so daß $D(n, x) = f(x)$.

Das bedeutet, daß $D(n, x)$ die gesuchte allgemein rekursive, für die Klasse aller einstelligen primitiv rekursiven Funktionen universelle Funktion ist.

Korollar 1. *Die Klasse der allgemein rekursiven Funktionen ist umfassender als die Klasse der primitiv rekursiven Funktionen: Es existieren allgemein rekursive Funktionen, die nicht primitiv rekursiv sind.*

Als Beispiel kann man die zweistellige Funktion $D(n, x)$ nehmen. Sie ist allgemein rekursiv und kann nach Theorem 1 nicht primitiv rekursiv sein. Nach dem Beweis von Theorem 1 kann offensichtlich auch die allgemein rekursive einstellige Funktion $D(x, x)$ nicht primitiv rekursiv sein.

Korollar 2. *Für jedes $n = 1, 2, \ldots$ hat die Klasse aller n-stelligen primitiv rekursiven Funktionen eine allgemein rekursive universelle Funktion.*

Für $n = 1$ ist $D(n, x)$ die gesuchte universelle Funktion. Sei deshalb $n \geq 2$. Betrachten wir die Funktion

$$D^{n+1}(x_0, x_1, \ldots, x_n) = D(x_0, c(x_1, \ldots, x_n))$$

mit dem Cantorschen Index $c(x_1, \ldots, x_n)$ (§ 3.3.) des Zahlen-n-Tupels $\langle x_1, \ldots, x_n \rangle$. Für ein beliebig, aber fest gewähltes x_0 ist die Funktion D^{n+1} eine primitiv rekursive Funktion von $x_1, \ldots, x_n$. Es sei andererseits $g(x_1, \ldots, x_n)$ irgendeine n-stellige primitiv rekursive Funktion. Dann ist auch die einstellige Funktion

$$f(x) = g(c_{n1}(x), \ldots, c_{nn}(x))$$

primitiv rekursiv, wobei $c_{ni}(x)$ das i-te Glied des n-Tupels mit dem CANTORschen Index x (§ 3.3.) ist. Aus der Universalität der Funktion D folgt, daß wir für ein geeignetes x_0 für alle x

$$f(x) = D(x_0, x)$$

haben. Setzen wir überall an Stelle von x die Zahl $c(x_1, \ldots, x_n)$ ein und bemerken wir, daß

$$c_{ni}(c(x_1, \ldots, x_n)) = x_i,$$

so erhalten wir

$$g(x_1, \ldots, x_n) = D(x_0, c(x_1, \ldots, x_n)).$$

Folglich ist $D^{n+1}(x_0, x_1, \ldots, x_n)$ die gesuchte allgemein rekursive, für die Familie aller n-stelligen primitiv rekursiven Funktionen universelle Funktion.

Nachdem wir allgemein rekursive Funktionen konstruiert haben, die nicht primitiv rekursiv sind, ist es natürlich, sich zu fragen, ob es denn rekursive Mengen gibt, die nicht primitiv rekursiv sind (§ 4.1.). Die Antwort ist bejahend. Um eine solche Menge zu finden, genügt es, eine allgemein rekursive Funktion zu finden, die nur die Werte 0, 1 annimmt und mit keiner primitiv rekursiven Funktion zusammenfällt. Ein solche Funktion ist aber bekanntlich die Funktion

$$\overline{D}(x) = \overline{\mathrm{sg}}\, D(x, x).$$

Die Funktion $\overline{D}(x)$ ist nämlich allgemein rekursiv und nimmt nur die Werte 0, 1 an. Wäre $\overline{D}(x)$ primitiv rekursiv, so gäbe es eine Zahl n der Art, daß wir für alle x

$$\overline{\mathrm{sg}}\, D(x, x) = D(n, x)$$

hätten, woraus wir für $x = n$ den Widerspruch

$$\overline{\mathrm{sg}}\, D(n, n) = D(n, n)$$

erhielten.

Die Menge mit der charakteristischen Funktion $\overline{D}(x)$ ist nun auch die gesuchte rekursive, aber nicht primitiv rekursive Menge.

Eine analoge Frage über die Existenz nicht rekursiver, rekursiv aufzählbarer Mengen wird in § 6.3. gelöst.

5.3. Stark wachsende Funktionen. Wir haben die Aufgabe der Konstruktion einer allgemein rekursiven nicht primitiv rekursiven Funktion mit der Methode universeller Funktionen gelöst. Als eine andere Methode zur Lösung derselben Aufgabe kann die Methode der Konstruktion von Funktionen dienen, die stärker wachsen als eine beliebige Funktion der gegebenen Klasse. Diese Methode ist bei der Untersuchung der vergleichsweisen Stärke verschiedener Arten von Rekursionen sehr günstig. Wir erörtern sie jetzt in Anwendung auf die bereits betrachtete Klasse der primitiv rekursiven Funktionen.

Wir wollen also nach Möglichkeit einfache, jedoch stark wachsende Funktionen finden. Die Erfahrung zeigt, daß das Produkt stärker wächst als die Summe, die Potenz stärker als das Produkt. Nennen wir Addition, Multiplikation und Potenzieren Operationen der 0ten, 1ten und 2ten Stufe und führen wir für sie zum Zwecke der Einheitlichkeit die Bezeichnungen

$$P_0(a, x) = a + x, \quad P_1(a, x) = ax, \quad P_2(a, x) = a^x$$

ein, so kommen wir zu der allen bekannten Idee der Erweiterung dieser Folge durch die Einführung von Operationen höherer Stufen. In diesem Zusammenhang müssen die Operationen höherer Stufen aus Operationen der vorhergehenden Stufe ebenso entstehen wie die Multiplikation aus der Addition, das Potenzieren aus der Multiplikation entsteht. Die Funktionen P_0, P_1, P_2 sind durch die folgenden Beziehungen verbunden:

$$P_1(a, x + 1) = P_0\big(a, P_1(a, x)\big), \quad P_1(a, 1) = a,$$
$$P_2(a, x + 1) = P_1\big(a, P_2(a, x)\big), \quad P_2(a, 1) = a. \tag{1}$$

Wir verlängern diese Kette, indem wir für $n = 2, 3, \ldots$ per definitionem setzen

$$P_{n+1}(a, 1) = a, \tag{2}$$
$$P_{n+1}(a, x + 1) = P_n\big(a, P_{n+1}(a, x)\big). \tag{3}$$

Wir setzen

$$P_{n+1}(a, 0) = 1 \quad (n = 1, 2, \ldots),$$

damit die Funktionen $P_n(a, x)$ überall definiert sind, und nehmen die Beziehungen (2), (3) als Definition der Funktionen $P_n(a, x)$ für $n = 2, 3, \ldots$ Es ist klar, daß die Gleichungen (1) aus den Beziehungen (2), (3) und der Beziehung $P_1(a, 0) = 0$ folgen. Nach (2), (3) haben wir zum Beispiel

$$P_3(a, 0) = 1, \qquad P_3(a, 1) = a, \qquad P_3(a, 2) = a^a, \qquad P_3(a, 3) = a^{a^a}.$$

Führen wir die neuen Funktionen

$$B(n, x) = P_n(2, x), \qquad A(x) = B(x, x)$$

ein. Die Funktionen $B(n, x)$ heißen oft ACKERMANN-Funktionen und die Funktion $A(x)$ ACKERMANNsche Diagonalfunktion. Wir zeigen, daß die Funktion $A(x)$ allgemein rekursiv ist.

Für die Funktionen $B(n, x)$ ergeben sich aus den Beziehungen (2), (3) die folgenden Identitäten:

$$B(n + 1, x + 1) = B\big(n, B(n + 1, x)\big), \tag{4}$$
$$B(n + 1, 0) = \operatorname{sg} n, \tag{5}$$
$$B(0, x) = 2 + x. \tag{6}$$

Durch Vergleich dieser Identitäten mit dem Schema der Rekursion 2ter Stufe sehen wir, daß die Funktion $B(n, x)$ aus primitiv rekursiven Funktionen durch das Schema der Rekursion 2ter Stufe entsteht. Folglich ist die Funktion $B(n, x)$ und zusammen mit ihr auch die Funktion $A(x)$ allgemein rekursiv.

Unser Ziel besteht nun im Beweis des folgenden Satzes:

Theorem 1 (ACKERMANN [1]). *Für jede einstellige primitiv rekursive Funktion $f(x)$ gibt es eine Zahl a, so daß*

$$f(x) < A(x) \quad (x = a, a + 1, \ldots),$$

und also ist die Funktion $A(x)$ nicht primitiv rekursiv.

Bevor wir zum Beweis des Theorems übergehen, folgern wir einige Eigenschaften der Funktion $B(n, x)$.

$$\text{a)} \quad B(n, x) \geqq 2^x \quad (n \geqq 2; x = 1, 2, \ldots).$$

Da $B(2, x) = 2^x$, ist diese Beziehung für $n = 2$ gültig. Weiterhin verwenden wir Induktion nach n. Für ein gewisses $n \geqq 2$ sei die Beziehung a) für alle Werte $x \geqq 1$ wahr. Nach (2) ist

$$B(n + 1, 1) = P_{n+1}(2, 1) = 2 \geqq 2^1.$$

Nehmen wir nun an, daß wir für irgendein $x \geqq 1$ $B(n + 1, x) \geqq 2^x$ haben. Dann ist

$$B(n + 1, x + 1) = B(n, B(n + 1, x)) \geqq 2^{B(n+1,x)} \geqq 2^{2^x} \geqq 2^{x+1},$$

und also ist die Behauptung a) gezeigt.

$$\text{b)} \quad B(n, x + 1) > B(n, x) \quad (n, x = 1, 2, \ldots).$$

Diese Ungleichung ist für $n = 1$ wahr, weil $B(1, x) = 2x$. b) sei für ein gewisses $n \geqq 1$ wahr. Nach (4) und a) ist

$$B(n + 1, x + 1) = B(n, B(n + 1, x)) \geqq 2^{B(n+1,x)} > B(n + 1, x),$$

was auch zu beweisen war.

$$\text{c)} \quad B(n + 1, x) \geqq B(n, x + 1) \quad (n \geqq 1, x \geqq 2).$$

Denn wir haben nach (4), a), b)

$$B(n + 1, x + 1) = B(n, B(n + 1, x)) \geqq B(n, 2^x) \geqq B(n, x + 2).$$

Wir vereinbaren, eine beliebige einstellige Funktion $f(x)$ B-majorisierbar zu nennen, wenn ein n existiert, so daß

$$f(x) < B(n, x) \quad (x = 2, 3, \ldots).$$

Lemma. *Alle einstelligen primitiv rekursiven Funktionen sind B-majorisierbar.*

Es ist günstig, den Beweis dieses Lemmas in eine Reihe von Einzelbehauptungen zu zerlegen.

1. *Die Funktionen $s(x) = x + 1$ und $q(x) = x - \left[\sqrt{x}\right]^2$ sind B-majorisierbar*, weil für $x \geqq 2$

$$q(x) < s(x) < 2^x = B(2, x).$$

2. *Die Summe B-majorisierbarer Funktionen ist B-majorisierbar.* Beliebige Funktionen $f(x)$, $g(x)$ mögen für $x \geqq 2$ den Beziehungen

$$f(x) < B(n_1, x), \quad g(x) < B(n_2, x)$$

6*

genügen. Dann haben wir mit der Festsetzung $n = n_1 + n_2$

$$f(x) < B(n, x), \ g(x) < B(n, x). \tag{7}$$

Hieraus erhalten wir nach a), b), c)

$$f(x) + g(x) < 2B(n, x) \leqq 2^{B(n+1,x)} \leqq B\big(n, B(n+1, x)\big)$$
$$= B(n+1, x+1) \leqq B(n+2, x),$$

was auch zu beweisen war.

3. *Die Zusammensetzung B-majorisierbarer Funktionen ist B-majorisierbar.* Denn aus (7) erhalten wir sukzessive

$$f\big(g(x)\big) < B\big(n, g(x)\big) < B\big(n, B(n+1, x)\big) = B(n+1, x+1) \leqq B(n+2, x).$$

4. *Die Iteration B-majorisierbarer Funktionen ist B-majorisierbar.* Nehmen wir an, daß wir $f(x) < B(n, x)$ für $x \geqq 2$ haben. Wir setzen

$$m = n + f(0) + f(1) + f\big(f(0)\big).$$

Die Iteration $g(x)$ der Funktion $f(x)$ ist durch die Gleichungen

$$g(0) = 0, \ g(x+1) = f\big(g(x)\big)$$

definiert. Zeigen wir

$$g(x) < B(m, x) \qquad (x \geqq 2). \tag{8}$$

Für $x = 2$ haben wir

$$g(2) = f\big(f(0)\big) < 2^{f(f(0))+1} \leqq B\big(n, f(f(0)) + 1\big) \leqq B(m, 2).$$

Wir werden ferner nach Induktion voraussetzen, daß die Ungleichungen (8) für ein gewisses $x \geqq 2$ richtig sind. Betrachten wir $g(x+1)$. Es sind zwei Fälle möglich: $\alpha)$ $g(x) \geqq 2$ und $\beta)$ $g(x) = 0, 1$. Im Falle $\alpha)$ haben wir

$$g(x+1) = f\big(g(x)\big) < B\big(n, g(x)\big) \leqq B\big(m-1, B(m, x)\big) = B(m, x+1).$$

Im Falle $\beta)$ haben wir wieder

$$g(x+1) = f\big(g(x)\big) \leqq f(0) + f(1) < 2^{m-n} \leqq B(n, m-n+x+1) \leqq B(m, x+1).$$

Somit ist die Behauptung 4. gezeigt.

Für den Beweis des Lemmas bleibt jetzt lediglich, sich auf das Theorem von ROBINSON aus § 3.5. zu berufen. Nach diesem Theorem werden alle einstelligen[1]) primitiv rekursiven Funktionen aus den Funktionen $s(x)$ und $q(x)$ durch Addition, Zusammensetzung und Iteration gewonnen. Die Funktionen s, q sind aber nach 1. B-majorisierbar. Nach 2., 3., 4. gibt die Anwendung der Operationen der Addition, der Zusammensetzung und der Iteration auf B-majorisierbare Funktionen wieder B-majorisierbare Funktionen. Deshalb sind alle einstelligen[1]) primitiv rekursiven Funktionen B-majorisierbar.

---

[1]) Das Wort „einstellig" fehlt hier im russ. Original (Anm. d. Übers.).

Wir zeigen schließlich das Theorem 1. $f(x)$ sei eine primitiv rekursive Funktion. Nach dem Lemma haben wir für ein passendes n und für alle $x \geqq 2$ $f(x) < B(n, x)$. Aber dann ist

$$A(n + x) = B(n + x, n + x) \geqq B(n, n + x) > f(n + x) \qquad (x \geqq 2),$$

was auch zu beweisen war.

5.4. Umkehrung von Funktionen. Robinsons Algebra. Nach der Hauptdefinition (§ 2.4.) heißt eine überall definierte einstellige Funktion $f(x)$ allgemein rekursiv, wenn man sie aus den Grundfunktionen $s(x) = x + 1$, o, $I_i{}^n$ mit Hilfe einer endlichen Anzahl von Operationen der Substitution, der primitiven Rekursion und von μ-Operationen erhalten kann. Auf diese Weise müssen wir zur Lösung der Frage nach der Rekursivität einer einstelligen Funktion $f(x)$ diese aus mehrstelligen Funktionen konstruieren. Natürlich entsteht die Frage, ob man Operationen und einstellige Ausgangsfunktionen solcher Art angeben kann, daß sich alle einstelligen allgemein rekursiven Funktionen und nur diese aus den Ausgangsfunktionen gewinnen lassen und man dabei stets in der Klasse der einstelligen Funktionen bleibt. Eine anloge Frage wurde bereits in § 3.5. in bezug auf die Klasse der einstelligen primitiv rekursiven Funktionen gestellt und gelöst. Wir untersuchen jetzt die angegebene Frage für allgemein rekursive Funktionen.

$f(x)$ sei eine beliebige einstellige partielle Funktion. Nach § 2.3. heißt die durch die Formel

$$g(x) = \mu_y(f(y) = x)$$

definierte Funktion $g(x)$ die Umkehrung von $f(x)$ und wird symbolisch durch f^{-1} bezeichnet. Der Operator, der der Funktion f die Funktion f^{-1} zuordnet, heißt *Umkehrungsoperator*. Man sieht leicht, daß die inverse Funktion $f^{-1}(x)$ genau dann überall definiert ist, wenn die vorgegebene Funktion $f(x)$ überall definiert ist und die Gesamtheit ihrer Werte mit der ganzen Reihe der natürlichen Zahlen übereinstimmt.

Unser Hauptziel ist jetzt der Beweis des folgenden Ergebnisses.

Theorem 1 (J. ROBINSON [92]). *Jede allgemein rekursive einstellige Funktion kann aus den Funktionen* $s(x) = x + 1$ *und* $q(x) = x - \left[\sqrt{x}\right]^2$ *durch eine endliche Anzahl von Operationen der Addition, der Komposition und der Umkehrung einstelliger Funktionen erhalten werden. In diesem Zusammenhang wird die Operation der Umkehrung nur dann ausgeführt, wenn ihr Ergebnis eine überall definierte Funktion ist.*

Der Beweis dieses Theorems ist dem Beweis des entsprechenden Theorems von ROBINSON über primitiv rekursive Funktionen aus § 3.5. völlig analog. Ebenso wie auch in § 3.5. werden wir eine einstellige Funktion $f(x)$ zulässig nennen, wenn sie aus den Funktionen s, q so gewonnen werden kann, wie es in Theorem 1 angegeben ist. Eine mehrstellige Funktion $F(x_1, \ldots, x_n)$ nennen wir zulässig, wenn für beliebige einstellige zulässige Funktionen $f_1(x), \ldots, f_n(x)$ die einstellige Funktion $F(f_1(x), \ldots, f_n(x))$ zulässig ist.

Das Theorem ist bewiesen, wenn es uns zu zeigen gelingt, daß alle allgemein rekursiven (ein- und mehrstelligen) Funktionen zulässig sind. Der Beweis wird in eine Reihe von Punkten zerlegt, aus denen dann die endgültige Behauptung gefolgert wird.

A. *Die Zusammensetzung (mehrstelliger) zulässiger Funktionen ist eine zulässige Funktion.* Der Beweis ist offensichtlich.

B. *Die Funktion* $q^{-1}(x)$ *ist überall definiert, und es ist*

$$q^{-1}(2x) = x^2 + 2x, \qquad q^{-1}(2x + 1) = x^2 + 4x + 2. \tag{1}$$

Denn für ein beliebiges (positives, Anm. d. Übers.) x ist

$$x^2 \leqq x^2 + 2x < (x + 1)^2 < x^2 + 4x + 2 < (x + 2)^2$$

und also

$$q(x^2 + 2x) = 2x, \qquad q(x^2 + 4x + 2) = 2x + 1.$$

Somit sind die Zahlen

$$y = y_0 = x^2 + 2x, \qquad z = z_0 = x^2 + 4x + 2$$

Lösungen der Gleichungen

$$q(y) = 2x, \qquad q(z) = 2x + 1. \tag{2}$$

Es ist zu zeigen, daß y_0, z_0 die kleinsten Lösungen sind. y, z seien irgendwelche Lösungen der Gleichungen (2). Das bedeutet, daß

$$y = m^2 + 2x < (m + 1)^2, \qquad z = n^2 + 2x + 1 < (n + 1)^2.$$

Hieraus folgt $x \leqq m$, $n \geqq x + 1$ und deshalb

$$y = m^2 + 2x \geqq x^2 + 2x = y^0,$$
$$z = n^2 + 2x + 1 \geqq (x + 1)^2 + 2x + 1 = z_0.$$

Somit sind die Formeln (1) wahr.

C. *Die Funktionen* x, o, $x + y$, $I_i^n(x_1, \ldots, x_n) = x_i$ *sind zulässig*.
Dies folgt unmittelbar aus den offensichtlichen Formeln

$$q(q^{-1}(x)) = x, \qquad q(q^{-1}(x + x) + 1) = o$$

und der Definition der Zulässigkeit von Funktionen.

D. *Die Funktionen der Gestalt* $ax + by + c$ *für beliebig, aber fest gewählte natürliche Zahlen* a, b, c *sind zulässig*.
Nach A., C. sind die Funktionen $I_1^2(x, y) = x$, $I_2^2(x, y) = y$, $s(0) = 1$ zulässig. Die Funktion $ax + by + c$ entsteht aus den erwähnten Funktionen durch wiederholte Additionen und ist deshalb selbst zulässig.

E. Die Funktionen x^2, $\mathrm{sg}\, x$, $\overline{\mathrm{sg}}\, x$, $[x/2]$, xy, $x \mathbin{\dot-} y$, $\left[\sqrt{x}\right]$ sind zulässig.
In § 3,5. wurde die Funktion

$$x \mathbin{\dot-} y = q((x + y)^2 + 5x + 3y + 4) = \begin{cases} x - y, & x \geqq y, \\ 3x + y + 3, & x < y \end{cases} \tag{3}$$

eingeführt. Nach B. ist

$$(x + y)^2 + 5x + 3y + 4 = q^{-1}(2x + 2y) + 3x + y + 4.$$

und deshalb ist auf Grund von D) die Funktion $x \mathbin{\dot-} y$ zulässig.
Jetzt folgern wir aus den offensichtlichen Formeln

$$x^2 = q^{-1}(2x) \mathbin{\dot-} 2x,$$
$$\mathrm{sg}\, x = q(x^2 + 1),$$
$$\overline{\mathrm{sg}}\, x = 1 \mathbin{\dot-} \mathrm{sg}\, x,$$

daß die Funktionen x^2, $\mathrm{sg}\, x$, $\overline{\mathrm{sg}}\, x$ zulässig sind.

Die Zulässigkeit der Funktion $[x/2]$ wird auf kompliziertere Weise gefolgert. Es sei

$$f(x) = \overline{\mathrm{sg}}\left(q(q^{-1}(x) + 2)\right). \tag{4}$$

Für $x = 2t$ haben wir nach B.

$$f(x) = \overline{\mathrm{sg}}\left(q(t^2 + 2t + 2)\right) = 0.$$

Ist jedoch $x = 2t + 1$, so gilt

$$f(x) = \overline{\mathrm{sg}}\left(q(t^2 + 4t + 4)\right) = 1.$$

Mit anderen Worten, $f(x)$ ist die charakteristische Funktion der Eigenschaft, geradzahlig zu sein, und die Formel (4) zeigt nun, daß diese Funktion zulässig ist. Betrachten wir die Gleichung

$$f(y) + 2q(y) = x. \tag{5}$$

Setzen wir $y_0 = (x + [x/2])^2 + [x/2]$ und beachten wir die Beziehung $f(z^2) = f(z)$, so erhalten wir $q(y_0) = [x/2]$, $f(y_0) = f(x)$ und also

$$2q(y_0) + f(y_0) = 2[x/2] + f(x) = x.$$

Das zeigt, daß die Gleichung (5) für jedes x eine Lösung hat. Deshalb ist die Funktion $(2q + f)^{-1}$ überall definiert und folglich zulässig. Aus (5) folgt, daß

$$q(y) = \frac{1}{2}\left(x \div f(y)\right) \tag{6}$$

für ein beliebiges y, das der Beziehung (5) genügt. Insbesondere muß (6) auch für $y = (2q+f)^{-1}$ wahr sein, d. h.

$$q((2q + f)^{-1}(x)) = \frac{1}{2}\left(x \div f(x)\right) = [x/2].$$

Aus der offensichtlichen Beziehung

$$xy = \left[\frac{(x + y)^2 \div x^2) \div y^2}{2}\right]$$

schließen wir, daß auch die Funktion xy zulässig ist.

Aus der Formel (3) folgt, daß

$$((x \div y) + y) \div x = \begin{cases} 0, & x \geqq y. \\ 2x + 2y + 3, & x < y, \end{cases}$$

Durch Einführung der Funktion

$$v(x, y) = \overline{\mathrm{sg}}((x \div y) + y \div x) = \begin{cases} 1, & x \geqq y, \\ 0, & x < y \end{cases}$$

haben wir deshalb

$$x \overset{\text{.}}{\text{−}} y = v(x, y)\,(x \div y).$$

Also ist die Funktion $x \overset{\text{.}}{\text{−}} y$ zulässig.

Betrachten wir schließlich den Ausdruck

$$w(x) = \left[\frac{1}{2}\, q(x \doteq 1)\right] + \operatorname{sg} x. \tag{7}$$

Für $x = 0$ haben wir $w(0) = 0$. Ist jedoch $x = t^2$, $t > 0$, so ist

$$w(t^2) = \left[\frac{1}{2}\, q((t-1)^2 + 2t - 2)\right] + 1 = \frac{1}{2}\,(2t - 2) + 1 = t.$$

Folglich haben wir $w(t^2) = t$ für ein beliebiges t und deshalb

$$w(x \doteq q(x)) = w\left(\left[\sqrt{x}\right]^2\right) = \left[\sqrt{x}\right] \tag{8}$$

für jedes x. Die Formeln (7), (8) zeigen, daß die Funktion $\left[\sqrt{x}\right]$ zulässig ist.

F. *Die* CANTOR*schen Funktionen* (§ 3.3.) $c(x, y)$, $l(x)$, $r(x)$ *sind zulässig.*
Diese Funktionen entstehen aus den Funktionen 1, x, y mit Hilfe der Operationen $+$, $\doteq$, $[\sqrt{\ }]$, $[/2]$, die nach dem Bewiesenen nicht über die Grenze der Klasse der zulässigen Funktionen hinausführen.

G. *Wenn die Funktion* $h(x, y)$ *zulässig ist und die Gleichung* $h(x, y) = 0$ *für jedes x lösbar, dann ist auch die Funktion*

$$f(x) = \mu_y(h(x, y) = 0) \tag{9}$$

zulässig.
Wir zeigen zuerst, daß

$$r\!\left(\mu_z\!\left((l(z) + 1)\,\overline{\operatorname{sg}}\, h(l(z), r(z)) = x + 1\right)\right) = f(x). \tag{10}$$

In der Tat ist die Gleichung

$$(l(z) + 1)\,\overline{\operatorname{sg}}\,\big(h(l(z), r(z))\big) = x + 1$$

dem System

$$l(z) = x,\ h(x, r(z)) = 0 \tag{11}$$

äquivalent. Da nach Voraussetzung $h(x, f(x)) = 0$ und außerdem

$$l(c(u, v)) = u,\ r(c(u, v)) = v,$$

ist dann $z_0 = c(x, f(x))$ eine Lösung des Systems (11). Man muß nur prüfen, ob z_0 die kleinste Lösung dieses Systems ist.
z sei eine beliebige Lösung des Systems (11). Aus der zweiten Gleichung dieses Systems folgt

$$r(z) \geqq f(x) = r(z_0), \tag{12}$$

und aus der ersten erhalten wir, daß

$$l(z) = l(z_0). \tag{13}$$

Nach § 3.3. wächst für Paare natürlicher Zahlen mit festem erstem Element der Cantorsche Index des Paares zusammen mit dem Anwachsen des zweiten Elements. Deshalb folgt aus (12) und (13), daß $z_0 \leqq z$. Folglich ist

$$\mu_z\big((l(z) + 1) \; \overline{sg} \; h\,(l(z), r(z)) = x + 1\big) = z_0,$$

und daher ist die Beziehung (10) wahr. Die Beziehung (10) zeigt jedoch, daß $f(x)$ Zusammensetzung der zulässigen Funktion r und der Umkehrung der zulässigen Funktion

$$(l(z) + 1) \; \overline{sg} \; h\,(l(z), r(z)) \dotminus 1$$

ist. Deshalb ist die Funktion $f(x)$ zulässig.

H. *Die Funktion $[x/y]$ und die* Gödel-*Funktion $\Gamma(x, y)$ (§ 3.3.) sind zulässige Funktionen.*
Das folgt nach den Formeln aus §§ 3.2. und 3.3., mittels derer $[x/y]$ und $\Gamma(x, y)$ definiert sind, unmittelbar aus den vorigen Resultaten.

Man kann damit den Beweis des Theorems von Robinson als abgeschlossen betrachten. Denn in § 3.4. wurde gezeigt, daß man jede allgemein rekursive Funktion aus den Anfangsfunktionen o, s, $I_m{}^n$ und den Funktionen $+$, $\dotminus$, Γ, c, l, r durch eine endliche Anzahl von Operationen der Substitution und der speziellen Minimalisierung der Gestalt (9) erhalten kann. Aber in den Punkten E., F., H. wurde gezeigt, daß alle erwähnten Funktionen zulässig sind, und in den Punkten A. und G. wurde gezeigt, daß die Anwendung von Substitutionen und speziellen Minimalisierungen auf zulässige Funktionen zulässige Funktionen geben. Somit sind alle allgemein rekursiven Funktionen zulässig.

Analog zum Theorem von Robinson (§ 3.5.) gestattet das Theorem von J. Robinson auch eine algebraische Deutung. Die Gesamtheit $\mathfrak{F}_l{}^1$ aller überall definierten und die Gesamtheit $\mathfrak{F}_{g.r}^1$ aller allgemein rekursiven einstelligen Funktionen, betrachtet zusammen mit den auf ihnen definierten Operationen der Addition $+$, der Komposition $*$ und der Umkehrung $^{-1}$ bilden zwei Algebren: die Roninsonsche Algebra

$$\mathfrak{R}_l = \langle \mathfrak{F}_l{}^1; +, *, {}^{-1} \rangle$$

aller einstelligen Funktionen und die Robinsonsche Algebra

$$\mathfrak{R}_{g.r} = \langle \mathfrak{F}_{g.r}^1; +, *, {}^{-1} \rangle$$

aller einstelligen allgemein rekursiven Funktionen. Die Anwendung der Operation $^{-1}$ auf eine überall definierte Funktion liefert, allgemein gesprochen, eine partielle Funktion, die in $\mathfrak{F}_l{}^1$ nicht vorkommt. Deshalb sind die Algebren $\mathfrak{R}_l$ und $\mathfrak{R}_{g.r}$ partiell. Das Theorem von Robinson behauptet, daß die Elemente s, q in der Algebra $\mathfrak{R}_l$ die Unteralgebra $\mathfrak{R}_{g.r}$ erzeugen.

Ergänzungen, Beispiele und Übungen

1. $D(n, x)$ sei die in § 5.2. konstruierte universelle Funktion. Ist $f(x) = D(n, x)$, so heißt n D-Index von $f(x)$. Man zeige, daß jede primitiv rekursive Funktion unendlich viele D-Indizes hat.

2. Man zeige, daß es primitiv rekursive Funktionen $f(m, n)$, $g(m, n)$, $h(n)$ gibt, die den Identitäten

$$D(m, x) + D(n, x) = D(f(m, n), x),$$

$$D(m, D(n, x)) = D(g(m, n), x),$$

$$D^J(n, x) = D(h(n), x)$$

genügen, d. h., die es gestatten, zu D-Indizes m, n beliebiger primitiv rekursiver einstelliger Funktionen einen Index deren Summe, Komposition, Iteration zu finden.

3. Wir nennen die Funktionen, die man aus den Anfangsfunktionen $o, s, I_m{}^n$ durch die Operationen der Substitution, der primitiven Rekursion und der Rekursion 2ter Stufe erhalten kann, Funktionen 2ter Stufe. Unter Verwendung der Methode stark wachsender Funktionen zeige man, daß es allgemein rekursive Funktionen gibt, die keine Funktionen 2ter Stufe sind (s. R. PETER [73]).

4. $\mathfrak{F}_{p.r}^1$ sei die Gesamtheit aller einstelligen partiell rekursiven Funktionen. Die Umkehrungsoperation $^{-1}$ ist auf $\mathfrak{F}_{p.r}^1$ überall definiert. Man zeige, daß die Elemente s, q Erzeugende der Algebra $\langle \mathfrak{F}_{p.r}^1; +, *, {}^{-1} \rangle$ sind (s. § 5.4.).

5. Man zeige, daß die Algebra $\langle \mathfrak{F}_{g.r}^1; *, {}^{-1} \rangle$ von zwei geeigneten Elementen erzeugt wird und nicht erzeugt wird von einem einzigen Element. Bekanntlich erzeugen die Funktionen $c(lr(x), rl(x))$, $c(x, 1)$, $c(l(x) + lr(x), x)$ die angegebene Algebra (J. ROBINSON [92]).

6. $\mathfrak{F}^2$ sei die Gesamtheit aller zweistelligen partiellen Funktionen, $\mathfrak{F}_\mathfrak{S}^2$ die Gesamtheit aller zweistelligen partiellen Funktionen, die bezüglich irgendeines festgewählten Systems $\mathfrak{S}$ partieller Funktionen partiell rekursiv sind. Man zeige, daß $\mathfrak{F}_\mathfrak{S}^2$ mit Hilfe der Operationen $+$, $*$, M vom System $\mathfrak{S}$ und den Funktionen $I_1{}^2, I_2{}^2, s(I_2{}^2), q(I_2{}^2)$ erzeugt wird (M ist die in § 2.3. definierte Operation der Minimalisierung, $*$ die in der Übung 7 zu § 3 für zweistellige Funktionen definierte Operation).

7. Gilt die folgende Behauptung: In der Algebra $\langle \mathfrak{F}^1; +, *, {}^{-1} \rangle$ mit der Gesamtheit $\mathfrak{F}^1$ aller einstelligen partiellen Funktionen erzeugt ein beliebiges System $\mathfrak{S} \leq \mathfrak{F}_1$, das die Funktionen s, q enthält, die aus allen einstelligen partiellen, bezüglich $\mathfrak{S}$ partiell rekuriven Funktionen bestehende Unteralgebra?

8. Man zeige, daß die Gesamtheit aller einstelligen Funktionen 2ter Stufe (s. oben Übung 3) eine allgemein rekursive universelle Funktion besitzt (s. PETER [73]).

§ 6. Partiell rekursive Funktionen

In diesem Paragraphen wird zuerst gezeigt, daß jede partiell rekursive Funktion eine Parameterdarstellung mit Hilfe von primitiv rekursiven Funktionen gestattet, und danach wird unter Zuhilfenahme der in § 5.2. konstruierten rekursiven universellen Funktion $D(n, x)$ eine partiell rekursive Funktion konstruiert, die für alle einstelligen partiell rekursiven Funktionen universell ist. Dies ist ein zentrales Ergebnis der Theorie der partiell rekursiven Funktionen. Mit Hilfe der partiell rekursiven universellen Funktion wird ein Beispiel einer nicht rekursiven, rekursiv aufzählbaren Menge konstruiert. Am Ende des Paragraphen werden einige spezielle Funktionen betrachtet, auf die die partiell rekursiven Funktionen reduziert werden können.

6.1. Parametrisierung partiell rekursiver Funktionen. Nach § 4.4. ist der Graph einer n-stelligen partiellen Funktion $f(x_1, \ldots, x_n)$ die Gesamtheit der Folgen $\langle x_1, \ldots, x_n, y \rangle$ natürlicher Zahlen, die der Beziehung

$$f(x_1, \ldots, x_n) = y$$

genügen. Insbesondere ist der Graph der nirgends definierten Funktion die leere Menge.

Theorem 1 (über den Graph einer partiell rekursiven Funktion). *Für die partielle Rekursivität einer partiellen Funktion f ist notwendig und hinreichend, daß der Graph von f rekursiv aufzählbar ist.*

Für die nirgendwo definierte Funktion f ist die Behauptung dieses Theorems offensichtlich. Wie man leicht sieht, bedeutet die Behauptung von Theorem 1 für Funktionen mit nicht leerem Graph, daß die Funktion $f(x_1, \ldots, x_n)$ genau dann partiell rekursiv ist, wenn sie in der parametrischen Form

$$x_i = \alpha_i(t) \qquad (i = 1, \ldots, n), \qquad y = \beta(t)$$

mit passenden primitiv rekursiven Funktionen $\alpha_i(t), \beta(t)$ darstellbar ist. Aus diesem Grund nennt man das Theorem 1 manchmal Theorem über die Parameterdarstellung der partiell rekursiven Funktionen.

Die Hinlänglichkeit der Bedingung von Theorem 1 wird ebenso wie in § 4.4. hergeleitet. Es ist bequem, den Beweis der Notwendigkeit in eine Reihe unabhängiger Behauptungen zu zerlegen. Wir werden nämlich sukzessive zeigen, daß die Anwendung der Operationen der Substitution, der primitiven Rekursion und der Minimalisierung auf Funktionen mit einem rekursiv aufzählbaren Graph Funktionen mit einem rekursiv aufzählbaren Graph liefern. Da alle partiell rekursiven Funktionen mittels der angegebenen Operationen aus den Anfangsfunktionen $c, s, I_m{}^k$ entstehen — die nach § 4.4. einen rekursiv aufzählbaren Graph haben —, ist eben dadurch das Theorem 1 gezeigt. Darüber hinaus brauchen wir die erwähnten Behauptungen bezüglich der Operationen der primitiven Rekursion und der Minimalisierung nicht in der allgemeinen Form zu zeigen. Nach den Ergebnissen aus § 3.4. genügt es, die primitive Rekursion und Minimalisierung derjenigen speziellen Formen zu betrachten, die in § 3.4. gezeigt worden sind.

A. *Die Zusammensetzung von Funktionen, die einen rekursiv aufzählbaren Graphen haben, ist eine Funktion mit einem rekursiv aufzählbaren Graph.*
Lassen wir den trivialen Fall beiseite, daß irgendeine der gegebenen Funktionen nirgendwo definiert ist, und setzen wir voraus, daß die gegebenen Funktionen $g, g_1, \ldots, g_m$ die Graphen

$$G = \{\langle \alpha_1(t), \ldots, \alpha_{m+1}(t) \rangle\},$$
$$G_i = \{\langle \beta_{i1}(t), \ldots, \beta_{in+1}(t) \rangle\} \qquad (i = 1, \ldots, m)$$

mit passenden primitiv rekursiven Funktionen α_i, β_{ij} haben. Wir müssen den Graph $\boldsymbol{F}$ der Funktion

$$f(x_1, \ldots, x_n) = g(g_1(x_1, \ldots, x_n), \ldots, g_m(x_1, \ldots, x_n))$$

untersuchen.

Nach Definition der Operation der Substitution kann man die Behauptung $\langle x_1, \ldots, x_n, y \rangle \in \boldsymbol{F}$ in der Form

$$\begin{aligned}
&(\exists y_1 \cdots y_m) \, (\langle x_1, \ldots, x_n, y_1 \rangle \in \boldsymbol{G}_1 \,\&\, \cdots \\
&\cdots \,\&\, \langle x_1, \ldots, x_n, y_m \rangle \in \boldsymbol{G}_m \,\&\, \langle y_1, \ldots, y_m, y \rangle \in \boldsymbol{G})
\end{aligned} \tag{1}$$

darstellen, wobei $(\exists y_1 \cdots y_m)$ die Behauptung „*Es existieren $y_1, \ldots, y_m$ der Art, daß* …" und das Symbol & das Wort *und* bezeichnet (s. die Liste der hauptsächlich verwendeten Bezeichnungen). Die Behautung (1) ihrerseits kann man mit Hilfe der Graphen der Funktionen $g, g_1, \ldots, g_m$ in die Form

$$\begin{aligned}
&(\exists t_0 t_1 \cdots t_m) \, (\beta_{11}(t_1) = x_1 \,\&\, \cdots \,\&\, \beta_{1n}(t_1) = x_n \,\&\, \cdots \\
&\cdots \, \beta_{m1}(t_m) = x_1 \,\&\, \cdots \,\&\, \beta_{mn}(t_m) = x_n \,\&\, \\
&\&\, \alpha_1(t_0) = \beta_{1n+1}(t_1) \,\&\, \cdots \,\&\, \alpha_m(t_0) = \beta_{mn+1}(t_m) \,\&\, \alpha_{m+1}(t_0) = y)
\end{aligned}$$

umschreiben. Deshalb erhalten wir durch Einführung der Funktion

$$\begin{aligned}
&h(x_1, \ldots, x_n, y, t_0 \ldots, t_m) \\
&= \sum_{i,j} |\beta_{ij}(t_i) - x_j| + \sum_i |\alpha_i(t_0) - \beta_{in+1}(t_i)| + |\alpha_{m+1}(t_0) - y|
\end{aligned}$$

die zu (1) äquivalente Behauptung

$$(\exists t_0 \cdots t_m) \, (h(x_1, \ldots, x_m, y, t_0, \ldots, t_m) = 0).$$

Das bedeutet, daß der Graph der Funktion f aus all denjenigen Folgen $\langle x_1, \ldots, x_n, y \rangle$ besteht, für die die Behauptung

$$h(x_1, \ldots, x_n, y, t_0, \ldots, t_m) = 0$$

bezüglich $t_0, \ldots, t_m$ lösbar ist. Da die Funktion h primitiv rekursiv ist, schließen wir dann auf Grund von Theorem 1 aus § 4.4., daß der Graph der Funktion f rekursiv aufzählbar ist.

B. *Wenn eine Funktion $f(x, y)$ durch die Beziehungen*

$$\begin{aligned}
f(x, 0) &= x \\
f(x, y + 1) &= h(f(x, y))
\end{aligned} \tag{2}$$

*mit einer Funktion h verbunden ist, die einen rekursiv aufzählbaren Graph hat,
dann hat auch f einen rekursiv aufzählbaren Graph.*

Wir lassen wieder den trivialen Fall beiseite, daß der Graph der Funktion h
leer ist und setzen voraus, daß der Graph von h aus den Paaren

$$\langle \alpha(t), \beta(t) \rangle \qquad (t = 0, 1, \ldots)$$

mit passenden primitiv rekursiven Funktionen α, β besteht. Der Graph F von f
besteht aus den Tripeln $\langle x, y, z \rangle$ mit $f(x, y) = z$. Teilen wir ihn in zwei Teile auf:
die Gesamtheit F_1 der Tripel $\langle x, y, z \rangle$, für die $y = 0$, und die Gesamtheit F_2 der
Tripel $\langle x, y, z \rangle$, für die $y > 0$. Die erste der Beziehungen (2) zeigt, daß F_1 aus allen
Tripeln der Gestalt $\langle x, 0, x \rangle$ besteht, und deshalb ist F_1 eine rekursiv aufzählbare
Menge. Es bleibt zu zeigen, daß auch die Gesamtheit F_2 rekursiv aufzählbar ist.

Die Beziehung (2) zeigt, daß die Bedingung $\langle x, y, z \rangle \in F$ äquivalent ist zur
Existenz von Zahlen $a_1, \ldots, a_{y \dot- 1}$ der Art, daß

$$a_1 = h(x), \qquad a_2 = h(a_1), \ldots, \qquad z = h(a_{y \dot- 1}).$$

Die Gleichung $a_{i+1} = h(a_i)$ ist äquivalent der Existenz einer Zahl t_{i+1}, für die

$$\alpha(t_{i+1}) = a_i, \qquad \beta(t_{i+1}) = a_{i+1}.$$

Deshalb ist die Bedingung $\langle x, y, z \rangle \in F_2$ äquivalent zur Existenz von Zahlen $t_1, t_2,$
$\ldots, t_y$, für die

$$\alpha(t_1) = x, \qquad \alpha(t_2) = \beta(t_1), \ldots, \qquad \alpha(t_y) = \beta(t_{y \dot- 1}), \qquad \beta(t_y) = z,$$

d. h. für die

$$|\alpha(t_1) - x| + \sum_{i=1}^{y \dot- 1} |\alpha(t_{i+1}) - \beta(t_i)| + |\beta(t_y) - z| = 0. \tag{3}$$

In § 3.3. wurde die primitiv rekursive GÖDEL-Funktion $\Gamma(u, x)$ konstruiert und
gezeigt, daß das Gleichungssystem

$$\Gamma(u, i) = t_i \qquad (i = 1, \ldots, y)$$

für beliebige $t_1, \ldots, t_y$ Lösungen in u hat. Durch Einsetzen des Ausdrucks $\Gamma(u, i)$
an Stelle von t_i in (3) erhalten wir die Gleichung

$$|\alpha(\Gamma(u, 1)) - x| + \sum_{i=1}^{y \dot- 1} |\alpha(\Gamma(u, i + 1)) - \beta(\Gamma(u, i))|$$
$$+ |\beta(\Gamma(u, y)) - z| = 0, \tag{4}$$

welche genau dann eine Lösung u hat, wenn (3) eine Lösung $(t_1, \ldots, t_y)$ hat. Nach
§ 3.1. ist die linke Seite der Gleichung (4) eine primitiv rekursive Funktion von

x, y, z, u. Bezeichnen wir sie mit $g(x, y, z, u)$, so kommen wir zu dem Schluß, daß die Gesamtheit F_2 aus all denjenigen Tripeln $\langle x, y, z \rangle$ besteht, für die die Gleichung

$$g(x, y, z, u) = 0$$

eine Lösung u hat. Da g eine primitiv rekursive Funktion ist, ist dann die Menge F_2 rekursiv aufzählbar, was auch zu beweisen war.

C. *Hat eine partielle Funktion $g(x, y)$ einen rekursiv aufzählbaren Graph, so hat auch die aus $g(x, y)$ durch die Operation der Minimalisierung*

$$f(x) = \mu_y(g(x, y) = 0) \tag{5}$$

entstehende Funktion $f(x)$ einen rekursiv aufzählbaren Graph.

Wir können wie auch oben voraussetzen, daß der Graph G der Funktion g nicht leer ist und folglich die Gestalt

$$G = \{\langle \alpha(t), \beta(t), \gamma(t) \rangle\} \qquad (t = 0, 1, \ldots)$$

hat mit primitiv rekursiven Funktionen α, β, γ. Die Beziehung (5) ist äquivalent zur Behauptung der Existenz von Zahlen $a_0, a_1, \ldots, a_y$, die den Forderungen

$$g(x, i) = a_i \qquad (i = 0, 1, \ldots, y),$$
$$a_j \neq 0, a_y = 0 \qquad (j = 0, 1, \ldots, y - 1)$$

genügen, d. h. äquivalent zur Behauptung der Existenz von Zahlen $t_0, \ldots, t_y$ mit

$$\alpha(t_j) = x, \qquad \beta(t_j) = j, \qquad \gamma(t_j) \neq 0 \qquad (j = 0, 1, \ldots, y - 1),$$
$$\alpha(t_y) = x, \qquad \beta(t_y) = y, \qquad \gamma(t_y) = 0. \tag{6}$$

Die Bedingungen (6) sind äquivalent zu der Beziehung

$$\sum_{i=0}^{y} (|\alpha(t_i) - x| + |\beta(t_i) - i|) + y \,\overline{\mathrm{sg}} \prod_{i \doteq 0}^{y \doteq 1} \gamma(t_i) + \gamma(t_y) = 0. \tag{7}$$

Setzen wir $t_i = \Gamma(u, i)$, so sehen wir, daß

$$\langle x, y \rangle \in F \Leftrightarrow (\exists u)(h(x, y, u) = 0), \tag{8}$$

wobei durch $h(x, y, u)$ der Ausdruck bezeichnet wird, der aus der linken Seite der Beziehung (7) durch Substitution von $\Gamma(u, i)$ an Stelle von t_i gewonnen wird. Da die Funktion h primitiv rekursiv ist, folgt aus (8), daß der Graph F der Funktion f rekursiv aufzählbar ist.

Theorem 1 ist gezeigt. Heben wir einige Korollare hervor.

Korollar 1. *Der Definitionsbereich jeder partiell rekursiven Funktion ist eine rekursiv aufzählbare Menge.*

Denn wenn der Graph einer partiell rekursiven Funktion f^s nicht leer ist, dann kann man ihn nach Theorem 1 in der Form

$$\{\langle u_1(t), \ldots, u_{s+1}(t)\rangle\}$$

mit primitiv rekursiven Funktionen $u_1(t), \ldots, u_{s+1}(t)$ darstellen. Aber in solch einem Falle wird der Defintionsbereich der Funktion f die Gesamtheit der s-Tupel der Gestalt $\langle u_1(t), \ldots, u_s(t)\rangle$ $(t = 0, 1, \ldots)$, und daher ist dieser Bereich rekursiv aufzählbar.

Korollar 2. *Die Gesamtheit der von einer partiell rekursiven Funktion f angenommenen Werte ist rekursiv aufzählbar.*

Ist in der Tat diese Gesamtheit nicht leer, so kann man den Graph der Funktion in der angegebenen Form $\langle u_1(t), \ldots, u_{s+1}(t)\rangle$ darstellen, und die Gesamtheit aller Werte der Funktion $u_{s+1}(t)$ wird Gesamtheit aller Werte der Funktion f. Da die Funktion u_{s+1} primitiv rekursiv ist, ist die Gesamtheit ihrer Werte (§ 5.2.) eine rekursiv aufzählbare Menge.

Bevor wir ein weiteres Korollar formulieren, erinnern wir an den Unterschied zwischen der *charakteristischen Funktion* einer Menge und der *partiellen charakteristischen Funktion*: Charakteristische Funktion einer Menge A ist die Funktion, die in den Punkten von A gleich 0 und außerhalb von A gleich 1 ist; partielle charakteristische Funktion von A ist die Funktion, die auf A gleich 0 und außerhalb von A nicht definiert ist.

Korollar 3. *Eine Menge A von n-Tupeln von Zahlen ist genau dann rekursiv aufzählbar, wenn ihre partielle charakteristische Funktion partiell rekursiv ist.*

Sei A eine nicht leere, rekursiv aufzählbare Menge. Sie besteht aus n-Tupeln der Gestalt $\langle u_1(t), \ldots, u_n(t)\rangle$ mit primitiv rekursiven Funktionen $u_i(t)$. Der Graph der partiellen charakteristischen Funktion $\varphi(x_1, \ldots, x_n)$ der Menge A besteht aus allen Folgen der Gestalt $\langle u_1(t), \ldots, u_n(t), 0\rangle$, $t = 0, 1, \ldots$ Da $0 = o(t)$ eine primitiv rekursive Funktion ist, ist der Graph von $\varphi(x_1, \ldots, x_n)$ rekursiv aufzählbar und die Funktion φ selbst partiell rekursiv.

Die umgekehrte Behauptung folgt unmittelbar aus Korollar 1, weil jede Menge Definitionsbereich der eigenen partiellen charakteristischen Funktion ist.

Korollar 4. *$F(x_1, \ldots, x_m, y_1, \ldots, y_n)$ sei eine partiell rekursive Funktion von $m + n$ Variablen. Dann ist die Gesamtheit A derjenigen m-Tupel $\langle x_1, \ldots, x_m\rangle$, für welche die Gleichung*

$$F(x_1, \ldots, x_m, y_1, \ldots, y_n) = 0$$

mindestens eine Lösung $\langle y_1, \ldots, y_n\rangle$ hat, eine rekursiv aufzählbare Menge.

Nach dem Theorem über die Parametrisierung kann man den Graph der Funktion F, falls er nicht leer ist, in der Form der Gesamtheit der Folgen

$$\langle \alpha_1(t), \ldots, \alpha_m(t), \alpha_{m+1}(t), \ldots, \alpha_{m+n}(t), \alpha(t)\rangle \qquad (t = 0, 1, 2, \ldots)$$

mit passenden primitiv rekursiven Funktionen $\alpha_i(t), \alpha(t)$ darstellen. Die Gesamtheit A besteht aus den m-Tupeln $\langle \alpha_1(t), \ldots, \alpha_m(t)\rangle$, wobei t die Gesamtheit der Lösungen der Gleichung $\alpha(t) = 0$ durchläuft. Nach § 4.2. ist diese Gesamtheit rekursiv aufzählbar und ist deshalb entweder leer oder Gesamtheit der Werte einer passenden primitiv rekursiven Funktion $\beta(u)$. Daraus ist offensichtlich, daß die Gesamtheit A entweder leer ist oder aus allen möglichen m-Tupeln der Gestalt

$$\langle \alpha_1(\beta(u)), \ldots, \alpha_m(\beta(u))\rangle \qquad (u = 0, 1, 2, \ldots)$$

besteht. Da die Funktionen $\alpha_i(\beta(u))$ primitiv rekursiv sind, ist dann die Gesamtheit A rekursiv aufzählbar, was auch zu beweisen war.

Korollar 5. *Die Gesamtheit der Folgen $\langle x_1, \ldots, x_s\rangle$, die die Gleichung*

$$f(x_1, \ldots, x_s) = 0 \tag{9}$$

erfüllen, deren linke Seite f eine partiell rekursive Funktion von $x_1, \ldots, x_s$ ist, ist eine rekursiv aufzählbare Menge.

In der Tat ist die Funktion

$$\alpha(x) = \mu_t(x + t = 0)$$

partiell rekursiv und nur für $x = 0$ definiert. Folglich stimmt die Gesamtheit der Lösungen der Gleichung (9) mit dem Definitionsbereich der partiell rekursiven Funktion $\alpha(f(x_1, \ldots, x_s))$ überein. Nach Korollar 1 ist der Definitionsbereich dieser Funktion rekursiv aufzählbar, was auch zu beweisen war.

6.2. Universelle partiell rekursive Funktionen. Das im vorigen Paragraphen aufgestellte Parametrisierungstheorem gestattet, auf einfache Weise das folgende wichtige KLEENEsche Normalformtheorem zu zeigen.

Theorem 1. *Jede partiell rekursive Funktion $f(x_1, \ldots, x_s)$ ist in der Form*

$$f(x_1, \ldots, x_s) = l\big(\mu_t(F(x_1, \ldots, x_s, t) = 0)\big) \tag{1}$$

darstellbar, wobei $l(x)$ die Aufzählungsfunktion aus § 3.3. und F eine geeignete (von f abhängige) primitiv rekursive Funktion ist.

Nach Voraussetzung ist der Graph M der Funktion f rekursiv aufzählbar, und also (§ 4.4.) existiert eine primitiv rekursive Funktion $g(x_1, \ldots, x_s, y, a)$ mit

$$\langle x_1, \ldots, x_s, y\rangle \in M \Leftrightarrow (\exists a)(g(x_1, \ldots, x_s, y, a) = 0).$$

Setzen wir $c(y, a) = t$, so sehen wir, daß

$$\langle x_1, \ldots, x_s, y \rangle \in M \Leftrightarrow (\exists t)\big(g(x_1, \ldots, x_s, l(t), r(t)) = 0 \,\&\, y = l(t)\big). \tag{2}$$

Ist insbesondere, für beliebige $x_1, \ldots, x_s, t$,

$$g(x_1, \ldots, x_s, l(t), r(t)) = 0,$$

so ist $\langle x_1, \ldots, x_s, l(t) \rangle \in M$ und also $l(t) = f(x_1, \ldots, x_s)$, d. h.

$$l\big(\mu_t\big(g(x_1, \ldots, x_s, l(t), r(t)) = 0\big)\big) = f(x_1, \ldots, x_s). \tag{3}$$

Formel (3) haben wir für diejenigen Werte $x_1, \ldots, x_s$ gezeigt, für die die linke Seite der Gleichung (3) einen definierten Wert hat. Nach (2) folgt jedoch offensichtlich aus der Undefiniertheit des Wertes der linken Seite der Formel (3) die Undefiniertheit des Wertes von $f(x_1, \ldots, x_s)$. Deshalb ist die Gleichung (3) für beliebige Werte $x_1, \ldots, x_s$ richtig. Mit der Festsetzung

$$g(x_1, \ldots, x_s, l(t), r(t)) = F(x_1, \ldots, x_s, t)$$

erhalten wir die Formel (1).

Bemerkung. Nach dem Beweis von Formel (1) kann man in dieser Formel an Stelle der Funktion $l(x)$ die „Links"funktion $L(x)$ eines beliebigen Tripels $L(x)$, $R(x)$, $C(x, y)$ von Funktionen nehmen, die durch eine Aufzählung der Paare natürlicher Zahlen (s. § 3.3.) verbunden sind, wenn nur die Funktionen $L(x)$, $R(x)$ primitiv rekursiv sind.

Wir haben bisher überall definierte partiell rekursive Funktionen (*rekursive* Funktionen) und *allgemein rekursive* Funktionen unterschieden, d. h. Funktionen, die aus den Anfangsfunktionen o, s, $I_m{}^n$ gewonnen werden können durch die Operationen der Substitution, der primitiven Rekursion und durch Anwendungen der Operation der Minimalisierung nur auf solche Funktionen, für die das Ergebnis der Minimalisierung eine überall definierte Funktion ist. Uns war lediglich bekannt, daß jede allgemein rekursive Funktion rekursiv ist. Die umgekehrte Behauptung ist richtig.

Korollar. *Jede rekursive Funktion f ist allgemein rekursiv.*

In der Tat kann die Funktion f nach Theorem 1 in der Form (1) dargestellt werden, welche zeigt, daß die Funktion f aus den Anfangsfunktionen gewonnen wird durch die Operationen der Substitution, der primitiven Rekursion und durch einmalige Anwendung der Operation der Minimalisierung auf die Funktion $F(x_1, \ldots, x_s, t)$. Da die Funktion f nach Definition überall definiert ist, muß auch die Funktion

$$\mu_t(F(x_1, \ldots, x_s, t) = 0)$$

überall definiert sein, was auch verlangt war.

Die Begriffe der rekursiven und der allgemein rekursiven Funktion sind also äquivalent.

Untersuchen wir nun die Frage nach der Struktur universeller Funktionen. $\mathfrak{F}^s_{p.r}$ bezeichne die Gesamtheit aller s-stelligen partiell rekursiven Funktionen. Wie schon in § 5.2. gesagt, ist eine partielle Funktion $U(x_0, x_1, \ldots, x_s)$ *universell* für die Gesamtheit $\mathfrak{F}^s_{p.r}$, wenn $\mathfrak{F}^s_{p.r}$ aus den Funktionen

$$U(0, x_1, \ldots, x_s),\ U(1, x_1, \ldots, x_s),\ \ldots$$

besteht.

In § 5.2. wurde die für die Gesamtheit $\mathfrak{F}^s_{pr.r}$ aller primitiv rekursiven s-stelligen Funktionen universelle allgemein rekursive Funktion $D^{s+1}(n, x_1, \ldots, x_s)$ konstruiert. Ebenda wurde gezeigt, daß eine universelle Funktion für die Klasse $\mathfrak{F}^s_{pr.r}$ nicht primitiv rekursiv und eine universelle Funktion für die Klasse aller allgemein rekursiven s-stelligen Funktionen nicht rekursiv sein kann. Für die Gesamtheit $\mathfrak{F}^s_{p.r}$ der partiell rekursiven Funktionen ist die Situation jedoch anders.

Theorem 2. *Es gibt eine partiell rekursive Funktion* $T^{s+1}(x_0, x_1, \ldots, x_s)$, *die für die Gesamtheit aller s-stelligen partiell rekursiven Funktionen universell ist.*

Denn eine derartige Funktion ist bekanntlich die partielle Funktion

$$T^{s+1}(x_0, x_1, \ldots, x_s) = l\big(\mu_t(D^{s+2}(x_0, x_1, \ldots, x_s, t) = 0)\big), \tag{4}$$

wobei D^{s+2} die oben erwähnte, für die Gesamtheit aller $(s + 1)$-stelligen primitiv rekursiven Funktionen universelle allgemein rekursive Funktion ist. Aus der Formel (4) ist nämlich unmittelbar offensichtlich, daß T^{s+1} eine partiell rekursive $(s + 1)$-stellige Funktion ist. Es sei andererseits $f(x_1, \ldots, x_s)$ irgendeine s-stellige partiell rekursive Funktion. Stellen wir sie in der Form (1) von KLEENE dar. In dieser Form ist die Funktion F primitiv rekursiv, und also gibt es eine Zahl a, so daß für alle Werte $x_1, \ldots, x_s, t$

$$F(x_1, \ldots, x_s, t) = D^{s+2}(a, x_1, \ldots, x_s, t).$$

Setzen wir in der Formel (1) $D^{s+2}(a, x_1, \ldots, x_s, t)$ anstatt $F(x_1, \ldots, x_s, t)$ ein, so erhalten wir für alle Werte $x_1, \ldots, x_s$

$$f(x_1, \ldots, x_s) = T^{s+1}(a, x_1, \ldots, x_s).$$

Folglich ist die Funktion $T^{s+1}(x_0, x_1, \ldots, x_s)$ für die Gesamtheit $\mathfrak{F}^s_{p.r}$ universell.

6.3. Vervollständigung von Funktionen. Konstruktion einer nicht-rekursiven, rekursiv aufzählbaren Menge. Eine partielle Funktion $g(x_1, \ldots, x_s)$ heißt *Erweiterung* einer partiellen Funktion $f(x_1, \ldots, x_s)$, wenn in jedem Punkt, in dem die Funktion f definiert ist, auch die Funktion g definiert ist und der Wert von g in diesem Punkt mit dem Wert von f übereinstimmt, d. h., wenn der Graph von f im

Graph von g enthalten ist. Eine überall definierte Erweiterung einer partiellen Funktion f heißt *Vervollständigung* von f. Es ist klar, daß jede partielle Funktion eine Vervollständigung hat. Die Situation ändert sich, wenn nicht beliebige, sondern rekursive Vervollständigungen gesucht werden.

Theorem 1. *Eine für die Gesamtheit aller s-stelligen partiell rekursiven Funktionen universelle partiell rekursive Funktion $U(x_0, x_1, \ldots, x_s)$ kann keine allgemein rekursive Vervollständigung haben.*

Es gibt eine einstellige partiell rekursive Funktion, die nur die Werte 0, 1 annimmt und die keine rekursive Vervollständigung hat.

Führen wir die partielle Funktion

$$V(x) = \overline{\mathrm{sg}}\, U(x, x, \ldots, x) \tag{1}$$

ein. Diese Funktion ist partiell rekursiv und nimmt nur die Werte 0 und 1 an. Nehmen wir an, sie habe eine rekursive Vervollständigung $W(x)$.

Betrachten wir statt $W(x)$ die s-stellige Funktion

$$I_1^s(W(x_1), x_2, \ldots, x_s) = W(x_1)$$

und beachten wir die Universalität von U, so sehen wir, daß für eine gewisse Zahl a und alle Werte $x_1, \ldots, x_s$ die Gleichung

$$W(x_1) = U(a,\, x_1, \ldots, x_s)$$

gilt. Setzen wir hier $x_1 = \cdots = x_s = a$ und vergleichen wir das Resultat mit der Beziehung (1), so erhalten wir die widersprüchliche Gleichung

$$W(a) = \overline{\mathrm{sg}}\, W(a).$$

Somit hat die Funktion $V(x)$ keine rekursiven Vervollständigungen und ist die zweite Behauptung von Theorem 1 gezeigt. Hätte die partielle Funktion $U(x_0, x_1, \ldots, x_s)$ eine rekursive Vervollständigung $P(x_0, x_1, \ldots, x_s)$, so wäre die Funktion $\overline{\mathrm{sg}}\, P(x, x, \ldots, x)$ nach (1) eine rekursive Vervollständigung von $V(x)$, eine welche, wie gezeigt, nicht existiert. Ebendamit ist auch die erste Behauptung von Theorem 1 gezeigt.

Theorem 2. *Es gibt nicht-rekursive, rekursiv aufzählbare Mengen.*

Betrachten wir die in § 6.2. konstruierte universelle partiell rekursive Funktion $T^2(x_0, x_1)$. Wir führen die Funktion

$$E(x) = \overline{\mathrm{sg}}\, T^2(x, x)$$

ein. Diese Funktion ist partiell rekursiv, nimmt nur die Werte $0, 1$ an und hat keine rekursive Vervollständigung. Wir bezeichnen mit M_0 die Gesamtheit der Lösungen der Gleichung $E(x) = 0$. Nach Korollar 5 des Theorems über die Graphdarstellung (§ 6.1.) ist die Menge M_0 rekursiv aufzählbar. Wir werden

7*

zeigen, daß sie nicht rekursiv ist. Man nehme im Gegenteil an, M_0 sei rekursiv. Dann wäre die charakteristische Funktion $\chi(x)$ der Menge M_0 rekursiv. Es ist aber $\chi(x) = 0$ dort, wo $E(x) = 0$, und $\chi(x) = 1$ dort, wo $E(x) = 1$, d. h., $\chi(x)$ ist eine rekursive Vervollständigung der Funktion $E(x)$, die derartige Vervollständigungen nicht besitzt. Der erhaltene Widerspruch zeigt das Theorem.

Korollar. *Es gibt eine primitiv rekursive einstellige Funktion mit einer nicht rekursiven Gesamtheit von Werten.*

Die oben konstruierte Menge M_0 ist nämlich rekursiv aufzählbar, aber nicht rekursiv. Deshalb ist sie nicht leer, und jede nicht leere, rekursiv aufzählbare Menge ist Gesamtheit der Werte einer passenden primitiv rekursiven Funktion $g(x)$.

Primitiv rekursive Funktionen sind algorithmisch brechenbar. Also gibt es einen Algorithmus, der es gestattet, für ein beliebiges x den Wert von $g(x)$ zu berechnen. Die Nicht-Rekursivität der Gesamtheit M_0 aller Werte der Funktion $g(x)$ bedeutet gleichzeitig, daß es keinen Algorithmus gibt, der für eine beliebige Zahl a zu erkennen gestattet, ob a in M_0 vorkommt oder nicht, d. h. ob die Gleichung $g(x) = a$ lösbar ist oder nicht.

Also *kann die Gesamtheit der Werte einer primitiv rekursiven Funktion eine nicht rekursive Menge sein.* Deshalb ist die Tatsache von gewissem Interesse, daß *die Gesamtheit der Werte einer monoton wachsenden allgemein rekursiven Funktion eine rekursive Menge ist* (§ 4.1., Theorem 3).

Theorem 3. *Jede unendliche rekursiv aufzählbare Menge A ist Gesamtheit der Werte einer geeigneten allgemein rekursiven Funktion $g(t)$, die für verschiedene Argumentewerte t verschiedene Werte annimmt.*

Anders gesagt *gibt es zu jeder unendlichen rekursiv aufzählbaren Menge A eine allgemein rekursive Funktion $g(t)$, die die natürliche Zahlenreihe eineindeutig auf A abbildet.*

Nach Voraussetzung ist A die Gesamtheit der Werte einer primitiv rekursiven Funktion $u(t)$. Wir konstruieren die gesuchte Funktion folgendermaßen. Setzen wir per definitionem $g(0) = u(0)$. Dann nehmen wir das kleinste t derart, daß $u(t) \notin \{g(0), g(1), \ldots, g(n)\}$ und setzen $g(n + 1) = u(t)$. Die Existenz eines solchen Wertes für t folgt aus der Unendlichkeit von A. Deshalb ist die Funktion $g(n)$ überall definiert. Die Menge aller ihrer Werte fällt offensichtlich mit der Wertmenge der Funktion u zusammen. Für einen formalen Nachweis der Rekursivität von g werden wir diese Funktion mit Hilfe der Grundoperationen durch u ausdrücken. Setzen wir

$$v(n) = \mu_t\left(\prod_{i=0}^{n} |u(t) - u(i)| \neq 0\right). \tag{2}$$

Die Zahl $v(n)$ ist der kleinste Wert von t mit

$$u(t) \notin \{u(0), u(1), \ldots, u(n)\}.$$

Vergleichen wir das mit der Definition der Funktion $g(x)$, so sehen wir, daß

$$g(1) = u(v(0)),\, g(2) = u\big(v(v(0))\big),\, \ldots$$

Führen wir noch die Funktion $w(x)$ mittels der Rekursion

$$w(0) = 0,\, w(n + 1) = v(w(n)) \tag{3}$$

ein, so haben wir deshalb schließlich: $g(x) = u(w(x))$, und also ist die Funktion $g(x)$ nach (2), (3) allgemein rekursiv.

Zum Schluß zeigen wir noch ein einfaches Theorem über die Existenz partiell rekursiver Erweiterungen gewisser Funktionen.

Theorem 4. *Sind Funktionen* $f_i(x_1, \ldots, x_s)$ *und* $g_i(x_1, \ldots, x_s)$ $(i = 1, \ldots, n)$ *partiell rekursiv und erfüllt eine partielle Funktion* $h(x_1, \ldots, x_s)$ *die Bedingungen*

$$h(x_1, \ldots, x_s) = \begin{cases} f_1(x_1, \ldots, x_s), & \text{falls } g_1(x_1, \ldots, x_s) = 0, \\ f_2(x_1, \ldots, x_s), & \text{falls } g_2(x_1, \ldots, x_s) = 0, \\ \cdots\cdots\cdots\cdots\cdots\cdots\cdots\cdots \\ f_n(x_1, \ldots, x_s), & \text{falls } g_n(x_1, \ldots, x_s) = 0 \\ \text{nicht definiert für die übrigen } x_1, \ldots, x_s, \end{cases}$$

so ist auch die Funktion h *eine partiell rekursive Funktion.*

Nach dem Theorem über die Graphdarstellung genügt es, zu zeigen, daß der Graph H der Funktion h rekursiv aufzählbar ist. Bezeichnen wir mit A_i die Gesamtheit der die Gleichungen

$$|f_i(x_1, \ldots, x_s) - y| + g_i(x_1, \ldots, x_s) = 0, \qquad i = 1, \ldots, n \tag{4}$$

erfüllenden Folgen $\langle x_1, \ldots, x_s, y \rangle$. Es ist klar, daß H die Vereinigung der Gesamtheiten $A_1, \ldots, A_n$ ist. Die linke Seite der Gleichung (4) ist eine partiell rekursive Funktion der Variablen $x_1, \ldots, x_s, y$. Deshalb ist nach Korollar 5 von Theorem 1 (§ 6.1.) die Menge A_i rekursiv aufzählbar. Aus der rekursiven Aufzählbarkeit der Mengen $A_1, \ldots, A_n$ folgt die rekursive Aufzählbarkeit ihrer Vereinigung, was auch verlangt war.

Korollar 1. *Ist der Definitionsbereich* M *einer partiell rekursiven Funktion* $f(x_1, \ldots, x_s)$ *rekursiv, so hat* f *eine rekursive Vervollständigung.*

Nach Voraussetzung ist die charakteristische Funktion χ der Menge M allgemein rekursiv. Betrachten wir die durch das Schema

$$g(x_1, \ldots, x_s) = \begin{cases} f(x_1, \ldots, x_s), & \text{falls } \chi(x_1, \ldots, x_s) = 0, \\ 0, & \text{falls } |\chi(x_1, \ldots, x_s) - 1| = 0 \end{cases}$$

gegebene Funktion g. Diese Funktion ist überall definiert und nach dem vorherigen Theorem partiell rekursiv. Gleichzeitig ist sie eine Erweiterung der Funktion f.

Korollar 2. *Wenn eine partiell rekursive Funktion $U(x_0, x_1, \ldots, x_s)$ für die Gesamtheit aller s-stelligen partiell rekursiven Funktionen universell ist, dann ist der Definitionsbereich M dieser Funktion eine nicht-rekursive, rekursiv aufzählbare Menge.*

Denn die Menge M ist als Definitionsbereich einer partiell rekursiven Funktion rekursiv aufzählbar. Würde M sich als rekursiv herausstellen, so könnte die Funktion U nach Korollar 1 vervollständigt werden, im Widerspruch zu Theorem 1.

6.4. Untersuchung der Kleeneschen Darstellung. Wegen der Wichtigkeit der KLEENEschen Normaldarstellung (§ 6.2.) ist die detaillierte Untersuchung dieser Darstellung von Interesse, die von SKOLEM und A. A. MARKOV durchgeführt worden ist. Zunächst taucht die Frage auf: Kann man in der KLEENEschen Darstellung ohne die externe Funktion l auskommen? Eine vollständige Antwort auf diese Frage gibt das

Theorem 1 (SKOLEM [101]). *Für die Darstellung einer Funktion $f(x_1, \ldots, x_s)$ in der Form*

$$f(x_1, \ldots, x_s) = \mu_t(Q(x_1, \ldots, x_s, t) = 0) \tag{1}$$

mit einer passenden primitiv rekursiven Funktion $Q(x_1, \ldots, x_s, t)$ ist es notwendig und hinreichend, daß der Graph der Funktion f primitiv rekursiv ist.

Die Hinlänglichkeit ist offensichtlich, weil primitive Rekursivität des Graphen von f bedeutet, daß seine charakteristische Funktion $\chi(x_1, \ldots, x_s, y)$ primitiv rekursiv ist. Dann liefert aber die offensichtliche Gleichung

$$f(x_1, \ldots, x_s) = \mu_y(\chi(x_1, \ldots, x_s, y) = 0)$$

sofort die gesuchte Darstellung in der Form (1).

Notwendigkeit. f habe die Gestalt (1). Führen wir die Funktion

$$G(x_1, \ldots, x_s, x) = \left| 1 - \sum_{n=0}^{x} \overline{\mathrm{sg}} \prod_{i=0}^{n} Q(x_1, \ldots, x_s, i) \right| \tag{2}$$

ein. Nach den Ergebnissen aus § 3.2. ist die Funktion G primitiv rekursiv. Außerdem ist aus der Formel (2) offenkundig, daß $y = f(x_1, \ldots, x_s)$ genau dann, wenn y die kleinste Lösung der Gleichung $G(x_1, \ldots, x_s, y) = 0$ ist. Also ist

$$f(x_1, \ldots, x_s) = \mu_t(G(x_1, \ldots, x_s, t) = 0). \tag{3}$$

Die Darstellung (3) hat die gleiche Form wie die Darstellung (1). Die Besonderheit besteht darin, daß die Zahl $f(x_1, \ldots, x_s) = t$ jetzt einzige Lösung der Gleichung $G(x_1, \ldots, x_s, y) = 0$ ist. Aber in einem solchen Falle wird die Funktion $\mathrm{sg}\, G(x_1, \ldots, x_s, y)$ charakteristische Funktion des Graphen von f, und also ist dieser Graph primitiv rekursiv.

Es bleibt uns zu zeigen, daß nicht jede partiell rekursive Funktion in der Form (1) von SKOLEM darstellbar ist. Nach Theorem 1 genügt es dafür, eine allgemein rekursive Funktion zu konstruieren, deren Graph nicht primitiv rekursiv ist.

Als Ausgangsmaterial nehmen wir die in § 5.2. konstruierte, für die Gesamtheit aller einstelligen primitiv rekursiven Funktionen universelle allgemein rekursive Funktion $D(x_0, x_1.)$

Als die gesuchte Funktion kann man die Funktion

$$V(x) = \overline{\text{sg}}\, D(x, x)$$

nehmen.

Denn diese Funktion kann nicht primitiv rekursiv sein, weil wir im entgegengesetzten Fall für eine passende Zahl n die Identität $V(x) = D(n, x)$ hätten, aus der wir die der Definition der Funktion $\overline{\text{sg}}$ widersprechende Beziehung

$$D(n, n) = V(n) = \overline{\text{sg}}\, D(n, n)$$

bekämen. Die Funktion

$$\chi(x, y) = \text{sg}\, |y - V(x)|$$

ist die charakteristische Funktion des Graphen von V. Wäre diese Funktion primitiv rekursiv, so wäre auch die einstellige Funktion

$$\chi(x, 0) = V(x)$$

primitiv rekursiv, was dem oben Bewiesenen widerspricht. Somit kann die allgemein rekursive Funktion $V(x)$ nicht in der Form (1) von SKOLEM dargestellt werden.

Um eine Charakterisierung derjenigen Funktionen L zu bekommen, die im KLEENEschen Normalformtheorem (§ 6.2.) die Rolle der „externen" Funktion spielen können, führen wir A. A. MARKOV [60] folgend den Begriff einer Funktion breiter Schwankung ein. Wir werden nämlich sagen, daß eine Funktion $L(x)$ eine *breite Schwankung* hat, wenn für jede natürliche Zahl a die Gleichung $L(x) = a$ unendlich viele Lösungen hat. Funktionen breiter Schwankung sind zum Beispiel $ex_n x, x - \left[\sqrt{x}\right]^2$ usw.

Lemma 1. *Zu jeder primitiv rekursiven Funktion $L(x)$ breiter Schwankung gibt es eine primitiv rekursive Funktion $R(x)$ und eine allgemeine rekursive Funktion $C(x, y)$, die durch die Identitäten*

$$L\big(C(x, y)\big) = x,\ R\big(C(x, y)\big) = y,$$
$$C\big(L(x),\ R(x)\big) = x \tag{4}$$

verbunden sind.

Anders gesagt ist jede Funktion breiter Schwankung mit einer Funktion verbunden, die eine einfache eindeutige Aufzählung der Paare natürlicher Zahlen (s. § 3.3.) verwirklicht.

Nach Voraussetzung hat die Gleichung $L(y) = L(x)$ für jeden Wert x unendlich viele Lösungen in y. $y_0, y_1, y_2, \ldots$ seien die in wachsender Reihenfolge angeordneten Lösungen. Darunter muß sich x selbst finden: $x = y_n$. Der Index n ist eine Funktion von x: $n = R(x)$. Somit ist $y_{R(x)} = x$. Aus der offensichtlichen Formel

$$R(x) = \sum_{i=0}^{x} \overline{\text{sg}}\, |L(x) - L(i)| \mathbin{\dot{-}} 1 \tag{5}$$

folgt, daß die Funktion $R(x)$ primitiv rekursiv ist.

Wir werden jetzt zeigen, daß in der Folge

$$\langle L(0), R(0)\rangle, \langle L(1), R(1)\rangle, \ldots, \langle L(n), R(n)\rangle, \ldots \tag{6}$$

jedes Paar natürlicher Zahlen auftaucht und auch nur ein einziges Mal.

Wir folgern nämlich aus der Definition der Funktion $R(x)$, daß in der Folge (6) als Index eines beliebigen Zahlenpaares $\langle a, b \rangle$ die Lösung der Gleichung $L(x) = a$ mit dem Index b dient. Man leitet nun leicht her, daß die Funktion

$$C(x, y) = \mu_t(|x - L(t)| + |y - R(t)| = 0)$$

mit den Funktionen L und R durch die Identitäten (4) verbunden ist.

Theorem 2 (MARKOV [60]). *Ist $L(x)$ eine primitiv rekursive Funktion breiter Schwankung, so kann für jedes $s > 0$ jede s-stellige partiell rekursive Funktion f in der Form*

$$f(x_1, \ldots, x_s) = L\big(\mu_t(F(x_1, \ldots, x_s, t) = 0)\big) \tag{7}$$

mit einer passenden (von f abhängigen) primitiv rekursiven Funktion F dargestellt werden.

Wenn für eine beliebige Zahl $s > 0$ und irgendeine primitiv rekursive Funktion $L(x)$ jede s-stellige allgemein rekursive Funktion f in der Kleeneschen Form (7) darstellbar ist, dann ist $L(x)$ eine Funktion breiter Schwankung.

Zeigen wir die erste Behauptung. Nach Lemma 1 existieren eine primitiv rekursive Funktion $R(x)$ und eine allgemein rekursive Funktion $C(x, y)$, die zusammen mit der Funktion $L(x)$ ein Tripel von Aufzählungsfunktionen bilden. In diesem Falle kann nach dem KLEENEschen Normalformtheorem (§ 6.2., Bemerkung zu Theorem 1) jede s-stellige partiell rekursive Funktion f in der Form (7) dargestellt werden.

Die zweite Behauptung zeigen wir mit der Methode der Kontraposition. Wir werden nämlich zeigen, daß zu jeder primitiv rekursiven Funktion $L(x)$, die keine breite Schwankung hat, eine allgemein rekursive Funktion f existiert, die man nicht in der Form (7) darstellen kann. Nach Definition muß es eine Zahl a geben, für die die Gleichung $L(x) = a$ nicht mehr als eine endliche Anzahl von Lösungen hat. Hat diese Gleichung überhaupt keine Lösung, so kann man nicht einmal die Funktion $f(x) = x$ in der Form (7) darstellen. Nehmen wir an, daß die Gleichung $L(x) = a$ die Lösungen $b_1, \ldots, b_m$ hat und sei $f(x)$ irgendeine Funktion der Form (7). Wie bereits gesagt, können wir hier annehmen, daß die Gleichung $F(x, t) = 0$ für jedes x nicht mehr als eine Lösung t hat. Wir wollen jetzt zeigen, daß unter den gesetzten Voraussetzungen die Gesamtheit der Lösungen der Gleichung $f(x) = a$ auf jeden Fall eine primitiv rekursive Menge wird, und also kann eine Funktion $f(x)$, bei der die Lösungsmenge der angegebenen Gleichung nicht primitiv rekursiv ist, in der Form (7) nicht dargestellt werden. Es ist jedoch sehr leicht, eine solche Funktion zu konstruieren. Zum Beispiel hat mit $a = 0$ die Funktion $V(x) = \overline{sg}\, D(x, x)$ die verlangte Eigenschaft. Für $a \neq 0$ hat die Funktion $aV(x)$ die verlangte Eigenschaft.

Betrachten wir also die Lösungen der Gleichung $f(x) = a$. Die Gesamtheit dieser Lösungen ist Vereinigung der Lösungen der Gleichungen

$$\mu_t(F(x, t) = 0) = b_i \qquad (i = 1, \ldots, m),$$

d. h. der Gleichungen $F(x, b_i) = 0$. Da die Funktion $F(x, t)$ primitiv rekursiv ist, ist dann die Gesamtheit der Lösungen jeder Gleichung $F(x, b_i) = 0$ primitiv rekursiv (§ 4.1.), und deshalb ist auch die Gesamtheit der Lösungen der Gleichung $f(x) = a$ primitiv rekursiv, was auch gefordert war.

Ergänzungen, Beispiele und Übungen

1. Ist der Graph einer überall definierten Funktion rekursiv, so ist auch diese Funktion rekursiv. Es gibt eine überall definierte, nicht primitiv rekursive Funktion, deren Graph primitiv rekursiv ist (s. Funktion $\mu_t(Q(x_1, \ldots, x_s, t) = 0)$ in Formel (1) aus § 5.4.).

2. Bezeichnen wir durch $\min_t (f(x, t) = 0)$ die kleinste Lösung t der Gleichung $f(x, t) = 0$, falls es eine Lösung gibt. Gibt es jedoch keine Lösung, so halten wir den Wert des angegebenen Ausdrucks für nicht definiert. Der Operator $\min_t$ unterscheidet sich vom Operator μ_t der Minimalisierung. Zum Beispiel ist

$$\mu_t(t - (x + 1) = 0) = \text{undef.,}$$
$$\min_t (t - (x + 1) = 0) = x + 1.$$

Man konstruiere eine partiell rekursive Funktion $f(x, t)$, für die die Funktion

$$g(x) = \min_t (f(x, t) = 0)$$

nicht partiell rekursiv ist.

3. Eine partielle Funktion $f(x_1, \ldots, x_n)$ ist mit einer passenden allgemein rekursiven Funktion g genau dann in der Form

$$f(x_1, \ldots, x_n) = \mu_t(g(x_1, \ldots, x_n, t) = 0) \tag{a}$$

darstellbar, wenn der Graph von f rekursiv ist. (Zum Beweis der Notwendigkeit ersetze man g in (a) durch die Funktion g^*, für die die Gleichung $g^*(x_1, \ldots, x_n, t) = 0$ nicht mehr als eine Lösung t hat, wonach wir $f(\mathfrak{X}) = y \Leftrightarrow g^*(\mathfrak{X}, y) = 0$ mit $\mathfrak{X} = \langle x_1, \ldots, x_n \rangle$ haben.

Die partielle charakteristische Funktion einer Menge M ist dann und nur dann in der Form (a) darstellbar, wenn M rekursiv ist.

4. *Elementare* Funktionen im Sinne von KALMÁR [47] sind die überall definierten Funktionen einer beliebigen Anzahl von Argumenten, die man aus den Funktionen 1, I_m^n, $x + y$, $x \doteq y$ mit Hilfe einer endlichen Anzahl von Operationen der Substitution, der Addition und der Multiplikation bekommen kann (s. § 3.1.).

Es ist klar, daß alle elementaren Funktionen im Sinne von KALMÁR primitiv rekursiv sind. Die Umkehrung gilt nicht. Die Funktion $\xi(a, n)$ sei durch die Rekursion $\xi(a, 0) = 1$, $\xi(a, n + 1) = a^{\xi(a,n)}$ definiert. Man zeige, daß jede elementare Funktion $f(x_1, \ldots, x_n)$ im Sinne von KALMÁR die Ungleichung

$$f(x_1, \ldots, x_n) \leqq \xi(2 + x_1 + \cdots + x_n, c) \tag{b}$$

erfüllt, wobei c eine (von f abhängige) Konstante ist.

Hieraus folgt insbesondere, daß die Funktion $\xi(x, y)$ nicht elementar ist (BERECKI [7]).

Ist es richtig, daß jede die Ungleichung der Gestalt (b) erfüllende primitiv rekursive Funktion elementar ist?

5. Man sagt, daß eine Funktion $f(x_1, \ldots, x_n)$ durch explizite Umformung aus einer Funktion $g(x_1, \ldots, x_m)$ gewonnen wird, wenn

$$f(x_1, \ldots, x_n) = g(u_1, \ldots, u_m),$$

wobei jedes u_i entweder eine Konstante oder irgendeine Variable x_j ist. Eine Funktion $f(x_1, \ldots, x_n, x)$ heißt aus Funktionen g, h, α durch beschränkte Rekursion entstanden, wenn

$$f(x_1, \ldots, x_n, 0) = g(x_1, \ldots, x_n),$$
$$f(x_1, \ldots, x_n, x + 1) = h(x_1, \ldots, x_n, x, f(x_1, \ldots, x_n, x)),$$
$$f(x_1, \ldots, x_n, x) \leqq \alpha(x_1, \ldots, x_n, x).$$

Man zeige, daß die elementaren Funktionen im Sinne von Kalmár genau diejenigen Funktionen sind, die man aus den Funktionen $x + 1$, x^y durch eine endliche Anzahl expliziter Umformungen und beschränkter Rekursionen erhalten kann (A. Grzegorczyk [40]).

6. Elementar im Sinne von Skolem [103] heißt eine Funktion, die man aus den Funktionen 1, $I_m{}^n$, $x + y$, $x \div y$ durch Operationen der Substitution und der Addition aus § 3.1. erhalten kann. Es ist leicht zu sehen, daß die Funktionen xy, $[x/y]$, $l(x)$, $r(x)$, $\Gamma(x, y)$ elementar im Sinne von Skolem sind. Man zeige, daß jede im Sinne von Skolem elementare Funktion $f(x_1, \ldots, x_n)$ die Ungleichung der Form

$$f(x_1, \ldots, x_n) \leq (2 + x_1 + \cdots + x_m)^c$$

erfüllt, wobei c eine von f abhängige Konstante ist. Insbesondere sind die im Sinne von Kalmár elementaren Funktionen 2^x, 2^x nicht elementar im Sinne von Skolem.

7. Wir nennen eine Klasse $\Re$ allgemein rekursiver Funktionen hinreichend, wenn für beliebiges n jede nicht leere, rekursiv aufzählbare Gesamtheit von n-Tupeln von Zahlen eine Gesamtheit von n-Tupeln der Gestalt

$$\langle \alpha_1(t), \ldots, \alpha_n(t) \rangle \quad (t = 0, 1, \ldots)$$

mit geeigneten Funktionen $\alpha_1(t), \ldots, \alpha_n(t)$ aus $\Re$ ist. Zum Beispiel ist die Klasse aller primitiv rekursiven Funktionen offensichtlich hinreichend. Die Aufgabe besteht darin, andere und nach Möglichkeit einfachere und engere hinreichende Klassen zu finden.

Durch eine Analyse des Beweises des Theorems über die Graphdarstellung einer partiell rekursiven Funktion (§ 6.1.) zeige man, daß die Klasse der im Sinne von Skolem elementaren Funktionen hinreichend ist.

8. In jeder unendlichen rekursiv aufzählbaren Menge ist eine unendliche rekursive Teilmenge enthalten. Es gibt unendliche, rekursiv aufzählbare Mengen, die keine unendliche primitiv rekursive Menge enthalten (s. folgende Übung).

9. $\mathfrak{A}$ sei die Gesamtheit der Werte der Ackermann-Funktion $A(x)$ aus § 5.3. Diese Gesamtheit ist rekursiv. Man zeige, daß $\mathfrak{A}$ nicht die Gesamtheit der Werte irgendeiner primitiv rekursiven Funktion $f(x)$ sein kann, die für verschiedene Argumentewerte verschiedene Werte annimmt. (Nehmen wir das Gegenteil an. Da $A(x)$ monoton wächst, sind im Abschnitt $0, 1, \ldots$, $A(x)$ der natürlichen Zahlenreihe genau $x + 1$ Zahlen der Menge $\mathfrak{A}$ enthalten. Nehmen wir die Zahlen $f(0), f(1), \ldots, f(x)$. Liegen sie alle in dem angegebenen Abschnitt, so stimmt die größte von ihnen mit $A(x)$ überein. Wenn nicht, so ist die größte von ihnen größer als $A(x)$. Deshalb haben wir mit der Festsetzung $g(x) = \sum_{i=0}^{x} f(i)$ für alle Werte x $A(x) \leq g(x)$. Wegen der primitiven Rekursivität der Funktion $g(x)$ widerspricht die angegebene Ungleichung der Haupteigenschaft der Ackermann-Funktion, stärker zu wachsen als jede primitiv rekursive Funktion.)

10. F, G seien partiell rekursive einstellige Funktionen, A die Vereinigung der Definitionsbereiche dieser Funktionen. Man zeige, daß die unten definierte Funktion H als ihren Definitionsbereich die Menge A hat und daß in jedem Punkt $x \in A$ der Wert $H(x)$ mit $F(x)$ oder mit $G(x)$ zusammenfällt.

Die Definitionsbereiche der Funktionen F und G seien die Wertemengen primitiv rekursiver Funktionen $f(x)$ und entsprechend $g(x)$. Wir setzen

$$h(x) = \mu_t(f(t) = x \lor (f(t) \neq x \,\&\, g(t) = x)),$$

$$H(x) = \begin{cases} F(x), \text{ falls } f(h(x)) = x, \\ G(x), \text{ falls } g(h(x)) = x. \end{cases}$$

Eine analoge Konstruktion gelingt auch für Funktionen einer größeren Anzahl von Variablen (s. § 7.3.).

11. DAVIS [21] stützte sich auf das tiefliegende Thoerem (s. § 16) über die Darstellbarkeit rekursiv aufzählbarer Gesamtheiten von n-Tupeln von Zahlen in exponentiell diophantischer Form und zeigte so, daß es Funktionen $P(x)$, $g(x, y, z)$ $h(x, y, z)$ gibt, die durch eine endliche Anzahl von Substitutionen aus den Funktionen o, $I_m{}^n$, xy, 2^x, $l(x)$, $r(x)$ entstehen und von der Art sind, daß jede einstellige partiell rekursive Funktion $f(x)$ in der Form

$$f(x) = P\big(\mu_t(g(n, x, t) = h(n, x, t))\big)$$

darstellbar ist.

12. Wir nennen eine auf der natürlichen Zahlenreihe definierte binäre Relation $<$ eine einfache konstruktive Anordnung der natürlichen Zahlen, wenn es eine allgemein rekursive Funktion $\sigma(x)$ gibt, deren Wert $\sigma(n)$ die im Sinne der Ordnung $<$ „nächste Zahl ist, die größer ist als n",und wenn die Relation $<$ die natürlichen Zahlen in einer einfachen Folge ordnet, d. h. wenn alle natürlichen Zahlen in der Folge

$$a < \sigma(a) < \sigma(\sigma(a)) < \cdots < \sigma^k(a) < \cdots$$

enthalten sind.

Man zeige, daß jede allgemein rekursive Funktion $f(x)$ in der Form $f(x) = g(2^x)$ darstellbar ist, wobei g durch das Schema

$$g(a) = a_0,$$
$$g(x) = h\big(x, g(\alpha(x))\big) \quad (x \neq a) \tag{α}$$

definiert ist. a ist hier die kleinste Zahl in einer geeigneten konstruktiven einfachen Ordnung $<$, $\alpha(x)$ und $h(x, y)$ sind primitiv rekursive Funktionen mit $\alpha(x) < x$ für $x \neq a$ (s. LIU [55], MYHILL [70]).

13. Man zeige, daß es einstellige allgemein rekursive Funktionen gibt, die nicht in der Form $\varphi(g(x))$ darstellbar sind, wobei φ primitiv rekursiv ist und g durch das Schema (α) aus der vorigen Übung definiert wird (Problem von ROUTLEGE. Siehe die Lösung in LIU [54]).

Kapitel IV

Aufgezählte Gesamtheiten

Um die Begriffe der Rekursivität und der rekursiven Aufzählbarkeit aus dem Bereich der natürlichen Zahlen auf einen Bereich komplizierterer Objekte — der n-Tupel von Zahlen — zu übertragen, haben wir zuerst alle n-Tupel natürlicher Zahlen aufgezählt. In diesem Kapitel wird die Methode der Aufzählung in allgemeiner Form betrachtet. Sie gestattet, die Natur algorithmischer Prozesse tiefergehender zu untersuchen und führt auf direktem Wege zu einer Lösung vieler interessanter Probleme. Zum ersten Mal wurde die Methode der Aufzählung zur Lösung grundlegender Fragen der mathematischen Logik von K. Gödel angewandt, infolgedessen viele wichtige Aufzählungen gewöhnlich Gödelisierungen heißen. Bei einem detaillierteren Studium konkreter Gödelisierungen ist es jedoch zweckmäßig, für einige dieser Aufzählungen besondere Bezeichnungen einzuführen, was unten auch geschieht.

§ 7. Aufzählungen von Gesamtheiten von Mengen und Funktionen

Wir beginnen das Studium von Aufzählungen beliebiger Gesamtheiten von Objekten mit einem eingehenden Studium spezieller Aufzählungen der Gesamtheiten aller einstelligen partiell rekursiven Funktionen und aller rekursiv aufzählbaren Mengen. Wir werden diese Aufzählungen Kleenesche und Postsche Aufzählung nennen.

7.1. Kleenes universelle Funktionen. Für ein detaillierteres Studium der Eigenschaften partiell rekursiver Funktionen ist es zweckmäßig, nicht die in § 6.2. konstruierten universellen Funktionen $T^{n+1}(x_0, x_1, \ldots, x_n)$ zu benutzen, sondern die speziellen Funktionen von Kleene, zu deren Definition wir nun übergehen.

Wir führen die Standardbezeichnung

$$[x, y] = c\big(l(x), c(r(x), y)\big) \tag{1}$$

ein, wobei $c(x, y)$ der Cantorsche Index des Paares $\langle x, y \rangle$ ist, und $l(x)$ und $r(x)$ linke und rechte Zahl des Paares mit dem Index x sind (§ 3.3.). Aus den Identitäten

$$c(l(x), r(x)) = x, \quad l(c(x, y)) = x, \quad r(c(x, y)) = y$$

und der Formel (1) folgt unmittelbar, daß für $[x, y] = n$

$$x = c\big(l(n), l(r(n))\big),$$
$$y = r(r(n)).$$
(2)

Wir haben deshalb mit der Einführung der Bezeichnung

$$[x]_{21} = c\big(l(x), l(r(x))\big), \quad [x]_{22} = r(r(x))$$

die Identitäten

$$[[x]_{21}, [x]_{22}] = x, \quad [[x, y]]_{21} = x, \quad [[x, y]]_{22} = y,$$

welche zeigen, daß die Funktion $[x, y]$ ebenso wie auch die CANTORsche Funktion $c(x, y)$ eine eineindeutige Aufzählung der Paare natürlicher Zahlen realisiert.

Setzen wir noch per definitionem

$$[x_1, x_2, \ldots, x_s] = \big[\ldots [[x_1, x_2], x_3], \ldots, x_s\big] \quad (s = 3, 4, \ldots),$$
(3)

so erhalten wir eine eineindeutige Aufzählung der s-Tupel von Zahlen. Durch Lösung der Gleichung

$$[x_1, \ldots, x_s] = x$$
(4)

nach $x_1, \ldots, x_s$ haben wir

$$x_1 = \big[\ldots [[x]_{21}]_{21} \ldots \big]_{21},$$
$$x_2 = \big[[\ldots [[x]_{21}]_{21} \ldots]_{21}\big]_{22},$$
$$\cdots \cdots \cdots \cdots \cdots \cdots \cdots$$
$$x_s = [x]_{22}.$$
(5)

Die rechten Seiten dieser Gleichungen bezeichnen wir respektive durch $[x]_{s1}, \ldots, [x]_{ss}$. Dann erhalten wir aus (4), (5) die Identitäten

$$[[x]_{s1}, \ldots, [x]_{ss}] = x, \quad [[x_1, \ldots, x_s]]_{si} = x_i.$$

Wir erwähnen noch die unmittelbar aus (3) folgende Identität

$$[x_1, \ldots, x_m, x_{m+1}, \ldots, x_s] = [[x_1, \ldots, x_m], x_{m+1}, \ldots, x_s].$$
(6)

Die CANTORschen Funktionen $c(x, y)$, $l(x)$, $r(x)$ sind durch ihre Argumente mittels der elementaren arithmetischen Operationen $+$, $\times$, $\dot{-}$, $[\sqrt{}]$, $[/2]$ ausdrückbare primitiv rekursive Funktionen. Die Formeln (1), (2) zeigen, daß ebendies auch die Funktionen $[x, y]$, $[x]_{ij}$ sind.

Wir führen jetzt an Stelle der in § 6.2. konstruierten universellen Funktionen $T^{s+1}(x_0, x_1, \ldots, x_s)$ die folgenden Funktionen von KLEENE ein:

$$K^2(x_0, x_1) = T^2\big(l(x_0), c(r(x_0), x_1)\big),$$
$$K^{s+1}(x_0, x_1, \ldots, x_s) = K^s([x_0, x_1], x_2, \ldots, x_s) \tag{7}$$
$$(s = 2, 3, \ldots).$$

Aus der Identität (6) folgt die wichtige Beziehung

$$K^{s+t+1}(x_0, \ldots, x_{s+t}) = K^{t+1}([x_0, \ldots, x_s], x_{s+1}, \ldots, x_{s+t}), \tag{8}$$

welche die KLEENEschen Funktionen mit verschiedener Anzahl von Argumenten verbindet.

Lemma 1. *Die KLEENEsche Funktion $K^s(x_1, \ldots, x_s)$ ist mit der universellen Funktion $T^{s+1}(x_0, x_1, \ldots, x_s)$ durch die Identität*

$$K^s(c(x_0, x_1), x_2, \ldots, x_s) = T^{s+1}(x_0, x_1, \ldots, x_s) \tag{9}$$

verbunden.

Wir bemerken zunächst, daß die Aufzählungen $c(x, y)$ und $[x, y]$ dem speziellen assoziativen Gesetz

$$c(x_0, c(x_1, x_2)) = [c(x_0, x_1), x_2] \tag{10}$$

genügen, was man mit Hilfe der die Funktionen $l(x)$, $r(x)$, $[x, y]$ verbindenden Identitäten verifiziert. Wir haben ferner

$$K^2(c(x_0, x_1), x_2) = T_2(x_0, c(x_1, x_2)) = T^3(x_0, x_1, x_2).$$

Analog

$$K^3(c(x_0, x_1), x_2, x_3) = K^2([c(x_0, x_1), x_2], x_3)$$
$$= K^2\big(c(x_0, c(x_1, x_2)), x_3\big) = T^3(x_0, c(x_1, x_2), x_3) = T^4(x_0, x_1, x_2, x_3)$$

usw.

Theorem 1. *Die KLEENEsche Funktion $K^{n+1}(x_0, x_1, \ldots, x_n)$ ist eine für die Gesamtheit aller n-stelligen partiell rekursiven Funktionen von $x_1, \ldots, x_n$ universelle, partiell rekursive Funktion.*

$f(x_1, \ldots, x_n)$ sei irgendeine partiell rekursive Funktion. Aus der Universalität der Funktion T^{n+1} folgt, daß wir für ein gewisses festes a die Identität

$$0 \cdot x + f(x_1, \ldots, x_n) = T^{n+2}(a, x, x_1, \ldots, x_n) = K^{n+1}(c(a, x), x_1, \ldots, x_n)$$

haben.

Setzen wir darin $x = 0$ und bezeichnen wir die Zahl $c(a, 0)$ mit b, so erhalten wir die Identität

$$f(x_1, \ldots, x_n) = K^{n+1}(b, x_1, \ldots, x_n),$$

welche auch zeigt, daß die Funktion $K^{n+1}(x_0, x_1, \ldots, x_n)$ für die partiell rekursiven Funktionen der Variablen $x_1, \ldots, x_n$ universell ist.

7.2. Kleenesche Aufzählung. Ordnen wir jeder natürlichen Zahl n die einstellige Funktion $K^2(n, x)$ zu, so erhalten wir eine Abbildung der Menge N aller natürlichen Zahlen auf die Gesamtheit aller einstelligen partiell rekursiven Funktionen. Diese Abbildung werden wir im weiteren KLEENE*sche Aufzählung* nennen und durch $\varkappa$ bezeichnen. Wir werden statt $K^{s+1}(x_0, x_1, \ldots, x_s)$ einfach $K(x_0, x_1, \ldots, x_s)$ schreiben, wo keine Gefahr der Überschneidung von Bezeichnungen besteht. Die Zahl n heißt KLEENE*scher Index* der Funktion $K(n, x)$, die auch durch $\varkappa n$ und manchmal durch K_n bezeichnet wird.

T h e o r e m 1. *Zu jeder partiell rekursiven Funktion $f(x)$ gibt es eine feste Zahl a, so daß alle Zahlen der Folge*

$$[a, 0], [a, 1], \ldots, [a, m], \ldots \tag{1}$$

KLEENE*sche Indizes der Funktion $f(x)$ werden.*

Nach Voraussetzung ist $f(x) = K(n, x)$. Da $K(x_0, y, x)$ eine universelle Funktion ist, findet sich eine Zahl a der Art, daß für beliebige Werte der Variablen y, x

$$0 \cdot y + f(x) = K(a, y, x) = K([a, y], x).$$

Deshalb besteht die Folge (1) in der Tat aus Indizes von $f(x)$.

Betrachten wir folgendes Problem: *Gegeben seien KLEENEsche Indizes von Funktionen $f(x)$ und $g(x)$. Es wird gefordert, KLEENEsche Indizes deren Summe und Zusammensetzung zu finden.*

Wir argumentieren so. Nehmen wir die folgenden Funktionen der Variablen u, v, x:

$$K(u, x) + K(v, x), \quad K(u, K(v, x)).$$

Da $K(x_0, u, v, x)$ eine universelle Funktion ist, finden sich Zahlen a, b der Art, daß allgemein für u, v, x gilt

$$K(u, x) + K(v, x) = K(a, u, v, x) = K([a, u, v], x),$$
$$K(u, K(v, x)) = K(b, u, v, x) = K([b, u, v], x).$$

Sind folglich m, n Indizes der Funktionen f, g, so sind die Zahlen $[a, m, n]$, $[b, m, n]$ offensichtlich Indizes von $f + g$ und $f(g(x))$.

Analoge Behauptungen gelten für die μ-Operation, für die Operation der primitiven Rekursion und andere Operationen.

Trotz des einfachen Beweises spielt das folgende Theorem in vielen Überlegungen eine bedeutende Rolle.

T h e o r e m 2. (KLEENE*scher Fixpunktsatz). Zu jeder partiell rekursiven Funktion $h(x_1, \ldots, x_n, x_{n+1})$ gibt es eine primitiv rekursive Funktion $g(x_1, \ldots, x_n)$, so daß*

$$\varkappa h(x_1, \ldots, x_n, g(x_1, \ldots, x_n)) = \varkappa g(x_1, \ldots, x_n). \tag{2}$$

Insbesondere gibt es zu jeder partiell rekursiven Funktion $h(x)$ eine Zahl a („Fixpunkt" der Abbildung h) derart, daß

$$\varkappa h(a) = \varkappa a. \tag{3}$$

Wir zeigen die erste Behauptung. Betrachten wir die Hilfsfunktion $K(h(x_1, \ldots, x_n, [y, y, x_1, \ldots, x_n]), t)$. Aus der Universalität der Funktion $K(x_0, y, x_1, \ldots, x_n, t)$ folgt, daß wir für eine geeignete Zahl a die Identität

$$K([a, y, x_1, \ldots, x_n], t) = K(h(x_1, \ldots, x_n, [y, y, x_1, \ldots, x_n]), t)$$

haben.

Setzen wir jetzt $y = a$, $[a, a, x_1, \ldots, x_n] = g(x_1, \ldots, x_n)$, so erhalten wir die gesuchte Identität (2). Die Beziehung (3) kann man als Spezialfall der Beziehung (2) für $n = 0$ auffassen.

In Zusammenhang mit der KLEENEschen Aufzählung entsteht natürlich die Frage, welche Eigenschaften partiell rekursiver Funktionen man effektiv aus den Indizes der Funktionen bestimmen kann. Es ist zum Beispiel natürlich, zu fragen, ob es einen Algorithmus gibt, der für ein beliebiges n zu erkennen gestattet, ob die Funktion mit Index n nirgendwo definiert, gleich Null, primitiv rekursiv usw. ist. Man kann diese Frage folgendermaßen präzisieren: Ist die Gesamtheit der KLEENEschen Indizes der nirgends definierten Funktion, der Nullfunktion, aller primitiv rekursiven Funktionen rekursiv? Das unten folgende Theorem gibt auf alle diese Fragen eine negative Antwort: Keine nicht-triviale (d. h. auf einige, aber nicht auf alle Funktionen zutreffende) Eigenschaft einstelliger partiell rekursiver Funktionen kann effektiv aus den KLEENEschen Indizes der Funktionen bestimmt werden. Mit anderen Worten, es gilt das folgende

Theorem 3 (RICE [87]). *Ist $\mathfrak{S}$ eine nicht leere Familie einstelliger partiell rekursiver Funktionen, die von der Gesamtheit aller dieser Funktionen verschieden ist, so kann die Menge der KLEENEschen Indizes von zu $\mathfrak{S}$ gehörenden Funktionen nicht rekursiv sein.*

Nehmen wir im Gegenteil an, die Menge A der KLEENEschen Indizes aller Funktionen aus $\mathfrak{S}$ sei rekursiv. Dann ist auch die Menge A' der KLEENEschen Indizes aller nicht zu $\mathfrak{S}$ gehörenden Funktionen rekursiv (A' ist das Komplement von A). Nach Voraussetzung gibt es Funktionen sowohl in $\mathfrak{S}$ als auch außerhalb von $\mathfrak{S}$. Deshalb sind A und A' nicht leer. Wählen wir in A und A' eine Zahl a, b aus und definieren wir die folgende Funktion

$$g(x) = \begin{cases} a, & x \in A' \\ b, & x \in A. \end{cases} \tag{4}$$

Nach Theorem 4 (§ 6.3.) ist die Funktion $g(x)$ allgemein rekursiv. Durch Anwendung des Fixpunktsatzes kommen wir zu der Schlußfolgerung, daß es eine

Zahl n geben muß, für die

$$\varkappa g(n) = \varkappa n. \tag{5}$$

Welche der Mengen A, A' enthält n? Wenn $n \in A$, dann erhalten wir mit Hilfe von (5)

$$n \in A \Rightarrow \varkappa n \in \mathfrak{S} \Rightarrow \varkappa g(n) \in \mathfrak{S}. \tag{6}$$

Andererseits haben wir unter Beachtung von (4)

$$n \in A \Rightarrow g(n) = b \Rightarrow \varkappa g(n) = \varkappa b \in \mathfrak{S}' \tag{7}$$

Die Schlußfolgerungen (6) und (7) widersprechen sich, und deshalb kann n nicht zu A gehören. Unter Vertauschung der Rollen der Menge A und A' erhalten wir, daß n nicht zu A' gehören kann. Wir haben einen Widerspruch erhalten, weil jede Zahl entweder in A oder in seinem Komplement A' vorkommen muß. Theorem 3 ist gezeigt.

Die Gesamtheit der KLEENEschen Indizes aller Funktionen einer beliebigen nicht-trivialen Funktionenfamilie kann also keine rekursive Menge sein. Für gewisse spezielle Familien $\mathfrak{S}$ wird die Gesamtheit A jedoch rekursiv aufzählbar. Wir werden uns jetzt nicht mit der Suche nach allen Familien $\mathfrak{S}$ mit der angegebenen Eigenschaft beschäftigen (s. Übungen 9, 10 am Ende dieses Paragraphen), sondern beschränken uns auf die folgende offensichtliche Behauptung.

Theorem 4. *Die Menge A der KLEENEschen Indizes aller einstelligen partiell rekursiven Funktionen, die in einem gegebenen Punkt $x = a$ den gegebenen Wert b annehmen, ist rekursiv aufzählbar. Die Menge B aller KLEENEschen Indizes aller nicht leeren*[1]*) Funktionen ist ebenfalls rekursiv aufzählbar.*

Die Menge A ist nämlich die Lösungsmenge der Gleichung $K(y, a) = b$. Wegen der partiellen Rekursivität der Funktion $|K(y, a) - b|$ ist diese Menge rekursiv aufzählbar (Korollar 1 zu Theorem 1 (§ 6.1.)). Analog zeigt man auch die rekursive Aufzählbarkeit der Menge B der Indizes der nicht leeren Funktionen.

Nach dem Theorem von RICE sind die Mengen A und B nicht rekursiv. Auf diese Art erhalten wir in Ergänzung zu dem in § 6.3. konstruierten Beispiel eine Reihe von neuen rekursiv aufzählbaren, nicht rekursiven Mengen.

7.3. Postsche Aufzählung. Da jede rekursiv aufzählbare Menge Gesamtheit der Werte einer passenden partiell rekursiven Funktion ist und die Gesamtheit der Werte jeder partiell rekursiven Funktion eine rekursiv aufzählbare Menge, erhalten wir eine Aufzählung aller rekursiv aufzählbaren Mengen, indem wir die Gesamtheit der Funktionswerte von $K(n, x)$ für $x = 0, 1, 2, \ldots$ Menge mit Index n nennen. Diese Aufzählung heißt POSTsche *Aufzählung* und wird im weiteren

---

[1]) Leer heißt eine Funktion mit leerem Graph, d. h. die nirgendwo definierte Funktion.

mit dem Symbol π bezeichnet. Insbesondere wird mit den Symbolen πn oder π_n die Menge mit Index n bezeichnet, d. h. die Gesamtheit der Werte der oben angegebenen Funktion $K(n, x)$.

Zwischen den Aufzählungen von KLEENE und POST besteht ein einfacher Zusammenhang, der es oft gestattet, aus Eigenschaften der einen Aufzählung Eigenschaften der anderen zu bekommen. Ist nämlich A irgendeine rekursiv aufzählbare Menge, so ist ein KLEENEscher Index jeder partiell rekursiven Funktion, deren Wertmenge mit A zusammenfällt, ein POSTscher Index von A. Würde man also die Gesamtheiten aller KLEENEschen Indizes einzelner Funktionen KLEENEsche Ziegelsteine nennen und die Gesamtheiten der POSTschen Indizes rekursiv aufzählbarer Mengen POSTsche Ziegelsteine, so würde jeder POSTsche Ziegelstein zu einem aus ganzen KLEENEschen Ziegelsteinen zusammengesetzten Block. Es ist klar, daß zu jeder nicht leeren, rekursiv aufzählbaren Menge A unendlich viele partiell rekursive Funktionen existieren, die A als ihre Wertemenge haben. Deshalb besteht jeder POSTsche Ziegelstein, der einer nicht leeren Menge entspricht, aus einer unendlichen Menge KLEENEscher Ziegelsteine. Eine Ausnahme bildet nur der der leeren Menge entsprechende POSTsche Ziegelstein. Er stimmt vollkommen mit dem der nirgendwo definierten Funktion entsprechenden KLEENEschen Ziegelstein überein. Hieraus folgt insbesondere, daß die Menge der POSTschen Indizes aller nicht leeren Mengen mit der Menge der KLEENEschen Indizes aller nicht leeren Funktionen übereinstimmt, und deshalb ist diese Menge rekursiv aufzählbar.

Die betrachtete Beziehung zwischen den KLEENEschen und den POSTschen Ziegelsteinen zeigt auch, daß das Theorem von RICE für die POSTsche Aufzählung ebenfalls richtig ist.

Wir bemerken noch, daß *die Gesamtheit der* POSTschen *Indizes aller eine gegebene Zahl a enthaltenden Mengen rekursiv aufzählbar ist.*

Denn diese Gesamtheit stimmt mit der Gesamtheit aller Werte n überein, für die die Gleichung $K(n, x) = a$ mindestens eine Lösung in x hat. Wegen der partiellen Rekursivität der Funktion K ist die angegebene Gesamtheit rekursiv aufzählbar.

Ein Prädikat $P(x_1, \ldots, x_n)$ heißt rekursiv aufzählbar, wenn die Menge derjenigen n-Tupel $\langle x_1, \ldots, x_n \rangle$ rekursiv aufzählbar ist, für die das Prädikat P wahr ist. Wir nennen *partielle charakteristische Funktion* eines Prädikats P die partielle Funktion $\chi(x, \ldots, x)$, die bei den n-Tupeln, für die das Prädikat P wahr ist, gleich 0 und dort undefiniert ist, wo das Prädikat falsch ist. Nach Korollar 3 (§ 6.1.) ist ein Prädikat offensichtlich genau dann rekursiv aufzählbar, wenn seine partielle charakteristische Funktion partiell rekursiv ist.

Subtilere und spezifischere Eigenschaften rekursiv aufzählbarer Prädikate geben die beiden folgenden Theoreme.

Theorem 1 (über die Darstellung von Prädikaten). *Für jedes rekursiv aufzählbare Prädikat $P(x_1, \ldots, x_{n+1})$ existiert eine primitiv rekursive Funktion*

$h(x_2, \ldots, x_{n+1})$ *der Art, daß*

$$P(x_1, x_2, \ldots, x_{n+1}) \Leftrightarrow x_1 \in \pi h(x_2, \ldots, x_{n+1}) \tag{1}$$

für alle Werte $x_1, \ldots, x_{n+1}$.

Betrachten wir zuerst den Fall $n = 1$. Nach Voraussetzung kann man den Graph des Prädikats $P(x, y)$ in der Form

$$x = v(t), \quad y = w(t) \qquad (t = 0, 1, \ldots) \tag{2}$$

mit passenden primitiv rekursiven Funktionen v, w darstellen.

Für ein vorgegebenes y kann man alle die zweite der Gleichungen (2) erfüllenden t in der Form (s. § 4.2.)

$$t = u \, \overline{\mathrm{sg}} \, |w(u) - y| + \mathrm{sg} \, |w(u) - y| \, \mu_z(w(z) = y) \tag{3}$$

darstellen. Durch Einsetzung des Ausdrucks (3) an Stelle von t in der Formel $x = v(t)$ erhalten wir eine Formel der Gestalt $x = F(y, u)$ mit einer partiell rekursiven Funktion F von y, u. Die Funktion $F(y, u)$ kann man für eine geeignete Zahl a in der Form $K(a, y, u)$ darstellen, und also ist

$$P(x, y) \Leftrightarrow (\exists u) \, (K([a, y], u) = x)$$

oder

$$P(x, y) \Leftrightarrow x \in \pi[a, y].$$

Für $n = 1$ ist das Theorem also gezeigt. Es sei jetzt $n > 1$. Bezeichnen wir mit $Q(x_1, y)$ das Prädikat $P_1(x_1, [y]_{n1}, \ldots, [y]_{nn})$. Nach dem gerade Bewiesenen gibt es eine primitiv rekursive Funktion $g(y)$, so daß

$$Q(x_1, y) \Leftrightarrow x_1 \in \pi \, g(y)).$$

Setzen wir hier an der Stelle y den Ausdruck $[x_2, \ldots, x_{n+1}]$ ein, so erhalten wir die geforderte Behauptung (1).

Man formuliert Theorem 1 manchmal in der folgenden Form: *zu jeder partiell rekursiven Funktion* $F(x_1, \ldots, x_{n+1})$ *gibt es eine primitiv rekursive Funktion* $h(x_2, \ldots, x_{n+1})$ *so daß für beliebig aber fest gewählte* $x_2, \ldots, x_{n+1}$ *die Menge der die Gleichung* $F(x, x_2, \ldots, x_{n+1}) = 0$ *erfüllenden Werte* x *den Postschen Index* $h(x_2, \ldots, x_{n+1})$ *hat.*

Um diese neue Formulierung auf die alte zurückzuführen, genügt es, das durch die Formel

$$P(x_1, \ldots, x_{n+1}) \Leftrightarrow F(x_1, \ldots, x_{n+1}) = 0$$

definierte Prädikat P zu betrachten und Theorem 1 auf P anzuwenden.

8*

Als eine der Anwendungen dieses Theorems beweisen wir das

Korollar. *Es gibt primitiv rekursive Funktionen* $u(x, y), v(x, y)$, *so daß für beliebige Zahlen* m, n

$$\pi_m \cap \pi_n = \pi_{v(m,n)},$$

$$\pi_m \cup \pi_n = \pi_{u(m,n)}.$$

Nach Definition ist π_m die Gesamtheit derjenigen Werte t, für die die Gleichung $K(m, x) = t$ eine Lösung in x hat. Analog ist π_n die Gesamtheit derjenigen Werte t, für die die Gleichung $K(n, y) = t$ irgendeine Lösung y hat. Daraus ist offensichtlich, daß die Menge $\pi_m \cap \pi_n$ aus denjenigen Werten t besteht, für die die Gleichung

$$|K(m, x) - t| + |K(n, y) - t| = 0$$

eine Lösung $\langle x, y \rangle$ hat. Nach Korollar 4 zum Theorem über die Parametrisierung partiel lrekursiver Funktionen (§ 6.1.) ist die Gesamtheit P der Tripel $\langle m, n, t \rangle$, für die die angegebene Gleichung eine Lösung $\langle x, y \rangle$ hat, rekursiv aufzählbar. Nach Theorem 1 gibt es eine primitiv rekursive Funktion $v(m, n)$ mit

$$\langle m, n, t \rangle \in P \Leftrightarrow t \in \pi_{v(m,n)},$$

aber das bedeutet, daß $\pi_m \cap \pi_n = \pi_{v(m,n)}$.

Zeigen wir die zweite Behauptung. Führen wir die Funktion

$$G(m, n, x) = \begin{cases} K\left(m, \dfrac{x}{2}\right), & \text{falls } x \text{ gerade,} \\[2ex] K\left(n, \dfrac{x-1}{2}\right), & \text{falls } x \text{ ungerade} \end{cases}$$

ein.

Nach dem Theorem über die Definition durch Fallunterscheidung (§ 6.3.) ist die Funktion $G(m, n, x)$ partiell rekursiv. Die Menge ihrer Werte für $0, 1, 2, \ldots$ ist $\pi_m \cup \pi_n$. Wir suchen eine Zahl a, sodaß für alle m, n, x

$$G(m, n, x) = K(a, m, n, x) = K([a, m, n], x).$$

Die Gesamtheit der Werte der Funktion $K([a, m, n], x)$ ist $\pi_{[a,m,n]}$. Somit ist

$$\pi_m \cup \pi_n = \pi_{[a,m,n]}$$

und folglich kann man als die gesuchte Funktion $u(m, n)$ die Funktion $[a, m, n]$ nehmen.

In gewissem Sinne Analogon zum KLEENEschen Fixpunktsatz (§ 7.2.) ist das folgende

Theorem 2 (Fixpunktsatz von Myhill [69]). *Zu jedem rekursiv aufzählbaren Prädikat $P(x_1, \ldots, x_{n+1})$ gibt es eine primitiv rekursive Funktion $g(x_2, \ldots, x_n)$, so daß für alle Werte $x_1, \ldots, x_n$*

$$P(x_1, \ldots, x_n, g(x_2, \ldots, x_n)) \Leftrightarrow x_1 \in \pi\, g(x_2, \ldots, x_n). \tag{4}$$

Denn nach Theorem 1 gibt es eine primitiv rekursive Funktion $h(x_2, \ldots, x_{n+1})$, so daß die Beziehung (1) gilt. Durch eine Anwendung des Kleeneschen Fixpunktsatzes auf die Funktion $h(x_2, \ldots, x_{n+1})$ folgern wir, daß wir für eine geeignete primitiv rekursive Funktion $g(x_2, \ldots, x_n)$

$$\varkappa h(x_2, \ldots, x_n, g(x_2, \ldots, x_n)) = \varkappa g(x_2, \ldots, x_n) \tag{5}$$

haben. Für beliebige Zahlen a, b hat aber die Gleichung $\varkappa a = \varkappa b$ die Gleichung $\pi a = \pi b$ zur Folge. Deshalb haben wir aus (5)

$$\pi h(x_2, \ldots, x_n, g(x_2, \ldots, x_n)) = \pi g(x_2, \ldots, x_n). \tag{6}$$

Setzen wir schließlich in der Beziehung (1) an Stelle von x_{n+1} den Ausdruck $g(x_2, \ldots, x_n)$ ein, so erhalten wir (4) mit Hilfe der Gleichung (6).

Zur Ergänzung des Theorems aus § 6.3. über eine durch Fallunterscheidung definierte Funktion beweisen wir gleich eine allgemeinere Aussage, welche zur Konstruktion von partiell rekursiven Funktionen nützlich ist, die gegebene partiell rekursive Funktionen unter bestimmten Bedingungen erweitern.

Theorem 3 (über gemeinsame Erweiterung). *Gegeben seien partiell rekursive Funktionen $F_i(x, y)$ mit Definitionsbereichen A_i $(i = 1, \ldots, r)$. Es existiert eine partiell rekursive Funktion $F(x, y, z_1, \ldots, z_r)$, die den folgenden Forderungen genügt:*

a) F ist für die und nur die Werte $x, y, z_1, \ldots, z_r$ definiert, für welche mindestens eine der Bedingungen

$$x \in \pi z_i \;\&\; \langle x, y \rangle \in A_i \qquad (i = 1, \ldots, r)$$

erfüllt ist,

b) für alle $x, y, z_1, \ldots, z_r$ aus dem Definitionsbereich von F gibt es ein i der Art, daß $x \in \pi z_i$ und

$$F(x, y, z_1, \ldots, z_r) = F_i(x, y).$$

Eine den Bedingungen a), b) genügende Funktion kann man zum Beispiel durch den folgenden Algorithmus definieren. Gegeben seien irgendwelche Zahlen $x, y, z_1, \ldots, z_r$. Nach Voraussetzung gibt es gleichförmige Prozesse, welche die Elemente der Mengen $A_1, \ldots, A_r, \pi_{z_1}, \ldots, \pi_{z_r}$ zu finden gestatten. Tuen wir die ersten Schritte in diesen Prozessen, dann nacheinander die zweiten usw. Als Resultat einiger Schritte werden Elemente der erwähnten Mengen gewonnen, und einige Schritte liefern Zwischenergebnisse. Haben wir nach einem beliebigen

Schritt die Zahl x aus einem πz_i oder das Zahlenpaar $\langle x, y \rangle$ aus A_i erhalten, so prüfen wir, ob es unter allen gewonnenen Zahlen, darunter auch denen vorhergehender Schritte, unter Zahlenpaaren und Informationen der Gestalt $a \in \pi z$, $\langle a, b \rangle \in A_j$ für irgendein i-Paar die Behauptungen $x \in \pi z_i$, $\langle x, y \rangle \in A_i$ gibt oder nicht. Sobald ein solches Paar gefunden wird, bricht der Prozeß ab und wird der Wert von $F_i(x, y)$ berechnet. Dieser wird auch der Wert des Ausdrucks $F(x, y, z_1, ..., z_r)$. Bricht der angegebene Prozeß nicht ab, so gilt $F(x, y, z_1, ..., z_r)$ als undefiniert.

Es ist klar, daß die auf diese Weise konstruierte Funktion F den Forderungen von Theorem 3 genügt. Die Werte von F werden mittels eines Prozesses algorithmischen Charakters berechnet. Nach der These von CHURCH (§ 2.3.) können wir glauben, daß die Funktion F partiell rekursiv ist. Für einen formalen Nachweis der partiellen Rekursivität von F muß man F dennoch mit Hilfe der Operationen der Substitution und der μ-Operation durch rekursive Funktionen ausdrücken, d. h. die oben angegebene Definition der Funktion F in die formale Sprache übertragen. Das werden wir jetzt auch tun.

Suchen wir Zahlen $a_1, ..., a_r$ der Art, daß

$$F_i(x, y) = K(a_i, x, y) = K([a_i, x], y) \qquad (i = 1, ..., r).$$

Wir stellen den Graph der Funktion $w = K(n, y)$ in Parameterform dar:

$$n = f(t), \quad y = g(t), \quad w = h(t),$$

wobei f, g, h geeignete rekursive Funktionen sind (§ 6.1.).

Zu jedem Zeitpunkt t finden wir die Zahlen $f(t)$, $g(t)$, $h(t)$ und merken uns die folgende Information:

$$h(t) = K(f(t), g(t)), \quad h(t) \in \pi f(t).$$

In Übereinstimmung mit dem oben Ausgeführten suchen wir das kleinste t, für das für ein geeignetes i, $1 \leq i \leq r$,

$$h(u) = x, \quad f(u) = z_i, \quad f(v) = [a_i, x], \quad g(v) = y$$

mit $u = [t]_{21}$, $v = [t]_{22}$ (s. § 7.1.). Durch Einführung der Funktionen

$$\Phi_i(t) = \Phi_i(t, x, y, z_1, ..., z_r)$$
$$= |x - h(u)| + |f(u) - z_i| + |f(v) - [a_i, x]| + |g(v) - y|$$

können wir den gesuchten Wert t in der Form

$$t^* = t^*(x, y, z_1, ..., z_r) = \mu_t(\Phi_1 \cdot \cdots \cdot \Phi_r = 0)$$

darstellen.

Nachdem wir t^* kennen, müssen wir noch denjenigen Wert i finden, für den $\Phi_i(t^*) = 0$ ist, und danach die Funktion F gleich dem Wert des Ausdrucks $F_i(x, y) = h(v(t^*))$ setzen. Das aber wird erreicht, wenn wir per definitionem setzen $F(x, y, z_1, \ldots, z_r) = h(v(t^*))$.

Die Funktion F entsteht aus den rekursiven Funktionen f, g, h durch Substitution, μ-Operation und die Operationen $+$, $\div$. Deshalb ist die Funktion F partiell rekursiv, was auch von uns verlangt war.

In Theorem 3 sind die angegebenen Funktionen $F_i(x, y)$ Funktionen zweier Variablen. Aber es ist klar, daß das gleiche Theorem und der Beweis auch in dem Falle gültig bleiben, in dem Funktionen $F_i(x, y_1, \ldots, y_m)$ einer beliebigen Anzahl von Parametern $y_1, \ldots, y_m$ vorgegeben sind.

Bemerken wir noch, daß Theorem 3 auch dann gültig bleibt, wenn in der Formulierung die Bedingungen $x \in \pi z_i$ durch die Bedingungen $f_i(x, y, z_1, \ldots, z_r) = 0$ mit beliebigen partiell rekursiven Funktionen f_i ersetzt werden, weil nach § 7.3. die Bedingungen $f_i = 0$ zu den Bedingungen der Gestalt $x \in \pi q_i(y, z_1, \ldots, z_r)$ mit passenden rekursiven Funktionen q_i äquivalent sind.

7.4. Eindeutige Aufzählungen. Die Aufzählungen von KLEENE und POST nehmen in der Algorithmentheorie eine Sonderstellung ein aus dem Grunde, daß wir zu irgendeinem Algorithmus zur Berechnung der Werte von Funktionen $f_0(x)$, $f_1(x)$, $\ldots$ oder der Zahlen aus Mengen S_0, S_1, $\ldots$ stets eine primitiv rekursive Funktion $\varphi(n)$ der Art finden können, daß $\varphi(n)$ KLEENE-scher Index der Funktion $f_n(x)$ oder entsprechend POSTscher Index der Menge S_n ist. Natürlich sind die Aufzählungen von KLEENE und POST nicht die einzigen Aufzählungen mit dieser Eigenschaft. Alle Aufzählungen mit der angegebenen Eigenschaft tragen die allgemeine Bezeichnung *Gödelisierung*. In einem bestimmten, genau definierten Sinne sind alle GÖDELIsierungen zueinander isomorph (s. § 9.3.), und sie sind alle ziemlich kompliziert. Wie wir gesehen haben hat jede partiell rekursive Funktion und jede rekursiv aufzählbare Menge in der KLEENEschen und POSTschen Aufzählung eine nicht-rekursive Gesamtheit von Indizes. Natürlich taucht die Frage auf: Kann man eine Aufzählung aller rekursiv aufzählbaren Mengen (oder partiell rekursiven Funktionen) konstruieren, bei der jede rekursiv aufzählbare Menge (partiell rekursive Funktion) genau einen Index hätte und so daß man gleichzeitig in bezug auf den Index n einer Menge (Funktion) in der neuen Aufzählung mittels eines Algorithmus einen POSTschen (KLEENEschen) Index dieser Menge (Funktion) finden könnte? FRIEDBERG [34] zeigte im Jahre 1958, daß es derartige eindeutige Aufzählungen der rekursiv aufzählbaren Mengen und aller partiell rekursiven Funktionen gibt. Diese Resultate werden in einer etwas verallgemeinerten Form unten ausgeführt.

$\mathfrak{S}$ sei irgendein nicht leeres System rekursiv aufzählbarer Mengen. Eine beliebige Abbildung α der Gesamtheit N der natürlichen Zahlen auf das System $\mathfrak{S}$ heißt Aufzählung von $\mathfrak{S}$. Durch $\alpha(n)$ oder αn wird diejenige Menge aus $\mathfrak{S}$ bezeichnet, die der Zahl n unter der Abbildung α entspricht. Die Zahl n heißt α-*Index* der Menge αn.

Eine Aufzählung α heißt *berechenbar* (USPENSKIJ [114]), wenn es eine allgemein rekursive Funktion $\varphi(x)$ der Art gibt, daß $\varphi(n)$ POSTscher Index der Menge αn ist, d. h. daß

$$\alpha n = \pi \varphi(n) \qquad (n = 0, 1, \ldots). \tag{1}$$

Ein System $\mathfrak{S}$ rekursiv aufzählbarer Mengen heißt *berechenbar*, wenn es mindestens eine berechenbare Aufzählung von $\mathfrak{S}$ gibt.

Eine partielle Funktion $A(n, x)$ heißt *universell* für eine Aufzählung α, wenn für jeden natürlichen Wert n die Menge αn mit der Menge aller Werte $A(n, x)$ für $x = 0, 1, \ldots$ zusammenfällt.

Man überzeugt sich leicht, daß *eine Aufzählung* α *genau dann berechenbar ist, wenn sie eine partiell rekursive universelle Funktion besitzt.*

Sei nämlich $A(n, x)$ eine für die Aufzählung α universelle, partiell rekursive Funktion. Bezeichnen wir mit a einen KLEENEschen Index der Funktion A, so haben wir für beliebige n, x

$$A(n, x) = K(a, n, x) = K([a, n], x),$$

und somit ist $[a, n]$ POSTscher Index der Menge αn.

Umgekehrt sei die Aufzählung α berechenbar und $\varphi(n)$ eine der Beziehung (1) genügende allgemein rekursive Funktion. Dann ist offensichtlich die Funktion $K(\varphi(n), x)$ partiell rekursiv und universell für α.

Eine Aufzählung α einer Familie $\mathfrak{S}$ von Mengen heißt *eindeutig*, wenn $\alpha m \neq \alpha n$ für $m \neq n$, d. h. wenn jede Menge aus $\mathfrak{S}$ einen und nur einen α-Index hat.

Wir stellen die Frage: Welche berechenbaren Familien von Mengen besitzen eine berechenbare eindeutige Aufzählung? Welche Kriterien sind notwendiges und hinreichendes Kriterium für berechenbare Familien von Mengen mit einer berechenbaren eindeutigen Aufzählung?

Diese Frage ist gegenwärtig anscheinend offen. Weiter unten werden lediglich hinreichende Bedingungen angegeben, aus denen jedoch folgt, daß die Familie aller rekursiv aufzählbaren Mengen eine eindeutige berechenbare Aufzählung hat. Vorläufig beweisen wir die folgende offensichtliche Behauptung, die sowohl für berechenbare wie auch für eindeutige berechenbare Aufzählungen richtig ist.

Theorem 1. *Enthält eine Mengenfamilie* $\mathfrak{S}$ *($\neq \{\emptyset\}$, Anm. d. Übers.) mit einer (eindeutigen) berechenbaren Aufzählung die leere Menge, so erhalten wir durch Herausnahme der leeren Menge aus* $\mathfrak{S}$ *eine Familie, die eine (eindeutige) berechenbare Aufzählung zuläßt. Nehmen wir zu einer Mengenfamilie mit einer eindeutigen berechenbaren Aufzählung eine beliebige endliche Anzahl rekursiv aufzählbarer Mengen hinzu, so entsteht eine Familie mit einer eindeutigen berechenbaren Aufzählung.*

Sei nämlich $A(n, x)$ eine universelle partiell rekursive Funktion, die eine (eindeutige) berechenbare Aufzählung der Familie $\mathfrak{S}$ realisiert. Bezeichen wir mit M die Gesamtheit der Werte des Parameters n, für die die Gleichung $A(n, x) = y$ mindestens eine Lösung in x, y hat. Nach § 4.2. ist die Menge M rekursiv aufzählbar. Nehmen wir eine allgemein rekursive Funktion $p(t)$, deren Gesamtheit der Werte mit M zusammenfällt und ($-$ sei $\mathfrak{S}$ unendlich; für endliches $\mathfrak{S}$ ist die Behauptung trival $-$ Anm. d. Übers.) die für verschiedene Argumentewerte verschiedene Werte annimmt (§ 6.3.). Es ist klar, daß die partiell rekursive Funktion

$$A_1(n, x) = A(p(n), x)$$

für die Familie $\mathfrak{S} - \{\emptyset\}$ universell ist. Ist die Aufzählung von $\mathfrak{S}$ eindeutig, so ist wegen der Injektivität der Funktion p auch die durch die Funktion $A_1(n, x)$ realisierte Aufzählung eindeutig.

Beweisen wir die zweite Behauptung des Theorems. $A(n, x)$ sei wieder eine universelle Funktion der Aufzählung der Familie $\mathfrak{S}$ und $f_0(x)$, ..., $f_s(x)$ seien primitiv rekursive Funktionen, deren Wertemengen M_0, ..., M_s verschieden voneinander sind und in der Familie $\mathfrak{S}$ nicht vorkommen. Dann ist die partiell rekursive Funktion

$$A_1(n, x) = \sum_{i=0}^{s} f_i(x) \, \overline{sg} \, |n - i| + sg\,(n \stackrel{\cdot}{-} s)\, A\big(n \stackrel{\cdot}{-} (s + 1), x\big)$$

offensichtlich universell für die Familie $\mathfrak{S}$ und die Mengen M_0, ..., M_s. Ergab hier die Funktion A eine eindeutige Aufzählung, so ergibt auch A_1 eine eindeutige Aufzählung.

Theorem 2. *Jede berechenbare Aufzählung* α *einer Mengenfamilie* $\mathfrak{S}$, *die die leere Menge nicht enthält, besitzt eine allgemein rekursive universelle Funktion.*

$A(n, x)$ sei irgendeine partiell rekursive, für $\mathfrak{S}$ universelle Funktion. Der Definitionsbereich dieser Funktion ist in der Form der Gesamtheit der Paare $\langle \varphi(t), \psi(t) \rangle$, $t = 0, 1, \ldots$ mit geeigneten primitiv rekursiven Funktionen φ, ψ darstellbar. Für jedes n kann man die Gesamtheit der Werte von x, für die die Funktion $A(n, x)$ definiert ist, darstellen in der Form der Gesamtheit aller von der Funktion (s. § 4.2.)

$$B(n, t) = \overline{\mathrm{sg}}\, |n - \varphi(t)|\, \psi(t) + \mathrm{sg}\, |n - \varphi(t)|\, \psi(\mu_y(\varphi(y) = n))$$

für $t = 0, 1, \ldots$ angenommenen Werte.

Da die Gleichung $\varphi(y) = n$ für jedes n eine Lösung hat, ist die Funktion $B(n, t)$ allgemein rekursiv. Die Funktion $A(n, B(n, t))$ ist universell für die Aufzählung α. Nach dem vorher Ausgeführten ist sie allgemein rekursiv.

Die Zahl $n = 2^{m_1} + 2^{m_2} + \cdots + 2^{m_k}$ heißt *Standardindex* (γ-Index) der endlichen Menge der Zahlen $m_1, \ldots, m_k$ ($m_1 < m_2 < \cdots < m_k$). 0 ist der Standardindex der leeren Menge. Es ist klar, daß die Standardaufzählung eine berechenbare eindeutige Aufzählung der Familie aller endlichen Mengen ist. Ihre charakteristische Eigenschaft besteht darin, daß bei ihr die Anzahl der Elemente der Menge mit Index n und folglich die maximalen und minimalen Elemente dieser Menge rekursive Funktionen von n sind.

Eine Familie $\mathfrak{S}$ irgendwelcher endlicher Mengen heißt γ-aufzählbar, wenn die Gesamtheit der γ-Indizes der Mengen aus $\mathfrak{S}$ rekursiv aufzählbar ist. Jede γ-aufzählbare Familie von endlichen Mengen ist offensichtlich berechenbar und (falls unendlich, Anm. d. Übers.) sogar eindeutig berechenbar. Nach diesen vorbereitenden Bemerkungen beweisen wir das folgende subtile und wesentliche Theorem.

Theorem 3. *Eine berechenbare Familie $\mathfrak{S}$ rekursiv aufzählbarer Mengen enthalte eine γ-aufzählbare Teilfamilie $\mathfrak{S}_0$ von endlichen Mengen der Art, daß*

α) *eine beliebige endliche Teilmenge M_0 einer beliebigen Menge M aus $\mathfrak{S}$ enthalten ist in einer geeigneten endlichen Teilmenge $M_1 \subseteq M$ und daß $M_1 \in \mathfrak{S}_0$.*

β) *jede Menge aus $\mathfrak{S}_0$ ist in einer echt größeren Menge aus $\mathfrak{S}_0$ enthalten.*

Dann gibt es sicher eine eindeutige berechenbare Aufzählung der Familie.

Aus Theorem 1 folgt, daß wir für den Beweis von Theorem 3 voraussetzen können, daß die Familie $\mathfrak{S}$ die leere Menge nicht enthält. Nach Theorem 2 besitzt $\mathfrak{S}$ in diesem Falle eine allgemein rekursive, universelle Funktion $A(n, x)$ und besteht $\mathfrak{S}$ aus den Mengen A_0, A_1, $\ldots$, A_l, $\ldots$, wobei A_l die Gesamtheit der Werte $A(l, 0)$, $A(l, 1)$, $\ldots$ der Funktion $A(l, x)$ ist.

Unser Ziel ist, eine Folge S_0, S_1, $\ldots$ rekursiv aufzählbarer Mengen der Art zu konstruieren, daß die Mengen dieser Folge paarweise verschieden sind und zusammen die Familie $\mathfrak{S}$ ausschöpfen. Wir folgen FRIEDBERG und werden diese Mengen „schrittweise" konstruieren. Der nach dem t-ten Schritt konstruierte endliche Teil der Mengen S_x wird durch $S_x{}^t$ bezeichnet und die Menge S_x per definitionem gleich der Vereinigung der Mengen $S_x{}^t$ ($t = 0, 1, \ldots$) gesetzt.

Gleichzeitig mit den Mengen $S_x{}^t$ werden endliche Mengen $A_l{}^t$ und eine spezielle partielle Funktion $f(l, t)$ konstruiert.

Die Mengen $A_l{}^t$ werden so konstruiert, daß die folgende Bedingung erfüllt ist:

(1) *Jedes nicht leere $A_l{}^t$ gehört zu $\mathfrak{S}_0$, $A_l{}^0 \subseteq A_l{}^1 \subseteq A_l{}^2 \subseteq \ldots$ und A_l ist die Vereinigung aller $A_l{}^t$.*

Ist $f(l, t)$ für gewisse Werte l, t definiert und ist $x = f(l, t)$, so werden wir sagen, daß die Zahl x zum Zeitpunkt t Nachfolger der Zahl l ist. Ist $x = f(l, t - 1)$ und $f(l, t)$ nicht definiert, so sagen wird, daß x zum Zeitpunkt t (von l) *frei wird*. Die Beziehung $x = f(l, t)$ bedeutet inhaltlich, daß wir zum Zeitpunkt t die Mengen $S_x{}^u$ im folgenden so konstruieren „wollen", daß sich $S_x = A_l$ herausstellt, und nur gewisse „Hindernisse" können uns später von dieser Absicht abhalten und x zu einem gewissen Zeitpunkt von l freimachen. Zahlen, die zum Zeitpunkt t keine Nachfolger sind, werden wir zum Zeitpunkt t *frei* nennen. Schließlich sagen wir, daß zum Zeitpunkt t der Index $l_t = l(t)$ betrachtet wird, wobei $l(t)$ die linke Aufzählungsfunktion aus § 3.3. ist. Aus den Eigenschaften dieser Funktion folgt, daß jeder gegebene Index $n = l_t$ zu einer unendlichen Anzahl von Zeitpunkten t betrachtet wird, weil die Gleichung $n = l_t$ unendlich viele Lösungen in t hat.

Der unten angegebene Konstruktionsprozeß der Mengen $A_l{}^t$, $S_x{}^t$ und der Funktion f ist von der Art, daß die bezeichneten Mengen und die Funktion f außer der Forderung (1) auch den Forderungen genügen:

(2) *Zu jedem Zeitpunkt t kann eine beliebige Zahl x Nachfolger nicht mehr als einer Zahl l sein. Wird eine Zahl x zu einem Zeitpunkt t frei, so bleibt x zum Zeitpunkt t und in allen Folgezeitpunkten frei.*

(3) *Für jedes x ist $S_x{}^0 \subseteq S_x{}^1 \subseteq S_x{}^2 \subseteq \cdots$ War die Zahl x über die ganze Zeit vor dem Zeitpunkt t hin frei, so ist $S_x{}^{t-1} = \varnothing$.*

(4) *Für alle x, t folgt $S_x{}^t \in \mathfrak{S}_0$ aus $S_x{}^t \neq \varnothing$. Ist für x, t, $x = f(l_t, t)$, so ist $S_x{}^{t-1} \subseteq A_{l_t}^t$.*

(5) *Zu jedem Zeitpunkt t folgt $S_x{}^t \neq S_y{}^t$ aus $S_x{}^t \neq \varnothing$, $x \neq y$.*

Per definitionem setzen wir die Mengen A_l^{-1}, S_x^{-1} als leer und die Werte von $f(l, -1)$ als nicht definiert ($l, x = 0, 1, \ldots$).

Nehmen wir ein beliebiges $t \geq 0$ und setzen wir voraus, daß $A_l{}^u$, $S_x{}^u$, $f(l, u)$ für alle $u < t$ und alle l, x bestimmt sind und den Forderungen (1)—(5) genügen.

Konstruieren wir zuerst die Mengen $A_l{}^t$. Setzen wir $A_v{}^t = \varnothing$ für $v > t$. Ist jedoch $v \leq t$, so konstruieren wir $A_v{}^t$ folgendermaßen. Nach Voraussetzung gibt es eine primitiv rekursive Funktion $g(n)$ der Art, daß die Zahlen $g(0), g(1), \ldots, g(z), \ldots$ die Standardindizes aller Mengen der Familie $\mathfrak{S}_0$ sind. Wir berechnen schrittweise die Elemente dieser Mengen und vergleichen für jedes $z = 0, 1, \ldots$ die Mengen $\gamma g(0), \gamma g(1), \ldots, \gamma g(z)$ mit den Mengen $A_v{}^{t-1}$, $\{A(v, 0), A(v, 1), \ldots, A(v, t)\}$ und mit den wachsenden Mengen $\{A(v, 0), A(v, 1), \ldots, A(v, z)\}$ und suchen einen Wert für s der Art, daß

$$\{A(v, 0), \ldots, A(v, t)\} \cup A_v{}^{t-1} \subseteq \gamma g(s) \subseteq \{A(v, 0), A(v, 1), \ldots, A(v, z)\}.$$

Aus der Voraussetzung α) des zu beweisenden Theorems folgt, daß die gesuchten Werte für s vorhanden sind. Nehmen wir den kleinsten Wert von s und setzen wir $A_v{}^t = \gamma g(s)$. Es ist klar, daß die mit dieser Methode konstruierten Mengen $A_v{}^t$ der Forderung (1) genügen.

Gehen wir zur Definition von $S_x{}^t$ und $f(l, t)$ über. Hier ergibt es sich, einige Fälle zu unterscheiden.

Fall I: $f(l_t, t-1) = y$ und für ein gewisses $l < l_t$

$$\{0, 1, \ldots, y\} \cap A_l{}^t = \{0, 1, \ldots, y\} \cap A_{l_t}^t.$$

Machen wir y frei, indem wir $f(l_t, t)$ als undefiniert festsetzen und setzen wir $f(l', t) = f(l', t-1)$ ($l' \neq l_t$), $S_x{}^t = S_x{}^{t-1}$.

Fall II: Der Fall I gilt nicht, und es gibt eine Zahl x, für die $A_{l_t}^t = S_x{}^{t-1}$ und gleichzeitig

a) $x = f(l, t-1)$ und $x \leq l_t$

oder

b) zum Zeitpunkt $t - 1$ ist x frei und $x \leq l_t$

oder

c) zum Zeitpunkt $t - 1$ ist x frei und vor dem Zeitpunkt t wird die Zahl x von der Zahl l_t *verschoben* (die Operation der Verschiebung wird unten definiert (s. den Fall III C.)). In diesem Fall wird nichts geändert, d. h., wir setzen $S_x{}^t = S_x{}^{t-1}$ und $f(l, t) = f(l, t-1)$ für alle x und l.

Fall III: Weder Fall I noch Fall II gilt. Dann führen wir nacheinander die folgenden Operationen durch:

A. Ist $f(l_t, t-1)$ definiert, so setzen wir $f(l_t, t) = y = f(l_t, t-1)$. Ist aber $f(l_t, t-1)$ nicht definiert, so bezeichnen wir die kleinste Zahl, die bis zum Zeitpunkt t nie Nachfolger gewesen ist, mit y und setzen $f(l_t, t) = y$.

B. Setzen wir $S_y{}^t = S_y{}^{t-1} \cup A_{l_t}^t$. Nach den Eigenschaften (3), (4) ist $S_y{}^{t-1} = \varnothing$ oder $S_y{}^{t-1} \subseteq A_{l_t}^t$. Deshalb haben wir nach Ausführung der Operation B. $S_y{}^t = A_{l_t}^t$.

C. Existiert ein (nach (5) eindeutiges) x mit $S_x^{t-1} = A_{l_t}^t$ und $x \neq y$, so setzen wir $S_x^t = \gamma g(s)$, wobei s die kleinste Zahl ist, für die $\gamma g(s)$ S_x^{t-1} enthält und verschieden ist von S_y^t, $S_0^{t-1}, S_1^{t-1}, \ldots$ Nach der Bedingung β) gibt es offensichtlich ein solches s.

Wenn wir die Operation C. ausführen, sagen wir, daß wir zum Zeitpunkt t die Zahl x durch die Zahl l_t *verschieben*.

D. Ist die durch die Zahl l_t verschobene Zahl x zum Zeitpunkt $t - 1$ nicht frei, so machen wir x frei.

Wir setzen $S_z^t = S_z^{t-1}$, $f(l, t) = f(l, t - 1)$ für diejenigen z, l, die in A., B., C., D., nicht aufgeführt sind.

Die Konstruktionsmethode für S_x^t, $f(l, t)$ ist also angegeben. Aus ihr folgt unmittelbar, daß die Mengen S_x^t, A_l^t und die Funktion $f(l, t)$ den Forderungen (1)—(5) genügen. Beweisen wir, daß diese Mengen und diese Funktion auch die folgenden Eigenschaften (6)—(9) besitzen.

(6) *Jede Zahl x kann nur endlich oft verschoben werden.*

x werde im Zeitpunkt t verschoben und sei zum Zeitpunkt $t - 1$ nicht frei. Dann wird es nach D. zum Zeitpunkt t frei, und nach (2) ist x auch in allen Folgezeitpunkten frei. x werde in irgendeinem dieser Folgezeitpunkte $u > t$ wieder durch die Zahl l_u verschoben. Nach Voraussetzung ist x zum Zeitpunkt $u - 1$ frei. Wäre $x \leq l_u$ oder würde x vor dem Zeitpunkt u durch die Zahl l_u verschoben, so hätten wir den Fall II b) oder II c), was nicht möglich ist. Somit kann die Zahl x in allen Folgezeitpunkten u nur durch die Zahlen l_u verschoben werden, die kleiner sind als x, und von jeder nicht mehr als einmal. Folglich wird x nicht mehr als endlich viele Male verschoben.

(7) *Jedes S_x ist in $\mathfrak{S}$ enthalten. Wenn S_x unendlich ist, dann ist ab einem gewissen Zeitpunkt t die Zahl x konstant Nachfolger eines gewissen a und $S_x = A_a$.*

Wir setzen zuerst voraus, daß S_x endlich ist. Dann ist für ein gewisses t $S_x = S_x^t \in \mathfrak{S}_0$ und deshalb $S_x \in \mathfrak{S}$.

S_x sei nun unendlich. Da S_x Vereinigung der aufsteigenden Folge der endlichen Mengen $S_x^t (t = 0, 1, \ldots)$ ist, muß in dieser Folge der Fall $S_x^{t-1} \neq S_x^t$ unendlich oft auftreten. Aber das ist nur entweder im Fall III B. ($x = y$) möglich oder wenn x im Zeitpunkt t durch die Zahl l_t verschoben wird. Nach der Eigenschaft (6) kann die Zahl x nur endlich oft verschoben werden. Deshalb muß für unendlich viele t der Fall III B. eintreten, $x = f(l_t, t - 1)$. x kann aber nicht Nachfolger verschiedener Zahlen sein. Somit haben wir $a = l_t$, $x = f(a, t - 1)$, $S_x^t = A_a^t$ für eine unendliche Anzahl von Werten für t. Folglich ist x, beginnend mit einem gewissen Zeitpunkt t, Nachfolger von a und gilt $S_x = A_a$.

(8) *Wenn $x \neq y$, dann $S_x \neq S_y$.*

Es sei im Gegenteil $x \neq y$, $S_x = S_y$. Sind S_x, S_y endlich, so wäre für ein gewisses t $S_x^t = S_y^t$, was der Eigenschaft (5) widerspricht. Seien S_x, S_y unendlich. Dann müssen nach (7) Zahlen a, b existieren, so daß $S_x = A_a$, $S_y = A_b$ und ab einem gewissen Zeitpunkt t_0 die Zahlen x, y konstant Nachfolgerder Zahlen a, b sind. Wegen $x \neq y$ ist $a \neq b$. Sei $a < b$.[1]) Aus $A_a = A_b$ folgt, daß ab einem gewissen Zeitpunkt t_1

$$\{0, 1, \ldots, y\} \cap A_a^t = \{0, 1, \ldots, y\} \cap A_b^t \qquad (t \geq t_1).[2])$$

Nehmen wir ein t der Art, daß $l_t = b$, $t > t_0$, $t > t_1$. Dann haben wir zum Zeitpunkt t den Fall I, und man muß deshalb zu diesem Zeitpunkt die Zahl y[3]) freimachen, entgegen der Voraussetzung.

Also ist $S_x \neq S_y$ und die Eigenschaft (8) ist gezeigt.

---

[1]) Im russ. Original steht hier $>$ statt $<$. (Anm. d. Übers.).
[2]) Im russ. Original steht $\{0,1, \ldots, b\}$ statt $\{0,1, \ldots, y\}$ (Anm. d. Übers.).
[3]) Im russ. Original steht hier b statt y. Anm. d. Übers.).

(9) *Jedes A_a fällt mit einem gewissen S_x zusammen.*

m sei die kleinste Zahl mit $A_m = A_a$; wir haben daher $A_l \neq A_m$ für jedes $l < m$. Die Mengen A_l und A_m unterscheiden sich durch einige Elemente z_l ($l = 0, 1, \ldots, m - 1$), die in der einen von ihnen vorkommen und in der anderen nicht. Nehmen wir einen Zeitpunkt u, zu dem jede der Zahlen $z_0, z_1, \ldots, z_{m-1}$ sich bereits in der entsprechenden Menge aus $A_0^u, A_1^u, \ldots, A_{m-1}^u$ befindet. Dann haben wir nicht nur zum Zeitpunkt u, sondern auch in beliebigen späteren Zeitpunkten t_1, t_2

$$A_l^{t_1} \neq A_m^{t_2} \qquad (l < m, t_1 \geqq u, t_2 \geqq u) \tag{2}$$

und darüber hinaus

$$\{0, 1, \ldots, x\} \cap A_l^{t_1} \neq \{0, 1, \ldots, x\} \cap A_m^{t_2} \qquad (x \geqq z) \tag{3}$$

mit $z = \max |z_0, z_1, \ldots, z_{m-1}|$.

Nehmen wir an, zu irgendeinem Zeitpunkt t bekomme eine gewisse Zahl c einen Nachfolger x, der vorher kein Nachfolger gewesen ist. Da wir Nachfolger nur als Folge der Operation III A. bekommen, gilt

$$l_{t_0} = c, \quad x = f(c, t_0), \quad S_x^{t_0} = A_c^{t_0}.$$

Betrachten wir, wie sich S_x^t ändert mit dem Anwachsen von t von t_0 bis zum Zeitpunkt v, in dem x frei wird. Eine Veränderung der Menge S_x^t kann nur auf Grund der Operation III B. und der Operation der Verschiebung von x stattfinden, zu deren Zeitpunkt gleichzeitig auch die Freimachung von x stattfindet. Deshalb kann die Menge S_x^t bis zum Zeitpunkt der Freimachung von x nur mit Hilfe der Operation III B. erweitert werden, d. h. zu denjenigen Zeitpunkten t, zu denen

$$l_t = c, \quad x = f(c, t), \quad S_x^t = A_c^t.$$

Wächst somit t von t_0 bis v, so wird die Menge S_x^t nacheinander gleich $A_c^{t_0}, A_c^{t_1}, \ldots, A_c^{l_k}$ und vor dem Zeitpunkt der Freimachung von v

$$S_x^{v-1} = A_c^{t_k} \qquad (t_k \geqq t_0). \tag{4}$$

Kann die Zahl m unendlich oft einen Nachfolger bekommen und wieder verlieren? Eine beliebige Zahl, die Nachfolger gewesen ist und dann frei wurde, kann nicht wieder Nachfolger werden. Wenn also die Antwort auf die gestellte Frage positiv ist, dann muß die Zahl m zu irgendeinem Zeitpunkt $t_0 > u$ einen Nachfolger $x > z$ bekommen und ihn danach zu einem gewissen Zeitpunkt $v > u$ verlieren. Wir werden zeigen, daß dies nicht möglich ist.

Die Freimachung von x kann auf zwei Weisen stattfinden: nach der Operation der Verschiebung von x durch die Zahl l_v und mit Hilfe des Falles I, wenn $m = l_v$. Da

$$x > z, \quad x = f(m, v - 1), \quad v \geqq u,$$

folgt aus der Ungleichung (2), daß die Freimachung mit Hilfe von Fall I nicht möglich ist. Nehmen wir an, x werde im Zeitpunkt v von der Zahl l_v verschoben, weshalb

$$S_x^{v-1} = A_{l_v}^v, \quad x = f(m, v - 1), \quad l_v < m.$$

Durch Vergleich dieser Bedingung mit der Gleichung (4) für $c = m$ erhalten wir

$$A_{l_v}^v = A_m^{t_k} \qquad (t_k \geqq t_0 > u, v > u, l_v < m),$$

was der Beziehung (2) widerspricht.

Also ist die Antwort auf die gestellte Frage negativ, und deshalb *gibt es einen Zeitpunkt w,
ab dem m die Nachfolger nicht mehr verlieren kann.*

Es gibt unendlich viele Werte t, die den Bedingungen $l_t = m$, $t \geq w$ genügen. Zu jedem
solchen Zeitpunkt t kann die Zahl m einen Nachfolger nicht verlieren, und deshalb tritt zum
Zeitpunkt t der Fall I offensichtlich nicht ein. Nehmen wir an, daß zu den betrachteten Zeitpunkten der Fall III unendlich oft eintritt, d. h., daß für unendlich viele Werte t gilt

$$m = l_t, \quad x = f(m, t-1), \quad S_x{}^t = A_m{}^t \quad (t \geq w).$$

Da die Zahl m ab dem Zeitpunkt w Nachfolger nicht ändern kann, ist die Zahl x hier von t
nicht abhängig. Aber wenn für feste x, m die Gleichung $S_x{}^t = A_m{}^t$ für unendlich viele Werte t
erfüllt wird, dann ist $S_x = A_m$, und folglich ist Behauptung (9) unter den gemachten Annahmen wahr.

Nehmen wir nun an, daß der Fall III nur für eine endliche Anzahl der betrachteten Werte t
erfüllt ist. Dann muß mindestens einer der Fälle II a), II b), II c) unendlich oft eintreten.

Nehmen wir an, daß der Fall II b) unendlich oft eintritt, für den

$$S_x{}^{t-1} = A_m{}^t, \quad x \leq m.$$

Die Zahl x kann sich hier mit wachsendem t ändern, aber die Menge ihrer möglichen Werte
ist nur endlich. Deshalb wird für ein beliebig, aber fest gewähltes x die Gleichung $S_x{}^{t-1} = A_m{}^t$
nur für eine unendliche Anzahl von Werten t wahr, und daher ist $S_x = A_m$.

Nehmen wir an, daß der Fall II c) unendlich oft eintritt; dann gilt

$$S_x{}^{t-1} = A_m{}^t \text{ und } x \text{ wird vorher durch die Zahl } m \text{ verschoben (5).}$$

Zum Zeitpunkt s der Verschiebung von x durch die Zahl m muß aber der Fall III eintreten
und nach Voraussetzung gibt es nur eine endliche Anzahl solcher Zeitpunkte. Wenn also x in
der Beziehung (5) auch von t abhängig ist, so kann es doch nur eine endliche Anzahl von Werten
annehmen. Unter diesen Werten befindet sich ein x, für welches die Gleichung $S_x{}^{t-1} = A_m{}^t$
durch unendlich viele Werte t erfüllt wird, woraus wieder $S_x = A_m$ folgt. Nehmen wir schließlich an, daß unendlich oft der Fall II a) eintritt, für den

$$S_x{}^{t-1} = A_m{}^t, \quad x = f(l, t-1), \quad l \leq m, t > w. \tag{6}$$

Der Wert l hängt hier, allgemein gesprochen, von t ab, aber weil er nicht größer als eine
feste Zahl m ist, müssen die Bedingungen (6) für einen gewissen festen Wert l unendlich oft
erfüllt werden, und nur einen solchen Wert betrachten wir im folgenden.

Es sei $l = m$. Da die Zahl m nach dem Zeitpunkt w nicht den Nachfolger wechselt, hängt x
in (6) nicht von t ab, und deshalb ist $S_x{}^{t-1} = A_m{}^t$ für unendlich viele Werte t, woraus sich
$S_x = A_m$ ergibt.

Analog haben wir, falls $l < m$, aber x mit der Veränderung von t nur eine endliche Wertmenge annimmt, dann wieder für ein gewisses festes x $S_x{}^{t-1} = A_m{}^t$ für eine unendliche Anzahl von Werten t, woraus sich $S_x = A_m$ ergibt.

Es bleibt der Fall zu betrachten, daß in der Beziehung (6) für ein festes l die Variable x
mit der Veränderung von t unendlich viele verschiedene Werte annimmt. Woraus folgt, daß
die Zahl l unendlich oft einen Nachfolger bekommt.

x werde zum Zeitpunkt $t_0 > w$ Nachfolger von l und genüge zum Zeitpunkt $t > t_0$ den Forderungen (6). Nach (4) haben wir

$$S_x{}^{t-1} = A_l{}^{t_k} \quad (t_k \geq t_0).$$

Durch Vergleich mit (6) erhalten wir

$$A_m{}^t = A_l{}^{t_k} \qquad (t \geq u,\, t_k \geq u,\, l < m),$$

was der Ungleichung (2) widerspricht. Somit ist der betrachtete Fall nicht möglich, in allen vorhergehenden Fällen hat sich hingegen herausgestellt, daß $A_a = A_m = S_x$, und also ist die Eigenschaft (9) wahr.

Zusammengenommen bedeuten die Eigenschaften (7), (8), (9), daß die Abbildung $x \to S_x$ eine eineindeutige Aufzählung des Systems $\mathfrak{S}$ ist. Es bleibt, die Berechenbarkeit dieser Aufzählung zu zeigen. Die Regeln zur Konstruktion der Mengen $S_x{}^t$ geben die Möglichkeit, für jedes x, t den Standardindex $\varphi(x, t)$ der Menge $S_x{}^t$ zu finden, und man überzeugt sich leicht, daß die Funktion $\varphi(x, t)$ allgemein rekursiv ist.

Andererseits konstruiert man leicht eine primitiv rekursive Funktion $\gamma(p, x)$, deren Wertmenge für jedes p mit der endlichen Menge mit Standardindex p zusammenfällt. Betrachten wir die allgemein rekursive Funktion $\Phi(x, t, y) = \gamma\,(\varphi(x, t), y)$. Fixieren wir x und variieren wir t, y, so erhalten wir als Funktionswerte von Φ alle Zahlen der Menge S_x und nur diese. Deshalb ist die Funktion $\Phi(x, l(u), r(u))$ die gesuchte allgemein rekursive, für die Aufzählung $x \to S_x$ universelle Funktion, was auch gefordert war.

Korollar (FRIEBERG [34]). *Die Gesamtheit $\mathfrak{S}$ aller rekursiv aufzählbaren Mengen besitzt eine eineindeutige berechenbare Aufzählung.*

In der Tat ist die Familie $\mathfrak{S}$ berechenbar, weil sie die universelle partiell rekursive Funktion $K(n, t)$ hat. Andererseits enthält sie alle endlichen Mengen, deren Gesamtheit man auch als die in den Voraussetzungen von Theorem 3 angegebene Familie $\mathfrak{S}_0$ nehmen kann.

Oben wurden Familien von Zahlenmengen betrachtet. Der Übergang von Mengenfamilien zu Familien von Funktionen erfordert lediglich einige offensichtliche Zusatzbemerkungen.

$\mathfrak{S}$ sei eine Familie einstelliger Funktionen. Eine Abbildung $\alpha : N \to \mathfrak{S}$ der natürlichen Zahlenreihe auf $\mathfrak{S}$ heißt eine Aufzählung von $\mathfrak{S}$. Wenn verschiedenen Zahlen verschiedene Funktionen entsprechen, so heißt die Aufzählung eindeutig. Eine Funktion $F(n, x)$ heißt universell für eine Aufzählung α, wenn die Zahl n α-Index der Funktion $f(x) = F(n, x)$ ist. Aufzählungen mit partiell rekursiven universellen Funktionen heißen berechenbar.

Der Graph einer Funktion $f(x)$ ist die Gesamtheit der der Beziehung $f(x) = y$ genügenden Zahlenpaare $\langle x, y \rangle$. Wir vereinbaren, die Gesamtheit der CANTORschen Indizes dieser Paare vorübergehend 1-Graph der Funktion f zu nennen.

Nach § 6.1. ist eine Funktion f genau dann partiell rekursiv, wenn ihr 1-Graph eine rekursiv aufzählbare Menge ist.

Es sei irgendeine Aufzählung $\alpha : N \to \mathfrak{S}$ einer Funktionenfamilie $\mathfrak{S}$ gegeben, und n sei α — Index der Funktion $f \in \mathfrak{S}$. Ordnen wir der Zahl n den 1-Graph der Funktion f zu, so erhalten wir eine Aufzählung der Familie $\mathfrak{S}_1$ der 1-Graphen der Funktionen aus $\mathfrak{S}$. Wir werden diese Aufzählung der Familie $\mathfrak{S}_1$ ebenfalls α-Aufzählung nennen.

Theorem 4. *Eine Funktionenfamilie $\mathfrak{S}$ ist genau dann berechenbar (respektive eindeutig berechenbar), wenn die Familie $\mathfrak{S}_1$ der 1-Graphen der Funktionen aus $\mathfrak{S}$ berechenbar (respektive eindeutig berechenbar) ist.*

Sei nämlich $A(n, t)$ eine für die Familie $\mathfrak{S}_1$ universelle Funktion. Halten wir n fest. Die Gesamtheit A_n der Werte der Funktion $A(n, t)$ ist 1-Graph einer gewissen Funktion $f(x)$ aus $\mathfrak{S}$. Wir werden diese Funktion finden. x sei gegeben, $y = f(x)$. Dann muß der Index des Paares $\langle x, y \rangle$ zu A_n gehören, d. h. für ein geeignetes t ist

$$c(x, y) = A(n, t), \qquad x = l(A(n, t)), \qquad y = r(A(n, t)).$$

Nehmen wir für t den kleinsten Wert, der der zweiten Gleichung genügt, so erhalten wir

$$y = r\big(A(n, \mu_t(l\, A(n, t) = x))\big) = B(n, x).\,{}^{1})$$

---

[1]) Im russ. Original fehlt hier das l nach μ_t (Anm. d. Übers.)

Somit ist die Funktion $B(n, x)$ eine partiell rekursive, für die Familie $\mathfrak{S}$ universelle Funktion.

Analog zeigt man auch die umgekehrte Behauptung.

Eine partielle Funktion heißt *endlich definiert*, wenn sie nur für eine endliche Anzahl von Werten ihrer Argumente einen definierten Wert hat. Es ist klar, daß eine partielle Funktion genau dann endlich definiert ist, wenn ihr 1-Graph eine endliche Menge ist. *Standardindex* einer endlich definierten Funktion nennen wir den Standardindex ihres 1-Graphen. Eine Familie $\mathfrak{S}_0$ von endlich definierten Funktionen heißt γ-aufzählbar, wenn die Gesamtheit der Standardindizes der Funktionen aus $\mathfrak{S}_0$ rekursiv aufzählbar ist.

Aus Theorem 3 folgt unmittelbar das

Theorem 5. *Eine berechenbar Familie* $\mathfrak{S}^*$ *partiell rekursiver einstelliger Funktionen enthalte eine* γ-*berechenbare Teilfamilie* $\mathfrak{S}_0^*$ *endlich definierter Funktionen der Art, daß*

α) *jede endlich definierte, in einer beliebigen Funktion* $f(x)$ *aus* $\mathfrak{S}^*$ *enthaltene*[1]) *Funktion* $f_0(x)$ *ist in einer geeigneten endlich definierten Funktion* $f_1(x)$ *enthalten, die in der Funktion* $f(x)$ *enthalten ist und in der Teilfamilie* $\mathfrak{S}_0^*$ *vorkommt;*

β) *jede Funktion aus* $\mathfrak{S}_0^*$ *ist in einer von ihr verschiedenen Funktion aus* $\mathfrak{S}_0^*$ *enthalten.*
Dann existiert bekanntlich eine eindeutige berechenbare Aufzählung der Familie $\mathfrak{S}^*$.

Für den Beweis genügt es, an Stelle der Funktionenfamilien $\mathfrak{S}^*$, $\mathfrak{S}_0^*$ die Familien $\mathfrak{S}$, $\mathfrak{S}_0$ deren 1-Graphen zu betrachten und die Theoreme 3 und 4 anzusehen.

Wie auch im Fall von Theorem 3 folgt aus Theorem 5 das wichtige

Korollar (FRIEDBERG [34]). *Die Familie* $\mathfrak{S}$ *aller einstelligen partiell rekursiven Funktionen besitzt eine eindeutige berechenbare Aufzählung.*

Denn die Familie $\mathfrak{S}$ ist berechenbar, weil die KLEENEsche Funktion $K(n, x)$ für sie universell ist. Andererseits enthält $\mathfrak{S}$ die Familie $\mathfrak{S}_0$ aller endlich definierten Funktionen, die offensichtlich die in Theorem 5 angegebenen Eigenschaften α), β) besitzt. Es ist leicht, zu zeigen, daß $\mathfrak{S}_0$ γ-berechenbar ist, und also besitzt $\mathfrak{S}$ eine eindeutige berechenbare Aufzählung.

Ergänzungen, Beispiele und Übungen

1. Man zeige, daß die Werte der Ausdrücke $[a, x]$, $[x, x]$ monoton wachsende Funktionen von x sind.

2. Unter Benutzung des vorigen Ergebnisses zeige man die folgende Verschärfung des MYHILLschen Fixpunktsatzes: zu jedem rekursiv aufzählbaren Prädikat $P(x, y, z)$ gibt es eine monoton wachsende primitiv rekursive Funktion $g(y)$, so daß $P(x, y, g(y)) \Leftrightarrow x \in \pi g(y)$.

3. Man zeige die Existenz einer primitiv rekursiven Funktion $\varphi(m, n, u, v)$ der Art, daß für Funktionen $f_1(x)$, $f_2(x)$, $g_1(x)$, $g_2(x)$ mit KLEENEschen Indizes m, n, u, v $\varphi(m, n, u, v)$ KLEENEscher Index der in Theorem 4 aus § 6.3. definierten Funktion $h(x)$ mit $n = 2$, $s = 1$ wird.

4. Man zeige, daß die Vereinigung endlich vieler berechenbarer Familien von Mengen eine berechenbare Familie ist.

5. Die Familie aller rekursiv aufzählbaren Teilmengen einer gegebenen rekursiv aufzählbaren Menge und die Familie aller in einer gegebenen partiell rekursiven Funktion enthaltenen partiell rekursiven Funktionen sind berechenbar.

6. Die Familie aller von einer gegebenen rekursiv aufzählbaren Menge verschiedenen rekursiv aufzählbaren Mengen und die Familie aller von einer gegebenen partiell rekursiven Funktion verschiedenen (einstelligen) partiell rekursiven Funktionen sind berechenbar.

---

g^1) Eine Funktion $f(x)$ ist in einer Funktion $g(x)$ enthalten, wenn der Graph von $f(x)$ im Graph von (x) enthalten ist.

7. Besteht eine Familie rekursiv aufzählbarer Mengen nur aus unendlichen Mengen und enthält sie alle unendlichen rekursiven Mengen, so ist sie nicht berechenbar (s. DECKER und MYHILL [26]; MALCEW [58]).

8. Die Gesamtheit aller nicht-rekursiven, rekursiv aufzählbaren Mengen ist nicht berechenbar (DECKER und MYHILL [26]).

9. Eine Familie rekursiv aufzählbarer Mengen heißt vollständig aufzählbar, wenn die Gesamtheit aller POSTschen Indizes aller Mengen dieser Familie rekursiv aufzählbar ist. Analog heißt eine Familie partiell rekursiver Funktionen *vollständig aufzählbar*, wenn die Gesamtheit aller KLEENEschen Indizes aller Funktionen dieser Familie rekursiv aufzählbar ist.

Man zeige, daß die Familie aller Obermengen der Mengen eines γ-aufzählbaren Systems endlicher Mengen vollständig aufzählbar ist. Analog ist die Familie aller partiell rekursiven Erweiterungen der Funktionen eines γ-aufzählbaren Systems endlicher Funktionen vollständig aufzählbar (RICE [87]).

10. Jede vollständig aufzählbare Familie von Mengen (Funktionen) hat die in der vorhergehenden Übung angegebene Gestalt (s. RICE [87], DECKER und MYHILL [26], MALCEW[58]).

§ 8. Reduzierbarkeit und Kreativität von Mengen

Mit jeder Zahlenmenge α ist folgendes Entscheidungsproblem verbunden: einen Algorithmus zu finden, der für eine beliebige Zahl x zu erkennen gestattet, ob x in α vorkommt oder nicht. Die Mengen, für die ein derartiger Algorithmus existiert, wurden in § 2.3. rekursiv genannt. Eine der üblichen Methoden zum Nachweis der Rekursivität einer Menge α besteht darin, das Entscheidungsproblem von α in einer geeigneten Weise auf das Entscheidungsproblem einer gewissen anderen Menge β „zurückzuführen", deren Rekursivität bereits festgestellt worden ist. Wenn sich herausstellt, daß sich das Entscheidungsproblem der Menge α auf das Entscheidungsproblem der Menge β „reduziert" und bekannt ist, daß die Menge α nicht rekursiv ist, dann ist auch die Menge β nicht rekursiv. Man kann den Terminus „reduziert" in verschiedenen Bedeutungen verstehen. Ein besonders einfacher Begriff der Reduzierbarkeit wurde von POST [80] eingeführt. Dieser Begriff ist auch Gegenstand der Untersuchung in diesem Paragraphen. Gleichzeitig tauchen auf und werden untersucht die Begriffe der Produktivität und der Kreativität von Mengen, die eng mit der POSTschen Aufzählung der rekursiv aufzählbaren Mengen verbunden sind.

8.1. Reduzierbarkeit und m-Äquivalenz von Mengen. Eine Zahlenmenge α heißt *m-reduzierbar* auf eine Zahlenmenge β (symbolisch $\alpha \leqq {}_m\beta$), wenn es eine allgemein rekursive Funktion $f(x)$ der Art gibt, daß

$$x \in \alpha \Leftrightarrow f(x) \in \beta \tag{1}$$

für alle Werte x. Die Funktion $f(x)$ heißt Funktion, die α auf β *m-reduziert*[1]).

---

[1]) Die m-Reduzierbarkeit heißt oft auch mehrere-eins-Reduzierbarkeit. Neben der Mehrere-eins-Reduzierbarkeit wird in § 9.2. noch die spezielle Eins-eins-Reduzierbarkeit eingeführt.

Die Funktion $f(x) = x$ m-reduziert jede Menge auf sich selbst. Wenn ferner eine Funktion f eine Menge α auf eine Menge β m-reduziert und eine Funktion g β auf eine Menge γ m-reduziert, dann m-reduziert die Funktion $g(f(x))$ α auf γ. Deshalb ist die Beziehung der m-Reduzierbarkeit reflexiv und transitiv.

Theorem 1. *Jede rekursive Menge α läßt sich auf eine beliebige nicht leere Menge β mit einem nicht leeren Komplement m-reduzieren. Läßt irgendeine Menge γ sich auf eine rekursive oder rekursiv aufzählbare Menge δ m-reduzieren, so ist γ rekursiv oder entsprechend rekursiv aufzählbar.*

In der Tat, nehmen wir irgendwelche Zahlen $a \in \beta$ und $b \notin \beta$. Die Funktion $f(x)$, die auf α gleich a und außerhalb von α gleich b ist, ist offensichtlich rekursiv. Sie m-reduziert α auf β, und daher ist die erste Behauptung des Theorems richtig.

Zum Beweis der zweiten Behauptung bezeichnen wir mit $\chi(x)$ die charakteristische und mit $\chi_0(x)$ die partielle charakteristische Funktion der Menge δ. Die allgemein rekursive Funktion $g(x)$ m-reduziere γ auf δ. Dann ist $\chi(g(x))$ die charakteristische und $\chi_0(g)(x))$ die partielle charakteristische Funktion der Menge γ. Ist δ rekursiv, dann ist die Funktion $\chi(x)$ und gemeinsam mit ihr auch die Funktion $\chi(g(x))$ allgemein rekursiv. Analog ist die Funktion $\chi_0(x)$ partiell rekursiv, wenn δ rekursiv aufzählbar ist. Aber in diesem Falle ist auch die Funktion $\chi_0(g(x))$ partiell rekursiv, was auch gefordert war.

Eine Menge β heißt m-*universell*, wenn die folgenden beiden Bedingungen erfüllt sind: 1. β ist rekursiv aufzählbar; 2. jede rekursiv aufzählbare Menge läßt sich auf β m-reduzieren.

Man sagt manchmal, daß das Entscheidungsproblem der Menge α leichter ist als das Entscheidungsproblem der Menge β, wenn α sich auf β m-reduzieren läßt. Man kann dann sagen, daß m-universelle Mengen rekursiv aufzählbare Mengen sind, die unter den rekursiv aufzählbaren Mengen das schwierigste Entscheidungsproblem haben. Die Bezeichnung „universell" rührt von der folgenden Eigenschaft dieser Mengen her. $f(x)$ sei irgendeine (partielle) Funktion, α eine Zahlenmenge. Durch das Symbol $f^{-1}(\alpha)$ bezeichnet man das Urbild der Menge α unter der Abbildung $x \to f(x)$ der natürlichen Zahlenreihe in sich selbst, d. h. $f^{-1}(\alpha)$ ist die Gesamtheit aller Werte x mit $f(x) \in \alpha$. Man kann die Defintion der m-universellen Mengen jetzt folgendermaßen formulieren: *eine Menge β heißt m-universell, wenn sie rekursiv aufzählbar ist und wenn man jede rekursiv aufzählbare Menge α in der Form $f^{-1}(\beta)$ mit einer geeigneten allgemein rekursiven Funktion $f(x)$ darstellen kann.*

Aus der ursprünglichen Definition der m-universellen Mengen und der Transitivität der $\leq_m$-Beziehung folgt unmittelbar, daß *wenn eine m-universelle Menge sich auf irgendeine rekursiv aufzählbare Menge α m-reduzieren läßt, dann auch α eine m-universelle Menge ist.*

Es ist uns bekannt, daß es nicht-rekursive, rekursiv aufzählbare Mengen gibt. Sie lassen sich auf m-universelle Mengen m-reduzieren. Also *sind* nach Theorem 1 *alle m-universellen Mengen nicht-rekursiv.*

Damit die Überlegungen über m-universelle Mengen nicht leer sind, muß man mindestens ein Beispiel einer m-universellen Menge bringen.

Theorem 2. *Die Gesamtheit ω der* CANTOR*schen Indizes der Paare $\langle a, b \rangle$, für die die Gleichung $K(a, x) = b$ lösbar ist, d. h. für die $b \in \pi_a$, ist eine m-universelle Menge.*

Denn für eine beliebige rekursiv aufzählbare Menge π_a haben wir

$$x \in \pi_a \Leftrightarrow c(a, x) \in \omega.$$

Deshalb m-reduziert die Funktion $f(x) = c(a, x)$ π_a auf die Menge ω. Andererseits folgt aus der partiellen Rekursivität der Funktion $K(a, x)$, daß die Menge der Paare, für die die Gleichung $K(a, x) = b$ eine Lösung hat, rekursiv aufzählbar ist. Folglich ist auch die Menge ω als Gesamtheit der CANTORschen Indizes von Paaren einer rekursiv aufzählbaren Menge rekursiv aufzählbar.

Mengen α, β heißen *m-äquivalent*, wenn jede von ihnen sich auf die andere m-reduzieren läßt.

Aus dem oben Gesagten ergeben sich unmittelbar folgende einfache Eigenschaften der m-Äquivalenz:

a) *Wenn eine Menge α rekursiv oder rekursiv aufzählbar ist, dann ist auch jede zu α m-äquivalente Menge rekursiv oder entsprechend rekursiv aufzählbar.*

b) *Alle nicht leeren, von N verschiedenen rekursiven Mengen sind zueinander m-äquivalent*

c) *Ist eine Menge α m-universell, dann ist auch jede zu α m-äquivalente Menge m-universell. Alle m-universellen Mengen sind zueinander m-äquivalent.*

Alle Zahlmengen zerfallen in paarweise disjunkte Klassen zueinander äquivalenter Mengen, weil die Beziehung der m-Äquivalenz transitiv und symmetrisch ist. Die Beziehung der m-Reduzierbarkeit ordnet diese Klassen partiell. Wenn man die leere Menge und die Menge N unberücksichtigt läßt, die für sich allein m-Klassen bilden, so wird unter den übrigen m-Klassen rekursiv aufzählbarer Mengen die kleinste im Sinne der $\leq_m$-Beziehung die Klasse der rekursiven und die größte die Klasse der m-universellen Mengen.

8.2. Produktive und kreative Mengen. Eine Zahlenmenge α heißt produktiv, wenn es eine allgemein rekursive Funktion $f(x)$ gibt, so daß für jedes n

$$\pi_n \subseteq \alpha \Rightarrow f(n) \in \alpha - \pi_n. \tag{1}$$

Die Funktion $f(x)$ heißt *produktiv* für α.

Aus dieser Definition ist unmittelbar offensichtlich, daß *keine produktive Menge rekursiv aufzählbar sein kann.* Insbesondere ist jede produktive Menge auf jeden Fall unendlich.

Fiele nämlich eine produktive Menge α mit irgendeiner rekursiv aufzählbaren Menge π_n zusammen, so bekämen wir aus (1) die widersprüchliche Behauptung

$$f(n) \in \alpha - \alpha.$$

Eines der einfachsten Beispiele produktiver Mengen stellt die Menge δ aller Zahlen x mit $x \notin \pi_x$. Nach Definition ist nämlich

$$n \in \pi_n \Rightarrow n \notin \delta \Rightarrow \pi_n \nsubseteq \delta, \quad n \notin \delta \Rightarrow n \in \pi_n \Rightarrow \pi_n \nsubseteq \delta,$$

und deshalb

$$\pi_n \subseteq \delta \Rightarrow n \notin \pi_n \,\&\, n \in \delta$$

Somit ist δ eine produktive Menge mit der produktiven Funktion $f(x) = x$.

Theorem 1. *Jede produktive Menge δ enthält eine unendliche rekursiv aufzählbare Teilmenge.*

Man kann die gesuchte Teilmenge folgendermaßen konstruieren. a_0 sei irgendein POSTSCHER Index der leeren Menge und $f(x)$ eine produktive Funktion für δ. Wegen $\pi_{a_0} \subseteq \delta$ ist die Zahl $f(a_0)$ enthalten in δ. Suchen wir einen Index a_1 der Menge $\{f(a_0)\}$. Aus (1) folgt, daß die Zahl $f(a_1)$ in δ enthalten und verschieden von $f(a_0)$ ist. Suchen wir einen Index a_2 der Menge $\{f(a_0), f(a_1)\}$. Die Zahl $f(a_2)$ wird in δ enthalten und verschieden sein von $f(a_0)$ und von $f(a_1)$. Durch Fortsetzung dieses Prozesses erhalten wir eine unendliche Folge

$$f(a_0), f(a_1), \ldots, f(a_n), \ldots, \tag{2}$$

deren Zahlen verschieden und in δ enthalten sind. Um diese heuristische Überlegung in einen strengen Beweis zu verwandeln, müssen wir genau definieren, welchen Index a_{i+1} der Menge $\{f(a_0), \ldots, f(a_i)\}$ wir auswählen. Sei

$$x + 0 \cdot y = K(e, x, y) = K([e, x], y).$$

Wir haben deshalb mit der Festsetzung $[e, f(x)] = g(x)$

$$\pi_{g(x)} = \{f(x)\}. \tag{3}$$

In § 7.3. wurde eine primitiv rekursive Funktion $u(m, n)$ konstruiert mit

$$\pi_{u(m,n)} = \pi_m \cup \pi_n. \tag{4}$$

Die Eigenschaften (4) und (3) zeigen, daß man $u(a_n, g(a_n))$[1] als a_{n+1} nehmen kann. Somit ist

$$a(0) = a_0, \quad a(n + 1) = u(a(n), g(a(n))[1]),$$

und folglich ist $f(a(n))$ eine allgemein rekursive Funktion von n. Die Gesamtheit (2) aller Werte dieser Funktion ist rekursiv aufzählbar, unendlich und in δ enthalten.

---

[1] Im russ. Original steht hier $g(n)$ statt $g(a_n)$ bzw. $g(a(n))$ (Anm. d. Übers.).

9*

Theorem 2. *Ist eine produktive Menge α* **m**-*reduzierbar auf eine Menge β, so ist auch β produktiv.*

Bezeichnen wir mit $f(x)$ die Funktion, die α auf β reduziert und mit $g(x)$ die produktive Funktion für α. Nach Voraussetzung ist

$$x \in \alpha \Leftrightarrow f(x) \in \beta \Leftrightarrow x \in f^{-1}(\beta), \tag{5}$$

d. h. $\alpha = f^{-1}(\beta)$, und also

$$\pi_n \subseteq \beta \Rightarrow f^{-1}(\pi_n) \subseteq \alpha. \tag{6}$$

Wir wollen jetzt einen Postschen Index der Menge $f^{-1}(\pi_n)$ finden. Diese Menge ist Gesamtheit aller Werte x mit $f(x) \in \pi_n$. Führen wir das Prädikat $P(x, y)$ ein:

$$P(x, y) \stackrel{df}{=} f(x) \in \pi_y.$$

Nach dem Darstellungstheorem (§ 7.3.) gibt es eine primitiv rekursive Funktion $h(y)$, für die

$$f(x) \in \pi_y \Leftrightarrow x \in \pi_{h(y)}. \tag{7}$$

Somit ist die Menge $f^{-1}(\pi_n) = \pi_{h(n)}$.

Aus (6) und der Produktivität der Funktion $g(x)$ erhalten wir also

$$\pi_n \subseteq \beta \Rightarrow \pi_{h(n)} \subseteq \alpha \Rightarrow g(h(n)) \in \alpha - \pi_{h(n)}.$$

Andererseits haben wir aus (7) und (5)

$$g(h(n)) \notin \pi_{h(n)} \Leftrightarrow fgh(n) \notin \pi_n,$$
$$g(h(n)) \in \alpha \Leftrightarrow fgh(n) \in \beta.$$

Also

$$\pi_n \subseteq \beta \Rightarrow fgh(n) \in \beta - \pi_n.$$

Das zeigt, daß die Menge β produktiv ist mit der produktiven Funktion $f\big(g(h(n))\big)$.

Eine rekursiv aufzählbare Menge α, deren Komplement $\alpha' = N - \alpha$ produktiv ist, heißt eine *kreative*[1]) Menge.

Oben wurde gezeigt, daß die Gesamtheit δ der x mit $x \notin \pi_x$ produktiv ist. Ihr Komplement δ' besteht aus den x mit $x \in \pi_x$, d. h. allen möglichen x, für welche die Gleichung

$$K(x, t) = x$$

lösbar ist. Da die linke Seite dieser Gleichung partiell rekursiv ist, ist die Menge δ' rekursiv aufzählbar und folglich kreativ.

---

[1]) Man sagt manchmal auch schöpferische Menge.

Aus Theorem 1 folgt unmittelbar das folgende wichtige

Korollar 1. *Läßt eine kreative Menge α sich auf irgendeine rekursiv aufzählbare Menge β m-reduzieren, dann ist die Menge β kreativ.*

Aus $\alpha \leqq {}_m\beta$ folgt nämlich $\alpha' \leqq {}_m\beta'$. Aber α' ist produktiv. Deshalb ist nach Theorem 2 auch die Menge β' produktiv und die Menge β kreativ.

Korollar 2. *Jede m-universelle Menge ist kreativ.*

Denn auf eine m-universelle Menge ist jede rekursiv aufzählbare Menge m-reduzierbar, darunter auch die oben konstruierte kreative Menge δ'. Nach Korollar 1 folgt hieraus die Kreativität der m-universellen Menge.

Delikater zeigt man die Umkehrung von Korollar 2:

Theorem 3 (MYHILL [69]). *Jede kreative Menge ist m-universell.*

α sei die gegebene kreative Menge und $f(x)$ eine produktive Funktion für α'. Man muß zeigen, daß eine beliebige rekursiv aufzählbare Menge β sich auf α m-reduzieren läßt. Betrachten wir das dreistellige Prädikat

$$P(x, y, z) \overset{df}{=} y \in \beta \ \& \ x = f(z).$$

Dieses Prädikat ist offensichtlich rekursiv aufzählbar. Deshalb findet sich nach dem Fixpunktsatz für Prädikate (§ 7.3.) eine allgemein rekursive Funktion $g(y)$ der Art, daß

$$y \in \beta \ \& \ x = f(g(y)) \Leftrightarrow x \in \pi_{g(y)}. \tag{8}$$

Es sei $y \in \beta'$. Dann ist die linke Seite der Beziehung (8) für jedes x falsch, und also ist die Menge $\pi_{g(y)}$ leer. Wenn aber $y \in \beta$ ist, dann ist die Beziehung $x \in \pi_{g(y)}$ äquivalent zur Gleichung $x = f(g(y))$, und also besteht die Menge $\pi_{g(y)}$ in diesem Falle aus dem einzigen Element $f(g(y))$.

Zeigen wir jetzt, daß die Funktion $f(g(x))$ β auf α m-reduziert. In der Tat ist

$$n \in \beta' \Rightarrow \pi_{g(n)} = \emptyset \Rightarrow \pi_{g(n)} \subseteq \alpha' \Rightarrow f(g(n)) \in \alpha'. \tag{9}$$

Andererseits gilt nach dem bereits Gezeigten

$$n \in \beta \Rightarrow \pi_{g(n)} = \{f(g(n))\}. \tag{10}$$

Stellte sich hier heraus, daß $f(g(n)) \in \alpha'$, so hätten wir

$$\pi_{g(n)} \subseteq \alpha' \Rightarrow f(g(n)) \in \alpha' - \pi_{g(n)},$$

was widerspruchsvoll ist. Also ist $f(g(n)) \in \alpha$. Zusammen mit (9) führt das zu der geforderten Beziehung

$$n \in \beta \Leftrightarrow f(g(n)) \in \alpha.$$

Theorem 3 ist gezeigt. Korollar 2 und Theorem 3 zeigen, daß *die Klasse der m-universellen Mengen genau mit der Klasse der kreativen Mengen zusammenfällt.*

Insbesondere folgt hieraus zum Beispiel, daß die Menge δ' der Zahlen x mit $x \in \pi_x$ nicht nur kreativ ist, was oben durch eine direkte Entscheidung festgestellt wurde, sondern auch m-universell, was festzustellen viel schwieriger ist.

8.3. Einfache Mengen. Wie bereits gesagt zeigt man mit Hilfe des Begriffs der m-Reduzierbarkeit leicht die Nicht-Rekursivität einer großen Anzahl von Mengen. Dazu nimmt man irgendeine nicht rekursive Hilfsmenge β und zeigt, daß sie sich auf die zu untersuchende Menge α m-reduzieren läßt. Dann ist auch α nicht rekursiv. Diese Methode hat jedoch den folgenden Mangel: Wenn wir als Hilfsmenge β eine kreative Menge nehmen und die zu untersuchende Menge α rekursiv aufzählbar ist, so wird β sich nur im Falle der Kreativität von α auf α m-reduzieren. Besteht also ein uns bekannter Vorrat nicht-rekursiver Mengen nur aus kreativen Mengen, so können wir diesen Vorrat mit Hilfe der Methode der m-Reduktion lediglich mit eben kreativen Mengen erweitern. Insbesondere sind alle von uns bisher konstruierten nicht rekursiven, rekursiv aufzählbaren Mengen kreativ. Natürlicherweise taucht die Frage nach der Existenz rekursiv aufzählbarer Mengen auf, die nicht kreativ und nicht rekursiv sind. Diesen Forderungen genügen bekanntlich die sogenannten *einfachen* Mengen, die auch unter anderen Gesichtspunkten interessant sind.

Eine Zahlenmenge α heißt *immun*, wenn sie unendlich ist und gleichzeitig keine unendliche rekursiv aufzählbare Teilmenge enthält. Somit kann eine immune Menge weder rekursiv aufzählbar noch produktiv sein.

Eine Zahlenmenge α heißt *einfach*, wenn sie selbst rekursiv aufzählbar, ihr Komplement aber immun ist. Hieraus wird sofort offensichtlich, daß eine einfache Menge sicherlich nicht rekursiv und nicht kreativ ist.

Die Begriffe der kreativen und einfachen Menge wurden von E. Post eingeführt. Eben von ihm stammt auch das folgende Beispiel einer einfachen Menge.

Betrachten wir die für die einstelligen primitiv rekursiven Funktionen universelle allgemein rekursive Funktion $D(n, x)$. Diese Funktion wurde in § 5.2. konstruiert. Bezeichnen wir mit δ_n die Gesamtheit aller Werte der Funktion $D(n, x)$ für $x = 0, 1, 2, \ldots$ Die Mengen δ_n sind rekursiv aufzählbar, und jede nicht leere rekursiv aufzählbare Menge fällt mit einem gewissen δ_n zusammen. Setzen wir

$$f(x) = r\big(\mu_t\big(D(x, l(t)) = r(t) \ \& \ r(t) > 2x\big)\big)$$
$$= r\big(\mu_t\big(|D(x, l(t)) - r(t)| + ((2x + 1) \div r(t)) = 0\big)\big). \tag{1}$$

Wenn somit der Wert von $f(x)$ definiert ist, ist das eine Zahl aus δ_x, die größer ist als $2x$. Gibt es darüber hinaus in δ_x Zahlen, die größer sind als $2x$, so ist $f(x)$ offensichtlich definiert.

Nach Ausdruck (1) ist offensichtlich, daß die Funktion $f(x)$ partiell rekursiv ist. Die Gesamtheit σ aller von der Funktion $f(x)$ angenommenen Werte ist eine rekursiv aufzählbare Menge. Wir wollen zeigen, daß die Menge σ einfach ist.

Zeigen wir zuerst, daß in ihrem Komplement σ' keine unendliche rekursiv aufzählbare Menge enthalten ist. Denn ist ein δ_n unendlich, so ist $f(n)$ definiert und $f(n) \in \delta_n$, $f(n) \in \sigma$, und hieraus folgt $\delta_n \nsubseteq \sigma'$.

Es bleibt zu zeigen, daß die Menge σ' unendlich ist. Dazu fragen wir uns, wie viele Zahlen aus den Abschnitten $\{0, 1, \ldots, 2n\}$ die Menge σ enthält. Es ist klar, daß diese Anzahl nicht größer ist als die Anzahl der Lösungen der Ungleichung $f(x) \leqq 2n$. Aber aus dieser Ungleichung folgt $x < n$. Deshalb liegen im Abschnitt $0, 1, \ldots, 2n$ nicht mehr als n Zahlen aus der Menge σ, und liegen folglich nicht weniger als $n + 1$ Zahlen in σ'. Da n beliebig ist, ist σ' unendlich und also σ einfach.

8.4. Maximale Mengen. Nach Definition ist das Komplement einer einfachen Menge wenn auch unendlich, so doch derart „eng", daß es keine unendliche rekursiv aufzählbare Menge faßt. Durch eine Verstärkung dieser Eigenschaft des „Engseins" (in § 8.3. Immunität genannt) gelangen wir zu folgendem Begriff kohäsiver Mengen.

Eine Menge U heißt kohäsiv, wenn

1. *U unendlich ist und*

2. *für keine rekursiv aufzählbare Menge D die Durchschnitte $D \cap U$ und $D' \cap U$ gleichzeitig unendlich sein können.*

Vereinbaren wir, zu sagen, daß Mengen A, B *fast zusammenfallen*, wenn sie sich nur durch eine endliche Anzahl von Elementen voneinander unterscheiden, d. h. wenn die Mengen

$$A - (A \cap B), B - (A \cap B)$$

endlich sind. Dann bedeutet die Eigenschaft 2., daß der Durchschnitt von U mit einer beliebigen rekursiv aufzählbaren Menge entweder endlich ist oder mit U fast zusammenfällt.

Eine Menge M heißt maximal, wenn sie selbst rekursiv aufzählbar, ihr Komplement jedoch kohäsiv ist.

Aus dieser Definition ist unmittelbar klar, daß *eine rekursiv aufzählbare Menge M mit einem unendlichen Komplement genau dann maximal ist, wenn jede M enthaltende rekursiv aufzählbare Menge entweder fast mit M oder fast mit der natürlichen Zahlenreihe zusammenfällt.*

Es ist klar, daß jede maximale Menge einfach ist. Die Umkehrung gilt nicht: Man kann einfache Mengen konstruieren, die nicht maximal sind (s. Übung 19 am Ende dieses Paragraphen). Deshalb hat die Frage nach der Existenz maximaler Mengen für die Theorie der rekursiv aufzählbaren Mengen einen wesentlichen Wert.

Theorem 1 (FRIEDBERG [34]). *Es gibt maximale rekursiv aufzählbare Mengen.*

Man kann die gesuchte maximale Menge M folgendermaßen konstruieren. Betrachten wir die in § 5.2. definierte für alle einstelligen primitiv rekursiven Funktionen universelle allgemein rekursive Funktion $D(n, x)$. Wir bezeichnen die Gesamtheit aller Werte der Funktion $D(n, x)$ (n fest) mit D_n. Jede nicht leere, rekursiv aufzählbare Menge fällt mit einem gewissen D_n zusammen. Wir ordnen alle Werte der (zweistelligen) Funktion $D(n, x)$ in der Tabelle

$$D(0, 0)$$

$$D(0, 1), \; D(1, 0)$$

$$D(0, 2), \; D(1, 1), \; D(2, 0)$$

$$\cdot \quad \cdot \quad \cdot \quad \cdot \quad \cdot \quad \cdot \quad \cdot \quad \cdot \quad \cdot$$

an. Die Menge D_n ist die Gesamtheit der Zahlen, die in der angegebenen Tabelle in der n-ten Spalte liegen. Wir vereinbaren, zu sagen, daß wir zum Zeitpunkt $t = 0$ die Zahl $D(0, 0)$ berechnen, zum Zeitpunkt $t = 1$ $D(0, 1)$, zum Zeitpunkt $t = 2$ $D(1, 0)$ und allgemein zum Zeitpunkt t $D(l(t), r(t))$ berechnen, wobei l, r die Aufzählungsfunktionen aus § 3.3. sind. Wir sagen auch, daß eine Zahl x sich zum Zeitpunkt t in der Spalte mit Index l befindet, wenn für ein gewisses $s \leq t$

$$x = D(l(s), r(s)), \quad l(s) = l$$

gilt.

Wir bezeichnen die Gesamtheit aller Zahlen, die sich zum Zeitpunkt t in der Spalte mit Index l befinden, mit D_l^t. Die Elemente aus D_l^t sind die Zahlen, von denen zum Zeitpunkt t schon angegeben worden ist, daß sie in der Menge D_l vorkommen. Deshalb ist

$$D_l^0 \subseteq D_l^1 \subseteq \cdots \subseteq D_l^t \subseteq \cdots$$

und D_l die Vereinigung aller D_l^t ($t = 0, 1, 2, \ldots$). Es ist klar, daß die Mengen D_l^t für $l > t$ leer sind.

Eine beliebige Zahl x kann sich zu einem Zeitpunkt t in einer einzigen Spalte oder gleich in mehreren Spalten oder in überhaupt keiner Spalte der Tabelle befinden. Wir werden die Lage von x in der Tabelle zum Zeitpunkt t durch die Zahlen

$$H_l^t(x) = a_0 \cdot 10^l + a_1 \cdot 10^{l-1} + \cdots + a_l \qquad (l = 0, 1, \ldots)$$

charakterisieren, wobei $a_i = 1$, falls $x \in D_i^t$, und $a_i = 0$, falls $x \notin D_i^t$.

Wir nennen die Zahl $H_l^t(x)$ l-*Höhe* der Zahl x zum Zeitpunkt t. Die Einsen und Nullen in der Dezimaldarstellung der l-Höhe der Zahl x zum Zeitpunkt t geben an, ob die Zahl x zum Zeitpunkt t in der entsprechenden Spalte der Tabelle vorkommt oder nicht. Daß die l-Höhe der Zahl x zum Zeitpunkt t gleich Null ist, bedeutet, daß x zu diesem Zeitpunkt in keiner der Spalten mit Indizes $0, 1, \ldots, l$ enthalten ist. Ist $x \in D_l^t$, so hört die Dezimaldarstellung der Zahl $H_l^t(x)$ mit der Ziffer 1 auf, und deshalb ist die l-Höhe der Zahl x zu diesem Zeitpunkt ungerade. Ist $x \notin D_l^t$, so ist die l-Höhe von x zum Zeitpunkt t gerade.

Erwähnen wir gleich die folgenden offensichtlichen Eigenschaften der l-Höhe:

a) Für beliebiges u ist

$$H_l^t(x) \leq H_l^{t+u}(x).$$

b) Für beliebiges l, u ist

$$H_l^t(x) < H_l^t(y) \Rightarrow H_{l+u}^t(x) < H_{l+u}^t(y)$$

und insbesondere

$$H_{l+u}^t(x) = H_{l+u}^t(y) \Rightarrow H_l^t(x) = H_l^t(y).$$

Zeigen wir jetzt einen *Algorithmus* zur Konstruktion einer nicht fallenden Kette endlicher Mengen

$$M^{-1} \subseteq M^0 \subseteq M^1 \subseteq \cdots \subseteq M^t \subseteq \cdots,$$

deren Vereinigung sich auch als eine maximale Menge herausstellt. Per definitionem nehmen wir als M^{-1} die leere Menge. Nehmen wir nun an, daß M^{t-1} konstruiert ist. Berechnen wir die Zahl $x = D(l(t), r(t))$ der Tabelle auf Seite 135.

Es sei $l = l(t)$. Ist

$$x \in D_l^{t-1} \quad \text{oder} \quad x \in M^{t-1},$$

so setzen wir $M^t = M^{t-1}$. Ist jedoch

$$x \notin D_l^{t-1} \quad \text{und} \quad x \notin M^{t-1}, \tag{1}$$

so betrachten wir alle Zahlen $f \geqq l$ mit $x \in D_f^t$. Da zum Zeitpunkt t in der Tabelle die Spalten der Indizes, die größer sind als t, leer sind, ist die Menge der Zahlen mit der erwähnten Eigenschaft eine endliche Menge. Für jede der gegebenen Zahlen f suchen wir alle Zahlen y, für die Zahlen $y_1, \ldots, y_f$ existieren, die den Forderungen

$$y_1 < y_2 < \ldots < y_f < y < x, \tag{2}$$

$$y_1 \notin M^{t-1}, \ldots, y_f \notin M^{t-1}, y \notin M^{t-1} \tag{3}$$

$$H_f^t(y_1) = \cdots = H_f^t(y_f) = H_f^t(y) = H_f^t(x) - 1 \tag{4}$$

genügen.

Fügen wir für jedes f alle Zahlen y der Menge M^{t-1} hinzu, so erhalten wir die Menge M^t. Die Menge M erhalten wir durch Vereinigung aller Mengen $M^t (t = 0, 1, \ldots)$. Da die Mengen M^t mittels eines Algorithmus konstruiert werden, ist die Menge M nach der These von CHURCH rekursiv aufzählbar. Natürlich ist das kein strenger Beweis. Es ist aber nicht schwer, einen strengen Beweis der rekursiven Aufzählbarkeit von M zu entwickeln, und wir überlassen dies dem Leser. Es ist ein bißchen komplizierter, zu beweisen, daß das Komplement von M die Eigenschaften 1., 2. besitzt.

Gemeinsam mit FRIEDBERG werden wir sagen, daß *eine Zahl x zu einem Zeitpunkt t auf der c-Höhe i wohnt*, wenn

$$H_c^t(x) = i, \quad x \notin M^{t-1}. \tag{5}$$

Schauen wir, aus welchem Grunde eine Zahl x, die zu einem gewissen Zeitpunkt t auf der c-Höhe i wohnt, zum Zeitpunkt $t + 1$ aufhört, auf der angegebenen c-Höhe zu wohnen. Nach (5) kann das erstens geschehen, wenn x zum Zeitpunkt $t + 1$ eine größere c-Höhe hat als zum Zeitpunkt t, d. h. wenn zum Zeitpunkt $t + 1$ die Zahl $x = D(l(t + 1), r(t + 1))$ berechnet wird und außerdem

$$x \notin D_l^t, \quad l \leqq c \qquad (l = l(t + 1)). \tag{6}$$

Zweitens kann das geschehen, weil x zum Zeitpunkt $t + 1$ in M^{t+1} vorkommt und x also zu einem beliebigen Folgezeitpunkt auf keiner Höhe wohnt.

Eine Zahl x heißt *Resident* der c-Höhe i, wenn x ab einem gewissen Zeitpunkt t_0 dauernd auf der c-Höhe i wohnt. Da in diesem Fall x in keinem M^t vorkommt, ist dann $x \in M'$, und *alle Residenten gehören also zu M'*.

Es sei andererseits $x \in M'$ und c eine beliebig, aber fest gewählte Zahl. Die Anzahl der verschiedenen c-Höhen ist endlich. Im Laufe der Zeit fällt die c-Höhe von x nicht. Folglich hat die Zahl x ab einem gewissen Zeitpunkt eine konstante c-Höhe i. Da $x \notin M^t$ für beliebiges t, ist x Resident der c-Höhe i. Eine c-Höhe i heißt *wohlbewohnt*, wenn zu verschiedenen Zeitpunkten unendlich viele verschiedene Zahlen Bewohner dieser c-Höhe sind, anders gesagt wenn sich zu jeder natürlichen Zahl n x, t der Art finden, daß

$$x > n, \quad x \notin M^{t-1}, \quad H_c^t(x) = i. \tag{7}$$

Zu einem beliebigen Zeitpunkt t kann die Menge M^t nur Zahlen enthalten, welche die größte sich zum angegebenen Zeitpunkt in der Tabelle befindende Zahl nicht übertreffen. Deshalb wohnen alle Zahlen, die größer sind als die angegebene größte Zahl aus der Tabelle zum Zeitpunkt t auf der c-Höhe 0. Somit *ist die c-Höhe 0 wohlbewohnt.*

Lemma 1. *Für jedes c bezeichne i_c die größte wohlbewohnte c-Höhe. Zu jedem c gibt es nicht weniger als c Residenten der c-Höhe i_c, und deshalb ist die Menge M' unendlich.*

Nach Voraussetzung gibt es nur eine endliche Menge von Zahlen, die zu diesem oder jenem Zeitpunkt auf einer c-Höhe wohnen werden, die größer ist als i_c. Deshalb gibt es einen Zeitpunkt t_0, ab dem jede Zahl, welche zu einem gewissen Zeitpunkt $t_1 > t_0$ auf einer c-Höhe wohnt, die größer oder gleich i_c ist, zu einem beliebigen Zeitpunkt $t > t_0$ auf ebenderselben Höhe wohnt.

Die c-Höhe i_c ist wohlbewohnt. Andererseits hören zu jedem Zeitpunkt nicht mehr als eine endliche Menge von Zahlen auf, auf der angegebenen c-Höhe zu wohnen. Deshalb gibt es unendlich viele Zahlen, die zu diesem oder jenem Zeitpunkt größer als t_0 auf der c-Höhe i_c wohnen werden. Wir werden zeigen, daß *die c kleinsten dieser Zahlen Residenten der c-Höhe i_c sind.*

Es sei y eine der angegebenen c Zahlen. Nehmen wir an, y sei kein Resident. Nach Voraussetzung wohnt y zu irgendeinem Zeitpunkt $t_1 > t_0$ auf der c-Höhe i_c. Wegen der Wahl von t_0 kann y nicht zu einem späteren Zeitpunkt als Bewohner in eine größere c-Höhe übergehen. Die Zahl y kann nicht ständig Bewohner der c-Höhe i_c bleiben, weil sie kein Resident dieser Höhe ist. Deshalb gibt es einen Zeitpunkt $t + 1 > t_1$, ab dem y nicht mehr auf der c-Höhe i_c wohnt, und deshalb haben wir

$$y \notin M^{t-1}, \qquad y \in M^t, \tag{8}$$

$$H_c{}^t(y) = i_c. \tag{9}$$

Setzen wir $D(\boldsymbol{l}(t), \boldsymbol{r}(t)) = x$, $\boldsymbol{l}(t) = l$. Nach dem oben Gesagten folgt aus den Bedingungen (8), daß es durch die Bedingungen

$$x \in \boldsymbol{D}_f{}^t, \qquad l \leqq f$$

und die Beziehungen (1), (2), (3), (4) verbundene Zahlen $f, y_1, \ldots, y_f$ gibt.

Sei $c \leqq f$. Dann folgt aus (4), (6) und (9)

$$H_c{}^t(y_1) = \cdots = H_c{}^t(y_c) = H_c{}^t(y) = i_c,$$

d. h., zum Zeitpunkt t wohnen auf der c-Höhe i_c Zahlen $y_1, \ldots, y_c$, die kleiner sind als y. Das widerspricht der Voraussetzung, daß y eine der c *kleinsten* Zahlen ist, die sich zu geeigneten Zeitpunkten nach t_0 als Bewohner der c-Höhe i_c aufhalten.

Nehmen wir hingegen $f < c$ an. Aus (9), b) und (4) folgt jetzt

$$H_c{}^t(y) < H_c{}^t(x). \tag{10}$$

Da $x \notin \boldsymbol{M}^{t-1}$, wohnt x zum Zeitpunkt t nach (10) offensichtlich auf einer c-Höhe, die größer ist als i_c. Aber dann muß die Zahl x auch zum Zeitpunkt $t - 1$ auf derselben c-Höhe wohnen, d. h.

$$H_c{}^{t-1}(x) = H_c{}^t(x). \tag{11}$$

Aber (s. (1)) aus

$$x \notin \boldsymbol{D}_l{}^{t-1}, \qquad x \in \boldsymbol{D}_l{}^t, \qquad l \leqq f < c$$

folgt, daß

$$H_c^{t-1}(x) < H_c^t(x),$$

entgegen der Beziehung (11). Der erhaltene Widerspruch vervollständigt den Beweis von Lemma 1.

Lemma 2. *Für beliebiges c hat nicht mehr als eine c-Höhe unendlich viele Residenten.*

Wie auch bei Lemma 1 bezeichnen wir mit i_c die größte wohlbewohnte c-Höhe. Jede c-Höhe, die unendlich viele Residenten hat, ist wohlbewohnt. Deshalb kann keine c-Höhe, die größer ist als i_c, unendlich viele Residenten haben, und das Lemma ist bewiesen, wenn es zu zeigen gelingt, daß *jede c-Höhe i, die kleiner ist als i_c, nicht mehr als c Residenten enthält.*

Nehmen wir im Gegenteil an, eine c-Höhe i habe $c + 1$ Residenten $y_1 < \cdots < y_c < y$. Bezeichnen wir mit t_0 den Zeitpunkt, ab dem alle angegebenen Residenten konstant auf der c-Höhe i wohnen. Wir suchen in der Tabelle unter den Zahlen, die nach dem Zeitpunkt t_0 auftreten und in irgendeinem Folgezeitpunkt auf der Höhe i_c wohnen, eine Zahl x, die größer ist als y.

Nach Voraussetzung ist zu irgendeinem Zeitpunkt $u > t_0$

$$H_c^u(y) < H_c^u(x), \quad x \notin M^{u-1}. \tag{12}$$

Suchen wir die kleinste Zahl f mit

$$H_f^u(y) \neq H_f^u(x).$$

Aus (12) folgt, daß $f \leq c$ und

$$H_f^u(y) < H_f^u(x), \quad x \in D_f^u.$$

Da wir für $d < f$ $H_d^u(y) = H_d^u(x)$ haben, ist dann

$$H_f^u(y) = H_f^u(x) - 1.$$

Betrachten wir das kleinste t mit $H_f^t(x) = H_f^u(x)$. Nach (6) haben wir zum Zeitpunkt t

$$x = D(l(t), r(t)), \quad x \notin D_l^{t-1}, \quad l \leq f \quad (l = l(t)).$$

Da x in der Tabelle später als zum Zeitpunkt t_0 auftritt, ist $t > t_0$ und also

$$H_f^t(y_1) = \cdots = H_f^t(y_c) = H_f^t(x) - 1.$$

Also wird zum Zeitpunkt t die Zahl x berechnet, für welche die Bedingungen (1) erfüllt sind, und gibt es Zahlen $f, y, \ldots, y_f, y$, die den Forderungen (2), (3), (4) genügen. Deshalb ist $y \in M^t$ und kann y nicht Resident einer Höhe sein, entgegen der Annahme. Lemma 2 ist gezeigt.

Wir müssen zeigen, daß die Menge M' kohäsiv ist. Die Unendlichkeit von M' wurde bereits in Lemma 1 hergeleitet. Deshalb bleibt zu zeigen, daß für kein c die Mengen

$$M' \cap D_c, \quad M' \cap D_c'$$

gleichzeitig unendlich sein können. Aber es wurde bereits gezeigt, daß zu einem beliebigen Zeitpunkt t die Elemente aus D_c' eine gerade c-Höhe und die Elemente aus D_c eine ungerade c-Höhe haben. Andererseits sind alle Elemente aus M Residenten geeigneter c-Höhen. Deshalb sind die Zahlen aus $M' \cap D_c'$ Residenten gerader Höhen und die Zahlen aus $M' \cap D_c$ Residenten ungerader Höhen. Die Menge der c-Höhen ist endlich. Wären beide Mengen $M' \cap D_c$

und $M' \cap D_c'$ unendlich, so gäbe es gerade und ungerade c-Höhen, von denen jede unendlich viele Residenten hat, was Lemma 2 widerspricht.

Also ist M' kohäsiv, M maximal und ist das Theorem 1 gezeigt.

Ergänzungen, Beispiele und Übungen

1. Ist α eine Zahlenmenge, so bezeichnen wir mit $f(\alpha)$ die Menge der Werte der Funktion $f(x)$ für $x \in \alpha$. Realisiert eine allgemein rekursive Funktion $f(x)$ eine eineindeutige Abbildung der natürlichen Zahlenreihe auf eine Teilmenge von sich selbst, so folgt aus der Kreativität (Produktivität) von α die Kreativität (Produktivität) von $f(\alpha)$.

2. Nimmt man aus einer produktiven Menge irgendeine in ihr enthaltene rekursiv aufzählbare Teilmenge heraus, so bleibt eine wiederum produktive Menge übrig. Nimmt man zu einer kreativen Menge irgendeine zu ihr disjunkte rekursiv aufzählbare Menge hinzu, so erhält man eine kreative Menge.

3. Die Gesamtheit der PoSTschen Indizes einer Menge, die nur ein Element enthält, ist produktiv. Die Gesamtheit der PoSTschen Indizes aller von der Menge $\{0\}$ verschiedenen rekursiv aufzählbaren Mengen ist ebenfalls produktiv.

4. Man konstruiere eine produktive Menge, deren Komplement ebenfalls produktiv ist (s. vorige Übung).

5. Jede unendliche rekursiv aufzählbare Menge enthält eine produktive Teilmenge und eine kreative Teilmenge.

6. Läßt eine immune Menge α sich auf eine Menge β $\boldsymbol{m}$-reduzieren, so ist β immun. Analog gilt das auch für einfache Mengen.

7. Jede unendliche rekursiv aufzählbare Menge enthält eine immune und eine einfache Teilmenge.

8. Eine rekursiv aufzählbare Menge heißt *mezoisch*, wenn sie weder rekursiv noch kreativ noch einfach ist. Man zeige die Existenz mezoischer Mengen (DEKKER [24]).

9. Jede nicht-rekursive, rekursiv aufzählbare Menge ist Summe zweier disjunkter nicht-rekursiver, rekursiv aufzählbarer Mengen (FRIEDBERG [34]).

10. Eine partiell rekursive Funktion $p(n)$ mit

$$\pi_n \subseteq \alpha \Rightarrow p(n) \text{ ist definiert und } p(n) \in \alpha - \pi_n$$

heißt *partielle produktive Funktion* für die Menge α.

Hat α eine partielle produktive Funktion $p(n)$, dann hat α auch eine allgemein rekursive produktive Funktion, d. h. ist α produktiv. Sei nämlich δ der Definitionsbereich von $p(n)$. Das Prädikat $y \in \delta$ & $(x = p(y) \lor x \in \pi_y)$ ist rekursiv aufzählbar. Nach dem Darstellungssatz (§ 7.3.) findet sich eine allgemein rekursive Funktion $f(y)$ der Art, daß

$$y \in \delta \ \& \ (x = p(y) \lor x \in \pi_y) \Leftrightarrow x \in \pi_{f(y)},$$

Hieraus folgt: 1. $n \in \delta \Rightarrow \pi_{f(n)} = \pi_n \cup \{p(n)\}$; 2. $n \notin \delta \Rightarrow \pi_{f(n)} = \emptyset$; 3. $n \notin \delta \Rightarrow p(f(n))$ ist definiert. Somit ergibt die Summe der Definitionsbereiche von $p(x)$ und $p(f(x))$ N. Nehmen wir eine allgemein rekursive Funktion $g(x)$, deren Werte teilweise mit $p(x)$, teilweise mit $p(f(x))$ zusammenfallen (s. § 7.3., Theorem 3). Da p und pf partiell produktiv für α sind, wird dann g die gesuchte produktive Funktion für α.

11. Eine Teilmenge β einer produktiven Menge α heißt *produktives Zentrum* von α, wenn $\beta = \{p(x)|\pi_x \subseteq \alpha\}$ für eine geeignete partielle produktive Funktion $p(x)$ für α. Man zeige: Ist β produktives Zentrum einer produktiven Menge α, so besitzt α auch ein produktives Zentrum γ der Art, daß $\gamma \subseteq \delta$ und $\delta - \gamma$ unendlich ist. Man zeige, daß jede produktive Menge eine beliebige endliche Anzahl paarweise disjunkter produktiver Zentren hat.

12. Eine Menge α ist genau dann produktiv, wenn eine allgemein rekursive Funktion $f(x)$ der Art existiert, daß

$$f(x) \in (\alpha - \pi_x) \cup (\pi_x - \alpha)$$

für alle Werte x (MYHILL, s. FRIEDBERG und ROGERS [35]).

13. Der Durchschnitt einer produktiven und einer einfachen Menge ist eine produktive Menge (DEKKER [25]).

14. Eine Analyse des Beweises von Theorem 3 aus § 8.2. führt unmittelbar zu den folgenden Ergebnissen, die etwas feiner sind als Theorem 3 selbst. Wir nennen eine Menge α *schwach produktiv*, wenn zu ihr eine allgemein rekursive Funktion $f(x)$ existiert der Art, daß

a) $\pi_x = \emptyset \Rightarrow f(x) \in \alpha$,

b) (π_x hat nur ein Element und $\pi_x \subseteq \alpha$) $\Rightarrow f(x) \in \pi_x$.

Man zeige, daß jede rekursiv aufzählbare Menge auf das Komplement einer beliebigen schwach produktiven Menge m-reduzierbar und deshalb jede schwach produktive Menge produktiv ist.

15. Alle Mengen einer gewissen Familie $\mathfrak{S}$ mögen ein und dieselbe schwach produktive Funktion haben. Dann

a) gibt es eine Funktion, die simultan für jede Menge aus $\mathfrak{S}$ produktiv ist;

b) ist der Durchschnitt aller Mengen aus $\mathfrak{S}$ produktiv;

c) ist die Vereinigung aller Mengen aus $\mathfrak{S}$ produktiv (SMULLYAN [105], S. 101).

16. Jede rekursiv aufzählbare Menge mit einem unendlichen Komplement ist in einer einfachen Menge enthalten. Stimmt es, daß jede rekursiv aufzählbare Menge mit einem unendlichen Komplement in einer maximalen Menge enthalten ist?

17. Nach § 7.4. heißt die Zahl $2^{c_1} + 2^{c_2} + \cdots + 2^{c_m}$ γ-Index (Standardindex) der aus den Elementen $c_1 < c_2 < \cdots < c_m$ bestehenden endlichen Menge und ist 0 γ-Index der leeren Menge. Durch die Worte γn, πn werden die endliche Menge mit Standardindex n und entsprechend die rekursiv aufzählbare Menge mit POSTschem Index n bezeichnet.

Eine unendliche Menge α heißt *hyperimmun*, wenn keine allgemein rekursive Funktion $i(x)$ existiert, für die alle Mengen $\gamma i(0)$, $\gamma i(1)$, ..., $\gamma i(n)$, ... paarweise disjunkt sind und jede mindestens ein Element aus α besitzt.

Eine unendliche Menge α heißt *hyperhyperimmun*, wenn es keine allgemein rekursive Funktion $i(x)$ gibt, für welche die Mengen $\pi i(0)$, $\pi i(1)$, ..., $\pi i(n)$, ... paarweise disjunkt und endlich sind und jede von ihnen mit α einen nicht leeren Durchschnitt hat.

Eine Menge α heißt *hypereinfach* oder *hyperhypereinfach*, wenn α rekursiv aufzählbar und sein Komplement α' hyperimmun oder entsprechend hyperhyperimmun ist.

Man zeige, daß jede hyperhypereinfache Menge hypereinfach und eine hypereinfache einfach ist. Man zeige, daß alle maximalen Mengen hyperhypereinfach sind (FRIEDBERG [34]).

18. Man konstruiere maximale Mengen α, β, die sich durch eine unendliche Menge von Elementen unterscheiden. (Man beachte zum Beispiel, daß das Komplement einer maximalen Menge entweder fast ganz aus geraden oder fast ganz aus ungeraden Zahlen besteht.)

19. Wenn maximale Mengen α, β sich durch eine unendliche Anzahl von Zahlen unterscheiden, dann ist ihr Durchschnitt hyperhypereinfach, aber nicht maximal (YATES [120]).

20. Wenn eine rekursiv aufzählbare Menge α nicht hyperhypereinfach und ihr Komplement α' unendlich ist, so findet sich eine allgemein rekursive Funktion $j(x)$ der Art, daß die Folge $\pi j(0)$, $\pi j(1)$, ... aus paarweise disjunkten Mengen besteht, von denen jede mit α' einen unendlichen Durchschnitt hat (YATES [120]).

21. Es gibt eine hypereinfache Menge, die nicht hyperhypereinfach ist.

22. Eine Funktion $f(x)$, die die Elemente einer Menge α genau in der Reihenfolge ihres Wachstums durchzählt, heißt *direkte Abzählung* (oder Spurfunktion) von α. Anders gesagt ist $f(x)$ für eine unendliche Menge α eine monoton wachsende Funktion, deren Wertmenge mit α zusammenfällt. Man zeige, daß die unendlichen rekursiven Mengen und nur sie eine allgemein rekursive direkte Abzählung besitzen.

23. Man sagt, daß eine Funktion $g(x)$ eine Funktion $f(x)$ *majorisiert*, wenn es ein a gibt, so daß für $x \geqq a$ $g(x) \geqq f(x)$. Man zeige, daß eine rekursiv aufzählbare Menge α genau dann hypereinfach ist, wenn ihr Komplement α' unendlich ist und eine direkt Abzählung von α' von keiner allgemein rekursiven Funktion majorisiert wird (USPENSKIJ [115], RICE [89]).

24. Man sagt, daß eine partiell rekursive Funktion $f(x)$ eine Menge α *retrassiert*, wenn für jedes $x \in \alpha$: a) der Wert von $f(x)$ ist definiert; b) wenn die Zahl x in α nicht minimal ist, dann ist $f(x)$ die nächstkleinere Zahl in α; c) wenn x in α minimal ist, dann ist $f(x) = x$. Eine Menge α heißt *retrassierbar*, wenn es mindestens eine partiell rekursive Funktion gibt, die α retrassiert.

Die Zahlen $a_0, a_1, a_2, ..., a_n, ...$ mögen den Bedingungen: $1 \leqq a_0 \leqq 9$, $0 \leqq a_i \leqq 9$ $(i = 1, 2, ...)$ genügen. Man zeige, daß die Menge

$$\sigma = \{a_0, 10 \cdot a_0 + a_1, 10^2 \cdot a_0 + 10 \cdot a_1 + a_2, ...\}$$

durch die Funktion

$$f(x) = \begin{cases} x\ , & \text{falls } 0 \leqq x \leqq g, \\ \left[\dfrac{x}{10}\right], & \text{falls } 10 \leqq x \end{cases}$$

retrassiert wird. Somit ist die Funktion $f(x)$ Spurfunktion für ein Kontinuum von Mengen σ.

Man zeige, daß jede rekursive Menge retrassierbar und jede retrassierbare Menge rekursiv oder immun ist (DEKKER und MYHILL [27]).

25. Jede retrassierbare Menge mit einem rekursiv aufzählbaren Komplement ist entweder rekursiv oder hyperimmun (s. Übung 23) (DEKKER und MYHILL [27]).

26. Eine rekursiv aufzählbare Menge α hat genau dann ein retrassierbares Komplement, wenn es eine allgemein rekursive Funktion $\lambda(x)$ gibt der Art, daß α die Menge der Werte x ist, für die die Ungleichungen

$$\lambda(y) \leqq \lambda(x) \ \& \ y > x$$

eine Lösung y haben (*Darstellung* von YATES [120]).

27. Eine Menge α ist genau dann hyperhypereinfach, wenn sie rekursiv aufzählbar, ihr Komplement α' unendlich ist und α' keine unendlichen retrassierbaren Teilmengen enthält (YATES [120]).

28. *Wahrheitstafel-Reduzierbarkeit.* Vom algorithmischen Gesichtspunkt aus bedeutet die m-Reduzierbarkeit einer Menge α auf eine Menge β die Gültigkeit der folgenden Vorschrift für eine gewisse allgemein rekursive Funktion $f(x)$: Wollt ihr wissen, ob eine Zahl innerhalb oder außerhalb von α angeordnet ist, so sucht $f(x)$ und bringt die Anordnung von $f(x)$ bezüglich β in Erfahrung. Ist $f(x)$ innerhalb von β, so ist x innerhalb von α; ist aber $f(x)$ außerhalb von β, so ist x außerhalb von α.

Die Form dieser Vorschrift läßt sich leicht verallgemeinern, zum Beispiel auf folgende Weise: Wollt ihr wissen, wie x bezüglich α angeordnet ist, so berechnet die Werte zweier rekursiver Funktionen $f_1(x)$, $f_2(x)$ und schaut nach, wie diese Werte bezüglich β angeordnet sind. Wenn $f_1(x) \in \beta$ & $f_2(x) \in \beta$, dann $x \in \alpha$, und in den übrigen Fällen ist $x \notin \alpha$.

Man kann das letztere Kriterium durch die Forderung abändern, daß $x \in \alpha$ in den Fällen $f_1(x) \notin \beta$ & $f_2(x) \in \beta$ oder $f_1(x) \in \beta$ & $f_2(x) \notin \beta$ und in den übrigen Fällen $x \notin \alpha$.

Man kann die Klasse der betrachteten Vorschriften durch Vorgabe von n Funktionen $f_1(x)$, $\ldots$, $f_n(x)$ und Verkomplizierung der entsprechenden Kriterien für das Vorkommen von x in α (Wahrheitstafeln) erweitern. Alle solche Vorschriften wurden von POST [80] *Wahrheitstafel-Reduktionen* genannt. Es ist klar, daß man sich statt der Vorgabe von n Funktionen auch darauf beschränken kann, nur eine Funktion $x(t) = [n - 1, [f_1(t), \ldots, f_n(t)], m - 1]$ anzugeben. Dann liefert die Kenntnis von $x(t)$ nicht nur die Zahl n und die Werte $f_1(t), \ldots, f_n(t)$, sondern auch den Index m der entsprechenden Wahrheitstafel. Man kann die bisherigen Ausführungen in folgender formalen Definition resumieren.

Vereinbaren wir, zu sagen, daß eine Zahl x *sich* auf eine Menge β *Wahrheitstafel-reduzieren läßt* (symbolisch $xtt\beta$), wenn sich als Ergebnis der folgenden Berechnungen:

1. Wir suchen die Zahlen $n = [x]_{31} + 1$, $y = [x]_{32}$, $m = [x]_{33} + 1$, wobei $[x]_{ij}$ die Aufzählungsfunktionen aus § 7.1. (oder entsprechend aus § 3.3.) sind.

2. Wir suchen die Zahlen $\varepsilon_1 = \lambda\,([y]_{n1}), \ldots, \varepsilon_n = \lambda([y]_{nn})$, wobei λ die charakteristische Funktion der Menge β ist.

3. Wir finden die Zahl $u = \varepsilon_1 + \varepsilon_2 \cdot 2 + \cdots + \varepsilon_n \cdot 2^{n-1}$, stellen m in der Form $m = 2^{u_0} + 2^{u_1} + \cdots + 2^{u_s}$ $(u_0 < u_1 < \cdots < \cdots < u_s)$ dar und finden die Zahlen $u_0, u_1, \ldots, u_s$ — herausstellt, daß $u \in \{u_0, u_1, \ldots, u_s\}$.

Eine Menge α heißt Wahrheitstafel-reduzierbar auf eine Menge β (symbolisch $\alpha tt\beta$), wenn eine allgemein rekursive Funktion $f(x)$ existiert, so daß $x \in \alpha \Leftrightarrow f(x)tt\beta$ für jeden Wert x.

Man zeige, daß die Beziehung der Wahrheitstafel-Reduzierbarkeit reflexiv und transitiv ist und daß aus der m-Reduzierbarkeit die Wahrheitstafel-Reduzierbarkeit folgt.

29. Man sagt, daß eine Menge α sich auf eine Menge β durch Wahrheitstafeln der Breite w reduziert, wenn es eine allgemein rekursive Funktion $f(x)$ gibt, so daß für jeden Wert x $x \in \alpha \Leftrightarrow f(x)tt\beta$ und $[f(x)]_{31} + 1 \leq w$.

Reduziert sich eine Menge α auf β durch Wahrheitstafeln der Breite v und reduziert sich β auf γ durch Wahrheitstafeln der Breite w, so reduziert sich α auf γ durch Wahrheitstafeln der Breite vw. Aus der m-Reduzierbarkeit folgt die Reduzierbarkeit durch Wahrheitstafeln der Breite 1. Ist die Umkehrung richtig?

30. Ist α Wahrheitstafel-reduzierbar auf eine rekursive Menge, so ist α rekursiv.

31. Kreative Mengen sind auf die in § 8.3. konstruierte einfache Menge von POST Wahrheitstafel-reduzierbar (POST [80]).

32. Kreative Mengen sind auf hypereinfache Mengen nicht Wahrheitstafel-reduzierbar (POST [80]).

33. Eine Menge α heißt *beschränkt Wahrheitstafel-reduzierbar* auf eine Menge β, wenn α für ein wohlbestimmtes w auf β reduzierbar ist durch Wahrheitstafeln der Breite w. Keine kreative

Menge kann auf eine einfache Menge beschränkt Wahrheitstafel-reduzierbar sein (Post [80], S. 304).

34. α^n bezeichne die Gesamtheit der Indizes der n-Tupel von Elementen aus α. Man zeige, daß α^n sich auf α durch Wahrheitstafeln der Breite n reduziert. Es gibt eine einfache Menge α, so daß $\alpha^2 \nleq_m \alpha, \alpha^3 \nleq_m \alpha^2, \ldots$ ($\alpha \nleq_m \beta$) bedeutet, daß α auf β nicht m-reduzierbar ist) (Fischer [33]).

35. Nach Smullyan heißt eine immune Menge α *effektiv immun*, wenn es eine partiell rekursive Funktion $f(x)$ gibt der Art, daß für jeden Wert x gilt: Wenn πx in α enthalten ist, dann ist $f(x)$ definiert und die Anzahl der Zahlen in πx kleiner als $f(x)$. Eine rekursiv aufzählbare Menge heißt *effektiv einfach*, wenn ihr Komplement effektiv immun ist. Man zeige, daß die in § 8.3. konstruierte einfache Menge von Post effektiv einfach ist. Jede effektiv einfache Menge ist einfach. Es gibt einfache Mengen, die nicht effektiv einfach sind (Sacks [98]).

36. Man zeige, daß der Durchschnitt zweier einfacher Mengen eine einfache Menge ist, daß die Vereinigung zweier einfacher Mengen entweder einfach ist oder ein endliches Komplement hat, daß es zwei einfache Mengen gibt, deren Vereinigung mit der ganzen Menge der natürlichen Zahlen zusammenfällt. Die gleichen Behauptungen gelten auch für hypereinfache Mengen (Dekker [24]).

§ 9. Aufzählungen beliebiger Gesamtheiten

In diesem Paragraphen werden die Grundlagen der allgemeinen Theorie aufgezählter Gesamtheiten von Objekten entwickelt. Eine einfache Eigenschaft der Aufzählung von Kleene wird, in abstrakter Form formuliert, als Axiom genommen, das die sogenannten totalen Aufzählungen definiert, unter denen es außer den Aufzählungen von Kleene und Post noch eine Reihe anderer konkreter wichtiger Aufzählungen gibt. Detaillierter werden die Eigenschaften gewisser spezieller Aufzählungen von Familien rekursiv aufzählbarer Mengen betrachtet, was gestattet, den von der Kleeneschen und der Postschen Aufzählung unter den anderen möglichen Aufzählungen der Gesamtheiten der partiell rekursiven Funktionen und Mengen eingenommenen Ort klarer auszusondern. Am Ende des Paragraphen wird der mit Aufzählungen in Zusammenhang stehende Begriff der rekursiven Untrennbarkeit von Mengen untersucht, der in der Theorie der rekursiven Funktionen eine bedeutende Rolle spielt.

9.1. Isomorphie und Äquivalenz von Aufzählungen. Eine *Aufzählung* φ einer Gesamtheit U von Objekten ist eine Abbildung von einer Menge N_φ natürlicher Zahlen auf die Gesamtheit U. Die Zahl $n \in N_\varphi$ heißt φ-Index (oder einfach, wenn φ fest ist, Index) des Objekts $\varphi n \in U$. Die Menge N_φ heißt *Menge der Indizes* der Aufzählung φ. Aus dieser Definition folgt, daß jedes Objekt einer aufgezählten Gesamtheit mindestens einen Index hat. Wenn jedes Objekt genau einen Index hat, so heißt die Aufzählung eineindeutig (oder kürzer eindeutig). Wenn die Menge N_φ der Indizes mit der ganzen natürlichen Zahlenreihe N zusammenfällt, so heißt die Aufzählung *einfach*. Wir werden im weiteren nur einfache Aufzählungen betrachten, obgleich viele Begriffe und Theoreme sich leicht auf nicht-einfache Aufzählungen übertragen lassen (s. [54] und die dort angegebene Literatur). Dementsprechend wird fernerhin unter dem Wort Aufzählung stets einfache Aufzählung verstanden, wenn nicht im voraus das Gegenteil vereinbart wird.

$\langle U, \varphi \rangle$ sei eine aufgezählte Gesamtheit U mit einer Aufzählung φ. Führen wir auf der Menge $N_\varphi = N$ der Indizes durch die definitorische Festsetzung

$$x\vartheta y \Leftrightarrow \varphi x = \varphi y$$

eine binäre Relation ϑ ein.

Es ist klar, daß die Relation ϑ reflexis, transitiv und symmetrisch ist. Man nennt sie bisweilen *Aufzählungsäquivalenz* und schreibt statt $x\vartheta y$ $x \equiv y$ (mod ϑ). Die Gesamtheiten von mod ϑ äquivalenten Zahlen heißen *Aufzählungsklassen*. Anders gesagt sind die Gesamtheiten aller Indizes der einzelnen Objekte aus U die Aufzählungsklassen. Ist n eine Zahl, so wird mit ϑn die Menge der zu n mod ϑ kongruenten Zahlen bezeichnet, d. h. ϑn ist die Menge aller Indizes des Objekts φn. Das System U/ϑ befindet sich in natürlicher eineindeutiger Korrispondenz mit der Gesamtheit U von Objekten. Man kann eine Aufzählung φ in einem bestimmten Sinne für vollständig angegeben halten, wenn die Relation ϑ angegeben ist. Von diesem Gesichtspunkt aus ist die Theorie der aufgezählten Gesamtheiten Theorie der über der natürlichen Zahlenreihe angegebenen reflexiven, transitiven und symmetrischen Relationen.

Man sagt, daß eine allgemein rekursive Funktion $f(x)$ *einen Homomorphismus* von der aufgezählten Menge $\langle U, \varphi \rangle$ auf die aufgezählte Menge $\langle V, \psi \rangle$ *darstellt*, wenn $f(x)$ die natürliche Zahlenreihe eineindeutig auf sich selbst abbildet und für alle x, y gilt

$$\varphi x = \varphi y \Rightarrow \psi f(x) = \psi f(y). \tag{1}$$

Aus der Bedingung (1) folgt, daß die Abbildung $h: \varphi x \to \psi f(x)$ eine (in einer Richtung) eindeutige Abbildung von U auf V ist, die im eigentlichen Sinne der Homomorphismus ist, während die Funktion $f(x)$ diesen Homomorphismus nur „darstellt".

Es ist klar, daß die Funktion $g(f(x))$ einen Homorphismus von $\langle U, \varphi \rangle$ auf $\langle W, \chi \rangle$ darstellt, wenn $f(x)$ einen Homomorphismus der aufgezählten Menge $\langle U, \varphi \rangle$ auf die aufgezählte Menge $\langle V, \psi \rangle$ und die Funktion $g(x)$ einen Homomorphismus von $\langle V, \psi \rangle$ auf die aufgezählte Menge $\langle W, \chi \rangle$ darstellt. Anders gesagt *ist die Komposition von Homomorphismen ein Homomorphismus.*

Man sagt, daß eine allgemein rekursive Funktion $f(x)$ einen *Isomorphismus* einer aufgezählten Menge $\langle U, \varphi \rangle$ auf eine aufgezählte Menge $\langle V, \psi \rangle$ darstellt, wenn $f(x)$ die natürliche Zahlenreihe eineindeutig auf sich selbst abbildet und für alle x, y gilt

$$\varphi x = \varphi y \Leftrightarrow \psi f(x) = \psi f(y).$$

Somit stellt eine Funktion $f(x)$ einen Isomorphismus dar, wenn f einen Homomorphismus von $\langle U, \varphi \rangle$ auf $\langle V, \psi \rangle$ und die Umkehrfunktion f^{-1} einen Homomorphismus von $\langle V, \psi \rangle$ auf $\langle U, \varphi \rangle$ darstellt.

Aufgezählte Mengen heißen *isomorph*, wenn es eine Funktion gibt, die einen Isomorphismus von der ersten Menge auf die zweite darstellt. Aus der Bemerkung über die Komposition von Homomorphismen folgt, daß die Relation der Isomorphie aufgezählter Mengen reflexiv, symmetrisch und transitiv ist.

Bei der Einführung der Begriffe des Homomorphismus und des Isomorphismus haben wir, allgemein gesprochen, verschiedene aufgezählte Gesamtheiten von Objekten betrachtet. Der Fall, daß verschiedene Aufzählungen ein und derselben Menge verglichen werden, spielt jedoch eine wichtige Rolle und fordert neue Begriffe. φ, ψ seien (einfache) Aufzählungen ein und derselben Gesamtheit U von Objekten. Wir sagen, daß die Aufzählung φ *sich auf die Aufzählung ψ reduzieren läßt* (symbolisch $\varphi \leqq \psi$), wenn es eine allgemein rekursive Funktion $f(x)$ gibt der Art, daß

$$\varphi x = \psi f(x).$$

Aufzählungen φ und ψ heißen *äquivalent*, wenn jede sich auf die andere reduzieren läßt. Vom Gesichtspunkt der Algorithmentheorie aus sind äquivalente Aufzählungen solche Aufzählungen, zu denen es einen Algorithmus gibt, der es gestattet, für einen beliebigen Index eines beliebigen Objekts der zugrundeliegenden Gesamtheit in einer Aufzählung einen Index desselben Objekts in der anderen Aufzählung zu finden.

Eine Aufzählung φ heißt *rekursiv isomorph* zu einer Aufzählung ψ, wenn es eine allgemein rekursive Funktion $f(x)$ gibt, welche die natürliche Zahlenreihe N eineindeutig auf sich selbst abbildet und φ auf ψ reduziert.

Die Bedeutung des Begriffs der Isomorphie von Aufzählungen kann man folgendermaßen erklären. Mit der Einführung einer Aufzählung φ einer Gesamtheit U beginnen wir natürlich, einen Index x des Objekts $\varphi(x)$ als dessen Koordinate in der Koordinatisierung φ anzusehen. Ein Übergang von einer Aufzählung φ zu einer Aufzählung ψ bedeutet von diesem Standpunkt aus einen Übergang von der einen Koordinatisierung zu der anderen. Aber welche Koordinatisierungen sind als gleichwertig anzusehen? Vom algorithmischen Standpunkt aus ergibt es sich, die isomorphen Aufzählungen für die am meisten „gleichwertigen" zu halten, weil in diesem Falle die oben erwähnte Funktion $f(x)$ einen Algorithmus liefert, der es gestattet, zur Gesamtheit aller Indizes eines Objekts in einer Aufzählung nicht einen Index, sondern alle Indizes ein und desselben Objekts in der anderen Aufzählung zu finden.

Wir haben zwei Begriffe der Isomorphie eingeführt: die Isomorphie zweier aufgezählter Mengen und die Isomorphie von Aufzählungen ein und derselben Menge. Das folgende Beispiel zeigt, daß diese Begriffe wesentlich verschieden sind.

Die Familie U bestehe aus allen natürlichen Zahlen. Mit φ bezeichnen wir die identische Abbildung von U auf U. Andererseits realisiere eine Funktion $g(x)$ eine eineindeutige Abbildung der natürlichen Zahlenreihe auf sich selbst, sei aber nicht rekursiv. Durch die Formel $\psi x = g(x)$ führen wir eine Aufzählung ψ eben der Gesamtheit U ein. Die Aufzählungen φ und ψ sind als Aufzählungen ein und derselben Menge nicht isomorph. Denn die Isomorphie von φ und ψ ist gleichbedeutend mit der Existenz einer der Beziehung

$$\varphi x = \psi f(x)$$

genügenden allgemein rekursiven Funktion $f(x)$. Aus der Definition der Aufzählungen φ, ψ folgt $g(f(x)) = x$. Das ist jedoch nicht möglich, weil g nicht rekursiv und f rekursiv ist.

Gleichzeitig ist die aufgezählte Menge $\langle U, \varphi \rangle$ zur aufgezählten Menge $\langle U, \psi \rangle$ isomorph, weil die Beziehung $\varphi x = \varphi y \Leftrightarrow \psi x = \psi y$ offensichtlich erfüllt wird.

Betrachten wir noch die durch die Formeln

$$\lambda(0) = 0, \quad \lambda(x + 1) = x$$

definierte Aufzählung derselben Menge U.

Diese Formel bedeutet, daß das Objekt 0 in der Aufzählung λ die beiden Indizes 0 und 1 hat und alle übrigen Objekte je einen Index haben. Die Aufzählungen φ, λ sind äquivalent. Sie sind jedoch nicht isomorph, denn bei isomorphen Aufzählungen haben sich entsprechende Aufzählungsklassen die gleiche Anzahl von Zahlen, während alle Klassen der Aufzählung φ je eine Zahl enthalten und die Aufzählung λ eine aus zwei Elementen bestehende Klasse besitzt.

Oft erweist sich die folgende Methode, aus einer aufgezählten Menge eine andere zu bilden, als nützlich. Gegeben sei eine mit einer Aufzählung φ versehene Gesamtheit U von Objekten. Definieren wir auf U irgendeine Äquivalenzrelation ϱ und betrachten wir das System U/ϱ aller Klassen zueinander ϱ-äquivalenter Objekte aus U. Sei ϱa die Klasse aller zu irgendeinem Objekt a ϱ-äquivalenten Objekte aus U. Führen wir eine Aufzählung φ_ϱ des Systems U/ϱ ein, indem wir für ein beliebiges $x \in N$ festsetzen

$$\varphi_\varrho x = \varrho \varphi x. \tag{2}$$

Aus dieser Formel ist unmittelbar klar, daß die Identitätsfunktion $f(x) = x$ *einen Homomorphismus* von der aufgezählten Menge $\langle U, \varphi \rangle$ auf die aufgezählte Menge $\langle U/\varrho, \varphi_\varrho \rangle$ *darstellt*. Die Menge U/ϱ heißt Faktormenge von U für die Äquivalenzrelation ϱ, und die *Aufzählung* φ_ϱ heißt *Faktoraufzählung* von φ für ϱ. Aus derselben Formel (2) ist klar, daß die Aufzählungsklassen von Zahlen für die Faktoraufzählung φ_ϱ Vereinigungen der entsprechenden Aufzählungsklassen für die Ausgangsaufzählung sind.

Theorem 1 (Homomorphiesatz). *Eine Funktion $f(x)$ stelle einen Homomorphismus von einer aufgezählten Menge $\langle U, \varphi \rangle$ auf eine aufgezählte Menge $\langle V, \psi \rangle$ dar. Führen wir auf der Gesamtheit U eine Äquivalenzrelation ϱ ein, indem wir Objekte aus U ϱ-äquivalent nennen, wenn ihre homomorphen Bilder in V zusammenfallen, d. h. indem wir*

$$(\varphi x)\, \varrho (\varphi y) \Leftrightarrow \psi f(x) = \psi f(y) \tag{3}$$

setzen. Dann stellt die Funktion $f(x)$ einen Isomorphismus von der Faktormenge $\langle U/\varrho, \varphi_\varrho \rangle$ auf $\langle V, \psi \rangle$ dar.

Denn aus (3) folgt

$$\psi f(x) = \psi f(y) \Rightarrow \varphi_\varrho{}^x = \varphi_\varrho{}^y.$$

Die umgekehrte Implikation ist ebenso offensichtlich.

Ein Modell eines von der Funktion $f(x) = x$ dargestellten Homomorphismus liefern die Aufzählungen $\varkappa$ von KLEENE und π von POST, weil bekanntlich

$$\varkappa m = \varkappa n \Rightarrow \pi m = \pi n.$$

Die in Theorem 1 angeführte Relation ϱ bedeutet hier: Zwei Funktionen sind ϱ-äquivalent, wenn die Wertmengen dieser Funktionen gleich sind.

9.2. 1-1-Reduzierbarkeit von Aufzählungen. Eine Aufzählung φ einer Menge U heißt *1-1-reduzierbar* auf eine Aufzählung ψ derselben Menge, wenn es eine allgemein rekursive Funktion $f(x)$ gibt, die für *verschiedene* Argumentewerte verschiedene Werte annimmt und die φ auf ψ reduziert. Wenn eine Funktion $f(x)$ eine Aufzählung φ 1-1-reduziert auf eine Aufzählung ψ und eine Funktion $g(x)$ ψ auf eine Aufzählung λ 1-1-reduziert, dann 1-1-reduziert $g(f(x))$ offensichtlich φ auf λ.

Aufzählungen φ und ψ heißen *1-1-äquivalent*, wenn jede von ihnen 1-1-reduzierbar ist auf die andere.

Der Begriff der 1-1-Reduzierbarkeit stellt sich als eine Spezialisierung des Begriffs der Reduzierbarkeit dar. Deshalb folgt aus der 1-1-Reduzierbarkeit von φ auf ψ oder der 1-1-Äquivalenz von φ und ψ respektive die Reduzierbarkeit oder Äquivalenz von φ und ψ. Die Umkehrung gilt nicht immer. Es gibt aber einfache Bedingungen, unter denen auch die Umkehrung richtig ist. Zur Formulierung dieser Bedingungen führen wir noch einen Begriff ein.

Wir nennen eine Aufzählung ψ einer Gesamtheit U eine *Aufzählung mit effektiv unendlichen Klassen*, wenn eine zweistellige allgemein rekursive Funktion $B(x, y)$ existiert, die die folgenden Eigenschaften besitzt:

a) $\psi B(x, y) = \psi x$;

b) $y \neq z \Rightarrow B(x, y) \neq B(x, z)$.

Die Funktion $B(x, y)$ liefert uns einen Algorithmus, der für jeden einzelnen Index x eines Objekts eine unendliche Anzahl verschiedener Indizes $B(x, 0)$, $B(x, 1), \ldots$ desselben Objekts zu finden gestattet.

Theorem 1. *Wenn eine Aufzählung φ auf eine Aufzählung ψ reduzierbar ist, die effektiv unendliche Klassen hat, so ist φ 1-1-reduzierbar auf ψ.*

Die Funktion $f(x)$ reduziere φ auf ψ und die Funktion $B(x, y)$ besitze bezüglich der Aufzählung ψ die Eigenschaften a), b). Man kann eine Funktion $g(x)$, die φ auf ψ 1-1-reduziert, auf folgende Weise konstruieren.

Setzen wir per definitionem $g(0) = f(0)$. Nehmen wir ferner an, daß die Werte $g(0), g(1), \ldots, g(n)$ bereits bekannt sind und setzen wir

$$h(n) = \mu_t\big(B(f(n + 1), t) \notin \{g(0), \ldots, g(n)\}\big), \tag{1}$$

$$g(n + 1) = B(f(n + 1), h(n)). \tag{2}$$

Aus (1) folgt, daß $g(n + 1) \notin \{g(0), \ldots, g(n)\}$, d. h. daß die Funktion $g(x)$ für verschiedene Argumentewerte verschiedene Werte annimmt, und aus (2) und den Eigenschaften der Funktion $B(x, y)$ haben wir

$$\psi g(n) = \psi f(n) = \varphi n.$$

Es bleibt zu prüfen, daß die Funktion g allgemein rekursiv ist. Vom Standpunkt der Algorithmentheorie her ist das klar, weil zur Berechnung der Funktionswerte von g ein gleichförmiger Prozeß angegeben worden ist. Für einen strengen Beweis dieser Tatsache muß man jedoch zeigen, daß die Funktion g mit den Operatoren der Substitution, der primitiven Rekursion und dem μ-Operator aus den Funktionen B, f und anderen allgemein rekursiven Funktionen erhalten wird. Die notwendigen Rechnungen bilden keine Schwierigkeit, und wir können sie hier auslassen (s. Übungen 1, 2 zu diesem Paragraphen).

Betrachtet man den Beweis von Theorem aufmerksam, so entdeckt man leicht, daß er nicht nur die Richtigkeit von Theorem 1, sondern auch der folgenden, etwas allgemeineren Behauptung zeigt.

Theorem 1a. *Eine Aufzählung φ sei auf eine Aufzählung ψ reduzierbar. Wenn es eine allgemein rekursive Funktion $B_0(x, y)$ gibt, die den Forderungen*

a) $\psi B_0(x, y) = \varphi x$;

b) $y \neq z \Rightarrow B_0(x, y) \neq B_0(x, z)$

genügt, dann ist die Aufzählung φ auf die Aufzählung ψ 1-1-reduzierbar.

In der Tat kann man eine φ auf ψ 1-1-reduzierende Funktion $g(x)$ durch dieselben Formeln (1), (2) definieren, nachdem man in ihnen lediglich die Teilausdrücke $B(f(n + 1), t)$ und respektive $B(f(n + 1), h(n))$ durch die Ausdrücke $B_0(n + 1, t)$ und $B_0(n + 1, h(n))$ ersetzt hat.

Es ist klar, daß Theorem 1 ein Spezialfall von Theorem 1a ist: Wenn die Funktion $B(x, y)$ für die Aufzählung ψ bestimmt ist und die Aufzählung φ sich durch die

Funktion $f(x)$ auf die Aufzählung ψ reduziert, dann besitzt die Funktion

$$B_0(x, y) = B(f(x), y)$$

die Eigenschaften a), b) aus Theorem 1a.

Wir formulieren und zeigen jetzt eines der zentralen Theoreme der Theorie der aufgezählten Mengen, das sowohl für diese Theorie als auch für deren Anwendungen einen großen Wert hat.

Theorem 2 (über Isomorphie von Aufzählungen). *1-1-äquivalente Aufzählungen einer beliebigen Gesamtheit von Objekten sind isomorph zueinander.*

φ, ψ seien 1-1-äquivalente Aufzählungen irgendeiner Gesamtheit U von Objekten. Bezeichnen wir mit $f(x)$ die Funktion, die die Aufzählung φ auf die Aufzählung ψ 1-1-reduziert und mit $g(x)$ die Funktion, die ψ auf φ 1-1-reduziert. Wir müssen einen Algorithmus zur Berechnung der Werte einer neuen Funktion $h(x)$ angeben, die einen Isomorphismus von φ auf ψ darstellt. Dazu ist es notwendig, einige Hilfsbegriffe und -funktionen einzuführen.

Vereinbaren wir, jede endliche Folge

$$\langle x_0, y_0 \rangle, \langle x_1, y_1 \rangle, \ldots, \langle x_k, y_k \rangle \tag{3}$$

von Paaren natürlicher Zahlen, die den Bedingungen

$$\begin{aligned} x_i = x_j &\Leftrightarrow y_i = y_j, \\ \varphi x_i = \psi y_i \quad &(i, j = 0, 1, \ldots, k) \end{aligned} \tag{4}$$

genügen, eine *endliche Zuordnung* zu nennen.

Wir nennen die Zahl

$$n = \prod_{i=0}^{k} p_i^{1+[x_i, y_i]}$$

Index der endlichen Zuordnung (3), wobei $p_0 = 2$, $p_1 = 3, \ldots$ die aufeinanderfolgenden Primzahlen sind und $[x, y]$ der nach § 7.1. berechnete Index des Paares $\langle x, y \rangle$ ist.

Mit Hilfe der gegebenen Funktionen f, g werden wir jetzt allgemein rekursive Funktionen $S(m, n)$, $T(m, n)$ konstruieren, deren Werte gleich den Indizes der endlichen Zuordnungen

$$\langle x_0, y_0 \rangle, \langle x_1, y_1 \rangle, \ldots, \langle x_k, y_k \rangle, \langle m, y_{k+1} \rangle \tag{5}$$

und entsprechend

$$\langle x_0, y_0 \rangle, \langle x_1, y_1 \rangle, \ldots, \langle x_k, y_k \rangle, \langle x_{k+1}, m \rangle \tag{6}$$

sind, wobei n Index der Zuordnung (3), m eine beliebige Zahl und x_{k+1}, y_{k+1} von m, n abhängige geeignete Zahlen sind. Die Zuordnungen (5) und (6) stellen Erweiterungen der Zuordnung (3) dar, die eine beliebig gegebene Zahl m ins Spiel bringen. Die Möglichkeit einer solchen Erweiterung wird ebenfalls mittels der Konstruktion der Funktionen $S(m, n)$ und $T(m, n)$ gezeigt.

Wir werden zunächst einen Algorithmus zur Berechnung von $S(m, n)$ angeben. Gegeben seien eine Zahl m und ein Zuordnung (3) mit Index n. Wir müssen zeigen, welche Zahl wir als y_{k+1} wählen. Diese Auswahl wird in jedem der folgenden drei möglichen Fälle auf verschiedene Art durchgeführt.

a) Ist $m \in \{x_0, \ldots, x_k\}$ und i die kleinste Zahl, die der Forderung $x_i = m$ genügt, so setzen wir $y_{k+1} = y_i$.

b) Wenn $m \notin \{x_0, \ldots, x_k\}$ und $f(m) \notin \{y_0, \ldots, y_k\}$, so setzen wir $y_{k+1} = f(m)$.

c) Ist $m \notin \{x_0, \ldots, x_k\}$, aber $f(m) \in \{y_0, \ldots, y_k\}$, so konstruieren wir die Zahl y_{k+1} mittels des folgenden Schemas. Nehmen wir die kleinste Zahl i_1 mit $f(m) = y_{i_1}$ und betrachten wir $f(x_{i_1})$. Ist $f(x_{i_1}) \in \{y_0, \ldots, y_k\}$, so nehmen wir das kleinste i_2 mit $f(x_{i_1}) = y_{i_2}$ und betrachten $f(x_{i_2})$. Durch Fortsetzung dieses Prozesses erhalten wir eine Folge von Zahlen $y_{i_1}, y_{i_2}, \ldots$ Wir wollen zeigen, daß diese Folge abbricht, d. h. daß sich eine Zahl s findet, für die $f(x_{i_s}) \notin \{y_0, \ldots, y_k\}$ gilt.

Wir zeigen, daß die Zahlen $y_{i_1}, y_{i_2}, \ldots$ verschieden sind. Für ein gewisses u seien die Zahlen $y_{i_1}, \ldots, y_{i_u}$ paarweise verschieden und $f(x_{i_u}) = y_{i_{u+1}}$. Stellte sich $y_{i_{u+1}} = y_{i_v}$ $(1 \leq v \leq u)$ heraus, so hätten wir $f(x_{i_u}) = f(x_{i_{v-1}})$. Da die Funktion $f(x)$ für verschiedene Argumentewerte verschiedene Werte annimmt, folgt dann aus der letzten Gleichung $x_{i_u} = x_{i_{v-1}}$ und also $y_{i_u} = y_{i_{1-v}}$, entgegen der Voraussetzung.

Also sind alle Glieder der Folge $y_{i_1}, y_{i_2}, \ldots$ verschieden und alle in der Menge $\{y_0, \ldots, y_k\}$ enthalten. Deshalb hat die Folge ein letztes Element y_{i_s}, und somit ist

$$f(m) = y_{i_1}, \ f(x_{i_1}) = y_{i_2}, \ldots, f(x_{i_{s-1}}) = y_{i_s}, \quad f(x_{i_s}) \notin \{y_0, \ldots, y_k\}. \tag{7}$$

Per definitionem setzen wir $y_{k+1} = f(x_{i_s})$.

Das Paar $\langle m, y_{k+1} \rangle$ ist konstruiert. Man muß zeigen, daß die Folge (5) eine endliche Zuordnung darstellt unter der Voraussetzung, daß die Folge (3) eine endliche Zuordnung ist. In den Fällen a) und b) ist das offensichtlich. Im Fall c) wird die zweite der Forderungen (4) automatisch erfüllt, weil wir unter Berücksichtigung der Gleichungskette (7) sukzessive

$$\varphi m = \psi(f(m)) = \psi y_{i_1} = \varphi x_{i_1} = \psi f(x_{i_1}) = \cdots = \psi f(x_{i_s}) = \psi y_{k+1}$$

erhalten. Die erste der Bedingungen (4) ist im Falle c) ebenfalls erfüllt, weil wir für $i < k + 1$ $x_i \neq m$ haben und weil aus $y_i = y_{k+1}$ die Beziehung $f(x_{i_s}) = y_i \notin \{y_0, \ldots, y_k\}$ folgen würde, was unter Berücksichtigung von (7) unmöglich ist.

Durch Vertauschung der Rollen von f, $x_0, \ldots, x_k$ und von $g, y_0, \ldots, y_k$ konstruieren wir analog zur gegebenen Zuordnung (3) und einer Zahl m die erweiterte Zuordnung (6). Wie bereits gesagt, werden die Indizes der Zuordnungen (6) und (7) durch $S(m, n)$ und $T(m, n)$ bezeichnet, wobei n Index der Zuordnung (3) ist.

Natürlich interessieren uns nur die Fälle, in denen die Folge (3) eine endliche Zuordnung ist. Vom formalen Standpunkt her jedoch geben die oben beschriebenen Prozesse zum Auffinden der Zahl y_{k+1} in den Fällen a), b) auch dann ein wohlbestimmtes Resultat, wenn die Folge (3) keine endliche Zuordnung ist. Um das im Falle c) zu erreichen, genügt es, die Reihe $y_{i_1}, y_{i_2}, \ldots, y_{i_s}$ sofort für abbrechend zu halten, wenn sich zeigt, daß $f(x_{i_s}) \notin \{y_0, \ldots, y_k\}$ oder daß y_{i_s} mit irgendeinem vorhergehenden Glied in der Folge $y_{i_1}, y_{i_2}, \ldots$ zusammenfällt.

Nach dieser Zusatzbemerkung können wir die Funktionen $S(m, n)$, $T(m, n)$ für alle Werte m, n für definiert halten, mit Ausnahme von $n = 0, 1$, weil es im allgemeinen keine Folgen mit solchen Indizes gibt. Wir definieren jedoch die Funktionen $S(m, n)$, $T(m, n)$ durch irgendeine reguläre Methode zusätzlich auch für $n = 0, 1$. Als Ergebnis haben wir überall definierte Funktionen S, T, deren Werte sich mit Hilfe eines präzisen Algorithmus berechnen. Nach der These von CHURCH folgt daraus die Rekursivität der Funktionen S, T. Ein strenger Nachweis der Rekursivität von S, T erfordert, daß die Funktionen S, T durch f, g und andere rekursive Funktionen mit Hilfe von Substitutionsoperationen und μ-Operationen ausgedrückt werden. Wir bringen die entsprechenden Rechnungen wegen ihres Routinecharakters hier nicht.

Also haben wir die allgemein rekursiven Funktionen S und T konstruiert. Die Funktion S gestattet, eine endliche Zuordnung mit Index n durch das Paar $\langle m, y_{k+1} \rangle$ zu ergänzen, das als *linkes* Element eine beliebig gegebene Zahl m enthält, und die Funktion T gestattet, eine endliche Zuordnung mit Index n durch das Paar $\langle x_{k+1}, m \rangle$ zu ergänzen, das als *rechtes* Element eine beliebig gegebene Zahl m enthält.

Nehmen wir jetzt die einfachste Zuordnung, die ganz aus dem Paar $\langle 0, f(0) \rangle$ besteht, und nennen wir sie *Anfangszuordnung*. Dann erweitern wir sie stufenweise durch abwechselnde Anwendung der Funktionen S und T derart, daß wir insgesamt eine Abbildung der ganzen natürlichen Zahlenreihe auf sich selbst bekommen. Für eine genaue Beschreibung dieses Prozesses führen wir eine Funktion $w(x)$ ein, deren Wert $w(n)$ gleich dem Index der n-ten Erweiterung der Anfangszuordnung ist. Setzen wir per definitionem

$$w(0) = \varphi_0^{1+[0, f(0)]}$$

$$w(n + 1) = \begin{cases} T\left(\dfrac{n}{2},\ w(n),\right) & \textit{falls } n \textit{ gerade}, \\[2ex] S\left(\dfrac{n + 1}{2},\ w(n),\right) & \textit{falls } n \textit{ ungerade}. \end{cases} \tag{8}$$

Hieraus ist offensichtlich, daß die Funktion $w(x)$ aus der Funktion

$$S\left(\left[\frac{n+1}{2}\right], z\right)\left(n - 2\left[\frac{n}{2}\right]\right) + T\left(\left[\frac{n}{2}\right], z\right)\left|n - 2\left[\frac{n}{2}\right] - 1\right|$$

durch primitive Rekursion entsteht, und deshalb ist $w(x)$ eine allgemein rekursive Funktion.

Betrachten wir schließlich die Funktion $y = h(x)$, deren Wert y gleich dem rechten Glied desjenigen Paares der endlichen Zuordnung mit Index $w(2x)$ ist, deren linkes Glied gleich x ist.

Nach dem Schema (8) hat das letzte Paar der endlichen Zuordnung mit Index $w(2x)$ die Gestalt $\langle x, y_{k+1}\rangle$, wobei

$$y_{k+1} = [\text{ex } (2x, w(2x) - 1)]_{22}$$

mit dem rechten Element $[z]_{22}$ des Paares mit Index z (§ 7.1.). Deshalb ist

$$y = h(x) = [\text{ex } (2x, w(2x) - 1)]_{22},$$

und folglich ist die Funktion $h(x)$ allgemein rekursiv. Ist $x_1 < x$, so enthält die Zuordnung mit Index $w(2x)$ die Paare $\langle x_1, h(x_1)\rangle$ und $\langle x, h(x)\rangle$. Aus (4) erhalten wir $h(x_1) \neq h(x)$. Andererseits hört nach (8) die Zuordnung mit Index $2m + 1$ mit einem Paar der Gestalt $\langle x_{k+1}, m\rangle$ auf, und also hat die Gleichung $h(x) = m$ eine Lösung x für jedes m. Somit bildet die Funktion $h(x)$ die natürliche Zahlenreihe eineindeutig auf sich selbst ab, genügt der Forderung $\varphi x = \psi h(x)$ und stellt den gesuchten Isomorphismus von der Aufzählung φ auf die Aufzählung ψ dar.

Der Beweis von Theorem 2 ist zu Ende gebracht.

Die Theoreme 1 und 2 beziehen sich auf Aufzählungen ein und derselben Gesamtheit von Objekten. Es ist jedoch nicht schwer, entsprechende Theorem auch für Aufzählungen verschiedener Gesamtheiten von Objekten zu bekommen. Wir beschränken uns hier auf die Umformulierung von Theorem 2.

Theorem 3. *Gegeben seien irgendwelche aufgezählte Mengen $\langle M_1, \varphi\rangle$, $\langle M_2, \varphi\rangle$ und eine eineindeutige Abbildung ζ der Gesamtheit M_1 von Objekten der einen Menge auf die Gesamtheit von Objekten der zweiten. Gibt es allgemein rekursive Funktionen $f(x)$, $g(x)$, die in verschiedenen Punkten verschiedene Werte annehmen und die den Forderungen*

$$\zeta(\varphi x) = \psi f(x), \qquad \zeta(\varphi g(x)) = \psi(x), \tag{9}$$

genügen, so ist die Abbildung ζ ein Isomorphismus von $\langle M_1, \varphi\rangle$ auf $\langle M_2, \psi\rangle$, d. h., es gibt eine allgemein rekursive Funktion $h(x)$, die die natürliche Zahlenreihe eineindeutig auf sich selbst abbildet und der Forderung

$$\zeta(\varphi x) = \psi h(x)$$

genügt.

Führen wir in der Tat durch die Festsetzung

$$\psi_1 n = \zeta(\varphi n) \tag{10}$$

eine weitere Aufzählung ψ_1 der Gesamtheit M_2 ein.

Die Beziehungen (9) zeigen, daß die Funktion $f(x)$ ψ_1 auf ψ 1-1-reduziert und die Funktion $g(x)$ ψ auf ψ_1 1-1-reduziert. Nach Theorem 2 schließen wir hieraus, daß die Aufzählungen ψ und ψ_1 rekursiv isomorph sind, d. h. daß es eine allgemein rekursive Funktion $h(x)$ gibt, die die natürliche Zahlenreihe eineindeutig auf sich selbst abbildet und der Forderung $\psi_1 x = \psi h(x)$ genügt. Nach (9) und (10) kann man diese Beziehung in die Form $\zeta(\varphi x) = \psi h(x)$ umschreiben, was auch gefordert war.

Um die Wirksamkeit von Theorem 3 zu erläutern, zeigen wir zum Beispiel, daß *die* KLEENE*sche Aufzählung* $\varkappa$ *aller einstelligen partiell rekursiven Funktionen und die* KLEENE*sche Aufzählung* $\varkappa_2$ *aller zweistelligen partiell rekursiven Funktionen isomorph sind.*

Bezeichnen wir mit ζ die Abbildung, durch die der einstelligen partiell rekursiven Funktion $K(n, x)$ die zweistellige partiell rekursive Funktion $K(n, [x, y])$ zugeordnet wird. Es ist klar, daß ζ die Gesamtheit $\mathfrak{F}^1_{\mathrm{p.r}}$ aller einstelligen partiell rekursiven Funktionen eineindeutig auf die Gesamtheit $\mathfrak{F}^2_{\mathrm{p.r}}$ aller zweistelligen partiell rekursiven Funktionen abbildet. Suchen wir eine Konstante a der Art, daß

$$K(n, [x, y]) = K([a, n], x, y).$$

Hieraus erhalten wir $\zeta \varkappa n = \varkappa_2[a, n]$. Also „1-1-reduziert" die Funktion $f(x) = [a, x]$ $\varkappa$ auf $\varkappa_2$. Andererseits suchen wir eine Konstante b der Art, daß

$$K(n, [t]_{21}, [t]_{22}) = K(b, n, t).$$

Setzen wir hier anstelle von t den Ausdruck $[x, y]$ ein, so erhalten wir

$$K([b, n], [x, y]) = K(n, x, y),$$

d. h. $\zeta(\varkappa[b, n]) = \varkappa_2 n$. Dies zeigt, daß die Funktion $g(x) = [b, x]$ die Aufzählung $\varkappa_2$ auf die Aufzählung $\varkappa$ „1-1-reduziert". Wir setzen das Wort „1-1-reduziert" hier in Anführungsstriche, weil der Begriff der 1-1-Reduzierbarkeit von uns nur für verschiedene Aufzählungen ein und derselben Gesamtheit definiert wurde und wir es hier mit verschiedenen Gesamtheiten zu tun haben und man „1-1-Reduzierbarkeit" in dem in Theorem 3 angegebenen Sinne aufzufassen hat. Mit einer Anwendung dieses Theorems schließen wir, daß die Abbildung ζ ein Isomorphismus von $\langle \mathfrak{F}^1_{\mathrm{p.r}}, \varkappa \rangle$ auf $\langle \mathfrak{F}^2_{\mathrm{p.r}}, \varkappa_2 \rangle$ ist.

9.3. Totale Aufzählungen. Eine Aufzählung φ einer Gesamtheit M von Objekten heißt *total* (s. [58]), wenn es in M ein *ausgezeichnetes* Objekt o mit der folgenden Eigenschaft gibt: Zu jeder partiell rekursiven Funktion $F(x)$ gibt es eine allgemein rekursive Funktion $G(x)$ der Art, daß für jede Zahl x

$$\varphi G(x) = \begin{cases} \varphi F(x), & \text{falls } F(x) \text{ definiert ist,} \\ o, & \text{falls } F(x) \text{ nicht definiert ist.} \end{cases} \tag{1}$$

Wir verstehen hier wie auch überall unten unter Aufzählung eine einfache Aufzählung, bei der die Menge der Indizes mit der ganzen natürlichen Zahlenreihe zusammenfällt. Enthält die Gesamtheit M nur ein Objekt, so gibt es nur eine einfache Aufzählung von M, und diese ist offensichtlich total.

Theorem 1. *Das homomorphe Bild einer Gesamtheit mit einer totalen Aufzählung ist eine Gesamtheit mit einer totalen Aufzählung.*

Die Funktion $h(x)$ stelle nämlich einen Homomorphismus der total aufgezählten Gesamtheit $\langle M, \varphi \rangle$ mit ausgezeichnetem Objekt o auf die aufgezählte Gesamtheit $\langle M_1, \psi \rangle$ dar, und es sei also

$$\varphi x = \varphi y \Rightarrow \psi h(x) = \psi h(y). \tag{2}$$

a sei irgendein φ-Index von o. Setzen wir $o_1 = \psi h(a)$ und betrachten wir eine beliebige partiell rekursive Funktion $F(x)$. Nach Voraussetzung findet sich eine allgemein rekursive Funktion $G(x)$, für die

$$\varphi G(x) = \varphi h^{-1}\,(F(x)), \text{ wenn } F(x) \text{ definiert ist,}$$

$$\varphi G(x) = \varphi a, \qquad\quad \text{wenn } F(x) \text{ nicht definiert ist.}$$

Nach (2) können wir in diesen Gleichungen das Symbol φ durch das Symbol ψh ersetzen und erhalten auf diese Weise die Bedingungen der Totalität der Aufzählung ψ mit ausgezeichnetem Element o_1.

Aus Theorem 1 folgt insbesondere, daß eine aufgezählte Menge, die zu einer Menge mit einer totalen Aufzählung isomorph ist, selbst eine total aufgezählte Menge ist.

Theorem 2. *Die KLEENEsche Aufzählung ist total mit der nirgendwo definierten Funktion als ihrem ausgezeichneten Element.*

$F(x)$ sei irgendeine partiell rekursive Funktion. Wir suchen eine Zahl a, so daß man für alle Werte x, t

$$K(F(x), t) = K([a, x], t)$$

hat. Somit fällt die Funktion mit Index $[a, x]$ mit der Funktion mit Index $F(x)$ zusammen, falls $F(x)$ definiert ist. Ist aber $F(x)$ nicht definiert, so ist die Funktion mit Index $[a, x]$ die nirgendwo definierte Funktion o. Also genügt die allgemein rekursive Funktion $G(x) = [a, x]$ der Bedingung (1) und ist die Aufzählung $\varkappa$ total.

In § 9.2. wurde hergeleitet, daß die KLEENEsche Aufzählung $\varkappa_s$ aller s-stelligen partiell rekursiven Funktionen zur Aufzählung $\varkappa$ isomorph ist. Deshalb sind zusammen mit der Aufzählung $\varkappa$ auch alle Aufzählungen $\varkappa_s$ total. In § 9.1. wurde gezeigt, daß die POSTsche Aufzählung π homomorphes Bild der Aufzählung $\varkappa$ ist. Folglich ist auch π eine totale Aufzählung, wobei die leere Menge ausgezeichnetes Element für π ist.

Durch Vergleich der Theoreme 1 und 2 sehen wir, daß wir bei einer vollkommen beliebigen Einteilung der einstelligen partiell rekursiven Funktionen in Klassen mit der entsprechenden Faktoraufzählung von $\varkappa$ eine totale Aufzählung erhalten. Dies zeigt, daß der Vorrat totaler Aufzählungen ziemlich groß ist.

Wir wollen jetzt gewisse in § 7 gewonnene Eigenschaften der KLEENEschen Aufzählung auf beliebige totale Aufzählungen ausdehnen.

Theorem 3. *Zu jeder totalen Aufzählung φ und jedem r gibt es eine allgemein rekursive Funktion $P_\varphi^{\,r}(x_1, \ldots, x_r)$, welche die folgenden Eigenschaften besitzt: Für jede partiell rekursive r-stellige Funktion $H(x_1, \ldots, x_r)$ gibt es eine Zahl a der Art, daß für beliebige Werte $x_2, \ldots, x_r$*

$$\varphi P_\varphi^{\,r}(a, x_2, \ldots, x_r) = \begin{cases} \varphi H(a, x_2, \ldots, x_r), & \text{falls } H(a, x_2, \ldots, x_r) \text{ definiert ist,} \\ o & \text{im entgegengesetzten Fall.} \end{cases}$$

$$(3)$$

Betrachten wir die Hilfsfunktion

$$F(x) = \boldsymbol{K}([x]_{r1}, \ldots, [x]_{rr}),$$

wobei $[x]_{ij}$ die in § 7.1. eingeführten Aufzählungsfunktionen sind. Infolge der Totalität von φ gibt es eine mit $F(x)$ durch die Beziehung (1) zusammenhängende allgemein rekursive Funktion $G(x)$. Aus (1) erhalten wir durch die Substitution $x = [x_1, \ldots, x_r]$ die Beziehung

$$\varphi G([x_1, \ldots, x_r]) = \begin{cases} \varphi \boldsymbol{K}(x_1, \ldots, x_r), & \text{falls } \boldsymbol{K}(x_1, \ldots, x_r) \text{ definiert ist,} \\ o & \text{im entgegengesetzten Fall.} \end{cases}$$

$$(4)$$

Wir zeigen, daß die Funktion

$$P_\varphi^{\,r}(x_1, \ldots, x_r) = G([x_1, \ldots, x_r])$$

den Forderungen von Theorem 3 genügt. Da die Funktion $\boldsymbol{K}$ universell ist, erhalten wir für ein gewisses c die Identität

$$H([x_1, x_1], x_2, \ldots, x_r) = \boldsymbol{K}([c, x_1], x_2, \ldots, x_r).$$

Setzen wir hier $x_1 = c$, $a = [c, c]$ und substituieren wir in (4) an Stelle von x_1 die Zahl a, so erhalten wir (3).

Theorem 4. *Zu jeder totalen Aufzählung φ und jeder partiell rekursiven Funktion $f(x_1, \ldots, x_r)$ gibt es eine allgemein rekursive Funktion $g(x_2, \ldots, x_r)$ der Art, daß*

$$\varphi g(x_2, \ldots, x_r) = \varphi f(g(x_2, \ldots, x_r), x_2, \ldots, x_r),$$

wenn $f(g(x_2, \ldots, x_r), x_2, \ldots, x_r)$ definiert ist, und

$$\varphi g(x_2, \ldots, x_r) = o \ \textit{im entgegengesetzten Fall.}$$

Betrachten wir die Funktion

$$H(x_1, \ldots, x_r) = f(P_\varphi{}^r(x_1, \ldots, x_r), x_2, \ldots, x_r)$$

mit der in Theorem 3 angegebenen Funktion $P_\varphi{}^r$. Nach Theorem 3 findet sich eine Zahl a der Art, daß

$$\varphi P_\varphi{}^r(a, x_2, \ldots, x_r) = \varphi f(P_\varphi{}^r(a, \ldots, x_r), x_2, \ldots, x_r)$$

ist, wenn der rechts stehende Ausdruck definiert ist, und

$$\varphi P_\varphi{}^r(a, x_2, \ldots, x_r) = o$$

im entgegengesetzten Fall. Hieraus ist offensichtlich: um Theorem 4 zu erfüllen, genügt es, $P_\varphi{}^r(a, x_2, \ldots, x_r)$ als die Funktion $g(x_2, \ldots, x_r)$ zu nehmen.

Im Weiteren hat nicht Theorem 4, sondern ein Spezialfall von Theorem 4 einen wesentlichen Wert:

Korollar 1. *φ sei eine totale Aufzählung. Dann hat für jede allgemein rekursive Funktion $f(x)$ die Gleichung*

$$\varphi f(x) = \varphi x \tag{5}$$

eine Lösung (einen „Fix"punkt) x. Darüber hinaus gibt es einen Algorithmus, der zu jedem KLEENE-*Index von f eine wohlbestimmte Lösung x der Gleichung* (5) *zu finden gestattet.*

Anders gesagt gibt es eine allgemein rekursive Funktion $g(n)$ der Art, daß

$$\varphi K(n, g(n)) = \varphi g(n) \tag{6}$$

für alle diejenigen Werte n, für welche die Funktion $K(n, t)$ überall definiert ist. Theorem 4 behauptet aber die Existenz einer Funktion $g(n)$ mit dieser Eigenschaft, wenn man in den Voraussetzungen $f(x_1, x_2) = K(x_2, x_1)$ annimmt.

Das unten folgende wichtige Theorem wurde zuerst von ROGERS [96] für die KLEENEsche Aufzählung gezeigt und später auf beliebige totale Aufzählungen ausgedehnt [57].

Theorem 5. *Reduziert sich eine totale Aufzählung φ einer Gesamtheit U auf irgendeine deren Aufzählungen ψ, so läßt φ sich auf ψ 1-1-reduzieren. Jede zu einer totalen Aufzählung äquivalente Aufzählung ist zu der letzteren isomorph und deshalb ebenfalls total.*

Die zweite Behauptung des Theorems folgt aus der ersten, weil nach Theorem 2 aus § 9.2. 1-1-äquivalente Aufzählungen isomorph sind. Wir zeigen also nun die erste Behauptung.

Eine allgemein rekursive Funktion $f(x)$ reduziere φ auf ψ. Hat die Gesamtheit U nur ein Objekt, so ist die Behauptung von Theorem 5 trivial. Deshalb können wir voraussetzen, daß es Zahlen a, b gibt, die φ-Indizes verschiedener Objekte aus U sind. Wir müssen eine allgemein rekursive Funktion $B_0(x, y)$ konstruieren, die folgende Eigenschaften hat (s. § 9.2.):

$$\psi B_0(x, y) = \varphi x, \quad y \neq z \Rightarrow B_0(x, y) \neq B_0(x, z).$$

Konstruieren wir zuerst eine allgemein rekursive Hilfsfunktion $S(x, y)$, die den Forderungen

$$\varphi S(x, y) = \varphi x, \quad f(S(x, y)) \neq f(S(x, z)) \qquad (y \neq z) \tag{7}$$

genügt.

Setzen wir per definitionem $S(x, 0) = x$, und nehmen wir auf Grund einer Induktion an, daß für ein gewisses r die Werte $S(x, 0)$, $S(x, 1)$, ..., $S(x, r)$ bereits gefunden und außerdem die Forderungen (7) für $y, z = 0, ..., r$ erfüllt sind. Führen wir die einstelligen partiellen Funktionen

$$h_1(t) = \begin{cases} x, & \text{wenn } f(t) \notin \{f(S(x, 0)), ..., f(S(x, r))\}^{[1]}), \\ a & \text{im entgegengesetzten Fall;} \end{cases} \tag{8}$$

$$h_2(t) = \begin{cases} b, & \text{wenn } f(t) \in \{f(S(x, 0)), ..., f(S(x, r))\}, \\ a & \text{im entgegengesetzten Fall} \end{cases} \tag{9}$$

ein.

Die Funktionen h_1, h_2 sind partiell rekursiv. Mehr als das, es gibt einen Algorithmus, der zu den Zahlen x, $S(x, 0)$, ..., $S(x, r)$ wohlbestimmte KLEENEsche Indizes n_1, n_2 der Funktionen h_1, h_2 zu finden gestattet. Setzen wir weiter $m_1 = g(n_1)$, $m_2 = g(n_2)$, wobei $g(t)$ die Funktion aus Beziehung (6) ist. Also ist

$$\varphi h_1(m_1) = \varphi m_1, \quad \varphi h_2(m_2) = \varphi m_2. \tag{10}$$

Ist $f(m_1) \notin \{f(S(x, 0)), ..., f(S(x, r))\}$, so setzen wir $S(x, r + 1) = m_1$. Aus den Beziehungen (8), (10) haben wir in diesem Fall $\varphi m_1 = \varphi x$ und ist deshalb die Forderung (7) für $y, z = 0, ..., r, r + 1$ erfüllt.

Ist $f(m_1) \in \{f(S(x, 0)), ..., f(S(x, r))\}$, so setzen wir $S(x, r + 1) = m_2$. Zeigen wir, daß auch in diesem Fall für $y, z = 0, ..., r + 1$ die Forderung (7) erfüllt ist. Nach Voraussetzung haben wir für ein gewisses i, $0 \leq i \leq r$, $f(m_1) = f(S(x, i))$ und also $\varphi m_1 = \varphi(S(x, i)) = \varphi x = \varphi h_1(m_1)$. Nach (8) ist aber im betrachteten Falle $h_1(m_1) = a$. Deshalb ist $\varphi m_1 = \varphi x = \varphi a$.

Würde sich herausstellen, daß $f(m_2) \in \{f(S(x, 0)), ..., f(S(x, r))\}$, so erhielten wir analog die Gleichungen $\varphi m_2 = \varphi x = \varphi b$, die den bereits hergeleiteten Beziehungen $\varphi x = \varphi a \neq \varphi b$ widersprechen. Deshalb ist $f(m_2) \notin \{f(S(x, 0)), ..., f(S(x, r))\}$ und nach (9) $h_2(m_2) = a$.

---

[1]) Druckfehlerberichtigung des russ. $\in$ (Anm. d. Übers.).

Hieraus haben wir

$$f(S(x, r+1)) \notin \{f(S(x, 0)), \ldots, f(S(x, r))\},$$
$$\varphi S(x, r+1) = \varphi m_2 = \varphi a = \varphi x.$$

Somit sind im betrachteten Falle die Forderungen (7) erfüllt und kann man die Funktion $S(x, y)$ für konstruiert halten.

Aus der Gleichförmigkeit des Konstruktionsprozesses für die Funktion $S(x, y)$ ist deren allgemeine Rekursivität offensichtlich. Der formale Beweis wird dem Leser überlassen. Die Eigenschaften (7) zeigen, daß die Funktion $f(S(x, y))$ als die gesuchte Funktion $B_0(x, y)$ für die Aufzählung ψ genommen werden kann. Der Beweis von Theorem 5 ist abgeschlossen.

9.4. Familien von Objekten aus aufgezählten Gesamtheiten. Eine Aufzählung der Elemente einer beliebigen Gesamtheit U gestattet es, grundlegende Begriffe der Theorie rekursiver Zahlenmengen auch auf beliebige Gesamtheiten zu übertragen. Man kann eine solche Übertragung jedoch nach verschiedenen Methoden durchführen, infolgedessen sich die Begriffe der Rekursivität, der rekursiven Aufzählbarkeit und dergleichen beim Übergang von Zahlenmengen zu Familien von Objekten sich in *vollständig* rekursiv, *schwach* rekursiv usw. verzweigen. Wir werden vorläufig nur Begriffe mit dem Präfix „vollständig" betrachten: vollständig rekursiv, vollständig aufzählbar usw.

U sei eine Gesamtheit von Objekten mit einer Aufzählung φ. Wir nennen eine Familie S von Objekten aus U nicht-trivial, wenn S nicht leer ist und nicht mit U zusammenfällt. Mit dem Symbol $\varphi^{-1}S$ bezeichnen wir die Menge *aller* φ-Indizes *aller* Objekte aus S. Für eine Zahlenmenge A wird mit φA das φ-Bild von A in U bezeichnet, d. h. φA ist die Familie der Objekte, für die mindestens ein φ-Index in A enthalten ist.

Eine Familie S heißt *vollständig aufzählbar* (*vollständig rekursiv, vollständig kreativ*), wenn die Menge $\varphi^{-1}S$ rekursiv aufzählbar (rekursiv, kreativ) ist (s. § 7.2.).

Das folgende Theorem ist eine wörtliche Erweiterung des in § 7.2. für die KLEENE-sche Aufzählung bewiesenen Theorems von RICE auf beliebige totale Aufzählungen.

Theorem 1. *Vollständig rekursive Familien von Objekten in Gesamtheiten mit einer totalen Aufzählung sind trivial.*

Nehmen wir nämlich im Gegenteil an, eine Gesamtheit U mit einer totalen Aufzählung φ habe eine nicht-triviale, vollständig rekursive Familie S von Objekten. Das bedeutet, daß die Menge $\varphi^{-1}S$ nicht leer, von der natürlichen Zahlenreihe verschieden und rekursiv ist. Aber dann ist auch das Komplement $\varphi^{-1}S'$ der Menge $\varphi^{-1}S$ nicht-leer und rekursiv. Sei $a \in \varphi^{-1}S$, $b \in \varphi^{-1}S'$. Konstruieren wir die Hilfsfunktion

$$f(x) = \begin{cases} a, & x \in \varphi^{-1}\,S', \\ b, & x \in \varphi^{-1}S. \end{cases}$$

Diese Funktion ist allgemein rekursiv (§ 6.3.). Nach dem Fixpunktsatz (§ 9.3.) gibt es eine Zahl c mit $\varphi f(c) = \varphi c$. Wie auch in § 7.2. überzeugt man sich leicht, daß beide Annahmen $c \in \varphi^{-1}S$, $c \in \varphi^{-1}S'$ zum Widerspruch führen.

Theorem 2. *Keine nicht-triviale, vollständig aufzählbare Familie S von Objekten einer Gesamtheit U mit einer totalen Aufzählung φ kann das ausgezeichnete Element o der Aufzählung φ enthalten.*

Nehmen wir im Gegenteil an, eine vollständig aufzählbare, nicht-triviale Familie S enthalte o. Wählen wir einen Index b irgendeines in S nicht vorkommenden Objektes aus und betrachten wir die Funktion

$$f(x) = \begin{cases} b, & \text{falls } x \in \varphi^{-1}S, \\ \text{undef.}, & \text{falls } x \notin \varphi^{-1}S. \end{cases}$$

Nach § 6.3. ist diese Funktion partiell rekursiv. Deshalb findet sich eine allgemein rekursive Funktion $g(x)$ der Art, daß

$$\varphi g(x) = \begin{cases} \varphi b, & \text{falls } x \in \varphi^{-1}S, \\ o, & \text{falls } x \notin \varphi^{-1}S. \end{cases}$$

Folglich ist

$$x \in \varphi^{-1}S' \Leftrightarrow g(x) \in \varphi^{-1}S.$$

Das bedeutet, daß die Menge $\varphi^{-1}S'$ auf die Menge $\varphi^{-1}S$ m-reduzierbar ist. Die letztere Menge ist jedoch rekursiv aufzählbar. Also ist auch die Menge $\varphi^{-1}S'$ rekursiv aufzählbar (§ 8.1.). Aus der rekursiven Aufzählbarkeit zueinander komplementärer Mengen folgt ihre Rekursivität. Deshalb ist die Familie S vollständig rekursiv, was Theorem 1 widerspricht.

Theorem 3. *Jede vollständig aufzählbare, nicht-triviale Familie S von Objekten einer Gesamtheit U mit einer totalen Aufzählung ist vollständig kreativ.*

Es sei $a \in \varphi^{-1}S$. Bezeichnen wir mit T irgendeine kreative Menge, zum Beispiel eine von den in § 8.2. konstruierten. Betrachten wir die Hilfsfunktion

$$f(x) = \begin{cases} a, & \text{falls } x \in T, \\ \text{undef.}, & \text{falls } x \notin T. \end{cases}$$

Diese Funktion ist partiell rekursiv, und deshalb gibt es eine allgemein rekursive Funktion $g(x)$ mit

$$\varphi g(x) = \begin{cases} \varphi a, & \text{falls } x \in T, \\ o, & \text{falls } x \notin T. \end{cases}$$

Nach dem vorigen Theorem ist $o \notin S$. Deshalb ist

$$x \in T \Leftrightarrow g(x) \in \varphi^{-1}S.$$

Wir sehen also, daß die kreative Menge T auf die rekursiv aufzählbare Menge $\varphi^{-1}S$ m-reduzierbar ist. Deshalb ist die Menge $\varphi^{-1}S$ kreativ.

Theorem 4. *In einer Gesamtheit U mit einer totalen Aufzählung φ sei die Familie $\{o\}'$ aller nicht ausgezeichneten Objekte vollständig aufzählbar. Dann ist jede Familie S von Objekten aus U, die o enthält und von U verschieden ist, vollständig produktiv.*

Betrachten wir die partiell rekursive Funktion

$$f(x) = \begin{cases} b, & \text{falls} \quad x \in \varphi^{-1}\{o\}', \\ \text{undef.,} & \text{falls} \quad x \in \varphi^{-1}\{o\} \end{cases}$$

mit $\varphi b \notin S$.[1]) Aus der Totalität der Aufzählung φ folgt, daß sich eine allgemein rekursive Funktion $g(x)$ findet, für die

$$\varphi g(x) = \begin{cases} \varphi b, & \text{falls} \quad x \in \varphi^{-1}\{o\}', \\ o, & \text{falls} \quad x \in \varphi^{-1}o, \end{cases}$$

und also

$$x \in \varphi^{-1}o \Leftrightarrow g(x) \in \varphi^{-1}S.$$

Nach Theorem 3 ist die Menge $\varphi^{-1}o$ produktiv. Diese Menge läßt sich aber auf $\varphi^{-1}S$ m-reduzieren. Also ist $\varphi^{-1}S$ produktiv, was auch zu beweisen war.

Es ist bekannt (§ 7.2.), daß die Familie $\{o\}'$ in der KLEENEschen Aufzählung vollständig aufzählbar ist. Deshalb folgt aus Theorem 4 zum Beispiel, daß die Gesamtheit aller KLEENEschen Indizes der nirgends definierten Funktion eine produktive Menge ist. Allgemeiner: Die Gesamtheit aller KLEENEschen Indizes der Funktionen einer beliebigen Familie ist produktiv, wenn diese Familie nur die nirgends definierte Funktion einschließt und nicht die Familie aller partiell rekursiven Funktionen ist.

Wenn die Theoreme 1—4 auch nur eine kleine Information über die Struktur vollständig aufzählbarer Familien liefern, so doch eine Information bezüglich aller totalen Aufzählungen. Für die KLEENEsche und POSTsche Aufzählung ist die Struktur der vollständig aufzählbaren Familien viel ausführlicher bekannt (s. Übungen 9, 10 aus § 7).

Ergänzungen, Beispiele und Übungen

1. $B(x, y)$ sei eine partiell rekursive Funktion. Man zeige (und bringe eben dadurch den formalen Beweis von Theorem 1 aus § 9.2. zum Abschluß), daß die durch das Schema

$$\begin{aligned} g(0) &= a \\ h(n) &= \mu_t(B(n, t) \notin \{g(0), \ldots, g(n)\}) \\ g(n+1) &= B(n, h(n)) \end{aligned} \qquad (\alpha)$$

definierte Funktion $g(x)$ partiell rekursiv ist.

---

[1]) Druckfehlerberichtigung des russ. $\in$ (Anm. d. Übers.).

2. Die Funktion $B(x, y)$ aus der vorigen Übung sei primitiv rekursiv und genüge der Eindeutigkeitsbedingung: aus $y \neq z$ folgt $B(x, y) = B(x, z)$. Dann ist die durch das Schema (α) definierte Funktion $g(x)$ ebenfalls primitiv rekursiv.

3. Man führe den formalen Nachweis der Rekursivität der im Beweisverlauf zu Theorem 2 aus § 9.2. konstruierten Funktion $h(x)$. Man zeige, daß die den Isomorphismus realisierende Funktion $h(x)$ primitiv rekursiv ist, wenn die gegebenen 1-1-reduzierenden Funktionen $f(x)$, $g(x)$ primitiv rekursiv sind (s. [57]).

4. Eine partiell rekursive Funktion f habe einen rekursiven Definitionsbereich. Dann ist die Zahlenmenge, die alle KLEENEschen Indizes von f und keinen Index irgendeiner partiell rekursiven Erweiterung von f enthält, produktiv (RICE [87], s. auch [58]).

5. Eine Zahlenmenge ist bekanntlich produktiv, wenn sie alle KLEENEschen Indizes einer gewissen partiell rekursiven Funktion f und gleichzeitig keinen KLEENEschen Index irgendeiner endlich definierten Funktion enthält, deren Graph im Graph von f enthalten ist (MALCEW [58]).

6. Das Komplement einer vollständig aufzählbaren Gesamtheit $\mathfrak{S}$ rekursiv aufzählbarer Mengen ist genau dann berechenbar (Definition der Berechenbarkeit s. § 7.4.), wenn $\mathfrak{S}$ die Gesamtheit aller Obermengen eines Systems endlicher Mengen ist, deren Standardindizes eine rekursive Menge bilden. Eine analoge Behauptung ist auch für das Komplement einer vollständig aufzählbaren Gesamtheit partiell rekursiver Funktionen richtig. (RICE [88].)

7. Man zeige, daß die KLEENEsche und die POSTsche Aufzählung nicht isomorph sind (MALCEW [58]).

8. Eine Familie $\mathfrak{S}$ von Objekten einer aufgezählten Gesamtheit mit der Aufzählung α heißt *innerlich produktiv*, wenn es eine allgemein rekursive Funktion $g(x)$ gibt der Art, daß für jedes n

$$\pi_n \neq \emptyset \ \& \ \alpha\pi_n \subseteq \mathfrak{S} \Rightarrow \alpha g(n) \in \mathfrak{S} \ \& \ \alpha g(n) \notin \alpha\pi_n.$$

Man zeige, daß eine innerlich produktive Familie in der KLEENEschen und in der POSTschen Aufzählung nicht berechenbar sein kann.

9. Man zeige, daß in der KLEENEschen Aufzählung jede Familie partiell rekursiver Funktionen mit unendlichem Definitionsbereich, die die partiellen charakteristischen Funktionen aller unendlichen rekursiven Mengen enthält, innerlich produktiv ist (MALCEV [58]).

10. Wenn eine Familie $\mathfrak{S}$ partiell rekursiver Funktionen eine totale berechenbare Aufzählung mit ausgezeichnetem Objekt $o = f(x)$ hat, dann fallen für alle x aus dem Definitionsbereich von f die Werte jeder Funktion aus $\mathfrak{S}$ mit den Werten von $f(x)$ zusammen.

11. Jede endliche Gesamtheit einstelliger partiell rekursiver Funktionen, die die nirgends definierte Funktion enthält, besitzt eine berechenbare totale Aufzählung.

§ 10. Universelle und kreative Systeme von Mengen

Die in § 8 für einzeln genommene Zahlenmengen definierten Begriffe der m-Universalität und Kreativität werden natürlicherweise auf Paare, Tripel, Quadrupel und allgemein n-Tupel von Mengen verallgemeinert. Jedem n-Tupel $\alpha_1, \ldots, \alpha_n$ von Mengen assoziieren wir eindeutig eine Aufzählung einer Familie $a_0, a_1, \ldots, a_n$ symbolischer Objekte, indem wir alle Zahlen aus α_i ($i = 1, \ldots, n$) Indizes des Objekts a_i nennen. Diese Aufzählungen erweisen sich genau dann als total, wenn die n-Tupel der Mengen m-universell sind. Anwendungen der allgemeinen Theoreme aus § 9 auf die betrachteten speziellen Aufzählungen liefern wesentliche Eigenschaften von m-universellen n-Tupeln von Mengen. Im Schlußteil betrachten wir die Begriffe der Produktivität und der Separabilität für Paare von Mengen.

10.1. m-Universalität von Mengensystemen. In Analogie zur in § 8.1. definierten m-Reduzierbarkeit von Mengen sagt man, daß eine Folge $\beta_1, \ldots, \beta_n$ von Mengen sich auf eine Folge $\alpha_1, \ldots, \alpha_n$ von Mengen m-reduzieren läßt, wenn es eine rekursive Funktion $f(x)$ gibt der Art, daß für alle x

$$x \in \beta_i \Leftrightarrow f(x) \in \alpha_i \qquad (i = 1, 2, \ldots, n). \tag{1}$$

Wie auch früher überzeugen wir uns leicht, daß die Beziehung der m-Reduzierbarkeit von n-Tupeln von Mengen transitiv ist.

Ein System $\langle \alpha_1, \ldots, \alpha_n \rangle$ von Mengen heißt ein *m-universelles* n-Tupel von Mengen, wenn die folgenden Bedingungen erfüllt sind:

a) die Mengen $\alpha_1, \ldots, \alpha_n$ sind paarweise disjunkt;

b) jede der Mengen $\alpha_1, \ldots, \alpha_n$ ist rekursiv aufzählbar;

c) jedes n-Tupel $\langle \beta_1, \ldots, \beta_n \rangle$ paarweise disjunkter, rekursiv aufzählbarer Mengen ist m-reduzierbar auf das n-Tupel $\langle \alpha_1, \alpha_2, \ldots, \alpha_n \rangle$.

Für $n = 1$ verwandelt diese Definition sich in die Definition einer m-universellen Menge (§ 8.1.). Andererseits wird in der Definition m-universeller n-Tupel von Mengen nicht gefordert, daß die Mengen $\beta_1, \ldots, \beta_n$ nicht leer seien. Deshalb folgt aus der m-Universalität irgendeines Mengensystems $\alpha_1, \ldots, \alpha_n$ die m-Universalität jedes seiner Teilsysteme $\alpha_{i_1}, \alpha_{i_2}, \ldots, \alpha_{i_s}$ und insbesondere die m-Universalität jeder einzelnen Menge α_i, die in dem m-universellen System vorkommt.

Die Umkehrung gilt natürlich nicht: Bei weitem nicht jedes aus n paarweise disjunkten m-universellen Mengen bestehende System ist ein m-universelles n-Tupel von Mengen (s. § 10.3.).

Bemerken wir noch, daß die Vereinigung aller Mengen eines m-universellen n-Tupels nicht mit der natürlichen Zahlenreihe zusammenfallen kann. Denn das Gegenteil würde bedeuten, daß eine m-universelle Menge α_1 ein rekursiv aufzählbares Komplement $\alpha_2 \cup \cdots \cup \alpha_n$ hat, was nicht sein kann, weil das Komplement einer m-universellen Menge nicht rekursiv ist.

Aus der Definition m-universeller Mengensysteme folgen unmittelbar die folgenden Eigenschaften solcher Systeme. Es sei $\langle \alpha_1, \ldots, \alpha_n \rangle$ ein m-universelles System. Dann

a) *sind für eine beliebige partiell rekursive Funktion $f(x)$ die Mengen $f^{-1}(\alpha_1), \ldots, f^{-1}(\alpha_n)$ paarweise disjunkt und rekursiv aufzählbar;*

b) *gibt es zu jedem System $\beta_1, \ldots, \beta_n$ paarweise disjunkter, rekursiv aufzählbarer Mengen eine rekursive Funktion $f(x)$, für die $\beta_1 = f^{-1}(\alpha_1), \ldots, \beta_n = f^{-1}(\alpha_n)$.*

11*

Die Umkehrung gilt ebenfalls: Besitzt ein Mengensystem $\alpha_1, \ldots, \alpha_n$ die Eigenschaften a), b), so ist es m-universell.

Eigenschaft b) hat auch ursprünglich als Anlaß zur Einführung der Bezeichnung „m-universelle" Systeme gedient.

n sei eine vorgegebene positive natürliche Zahl. Bezeichnen wir mit A die Gesamtheit beliebig, aber fest gewählter Hilfsobjekte $a_0, a_1, \ldots, a_n$. Jedem n-Tupel $\alpha_1, \ldots, \alpha_n$ paarweise verschiedener Mengen, deren Summe die natürliche Zahlenreihe nicht ausschöpft, assoziieren wir jetzt die folgende Aufzählung φ der Gesamtheit A:

$$\varphi x = \begin{cases} a_i, \text{ falls } x \in \alpha_i \ (i = 1, \ldots, n), \\ a_0, \text{ falls } x \notin \alpha_1 \cup \cdots \cup \alpha_n. \end{cases} \tag{2}$$

Wir nennen die Aufzählung φ und das Mengensystem $\alpha_1, \ldots, \alpha_n$ im folgenden *assoziiert*.

Durch Vergleich der Definition der Reduzierbarkeit von Aufzählungen (§ 9.2.) und der m-Reduzierbarkeit von n-Tupeln von Mengen sehen wir, daß *eine Aufzählung φ der Gesamtheit A dann und nur dann auf eine Aufzählung ψ derselben Gesamtheit reduzierbar ist, wenn das zur ersten Aufzählung assoziierte Mengensystem auf das zur Aufzählung ψ assoziierte Mengensystem m-reduzierbar ist.*

Mengensysteme $\langle \alpha_1, \ldots, \alpha_n \rangle$ und $\langle \beta_1, \ldots, \beta_n \rangle$ heißen *m-äquivalent*, wenn jedes von ihnen auf das andere m-reduzierbar ist. Aus der gerade gemachten Bemerkung über den Zusammenhang zwischen der m-Reduzierbarkeit von Systemen und der Reduzierbarkeit der assoziierten Aufzählungen folgt, daß Aufzählungen φ, ψ einer Gesamtheit A genau dann äquivalent sind, wenn die zu ihnen assoziierten Mengensysteme m-äquivalent sind.

Das unten folgende Theorem expliziert die enge Verwandtschaft zwischen den Begriffen der Totalität von Aufzählungen und der m-Universalität von Mengensystemen.

Theorem 1. *Wenn φ eine totale Aufzählung einer aus $n + 1$ Objekten bestehenden Gesamtheit A ist und die Menge $\varphi^{-1}a_i$ der Indizes jedes nicht-ausgezeichneten Objekts a_i $(i = 1, \ldots, n)$ aus A rekursiv aufzählbar ist, dann ist das assoziierte Mengensystem $\varphi^{-1}a_1, \ldots, \varphi^{-1}a_n$ m-universell.*

Wenn umgekehrt ein Mengensystem $\alpha_1, \ldots, \alpha_n$ m-universell ist, dann ist die assoziierte Aufzählung total und die Gesamtheit der Indizes jedes nicht-ausgezeichneten Elements dieser Aufzählung rekursiv aufzählbar.

Zeigen wir die erste Behauptung. Nach Voraussetzung sind die Mengen $\varphi^{-1}a_1, \ldots, \varphi^{-1}a_n$ rekursiv aufzählbar und paarweise disjunkt. $\beta_1, \ldots, \beta_n$ sei irgendein anderes System disjunkter rekursiv aufzählbarer Mengen. Führen wir die partielle Hilfsfunktion

$$F(x) = \begin{cases} c_i, \text{ falls } x \in \beta_i \ (i = 1, \ldots, n), \\ \text{nicht definiert für die übrigen } x \end{cases}$$

ein, wobei $c_1, \ldots, c_n$ beliebig, aber fest gewählte Zahlen aus den Mengen $\varphi^{-1}a_1,$ $\ldots, \varphi^{-1}a_n$ sind. Nach § 6.3. ist die Funktion $F(x)$ partiell rekursiv. Da die Aufzählung φ total ist, findet sich dann eine allgemein rekursive Funktion $f(x)$ der Art, daß

$$\varphi f(x) = \begin{cases} \varphi c_i = a_i, & \text{falls } x \in \beta_i, \\ o = a_0, & \text{falls } x \notin \beta_1 \cup \cdots \cup \beta_n, \end{cases}$$

d. h.

$$x \in \beta_i \Leftrightarrow f(x) \in \varphi^{-1}a_i \quad (i = 1, \ldots, n).$$

Also läßt das System $\beta_1, \ldots, \beta_n$ sich auf das System $\{\varphi^{-1}a_i\}$ m-reduzieren und ist das System $\varphi^{-1}a_1, \ldots, \varphi^{-1}a_n$ m-universell.

Zeigen wir die Umkehrung. Es sei $F(x)$ eine beliebige partiell rekursive Funktion. Nach Voraussetzung läßt sich das Mengensystem $F^{-1}(\alpha_1), \ldots, F^{-1}(\alpha_n)$ durch eine gewisse rekursive Funktion $f(x)$ auf das System $\alpha_1, \ldots, \alpha_n$ m-reduzieren, d. h.

$$F(x) \in \alpha_i \Leftrightarrow f(x) \in \alpha_i \quad (i = 1, \ldots, n).$$

Vergleichen wir das mit den Formeln (2), die die assoziierte Aufzählung definieren, so sehen wir, daß

$$\varphi f(x) = \begin{cases} \varphi F(x), & \text{falls } F(x) \text{ definiert ist,} \\ a_0, & \text{falls } F(x) \text{ nicht definiert ist,}[1]) \end{cases}$$

und also ist die Aufzählung φ total.

Theorem 2. *Wenn es in irgendeiner Gesamtheit U mit einer totalen Aufzählung φ ein endliches System $U_1, \ldots, U_n$ paarweise disjunkter, total aufzählbarer Familien von Objekten gibt, dann ist das Mengensystem $\varphi^{-1}U_1, \ldots, \varphi^{-1}U_n$ m-universell.*

Bezeichnen wir in der Tat mit λ die Zerlegung der Gesamtheit U in die Klassen $U_1, \ldots, U_n$ und die Klasse $U_0 = U - (U_1 \cup \cdots \cup U_n)$ (s. § 9.1.). Die Faktoraufzählung $\varphi_0 = \varphi / \lambda$ ist eine totale Aufzählung der endlichen Gesamtheit $A = \{U_0, U_1, \ldots, U_n\}$, wobei die Gesamtheiten der Indizes aller nicht-ausgezeichneten Elemente hier rekursiv aufzählbar sind (weil sie mit den Mengen $\varphi^{-1}U_i,$ $i = 1, \ldots, n$ zusammenfallen). Nach Theorem 1 folgt hieraus, daß das Mengensystem $\varphi^{-1}U_1, \ldots, \varphi^{-1}U_n$ m-universell ist.

Theorem 2 bietet die Möglichkeit, sehr einfach konkrete m-universelle Mengensysteme zu finden. Betrachten wir zum Beispiel die KLEENEsche Aufzählung $\varkappa$. U_i sei die Familie aller einstelligen partiell rekursiven Funktionen $f(x)$, die der Bedingung $f(0) = i$ genügen. Die Familien U_i sind total aufzählbar und paarweise disjunkt. Bezeichnen wir mit α_i die Gesamtheit der KLEENEschen Indizes der Funktionen aus U_i, so sehen wir, daß nach Theorem 2 für jeden Wert $n = 1, 2, \ldots$ das System der Mengen $\alpha_1, \ldots, \alpha_n$ m-universell ist.

---

[1]) Im russ. Original steht die Fallunterscheidung: $x \in \alpha_i \ (i = 1, \ldots, n), x_1 \notin \alpha_1 \cup \cdots \cup \alpha_n$ (Anm. d. Übers.).

Mengensysteme $\alpha_1, \ldots, \alpha_n$ und $\beta_1, \ldots, \beta_n$ heißen *rekursiv isomorph*, wenn eines von ihnen sich durch eine geeignete rekursive, eineindeutige Abbildung der natürlichen Zahlenreihe auf sich selbst in die andere übertragen läßt, d. h., wenn eines der Systeme sich auf das andere mit Hilfe einer geeigneten rekursiven Funktion m-reduzieren läßt, die eine eineindeutige Abbildung der natürlichen Zahlenreihe auf sich selbst realisiert.

Theorem 3. *Für jedes n sind alle m-universellen n-Tupel von Mengen zueinander isomorph* (A. MUČNIK [68], SMULLYAN [105]).

In der Tat folgt aus der Definition der m-Universalität unmittelbar, daß alle m-universellen n-Tupel von Mengen zueinander m-äquivalent sind. Aus der m-Äquivalenz von Mengensystemen folgt die Äquivalenz der assoziierten Aufzählungen. Da diese Aufzählungen im betrachteten Falle total sind (Theorem 1), sind sie auch isomorph (Theorem 5, § 9.3.). Aber dann sind auch die entsprechenden n-Tupel von Mengen isomorph.

10.2. Kreative Systeme von Mengen. Der in § 8.2. für einzeln genommene Zahlenmengen definierte Begriff der Kreativität läßt sich folgendermaßen auf Paare, Tripel usw. von Mengen erweitern.

Ein System von n Zahlenmengen $\alpha_1, \ldots, \alpha_n$ heißt *kreatives n-Tupel von Mengen*, wenn diese Mengen paarweise disjunkt und rekursiv aufzählbar sind und eine rekursive Funktion $p(x_1, \ldots, x_n)$ der Art existiert, daß für jedes System $\pi_{x_1}, \ldots, \pi_{x_n}$ paarweise disjunkter, rekursiv aufzählbarer und den Komplementaritätsbedingungen $\alpha_1 \cap \pi_{x_1} = \emptyset, \ldots, \alpha_n \cap \pi_{x_n} = \emptyset$ genügender Mengen die Beziehung

$$p(x_1, \ldots, x_n) \notin (\alpha_1 \cup \pi_{x_1}) \cup \ldots \cup (\alpha_n \cup \pi_{x_n}) \tag{1}$$

gilt.

Für $n = 1$ verwandelt diese Definition sich in die in § 8.2. eingeführte Definition der Kreativität einer Menge α_1. Das Theorem über das Zusammenfallen der Klassen der kreativen und der m-universellen Mengen überträgt sich auf m-universelle und kreative n-Tupel von Mengen. Um jedoch einige stärkere Resultate zu bekommen, teilen wir das Theorem über das Zusammenfallen der Klassen der kreativen und der universellen n-Tupel in zwei Teile auf.

Theorem 1. *Zu jedem universellen n-Tupel $\alpha_1, \ldots, \alpha_n$ von Mengen gibt es eine rekursive Funktion $g(x_1, \ldots, x_n)$ der Art, daß*

$$g(x_1, \ldots, x_n) \in \bigcup_{i=1}^{n} (\pi_{x_i} \cap \alpha_i) \cup \bigcap_{i=1}^{n} (\pi'_{x_i} \cap \alpha'_i) \tag{2}$$

für alle $x_1, \ldots, x_n$.

Wenn $\pi_{x_i} \cap \alpha_i = \emptyset$ $(i = 1, \ldots, n)$, so geht die Bedingung (2) in die Bedingung (1) für die Kreativität über. Deshalb folgt aus Theorem 1, daß *alle universellen n-Tupel von Mengen kreativ sind.*

Für den Beweis von Theorem 1 wählen wir in jeder Menge α_i irgendeine Zahl c_i $(i = 1, \ldots, n)$ aus. Betrachten wir die im Theorem über gemeinsame Erweiterung (§ 7.3.) definierte gemeinsame Erweiterung der konstanten Funktionen $f_i(x) = c_i$ $(i = 1, \ldots, n)$; sie besitzt die folgenden Eigenschaften:

a) die Funktion $f(x_1, \ldots, x_n, x)$ ist bezüglich der Gesamtheit aller ihrer Argumente partiell rekursiv;

b) für alle fest gewählten $x_1, \ldots, x_n$ ist $\pi_{x_1} \cup \cdots \cup \pi_{x_n}$ der Definitionsbereich der einstelligen Funktion $f(x_1, \ldots, x_n, x)$;

c) $f(x_1, \ldots, x_n, x)$ kann nur die Werte $c_1, \ldots, c_n$ annehmen und

$$f(x_1, \ldots, x_n, x) = c_i \Rightarrow x \in \pi_{x_i} \qquad (i = 1, \ldots, n).$$

Betrachten wir jetzt die zum System $\alpha_1, \ldots, \alpha_n$ assoziierte Aufzählung φ der Gesamtheit $A = \{a_0, a_1, \ldots, a_n\}$. Da das System $\alpha_1, \ldots, \alpha_n$ universell ist, ist die Aufzählung φ total, und es findet sich also eine rekursive Funktion $g(x_1, x_2, \ldots, x_n)$ (§ 9.3., Theorem 4), welche die Bedingung

$$\varphi g(x_1, \ldots, x_n) = \varphi f(x_1, \ldots, x_n, g(x_1, \ldots, x_n)) \tag{3}$$

erfüllt, wenn $f(x_1, \ldots, x_n, g)$ definiert ist, d. h. wenn

$$g(x_1, \ldots, x_n) \in \pi_{x_i} \cup \cdots \cup \pi_{x_n},$$

und die Bedingung

$$\varphi g(x_1, \ldots, x_n) = a_0, \tag{4}$$

wenn $g(x_1, \ldots, x_n) \notin \pi_{x_1} \cup \cdots \cup \pi_{x_n}$.

Im Fall (3) folgt aus der Eigenschaft c), daß wir für ein passendes j, $1 \leqq j \leqq n$, $f(x_1, \ldots, x_n, g) = c_j$ und $g(x_1, \ldots, x_n) \in \pi_{x_j}$ haben. Die Gleichung (3) gibt $\varphi g = \varphi c_j$, woher $g \in \alpha_j$ und deshalb $g \in \pi_{x_j} \cap \alpha_j$.

Im Falle (4) ist $\varphi g = a_0$, d. h. $g \notin \alpha_1 \cup \ldots \cup \alpha_n$ und deshalb $g \notin \cup (\pi_{x_i} \cup \alpha_i)$, $g \in \cap (\pi'_{x_i} \cap \alpha'_i)$.

Also gilt in den Fällen (3) und (4) die Inklusion (2), d. h., die Inklusion (2) gilt für beliebige $x_1, \ldots, x_n$, was auch gefordert war.

Wir vereinbaren, ein System $\alpha_1, \ldots, \alpha_n$ rekursiv aufzählbarer, paarweise disjunkter Mengen *schwach kreativ* zu nennen, wenn es eine rekursive Funktion $g(x_1, \ldots, x_n)$ gibt, die folgende Eigenschaften besitzt: Wenn für irgendwelche $x_1, \ldots, x_n$ alle Mengen $\pi_{x_1}, \ldots, \pi_{x_n}$ mit Ausnahme vielleicht eines π_{x_i} leer sind und dieses π_{x_i} nur aus einer Zahl besteht, die im entsprechenden α_i nicht vorkommt, so ist

$$g(x_1, \ldots, x_n) \notin \cup (\pi_{x_i} \cup \alpha_i). \tag{5}$$

Hieraus ist klar, daß die Bedingung (5) der schwachen Kreativität mit der Bedingung der Kreativität bei jedoch strengeren, den Zahlen $x_1, \ldots, x_n$ auferlegten einschränkenden Forderungen zusammenfällt. Deshalb sind kreative Systeme offensichtlich schwach kreativ. Aus Theorem 1 und dem unten folgenden Theorem 2 wird klar, daß auch die Umkehrung richtig ist.

Theorem 2. *Jedes schwach kreative n-Tupel $\alpha_1, \ldots, \alpha_n$ von Mengen ist m-universell.*

Es sei $g(x_1, \ldots, x_n)$ eine rekursive Funktion, die für das System $\alpha_1, \ldots, \alpha_n$ der Bedingung (5) genügt. Wir müssen zeigen, daß ein beliebiges System $\beta_1, \ldots, \beta_n$ rekursiv aufzählbarer, paarweise disjunkter Mengen sich durch eine geeignete rekursive Funktion $h(x)$ auf das System $\alpha_1, \ldots, \alpha_n$ m-reduzieren läßt. Die Funktion $h(x)$ wird wie folgt konstruiert.

Zuerst führen wir statt einer n-stelligen produktiven Funktion folgendermaßen eine einstellige ein. Nach § 7.3. gibt es für jedes i eine einstellige rekursive Funktion $g_i(x)$, so daß

$$K(x, t) = i \Leftrightarrow t \in \pi\, g_i(x). \tag{6}$$

Setzen wir per definitionem

$$p(x) = g(g_1(x), \ldots, g_n(x)).$$

Aus der Eigenschaft (5) der Funktion g und den Formeln (6) folgt, daß $p(x)$ die folgende Bedingung erfüllt. Für ein gewisses x sei

$$K(x, t) = i \Leftrightarrow t \in \gamma_i \qquad (i = 1, \ldots, n), \tag{7}$$

wobei entweder alle Mengen $\gamma_1, \ldots, \gamma_n$ leer sind oder alle außer einer Menge γ_i, die nur aus einer Zahl besteht und für die $\alpha_i \cap \gamma_i = \emptyset$. Dann ist

$$p(x) \notin \bigcup_{j=0}^{n} (\alpha_j \cup \gamma_j). \tag{8}$$

Nach dem Theorem über gemeinsame Erweiterung (§ 7.3.) existiert eine partiell rekursive Funktion $K(a, y, z, t)$ der Variablen y, z, t, die den Bedingungen

$$K(a, y, z, t) = \begin{cases} i \ \textit{für } y \in \beta_i, t \in \pi_z \ (i = 1, \ldots, n), \\ \textit{nicht definiert für die übrigen } y, z, t \end{cases} \tag{9}$$

genügt.

Nach dem Fixpunktsatz von MYHILL findet sich eine rekursive Funktion $f(y)$ mit

$$p([a, y, f(y)]) = x \Leftrightarrow x \in \pi_{f(y)}.$$

Dies bedeutet einfach, daß für jedes y die Menge $\pi_{f(y)}$ nur aus der einen Zahl $p([a, y, f(y)])$ besteht.

Wir werden jetzt zeigen, daß die Funktion $h(y) = p([a, y, f(y)])$ das System $\beta_1, \ldots, \beta_n$ auf $\alpha_1, \ldots, \alpha_n$ m-reduziert. Zunächst ist

$$y \notin \beta_1 \cup \cdots \cup \beta_n \Rightarrow h(y) \notin \alpha_1 \cup \cdots \cup \alpha_n. \tag{10}$$

Denn nach (9) folgt aus $y \notin \beta_1 \cup \cdots \cup \beta_n$, daß $K([a, y, f(y)], t)$ für beliebige t nicht definiert ist. Deshalb sind die durch die Formeln (7) definierten Mengen $\gamma_1, \ldots, \gamma_n$ leer und ist nach (8) $p([a, y, f(y)]) \notin \alpha_1 \cup \cdots \cup \alpha_n$.

Andererseits erhalten wir aus (9), daß die Funktion $K([a, y, f(y)], t)$ für $y \in \beta_i$ nur für $t = p([a, y, f(y)])$ einen definierten Wert hat und dieser Wert gleich i ist. Also sind alle in diesem Fall durch die Formeln (7) gefundenen Mengen $\gamma_1, \ldots, \gamma_n$ leer mit Ausnahme der Menge γ_i, die aus der Zahl $p([a, y, f(y)])$ besteht. Käme diese Zahl in α_i nicht vor, so hätten wir nach (8) die Beziehung

$$p([a, y, f(y)]) \notin \bigcup_{j=1}^{n} (\alpha_j \cup \gamma_j),$$

was nicht möglich ist, weil $p([a, y, f(y)]) \in \gamma_i$. Folglich

$$y \in \beta_i \Rightarrow h(y) \in \alpha_i \qquad (i = 1, \ldots, n),$$

und also m-reduziert die Funktion $h(y)$ tatsächlich das System $\beta_1, \ldots, \beta_n$ auf das System $\alpha_1, \ldots, \alpha_n$.

10.3. Rekursiv untrennbare Mengen. Man sagt, daß eine Zahlenmenge γ eine Menge α von einer Menge β *trennt*, wenn $\alpha \subseteq \gamma$ und $\gamma \cap \beta = \emptyset$. Eine Menge α heißt von einer Menge β *rekursiv trennbar*, wenn eine rekursive Menge γ existiert, die α von β trennt.

Wenn eine rekursive Menge γ eine Menge α von einer Menge β trennt, dann trennt das Komplement γ' der Menge γ rekursiv β von α. Die Beziehung der rekursiven Trennbarkeit ist deshalb symmetrisch, und anstatt zu sagen, daß eine Menge α von einer Menge β rekursiv trennbar ist, sagt man oft, daß die Mengen α und β rekursiv trennbar sind.

Mengen α und β heißen *rekursiv untrennbar*, wenn sie disjunkt sind und keine von ihnen von der anderen rekursiv getrennt wird.

Jede rekursive Menge trennt sich selbst rekursiv von einer beliebigen anderen zu ihr disjunkten Menge. Deshalb können nur nicht-rekursive Mengen rekursiv untrennbar sein.

Theorem 1. *Es gibt rekursiv aufzählbare, rekursiv untrennbare Mengen.*

Betrachten wir in die § 6.1. konstruierte partiell rekursive Funktion $E(x)$, die nur die Werte 0, 1 annimmt und nicht zu einer allgemein rekursiven Funktion erweitert werden kann. Bezeichnen wir mit α die Gesamtheit der Lösungen der Gleichung $E(x) = 0$ und mit β die Gesamtheit der Lösungen der Gleichung $E(x) = 1$. Beide Mengen sind rekursiv aufzählbar, und sie sind disjunkt. Zeigen wir, daß α von β nicht rekursiv trennbar ist. Es trenne hingegen irgendeine rekursive Menge γ

α von β. Dann wäre die charakteristische Funktion der Menge γ eine rekursive Erweiterung der Funktion E, im Widerspruch zu der früher hergeleiteten Unmöglichkeit, diese Funktion rekursiv zu erweitern.

Aus der Definition der rekursiven Untrennbarkeit folgen unmittelbar die folgenden Eigenschaften rekursiv untrennbarer Mengen:

a) *keine nicht-rekursive Menge kann von ihrem Komplement rekursiv trennbar sein;*

b) *wenn Mengen α, β rekursiv untrennbar sind und $\alpha \subseteq \alpha_1$, $\beta \subseteq \beta_1$, $\alpha_1 \cap \beta_1 = \emptyset$, dann sind auch die Mengen α_1, β_1 rekursiv untrennbar.*

Eine subtilere Eigenschaft der rekursiven Trennbarkeit zeigt das

Theorem 2. *Wenn disjunkte Mengen α, β rekursiv aufzählbare Komplemente haben, so sind α und β rekursiv trennbar.*

Nach dem Theorem über die gemeinsame Erweiterung (§ 7.3.) gibt es eine partiell rekursive Funktion $f(x)$, die auf der Vereinigung der Mengen α' und β' definiert ist, nur die Werte 1, 2 annimmt und den Forderungen

$$f(x) = 1 \Rightarrow x \in \alpha', \qquad f(x) = 2 \Rightarrow x \in \beta' \tag{1}$$

genügt.

Nach Voraussetzung ist $\alpha \cap \beta = \emptyset$, und also fällt $\alpha' \cup \beta'$ mit der ganzen natürlichen Zahlenreihe zusammen. Deshalb ist die Funktion $f(x)$ überall definiert. Bezeichnen wir mit α_1 und β_1 die Mengen derjenigen x, für die $f(x) = 1$ und entsprechend $f(x) = 2$. Aus der Rekursivität der Funktion $f(x)$ folgt, daß α_1 und β_1 rekursiv sind. Aus (1) folgt, daß[1] $\alpha_1 \subseteq \alpha'$, $\beta_1 \subseteq \beta'$, d. h. $\alpha \subseteq \alpha_1'$, $\beta \subseteq \beta_1'$. Also werden α und β durch die rekursiven disjunkten Mengen α_1', β_1' getrennt.

Theorem 3. *Kein m-universelles Paar α, β von Mengen kann trennbar sein.*

Denn nach § 10.2. ist jedes universelle Paar kreativ, und deshalb existiert für die Mengen α, β eine rekursive „produktive" Funktion $g(x, y)$, deren Werte der Bedingung unterworfen sind: Wenn $\pi_x \cap \pi_y = \emptyset$ und $\alpha \cap \pi_x = \beta \cap \pi_y = \emptyset$, dann

$$g(x, y) \notin \alpha \cup \beta \cup \pi_x \cup \pi_y. \tag{2}$$

Wären die Mengen α, β trennbar, so wären die Mengen π_x, π_y für passende x, y gegenseitig komplementär und würden den Bedingungen $\alpha \subseteq \pi_x, \beta \subseteq \pi_y$ genügen, d. h. $\alpha \cap \pi_y = \beta \cap \pi_x = \emptyset$. Aber dann wäre die Beziehung (2) nicht möglich, weil die Funktion $g(x, y)$ einen wohlbestimmten Wert haben muß und rechts eine Menge steht, die mit der ganzen natürlichen Zahlenreihe zusammenfällt.

Neben dem Begriff der Untrennbarkeit von Mengen kommt oft auch der folgendermaßen definierte Begriff der effektiven Untrennbarkeit nutzbringend vor.

---

[1]) Druckfehlerberichtigung des russ. $\alpha_1 \supseteq \alpha'$, $\beta_1 \supseteq \beta'$ (Anm. d. Übers.).

Disjunkte Mengen α, β heißen *effektiv untrennbar*, wenn es eine rekursive Funktion $q(x, y)$ gibt, so daß

$$\pi_x \cap \pi_y = \emptyset \ \& \ \pi_x \supseteq \alpha \ \& \ \pi_y \supseteq \beta \Rightarrow q(x, y) \notin \pi_x \cup \pi_y. \tag{3}$$

Durch Wiederholung der oben ausgeführten Überlegungen überzeugen wir uns leicht, daß jedes effektiv untrennbare Paar von Mengen im üblichen Sinne untrennbar ist. Mehr als das, wenn in der Definition eines kreativen Paares von Mengen die Forderung weggelassen wird, daß die Mengen des Paares rekursiv aufzählbar seien, dann wird die Bedingung (3) eine Folgerung der Bedingung (1) aus § 10.2., mittels derer der Begriff der Kreativität definiert wurde. Somit ist jedes kreative Paar von Mengen effektiv untrennbar. Es gilt jedoch auch das allgemeinere

Theorem 4. *Disjunkte rekursiv aufzählbare Mengen sind genau dann effektiv untrennbar, wenn sie ein kreatives Paar bilden.*

Es wurde bereits hergeleitet, daß ein kreatives Paar effektiv untrennbar ist. Es sei deshalb α, β ein effektiv untrennbares Paar rekursiv aufzählbarer Mengen. Wir wollen zeigen, daß das Paar α, β in diesem Falle kreativ ist.

Da α und β rekursiv aufzählbar sind, gibt es Zahlen a, b, für die für beliebiges x

$$\alpha \cup \pi_x = \pi_{[a, x]}, \quad \beta \cup \pi_x = \pi_{[b, x]}.$$

Es sei $\pi_s \cap \pi_t = \pi_s \cap \alpha = \pi_t \cap \beta = \emptyset$. Dann ist $\pi_{[a, t]} \supseteq \alpha$; $\pi_{[b, s]} \supseteq \beta$ und $\pi_{[a, t]} \cap \pi_{[b, s]} = \emptyset$. Also haben wir aus (3)

$$q([a, t], [b, s]) \notin \alpha \cup \pi_s \cup \beta \cup \pi_t.$$

Das zeigt, daß das Paar α, β kreativ ist und als produktive Funktion die Funktion

$$p(s, t) = q([a, t], [b, s])$$

hat.

Nach Theorem 4 sind also die Begriffe der Kreativität und der effektiven Untrennbarkeit für Paare rekursiv aufzählbarer Mengen äquivalent. Wir benutzen jetzt diese Sachlage, um zu zeigen

Korollar 1. *Mengen α, β mögen ein kreatives Paar bilden und durch rekursiv aufzählbare Mengen α_1, β_1 getrennt werden, d. h., es sei $\alpha \subseteq \alpha_1$, $\beta \subseteq \beta_1$, $\alpha_1 \cap \beta_1 = \emptyset$. Dann bilden auch die Mengen α_1, β_1 ein kreatives Paar.*

Denn wenn die Funktion $q(x, y)$ für die Mengen α, β den Forderungen (3) genügt, dann genügt eben diese Funktion den Forderungen (3) für die Mengen α_1, β_1. Also sind die Mengen α_1, β_1 effektiv untrennbar, und also bilden sie ein kreatives Paar.

Ergänzungen, Beispiele und Übungen

· **1.** Die Theorie der m-universellen n-Tupel von Mengen wird leicht auch auf unendliche Mengensysteme übertragen [16], [58].

Man führt folgende Definitionen ein: Eine Folge α_0, α_1, ..., von Mengen heißt m-reduzierbar auf eine Folge β_0, β_1, ..., wenn für eine passende rekursive Funktion $f(x)$

$$x \in \alpha_i \Leftrightarrow f(x) \in \beta_i \qquad (i = 0, 1, \ldots).$$

Die Folgen heißen m-äquivalent, wenn jede von ihnen sich auf die andere m-reduzieren läßt. Ist $h(x)$ eine rekursive Funktion, so heißt die Folge $\langle \pi_{h(0)}, \pi_{h(1)}, \ldots \rangle$ von Mengen eine $r.\ p.$ *Folge*. Eine aus paarweise disjunkten Mengen bestehende r. p. Folge heißt *Serie*. Eine Serie heißt m-universell, wenn sich eine beliebige Serie auf sie reduzieren läßt. Zu jeder aus nichtleeren Mengen bestehenden Serie α_1, α_2, ..., die zusammen die natürliche Zahlenreihe nicht ausschöpfen, assoziieren wir eine Aufzählung φ der Gesamtheit der natürlichen Zahlen durch die definitorische Festsetzung

$$\varphi n = i \Leftrightarrow n \in \alpha_i \qquad (n, i = 0, 1, \ldots)$$

mit $\alpha_0 = N - (\alpha_1 \cup \alpha_2 \cup \cdots)$. Mit den in diesem Paragraphen entwickelten Methoden lassen sich leicht die folgenden Behauptungen zeigen:

a) eine Serie ist dann und nur dann m-universell, wenn die assoziierte Aufzählung total ist; b) alle m-universellen Serien sind zueinander isomorph; c) wenn in einer totalen Aufzählung φ für eine gewisse rekursive Funktion $h(x)$ die Mengen $\varphi^{-1}h(x)$ nicht-leer sind und eine Serie bilden, dann ist diese Serie m-universell.

2. U sei eine Gesamtheit mit einer Aufzählung φ und einem ausgesonderten Element o, genannt *ausgezeichnetes Element*. *Leitfunktion* der Aufzählung φ heißt eine partielle einstellige Funktion $f(x)$, die auf der Menge $\varphi^{-1}(U - o)$ definiert ist und der folgenden Forderung genügt: $f(x) = f(y) \Leftrightarrow \varphi x = \varphi y$ für alle x, y aus dem Definitionsbereich von f. Eine Aufzählung φ ist dann und nur dann zu einer Serie assoziiert, wenn für φ eine partiell rekursive Leitfunktion existiert. Man kann den Begriff der Kreativität einer Serie in den Termini von Leitfunktionen formulieren und die entsprechenden Theoreme zeigen (CLEAVE [16]).

3. Es existiere eine partiell rekursive Funktion $f(x, y)$ der Art, daß aus $\pi_x \supseteq \alpha$ & $\pi_y \supseteq \beta$ & $\pi_x \cap \pi_y = \emptyset$ folgt, daß $f(x, y)$ definiert ist und $f(x, y) \notin \pi_x \cup \pi_y$ (α, β fest). Dann sind α, β effektiv untrennbar (A. A. MUČNIK [67]).

4. Für beliebige x, y sind die Mengen $\pi_x - \pi_y$ und $\pi_y - \pi_x$ durch rekursiv aufzählbare Mengen trennbar.

5. Rekursiv aufzählbare Mengen heißen (A. A. MUČNIK [67]) *stark untrennbar*, wenn die folgenden Bedingungen erfüllt sind: a) $\alpha \cap \beta = 0$; b) das Komplement der Menge $\alpha \cup \beta$ ist unendlich; c) für ein beliebiges rekursiv aufzählbares π_x folgt aus $\alpha \cap \pi_x = \emptyset$, daß $\pi_x - \beta$ endlich (oder leer) ist und folgt aus $\beta \cap \pi_x = \emptyset$, daß $\pi_x - \alpha$ endlich ist. Man zeige, daß stark untrennbare Mengen durch rekursive Menge untrennbar sind, jedoch nicht effektiv untrennbar sein können. Man konstruiere ein Beispiel stark untrennbarer Mengen.

6. Man kann die Begriffe der rekursiven Untrennbarkeit und der effektiven Untrennbarkeit auch auf Paare sich schneidender Mengen erweitern (A. A. MUČNIK [67], R. SMULLYAN [105]). (Sich möglicherweise schneidende) Mengen α, β heißen rekursiv untrennbar, wenn es keine rekursiven Mengen α_1, β_1 gibt, die den Forderungen: $\alpha_1 \supseteq \alpha$, $\beta_1 \supseteq \beta$, $\alpha_1 \cap \beta_1 = \alpha \cap \beta$ genügen. Analog heißen Mengen α, β effektiv untrennbar, wenn es eine rekursive Funktion $f(x, y)$ gibt der Art, daß für alle x, y

$$\pi_x \supseteq \alpha \ \& \ \& \ \pi_y \supseteq \beta \ \& \ \pi_x \cap \pi_y = \alpha \cap \beta \Rightarrow f(x, y) \notin \pi_x \cup \pi_y.$$

Ein Paar α, β von Mengen heißt produktiv, wenn es eine rekursive Funktion $p(x, y)$ gibt, die den Forderungen

$$\pi_x \subseteq \alpha \ \& \ \pi_y \subseteq \beta \ \& \ \pi_x \cap \pi_y = \emptyset \Rightarrow p(x, y) \in (\alpha \cap \beta) - (\pi_x \cup \pi_y)$$

genügt.

Man zeige, daß aus der m-Reduzierbarkeit eines effektiv untrennbaren Paares α, β auf ein Paar γ, δ die effektive Untrennbarkeit des Paares γ, δ folgt (die Paare können sich schneiden!). Ferner sind α, β effektiv untrennbar, wenn α', β' ein produktives Paar sind. Ist ein Paar α, β rekursiv aufzählbarer Mengen effektiv untrennbar, so ist das Paar α', β' produktiv.

Kapitel V

Algorithmen und Turing-Maschinen

In den vorigen Kapiteln sind ausführlich Eigenschaften partiell rekursiver Funktionen untersucht worden. Bei der Begründung der Notwendigkeit dieser Untersuchung haben wir die These von CHURCH als Postulat genommen, die besagt, daß die Gesamtheit der partiell rekursiven Funktionen mit der Gesamtheit aller mittels eines Algorithmus berechenbaren Funktionen zusammenfällt. In der darauffolgenden Darstellung wurde die These von CHURCH für die Beweise der Theoreme nicht benutzt. Im Gegenteil bestand in vielen Fällen unsere Hauptaufgabe darin, die partielle Rekursivität von Funktionen zu zeigen, die mittels komplizierter Prozesse algorithmischen Charakters gegeben waren. Es kann als Hauptbestätigung der These von CHURCH dienen, daß dieses Ziel immer und ohne besondere Mühe erreicht wurde.

Wie schon gesagt, haben wir uns nicht das Ziel gestellt, eine ganz allgemeine Definition für den intuitiven Begriff des Algorithmus zu geben, jedoch sind bisher überhaupt keine Klassen von Prozessen algorithmischen Charakters beschrieben worden, die für die Berechnung aller partiell rekursiven Funktionen ausreichen. Es wäre zwar nicht schwierig, das zu tun, weil schon eine einfache Analyse des Begriffs der partiellen Rekursivität zu einer solchen Klasse führt. Jedoch wird diese Klasse ziemlich kompliziert erreicht. Im vorliegenden und nächsten Kapitel wird eine Reihe wichtiger und natürlicher Klassen von Algorithmen beschrieben und jedes Mal gezeigt, daß die Gesamtheit der mittels Algorithmen der betrachteten Klassen berechenbaren Funktionen mit der Gesamtheit der partiell rekursiven Funktionen völlig zusammenfällt. Dies liefert uns eine Reihe neuer Bestätigungen der These von CHURCH und gibt außerdem viele neue, subtile Eigenschaften der partiell rekursiven Funktionen.

§11. Wortmengen und Wortfunktionen

Die Beschreibung der wichtigsten Algorithmenklassen wird in den Termini der Theorie der Worte in einem gewissen Alphabet durchgeführt. Wir wollen diese Theorie jetzt etwas weiter treiben, um die früher für zahlentheoretische Funkti-

onen und Zahlenmengen definierten Begriffe der Rekursivität und der partiellen
Rekursivität auf Wortmengen und Wortfunktionen zu erweitern.

11.1. Wortmengen. $A = \{a_1, \ldots, a_p\}$ sei irgendein endlicher Zeichenvorrat.
Bezeichnen wir mit $\mathfrak{S}_A$ die Gesamtheit aller Worte im Alphabet A, eingeschlossen
auch das leere Wort. Alle möglichen Teilmengen der Gesamtheit $\mathfrak{S}_A$, darunter auch
die leere Teilmenge $\emptyset$, werden *Wort*mengen im Alphabet A genannt. Wir wollen
die Begriffe der rekursiven und der rekursiv aufzählbaren Wortmengen definieren.
Das wird auf zwei Weisen gemacht: zuerst mit Hilfe einer Aufzählung der Worte
und im folgenden Teil auch mit einer direkteren Methode.

Unter den vielen möglichen Aufzählungen der Gesamtheit $\mathfrak{S}_A$ bleiben wir bei
der sogenannten *lexikographischen* Aufzählung stehen, die folgendermaßen definiert ist.

Wir setzen den Index des leeren Wortes $\varLambda$ gleich Null. Weiter numerieren wir
die Symbole des Alphabets in irgendeiner Reihenfolge durch die Zahlen $1, 2, \ldots, p$.
a_i bezeichne das Symbol mit Index i. Wir nennen

$$c(\mathfrak{a}) = i_0 + i_1 p + \cdots + i_s p^s \tag{1}$$

per definitionem Index des Wortes $\mathfrak{a} = a_{i_s} \cdots a_{i_1} a_{i_0}$.

Vereinbaren wir, mit den Symbolen $c(\mathfrak{a})$, $\mathfrak{a}n$ den lexikographischen Index des
Wortes $\mathfrak{a}$ und entsprechend das Wort mit Index n zu bezeichnen. Da für ein
festes p jede positive Zahl auf genau eine Weise in der Form

$$n = i_0 + i_1 p + \cdots + i_s p^s (1 \leqq i_\lambda \leqq p) \tag{2}$$

darstellbar ist, ist jede Zahl lexikographischer Index eines und nur eines Wortes
der Gesamtheit $\mathfrak{S}_A$. Die Zerlegung (2) heißt manchmal *p-adische Entwicklung der
Zahl n durch die Ziffern 1, 2, $\ldots$, p* im Gegensatz zur üblichen p-adischen Entwicklung, in der als Koeffizienten die Zahlen $0, 1, \ldots, p - 1$ angenommen werden.

Eine Wortmenge $\mathfrak{M}$ im Alphabet A heißt *primitiv rekursiv, rekursiv* oder *rekursiv
aufzählbar*, wenn die Gesamtheit der lexikographischen Indizes aller Worte aus $\mathfrak{M}$
respektive primitiv rekursiv, rekursiv oder rekursiv aufzählbar ist.

Unter Beachtung der Ergebnisse der §§ 4.1. und 4.2. sehen wir unmittelbar, daß

a) jede endliche Wortmenge primitiv rekursiv ist;

b) Vereinigung und Durchschnitt eines endlichen Systems primitiv rekursiver,
rekursiver oder rekursiv aufzählbarer Wortmengen Mengen vom gleichen Typ
sind;

c) eine Wortmenge $\mathfrak{M}$ und ihr Komplement $\mathfrak{S}_A - \mathfrak{M}$ rekursiv sind, wenn $\mathfrak{M}$
und $\mathfrak{S}_A - \mathfrak{M}$ rekursiv aufzählbar sind.

Man sagt, daß über dem Alphabet A eine partielle n-stellige Wortfunktion F
gegeben ist, wenn einem n-Tupel $\mathfrak{x}_1, \ldots, \mathfrak{x}_n$ von Worten aus $\mathfrak{S}_A$ ein eindeutig defi-

niertes Wort $F(\mathfrak{x}_1, \ldots, \mathfrak{x}_n)$ in A zugeordnet ist (s. § 1.2.). Eine zahlentheoretische n-stellige partielle Funktion f stellt die Wortfunktion F unter der Aufzählung α dar, wenn

$$F(\alpha x_1, \ldots, \alpha x_n) = \alpha f(x_1, \ldots, x_n)$$

für alle natürlichen Zahlen $x_1, \ldots, x_n$ und also

$$F(\mathfrak{x}_1, \ldots, \mathfrak{x}_n) = \alpha f(c\mathfrak{x}_1, \ldots, c\mathfrak{x}_n), \tag{3}$$

$$f(x_1, \ldots, x_n) = cF(\alpha x_1, \ldots, \alpha x_n). \tag{4}$$

Offensichtlich besitzt jede partielle Wortfunktion eine einzige darstellende Funktion und stellt jede partielle zahlentheoretische Funktion eine wohlbestimmte Wortfunktion dar.

Eine partielle Wortfunktion F heißt *primitiv rekursiv, allgemein rekursiv* oder *partiell rekursiv*, wenn die F darstellende zahlentheoretische Funktion von dieser Art ist.

Zum Beispiel werden die konstanten Wortfunktionen durch die konstanten zahlentheoretischen Funktionen dargestellt. Die konstanten zahlentheoretischen Funktionen sind primitiv rekursiv. Deshalb sind die konstanten Wortfunktionen primitiv rekursiv.

Zeigen wir noch die primitive Rekursivität der durch die Formel

$$S_i(\mathfrak{x}) = \mathfrak{x}a_i \qquad (i = 1, \ldots, p)$$

definierten Anfangs-Wortfunktionen $S_i(\mathfrak{x})$.

Nach (4) ist die darstellende Funktion für $S_i(\mathfrak{x})$ die Funktion

$$s_i(x) = c(\alpha x \cdot a_i).$$

Aus Formel (1) ist unmittelbar klar, daß

$$c(\mathfrak{x}a_i) = pc(\mathfrak{x}) + i \tag{5}$$

und deshalb

$$s_i(x) = px + i. \tag{6}$$

Somit sind die darstellenden Funktionen für die Wortfunktionen S_i primitiv rekursiv, und zusammen mit ihnen sind auch die Wortfunktionen selbst primitiv rekursiv.

Es ist leicht, analog die primitive Rekursivität der Funktion $F(\mathfrak{x}, \mathfrak{y}) = \mathfrak{x}\mathfrak{y}$ und vieler anderer Funktionen zu zeigen, die uns im weiteren begegnen werden. Wir werden das hier jedoch nicht tun, weil es im folgenden Abschnitt noch einfacher zu bekommen ist.

Die soeben eingeführten Definitionen der Rekursivität und partiellen Rekursivität von Wortmengen und -funktionen sind von der ursprünglichen Aufzählung der Symbole des Alphabets abhängig. Außerdem entsteht die Frage: Wenn zum Beispiel eine Menge $\mathfrak{M}$ von Worten im Alphabet A rekursiv ist, wird $\mathfrak{M}$ dann auch in einer beliebigen Erweiterung des Alphabets A rekursiv?

Es ist klar, daß die Eigenschaft der Rekursivität einer Wortmenge weder von der Aufzählung der Symbole des Alphabets noch davon abhängig ist, in welchem Alphabet diese Menge betrachtet wird. Diese beiden Behauptungen werden in analoger Weise gezeigt. Der Vollständigkeit halber führen wir den Beweis der zweiten Behauptung vor.

Theorem 1. *Betrachten wir irgendein Alphabet $A = \{a_1, \ldots, a_p\}$ und eine Erweiterung $A_1 = \{a_1, \ldots, a_p, a_{p+1}, \ldots, a_q\}$ von A. Eine Gesamtheit $\mathfrak{M}$ von Worten im Alphabet A ist genau dann über A primitiv rekursiv, rekursiv oder rekursiv aufzählbar, wenn sie denselben Typus über A_1 hat.*

Eine im Alphabet A definierte partielle Wortfunktion $F(\mathfrak{x}_1, \ldots, \mathfrak{x}_n)$ ist dann und nur dann partiell rekursiv über A, wenn sie partiell rekursiv über A_1 ist.

Eine auf $\mathfrak{S}_A$ überall definierte Wortfunktion F ist genau dann primitiv rekursiv oder rekursiv über A, wenn F zu einer über A_1 primitiv rekursiven oder entsprechend rekursiven Funktion erweitert werden kann.

Zeigen wir zuerst die erste Behauptung. Bezeichnen wir mit α, α_1 die lexikographische Aufzählung der Gesamtheiten $\mathfrak{S}_A$, $\mathfrak{S}_{A_1}$. Analog bezeichnen wir für ein Wort a im Alphabet A mit $c(a)$ seinen α-Index und mit $c_1(a)$ seinen α_1-Index. Zeigen wir, daß die Funktion $f(x) = c_1(\alpha x)$ primitiv rekursiv ist.

Es sei $x > 0$, $\alpha x = a$. Stellen wir a in der Form $b a_i$ dar. Aus (5) und (6) erhalten wir

$$x = p c(b) + i, \qquad c_1(b a_i) = q c_1(b) + i,$$

woher

$$f(x) = q f([x/p] \dotminus \overline{\mathrm{sg}}\ \mathrm{rest}\ (x, p)) + (x \dotminus p \cdot ([x/p]) + p\ \overline{\mathrm{sg}}\ \mathrm{rest}\ (x, p).$$

Man kann diese Beziehung als Wertverlaufsrekursion für $f(x)$ ansehen, und deshalb ist die Funktion $f(x)$ nach § 3.2. primitiv rekursiv.

Nach Definition ist $f(x)$ der α_1-Index des Wortes, dessen α-Index gleich x ist. Aber dann ist klar, daß die Zahl

$$f^*(x) = \mu_y(x \dotminus f(y) = 0)$$

α-Index des Wortes mit α_1-Index x ist, unter der Voraussetzung, daß ein solches Wort existiert. Gibt es hingegen kein solches Wort, so gibt die Formel (7) dennoch einen gewissen Wert für $f^*(x)$. Da $f^*(x) \leq x$, schließen wir nach § 3.1., daß die Funktion $f^*(x)$ primitiv rekursiv ist.

Gehen wir jetzt zum Beweis der ersten Behauptung des Theorems über. Betrachten wir irgendeine Menge $\mathfrak{M}$ von Worten aus $\mathfrak{S}_A$, die über A_1 primitiv rekursiv ist. Dies bedeutet, daß die Gesamtheit der α_1-Indizes der Worte aus $\mathfrak{M}$ mit der Gesamtheit aller Lösungen der Gleichung der Gestalt $v(x) = 0$ zusammenfällt, wobei $v(x)$ eine passende primitiv rekursive zahlentheoretische Funktion ist. Aber dann fällt die Gesamtheit aller α-Indizes von Worten aus $\mathfrak{M}$ mit der Gesamtheit der Lösungen der Gleichung $v(f(x)) = 0$ zusammen, deren linker Teil eine primitiv rekursive Funktion von x ist. Also ist die Menge $\mathfrak{M}$ unter der Aufzählung α primitiv rekursiv.

Es sei jetzt umgekehrt die Menge $\mathfrak{M}$ primitiv rekursiv unter der Aufzählung α und die Gesamtheit der Lösungen der Gleichung $v(x) = 0$ nun die Gesamtheit der α-Indizes der Worte aus $\mathfrak{M}$. Bezeichnen wir mit $\mathfrak{N}$ die Menge derjenigen Worte aus $\mathfrak{S}_{A_1}$, deren α_1-Index y die Gleichung

$$v(f^*(y)) = 0$$

erfüllt.

Die Menge $\mathfrak{N}$ ist unter der Aufzählung α_1 primitiv rekursiv und

$$\mathfrak{M} = \mathfrak{N} \cap \mathfrak{S}_A.$$

Deshalb bleibt lediglich die primitive Rekursivität von $\mathfrak{S}_A$ unter der Aufzählung α_1 zu zeigen. Die Gesamtheit der α_1-Indizes der Worte aus $\mathfrak{S}_A$ fällt aber mit der Gesamtheit aller Werte der Funktion $f(x)$ zusammen. Da diese Funktion primitiv rekursiv ist und die Bedingung $f(x) \geqq x$ erfüllt, ist nach Theorem 3 aus § 4.1. die Gesamtheit der Werte von f primitiv rekursiv, was auch gefordert war.

Also ist die primitive Rekursivität der Menge $\mathfrak{M}$ unter der Aufzählung α_1 der primitiven Rekursivität von $\mathfrak{M}$ unter der Aufzählung α äquivalent. Die übrigen Behauptungen von Theorem 1 werden mit der gleichen Methode gezeigt.

11.2. Grundlegende Wortoperatoren. Man kann in Analogie zu den grundlegenden Berechnungsoperationen über zahlentheoretischen Funktionen über Wortfunktionen durchgeführte Operationen der Substitution, der Rekursion und der Minimalisierung definieren. Mit Hilfe dieser „Wortoperatoren" zeigt man auch ohne irgendwelche Berechnungen leicht die primitive Rekursivität aller gebräuchlichsten Wortfunktionen.

Das Alphabet A bestehe aus den Buchstaben $a_1, \ldots, a_p$. Wir vereinbaren, die über dem Alphabet A durch die Gleichungen

$$O(\mathfrak{x}) = \Lambda;$$

$$S_i(\mathfrak{x}) = \mathfrak{x}a_i;$$

$$I_m{}^n(\mathfrak{x}_1, \mathfrak{x}_2, \ldots \mathfrak{x}_n) = \mathfrak{x}_m$$

definierten Wortfunktionen $O, S_i, I_m{}^n$ $(i = 1, \ldots, p;\ m \leqq n;\ m, n = 1, 2, \ldots)$ die *Anfangsfunktionen* zu nennen. Aus § 11.1. folgt unmittelbar, daß die Anfangs-Wortfunktionen primitiv rekursiv sind.

Über dem Alphabet A seien eine partielle Wortfunktion G von n Variablen und partielle Wortfunktionen $G_1, \ldots, G_n$ gegeben, jede von denen von ein und derselben Zahl m von Variablen abhängig ist. Mit dem Symbol $S^{n+1}(G; G_1, \ldots, G_n)$ bezeichnen wir die durch die übliche Formel

$$F(\mathfrak{x}_1, \ldots, \mathfrak{x}_m) = G(G_1(\mathfrak{x}_1, \ldots, \mathfrak{x}_m), \ldots, G_n(\mathfrak{x}_1, \ldots, \mathfrak{x}_m)) \tag{1}$$

definierte partielle Wortfunktion F von m Variablen.

Bezeichnen wir mit $g, g_1, \ldots, g_n, f$ die darstellenden Funktionen (§ 11.1.) für die Wortfunktionen $G, G_1, \ldots, G_n, F$. Aus (1) folgt unmittelbar, daß wir für beliebige natürliche $x_1, \ldots, x_m$

$$f(x_1, \ldots, x_m) = g(g_1(x_1, \ldots, x_m), \ldots, g_n(x_1, \ldots, x_m))$$

haben, d. h., die darstellende Funktion für die Zusammensetzung von Wortfunktionen ist gleich der Zusammensetzung der darstellenden Funktionen dieser Wortfunktionen. Insbesondere ist die Zusammensetzung primitiv rekursiver Wortfunktionen eine primitiv rekursive Wortfunktion.

Betrachten wir jetzt irgendwelche über dem Alphabet A gegebene partielle Wortfunktionen G und $H_1, \ldots, H_p$ von respektive n und $n + 2$ Variablen. Wir vereinbaren, diejenige $(n + 1)$-stellige partielle Wortfunktion F Resultat der Operation der primitiven Wortrekursion über die Funktionen $G, H_1, \ldots, H_p$ zu nennen, die für beliebige Worte $\mathfrak{x}_1, \ldots, \mathfrak{x}_n, \mathfrak{y}$ im Alphabet A die Gleichungen

$$
\begin{aligned}
F(\mathfrak{x}_1, \ldots, \mathfrak{x}_n, \varLambda) &= G(\mathfrak{x}_1, \ldots, \mathfrak{x}_n), \\
F(\mathfrak{x}_1, \ldots, \mathfrak{x}_n, \mathfrak{y}a_1) &= H_1(\mathfrak{x}_1, \ldots, \mathfrak{x}_n, \mathfrak{y}, F(\mathfrak{x}_1, \ldots, \mathfrak{x}_n, \mathfrak{y})), \\
&\cdots \cdots \cdots \cdots \cdots \cdots \cdots \cdots \\
F(\mathfrak{x}_1, \ldots, \mathfrak{x}_n, \mathfrak{y}a_p) &= H_p(\mathfrak{x}_1, \ldots, \mathfrak{x}_n, \mathfrak{y}, F(\mathfrak{x}_1, \ldots, \mathfrak{x}_n, \mathfrak{y}))
\end{aligned}
\tag{2}
$$

erfüllt. Man überzeugt sich leicht, daß für alle $G, H_1, \ldots, H_p$ eine Funktion F existiert und eindeutig bestimmt ist.

Theorem 1. *Eine partielle Wortfunktion F entstehe mittels einer Wortrekursion (2) aus partiellen Wortfunktionen $G, H_1, \ldots, H_p$. Dann kann die partielle die Funktion F darstellende zahlentheoretische Funktion f aus den $G, H_1, \ldots, H_p$ darstellenden Funktionen $g, h_1, \ldots, h_p$ und den zahlentheoretischen Anfangsfunktionen durch eine endliche Anzahl von Operationen der Substitution und der primitiven Rekursion erhalten werden.*

Sind insbesondere die gegebenen Wortfunktionen $G, H_1, \ldots, H_p$ primitiv rekursiv, so ist die aus ihnen mit Hilfe der Wortrekursion erhaltene Funktion F ebenfalls primitiv rekursiv.

12*

In der Tat erhalten wir aus (2) für beliebige natürliche $x_1, \ldots, x_n, y$

$$f(x_1, \ldots, x_n, 0) = g(x_1, \ldots, x_n), \tag{3}$$

$$f(x_1, \ldots, x_n, py + i) = h_i(x_1, \ldots, x_n, y, f(x_1, \ldots, x_n, y)). \tag{4}$$

Die Gleichung (4) kann man in der Form

$$f(x_1, \ldots, x_n, z) = \begin{cases} h_i(x_1, \ldots, x_n, [z/p], f(x_1, \ldots, x_n, [z/p])), \\ \qquad\qquad \text{falls } z \mathbin{\dot{-}} p[z/p] = i = 1, 2, \ldots, p - 1 \\ h_p(x_1, \ldots, x_n, [z/p] \mathbin{\dot{-}} 1, f(x_1, \ldots, x_n, [z/p] \mathbin{\dot{-}} 1)), \\ \qquad\qquad \text{falls } z \mathbin{\dot{-}} p[z/p] = 0 \end{cases}$$

darstellen, woraus

$$f(x_1, \ldots, x_n, z) = \sum_{\lambda=1}^{p-1} h_\lambda(x_1, \ldots, x_n, [z/p], f(x_1, \ldots$$

$$\ldots, x_n, [z/p])) \; \overline{\text{sg}} \; |\lambda - (z \mathbin{\dot{-}} p \cdot [z/p])| + h_p(x_1, \ldots, x_n, [z/p] \mathbin{\dot{-}} 1,$$

$$f(x_1, \ldots, x_n, [z/p] \mathbin{\dot{-}} 1)) \; \overline{\text{sg}} \; |z \mathbin{\dot{-}} p[z/p]|.$$

Die Gleichung (3) und die letzten Beziehungen bilden insgesamt ein Schema der in § 3.2. betrachteten Wertverlaufsrekursion für die Funktion f. Deshalb kann f nach dem in § 3.2. bewiesenen Theorem aus den gegebenen Funktionen $g, h_1, \ldots, h_p$ und den Anfangsfunktionen durch die Operationen der Substitution und der primitiven Rekursion erhalten werden.

Betrachten wir schließlich die Operation der Minimalisierung für Wortfunktionen. $F(\mathfrak{x}, \mathfrak{y})$ sei eine über dem Alphabet $A = \{a_1, \ldots, a_p\}$ gegebene partielle Wortfunktion. Wollten wir die Werte des Ausdrucks

$$\mu\mathfrak{y}(F(\mathfrak{x}, \mathfrak{y}) = \Lambda) \tag{5}$$

genauso wie für zahlentheoretische Funktionen definieren, so würden wir dazu gebracht, vom *kleinsten* Wort $\mathfrak{y}$ zu sprechen, das die Bedingung $F(\mathfrak{x}, \mathfrak{y}) = \Lambda$ erfüllt, d. h., würden wir dazu gebracht, die *Aufzählung* aller Worte im Alphabet A zu benutzen, was nicht immer wünschenswert ist. Deshalb führen wir statt der Minimalisierungsoperation (5) für jeden Buchstaben a_i des Alphabets eine Operation der Minimalisierung ein und bezeichnen wir durch

$$\mu a_i^n(F(\mathfrak{x}, a_i^n) = \Lambda)$$

dasjenige Wort $a_i^n = a_i a_i \cdots a_i$ (n Buchstaben), für das $F(\mathfrak{x}, a_i^n) = \Lambda$ und $F(\mathfrak{x}, a_i^s)$ definiert und von Λ verschieden ist für $s < n$.

Theorem 2. *$f(x, y)$ sei die darstellende partielle Funktion für eine über dem Alphabet $A = \{a_1, \ldots, a_p\}$ definierte partielle Wortfunktion $F(\mathfrak{x}, \mathfrak{y})$. Dann kann die darstellende Funktion $g(x)$ für die partielle Wortfunktion $G(\mathfrak{x})$, die aus F durch die Wortminimalisierung*

$$G(\mathfrak{x}) = \mu a_i{}^n(F(\mathfrak{x}, a_i{}^n) = \Lambda)$$

entsteht, aus f und aus primitiv rekursiven Funktionen durch die Operationen der Substitution und der Minimalisierung erhalten werden. Ist insbesondere die Wortfunktion $F(\mathfrak{x}, \mathfrak{y})$ partiell rekursiv, so ist auch die Funktion $G(\mathfrak{x})$ partiell rekursiv.

Denn nach Voraussetzung haben wir

$$g(x) = c\mu a_i{}^n\big(f(x, ca_i{}^n) = h\big(\mu_t\big(f(x, h(t)) = 0\big)\big)\big),$$

wobei

$$h(t) = ca_i{}^t = i + ip + \cdots + ip^{t-1}$$

eine zahlentheoretische rekursive Funktion ist.

Wir zeigen jetzt mit Hilfe von Theorem 1 die primitive Rekursivität gewisser oft auftretender Wortfunktionen. Beginnen wir mit der Funktion $F(\mathfrak{x}, \mathfrak{y}) = \mathfrak{x}\mathfrak{y}$. Da

$$\mathfrak{x}\Lambda = \mathfrak{x} = I_1{}^1(\mathfrak{x}),$$

$$\mathfrak{x} \cdot \mathfrak{y}a_i = \mathfrak{x}\mathfrak{y} \cdot a_i = S_i(\mathfrak{x}\mathfrak{y}) \qquad (i = 1, \ldots, p)$$

und da die Funktionen $I_1{}^1$, S_i primitiv rekursiv sind, ist nach Theorem 1 auch die Funktion $\mathfrak{x}\mathfrak{y}$ primitiv rekursiv.

$\mathfrak{x}\tilde{\ }$ sei die Umkehrung des Wortes $\mathfrak{x}$, d. h., $\mathfrak{x}\tilde{\ }$ ist das Wort, das man aus $\mathfrak{x}$ erhält, indem man alle seine Buchstaben in umgekehrter Reihenfolge aufschreibt. Zum Beispiel ist $(a_1a_2a_3)\tilde{\ } = a_3a_2a_1$. Aus der Beziehung

$$\Lambda\tilde{\ } = \Lambda, \; (\mathfrak{x}a_i)\tilde{\ } = a_i\mathfrak{x}\tilde{\ } = S_iO(\mathfrak{x})\mathfrak{x}\tilde{\ }$$

sehen wir, daß $\mathfrak{x}\tilde{\ }$ eine primitiv rekursive Funktion von $\mathfrak{x}$ ist.

Korollar. *Sind die Wortfunktionen $G, H_1, \ldots, H_p$ primitiv rekursiv und ist*

$$F_1(\mathfrak{x}_1, \ldots, \mathfrak{x}_n, \Lambda) = G(\mathfrak{x}_1, \ldots, \mathfrak{x}_n),$$

$$F_1(\mathfrak{x}_1, \ldots, \mathfrak{x}_n, a_i\mathfrak{y}) = H_i(\mathfrak{x}_1, \ldots, \mathfrak{x}_n, \mathfrak{y}, F_1(\mathfrak{x}_1, \ldots, \mathfrak{x}_n, \mathfrak{y}))$$
$$(i = 1, \ldots, \mathrm{p}),$$

so ist auch die Wortfunktion F_1 primitiv rekursiv.

Denn aus diesen Beziehungen folgt, daß die Funktion

$$F(\mathfrak{x}_1, \ldots, \mathfrak{x}_n, \mathfrak{y}) = F_1(\mathfrak{x}_1, \ldots, \mathfrak{x}_n, \mathfrak{y}\tilde{\ })$$

den Beziehungen (2) der der gewöhnlichen Wortrekursion genügt, und deshalb ist F primitiv rekursiv, und zusammen mit ihr ist auch die Funktion

$$F_1(\mathfrak{x}_1, \ldots, \mathfrak{x}_n, \mathfrak{y}) = F(\mathfrak{x}_1, \ldots, \mathfrak{x}_n, \mathfrak{y}^{\tilde{}})$$

primitiv rekursiv.

In Analogie zur zahlentheoretischen Funktion $\operatorname{sg} x$ führen wir eine Wortfunktion $\operatorname{Sg}_{\mathfrak{x}} \mathfrak{y}$ durch die Festsetzung

$$\operatorname{Sg}_{\mathfrak{x}} \mathfrak{y} = \begin{cases} \varLambda, & \mathfrak{y} = \varLambda \\ \mathfrak{x}, & \mathfrak{y} \neq \varLambda \end{cases}$$

ein.

Aus der Beziehung

$$\operatorname{Sg}_{\mathfrak{x}} \varLambda = \varLambda, \qquad \operatorname{Sg}_{\mathfrak{x}} \mathfrak{y} a_i = \mathfrak{x}$$

folgt, daß die Funktion Sg primitiv rekursiv ist.

Bezeichnen wir mit $\mathfrak{x} - \mathfrak{y}$ die Lösung $\mathfrak{z}$ der Gleichung $\mathfrak{x} = \mathfrak{z}\mathfrak{y}$. Hat die angegebene Gleichung keine Lösung, so halten wir den Wert des Ausdrucks $\mathfrak{x} - \mathfrak{y}$ für nicht definiert. Wir setzen in Analogie zur zahlentheoretischen Differenz $\mathfrak{x} \doteq \mathfrak{y}$

$$\mathfrak{x} \doteq \mathfrak{y} = \begin{cases} \mathfrak{x} - \mathfrak{y}, & \textit{falls } \mathfrak{x} - \mathfrak{y} \textit{ definiert,} \\ \varLambda, & \textit{falls } \mathfrak{x} - \mathfrak{y} \textit{ nicht definiert.} \end{cases}$$

Die einstellige Funktion $\mathfrak{x} \doteq a_i$ ist offensichtlich primitiv rekursiv, weil sie die Beziehungen

$$\varLambda \doteq a_i = \varLambda, \qquad \mathfrak{x} a_i \doteq a_i = \mathfrak{x}, \qquad \mathfrak{x} a_j \doteq a_i = \varLambda \;\; (j \neq i)$$

erfüllt.

Aus den Identitäten

$$\mathfrak{x} \doteq \varLambda = \mathfrak{x}, \qquad \mathfrak{x} \doteq a_i \mathfrak{y} = (\mathfrak{x} \doteq \mathfrak{y}) \doteq a_i$$

ist offensichtlich, daß die Funktion $\mathfrak{x} \doteq \mathfrak{y}$ primitiv rekursiv ist.

Wir wollen jetzt zeigen, daß auch die Funktion

$$\varDelta(\mathfrak{x}, \mathfrak{y}) = \begin{cases} \mathfrak{x} - \mathfrak{y}, & \textit{wenn } \mathfrak{x} - \mathfrak{y} \textit{ existiert,} \\ \mathfrak{x}, & \textit{wenn } \mathfrak{x} - \mathfrak{y} \textit{ nicht existiert} \end{cases}$$

primitiv rekursiv ist. Dazu führen wir die Funktionen

$$\boldsymbol{D}_i(\mathfrak{x}) = \begin{cases} \varLambda, & \textit{wenn } \mathfrak{x} - a_i \textit{ existiert,} \\ a_i, & \textit{wenn } \mathfrak{x} - a_i \textit{ nicht existiert} \end{cases}$$

ein.

Die Beziehungen

$$D_i(\Lambda) = a_i, \qquad D_i(\mathfrak{x}a_i) = \Lambda, \qquad D_i(\mathfrak{x}a_j) = a_i \qquad (j \neq i)$$

zeigen, daß die Funktionen $D_i(\mathfrak{x})$ primitiv rekursiv sind. Führen wir noch durch die definitorische Festsetzung

$$D(\mathfrak{x}, \Lambda) = \Lambda, \qquad D(\mathfrak{x}, a_i\mathfrak{y}) = D(\mathfrak{x}, \mathfrak{y}) \, D_i(\mathfrak{x} \,\dot-\, \mathfrak{y})$$

die Funktion $D(\mathfrak{x}, \mathfrak{y})$ ein. Aus diesen Gleichungen ist unmittelbar offensichtlich, daß

$$D(\mathfrak{x}, \mathfrak{y}) = \Lambda \Leftrightarrow \mathfrak{x} - \mathfrak{y} \ \textit{existiert}.$$

Aber in diesem Falle ist

$$\mathrm{Sg}_\mathfrak{x}\, D(\mathfrak{x}, \mathfrak{y}) = \begin{cases} \Lambda, \text{ wenn } \mathfrak{x} - \mathfrak{y} \text{ existiert,} \\ \mathfrak{x}, \text{ wenn } \mathfrak{x} - \mathfrak{y} \text{ nicht existiert.} \end{cases}$$

Folglich ist

$$\Delta(\mathfrak{x}, \mathfrak{y}) = (\mathfrak{x} \,\dot-\, \mathfrak{y})\, \mathrm{Sg}_\mathfrak{x}\, D(\mathfrak{x}, \mathfrak{y}),$$

und deshalb ist die Funktion Δ primitiv rekursiv.

Setzen wir per definitionem

$$W_n(\mathfrak{x}_1, \ldots, \mathfrak{x}_{n+1}; \mathfrak{y}_1, \ldots, \mathfrak{y}_n) = \begin{cases} \mathfrak{x}_1, \textit{ falls } \mathfrak{y}_1 = \Lambda, \\ \mathfrak{x}_2, \textit{ falls } \mathfrak{y}_1 \neq \Lambda, \mathfrak{y}_2 = \Lambda, \\ \cdots\cdots\cdots\cdots\cdots\cdots\cdots\cdots \\ \mathfrak{x}_n, \textit{ falls } \mathfrak{y}_1 \neq \Lambda, \mathfrak{y}_2 \neq \Lambda, \ldots, \mathfrak{y}_n = \Lambda, \\ \mathfrak{x}_{n+1}, \textit{ falls } \mathfrak{y}_1 \neq \Lambda, \mathfrak{y}_2 \neq \Lambda, \ldots, \mathfrak{y}_n \neq \Lambda. \end{cases}$$

Da

$$W_1(\mathfrak{x}_1, \mathfrak{x}_2; \Lambda) = \mathfrak{x}_1, \qquad W_1(\mathfrak{x}_1, \mathfrak{x}_2; \mathfrak{y}a_i) = \mathfrak{x}_2,$$

ist die Funktion W_1 primitiv rekursiv. Setzen wir nun als bekannt voraus, daß für ein gewisses n die Funktion W_n primitiv rekursiv ist, so sehen wir aus den Beziehungen

$$W_{n+1}(\mathfrak{x}_1, \ldots, \mathfrak{x}_{n+2}; \Lambda, \mathfrak{y}_2, \ldots, \mathfrak{y}_{n+1}) = \mathfrak{x}_1,$$

$$W_{n+1}(\mathfrak{x}_1, \ldots, \mathfrak{x}_{n+2}; \mathfrak{y}a_i, \mathfrak{y}_2, \ldots, \mathfrak{y}_{n+1}) = W_n(\mathfrak{x}_2, \ldots, \mathfrak{x}_{n+2}; \mathfrak{y}_2, \ldots, \mathfrak{y}_{n+1}),$$

daß die Funktion W_{n+1} ebenfalls primitiv rekursiv ist.

Betrachten wir die durch das Schema

$$E(\mathfrak{x}, \mathfrak{y}) = \begin{cases} \varLambda, \textit{ falls } \mathfrak{x} \in \mathfrak{y} \\ \mathfrak{x}, \textit{ falls } \mathfrak{x} \notin \mathfrak{y} \end{cases}$$

definierte Funktion E, wobei $\mathfrak{x} \in \mathfrak{y}$ *bedeutet, daß das Wort $\mathfrak{x}$ Teilwort von $\mathfrak{y}$ ist.* Nach Definition haben wir

$$E(\mathfrak{x}, \varLambda) = \mathfrak{x}, \tag{6}$$

$$E(\mathfrak{x}, \mathfrak{y}a_i) = \begin{cases} \varLambda, \text{ falls } \mathfrak{x} \in \mathfrak{y}, \\ \varLambda, \text{ falls } \mathfrak{x} \notin \mathfrak{y}, \mathfrak{x} \in \mathfrak{y}a_i \\ \mathfrak{x}, \text{ falls } \mathfrak{x} \notin \mathfrak{y}, \mathfrak{x} \notin \mathfrak{y}a_i. \end{cases} \tag{7}$$

Aber die Bedingung $\mathfrak{x} \in \mathfrak{y}$ ist zur Gleichung $E(\mathfrak{x}, \mathfrak{y}) = \varLambda$ äquivalent, und die Bedingungen $\mathfrak{x} \notin \mathfrak{y}$, $\mathfrak{x} \in \mathfrak{y}a_i$ sind äquivalent zu den Beziehungen $E(\mathfrak{x}, \mathfrak{y}) \neq \varLambda$, $D(\mathfrak{y}a_i, \mathfrak{x}) = \varLambda$. Deshalb folgt aus (7)

$$E(\mathfrak{x}, \mathfrak{y}a_i) = W_2(\varLambda, \varLambda, \mathfrak{x}; E(\mathfrak{x}, \mathfrak{y}), D(\mathfrak{y}a_i, \mathfrak{x})). \tag{8}$$

Die Gleichungen (6), (8) zeigen, daß die Funktion $E(\mathfrak{x}, \mathfrak{y})$ primitiv rekursiv ist.

Bezeichnen wir mit Sb $(\mathfrak{x}; \mathfrak{y}, \mathfrak{z})$ das Ergebnis der Substitution des Wortes $\mathfrak{z}$ im Wort $\mathfrak{x}$ an Stelle des ersten Vorkommens von $\mathfrak{y}$. Insbesondere setzen wir

$$\text{Sb } (\varLambda; \mathfrak{y}, \mathfrak{z}) = \varLambda \tag{9}$$

und

$$\text{Sb } (\mathfrak{x}; \mathfrak{y}, \mathfrak{z}) = \mathfrak{x},$$

wenn $\mathfrak{y}$ in $\mathfrak{x}$ nicht vorkommt. Es ist klar, daß

$$\text{Sb } (\mathfrak{x}a_i; \mathfrak{y}, \mathfrak{z}) = \begin{cases} \text{Sb } (\mathfrak{x}; \mathfrak{y}, \mathfrak{z})a_i, \text{ falls } \mathfrak{y} \in \mathfrak{x}, \\ \varLambda(\mathfrak{x}a_i, \mathfrak{y})\mathfrak{z}, \quad \text{ falls } \mathfrak{y} \notin \mathfrak{x}, \mathfrak{y} \in \mathfrak{x}a_i, \\ \mathfrak{x}a_i, \quad\quad\quad \text{ falls } \mathfrak{y} \notin \mathfrak{x}, \mathfrak{y} \notin \mathfrak{x}a_i. \end{cases} \tag{10}$$

Die Beziehung (10) kann man in die Form der Identität

$$\text{Sb } (\mathfrak{x}a_i; \mathfrak{y}, \mathfrak{z}) = W_2(\text{Sb } (\mathfrak{x}; \mathfrak{y}, \mathfrak{z})a_i, \varLambda(\mathfrak{x}a_i, \mathfrak{y})\mathfrak{z}, \mathfrak{x}a_i; E(\mathfrak{y}, \mathfrak{x}), E(\mathfrak{y}, \mathfrak{x}a_i))$$

umschreiben.

Diese Identität bildet zusammen mit den Gleichungen (9) ein Schema der Wortrekursion für die Funktion Sb. Da die Anfangsfunktionen primitiv rekursiv sind, ist auch die Funktion Sb primitiv rekursiv.

Bezeichnen wir schließlich mit $\text{Sb}_a (\mathfrak{x}, \mathfrak{y})$ das Ergebnis der Substitution des Wortes $\mathfrak{y}$ im Wort $\mathfrak{x}$ an der Stelle des ersten Vorkommens des Buchstabens a in $\mathfrak{x}$.

Zum Beispiel ist Sb_a $(\mathfrak{x}, \varLambda)$ das Ergebnis des Streichens aller Vorkommen des Buchstabens a aus $\mathfrak{x}$. Ferner ist Sb_a $(\mathfrak{x}, \varLambda) = \mathfrak{x}$ äquivalent zur Bedingung, daß $\mathfrak{x}$ den Buchstaben a überhaupt nicht enthält, usw. Die offensichtlichen Identitäten

$$\mathrm{Sb}_{a_i} (\varLambda, \mathfrak{y}) = \varLambda,$$

$$\mathrm{Sb}_{a_i} (\mathfrak{x}a_j, \mathfrak{y}) = \mathrm{Sb}_{a_i}(\mathfrak{x}, \mathfrak{y})\, a_j \qquad (j \neq i),$$

$$\mathrm{Sb}_{a_i}(\mathfrak{x}a_i, \mathfrak{y}) = \mathrm{Sb}_{a_i} (\mathfrak{x}, \mathfrak{y})\,\mathfrak{y}$$

zeigen, daß alle Funktionen Sb_{a_i} $(\mathfrak{x}, \mathfrak{y})$ primitiv rekursiv sind.

11.3. Direkte Definition der Klasse der partiell rekursiven Wortfunktionen. Wie schon erwähnt, besteht ein Hauptmangel der in § 11.1 eingeführten Definitionen der primitiven und partiellen Rekursivät von *Wort*funktionen darin, daß diese Definitionen von der Aufzählung der Worte abhängig sind. Die in § 11.2. betrachteten Operationen der Substitution, der Wortrekursion und der Wortminimalisierung sind von diesem Mangel frei und können deshalb dazu benutzt werden, nun neue, invariante Definitionen der angegebenen Begriffe zu erhalten. Die gesuchten Definitionen sind in den folgenden Theoremen enthalten.

Theorem 1. *Für die primitive Rekursivität einer über einem Alphabet A definierten Wortfunktion $F(\mathfrak{x}_1, ..., \mathfrak{x}_n)$ ist notwendig und hinreichend, daß diese Funktion aus den Anfangs-Wortfunktionen O, S, $I_m{}^s$ durch eine endliche Anzahl von Wortrekursionen und Substitutionen erhalten werden kann.*

Theorem 2. *Für die partielle Rekursivität einer in einem Alphabet A gegebenen partiellen Wortfunktion $F(\mathfrak{x}_1, ..., \mathfrak{x}_n)$ ist notwendig und hinreichend, daß diese Funktion aus den Anfangs-Wortfunktionen O, S, $I_m{}^s$ durch eine endliche Anzahl von Operationen der Substitution, der Wortrekursion und der Wortminimalisierung erhalten werden kann.*

Der Vollständigkeit halber bringen wir Beweise dieser Theoreme. In § 11.2. wurde hergeleitet, daß die Anwendung der Operationen der Substitution und der Wortrekursion auf primitiv rekursive Funktionen primitiv rekursive Funktionen liefert und daß die Anfangswortfunktionen primitiv rekursiv sind. Ebendadurch wird die Hinlänglichkeit in Theorem 1 hergeleitet. In § 11.2. wurde auch gezeigt, daß die Anwendung der Operation der Wortminimalisierung auf eine partiell rekursive Wortfunktion eine partiell rekursive Funktion liefert. Deshalb ist auch die Hinlänglichkeit in Theorem 2 hergeleitet. Zum Beweis der Notwendigkeit in den Theoremen 1, 2 führen wir vorläufig einige Lemmate ein. Vereinbaren wir, eine Wortfunktion *Wort-primitiv-rekursiv* zu nennen, wenn sie aus den Anfangs-Wortfunktionen durch Operationen der Substitution und der Wortrekursion erhalten werden kann.

Führen wir noch die Bezeichnung

$$v(n) = a_1{}^n = a_1 a_1 \cdots a_1,\; v(0) = a_1{}^0 = \varLambda$$

ein, wobei a_1 irgendein Buchstabe aus dem gegebenen Alphabet ist.

Lemma 1. *Zu jeder zahlentheoretischen primitiv rekursiven Funktion $f(x_1, ..., x_n)$ gibt es eine Wort-primitiv-rekursive Funktion $F(\mathfrak{x}_1, ..., \mathfrak{x}_n)$, welche die Identität*

$$F(vx_1, ..., vx_n) = vf(x_1, ..., x_n) \tag{1}$$

erfüllt.

Wir führen den Beweis entlang der Anzahl k von Operationen der Einsetzung und der primitiven Rekursion, die durchgeführt werden müssen, um f aus den zahlentheoretischen Anfangsfunktionen o, s, $I_i{}^q$ zu bekommen. Ist $k = 0$ und fällt f also mit einer der Funktionen o, s, $I_i{}^q$ zusammen, so konstruiert man die (1) erfüllende Wortfunktion F auf offensichtliche Weise.

Es sei $k > 0$, $f = S^{m+1}(h, h_1, \ldots, h_m)$ und $H, H_1, \ldots, H_m$ seien mit den Funktionen $h, h_1, \ldots, h_m$ durch Beziehungen der Gestalt (1) verbundene Wortfunktionen. Dann ist die Wortfunktion $F = S^{m+1}(H, H_1, \ldots, H_m)$ mit f durch die Beziehungen (1) verbunden.

Schließlich sei $f = R(g, h)$ und seien G, H mit den Funktionen g, h durch Beziehungen vom Typ (1) verbundene Wortfunktionen. Auf diese Art und Weise ist

$$f(x_1, \ldots, x_n, 0) = g(x_1, \ldots, x_n),$$
$$f(x_1, \ldots, x_n, y + 1) = h(x_1, \ldots, x_n, y, f(x_1, \ldots, x_n, y))$$

und nach (1)

$$vf(x_1, \ldots, x_n, 0) = G(vx_1, \ldots, vx_n),$$
$$vf(x_1, \ldots, x_n, y + 1) = H(vx_1, \ldots, vx_n, vy, vf(x_1, \ldots, x_n, y)).$$

Aber dann wird das durch die Rekursion

$$F(\mathfrak{x}_1, \ldots, \mathfrak{x}_n, 0) = G(\mathfrak{x}_1, \ldots, \mathfrak{x}_n),$$
$$F(\mathfrak{x}_1, \ldots, \mathfrak{x}_n, \mathfrak{y}a_1) = H(\mathfrak{x}_1, \ldots, \mathfrak{x}_n, \mathfrak{y}, F(\mathfrak{x}_1, \ldots, \mathfrak{x}_n, \mathfrak{y}))$$

definierte $F(\mathfrak{x}_1, \ldots, \mathfrak{x}_n, \mathfrak{y})$ mit f durch die Bedingung (1) verbunden, wie man leicht sieht.

Lemma 2. *Es gibt eine Wort-primitiv-rekursive Funktion $T(\mathfrak{x})$, die der Relation*

$$T(v(n)) = \alpha n^1) \tag{2}$$

genügt.

Bezeichnen wir nämlich durch $G(\mathfrak{x})$ das Wort, dessen Index um 1 größer ist als der Index von $\mathfrak{x}$, so sehen wir aus der Formel (1) in § 11.1., daß

$$G(\varLambda) = a_1,$$
$$G(\mathfrak{x}a_i) = \mathfrak{x}a_{i+1} \qquad (i = 1, \ldots, p - 1),$$
$$G(\mathfrak{x}a_p) = G(\mathfrak{x})a_1,$$

und deshalb ist die Funktion G eine Wort-primitiv-rekursive Funktion.

Hieraus folgt, daß die durch die Rekursion

$$T(\varLambda) = \varLambda,$$
$$T(\mathfrak{x}a_i) = T(\mathfrak{x}) \qquad (i = 2, \ldots, p),$$
$$T(\mathfrak{x}a_1) = G(\mathfrak{x})$$

definierte Funktion $T(\mathfrak{x})$ ebenfalls primitiv rekursiv ist. Diese Funktion genügt offenbar der Forderung (2).

Lemma 3. *Die einstellige Wortfunktion $v(c(\mathfrak{x}))$ ist eine Wort-primitiv-rekursive Funktion.*

Nach Lemma 1 gibt es Wort-primitiv-rekursive Funktionen $F_i(\mathfrak{x})$, für die

$$F_i(vx) = vc(\alpha xa_i) = v(px + i)(x \in \mathbf{N}).$$

---

¹) Wie auch früher bezeichnet αn das Wort, das in der lexikographischen Aufzählung (§ 11.1.) den Index n hat.

Die Funktion $v(c(\mathfrak{x}))$ genügt dem Rekursionsschema

$$vc(\Lambda) = \Lambda,$$

$$vc(\mathfrak{a}a_i) = vc(\alpha c(\mathfrak{a})a_i) = F_i(vc(\mathfrak{a})) \quad (i = 1, \ldots, p)$$

und ist deshalb selbst primitiv rekursiv.

Um den Beweis von Theorem 1 zu beenden, müssen wir zeigen, daß jede primitiv rekursive Funktion $G(\mathfrak{x}_1, \ldots, \mathfrak{x}_n)$ eine Wort-primitiv-rekursive Funktion ist. Es sei $f(x_1, \ldots, x_n)$ die darstellende Funktion für G. Nach Voraussetzung ist f primitiv rekursiv, und also gibt es nach Lemma 1 eine Wort-primitiv-rekursive Funktion F, die mit f durch die Beziehung (1) verbunden ist. Aus den Beziehungen (1), (2) erhalten wir sukzessive

$$G(\mathfrak{x}, \ldots, \mathfrak{x}_n) = \alpha f(c(\mathfrak{x}_1), \ldots, c(\mathfrak{x}_n)) = Tvf(c(\mathfrak{x}_1), \ldots, c(\mathfrak{x}_n)) = TF(vc(\mathfrak{x}_1), \ldots, vc(\mathfrak{x}_n)).$$

Da die Funktionen T, F, $vc(\mathfrak{x})$ Wort-primitiv-rekursiv sind, ist auch G Wort-primitiv-rekursiv, was auch gefordert war.

Der Beweis von Theorem 2 wird analog durchgeführt, man muß sich lediglich statt auf Lemma 1 auf ein analoges Lemma stützen.

Lemma 4. *Für jede zahlentheoretische partiell rekursive Funktion $f(x_1, \ldots, x_n)$ existiert eine partielle Wortfunktion $F(\mathfrak{x}_1, \ldots, \mathfrak{x}_n)$, die der Beziehung (1) genügt und aus den Anfangs-Wortfunktionen durch Operationen der Einsetzung, der Wortrekursion und der Wortminimalisierung erhalten wird.*

Die Gültigkeit dieses Lemmas wird mit der gleichen Methode wie auch die Gültigkeit von Lemma 1 bewiesen. Bezeichnen wir in der Tat mit k die Anzahl der Operationen der Einsetzung, der primitiven Rekursion und der Minimalisierung, mit deren Hilfe die Funktion f aus den zahlentheoretischen Anfangsfunktionen o, s, I_i^q erhalten wird, und führen wir eine Induktion nach k. Für $k = 0$ ist die Behauptung offensichtlich. Nehmen wir an, daß für eine Funktion f die Zahl k einen angegebenen Wert hat und daß wir für alle Funktionen f mit kleinerem k die Funktion F konstruieren können. Wird f aus Funktionen mit kleinerem k durch Einsetzung oder primitive Rekursion erhalten, so wurde die Konstruktion von F beim Beweis von Lemma 1 gezeigt. Es bleibt der Fall zu betrachten, daß

$$f(x) = \mu_y(g(x, y) = 0) \tag{3}$$

und für die Funktion g die entsprechende Funktion G bekannt ist. Aber aus (1) und (3) erhalten wir unmittelbar

$$vf(x) = \mu a_1{}^n(G(vx, a_1{}^n) = \Lambda).$$

Also wird die Funktion

$$F(\mathfrak{x}) = \mu a_1{}^n(G(\mathfrak{x}, a_1{}^n) = \Lambda)$$

die gesuchte Funktion für f.

Ergänzungen und Beispiele

1. Man zeige die primitive Rekursivität der folgenden Wortfunktionen:

a) $F(\mathfrak{x}) = $ Anfangsbuchstabe von $\mathfrak{x}$;

b) $F(\mathfrak{x}, \mathfrak{y}) = $ das Anfangsstück des Wortes $\mathfrak{x}$, dessen Länge gleich der Länge von $\mathfrak{y}$ ist; wenn die Länge von $\mathfrak{y}$ größer ist als die Länge von $\mathfrak{x}$, dann ist $F(\mathfrak{x}, \mathfrak{y}) = \mathfrak{x}$;

c) $F(\mathfrak{x}) = $ maximale Lösung in $\mathfrak{y}$ der Gleichung $\mathfrak{x} = \mathfrak{y}z\mathfrak{y}\tilde{\ }$.

2. Ein Alphabet A bestehe aus Objektvariablen $x_1, \ldots, x_n$, Funktionsvariablen $f_1{}^{n_1}, \ldots,$ $f_s{}^{n_s}$, den Klammern (,) und dem Komma. Man zeige, daß die Gesamtheit aller Terme, die im Alphabet A geschrieben werden können, primitiv rekursiv ist.

3. Das Alphabet A enthalte nicht weniger als zwei Buchstaben. Man betrachte die Gesamtheit aller binären Relationen zwischen den Worten in A. Für jeden Buchstaben a_i aus A definieren wir Relationen ϱ_i, σ_i mittels der Formeln

$$\mathfrak{x}\varrho_i\mathfrak{y} \Leftrightarrow \mathfrak{x} = \mathfrak{y}a_i, \qquad \mathfrak{x}\sigma_i\mathfrak{y} \Leftrightarrow \mathfrak{x} = a_i\mathfrak{y}.$$

Die Komposition $\vartheta_1\vartheta_2$ beliebiger binärer Relationen wird wie üblich definiert:

$$\mathfrak{x}\vartheta_1\vartheta_2\mathfrak{y} \Leftrightarrow (\exists\mathfrak{z})(\mathfrak{x}\vartheta_1\mathfrak{z} \,\&\, \mathfrak{z}\vartheta_2\mathfrak{y}).$$

Beginnend mit den Relationen $\varrho_1, \sigma_1, \ldots, \varrho_p, \sigma_p$ konstruieren wir neue Relationen mit Hilfe der Operationen der Vereinigung, des Durchschnitts, der Komposition und des reflexiv-transitiven Abschlusses einer Relation. Man zeige, daß die Klasse aller erhaltenen Relationen mit der Klasse aller binären rekursiv aufzählbaren Relationen zusammenfällt (G. S. Cejtin [12]).

§12. Turing-Maschinen

Die erste wichtige und hinreichend umfassende Klasse von Algorithmen wurde von Turing und Post in den Jahren 1936—1937 ([112], [76]) beschrieben. Die Algorithmen dieser Klasse werden mit besonderen Maschinen verwirklicht, die heutzutage Turing-Post-Maschinen oder einfach Turing-Maschinen genannt werden. Turing-Maschinen simulieren in den wesentlichen Zügen die Arbeit eines nach einem vorgegebenen Programm rechnenden Menschen und werden oft als mathematisches Modell für das Studium der Funktionsweise eines menschlichen Gehirns betrachtet.

Im vorliegenden Paragraphen werden zuerst die Turing-Post-Maschinen und die durch sie realisierten Algorithmen für die Verarbeitung von Worten beschrieben, und dann wird gezeigt, daß die Klasse der durch Turing-Maschinen berechenbaren Funktionen mit der Klasse der partiell rekursiven Funktionen zusammenfällt.

12.1. Turing-Post-Maschinen. Eine Turing-Post-Maschine enthält folgende Teile (Fig. 1.).

a) Ein endliches Band (zum Beispiel ein magnetisches Band oder ein papierenes Band telegraphischen Typs), das in eine endliche Anzahl von Feldern auf-

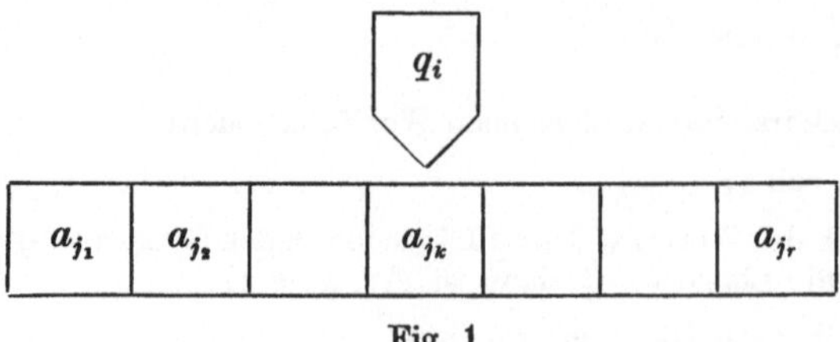

Fig. 1

geteilt ist. Während des Arbeitsprozesses der Maschine kann die Maschine sich zu den vorhandenen Feldern neue Felder verschaffen, so daß das Band für beidseitig potentiell unbeschränkt gehalten werden kann. Jedes Bandfeld kann sich in einem Zustand aus einer endlichen Menge von Zuständen befinden. Diese Zustände werden wir durch die Symbole $a_0, a_1, \ldots, a_m$ oder andere Symbole bezeichnen. Die Gesamtheit dieser Symbole heißt *äußeres Alphabet* der Maschine, und das Band selbst heißt oft äußeres Gedächtnis der Maschine. Felder in einem bestimmten festen Zustand heißen manchmal leer. Wir werden leere Zustände gewöhnlich durch die Symbole a_0 oder 0 bezeichnen. Die Bandfelder können während des Arbeitsprozesses der Maschine ihren Zustand verändern, aber können ihn auch unverändert lassen. Alle neu hinzugebrachten Felder werden im leeren Zustand hinzugefügt. Das Band wird als gerichtet angenommen, und seine Felder werden wir von links nach rechts einsehen. Hat somit das Band zu irgendeinem Zeitpunkt r Felder und besteht das äußere Alphabet der Maschine aus den Symbolen $a_0, a_1, \ldots, a_m$, so wird der Zustand des Bandes vollständig durch das Wort

$$a_{j_1} a_{j_2} \cdots a_{j_k} \cdots a_{j_r}$$

beschrieben, wobei a_{j_1} der Zustand des (von links) ersten Feldes ist, a_{j_2} der Zustand des zweiten usw.

b) **Inneres Gedächtnis.** Das innere Gedächtnis der Maschine ist ein gewisser Apparat, der sich zu jedem betrachteten Zeitpunkt in einem gewissen „Zustand" befindet. Es wird angenommen, daß die Zahl der möglichen Zustände des inneren Gedächtnisses endlich und für jede Maschine fest ist. Wir bezeichnen einen Zustand des inneren Gedächtnisses durch die Symbole $q_0, q_1, \ldots, q_n$ oder irgendein anderes Symbol, das nicht im äußeren Alphabet der Maschine vorkommt. Die Gesamtheit der die Zustände des inneren Gedächtnisses bezeichnenden Zustände heißt inneres Alphabet der Maschine.

Die Zustände des inneren Gedächtnisses der Maschine heißen oft *innere Zustände* der Maschine. Einer dieser Zustände heißt *Endzustand* und spielt bei der Arbeit der Maschine eine besondere Rolle. Das den Endzustand bezeichnende Symbol heißt Stopsymbol. In der Regel wird im weiteren das Symbol q_0 die Rolle des Stopsymbols spielen.

c) **Lesekopf.** Das ist eine gewisse Vorrichtung, die sich so längs des Bandes versetzt, daß sie sich zu jedem betrachteten Zeitpunkt in einem bestimmten Feld des Bandes befindet. Manchmal nimmt man umgekehrt den Lesekopf als mit der Maschine fest verbunden und das Band als sich bewegenden Teil an. In diesem Fall wird angenommen, daß bald das eine, bald das andere Bandfeld in den Lesekopf eingeführt wird. Wenn sich irgendein Feld im Lesekopf befindet, so sagt man auch, daß die Maschine dieses Feld zum gegebenen Zeitpunkt „auffaßt" oder „betrachtet".

d) **Mechanischer Apparat.** Es wird angenommen, daß die Maschine mit einem besonderen Mechanismus ausgestattet ist, der in Abhängigkeit vom Zustand des betrachteten Feldes und dem Zustand des inneren Gedächtnisses den Zustand des inneren Gedächtnisses verändern und gleichzeitig entweder den Zustand des betrachteten Feldes verändern oder den Lesekopf in das linke Nachbarfeld oder den Lesekopf in das rechte Nachbarfeld verschieben kann. Wenn der Lesekopf sich im rechtsäußersten Feld befindet und die Maschine im Verlaufe der Arbeit den Lesekopf in das (nicht vorhandene) rechte Nachbarfeld verschieben muß, dann wird angenommen, daß die Maschine bei der Verschiebung des Kopfes gleichzeitig das fehlende Feld im leeren Zustand anbaut. Analog arbeitet die Maschine auch in dem Falle, daß der Kopf das linksäußerste Feld auffaßt und die Maschine im Verlauf ihrer Arbeit den Kopf noch weiter nach links verschieben muß.

Kommt schließlich zu irgendeinem Zeitpunkt das innere Gedächtnis der Maschine in den Endzustand q_0, so finden keine weiteren Veränderungen der Maschine statt, und man sagt, daß die Maschine stoppt. Es kann geschehen, daß auch bei irgendeinem anderen inneren Zustand q_i in der Maschine keine Veränderungen stattfinden. Jedoch können wir in diesem Falle nicht sagen, daß die Maschine stoppt, sondern werden wir annehmen, daß die Maschine „unendlich lange" weiterarbeitet.

Per definitionem ist der *Zustand* einer Turing-Maschine oder ihre *Konfiguration* die durch die Folge $a_{j_1}, a_{j_2}, \ldots, a_{j_r}$ der Zustände aller Bandfelder, des Zustandes q_i des inneren Gedächtnisses und der Nummer k des betrachteten Feldes a_{j_k} gebildete Gesamtheit.

Man kann die Gesamtheit aller dieser Angaben durch ein einziges Wort

$$a_{j_1} a_{j_2} \cdots q_i a_{j_k} \cdots a_{j_r} \tag{1}$$

beschreiben, das wir den angegebenen Zustand der Maschine beschreibendes *Maschinenwort* nennen werden. Somit enthält jedes Maschinenwort nur ein Vorkommen eines Symbols q_i aus dem inneren Alphabet. Dieses Symbol q_i kann das linksäußerste, nicht aber das rechtsäußerste Symbol im Maschinenwort sein, weil sich rechts von ihm das Symbol des Zustandes des betrachteten Bandfeldes befinden muß.

Es wird angenommen, daß Turing-Maschinen mit beliebig vorgegebenem äußerem und innerem Alphabet existieren unter der Bedingung, daß diese Alphabete keine gemeinsamen Symbole haben. Es wird auch vorausgesetzt, daß man sogleich mit der Vorgabe des äußeren Alphabets $\{a_0, a_1, \ldots, a_m\}$ und des inneren Alphabets $\{q_0, q_1, \ldots, q_n\}$ der Maschine diese Maschine in den von einem beliebigen, willkürlich vorgegebenen Wort der Gestalt (1) (unter der Bedingung, daß das Symbol q_i nicht das rechtsäußerste Symbol in diesem Wort ist) beschriebenen „Zustand" bringen und dann *die Maschinenoperationen in Gang setzen* kann.

Die Arbeit der Maschine besteht darin, aus einem gegebenen „Zustand" nach Ablauf eines Arbeitstaktes des mechanischen Apparats in den folgenden „Zustand" überzugehen, dann von dem neuen Zustand nach Ablauf eines Arbeitstaktes zu einem neuen Zustand überzugehen und so weiter.

Wir der gegebene Zustand durch das Maschinenwort $\mathfrak{m}$ beschrieben, so wird das den Folgezustand der Maschine beschreibende Wort durch $\mathfrak{m}^{(1)}$ bezeichnet. Wir setzen weiter

$$\mathfrak{m}^{(i+1)} = (\mathfrak{m}^{(i)})^{(1)} \qquad (i = 0, 1, 2, \ldots),$$

so daß $\mathfrak{m}^{(i)}$ das Maschinenwort ist, das den Zustand der Maschine beschreibt, den diese ausgehend vom Anfangszustand $\mathfrak{m}$ nach i Arbeitstakten erreicht. Die Behauptungen $\mathfrak{m}^{(1)} = \mathfrak{b}$ und $\mathfrak{m}^{(i)} = \mathfrak{b}$, $i > 1$ schreiben wir in der Form $\mathfrak{m} \models \mathfrak{b}$ und $\mathfrak{m} \vdash \mathfrak{b}$ respektive.

Wir legen jetzt das Konstruktionsgesetz des Maschinenwortes $\mathfrak{m}^{(1)}$ aus einem vorgegebenen Maschinenwort $\mathfrak{m}$ genauer fest. Aus der Beschreibung der Arbeit des mechanischen Apparats in d) folgt, daß die Maschine mehrere Operationen ausführen kann. Wenn die Maschine im inneren Zustand q_i ein Bandfeld im Zustand a_j betrachtet, das innere Gedächtnis in den Zustand q_s überführt und gleichzeitig den Zustand a_j des betrachteten Feldes durch den Zustand a_r ersetzt, so sagt man, daß die Maschine den *Befehl*

$$q_i a_j \to q_s a_r \tag{2}$$

ausführt.

Wenn die Maschine unter den angegebenen Bedingungen das innere Gedächtnis in den Zustand q_s überführt und den Lesekopf in das linke oder rechte Nachbarbandfeld verschiebt, so sagt man, daß die Maschine den Befehl

$$q_i a_j \to q_s R \tag{3}$$

oder entsprechend den Befehl

$$q_i a_j \to q_s L \tag{4}$$

ausführt, wobei R, L besondere Symbole sind.

Die Gesamtheit aller Befehle, die eine Maschine ausführen kann, heißt ihr *Programm*. Da die Arbeit einer Maschine nach Voraussetzung durch den Zustand q_i ihres inneren Gedächtnisses zum gegebenen Zeitpunkt und den Zustand a_j des betrachteten Feldes vollständig definiert wird, muß das Programm einer Maschine für alle q_i, a_j $(i = 1, \ldots, n; j = 0, 1, \ldots, m)$ genau einen mit dem Wort $q_i a_j$ beginnenden Befehl enthalten. Somit enthält das Programm einer Maschine mit den Symbolen $\{a_0, a, \ldots, a_m\}$ und den Zuständen $\{q_0, q_1, \ldots, q_n\}$ genau $n(m + 1)$

Befehle. Wir werden voraussetzen, daß für jeden Vorrat von Befehlen der Gestalt
(2), (3), (4), der für alle q_i, a_j $(i = 1, \ldots, n; \; j = 0, 1, \ldots, m)$ genau einen Befehl
der Gestalt $q_i a_j \to \mathfrak{a}$ enthält, eine Turing-Maschine mit diesem Programm
existiert.

Betrachten wir ein Beispiel. Das äußere Alphabet der Maschine bestehe aus den
Symbolen 0, 1, das innere aus den Symbolen q_0, q_1, q_2 wobei q_0 das Stopsymbol
und 0 das Symbol des leeren Feldes ist. Das Programm der Maschine bestehe aus
den Befehlen

$$q_1 0 \to q_2 R, \quad q_2 0 \to q_0 1,$$
$$q_1 1 \to q_1 R, \quad q_2 1 \to q_2 R. \tag{5}$$

Schauen wir, wie sich die Zustände der Maschine für diesen oder jenen Anfangszustand der Maschine verändern. Erinnern wir uns an die Bedeutung der Befehle
(2), (3), (4), so finden wir unmittelbar

$$q_1 11 \;\vDash\; 1q_1\,1 \;\vDash\; 11q_1\,0 \;\vDash\; 110\,q_2 0 \;\vDash\; 110\,q_0 1,$$
$$q_2 101 \;\vDash\; 1q_2 01 \;\vDash\; 1q_0 11.$$

Es ist klar, daß man auf eben diese Weise auch im allgemeinen Fall, in dem man
das Programm $\mathfrak{P}$ einer Maschine und irgendein Maschinenwort $\mathfrak{m}$ hat, eine beliebige Anzahl von Worten aus der Kette

$$\mathfrak{m} \;\vDash\; \mathfrak{m}^{(1)} \;\vDash\; \mathfrak{m}^{(2)} \;\vDash\; \ldots$$

konstruieren kann, die die aufeinanderfolgenden Zustände der Maschinen darstellen.

Im folgenden interessiert uns der tatsächliche Mechanismus einer Turing-
Maschine, ihres Bandes und ihres Lesekopfes überhaupt nicht. Wir werden uns
nur für die Struktur der Folge von Maschinenworten interessieren, die die von der
Turing-Maschine angenommen sukzessiven Zustände beschreiben. Vom mathematischen Standpunkt aus ist eine Turing-Maschine einfach ein wohlbestimmter
Algorithmus zur Verarbeitung von Maschinenworten. Da die Methode der Verarbeitung von Maschinenworten mit dem Programm der Maschine bekannt ist,
werden wir eine Turing-Maschine als gegeben ansehen, wenn ihr inneres und äußeres
Alphabet und das Programm gegeben sind und angegeben ist, welche Symbole ein
leeres Feld und den Endzustand bezeichnen.

Der Prozeß zur Konstruktion des Wortes $\mathfrak{m}^{(1)}$ aus einem vorgegebenen Maschinenwort $\mathfrak{m}$ wurde oben mit Termini wie „den Lesekopf verschieben", „den
Zustand des Feldes verändern" usw. beschrieben. Wir wollen jetzt eine andere
Beschreibung dieses Prozesses angeben, die nur auf dem Begriff der Substitution
eines Wortes $\mathfrak{c}$ in einem Wort $\mathfrak{a}$ an der Stelle des ersten Vorkommens eines Wortes

b in a beruht. Die Operation der Substitution wurde in § 11.2. eingeführt, und ihr Ergebnis wurde mit Sb (a; b, c) bezeichnet.

Es seien b, c Worte in einem Alphabet, das das Symbol → nicht enthält. Im vorliegenden Abschnitt bezeichnen wir durch die Formel b → c den „Befehl": *im gegebenen Wort an Stelle des ersten Vorkommens des Wortes* b *das Wort* c *substituieren*, und nennen die Formel b → c selbst *Substitutionsbefehl*. Wenn irgendein Wort a ein Teilwort b enthält, so wird das Ergebnis der Ausführung des Befehls b → c über dem Wort a das Wort Sb (a; b, c). Kommt b hingegen in a nicht vor, so nennt man manchmal den Befehl b → c *auf das Wort* a *nicht anwendbar* und nimmt das Ergebnis der Anwendung dieses Befehls als *nicht definiert*, im Unterschied zur stets definierten Operation Sb.

Betrachten wir jetzt, mit welchen Substitutionen man aus einem Maschinenwort $\mathfrak{m}$ das Maschinenwort $\mathfrak{m}^{(1)}$ erhalten kann. Da das Wort $\mathfrak{m}$ manchmal durch Anbauen eines Feldes in das Wort $\mathfrak{m}^{(1)}$ transformiert wird, müssen wir die äußersten Buchstaben der Maschinenworte unterscheiden können. Dazu führen wir neue Symbole u, v ein, die in dem inneren und äußeren Alphabet der betrachteten Turing-Maschine $\mathfrak{T}$ nicht vorkommen. Ist $\mathfrak{m}$ irgendein Maschinenwort, so werden wir das Wort $u\mathfrak{m}v$ *erweitertes Maschinenwort* nennen, das denselben allgemeinen Zustand der Maschine $\mathfrak{T}$ beschreibt wie auch das Wort $\mathfrak{m}$. Wir wollen nun das Gesetz zur Gewinnung des Wortes $u\mathfrak{m}^{(1)}v$ aus dem Wort $u\mathfrak{m}v$ formulieren.

Das Programm einer Maschine $\mathfrak{T}$ enthalte den Befehl $q_\alpha a_i \to q_\beta a_j$, und ein vorgegebenes erweitertes Maschinenwort enthalte das Teilwort $q_\alpha a_i$. Es ist klar, daß in diesem Fall das Wort $u\mathfrak{m}^{(1)}v$ aus dem Wort $u\mathfrak{m}v$ durch die Substitution $q_\alpha a_i \to q_\beta a_j$ erhalten wird, die wir auch als den entsprechenden Befehl $q_\alpha a_i \to q_\beta a_j$ annehmen werden.

Enthält das Maschinenwort $\mathfrak{m}$ das Teilwort $q_\alpha a_i$ und hat der entsprechende Maschinenbefehl die Gestalt $q_\alpha a_i \to q_\beta L$, so überzeugt man sich leicht, daß man zur Gewinnung des Wortes $u\mathfrak{m}^{(1)}v$ aus dem Wort $u\mathfrak{m}v$ über dem Wort $u\mathfrak{m}v$ diejenige Substitution aus der Gesamtheit

$$
\begin{aligned}
a_0 q_\alpha a_i &\to q_\beta a_0 a_i \,, \\
a_1 q_\alpha a_i &\to q_\beta a_1 a_i \,, \\
\cdots\cdots\cdots\cdots & \\
a_m q_\alpha a_i &\to q_\beta a_m a_i \,, \\
u q_\alpha a_i &\to u q_\beta a_0 a_i
\end{aligned}
\tag{6}
$$

ausführen muß, die auf das Wort $u\mathfrak{m}v$ anwendbar ist. Insbesondere ist die letzte Einsetzung nur dann anwendbar, wenn q_α der linksäußerste Buchstabe in $\mathfrak{m}$ ist, d. h., wenn man links ein Feld anbauen muß.

Enthält analog das Maschinenwort $\mathfrak{m}$ das Teilwort $q_\alpha a_i$ und hat der entsprechende Maschinenbefehl die Gestalt $q_\alpha a_i \to q_\beta R$, so genügt es, um aus dem Wort

umv das Wort $um^{(1)}v$ zu bekommen, über dem Wort umv aus den Substitutions-
befehlen

$$q_\alpha a_i a_0 \to a_i q_\beta a_0 ,$$

$$q_\alpha a_i a_1 \to a_i q_\beta a_1 ,$$

$$\cdots \cdots \cdots \cdots \tag{7}$$

$$q_\alpha a_i a_m \to a_i q_\beta a_m ,$$

$$q_\alpha a_i v \to a_i q_\beta a_0 v$$

denjenigen auszuführen, der auf das Wort umv anwendbar ist. Da das Wort $q_\alpha a_i$
nur einmal im Wort m vorkommt, ist nur einer der Befehle (6), (7) auf das Wort
umv anwendbar, und deshalb ist die Reihenfolge der Folge der Befehle (6), (7)
gleichgültig und nur ihre Gesamtheit wichtig.

Formulieren wir jetzt die Regel zur Gewinnung des Wortes $m^{(1)}$ aus dem Maschinenwort m in allgemeiner Form. Gegeben sei eine Turing-Maschine mit ihren
Alphabeten $a_0, a_1, \ldots, a_m, q_0, q_1, \ldots, q_n$, mit den ausgezeichneten Symbolen a_0, q_0
und der Gesamtheit $\mathfrak{P}$ der Maschinenbefehle. Für jeden Maschinenbefehl aus $\mathfrak{P}$
konstruieren wir nach den oben angegebenen Regeln die entsprechenden Substitutionsbefehle, deren Gesamtheit wir die *Gesamtheit der Substitutionsbefehle* der
Maschine $\mathfrak{P}$ nennen. Diese Gesamtheit bestehe aus den Befehlen

$$\mathfrak{a}_1 \to \mathfrak{b}_1, \ \mathfrak{a}_2 \to \mathfrak{b}_2, \ \ldots, \ \mathfrak{a}_t \to \mathfrak{b}_t. \tag{8}$$

Nach den obigen Ausführungen genügt es, *um aus einem erweiterten Maschinenwort umv das den unmittelbar folgenden Zustand der Turing-Maschine beschreibende Wort $um^{(1)}v$ zu erhalten, über dem Wort umv denjenigen Substitutionsbefehl
auszuführen, der auf das Wort umv anwendbar ist.*

Ist keiner der Befehle (8) auf das Wort umv anwendbar, so enthält m das Stopsymbol q_0, und deshalb beschreibt das Wort umv den Endzustand der Maschine.

12.2. Berechenbare Funktionen. Betrachten wir eine beliebige Turing-Maschine
$\mathfrak{T}$ mit äußerem Alphabet $a_0, a_1, \ldots, a_m$, innerem Alphabet $q_0, q_1, \ldots, q_n$ und einem
Programm $\mathfrak{P}$. Das Programm $\mathfrak{P}$ gestattet, Maschinenworte nach einer wohlbestimmten Methode in andere Maschinenworte zu transformieren. Wir werden
eine *Berechnung* mit Hilfe der Maschine $\mathfrak{T}$ jedoch nicht über den Maschinenworten
durchführen, sondern über den Worten im *reduzierten*[1]) Alphabet $a_1, \ldots, a_m$ der
Maschine $\mathfrak{T}$. Wir führen in Verbindung damit noch einige Definitionen ein.

m sei irgendein Maschinenwort im Alphabet der Maschine $\mathfrak{T}$. Wir vereinbaren,
durch m^* dasjenige Wort zu bezeichnen, das man aus m durch Streichen des
Symbols q_i und aller Vorkommen des Symbols a_0 erhält. Man sagt, daß ein im
reduzierten Alphabet geschriebenes Wort $\mathfrak{a}$ durch die Maschine $\mathfrak{T}$ in ein Wort $\mathfrak{b}$

---

1) Die Symbole a_0, u, v werden ausgeschlossen.

verarbeitet wird, symbolisch $\mathfrak{P}(\mathfrak{a}) = \mathfrak{b}$, wenn für eine natürliche Zahl i

$$q_0 \in (q_1 a_0 \mathfrak{a})^{(i)}, \quad \mathfrak{b} = (q_1 a_0 \mathfrak{a})^{(i)*}. \tag{1}$$

Erfüllt jedoch kein i die Bedingung

$$q_0 \in (q_1 a_0 \mathfrak{a})^{(i)},$$

so sagt man, daß die Maschine auf das Wort $\mathfrak{a}$ *nicht anwendbar* oder daß das Ergebnis der Verarbeitung des Wortes $\mathfrak{a}$ durch die Maschine $\mathfrak{T}$ nicht definiert ist. In diesem Falle sagt man auch, daß der Ausdruck $\mathfrak{P}(\mathfrak{a})$ einen nicht definierten Wert hat.

In Maschinentermini bedeutet das folgendes: $a_{j_1} \cdots a_{j_s}$ sei irgendein (möglicherweise leeres) Wort im reduzierten Alphabet $a_1, \ldots, a_m$. Nehmen wir ein aus $s + 1$ Feldern bestehendes Band. Wir lassen das linke Feld leer und „schreiben" in die übrigen hintereinander die Symbole $a_{j_1}, \ldots, a_{j_s}$. Wir richten das Band in der Maschine (Fig. 2) so ein, daß die Maschine das linksäußerste (leere) Feld betrach-

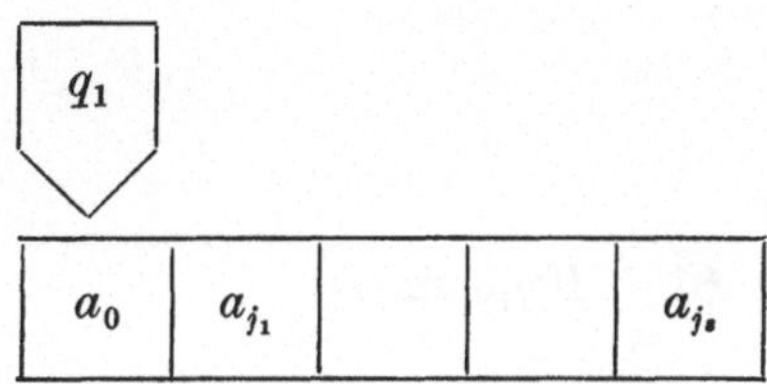

Fig. 2

tet. Bringen wir das innere Gedächtnis der Maschine in den *Anfangszustand* q_1 und setzen wir die Maschine in Gang. Nach Konstruktion beginnt die Maschine, sukzessive die Zustände

$$(q_1 a_0 a_{j_1} \cdots a_{j_s}) \models (q_1 a_0 a_{j_1} \cdots a_{j_s})^{(1)} \models (q_1 a_0 a_{j_1} \cdots a_{j_s})^{(2)} \models \cdots$$

anzunehmen. Jetzt sind zwei Fälle möglich: Entweder kommt das Gedächtnis der Maschine zu irgendeinem Zeitpunkt i in den Endzustand und wird also das den Zustand der Maschine zu diesem Zeitpunkt beschreibende Maschinenwort die Gestalt $\mathfrak{a}_i q_0 \mathfrak{b}_i$ haben; oder das innere Gedächtnis der Maschine kommt nie in den Zustand q_0. Im ersten Fall ist $\mathfrak{P}(a_{j_1} \cdots a_{j_s}) = \mathfrak{a}_i {}^* \mathfrak{b}_i {}^*$, und im zweiten Fall hat $\mathfrak{P}(a_{j_1} \cdots a_{j_s})$ einen „nicht definierten" Wert.

$F(\mathfrak{x})$ sei irgendeine partielle Wortfunktion im reduzierten Alphabet $a_1, \ldots, a_m$ der Maschine $\mathfrak{T}$. Wenn für jedes $\mathfrak{x}$ in diesem Alphabet

$$F(\mathfrak{x}) = \mathfrak{P}(\mathfrak{x}),$$

so sagt man, daß die Maschine $\mathfrak{T}$ die Funktion $F(\mathfrak{x})$ *berechnet*.

13*

Betrachten wir zum Beispiel die Maschine mit dem Programm (5) aus dem vorigen Abschnitt. Das reduzierte Alphabet dieser Maschine enthält nur das Symbol 1, und deshalb haben die Worte in diesem Alphabet die Gestalt

$$\Lambda, 1, 11, 111, \ldots$$

Aus den Beziehungen

$$q_1 0 \vDash 0 q_2 0 \vDash 0 q_0 1 ,$$

$$q_1 11 \cdots 1 \vDash 1 q_1 1 \cdots 1 \vDash \cdots \vDash 1 \cdots 1 q 0 \vDash$$

$$\vDash 1 \cdots 10 q_2 0 \vDash 1 \cdots 10 q_0 1$$

sehen wir, daß $\mathfrak{P}(\mathfrak{x}) = \mathfrak{x}1$.

Betrachten wir andererseits die Maschine $\mathfrak{T}_1$ mit den Alphabeten $\{0, 1\}$, $\{q_0, q_1\}$ und dem Programm

$$q_1 0 \to q_1 R, \qquad q_1 1 \to q_1 R .$$

Aus den Beziehungen

$$q_1 0 \vDash 0 q_1 0 \vDash 00 q_1 0 \vDash \cdots ,$$

$$q_1 01 \cdots 1 \vDash \cdots \vDash 01 \cdots 1 q_1 0 \vDash 01 \cdots 10 q_1 0 \vDash \cdots$$

schließen wir, daß $\mathfrak{T}_1$ die nirgendwo definierte Funktion berechnet.

Kommen wir zu einer Turing-Maschine mit beliebigen Alphabeten $\{a_0, a_1, \ldots, a_m\}$, $\{q_0, q_1, \ldots, q_n\}$ und einem Programm $\mathfrak{P}$ zurück und vereinbaren wir, zu sagen, daß die Maschine $\mathfrak{T}$ *ein s-Tupel* $\mathfrak{x}_1, \ldots, \mathfrak{x}_s$ von im reduzierten Alphabet $a_1, \ldots, a_m$ aufgeschriebenen Worten in ein Wort $\mathfrak{x}$ *verarbeitet*, wenn für eine geeignete natürliche Zahl i

$$q_0 \in (q_1 a_0 \mathfrak{x}_1 a_0 \mathfrak{x}_2 \cdots a_0 \mathfrak{x}_s)^{(i)}, \qquad \mathfrak{x} = (q_1 a_0 \mathfrak{x}_1 \cdots a_0 \mathfrak{x}_s)^{(i)*} .$$

In diesem Falle schreibt man $\mathfrak{P}(\mathfrak{x}_1, \ldots, \mathfrak{x}_s) = \mathfrak{x}$. Wenn für beliebiges i

$$q_0 \notin (q_1 a_0 \mathfrak{x}_1 \cdots a_0 \mathfrak{x}_s)^{(i)} ,$$

so sagt man, daß die Maschine $\mathfrak{T}$ auf das s-Tupel $\mathfrak{x}_1, \ldots, \mathfrak{x}_s$ *nicht anwendbar* ist und daß der Ausdruck $\mathfrak{P}(\mathfrak{x}_1, \ldots, \mathfrak{x}_s)$ einen *nicht definierten* Wert hat.

Man sagt, daß eine partielle, in einem Teilalphabet $\{a_1, \ldots, a_k\}$ des reduzierten Alphabets $\{a_1, \ldots, a_k, \ldots, a_m\}$ der Maschine $\mathfrak{T}$ definierte Wortfunktion $F(\mathfrak{x}_1, \ldots, \mathfrak{x}_s)$ von der Maschine $\mathfrak{T}$ *berechnet* wird, wenn für beliebige s-Tupel $\mathfrak{x}_1, \ldots, \mathfrak{x}_s$ von Worten im Alphabet $\{a_1, \ldots, a_k\}$ gilt

$$F(\mathfrak{x}_1, \ldots, \mathfrak{x}_s) = \mathfrak{P}(\mathfrak{x}_1, \ldots, \mathfrak{x}_s) .$$

Auf diese Art und Weise können mit jeder TURING-Maschine $\mathfrak{T}$, die das angegebene äußere Alphabet $\{a_0, a_1, \ldots, a_m\}$ hat, die partiellen Wortfunktionen $\mathfrak{P}(\mathfrak{x})$, $\mathfrak{P}(\mathfrak{x}_1, \mathfrak{x}_2)$, $\ldots$ gebildet werden, die im reduzierten Alphabet $\{a_1, \ldots, a_m\}$ definiert sind. Die übrigen durch die Maschine $\mathfrak{T}$ berechenbaren Funktionen sind Beschränkungen der Funktionen $\mathfrak{P}(\mathfrak{x})$, $\mathfrak{P}(\mathfrak{x}_1, \mathfrak{x}_2)$, $\ldots$ auf in den partiellen Alphabeten $\{a_1, \ldots, a_k\}$ $(k \leq m)$ geschriebene Wortmengen.

Eine partielle Funktion heißt *berechenbar* oder *TURING-berechenbar*, wenn sie durch eine geeignete TURING-Maschine berechnet wird.

Theorem 1 (TURING). *Alle TURING-berechenbaren partiellen Wortfunktionen sind partiell rekursiv.*

Da eine in einem gewissen Alphabet definierte und in einem erweiterten Alphabet partiell rekursive Funktion auch im ursprünglichen Alphabet partiell rekursiv ist (§ 11.1.), genügt es für den Beweis von Theorem 1, zu zeigen, daß die Funktionen $\mathfrak{P}(\mathfrak{x}_1, \ldots, \mathfrak{x}_s)$ $(s = 1, 2, \ldots)$ für eine beliebige TURING-Maschine $\mathfrak{T}$ partiell rekursiv sind.

$\{a_0, a_1, \ldots, a_m\}$, $\{q_0, q_1, \ldots, q_n\}$ seien das äußere und innere Alphabet einer Maschine $\mathfrak{T}$ und

$$\mathfrak{b}_1 \to \mathfrak{c}_1, \mathfrak{b}_2 \to \mathfrak{c}_2, \ldots, \mathfrak{b}_t \to \mathfrak{c}_t \tag{2}$$

sei das im vorigen Abschnitt definierte *Programm der Substitutionen* für $\mathfrak{T}$. Die Symbole $\mathfrak{b}_i$, $\mathfrak{c}_i$ bezeichnen passende Worte im erweiterten Alphabet $\{a_0, a_1, \ldots, a_m, q_0, \ldots, q_n, u, v\}$.

Für ein beliebiges Wort $\mathfrak{a}$ im angegebenen vereinigten Alphabet definieren wir das Wort $\mathfrak{a}^{(1)}$ mit Hilfe der folgenden Regel: *Im Programm der Substitutionen* (2) *suchen wir den ersten Befehl* $\mathfrak{b}_i \to \mathfrak{c}_i$, *dessen linkes Wort* $\mathfrak{b}_i$ *in* $\mathfrak{a}$ *vorkommt, und substituieren dann in* $\mathfrak{a}$ *das Wort* $\mathfrak{c}_i$ *an Stelle des ersten Vorkommens des Wortes* $\mathfrak{b}_i$. *Wenn keines der linken Worte der Befehle des Programms* (2) *in* $\mathfrak{a}$ *vorkommt, so setzen wir* $\mathfrak{a}^{(1)} = \mathfrak{a}$.

Die angegebene Regel fällt wörtlich mit der am Ende des vorigen Abschnitts formulierten Regel zu Konstruktion des Wortes $um^{(1)}v$ für ein gegebenes erweitertes Maschinenwort umv zusammen. Der Unterschied besteht lediglich darin, daß wir diese Regel jetzt auf beliebige Worte in dem erweiterten Alphabet anwenden und nicht nur auf Maschinenworte. Setzen wir wie in § 12.1.

$$\mathfrak{a}^{(0)} = \mathfrak{a}, \mathfrak{a}^{(\lambda+1)} = \mathfrak{a}^{(\lambda)(1)}, \qquad (\lambda = 0, 1, 2, \ldots),$$

so sehen wir, daß der Ausdruck $\mathfrak{a}^{(i)}$ nun für ein beliebiges Wort $\mathfrak{a}$ im erweiterten Alphabet einen definierten Wert hat, wobei für ein Maschinenwort $\mathfrak{a}$ $\mathfrak{a}^{(i)}$ das Maschinenwort ist, welches demjenigen Zustand der TURING-Maschine entspricht, in den diese aus dem Zustand $\mathfrak{a}$ nach i Arbeitstakten ankommt.

An Stelle des vom Wortargument $\mathfrak{x}$ und dem Zahlargument i abhängigen Ausdrucks $\mathfrak{x}^{(i)}$ führen wir durch die Festsetzung

$$V(\mathfrak{a}, \mathfrak{x}) = \mathfrak{x}^{(\text{Länge von } \mathfrak{a})}$$

für beliebige Worte $\mathfrak{a}$, $\mathfrak{x}$ im erweiterten Alphabet eine Funktion $V(\mathfrak{a}, \mathfrak{x})$ ein.

Die Funktion $\mathfrak{P}(\mathfrak{x}_1, \ldots \mathfrak{x}_s)$ ist im reduzierten Alphabet definiert. Wir erweitern diese Funktion zu einer Funktion $\mathfrak{P}_0(\mathfrak{x}_1, \ldots, \mathfrak{x}_s)$ im erweiterten Alphabet durch die Festsetzung, daß $\mathfrak{P}_0(\mathfrak{x}_1, \ldots, \mathfrak{x}_s)$ für Worte $\mathfrak{x}_1, \ldots, \mathfrak{x}_s$ im reduzierten Alphabet mit $\mathfrak{P}(\mathfrak{x}_1, \ldots, \mathfrak{x}_s)$ zusammenfällt und für die übrigen Worte $\mathfrak{x}_1, \ldots, \mathfrak{x}_k$ nicht definiert ist. Da die Graphen der Funktionen $\mathfrak{P}$ und $\mathfrak{P}_0$ zusammenfallen, hat die partielle Rekursivität einer dieser Funktionen die partielle Rekursivität der anderen zur Folge. Durch Vergleich der Definitionen der Funktionen $\mathfrak{P}$ und V schließen wir unmittelbar, daß für Worte $\mathfrak{x}_1, \ldots, \mathfrak{x}_s, \mathfrak{x}$ im erweiterten Alphabet die Gleichung

$$\mathfrak{P}_0(\mathfrak{x}_1, \ldots, \mathfrak{x}_s) = \mathfrak{x} \tag{3}$$

dann und nur dann richtig ist, wenn es ein den Bedingungen:

$\mathfrak{x}_1, \ldots, \mathfrak{x}_s$ *enthält die Buchstaben* $a_0, q_0, \ldots, q_n, u, v$ *nicht,*

q_0 *ist im Wort* $V(\mathfrak{a}, uq_1a_0\mathfrak{x}_1 \cdots a_0\mathfrak{x}_s v)$ *enthalten,* $\tag{4}$

$\mathfrak{x} = V(\mathfrak{a}, uq_1a_0\mathfrak{x}_1 \cdots a_0\mathfrak{x}_s v)^*,$

genügendes *Wort* $\mathfrak{a}$ *gibt*, wobei das Sternchen * die Operation der Elimination aller Vorkommen der Symbole $a_0, q_0, \ldots, q_n, u, v$ aus einem gegebenen Wort bedeutet.

Nach § 11.2. ist

$$a_0 \notin \mathfrak{x}_i \Leftrightarrow \Lambda = E(\mathfrak{x}_i, \mathrm{Sb}_{a_0}(\mathfrak{x}_i, \Lambda)),$$

$$q_j \notin \mathfrak{x}_i \Leftrightarrow \Lambda = E(\mathfrak{x}_i, \mathrm{Sb}_{q_j}(\mathfrak{x}_i, \Lambda)) \qquad (j = 0, \ldots, n),$$

$$u \notin \mathfrak{x}_i \Leftrightarrow \Lambda = E(\mathfrak{x}_i, \mathrm{Sb}_{u}(\mathfrak{x}_i, \Lambda)),$$

$$v \notin \mathfrak{x}_i \Leftrightarrow \Lambda = E(\mathfrak{x}_i, \mathrm{Sb}_{v}(\mathfrak{x}_i, \Lambda)), \tag{5}$$

$$q_0 \in V(\mathfrak{a}, uq_1a_0\mathfrak{x}_1 \cdots a_0\mathfrak{x}_s v) \Leftrightarrow \Lambda = E(q_0, V(\mathfrak{a}, uq_0a_0\mathfrak{x}_1 \cdots a_0\mathfrak{x}_s v)),$$

$$\mathfrak{x} = V(\mathfrak{a}, uq_1a_0\mathfrak{x}_1 \cdots a_0\mathfrak{x}_s v)^* \Leftrightarrow \Lambda = E(\mathfrak{x}, V(\ldots)^*) \, E(V(\ldots)^*, \mathfrak{x}),$$

wobei E, Sb_a die am Ende von § 11.2. definierten primitiv rekursiven Wortfunktionen sind.

Bezeichnen wir mit $G(\mathfrak{x}_1, \ldots, \mathfrak{x}_s, \mathfrak{x}, \mathfrak{a})$ das Produkt aller rechts von den (rechten) Gleichheitszeichen der Gleichungen in den Formeln (5) auftretenden Ausdrücke, so kommen wir zu dem Schluß, daß die Gesamtheit der Bedingungen (4) zur

Gleichung

$$G(\mathfrak{x}_1, \ldots, \mathfrak{x}_s, \mathfrak{x}, \mathfrak{a}) = \Lambda \tag{6}$$

äquivalent ist.

Der Graph der Funktion $\mathfrak{P}_0$ besteht aus den der Bedingung (3) genügenden Systemen $(\mathfrak{x}_1, \ldots, \mathfrak{x}_s, \mathfrak{x})$, d. h. aus den Systemen, für die die Gleichung (6) mindestens eine Lösung $\mathfrak{a}$ hat.

Nehmen wir an, daß die Funktion $V(\mathfrak{a}, \mathfrak{x})$ primitiv rekursiv ist. Dann wird die linke Seite der Gleichung (6) ebenfalls eine primitiv rekursive Funktion, der Graph der Funktion $\mathfrak{P}_0$ wird rekursiv aufzählbar und die Funktion $\mathfrak{P}_0$ selbst wird partiell rekursiv, was auch gefordert war. Deshalb bleibt uns nur die primitive Rekursivität der Funktion V zu zeigen.

Aus der Definition der Funktion V folgt, daß

$$V(\Lambda, \mathfrak{x}) = \mathfrak{x}, \tag{7}$$

$$V(\mathfrak{a}z, \mathfrak{x}) = \begin{cases} \mathrm{Sb}\,(V(\mathfrak{a}, \mathfrak{x}); \mathfrak{b}_1, \mathfrak{c}_1), \text{ falls } \mathfrak{b}_1 \in V(\mathfrak{a}, \mathfrak{x}), \\ \mathrm{Sb}(V(\mathfrak{a}, \mathfrak{x}); \mathfrak{b}_2, \mathfrak{c}_2), \text{ falls } \mathfrak{b}_1 \notin V(\mathfrak{a}, \mathfrak{x}), \mathfrak{b}_2 \in V(\mathfrak{a}, \mathfrak{x}), \\ \cdot \cdot \cdot \cdot \cdot \cdot \cdot \cdot \cdot \cdot \cdot \cdot \cdot \cdot \cdot \cdot \cdot \cdot \cdot \cdot \cdot \cdot \cdot \cdot \cdot \\ V(\mathfrak{a}, \mathfrak{x}), \qquad \text{falls } \mathfrak{b}_1 \notin V(\mathfrak{a}, \mathfrak{x}), \ldots, \mathfrak{b}_t \notin V(\mathfrak{a}, \mathfrak{x}), \end{cases} \tag{8}$$

wobei $z \in \{a_0, a_1, \ldots, q_0, \ldots, q_n, u, v\}$, Sb das Zeichen der Substitution (§ 11.2.) und $\mathfrak{b}_1, \mathfrak{c}_1, \ldots, \mathfrak{b}_t, \mathfrak{c}_t$ Worte aus dem Programm der Substitutionen (2) der Maschine $\mathfrak{T}$ sind.

Nach § 11.2. sind die Schemata (7), (8) äquivalent zum Schema der Wortinduktion für $V(\mathfrak{a}, \mathfrak{x})$ mit der primitiv rekursiven Ausgangsfunktion $\mathfrak{x}$ und den Funktionen

$$H_c(\mathfrak{a}, \mathfrak{x}, \mathfrak{y}) = W(\mathrm{Sb}(\mathfrak{y}; \mathfrak{b}_1, \mathfrak{c}_1), \ldots, \mathrm{Sb}(\mathfrak{y}; \mathfrak{b}_t, \mathfrak{c}_t), \mathfrak{y};$$
$$E(\mathfrak{b}_1, \mathfrak{y}), \ldots, E(\mathfrak{b}_t, \mathfrak{y})).$$

Also ist die Funktion $V(\mathfrak{a}, \mathfrak{x})$ primitiv rekursiv und das Theorem bewiesen.

Das umgekehrte Theorem zum bewiesenen Theorem ist ebenfalls richtig. Der Beweis erfordert jedoch gewisse Berechnungen, die im folgenden Abschnitt durchgeführt werden.

12.3. Synthese von Turing-Maschinen. Wie bereits gesagt, gilt das folgende wichtige

Theorem 1 (Turing). *Zu jeder in einem Alphabet $a_1, \ldots, a_m$ definierten partiell rekursiven Wortfunktion $F(\mathfrak{x}_1, \ldots, \mathfrak{x}_s)$ gibt es eine Turing-Maschine mit den Symbolen $a_0, a_1, \ldots, a_m$ und geeigneten inneren Zuständen, welche die Funktion $F(\mathfrak{x}_1, \ldots, \mathfrak{x}_s)$ berechnet.*

Jede partiell rekursive Funktion wird aus den Anfangsfunktionen durch die Operationen der Substitution, der primitiven Rekursion und der Inversion gewonnen. Deshalb ist Theorem 1 bewiesen, wenn es uns gelingt, die folgenden speziellen Aufgaben zu lösen:

1. Turing-Maschine zu konstruieren, die die Anfangsfunktionen berechnen;

2. zu Funktionen $F, F_1, \ldots, F_s$ berechnenden Turing-Maschinen eine Maschine zu konstruieren, welche die Funktion $F(F_1, \ldots, F_s)$ berechnet;

3. zu irgendwelche Funktionen G, H_i berechnenden Turing-Maschinen eine Maschine zu konstruieren, die die aus G, H_i durch primitive Rekursion entstehende Funktion berechnet;

4. zu einer eine überall definierte Funktion $G(\mathfrak{x}_1, \ldots, \mathfrak{x}_s, \mathfrak{x}, \mathfrak{a})$ berechnenden Turing-Maschine eine Maschine zu konstruieren, welche die durch die Beziehung

$$F(\mathfrak{x}_1, \ldots, \mathfrak{x}_s) = \mathfrak{x} \Leftrightarrow (\exists \mathfrak{a})\, (G(\mathfrak{x}_1, \ldots, \mathfrak{x}_s, \mathfrak{x}, \mathfrak{a}) = \Lambda)$$

gegebene Funktion F berechnet.

$(\exists \mathfrak{a})$ bedeutet hier den Ausdruck „es gibt ein Wort $\mathfrak{a}$ der Art, daß ...“ (siehe die hauptsächlich verwendeten Bezeichnungen).

Die Aufgaben 1.—4. werden unten gelöst. Die inneren Zustände der gesuchten Maschine werden durch die Symbole $q_0, q_1, \ldots, q_n$ bezeichnet, und die Maschine selbst wird durch ihr Befehlsprogramm $\mathfrak{P}$ bestimmt, wobei manchmal nicht alle Befehle von $\mathfrak{P}$, sondern nur diejenigen herausgeschrieben werden, die für den Verlauf der Sache notwendig sind. Wie auch im vorigen Abschnitt bezeichnen wir für ein Maschinenwort $\mathfrak{m}$ durch $\mathfrak{m}^{(i)}$ dasjenige Maschinenwort, welches den Zustand beschreibt, den die Maschine vom Zustand $\mathfrak{m}$ ausgehend nach i Arbeitstakten erreicht.

Für Maschinenworte $\mathfrak{m}, \mathfrak{n}$ schreiben wir $\mathfrak{m} \Rightarrow \mathfrak{n}$, wenn für ein gewisses i $\mathfrak{m}^{(i)} = \mathfrak{n}$ und die Maschine im Prozeß des Übergangs vom Zustand $\mathfrak{m}$ zum Zustand $\mathfrak{n}$ von links keine Felder anbaut. Wir schreiben $\mathfrak{m} \mathrel{|\!\!\Rightarrow} \mathfrak{n}$, wenn für ein gewisses i $\mathfrak{m}^{(i)} = \mathfrak{n}$ und die Maschine im Prozeß des Übergangs vom Zustand $\mathfrak{m}$ zum Zustand $\mathfrak{n}$ weder von links noch von rechts neue Felder anbaut.

Eine Maschine $\mathfrak{T}$ habe die Alphabete $\{a_0, a_1, \ldots, a_m\}$, $\{q_0, q_1, \ldots, q_n\}$ und $F(\mathfrak{x}_1, \ldots, \mathfrak{x}_s)$ sei eine im reduzierten Alphabet $\{a_1, \ldots, a_m\}$ definierte partielle s-stellige Wortfunktion. Wir werden sagen, daß die Maschine $\mathfrak{T}$ die partielle Funktion $F(\mathfrak{x}_1, \ldots, \mathfrak{x}_s)$ *korrekt berechnet*, wenn

$$q_1 a_0 \mathfrak{x}_1 a_0 \mathfrak{x}_2 \cdots a_0 \mathfrak{x}_s \mathrel{|\!\!\Rightarrow} q_0 a_0 F(\mathfrak{x}_1, \ldots, \mathfrak{x}_s)\, a_0 \cdots a_0$$

für ein beliebiges System $\mathfrak{x}_1, \ldots, \mathfrak{x}_s$ von Worten im reduzierten Alphabet, das zum Definitionsbereich der Funktion F gehört, und wenn im Falle der Undefiniertheit von $F(\mathfrak{x}_1, \ldots, \mathfrak{x}_s)$ die Maschine $\mathfrak{T}$ bei Arbeitsbeginn im Zustand $q_1 a_0 \mathfrak{x}_1 a_0 \mathfrak{x}_2 \cdots a_0 \mathfrak{x}_s$

nie stehen bleibt, d. h., wenn sie nicht in den inneren Zustand q_0 kommt, und wenn im Verlauf des Arbeitsprozesses das Band niemals von links angebaut wird.

Durch Vergleich des Begriffs der korrekten Berechenbarkeit einer Funktion mit dem in § 12.2. eingeführten Begriff der (einfachen) Berechenbarkeit sehen wir unmittelbar, daß aus der korrekten Berechenbarkeit offensichtlich die einfache Berechenbarkeit folgt. Deshalb verschärfen wir nur Theorem 1, wenn wir zeigen, daß gilt

Theorem 2. *Für jede auf der Gesamtheit der Worte irgendeines Alphabets $\{a_1, \ldots, a_m\}$ definierte partiell rekursive Wortfunktion $F(\mathfrak{x}_1, \ldots, \mathfrak{x}_s)$ gibt es eine Turing-Maschine mit den Symbolen $\{a_0, a_1, \ldots, a_m\}$ und geeigneten inneren Zuständen welche die Funktion F korrekt berechnet.*

Wir zeigen dieses Theorem nur für den Fall, daß das ursprüngliche Alphabet $\{a_1, \ldots, a_m\}$ nur aus dem einen Symbol 1 besteht. Im Falle eines beliebigen Alphabets bleiben die Überlegungen dieselben und wird lediglich die Schreibweise umfangreicher.

Wir werden im weiteren statt des Symbols a_0 das Symbol 0 benutzen. Wir führen für positives natürliches x die Bezeichnung

$$1^x = 11 \cdots 1, \qquad 0^x = 00 \cdots 0$$

ein. Zusätzlich setzen wir

$$0° = 1° = \Lambda,$$

wobei Λ das leere Wort ist.

Wir werden die Worte

$$1^0 = \Lambda, \qquad 1^1 = 1, \qquad 1^2 = 11, \qquad 1^3 = 111$$

als eine Darstellung der natürlichen Zahlen 0, 1, 2, 3, ... betrachten. Dementsprechend werden wir sagen, daß eine zahlentheoretische partielle Funktion $f(x_1, \ldots, x_s)$ durch eine Maschine $\mathfrak{T}$ korrekt berechnet wird, wenn diese Maschine die durch die Gleichung

$$F(1^{x_1}, 1^{x_2}, \ldots, 1^{x_s}) = 1^{f(x_1, x_2, \ldots, x_s)}$$

definierte Wortfunktion $F(x_1, \ldots, x_s)$ korrekt berechnet.

Wir wollen also zeigen, daß *es zu jeder zahlentheoretischen partiell rekursiven Funktion $f(x_1, \ldots, x_s)$ eine Turing-Maschine mit äußerem Alphabet $\{0, 1\}$ und geeignetem innerem Alphabet $\{q_0, q_1, \ldots, q_n\}$ gibt, welche die Funktion $f(x_1, \ldots, x_s)$ korrekt berechnet, d. h. für die*

$$q_1 0 1^{x_1} 0 1^{x_2} \cdots 0 1^{x_s} \Rightarrow q_0 0 1^{f(x_1, \ldots, x_s)} 0 \cdots 0$$

für beliebige $x_1, \ldots, x_s$ aus dem Definitionsbereich der Funktion f, und die im Falle, daß der Wert von $f(x_1, x_2, \ldots, x_s)$ nicht definiert ist, nicht stoppt und keine Felder von links anbaut, wenn sie aus dem Zustand $q_1 01^{x_1} 01^{x_2} \cdots 01^{x_s}$ in Gang gesetzt wird.

Wir beginnen mit der Definition des Begriffs der Komposition von Turing-Maschinen, der in allen mit der Synthese von Maschinen verbundenen Fragen eine wesentliche Rolle spielt. Gegeben seien Turing-Maschinen $\mathfrak{P}$, $\mathfrak{Q}$, die irgendein gemeinsames äußeres Alphabet $\{a_0, a_1, \ldots, a_m\}$ und innere Alphabete $\{q_0, q_1, \ldots, q_n\}$ und $\{q_0', q_1', \ldots, q_t'\}$ respektive haben. Wir nennen *Komposition* (oder *Produkt*) der Maschine $\mathfrak{P}$ und der Maschine $\mathfrak{Q}$ die Maschine $\mathfrak{R}$ mit demselben äußeren Alphabet $\{a_0, a_1, \ldots, a_m\}$, mit dem inneren Alphabet $\{q_0, q_1, \ldots, q_n, q_{n+1}, \ldots, q_{n+t}\}$ und dem folgendermaßen erhaltenen Programm. Wir ersetzen in allen Befehlen aus $\mathfrak{P}$, die das Stopsymbol q_0 enthalten, q_0 durch das Symbol q_{n+1}. Alle übrigen Symbole in den Befehlen von $\mathfrak{P}$ lassen wir unverändert. In den Befehlen aus $\mathfrak{Q}$ dagegen lassen wir das Symbol q_0 unverändert, ersetzen aber dafür jedes der übrigen Symbole q_j' $(j = 1, \ldots, t)$ durch das Symbol q_{n+j}. Die Gesamtheit aller durch die angegebene Methode veränderten Befehle aus $\mathfrak{P}$ und $\mathfrak{Q}$ (bezeichnen wir sie durch respektive $\mathfrak{P}^*$ und $\mathfrak{Q}^*$) wird eben das Programm der Komposition der Maschinen $\mathfrak{P}$, $\mathfrak{Q}$.

Die Komposition der Maschine $\mathfrak{P}$ und der Maschine $\mathfrak{Q}$ wird durch $\mathfrak{P}\mathfrak{Q}$ oder $\mathfrak{P}{*}\mathfrak{Q}$ bezeichnet. Ihre Haupteigenschaft drückt aus

Lemma 1. *Wenn für beliebige Worte* $\mathfrak{a}_0, \mathfrak{b}_0, \mathfrak{a}_1, \mathfrak{b}_1, \mathfrak{a}_2, \mathfrak{b}_2$ *des äußeren Alphabets* $\{a_0, a_1, \ldots, a_m\}$

$$\mathfrak{P} : \mathfrak{a}_0 q_1 \mathfrak{b}_0 \Rrightarrow \mathfrak{a}_1 q_0 \mathfrak{b}_1$$

$$\mathfrak{Q} : \mathfrak{a}_1 q_1 \mathfrak{b}_1 \Rrightarrow \mathfrak{a}_2 q_0 \mathfrak{b}_2,$$

dann

$$\mathfrak{P}\mathfrak{Q} : \mathfrak{a}_0 q_1 \mathfrak{b}_0 \Rrightarrow \mathfrak{a}_2 q_0 \mathfrak{b}_2.$$

Denn formen wir das Wort $\mathfrak{a}_0 q_1 \mathfrak{b}_0$ mit Hilfe der Befehle aus $\mathfrak{P}^*$ um, so erhalten wir das Wort $\mathfrak{a}_1 q_{n+1} \mathfrak{b}_1$. Weitere Transformationen dieses Wortes mit Hilfe der Befehle aus $\mathfrak{Q}^*$ führen auf $\mathfrak{a}_2 q_0 \mathfrak{b}_2$.

Erwähnen wir folgenden offensichtlichen Sachverhalt: Wenn das Programm einer Maschine den Befehl $q_i 1 \rightarrow q_i L$ enthält, dann

$$01 \cdots 1 q_i 1 \Rrightarrow q_i 01 \cdots 11.$$

Wenn analog das Programm der Maschine den Befehl $q_i 1 \rightarrow q_i R$ enthält, dann

$$q_i 1 \cdots 10 \Rrightarrow 1 \cdots 1 q_i 0.$$

Im folgenden wird eine Reihe von Turing-Maschinen gezeigt, die Maschinenworte einer gegebenen Gestalt in Maschinenworte einer anderen gegebenen Gestalt umformen. Die Maschinenprogramme werden in Spalten geschrieben. Zur Kontrolle werden gegenüber den Befehlen die Maschinenworte angegeben, in die das anfänglich gegebene Maschinenwort nach Ausführung aller vorhergehenden einschließlich des links stehenden Befehls übergeht. Die unten herausgeschriebenen Programme sind durchaus nicht die kürzest möglichen, jedoch in einem bestimmten Sinne natürliche Programme.

A) Verschiebung der Null: $q_1 001^x 0 \models q_0 01^x 00$

Wir haben:
$$q_1 0 \to q_2 R \qquad 0q_2 01^x 0$$
$$q_2 0 \to q_3 1$$
$$q_3 1 \to q_3 R \qquad 011^x q_3 0$$
$$q_3 0 \to q_4 L$$
$$q_4 1 \to q_5 0 \qquad 01^x q_5 00$$
$$q_5 0 \to q_6 L$$
$$q_6 1 \to q_6 L \qquad q_6 01^x 00$$
$$q_6 0 \to q_0 0 \qquad q_0 01^x 00.$$

B^-) Linksverschiebung: $01^x q_1 0 \models q_0 01^x 0$

Wir haben:
$$q_1 0 \to q_2 L$$
$$q_2 1 \to q_2 L \qquad q_2 01^x 0$$
$$q_2 0 \to q_0 0 \qquad q_0 01^x 0.$$

B^+) Rechtsverschiebung: $q_1 01^x 0 \models 01^x q_0 0$.
Das Programm dieser Maschine wird aus dem vorhergehenden Programm durch Ersetzung des Symbols L durch das Symbol R gewonnen.

C) Transposition: $01^x q_1 01^y 0 \models 01^y q_0 01^x 0$
Zunächst führen wir das Wort $01^x q_1 01^y 0$ in das Wort $01^x q1^y 00$ über. Für $y > 0$ wird das durch das folgende offensichtliche Programm erreicht:

$$B^+ : 01^x 01^y q_3 0$$

$$q_3 0 \to q_4 L$$
$$q_4 1 \to q_5 0$$
$$q_5 0 \to q_6 L$$
$$q_6 1 \to q_6 L \qquad 01^x q_6 01^{y-1} 00$$
$$q_6 0 \to q_7 1 \qquad 01^x q_7 1^y 00.$$

Um auch für $y = 0$ das Wort $01^x q_7 1^y 00$ zu bekommen, fügen wir den Befehl

$$q_4 0 \to q_7 0 \qquad 01^y q_7 1^y 00 \quad (y \geq 0)$$

hinzu.

Jetzt bringen wir aus dem Teilwort 1^x ein Symbol 1 in den Zwischenraum zwischen den beiden letzten Nullen. Das wird offensichtlich durch das folgende Programm erreicht:

$$q_7 1 \;\to\; q_8 L \qquad\qquad 01^{x-1}q_8 11^y 00$$
$$q_8 1 \;\to\; q_9 0$$
$$q_9 0 \;\to\; q_{10} R$$
$$q_{10} 1 \;\to\; q_{10} R \qquad\qquad 01^{x-1}01^y q_{10} 00$$
$$q_{10} 0 \;\to\; q_{11} 1$$
$$q_{11} 1 \;\to\; q_{12} L$$
$$q_{12} 1 \;\to\; q_{13} 0 \qquad\qquad 01^{x-1}01^{y-1}q_{13} 010$$
$$q_{13} 0 \;\to\; q_{14} L$$
$$q_{14} 1 \;\to\; q_{14} L \qquad\qquad 01^{x-1}q_{14}01^{y-1}010$$
$$q_{14} 0 \;\to\; q_{15} 1 \qquad\qquad 01^{x-1}q_{15}1^y 010 .$$

Wir haben unser Ziel erreicht, jedoch unter den Voraussetzungen $x > 0,\, y > 0$.

Um dasselbe Ergebnis auch für $y = 0$ zu erreichen, fügen wir zu dem aufgeschriebenen Programm noch die Befehle

$$q_7 0 \;\to\; q_{16} 1$$
$$q_{16} 1 \;\to\; q_{17} L$$
$$q_{17} 1 \;\to\; q_{15} 0 \qquad\qquad 01^{x-1}q_{15}1^y 010 \qquad (x > 0,\, y > 0)$$

hinzu.

Wir „zyklen" jetzt das Programm durch die Befehle

$$q_{15} 1 \;\to\; q_7 1$$
$$q_{15} 0 \;\to\; q_7 0 \qquad\qquad 01^{x-1}q_7 1^y 010 .$$

Wenn $x - 1 > 0$, so wird das Wort $01^{x-1}q_7 1^y 010$, wie man leicht sieht, in das Wort $01^{x-2}q_7 1^y 0110$ verarbeitet. Wenn $x - 2 > 0$, so liefert das Programm zur weiteren Verarbeitung das Wort $01^{x-3}q_7 01110$ usw. Durch x „Zyklen" erhalten wir das Wort $0q_7 1^y 01^x 0$, das nach Ausführung des Befehls $q_7 1 \to q_8 L$ (falls $y > 0$) oder der Befehle $q_7 0 \to q_{16} 1$ usw. (falls $y = 0$) in das Wort $q_8 01^y 01^x 0$ oder in das Wort $q_{17} 011^x 0$ übergeht. Um das verlangte Wort zu bekommen, schließen wir weiterhin die Befehle

$$q_8 \, 0 \;\to\; q_{18} R$$
$$q_{18} 1 \;\to\; q_{18} R$$
$$q_{18} 0 \;\to\; q_0 0 \qquad\qquad 01^y q_0 01^x 0 \qquad (y > 0)$$
$$q_{17} 0 \;\to\; q_{19} R$$
$$q_{19} 1 \;\to\; q_0 0 \qquad\qquad 01^y q_0 01^x 0 \qquad (y = 0)$$

an.

D) Verdopplung: $q_1 01^x 0^{x+3} \Rightarrow q_0 01^x 01^x 00$

Wir setzen:

$$q_1 0 \to q_2 R$$
$$q_2 1 \to q_2 R \qquad 01^x q_2 0^{x+3}$$

Wir stellen das erhaltene Wort $01 q_2 0^{x+3}$ in der Form $01^x q_2 00^0 00^0 0^{x+1}$ dar und schreiben weiterhin ein Programm, für das für $x - 1 > 0$ gilt

$$01^{x-i} q_2 01^i 01^i 0 \;|\!\Rightarrow\; 01^{x-(i+1)} q_2 01^{i+1} 01^{i+1}$$

Setzen wir:

$$q_2 0 \to q_3 L \qquad\qquad 01^{x-(i+1)} q_3 101^i 01^i 0$$
$$q_3 1 \to q_4 0$$
$$q_4 0 \to q_5 R$$
$$q_5 0 \to q_6 1$$
$$q_6 1 \to q_6 R \qquad\qquad 01^{x-(i+1)} 01^{i+1} q_6 01^i 0$$
$$q_6 0 \to q_7 R$$
$$q_7 1 \to q_7 R$$
$$q_7 0 \to q_8 1$$
$$q_8 1 \to q_8 L$$
$$q_8 0 \to q_9 L$$
$$q_9 1 \to q_9 L \qquad\qquad 01^{x-(i+1)} q_9 01^{i+1} 01^{i+1}$$

Jetzt zyklen wir das Programm durch den Befehl

$$q_9 0 \to q_2 0 \qquad\qquad 01^{x-(i+1)} q_2 01^{i+1} 01^{i+1},$$

und die Maschine beginnt unter Benutzung der oben festgelegten Befehle, das angegebene Wort zu verarbeiten. Wenn $x - (i + 1) > 0$, so erhält man nach einem Arbeitszyklus der Maschine das Wort $01^{x-(i+2)} q_2 01^{i+2} 01^{i+2}$ usw. Bemerken wir, daß die Maschine im Verlauf jedes Zyklus ein neues Bandfeld von rechts ins Spiel bringt, das sie aus dem Vorrat der leeren Felder 0^{x+3} nimmt, den wir vorher in das Ausgangswort geschrieben haben. Wäre das nicht gemacht worden, so würde die Maschine sich selbst in jedem Arbeitszyklus ein neues leeres Feld anbauen.

Also kommt die Maschine aus dem Anfangszustand $q_1 01^x 0^{x+3}$ mit dem oben angegebenen Programm durch x Arbeitszyklen in den Zustand $0 q_2 01^x 01^x 0$. Der Befehl $q_2 0 \to q_3 L$ führt die Maschine in den Zustand $q_3 001^x 01^x 0$ über. Führen wir jetzt die Verschiebung A der Null durch, dann die Rechtsverschiebung B^+, noch einmal die Verschiebung A der Null und schließlich die Linksverschiebung B^-, so erhalten wir das geforderte Wort $q_0 01^x 01^x 00$.

Durch gegenseitige Komposition der Maschinen A, B^+, B^-, C, D bekommt man leicht Maschinen, die kompliziertere Worttransformationen durchführen. So haben wir zum Beispiel:

B^+B^+) Doppelte Verschiebung:

$$B^+B^+: q_101^x01^y0 \models 01^x01^yq_00.$$

Z) Zyklische Verschiebung: $Z = CB^-C$.

$$Z: 01^x01^yq_101^z0 \models 01^zq_001^x01^y0.$$

Dd) Kopieren: $Dd = B^+DCB^+CDCB^+CB^-B^-CB^+$.

$$Dd: q_101^x01^y \models 01^x01^yq_001^x01^y.$$

Die Kontrollen, daß die angegebenen Kompositionen von Maschinen die angegebenen Transformationen von Maschinenworten tatsächlich durchführen, sind offensichtlich.

Wie bereits gesagt, genügt es für den Beweis des Haupttheorems, Maschinen konstruieren zu lernen, die die Anfangsfunktionen korrekt berechnen wie auch die Funktionen, die aus korrekt berechenbaren Funktionen mit Hilfe der Operationen der Einsetzung, der primitiven Rekursion und der Minimalisierung entstehen. Wir gehen jetzt zu eben diesen Konstruktionen über.

Lemma 2. *Die Funktionen $o(x) = 0$, $s(x) = x + 1$, $d(x) = x \mathbin{\dot-} 1$ sind korrekt berechenbar.*

Programme von die angegebenen Funktionen korrekt berechnenden Maschinen schreibt man in offensichtlicher Weise auf:

$o(x) = 0: q_101^x0 \models q_000^{x+1}$

$$q_10 \to q_2R$$
$$q_21 \to q_2R \qquad\qquad 01^xq_20$$
$$q_20 \to q_3L$$
$$q_31 \to q_40 \qquad\qquad 01^{x-1}q_400$$
$$q_40 \to q_3L \qquad\qquad q_300^{x+1}$$
$$q_30 \to q_00 \qquad\qquad q_000^{x+1}$$

$s(x) = x + 1: q_101^x0 \models q_001^{x+1}$

$$q_10 \to q_2R$$
$$q_21 \to q_2R \qquad\qquad 01^xq_20$$
$$q_20 \to q_31$$
$$q_31 \to q_3L$$
$$q_30 \to q_00 \qquad\qquad q_001^{x+1}$$

$$\boldsymbol{d}(x) = x \div 1 : q_1 01^x 0 \Rrightarrow q_0 01^{x \div 1} 00$$

$$q_1 0 \rightarrow q_2 R$$
$$q_2 1 \rightarrow q_2 R \qquad\qquad 01^x q_2 0$$
$$q_2 0 \rightarrow q_3 L$$
$$q_3 1 \rightarrow q_4 0 \qquad\qquad 01^{x-1} q_4 00$$
$$q_4 0 \rightarrow q_5 L$$
$$q_5 1 \rightarrow q_5 L \qquad\qquad q_5 01^{x-1} 00$$
$$q_5 0 \rightarrow q_0 0 \qquad\qquad q_0 01^{x-1} 00$$
$$q_3 0 \rightarrow q_0 0 \qquad\qquad \text{für } x = 0$$

Oben wurde der Prozeß zur Verarbeitung des Wortes $q_1 01^x 0$ für $x \geq 1$ verfolgt. Man überzeugt sich leicht, daß für $x = 0$ das erforderte Wort $q00$ Ergebnis der Verarbeitung des angegebenen Wortes nach dem vorgeführten Programm wird.

Um das Verfolgen der Arbeit der Maschinen in den übrigbleibenden Fällen zu erleichtern, führen wir die folgenden Bezeichnungen ein. T sei das Programm irgendeiner Maschine mit äußerem Alphabet 0, 1 und innerem Alphabet $\{q_0, q_1, \ldots, q_n\}$, wobei q_0 das Symbol des Endzustands ist. α sei eine positive natürliche Zahl. Ersetzen wir in der Schreibung der Befehle aus dem Programm T die Symbole $q_1, \ldots, q_n$ durch die Symbole respektive $q_\alpha, \ldots, q_{\alpha+n-1}$ und das Symbol q_0 durch das Symbol $q_{\alpha+n}$, so erhalten wir das Programm einer Maschine mit demselben äußeren Alphabet 0, 1 und dem inneren Alphabet $q_\alpha, q_{\alpha+1}, \ldots, q_{\alpha+n}$, wobei *als Stopsymbol jetzt das Symbol* $q_{\alpha+n}$ *dient*. Wir werden dieses neue Programm durch $\boldsymbol{T_\alpha}$ oder genauer durch $\boldsymbol{T_{\alpha\beta}}$ bezeichnen, wobei die Zahl $\beta = \alpha + n$ vollständig bestimmt wird durch die Maschine T und die Zahl α. Vereinbaren wir auch,

$$\mathfrak{a}q_\alpha \mathfrak{b}(T)_\alpha \mathfrak{a}_1 q_\beta \mathfrak{b}_1$$

zu schreiben, wenn die Maschine T bei Arbeitsbeginn im Zustand $\mathfrak{a}q_\alpha\mathfrak{b}$ nach einer gewissen Zeit in den *End*zustand $\mathfrak{a}_1 q_\beta \mathfrak{b}_1 0 \cdots 0$ übergeht mit der Bedingung, daß das Band im Verlauf des Arbeitsprozesses nicht von links angebaut worden ist. Erinnern wir uns jetzt an die Definition der Komposition von Maschinen, so sehen wir unmittelbar, daß wenn für Worte $\mathfrak{a}_0, \mathfrak{b}_0, \mathfrak{a}_1, \mathfrak{b}_1, \ldots, \mathfrak{a}_i, \mathfrak{b}_i$ im Alphabet 0, 1 und irgendwelche Maschinen $U, V, \ldots, W$

$$\mathfrak{a}_0 q_1 \mathfrak{b}_0 (U)_1 \mathfrak{a}_1 q_\beta \mathfrak{b}_1 (V)_\beta \mathfrak{a}_2 q_\gamma \mathfrak{b}_2 \cdots (W)_s \mathfrak{a}_i q_\varepsilon \mathfrak{b}_i),$$

dann

$$\mathfrak{a}_0 q_1 \mathfrak{b}_0 ((UV) \cdots W)\, \mathfrak{a}_i q_0 \mathfrak{b}_i.$$

Zeigen wir jetzt die noch übrigbleibenden nötigen Lemmata.

Lemma 3. *Die Anfangsfunktionen* $\boldsymbol{I_t^s}(x_1, \ldots, x_s) = x_t$ $(s \geq t;\ s, t = 1, 2, \ldots)$ *sind korrekt berechenbar.*

Geben wir zum Beispiel ein Programm für I_2^2 an. Die Symbole A, B, C, D, $(O), \ldots$ bezeichnen die Programme der oben betrachteten Maschinen. Offensichtlich gilt

$$q_1 01^x 01^y (B^+)_1 01^x q_\beta 01^y (C)_\beta 01^y q_\gamma 01^x (O)_\gamma 01^y q_\delta 0 \cdots 0 (B^-)_\delta q_\varepsilon 01^y.$$

Auf diese Art und Weise ist eine die Funktion I_2^2 korrekt berechnende gesuchte Maschine die Komposition $B^+ * C * (O) * B^-$.

Lemma 4. *Sind die partiellen Funktionen* $g(x_1, \ldots, x_s)$, $h_1(x_1, \ldots, x_t), \ldots, h_s$ $(x_1, \ldots, x_t)$ *korrekt berechenbar, so ist auch die Zusammensetzung*

$$f(x_1, \ldots, x_t) = g(h_1(x_1, \ldots, x_t), \ldots, h_s(x_1, \ldots, x_t))$$

eine korrekt berechenbare partielle Funktion.

(g), $(h_1), \ldots, (h_s)$ seien Programme von Maschinen, welche die angegebenen Funktionen korrekt berechnen. Wenn die Funktion g einstellig ist, so ist aus

$$q_1 0 p^{x_1} \cdots 01^{x_t} (h_1)_1 q_\beta 01^{h_1(x_1, \ldots, x_t)} (g)_\beta q_\gamma 01^{g(h_1)}$$

klar, daß die Maschine $(h_1) * (g)$ die für uns erforderliche Funktion $g(h_1)$ korrekt berechnet.

Um nicht unnötig lange Ausdrücke zu schreiben, betrachten wir nur noch den Fall, daß die gegebenen partiellen Funktionen g, h_1, h_2 zweistellig sind. Machen wir von den oben eingeführten Maschinen der Verschiebung, der Transposition, der Verdopplung und der Nullfunktion Gebrauch, so erhalten wir

$$
\begin{array}{ll}
q_1 01^x 01^y (Dd)_1 & 01^x 01^y q_\alpha 01^x 01^y \\[4pt]
(h_1)_\alpha & 01^x 01^y q_\beta 01^{h_1(x,y)} \\[4pt]
(Z)_\beta & 01^{h_1(x,y)} q_\gamma 01^x 01^y \\[4pt]
(h_2)_\gamma & 01^{h_1(x,y)} q_\delta 01^{h_2(x,y)} \\[4pt]
(B^-)_\delta & q_\varepsilon 01^{h_1(x,y)} 01^{h_2(x,y)} \\[4pt]
(g)_\varepsilon & q_\varkappa 01^{g(h_1,h_2)} \\[4pt]
q_\varkappa 0 \to q_0 0 & q_0 01^{g(h_1,h_2)}
\end{array}
$$

Lemma 5. *Eine Funktion f, die aus korrekt berechenbaren Funktionen g, h durch primitive Rekursion entsteht, ist selbst korrekt berechenbar.*

Für unsere Ziele genügt es, den speziellen Fall zu betrachten, daß die Funktion f mit den Funktionen g, h durch die Abhängigkeiten

$$f(x, 0) = g(x),$$

$$f(x, i + 1) = h(f(x, i), x)$$

zusammenhängt.

Wie auch oben bezeichnen wir mit (g), (h) Programme von Maschinen, die die Funktionen g und h korrekt berechnen. x, y seien beliebige natürliche Zahlen. Wir haben:

$$q_1 01^x 01^y 0$$

$(B^+CDCB^+)_1 \qquad 01^x 01^y q_\alpha 01^x 0$

$(g)_\alpha \qquad 01_x 01^y q_\beta 01^{f(x,0)}$

$q_\beta 0 \to q_{\beta+1} L$

$q_{\beta+1} 1 \to q_{\beta+2} 0$

$(A)_{\beta+2} \qquad 01^x 01^{y-1} q_\gamma 01^{f(x,0)}$

$(B^-CB^+CD)_\gamma \qquad 01^{y-1} 01^{f(x,0)} q_\delta 01^x 01^x$

$(CB^-CB^+)_\delta \qquad 01^x 01^{y-1} q_\varepsilon 01^{f(x,0)} 01^x$

$(h)_\varepsilon \qquad 01^x 01^{y-1} q_\varkappa 01^{f(x,1)}$

$q_\varkappa 0 \to q_\beta 0.$

Die nach dem ersten Auftreten des Zustands q_β erforderlichen Befehle transformieren das Maschinenwort

$$01^x 01^{y-i} q_\beta 01^{f(x,i)}$$

in das Wort

$$01^x 01^{y-(i+1)} q_\varkappa 01^{f(x,i+1)}$$

unter der Voraussetzung, daß $y > i$. Der Befehl $q_\varkappa 0 \to q_\beta 0$ zykelt das Programm, und durch die aufeinanderfolgenden Transformationen verringert sich der Parameter $y - i$ solange, bis das Wort

$$01^x 0 q_\beta 01^{f(x,y)}$$

erreicht wird, das nach dem Befehl $q_\beta 0 \to q_{\beta+1} L$ in das Wort

$$01^x q_{\beta+1} 001^{f(x,y)}$$

übergeht.

Durch die zusätzlichen Befehle

$$q_{\beta+1} 0 \to q_{\varkappa+1} 0, \ (A)_{\varkappa+1}, \ (C(0)C)_\lambda, \ (B^-)_\mu, \ (A)_\nu$$

erhalten wir den geforderten Zustand $q_0 01^{f(x,y)}$.

Erwähnen wir einige unmittelbar aus den bewiesenen Lemmata folgende Folgerungen. Zunächst zeigen die Beziehungen

$$x + 0 = x, \ x + (i + 1) = (x + i) + 1,$$

daß die Funktion $x + y$ aus den Funktionen $g(x) = x$ und $h(x, y) = x + 1$ mittels einer primitiven Rekursion der in Lemma 5 betrachteten Gestalt gewonnen wird. Die Funktionen x und $s(I_1^2)$ sind nach den Lemmata 2, 3 korrekt berechenbar. Deshalb ist auch die Funktion $x + y$ korrekt berechenbar.

Analog überzeugen wir uns, daß die Funktionen $x \div y$ und xy durch eine primitive Rekursion der in Lemma 5 angegebenen Gestalt aus den Funktionen x, $h(x, y) = x \div 1$ und entsprechend $o(x)$, $y + x$ entstehen. Da die letzteren Funktionen korrekt berechenbar sind, sind auch die Funktionen $x \div y$ und xy korrekt berechenbar. Nach Lemma 4 wird zusammen mit den Funktionen x, $x_1 \cdot x_2$ auch die Funktion x^2 korrekt berechenbar.

L e m m a 6. *Ist eine partielle Funktion $g(x, y)$ korrekt berechenbar, so ist auch die Funktion*

$$f(x) = \mu_y(g(x, y) = 0)$$

korrekt berechenbar.

Denn für ein beliebig gegebenes natürliches x

	$q_1 01^x 0$
$(Dd)_1$	$01^x 0 q_\alpha 01^x 0$
$(g)_\alpha$	$01^x 01^0 q_\beta 01^{g(x,0)}$

Jetzt wählen wir wie auch oben Befehle aus, die unter der Voraussetzung $g(x, i) > 0$ das Wort $01^x 01^i q_\beta 01^{g(x,i)}$ in das Wort $01^x 01^{i+1} q_\beta 01^{g(x,i+1)})$ transformieren:

$q_\beta 0 \to q_{\beta+1} R$	
$q_{\beta+1} 1 \to q_{\beta+2} 0$	
$q_{\beta+2} 0 \to q_{\beta+3} L$	
$q_{\beta+3} 0 \to q_{\beta+4} 1$	
$q_{\beta+4} 1 \to q_{\beta+5} R$	$01^x 01^1 q_{\beta+5} 01^{g(x,0)-1}$
$(0)_{\beta+5}$	$01^x 01^1 q_\gamma 0$
$(B\text{-}B^-)_\gamma$	$q_\gamma 01^x 01^1$
$(Dd)_\delta$	$01^i 01^1 q_\varepsilon 01^x 01^1$
$(g)_\varepsilon$	$01^x 01^1 q_\varkappa 01^{g(x,1)}$
$g_\varkappa 0 \to g_\beta 0$	$01^x 01^1 q_\beta 01^{g(x,1)}$

Der letzte Befehl zykelt das Programm, und die Maschine wird vom Zustand $01^x 01^1 q_\beta 01^{g(x,1)}$ in den Zustand $01^x 01^2 q_\beta 01^{g(x,2)}$ transformiert, dann in den Zustand $01^x 01^3 q_\beta 01^{g(x,3)}$ usw. Nehmen wir an, daß die Maschine nach Ablauf einer gewissen Zeit in einen Zustand $01^x 01^i q_\beta 01^{g(x,i)}$ übergangen ist und $g(x, i) = 0$. Der oben angeschriebene Befehl $q_\beta 0 \to q_{\beta+1} R$ führt die Maschine in den Zustand

$01^x01^i0q_{\beta+1}0$ über. Da in dem betrachteten Falle $f(x) = i$, bleiben uns lediglich die Befehle zu schreiben, unter deren Einwirkung die Maschine aus dem angegebenen Zustand in den Zustand $q01^i$ übergeht. Setzen wir

$$q_{\beta+1}0 \to q_{\varkappa+1}0 \qquad\qquad 01^x01^i0q_{\varkappa+1}0$$
$$(\boldsymbol{B^-B^-})_{\varkappa+1} \qquad\qquad 01^xq_\lambda01^i$$
$$(\boldsymbol{C(0)B^-})_\lambda \qquad\qquad q_\mu01^i$$
$$q_\mu0 \to q_00 \qquad\qquad q_001^{f(x)}.$$

Trifft sich im Berechnungsprozeß der Werte von $g(x, i)$ $(i = 0, 1, 2, \ldots)$ entweder ein nicht definierter Wert oder sind alle Werte definiert, jedoch verschieden von 0, so arbeitet die Maschine unendlich lange dadurch, daß sie nie in den inneren Zustand q_0 kommt. Aber in diesen Fällen hat die Funktion $f(x)$ einen nicht definierten Wert, und deshalb wird das angegebene Programm $f(x)$ in allen Fällen berechnet. Das Lemma ist bewiesen.

Oben wurde die korrekte Berechenbarkeit der Funktionen $o(x)$, $x + 1$, x^2, $x \mathrel{\dot-} y$, $x + y$, $I_m{}^n$, $\overline{sg}$ hergeleitet. Nach Lemma 4 werden zusammen mit diesen Funktionen auch alle diejenigen Funktionen korrekt berechenbar, die aus den angegebenen durch Substitutionsoperationen erhalten werden. Insbesondere werden die Funktionen $\overline{sg}\,((y + 1)^2 \mathrel{\dot-} x$ und $\overline{sg}\,(2(y + 1) \mathrel{\dot-} x)$ korrekt berechenbar. Aber

$$[x/2] = \mu_y\big(\overline{sg}\,(2(y + 1) \mathrel{\dot-} x) = 0\big),$$
$$\sqrt{x} = \mu_y\big(\overline{sg}((y + 1)^2 \mathrel{\dot-} x) = 0\big),$$

weshalb nach Lemma 6 auch die Funktionen $[x/2]$, $\sqrt{x}$ korrekt berechenbar sind.

In § 3.3. wurden die CANTORschen Aufzählungsfunktionen $c(x, y)$, $l(x)$, $r(x)$ eingeführt. Aus den expliziten Ausdrücken für diese Funktionen ist klar, daß sie durch x, y mit Hilfe von $+$, $\mathrel{\dot-}$, x^2, $\sqrt{x}$, $[x/2]$ ausgedrückt werden. Deshalb sind die Funktionen c, l, r korrekt berechenbar.

Für die Vervollständigung des Beweises des Theorems über die Synthese von TURING-Maschinen bleibt uns jetzt lediglich, uns auf das Korollar von Theorem 2 aus § 3.4. zu berufen, wonach eine beliebige partiell rekursive Funktion aus den Funktionen o, $x + 1$, $I_m{}^n$, c, l, r durch eine endliche Anzahl von Operationen der Substitution, der Rekursion aus Lemma 5 und der Minimalisierung aus Lemma 6 gewonnen werden kann.

12.4. Theoreme über den Graph und über die Existenz von universellen partiell rekursiven Funktionen. In § 6.1. wurden Theoreme über die rekursive Aufzählbarkeit des Graphs einer beliebigen partiell rekursiven Funktion und über die Existenz einer universellen partiell rekursiven Funktion bewiesen. Die Beweise dieser grundlegenden Tatsachen waren jedoch ziemlich lang und beruhten auf einer

Reihe von Lemmata. Wir wollen jetzt einen neuen kurzen und durchsichtigen Beweis der angegebenen Theoreme bringen, der sich nur auf die oben entwickelte Theorie der Turing-Maschinen stützt.

Theorem 1. *Der Definitionsbereich einer beliebigen partiell rekursiven zahlentheoretischen Funktion* $f(x_1, \ldots, x_n)$ *ist eine rekursiv aufzählbare Menge.*

$q_0, q_1, \ldots, q_m$ sei das innere Alphabet einer Turing-Maschine $\mathfrak{T}$, welche die Funktion f korrekt berechnet. Das bedeutet, daß

$$\mathfrak{T}: q_1 01^{x_1} \cdots 01^{x_n} \models q_0 01^{f(x_1, \ldots, x_n)} 0 \cdots 0$$

für diejenigen $x_1, \ldots, x_n$, für die f definiert ist, und daß $\mathfrak{T}$ für die übrigen $x_1, \ldots, x_n$ unendlich lange arbeitet. In Übereinstimmung mit § 11.2. bezeichnen wir mit $(q_1 a)^{(t)}$ das aus dem Wort $q_1 a$ nach t Arbeitstakten von $\mathfrak{T}$ gewonnene Maschinenwort. Nach § 12.2. ist die Wortfunktion

$$P(\mathfrak{x}_1, \ldots, \mathfrak{x}_n, \mathfrak{y}) = (q_1 01^{(L\ddot{a}nge\ von\ \mathfrak{x}_1)} \cdots 01^{(L\ddot{a}nge\ von\ \mathfrak{x}_n)})^{(L\ddot{a}nge\ von\ \mathfrak{y})}$$

primitiv rekursiv. Wir müssen einen solchen Zeitpunkt t finden, daß der Buchstabe q_0 im Wort P vorkommt, d. h. für den

$$E(q_0, P(1^{x_1}, \ldots, 1^{x_n}, 1^t)) = \Lambda, \tag{1}$$

wobei E die in § 11.2. definierte Wortfunktion ist. Da die Wortfunktionen E und P primitiv rekursiv sind, wird auch die zahlentheoretische Funktion

$$g(x_1, \ldots, x_n, t) = cE(q_0, P(1^{x_1}, \ldots, 1^{x_n}, 1^t)).$$

primitiv rekursiv.

Nach Voraussetzung ist $f(x_1, \ldots, x_n)$ für die und nur diejenigen $x_1, \ldots, x_n$ definiert, für die eine Lösung t der Gleichung (1) existiert, d. h. für welche die Gleichung

$$g(x_1, \ldots, x_n, t) = 0$$

lösbar ist, und das bedeutet nach § 4.4., daß der Definitionsbereich der Funktion f rekursiv aufzählbar ist.

Korollar. *Der Graph einer beliebigen partiell rekursiven Funktion* $f(x_1, \ldots, x_n)$ *ist rekursiv aufzählbar.*

Betrachten wir die partielle Funktion

$$(y - f(x_1, \ldots, x_n)) + (f(x_1, \ldots, x_n) - y).$$

Sie ist partiell rekursiv, und ihr Definitionsbereich fällt mit dem Graph der Funktion f zusammen. Deshalb ist der Graph der Funktion f rekursiv aufzählbar.

Theorem 2. *Es gibt eine partiell rekursive Funktion $T'(x_0, x_1)$ zweier Variablen, die die folgende Eigenschaft besitzt: Die Folge der einstelligen partiell rekursiven Funktionen*

$$T'(0, x), T'(1, x), \ldots, T'(n, x), \ldots$$

enthält jede einstellige partiell rekursive Funktion.

Funktionen $T'(n, x)$, welche die angegebenen Eigenschaften besitzen, heißen gewöhnlich *universelle partiell rekursive* Funktionen zweier Variablen. Die Variablen x_0, x_1 in Theorem 2 spielen verschiedene Rollen. Deshalb nennt man die erste von ihnen oft Parameter. Natürlich kann man ein analoges Theorem auch bezüglich der Existenz universeller partiell rekursiver Funktionen mehrerer Variablen formulieren. All diese Funktionen werden jedoch leicht (s. § 6.2.) aus einer universellen Funktion zweier Variablen gewonnen.

Die Konstruktionsidee für die Funktion $T'(n, x)$ ist die folgende. Jede einstellige partiell rekursive Funktion $f(x)$ ist durch eine geeignete TURING-Maschine $\mathfrak{T}$ mit äußerem Alphabet 0, 1 und innerem Alphabet $q_0, q_1, \ldots, q_n$ (n hängt von f ab) korrekt berechenbar. Die Maschine $\mathfrak{T}$ wird durch ihre Tafel der Übergänge

$$q_i 0 \to q_{\alpha_{i_0}} v_{i0}$$
$$q_i 1 \to q_{\alpha_{i_1}} v_{i1} \quad (v_{ij} = 0, 1, L, R; i = 1, \ldots, n)$$

vollständig bestimmt. Man kann alle Tafeln dieser Gestalt aufzählen und sich bemühen, eine derartige partiell rekursive Funktion $T(n, x)$ zweier Variablen zu definieren, daß für eine durch die Maschine mit Index n korrekt berechenbare partielle Funktion $f(x)$ gilt $f(x) = T(n, x)$. Da jede einstellige partiell rekursive Funktion durch eine geeignete TURING-Maschine korrekt berechenbar ist, wird die Funktion $T(n, x)$ unter Berücksichtigung der angegebenen Bedingung offensichtlich universell.

Betrachten wir das Alphabet $A = \{1, 0, q, L, R, e\}$. Vereinbaren wir, den inneren Zustand q_i im Alphabet A durch das Wort q^{i+1} ($i = 0, 1, \ldots, n$) darzustellen. Insbesondere wird das Maschinenwort $q_1 01^x$ im Alphabet A durch das Wort $q^2 01^x$ dargestellt, das Maschinenwort $q_0 01^x 0 \cdots 0$ durch das Wort $q01^x 0 \cdots 0$ usw.

Wir vereinbaren, das Wort

$$\mathfrak{a} = eq^2 0 q^{\alpha_{10}} v_{10} eq^2 1 q^{\alpha_{11}} v_{11} \cdots eq^{n+1} 0 q^{\alpha_{n0}} v_{n0} eq^{n+1} 1 q^{\alpha_{n1}} v_{n1}$$

Ziffer der Maschine $\mathfrak{T}$ im Alphabet A zu nennen, wobei die Worte α_{ij}, v_{ij} aus der oben erwähnten Tafel der Übergänge der Maschine $\mathfrak{T}$ genommen werden. Es ist natürlich klar, daß wir durch Kenntnis der Ziffer einer Maschine eben auch die Tafel der Übergänge kennen. Man nennt den Index der Ziffer oft Index der Maschine $\mathfrak{T}$ selbst. Aber wir werden im folgenden keinen Gebrauch von den Indizes von TURING-Maschinen machen, sondern nur die Ziffern von Maschinen betrachten.

Nehmen wir nun an, es sei uns gelungen, eine im Alphabet A definierte drei-stellige primitiv rekursive Wortfunktion $M(\mathfrak{a}, \mathfrak{x}, \mathfrak{y})$ zu konstruieren, die der For-derung

a) *ist $\mathfrak{a}$ Ziffer einer Turing-Maschine $\mathfrak{T}$, so ist*

$$M(\mathfrak{a},\ q^2 01^x,\ 1^y) = (q^2 01^x)^{(y)}\quad (x, y = 0, 1, \ldots)$$

genügt.

Dann kann die geforderte universelle partiell rekursive Funktion $T(n, x)$ durch die folgende offensichtliche Methode definiert werden. Setzen wir

$$P(\mathfrak{a}, \mathfrak{x}) = M\Big(\mathfrak{a},\ \mathfrak{x},\ \mu\ 1^y\big(E^*(q^2, M(\mathfrak{a}, \mathfrak{x}, 1^y)) = \varLambda\big)\Big), \tag{2}$$

wobei

$$E^*(\mathfrak{a}, \mathfrak{b}) = W_1(1, \varLambda; E(\mathfrak{a}, \mathfrak{b})) = \begin{cases} 1, \text{ falls } \mathfrak{a} \in \mathfrak{b}, \\ \varLambda, \text{ falls } \mathfrak{a} \notin \mathfrak{b}. \end{cases}$$

Mit anderen Worten, wenn $\mathfrak{a}$ Ziffer einer Maschine $\mathfrak{T}$ ist und

$$1^z = \mu\ 1^y\big(E^*(q^2, M(\mathfrak{a}, q^2 01^x, 1^y)) = \varLambda\big),$$

so kommt die Maschine $\mathfrak{T}$ nach Arbeitsbeginn in der Konfiguration $q^2 01^x$ durch z Arbeitstakte in den Endzustand, weil das Maschinenwort $(q^2 01^x)^{(z)}$ kein Teilwort der Gestalt q^i, $i \geqq 2$ enthält, das einen aktiven inneren Zustand von $\mathfrak{T}$ charakteri-siert. Die Endkonfiguration selbst wird nach a) durch das Wort $M(\mathfrak{a}, q^2 01^x, 1^z)$ charakterisiert. Insbesondere haben wir, falls die Maschine $\mathfrak{T}$ die Funktion $f(x)$ korrekt berechnet, für jedes natürliche x

$$P(\mathfrak{a}, q^2 01^x) = q 01^{f(x)} 0 \cdots 0. \tag{3}$$

Um in der Formel (3) von den am Ende stehenden Buchstaben 0 loszukommen, führen wir eine besondere Funktion $G_1(\mathfrak{x})$ ein, indem wir per definitionem setzen: $G_1(\mathfrak{x}) =$ das erste maximale Teilwort der Gestalt 1^{i+1} in $\mathfrak{x}$, $G_1(\mathfrak{x}) = \varLambda$, wenn $\mathfrak{x}$ kein Teilwort der Gestalt 1^{i+1} enthält.

Die primitive Rekursivität der Funktion $G_1(\mathfrak{x})$ wird unten gezeigt.

Aus der Formel (3) und der Definition der Funktion G_1 erhalten wir

$$G_1(P(\mathfrak{a}, q^2 01^x)) = 1^{f(x)}. \tag{4}$$

Die Funktionen M, E^* sind primitiv rekursiv (§ 11.2.). Formel (2) zeigt, daß die Funktion $P(\mathfrak{a}, \mathfrak{x})$ partiell rekursiv ist. Da die Funktion G_1 primitiv rekursiv ist, ist auch die Funktion

$$H(\mathfrak{a}, \mathfrak{x}) = G_1(P(\mathfrak{a}, \mathfrak{x}))$$

partiell rekursiv. Zusammen damit wird auch die darstellende Funktion

$$h(a, x) = \mathbf{c}(H(\mathbf{c}^{-1}a, \mathbf{c}^{-1}x))$$

partiell rekursiv, wobei mit $\mathbf{c}^{-1}n$ das Wort mit Wortindex n bezeichnet wird (§ 11.1.). Führen wir noch die zahlentheoretischen Funktionen

$$g(x) = \mathbf{c}(q^2 01^x)$$
$$k(x) = \mu_y(\mathbf{c}(1^y) = x)$$

ein.

Offensichtlich ist die erste dieser Funktionen primitiv rekursiv und die zweite partiell rekursiv. Deshalb ist die Funktion

$$T(a, x) = k\big(h(a, g(x))\big)$$

partiell rekursiv. *Das ist auch die gesuchte universelle partiell rekursive Funktion.* Es sei nämlich $f(x)$ irgendeine partiell rekursive einstellige Funktion. Nach § 12.3. ist $f(x)$ durch eine geeignete TURING-Maschine $\mathfrak{T}$ korrekt berechenbar. $\mathfrak{a}$ sei die Ziffer dieser Maschine im Alphabet A und $a = \mathbf{c}(\mathfrak{a})$ der Index dieser Ziffer. Aus Formel (4) erhalten wir

$$H(\mathfrak{a}, q^2 01^x) = 1^{f(x)}$$

und folglich

$$h(a, g(x)) = \mathbf{c}(1^{f(x)}),$$
$$k\big(h(a, g(x))\big) = f(x),$$

d. h.

$$T(a, x) = f(x),$$

und das bedeutet eben, daß $T(n, x)$ eine partiell rekursive universelle Funktion ist.

Uns bleibt zu zeigen, daß es eine primitiv rekursive Wortfunktion $M(\mathfrak{a}, \mathfrak{x}, \mathfrak{y})$ gibt, welche die Eigenschaft a) besitzt. Aber die durch die Wortrekursion

$$M(\mathfrak{a}, \mathfrak{x}, \Lambda) = \mathfrak{x}, \; M(\mathfrak{a}, \mathfrak{x}, \mathfrak{y}u) = \Phi(\mathfrak{a}, M(\mathfrak{a}, \mathfrak{x}, \mathfrak{y})) \quad (u \in A)$$

definierte Funktion M besitzt offensichtlich die Eigenschaft a), wenn die Hilfsfunktion $\Phi(\mathfrak{a}, \mathfrak{x})$ primitiv rekursiv ist und folgender Forderung genügt:

b) ist $\mathfrak{a}$ Ziffer einer Maschine $\mathfrak{T}$ und $\mathfrak{x}$ ein beliebiges Maschinenwort, so ist $\Phi(\mathfrak{a}, \mathfrak{x})$ dasjenige Maschinenwort, welches den Zustand der Maschine $\mathfrak{T}$ beschreibt, in den die Maschine aus dem Zustand $\mathfrak{x}$ nach einem Arbeitstakt kommt.

Wir werden die Funktion Φ ihrerseits in der Gestalt

$$\Phi(\mathfrak{a}, \mathfrak{x}) = \text{Com}\,(\Psi(\mathfrak{a}, \mathfrak{x}), \mathfrak{x}) \tag{5}$$

suchen, wobei Com, Ψ geeignete primitiv rekursive Funktionen sind. Es ist klar, daß die durch die Formel (5) definierte Funktion Φ offensichtlich die Forderung (6) erfüllt, wenn die Funktionen Ψ und Com entsprechend die Bedingungen erfüllen:

c) ist $\mathfrak{a}$ Ziffer einer Turing-Maschine $\mathfrak{T}$ und $\mathfrak{x}$ eine Maschinenwort $\mathfrak{x} = pq^{i+1}u\mathfrak{q}$ $(u = 0, 1)$, so ist

$$\Psi(\mathfrak{a}, \mathfrak{x}) = q^{i+1}v \qquad (v = 0, 1, L, R),$$

wobei $q^{i+1}v$ der rechte Teil des von der Maschine $\mathfrak{T}$ ausgeführten Befehls $q^{i+1}u \to q^{i+1}v$ ist;

d) ist $\mathfrak{x}$ ein Maschinenwort $\mathfrak{x} = \mathfrak{p}q^{i+1}u\mathfrak{q}$ und $\mathfrak{b}$ gleich irgendeinem Wort der Gestalt $q^{i+1}v$ $(v = 0, 1, L, R)$, so ist Com $(\mathfrak{b}, \mathfrak{x})$ gleich dem aus $\mathfrak{x}$ durch den Befehl $q^{i+1} u \to \mathfrak{b}$ erhaltenen Maschinenwort.

Konstruieren wir zunächst die Funktion Ψ. Die Funktion $\text{St}(x) = \textit{Anfangsbuchstabe von } x$ erfüllt die Wortrekursion: $\text{St}\,(\varLambda) = \varLambda$ und

$$\text{St}(\mathfrak{x}u) = \begin{cases} \text{St}\,(\mathfrak{x}), \text{ wenn } \mathfrak{x} \neq \varLambda, \\ u, \text{ wenn } \mathfrak{x} = \varLambda, \end{cases} = W_1(u, \text{St}\,\mathfrak{x}; \mathfrak{x})$$

und ist deshalb primitiv rekursiv. Die Funktion Rest $(\mathfrak{a}, \mathfrak{x}) = $ der Teil des Wortes $\mathfrak{x}$, der hinter dem ersten Vorkommen von $\mathfrak{a}$ in $\mathfrak{x}$ steht, wenn $a \in \mathfrak{x}$, und Rest $(\mathfrak{a}, \mathfrak{x}) = \varLambda$, wenn $\mathfrak{a} \notin \mathfrak{x}$, genügt der Wortrekursion: Rest $(\mathfrak{a}, \varLambda) = \varLambda$ und

$$\text{Rest}\,(\mathfrak{a}, \mathfrak{x}u) = \begin{cases} \text{Rest}\,(\mathfrak{a}, \mathfrak{x})\, u, \textit{ falls } \mathfrak{a} \in \mathfrak{x}, \\ \varLambda, \qquad\qquad \textit{ falls } \mathfrak{a} \notin \mathfrak{x}, \end{cases}$$
$$= W_1\,(\text{Rest}\,(\mathfrak{a}, \mathfrak{x})u, \varLambda; E(\mathfrak{a}, \mathfrak{x})).$$

Deshalb ist die Funktion Rest primitiv rekursiv. Schließlich genügen die durch das Schema: $G_u(\mathfrak{x}) = \textit{das erste maximale Teilwort der Gestalt } u^{i+1}, \textit{das in } \mathfrak{x} \textit{ vorkommt, wenn } \mathfrak{x} \textit{ Teilworte dieser Gestalt enthält, und } G_u(\mathfrak{x}) = \varLambda, \textit{ wenn } \mathfrak{x} \textit{ keine Teilworte der angegebenen Gestalt enthält}, \text{definierten Funktionen } G_u(\mathfrak{x})\,(u \in A)\,\text{der Wortrekursion:}$

$G_u(\varLambda) = \varLambda$ und

$$G_u(\mathfrak{x}v) = G_u(\mathfrak{x}) \qquad (v \in A, v \neq u),$$
$$G_u(\mathfrak{x}u) = \begin{cases} G_u(\mathfrak{x}), \textit{ falls } \text{Rest}\,(G_u(\mathfrak{x}), \mathfrak{x}) \neq \varLambda, \\ G_u(\mathfrak{x})u, \textit{ falls } \text{Rest}\,(G_u(\mathfrak{x}), \mathfrak{x}) = \varLambda. \end{cases}$$

Deshalb sind die Funktionen $G_u(\mathfrak{x})$ primitiv rekursiv.

Oben wurde von den Funktionen $G_u(\mathfrak{x})$ die Funktion $G_1(\mathfrak{x})$ benutzt. Im folgenden benötigen wir lediglich die Funktion $G_q(\mathfrak{x}) = G(\mathfrak{x})$. Geht man von dieser Funktion und den Funktionen St, Sb (§ 11.2.) aus, so ist es leicht, auch schon die Funktion Ψ mit der Eigenschaft c) zu konstruieren. In der Tat sei $\mathfrak{x} = \mathfrak{p}q^{i+1}u\mathfrak{q}$ ($u = 0, 1$) ein Maschinenwort und

$$\mathfrak{a} = eq^2 0 q^{\alpha_{10}} v_{10} e q^2 1 q^{\alpha_{11}} v_{11} \cdots e q^{n+1} 0 q^{\alpha_{n0}} v_{n0} e q^{n+1} 1 q^{\alpha_{n1}} v_{n1}$$

Ziffer einer Maschine $\mathfrak{T}$. Dann ist

$$G(\mathfrak{x}) = q^{i+1},$$
$$\mathrm{St}\left(\mathrm{Rest}(G(\mathfrak{x}),\mathfrak{x})\right) = u.$$

Durch Einführung der primitiv rekursiven Funktion

$$\mathrm{Dir}\ \mathfrak{x} = G(\mathfrak{x})\ \mathrm{St}\left(\mathrm{Rest}\ (G(\mathfrak{x}),\ \mathfrak{x})\right)$$

haben wir

$$\mathrm{Dir}\ \mathfrak{x} = q^{i+1}u,$$
$$\mathrm{Rest}\ (e\ \mathrm{Dir}\ \mathfrak{x},\ \mathfrak{a}) = q^{\alpha_{iu}} v_{iu} \cdots e q^{n+1} 1 q^{\alpha_{n1}} v_{n1}$$
$$\mathrm{Dir}\ (\mathrm{Rest}\ (e\ \mathrm{Dir}\ \mathfrak{x},\ \mathfrak{a})) = q^{\alpha_{iu}} v_{iu}.$$

Deshalb erfüllt die primitiv rekursive Funktion

$$\Psi(\mathfrak{a},\ \mathfrak{x}) = \mathrm{Dir}\ (\mathrm{Rest}\ (e\ \mathrm{Dir}\ \mathfrak{x},\ \mathfrak{a}))$$

offensichtlich die Bedingung c).

Analog wird auch die Funktion Com konstruiert. Bemerken wir zuerst, daß die Gleichung $\mathrm{St}\ (\mathfrak{b}^\sim) = u$ ($\mathfrak{b}^\sim$ ist die Umkehrung des Wortes $\mathfrak{b}$ (s. § 11.2.)) bedeutet, daß u der *letzte* Buchstabe des Wortes $\mathfrak{b}$ ist. Wir schreiben die Bedingung d) jetzt in Formelsprache in der Form des folgenden Schemas:

$$\mathrm{Com}\ (\mathfrak{b}, \mathfrak{x}) = \begin{cases} \mathrm{Sb}\ (\mathfrak{x};\ \mathrm{Dir}\ \mathfrak{x},\ \mathfrak{b}), & \text{falls } \mathrm{St}\ (\mathfrak{b}^\sim) = 0, 1, \\ \mathrm{Sb}\ (\mathfrak{x};\ \mathrm{Dir}\ \mathfrak{x},\ uG(\mathfrak{b})), & \text{falls } \mathrm{St}\ (\mathfrak{b}^\sim) = R, B\mathfrak{x} = u, C\mathfrak{x} \neq \Lambda, \\ & \qquad\qquad (u \in A), \\ \mathrm{Sb}\ (\mathfrak{x};\ \mathrm{Dir}\ \mathfrak{x},\ u\,G\,(\mathfrak{b})0), & \text{falls } \mathrm{St}\ (\mathfrak{b}^\sim) = R, B\mathfrak{x} = u, C\mathfrak{x} = \Lambda, \\ \mathrm{Sb}\ (\mathfrak{x};\ (\mathrm{Dir}\ \mathfrak{x}^\sim),\ G\,(\mathfrak{b})u), & \text{falls } \mathrm{St}\ (\mathfrak{b}^\sim) = L, B\mathfrak{x}^\sim = u, D\mathfrak{x} \neq \Lambda, \\ \mathrm{Sb}\ (\mathfrak{x};\ G(\mathfrak{x}),\ G(\mathfrak{b})0), & \text{falls } \mathrm{St}\ (\mathfrak{b}^\sim) = L, D\mathfrak{x} = \Lambda, \\ \Lambda & \text{in den übrigen Fällen,} \end{cases}$$

wobei der Kürze halber gesetzt wird

$$B\mathfrak{x} = \mathrm{St\ Rest}\ (G\mathfrak{x};\ \mathfrak{x}),\ C\mathfrak{x} = \mathrm{Rest}\ (\mathrm{Dir}\ \mathfrak{x},\ \mathfrak{x}),$$
$$D\mathfrak{x} = \mathrm{Rest}\ ((\mathrm{Dir}\ \mathfrak{x})^{\tilde{}},\ \mathfrak{x}^{\tilde{}}).$$

Dieses Schema definiert den Wert der Funktion Com $(\mathfrak{b},\ \mathfrak{x})$ für beliebige Worte $\mathfrak{b},\ \mathfrak{x}$ im Alphabet A. Es ist so gewählt, daß Com, wie leicht zu sehen ist, der Forderung d) genügt. Es bleibt lediglich, sich zu überzeugen, daß die Funktion Com primitiv rekursiv ist. Dazu transformieren wir das Schema, indem wir die in ihm angegebenen Gleichungen und Ungleichungen durch Standardgleichungen mit dem leeren Wort mit Hilfe der folgenden Beziehungen ersetzen:

$$\mathfrak{a} = \mathfrak{b} \Leftrightarrow E(\mathfrak{a},\ \mathfrak{b})\ E(\mathfrak{b},\ \mathfrak{a}) = \mathit{\Lambda}.$$
$$\mathfrak{a} \neq \mathit{\Lambda} \Leftrightarrow W_1(1,\ \mathit{\Lambda};\ \mathfrak{a}) = \mathit{\Lambda},$$
$$\mathfrak{a} = \mathit{\Lambda}\quad \text{und}\quad \mathfrak{b} = \mathit{\Lambda} \Leftrightarrow \mathfrak{a}\mathfrak{b} = \mathit{\Lambda}.$$

Danach erhält das die Funktion Com definierende Schema die Gestalt

$$\mathrm{Com}\ (\mathfrak{b},\ \mathfrak{x}) = \begin{cases} \mathfrak{y}_1,\ \text{falls}\ \mathfrak{a}_1 = \mathit{\Lambda}, \\ \cdots\cdots\cdots\cdots \\ \mathfrak{y}_p,\ \text{falls}\ \mathfrak{a}_p = \mathit{\Lambda}, \\ \mathit{\Lambda}\ \text{in den übrigen Fällen.} \end{cases} \tag{6}$$

Das Schema (6) ist zur Gleichung

$$\mathrm{Com}\ (\mathfrak{b},\ \mathfrak{x}) = W_p(\mathfrak{y}_1,\ ...,\ \mathfrak{y}_p,\ \mathit{\Lambda};\ \mathfrak{a}_1,\ ...,\ \mathfrak{a}_p)$$

äquivalent. Da die Funktionen $\mathfrak{y}_1,\ ...,\ \mathfrak{y}_p,\ \mathfrak{a}_1,\ ...,\ \mathfrak{a}_p$ primitiv rekursiv sind, folgt aus diesen Gleichungen, daß auch die Funktion Com primitiv rekursiv ist.

Also ist eine primitiv rekursive Wortfunktion $M(\mathfrak{a},\ \mathfrak{x},\ \mathfrak{y})$ mit der Eigenschaft a) konstruiert.

12.5. Universelle Maschinen. In § 8.1. wurde eine Menge U natürlicher Zahlen m-universell genannt, wenn U rekursiv aufzählbar ist und zu jeder rekursiv aufzählbaren Menge S eine allgemein rekursive Funktion $g(x)$ der Art existiert, daß

$$x \in S \Leftrightarrow g(x) \in U.$$

Eine Menge $\mathfrak{B}$ von Worten in einem beliebigen Alphabet B heißt m-universell, wenn die Gesamtheit der Indizes der Worte aus $\mathfrak{B}$ m-universell ist.

Betrachten wir an Stelle des Alphabets B ein umfassenderes Alphabet A, so wird die Menge der Indizes der Worte aus $\mathfrak{B}$ im Alphabet A eine andere. Man überzeugt sich jedoch leicht (§ 11. 2.), daß die Gesamtheit der im Alphabet A berechneten Indizes der Worte aus $\mathfrak{B}$ m-universell ist, wenn die im Alphabet B

berechnete Gesamtheit der Indizes der Worte aus $\mathfrak{B}$ m-universell ist. Besteht insbesondere das Alphabet nur aus einem Symbol a, so fällt der Wortindex des Wortes a^x mit x zusammen. Deshalb ist die Gesamtheit der Worte $\{a^{x_0}, a^{x_1}, \ldots\}$ (in einem beliebigen a enthaltenden Alphabet) dann und nur dann m-universell, wenn die Gesamtheit der Zahlen $\{x_0, x_1, \ldots\}$ m-universell ist.

Nach diesen vorbereitenden Bemerkungen betrachten wir wieder irgendeine TURING-Maschine $\mathfrak{T}$ mit den Symbolen $a_0 = 0, a_1 = 1, a_2, \ldots, a_m$ und inneren Zuständen $q_0, q_1, \ldots, q_n$. Zum Anfangszeitpunkt habe diese Maschine die durch das Maschinenwort $aq_i b$ beschriebene Konfiguration. Nach Arbeitsbeginn in dieser Konfiguration bleibt die Maschine entweder nach einer gewissen Anzahl von Arbeitstakten durch Erreichen des inneren Zustand q_0 stehen oder arbeitet unendlich lange. Wir vereinbaren, durch $\mathfrak{T}_{fin}$ die Gesamtheit der diejenigen Konfigurationen beschreibenden Maschinenworte zu bezeichnen, anfangend mit welchen die Maschine nach einer endlichen Anzahl von Arbeitstakten stoppt, und mit $\mathfrak{T}_{inf}$ bezeichnen wir die Gesamtheit aller übrigen Maschinenworte.

Definition. *Eine Turing-Maschine $\mathfrak{T}$ heißt universell, wenn die Menge $\mathfrak{T}_{fin}$ m-universell ist.*

Zunächst müssen wir uns überzeugen, daß es universelle Maschinen gibt. Da in § 8.1. bereits m-universelle Zahlenmengen konstruiert wurden, genügt es für uns, nur die Richtigkeit des folgenden Theorems zu zeigen:

Theorem 1. *Wenn eine partiell rekursive Funktion $f(x)$ als ihren Definitionsbereich eine m-universelle Menge hat, dann ist eine diese Funktion berechnende Maschine $\mathfrak{T}$ universell.*

Es sei nämlich $\{0, 1, a_2, \ldots, a_m\}$ das äußere Alphabet der Maschine $\mathfrak{T}$ und $q_0, q_1, \ldots, q_n$ ihre inneren Zustände. Bezeichnen wir mit U den Definitionsbereich der Funktion f, und sei M_1 die Gesamtheit aller Maschinenworte der Gestalt $q_1 01^x$ und M_u die Gesamtheit derjenigen Maschinenworte $q_1 01^x$, für die $x \in U$. Es ist klar, daß M_u der Durchschnitt des rekursiv aufzählbaren $\mathfrak{T}_{fin}$ und der rekursiven Menge M_1 ist. Wenn aber der Durchschnitt einer rekursiv aufzählbaren Gesamtheit und einer rekursiven Menge m-universell ist, dann (s. § 8.1.) ist auch diese Gesamtheit m-universell, was auch gefordert war.

Obgleich Theorem 1 nur für einstellige Funktionen formuliert wurde, ist klar, daß ein analoges Theorem auch für mehrstellige Funktionen gilt. Es ist bekannt, daß der Definitionsbereich der KLEENESchen Funktion $K(x, y)$ m-universell ist (§ 8.1.). Deshalb ist eine $K(x, y)$ berechnende TURING-Maschine universell.

Der Begriff der rekursiven Menge wurde von uns durch den Begriff der rekursiven Funktion definiert. Man kann ihn aber auch unmittelbar in Termini der Theorie der TURING-Maschinen formulieren.

$\mathfrak{B}$ sei irgendeine Menge von Worten in einem beliebigen Alphabet B. Man nennt das Problem, einen Algorithmus zu finden, mit dessen Hilfe man für ein beliebiges Wort χ im Alphabet B wissen kann, ob χ in $\mathfrak{B}$ vorkommt oder nicht, das Entscheidungsproblem von $\mathfrak{B}$. Man sagt, daß das Entscheidungsproblem von $\mathfrak{B}$ durch

Turing-Maschinen lösbar ist, wenn es eine Turing-Maschine $\mathfrak{T}$ gibt, die folgende Eigenschaften besitzt:

a) das Alphabet B kommt im äußeren Alphabet A der Maschine vor, A enthält das in B nicht vorkommende Symbol 0, 1 ist ein Symbol aus B.

b) Für jedes Wort $\mathfrak{x}$ im Alphabet B gilt: Wenn $\mathfrak{x} \in B$, so geht die Maschine $\mathfrak{T}$ bei Arbeitsbeginn in der Konfiguration $q_1 0 \mathfrak{x}$ nach einer endlichen Anzahl von Arbeitstakten in den Endzustand $q_0 010 \cdots 0$ über. Wenn aber $\mathfrak{x} \notin B$, so geht die Maschine $\mathfrak{T}$ aus dem Zustand $q_1 0 \mathfrak{x}$ in den Endzustand $q_0 0 \cdots 0$ über.

Theorem 2. *Das Entscheidungsproblem einer Wortmenge $\mathfrak{B}$ ist genau dann durch Turing-Maschinen lösbar, wenn $\mathfrak{B}$ rekursiv ist.*

Es existiere in der Tat eine Maschine $\mathfrak{T}$ mit den Eigenschaften a), b). Bezeichnen wir durch $F(\mathfrak{x})$ die durch die Maschine $\mathfrak{T}$ (im Sinne von § 12.2.) berechenbare Wortfunktion. Bezeichnen wir mit $\mathfrak{B}_0$ die Gesamtheit aller möglichen Worte im Alphabet B. Nach a), b) ist die Funktion $F(\mathfrak{x})$ auf $\mathfrak{B}_0$ überall definiert und ist $\mathfrak{B}$ die Gesamtheit der in $\mathfrak{B}_0$ liegenden Lösungen der Gleichung $F(\mathfrak{x}) = 1$. Also ist die Menge $\mathfrak{B}$ rekursiv.

Sei umgekehrt die Gesamtheit $\mathfrak{B}$ rekursiv. Definieren wir auf $\mathfrak{B}_0$ eine Funktion $f(\mathfrak{x})$, indem wir sie auf $\mathfrak{B}$ gleich 1 und außerhalb von $\mathfrak{B}$ gleich Λ setzen. Da diese Funktion rekursiv ist, gibt es eine Turing-Maschine $\mathfrak{T}$, welche die Funktion $f(\mathfrak{x})$ korrekt berechnet, und das bedeutet auch, daß $\mathfrak{T}$ den Forderungen a, b) genügt.

$\mathfrak{M}$ sei eine beliebige Turing-Maschine. Man sagt, daß *das Stoppproblem von $\mathfrak{M}$* durch Turing-Maschinen lösbar ist, wenn das Entscheidungsproblem von $\mathfrak{M}_{fin}$ durch Turing-Maschinen lösbar ist, d. h., wenn die Menge $\mathfrak{M}_{fin}$ rekursiv ist. Da m-universelle Mengen nicht rekursiv sind, folgt aus den angeführten Definitionen, daß das Stoppproblem einer universellen Turing-Maschine durch Turing-Maschinen nicht lösbar ist.

Ergänzungen, Beispiele und Übungen

1. Man zeige Theorem 2 aus § 12.3. über die Synthese von Turing-Maschinen für ein beliebiges äußeres Alphabet.

2. Die in § 12.1. definierten Turing-Maschinen können das Band nur einen Schritt nach rechts oder nach links verschieben bei unverändert gehaltenem Felderinhalt oder können bei festgehaltenem Band den Zustand des betrachteten Feldes verändern. Wir können diese Liste von Operationen erweitern. Eine Turing-Maschine heißt Standardmaschine, wenn sie auch bei einer Bandverschiebung zuerst den Zustand des betrachteten Feldes verändern kann. Das Programm einer Standardmaschine kann in der Form einer Gesamtheit von Befehlen der Gestalt $q_\alpha a_i \rightarrow q_\beta a_j T_\varepsilon$ geschrieben werden, wobei die Formel $q_\alpha a_i \rightarrow q_\beta a_j T_{-1}$ zum Beispiel bedeutet, daß die Maschine im inneren Zustand q_α bei Betrachtung des Symbols a_i dieses Symbol durch das Symbol a_j ersetzt, in den inneren Zustand q_β übergeht und das Band um einen Schritt nach links verschiebt (bei T_1 verschiebt sie das Band nach rechts, bei T_0 läßt sie es unbewegt. Da alle partiell rekursiven Funktionen bereits durch die in § 12.1. definierten Maschinen berechenbar sind, sind sie auch durch Standardmaschinen berechenbar. Man zeige, daß alle durch Standardmaschinen berechenbaren Funktionen partiell rekursiv sind.

3. Man zeige, daß jede partiell rekursive Funktion durch eine TURING-Maschine berechenbar ist, die nur Befehle der Gestalt

$$q_\alpha a_i \to q_\alpha a_i T_\varepsilon, \quad q_\alpha a_i \to q_\beta a_i T_0, \quad q_\alpha a_i \to q_\alpha a_j T_0 \qquad (\varepsilon = \pm 1)$$

auszuführen fähig ist.

4. Eine Standard-TURING-Maschine mit äußerem Alphabet 0, 1 heißt nicht-löschend, wenn sie lediglich Befehle der Gestalt

$$q_\alpha 0 \to q_\beta a T_\varepsilon, \quad q_\alpha 1 \to q_\beta 1 T_\varepsilon \qquad (a = 0,1; \varepsilon = 0, \pm 1)$$

auszuführen fähig ist, d. h., wenn sie in ein leeres Feld eine 1 drucken kann, jedoch ein Symbol 1 nicht löschen kann, wenn es in einem Feld gedruckt ist. Man zeige, daß bei einer geeigneten Zahlkodierung eine beliebige partiell rekursive Funktion durch eine passende nicht-löschende Maschine berechenbar ist. Insbesondere gibt es universelle nicht-löschende Maschinen (HAO WANG [117], eine Verallgemeinerung und einen anderen Beweis s. ZYKIN [121]).

5. Gegeben sei eine TURING-Maschine $\mathfrak{T}$ mit äußerem Alphabet $a_0, a_1, \ldots, a_m$ und inneren Zuständen $q_0, q_1, \ldots, q_n$. Wir vereinbaren, Kodierungssystem ein Paar von Wortfunktionen cod $(\mathfrak{x}, \mathfrak{y})$, dec $(\mathfrak{x}, \mathfrak{y})$ zu nennen, die folgende Bedingungen erfüllen: a) beide Funktionen sind allgemein rekursiv, definiert im vereinigten Alphaber $a_0, \ldots, a_m, q_0, \ldots, q_n$; b) ist $\mathfrak{y}$ ein Wort im Alphabet $\{a_1, \ldots, a_m\}$, so ist cod $(\mathfrak{x}, \mathfrak{y})$ ein Maschinenwort, ist hingegen $\mathfrak{y}$ ein End-Maschinenwort, so ist dec $(\mathfrak{x}, \mathfrak{y})$ ein Wort im Alphabet $\{a_1, \ldots, a_m\}$. Man sagt, daß die Maschine T eine partielle im Alphabet $\{a_1, \ldots, a_m\}$ gegebene Wortfunktion $f(\mathfrak{x})$ für ein Code mit Index e berechnet, wenn die Maschine bei Arbeitsbeginn mit der Konfiguration cod $(e, \mathfrak{x})$ entweder in einer Konfiguration $\mathfrak{z}$ stoppt, für die dec $(e, \mathfrak{z}) = f(\mathfrak{x})$, oder unendlich lange arbeitet, wenn $f(\mathfrak{x})$ nicht definiert ist.

Eine Maschine T heißt *streng universell*, wenn für sie ein Kodierungssystem cod $(\mathfrak{x}, \mathfrak{y})$, dec $(\mathfrak{x}, \mathfrak{y})$ der Art existiert, daß jede partiell rekursive zahlentheoretische Funktion $f(x)$ durch T für ein Code mit geeignetem Index berechenbar ist.

Man zeige, daß jede streng universelle Maschine universell ist. Eine Maschine, welche die KLEENESche Funktion $K(x, y)$ im üblichen Sinne berechnet, ist streng universell.

6. Jede TURING-Maschine T, die nur einen vom Endzustand verschiedenen inneren Zustand hat, hat eine rekursive Menge T_{fin} und kann deshalb nicht universell sein (SHANNON [99]).

7. Unter Benutzung der in § 8.3. konstruierten einfachen Menge zeige man, daß aus der Nicht-Rekursivität der Menge T_{fin} noch nicht die Universalität der Maschine T folgt.

8. Man zeige, daß jede partiell rekursive Funktion bei einer passenden Kodierung der natürlichen Zahlen durch eine TURING-Maschine berechenbar ist, die die inneren Zustände q_0, q_1, q_2 hat (d. h., die nur zwei vom Endzustand verschiedene innere Zustände hat) und ein genügend großes äußeres Alphabet (SHANNON [99]).

9. Es wird gewöhnlich angenommen (s. SHANNON [99]), daß die „Kompliziertheit" einer TURING-Maschine gleich dem Produkt der Anzahl der Symbole ihres äußeren Alphabets und der Anzahl der vom Endzustand verschiedenen inneren Zustände ist. Die Aufgabe der Konstruktion universeller Maschinen minimaler Kompliziertheit hat ein sehr starkes Interesse gefunden. Anfang 1963 waren die letzten Ergebnisse in dieser Richtung das Theorem von WATANABE [119] über die Existenz einer universellen Maschine mit fünf Symbolen und sechs

Zuständen und das Theorem von TRITTER [111] über die Existenz einer universellen Maschine mit vier Symbolen und sechs (vom Endzustand verschiedenen) Zuständen[1]).

10. Es sei $f(x_1, \ldots, x_s)$ eine allgemein rekursive Funktion und $\mathfrak{T}$ eine TURING-Maschine mit äußerem Alphabet $\{0, 1, \alpha\}$ und inneren Zuständen $q_0, q_1, \ldots, q_n$, α sei das Symbol des leeren Feldes, q_0 der Endzustand. Vereinbaren wir, zu sagen, daß die Maschine $\mathfrak{T}$ die Funktion f berechnet, wenn für beliebige natürliche Zahlen $x_1, \ldots, x_s$

$$q_1 \alpha \{x_1\}_2 \alpha \cdots \alpha \{x_s\}_2 \vdash \cdots q_0 \alpha \{f(x_1, \ldots, x_s)\}_2 \alpha \cdots \alpha,$$

wobei $\{x\}_2$ die dyadische Darstellung der Zahl x ist. Wir nehmen an, daß die Maschine während des Berechnungsprozesses leere Felder anbaut, nehmen jedoch auch an, daß die Maschine keine Felder wegnehmen kann. Deshalb nimmt die Länge der Maschinenworte während des Berechnungsprozesses nicht ab und sind die Endworte Worte maximaler Länge. $l_f(x_1, \ldots, x_s)$ sei die um 1 verminderte Länge des bei der Berechnung des Wertes $f(x_1, \ldots, x_s)$ durch die Maschine $\mathfrak{T}$ erhaltenen Endwortes. Das ist die Länge des von der Maschine $\mathfrak{T}$ zur Berechnung von $f(x_1, \ldots, x_s)$ benötigten Bandes.

Wie mißt man die „Kompliziertheit" einer berechenbaren Funktion? Eine der möglichen Antworten auf diese Frage wurde von RITCHIE [90] gegeben. Die rekursiven Funktionen werden folgendermaßen nach dem Maß des Wachstums ihrer Kompliziertheit in Klassen $F_0 \subset F_1 \subset \cdots$ zerlegt. In der Klasse F_0 bringen wir alle linearen Funktionen unter. Weiterhin bringen wir für jedes l in der Klasse F_{l+1} diejenigen Funktionen $f(x_1, \ldots, x_s)$ unter, für die es eine sie berechnende TURING-Maschine $\mathfrak{T}$ der Art gibt, daß $l_f \in F_l$. In dem Artikel von RITCHIE wird gezeigt, daß die Vereinigung aller Klassen F_l genau mit der Klasse der im Sinne von KALMÁR-CSILLAG [47] (s. Übungen 4, 5 aus § 6) elementaren Funktionen zusammenfällt. Sei $\psi_1(x) = 2^x$, $\psi_{l+1}(x) = \psi_1(\psi_l(x))$. Dann ist $\psi_l \in F_l$, $\psi_{l+1} \notin F_l$, und deshalb sind die Klassen F_l verschieden.

Eine analoge Idee für die Zerlegung der Funktionen in Klassen nach dem Grad der Kompliziertheit wurde auch von CLEAVE [17] entwickelt.

§ 13. Anwendungen

Die oben vorgeführte Theorie der TURING-Maschinen gestattet, eine Reihe algorithmischer Probleme der Algebra, der Logik, der Arithmetik und anderer mathematischer Disziplinen einfach zu lösen. Als Illustration werden in diesem Paragraphen einige dieser Probleme betrachtet. Anwendungen auf die Zahlentheorie werden in § 16 vorgeführt.

13.1. Das Wortproblem für Halbgruppen. Als eine der Anwendungen der Theorie der TURING-Maschinen wollen wir jetzt die Probleme der Identität (oder Äquivalenz) von Worten in durch definierende Relationen gegebenen Halbgruppen betrachten.

Eine Gesamtheit von Elementen, betrachtet zusammen mit einer gewissen auf ihr definierten binären assoziativen Operation, heißt assoziatives System oder *Halbgruppe*. Zum Beispiel ist die Gesamtheit aller natürlichen Zahlen zusammen mit der Operation der Addition oder zusammen mit der Operation der Multiplikation eine Halbgruppe.

---

[1]) Vergleiche Bemerkung in der Fußnote zu Übung 8 von § 15 (Anm. d. Übers.).

Die Grundoperation in einer beliebigen Halbgruppe nennt man gewöhnlich Multiplikation und bezeichnet sie durch einen Punkt. Statt $a \cdot b$ schreibt man gewöhnlich ab. Da die Klammerverteilung in Produkten mehrerer Faktoren: $((ab)c)d$, $a(b(cd))$ den Wert dieser Produkte in Halbgruppen nicht beeinflußt, läßt man beimAufschreiben solcher Produkte die Klammern weg.

Nach § 1.3. heißt ein System $c_1, \ldots, c_p$ von Elementen einer Halbgruppe $\mathfrak{C}$ Erzeugendensystem für $\mathfrak{C}$, wenn jedes Element c der Halbgruppe $\mathfrak{C}$ in der Form

$$c = c_{i_1} c_{i_2} \cdots c_{i_s} \ (i_k = 1, 2, \ldots, p)$$

dargestellt werden kann, wobei die Faktoren sich auch wiederholen können. Zum Beispiel bilden die Zahlen der Gestalt 2^m eine Halbgruppe bezüglich der Multiplikation mit einzigem erzeugenden Element 2.

Als anderes Beispiel betrachten wir die Gesamtheit aller nicht-leeren Worte irgendeines Alphabets $C = \{c_1, \ldots, c_p\}$. Diese Gesamtheit ist bezüglich der Operation der Multiplikation von Worten: $\mathfrak{a} \cdot \mathfrak{b} = \mathfrak{ab}$ eine Halbgruppe.

Die einbuchstabigen Worte $c_1, \ldots, c_p$ sind offensichtlich Erzeugende für diese Halbgruppe, die *freie Halbgruppe* mit den freien Erzeugenden $c_1, \ldots, c_p$ genannt wird.

In der Algebra nimmt die Methode der Vorgabe von Halbgruppen mittels definierender Relationen einen wichtigen Platz ein. Der Kern dieser Methode besteht in Folgendem.

Geben wir ein Alphabet $C = \{c_1, \ldots, c_p\}$ und eine endliche Gesamtheit formaler Gleichungen der Gestalt

$$\mathfrak{c}_1 \equiv \mathfrak{d}_1, \mathfrak{c}_2 \equiv \mathfrak{d}_2, \ldots, \mathfrak{c}_e \equiv \mathfrak{d}_e \tag{1}$$

vor, wobei $\equiv$ ein Sonderzeichen und $\mathfrak{c}_1, \mathfrak{d}_1, \ldots, \mathfrak{c}_e, \mathfrak{d}_e$ beliebige Worte im Alphabet $\{c_1, \ldots, c_p\}$ sind. Für eine gewisse Zeit werden wir im weiteren nur die Worte im Alphabet $\{c_1, \ldots, c_p\}$ Worte nennen und im entgegengesetzten Falle besondere Vereinbarungen treffen.

Wir nennen der Relation $\mathfrak{c}_i \equiv \mathfrak{d}_i$ entsprechende *linke elementare Transformation* eines Wortes $\mathfrak{c}$ die Substitution des Wortes $\mathfrak{d}_i$ im Wort $\mathfrak{c}$ an Stelle irgendeines Vorkommens des Wortes $\mathfrak{c}_i$. Analog heißt die Substitution des Wortes $\mathfrak{d}_i$ im Wort $\mathfrak{c}$ an Stelle irgendeines Vorkommens des Wortes $\mathfrak{c}_i$ in $\mathfrak{c}$ der Relation $\mathfrak{c}_i \equiv \mathfrak{d}_i$ entsprechende *rechte elementare Transformation*.

Enthält das Wort $\mathfrak{c}$ mehrere Vorkommen des Wortes $\mathfrak{c}_i$, so kann man über $\mathfrak{c}$ willkürlich eine der mehreren der Relation $\mathfrak{c}_i \equiv \mathfrak{d}_i$ entsprechenden linken Transformationen ausführen. Kommt $\mathfrak{c}_i$ in $\mathfrak{c}$ nicht vor, so ist die entsprechende linke elementare Transformation über $\mathfrak{c}$ nicht ausführbar.

Die den definierenden Identitäten (1) entsprechenden linken und rechten elementaren Transformationen heißen einfach elementare Transformationen. Vereinbaren wir, $\mathfrak{c} \to \mathfrak{d}$ zu schreiben, wenn das Wort $\mathfrak{d}$ durch irgendwelche elementaren Transformationen aus $\mathfrak{c}$ gewonnen wird, und vereinbaren wir, $\mathfrak{c} \equiv \mathfrak{d}$ zu schreiben, wenn es Worte $\mathfrak{x}_1, \ldots, \mathfrak{x}_l$ gibt, so daß

$$\mathfrak{c} \to \mathfrak{x}_1 \to \cdots \to \mathfrak{x}_l \to \mathfrak{d}, \tag{2}$$

oder wenn $\mathfrak{c} = \mathfrak{d}$.

Die neue Definition der Beziehung widerspricht nicht den definierenden Relationen (1), weil nach (1) $\mathfrak{c}_i \to \mathfrak{d}_i$ und deshalb $\mathfrak{c}_i \equiv \mathfrak{d}_i$.

Aus den eingeführten Definitionen ist unmittelbar klar, daß die Beziehung $\equiv$ reflexiv, transitiv, symmetrisch und mit der Operation der Multiplikation verträglich ist, d. h. daß

$$\mathfrak{x} \equiv \mathfrak{x}_1 \ \& \ \mathfrak{y} \equiv \mathfrak{y}_1 \Rightarrow \mathfrak{x}\mathfrak{y} \equiv \mathfrak{x}_1\mathfrak{y}_1 . \tag{3}$$

Wir nennen die Relation $\equiv$ der Kürze halber Äquivalenz. Wir bezeichnen die Gesamtheit aller zu einem gegebenen Wort $\mathfrak{c}$ äquivalenten Worte durch $[\mathfrak{c}]$ und nennen sie Restklasse modulo $\equiv$. Unter Berücksichtigung des oben Ausgeführten ist die Relation $\mathfrak{x} \equiv \mathfrak{y}$ gleichbedeutend der „genaueren" Gleichung $[\mathfrak{x}] = [\mathfrak{y}]$.

Führen wir jetzt durch die definitorische Festsetzung

$$[\mathfrak{x}] \cdot [\mathfrak{y}] = [\mathfrak{x} \cdot \mathfrak{y}] \tag{4}$$

eine Operation der Multiplikation von Restklassen ein.

Die so definierte Operation der Multiplikation ist nach (3) auf der Gesamtheit aller Restklassen eindeutig. Da für beliebige Worte $\mathfrak{a}$, $\mathfrak{b}$, $\mathfrak{c}$ aus (4)

$$([\mathfrak{a}] \, [\mathfrak{b}]) \, [\mathfrak{c}] = [\mathfrak{a}\mathfrak{b} \cdot \mathfrak{c}] = [\mathfrak{a} \cdot \mathfrak{b}\mathfrak{c}] = [\mathfrak{a}] \, ([\mathfrak{b}] \, [\mathfrak{c}])$$

folgt, ist die Operation der Multiplikation von Restklassen assoziativ, und also ist die Gesamtheit aller Restklassen modulo $\equiv$ eine Halbgruppe, die wir mit $\mathfrak{S}_{(1)}$ bezeichnen werden.

Für ein beliebiges Wort $\mathfrak{c} = c_{i_1} c_{i_2} \cdots c_{i_s}$ folgt aus (4)

$$[\mathfrak{c}] = [c_{i_1} \cdots c_{i_s}] = [c_{i_1}] \cdots [c_{i_s}].$$

Deshalb sind die Elemente $[c_1], \ldots, [c_p]$ ein Erzeugendensystem für die Halbgruppe $\mathfrak{S}_{(1)}$, und die Halbgruppe heißt gewöhnlich die *durch die Erzeugenden $c_1, \ldots, c_p$ und die definierenden Relationen* (1) *gegebene Halbgruppe*. Auf diese Weise gegebene Halbgruppen heißen endlich definierte Halbgruppen oder assoziative Kalküle.

Man sagt, daß das Wort $\mathfrak{c}$ das Element $[\mathfrak{c}]$ der Halbgruppe $\mathfrak{S}_{(1)}$ *darstellt*. Da eine grundlegende Methode, ein Element einer Halbgruppe anzugeben, darin besteht, einen Vertreter für dieses Element anzugeben, entsteht natürlich das folgende wesentliche

Wortproblem für assoziative Kalküle. *Für einen gegebenen assoziativen Kalkül ist ein Algorithmus anzugeben, mittels dessen man für beliebige zwei Worte $\mathfrak{a}$, $\mathfrak{b}$ sagen kann, ob sie ein und dasselbe Element der Halbgruppe darstellen oder nicht, d. h. ob sie im gegebenen Kalkül äquivalent sind oder nicht.*

In genaueren Termini kann dieses Problem so formuliert werden: Ist für einen gegebenen assoziativen Kalkül die Gesamtheit aller Paare von im gegebenen Kalkül äquivalenten Worten rekursiv oder nicht?

Ein kurzes Studium der Frage führt zu der Schlußfolgerung, daß auf jeden Fall gilt

Theorem 1. *In jedem assoziativen Kalkül ist die Gesamtheit der Paare äquivalenter Worte rekursiv aufzählbar.*

In der Tat findet man für jedes Wort a leicht alle Worte, die aus jenem durch eine elementare Transformation, zwei sukzessive elementare Transformationen usw. erhalten worden sind. Indem wir zunächst je eine elementare Transformation über den Worten mit einem einzigen Buchstaben durchführen, dann nicht mehr als zwei sukzessive elementare Transformationen über Worten einer Länge, die 2 nicht überschreitet, usw. zählen wir allmählich alle Paare äquivalenter Worte auf. Für eine Ausgestaltung dieser Überlegung in einen genaueren Beweis genügt es, auf der Menge der Wortepaare geeignete Operationen zu definieren, wie das wiederholt gemacht worden ist, und sich auf das Theorem über erzeugte Gesamtheiten aus § 4.4. zu berufen.

Aus Theorem 1 folgt unmittelbar, daß in jedem assoziativen Kalkül jede Restklasse rekursiv aufzählbar ist. Es wird gefragt, ob alle Restklassen in allen assoziativen Kalkülen einfach rekursiv werden oder nicht. Es ist klar, daß bei einer positiven Lösung des Wortproblems in irgendeinem assoziativen Kalkül alle Restklassen in diesem Kalkül rekursiv sind.

Unter Ausnutzung der Nähe elementarer Transformationen von Worten in assoziativen Kalkülen zu Transformationen von Maschinenworten in TURING-POST-Maschinen beobachteten POST [79] und MARKOV [61] fast gleichzeitig, wie man assoziative Kalküle konstruieren kann, die nicht-rekursive Restklassen besitzen und deshalb ein unlösbares Wortproblem haben. Wir führen jetzt sofort eine der einfachsten Methoden zur Konstruktion assoziativer Kalküle vor, deren elementare Transformationen unmittelbar die Transformationen von Maschinenworten in TURING-Maschinen simulieren.

Gegeben sei eine TURING-Maschine mit den Symbolen $a_0, a_1, \ldots, a_m$, mit den Zuständen $q_0, q_1, \ldots, q_n$ und der Gesamtheit $\mathfrak{T}$ von Befehlen. Konstruieren wir folgendermaßen einen assoziativen Kalkül $A(\mathfrak{T})$. Das Alphabet von $A(\mathfrak{T})$ besteht aus den Symbolen $a_0, a_1, \ldots, a_m, q_0, q_1, \ldots, q_n$ und einem zusätzlichen Symbol v. Die definierenden Relationen des Kalküls $A(\mathfrak{T})$ werden mit Hilfe der Befehle von $\mathfrak{T}$ aufgeschrieben. Unten werden links die Befehle aus $\mathfrak{T}$ angegeben und rechts die entsprechenden formalen Gleichungen aufgeschrieben, die in die Liste der definierenden Relationen für $A(\mathfrak{T})$ eingeführt werden:

$$q_\alpha a_i \rightarrow q_\beta a_j \qquad\qquad q_\alpha a_i \;\equiv\; q_\beta a_j , \tag{5}$$

$$q_\alpha a_i \rightarrow q_\beta L \qquad\qquad a_k q_\alpha a_i \equiv q_\beta a_k a_i \quad (k = 0, 1, \ldots, m), \tag{6}$$

$$q_\alpha a_i \rightarrow q_\beta R \qquad\qquad q_\alpha a_i \equiv a_i q_\beta . \tag{7}$$

Fügen wir diesen Relationen noch die Relation

$$a_0 v \equiv v \tag{8}$$

hinzu, so erhalten wir die vollständige Liste der definierenden Relationen des Kalküls $A(\mathfrak{T})$.

Theorem 2. $\mathfrak{T}$ *sei eine Turing-Maschine mit den Symbolen* $a_0, a_1, \ldots, a_m$ *und Zuständen* $q_0, q_1, \ldots, q_n$, $A(\mathfrak{T})$ *sei der oben konstruierte assoziative Kalkül mit den definierenden Relationen* (5)—(8), $\mathfrak{a}, \mathfrak{b}, \mathfrak{c}, \mathfrak{d}$ *seien beliebige Worte im Alphabet* $a_0, a_1, \ldots, a_m$, *von denen das Wort* $\mathfrak{d}$ *entweder leer ist oder mit einem von* a_0 *verschiedenen Buchstaben aufhört. Für die Richtigkeit der Relation*

$$\mathfrak{a} q_w a_l \mathfrak{b} v \equiv \mathfrak{c} q_0 a_p \mathfrak{d} v$$

im Kalkül $A(\mathfrak{T})$ *ist es notwendig und hinreichend, daß die Maschine* $\mathfrak{T}$ *aus der Konfiguration* $\mathfrak{a} q_w a_l \mathfrak{b}$ *durch eine endliche Anzahl von Arbeitstakten und ohne von links Felder anzubauen in die Konfiguration* $\mathfrak{c} q_0 a_p \mathfrak{d} a_0{}^x$ *übergeht.*

Die Hinlänglichkeit der Bedingung ist völlig offensichtlich. Es seien nämlich

$$\mathfrak{a} q_w a_l \mathfrak{b} \to \mathfrak{m}_1 \cdots \to \mathfrak{m}_t = \mathfrak{c} q_0 a_p \mathfrak{d} a_0{}^x$$

durch die Arbeit der Maschine $\mathfrak{T}$ erhaltene aufeinanderfolgende Konfigurationen. Nach Voraussetzung entsteht die Konfiguration $\mathfrak{m}_{k+1}$ aus der Konfiguration $\mathfrak{m}_k$ durch Ausführung eines Befehls aus der Gesamtheit $\mathfrak{T}$. Dieser Befehl hat eine der Gestalten (5), (6), (7). Betrachten wir den kompliziertesten Fall: Das Wort $\mathfrak{m}_k$ gehe als Ergebnis eines durch Anbauen eines Feldes von rechts begleiteten Befehls der Gestalt (7) in das Wort $\mathfrak{m}_{k+1}$ über. Das bedeutet, daß $\mathfrak{m}_k = \mathfrak{a}' q_\alpha a_i$, $\mathfrak{m}_{k+1} = \mathfrak{a}' a_i q_\beta a_0$. Im Wort $\mathfrak{m}_k v$ ersetzen wir nach (8) den Buchstaben v durch das Wort $a_0 v$, dann ersetzen wir im Wort $\mathfrak{m}_k a_0 v$ nach (7) das Teilwort $q_\alpha a_i$ durch $a_i q_\beta$ und erhalten das Wort $\mathfrak{m}_{k+1} v$, d. h., aus $\mathfrak{m}_k \to \mathfrak{m}_{k+1}$ folgt $\mathfrak{m}_k v \equiv \mathfrak{m}_{k+1} v$, was auch gefordert war.

Zeigen wir jetzt die Notwendigkeit der Bedingungen von Theorem 2. Es seien

$$\mathfrak{a} q_w a_l \mathfrak{b} v = \mathfrak{x}_0 \to \mathfrak{x}_1 \to \cdots \to \mathfrak{x}_t = \mathfrak{c} q_0 a_p \mathfrak{d} v \tag{9}$$

Worte, die durch den Relationen (5)—(8) entsprechende elementare Transformationen erhalten werden. Ohne Anfangs- und Endworte der Kette zu ändern, wollen wir diese in eine solche Kette transformieren, für welche die zu zeigende Behauptung offensichtlich wird.

Aus der Form der elementaren Transformationen (5)—(8) folgt, daß diese im zu transformierenden Wort weder die Anzahl der Vorkommen des Buchstabens v noch die Zahl der Vorkommen irgendeines Buchstabens der Gestalt q_α verändert. Deshalb hat jedes Wort in der Kette (9) die Gestalt

$$\mathfrak{x}_k = \mathfrak{a}_k q_{w_k} a_{l_k} \mathfrak{b}_k v,$$

wobei $\mathfrak{a}_k$, $\mathfrak{b}_k$ gewisse Worte im Alphabet $a_0, a_1, \ldots, a_m$ sind.

In zwei aufeinanderfolgenden Transformationen $\mathfrak{x}_k \to \mathfrak{x}_{k+1} \to \mathfrak{x}_{k+2}$ aus (9) sei die zweite Transformation eine rechte v-Transformation $v \to a_0 v$. Dann hat dieser Abschnitt der Kette (9) in detaillierterer Schreibung die Gestalt

$$\mathfrak{a}'q_\alpha\mathfrak{b}'v \to \mathfrak{a}''q_\beta\mathfrak{b}''v \to \mathfrak{a}''q_\beta\mathfrak{b}''a_0 v,$$

und deshalb kann man statt der Kette (9) die Kette

$$\cdots \to \mathfrak{a}'q_\alpha\mathfrak{b}'v \to \mathfrak{a}'q_\alpha\mathfrak{b}'a_0 v \to \mathfrak{a}''q_\beta\mathfrak{b}''a_0 v \to \cdots \tag{10}$$

betrachten. Wir vereinbaren, den Übergang von der Kette (9) zur Kette (10) Verschiebung der rechten v-Transformation $\mathfrak{x}_{k+1} \to \mathfrak{x}_{k+2}$ nach links zu nennen.

Ist analog im Abschnitt $\mathfrak{x}_k \to \mathfrak{x}_{k+1} \to \mathfrak{x}_{k+2}$ die Transformation $\mathfrak{x}_k \to \mathfrak{x}_{k+1}$ eine linke v-Transformation $a_0 v \to v$, so hat dieser Abschnitt die Gestalt

$$\mathfrak{a}'q_\alpha\mathfrak{b}'a_0 v \to \mathfrak{a}'q_\alpha\mathfrak{b}'v \to \mathfrak{a}''q_\beta\mathfrak{b}''v$$

und kann man statt der Kette (9) die Kette

$$\cdots \to \mathfrak{a}'q_\alpha\mathfrak{b}'a_0 v \to \mathfrak{a}''q_\beta\mathfrak{b}''a_0 v \to \mathfrak{a}''q_\beta\mathfrak{b}''v \to \cdots \tag{11}$$

betrachten. Wir werden den Übergang von (9) nach (11) Verschiebung der linken v-Transformation $\mathfrak{x}_k \to \mathfrak{x}_{k+1}$ nach rechts nennen.

Verschieben wir in der Kette (9) hinreichend oft alle rechten v-Transformationen nach links und alle linken v-Transformationen nach rechts, so erhalten wir eine Kette der Gestalt

$$\mathfrak{a}q_w a_l \mathfrak{b}v \to \cdots \to \mathfrak{a}q_w a_l \mathfrak{b}a_0^y v \to \cdots$$
$$\cdots \to \mathfrak{c}q_0 a_p \mathfrak{b}a_0^z v \to \cdots \to \mathfrak{c}q_0 a_p \mathfrak{b}v,$$

wobei der Abschnitt

$$\mathfrak{a}q_w a_l \mathfrak{b}a_0^y v \to \mathfrak{y}_1 \to \cdots \to \mathfrak{y}_s = \mathfrak{c}q_0 a_p \mathfrak{b}a_0^z v \tag{12}$$

keine Transformationen der Gestalt (8) mehr enthält.

Das letzte Wort der Kette (12) enthält das Stopsymbol q_0, das in den linken Worten der Relationen (5), (6), (7) nicht vorkommt. Deshalb kann die Transformation $\mathfrak{y}_{s-1} \to \mathfrak{y}_s$ keine Rechtstransformation sein. Nehmen wir an, daß die Kette (12) rechte Transformationen enthält. Sei $\mathfrak{y}_k \to \mathfrak{y}_{k+1}$ die letzte rechte Transformation in dieser Kette, die einer Relation (u) $(u = 5, 6, 7)$ entspricht. Das Wort $\mathfrak{y}_{k+1}$ enthalte das Teilwort $q_\alpha a_i$. Die Transformation $\mathfrak{y}_{k+1} \to \mathfrak{y}_{k+2}$ ist nach Voraussetzung eine linke Transformation. Unter den Relationen (5), (6), (7) gibt es aber nur eine Relation, deren linker Teil $q_\alpha a_i$ ist. Folglich muß diese Relation mit der erwähnten Relation (u) zusammenfallen. Somit sind die Transformationen

$\mathfrak{h}_k \to \mathfrak{h}_{k+1}$ und $\mathfrak{h}_{k+1} \to \mathfrak{h}_{k+2}$ invers zueinander, ist $\mathfrak{h}_k = \mathfrak{h}_{k+2}$ und kann man die Kette (12) auf die Kette

$$\mathfrak{h}_0 \to \cdots \to \mathfrak{h}_k \to \mathfrak{h}_{k+3} \to \cdots \to \mathfrak{h}_s \tag{13}$$

reduzieren.

Setzen wir diesen Prozeß weiter fort, so erhalten wir eine Kette der Gestalt (12), in der alle Transformationen linke, den Relationen (5), (6), (7) entsprechende Transformationen sind. Aber diese Relationen wurden ja so geeignet gewählt, daß wir durch Ausführung der einer der angegebenen Relationen entsprechenden linken Transformation über irgendeiner Konfiguration $\mathfrak{m}$ der Maschine $\mathfrak{T}$ die Konfiguration $\mathfrak{m}^{(1)}$ des Folgezustands der Maschine $\mathfrak{T}$ erhalten. Also beendet die Maschine $\mathfrak{T}$ nach Arbeitsbeginn in der Konfiguration $aq_w a_l b a_0{}^y$ die Arbeit in der Konfiguration $cq_0 a_p \mathfrak{b} a_0{}^t$. Der letzte Buchstabe des Wortes $\mathfrak{b}$ ist von a_0 verschieden. Deshalb beendet die Maschine nach Arbeitsbeginn in der Konfiguration $aq_w a_l \mathfrak{b}$ die Arbeit in einer Konfiguration der Gestalt $cq_0 a_p \mathfrak{b} a_0{}^x$, was auch verlangt war.

Theorem 3 (POST—MARKOV). *Es gibt einen assoziativen Kalkül mit einem algorithmisch unlösbaren Wortproblem.*

In § 6.3. wurde eine partiell rekursive Funktion $E(x)$ konstruiert, die nur die Werte 0, 1 annimmt und keine rekursive Erweiterung hat. Sei $M_i (i = 0, 1)$ die Gesamtheit der Lösungen der Gleichung $E(x) = i$. In § 6.3. wurde gezeigt, daß die Mengen M_i rekursiv aufzählbar, aber nicht rekursiv sind. Bezeichnen wir mit $\mathfrak{T}$ eine TURING-Maschine mit den Symbolen 0, 1 und geeigneten Zuständen $q_0, q_1, \ldots,$ q_n, die die Funktion $E(x)$ korrekt berechnet, d. h. die aus der Konfiguration $q_1 01^x$ nach einer endlichen Anzahl von Arbeitstakten ohne Anbau von Feldern von links in eine Konfiguration der Gestalt $q_0 01^{E(x)} 0^s$ übergeht. Nach Theorem 2 bedeutet das, daß in dem assoziativen Kalkül $A(\mathfrak{T})$ für eine beliebige natürliche Zahl x

$$q_1 01^x v \equiv q_0 01^i v \Leftrightarrow x \in M_i$$

oder

$$x \in M_i \Leftrightarrow q_1 01^x v \in [q_0 01^i v] \quad (i = 0, 1),$$

wobei $[\mathfrak{x}]$ die Gesamtheit der zum Wort $\mathfrak{x}$ äquivalenten Worte des Kalküls $A(\mathfrak{T})$ ist. Der lexikographische Index (§ 11.1.) des Wortes $q_1 01^x v$ wird eine gewisse allgemein rekursive Funktion $\varphi(x)$. Bezeichnen wir durch $P_i (i = 0, 1)$ die Gesamtheit der lexikographischen Indizes der Worte aus der Klasse $[q_0 01^i v]$, so erhalten wir

$$x \in M_i \Leftrightarrow \varphi(x) \in P_i \quad (i = 0, 1). \tag{14}$$

Wir sehen also, daß die nicht-rekursive Menge M_0 sich auf die Menge P_0 m-reduzieren läßt. Deshalb ist die Menge P_0 nicht rekursiv und ist das Problem der Äquivalenz eines beliebigen Wortes mit dem Wort $q_0 v$ im Kalkül $A(\mathfrak{T})$ algorithmisch unlösbar.

Tatsächlich geben die Beziehungen (14) etwas mehr her, als Theorem 3 behauptet. Die Beziehungen (14) bedeuten nämlich, daß das Paar M_0, M_1 von Mengen auf das Paar P_0, P_1 m-reduzierbar ist. Da das Paar M_0, M_1 m-universell ist und die Mengen P_0, P_1 rekursiv aufzählbar sind, ist auch das Paar P_0, P_1 m-universell. Also besitzt der assoziative Kalkül $A(\mathfrak{T})$ das Paar $[q_0v]$ und $[q_0 1v]$ effektiv inseparierbarer Restklassen.

Wir haben oben einen assoziativen Kalkül mit unlösbarem Wortproblem konstruiert, ohne uns überhaupt darum zu kümmern, als wie kompliziert sich dieser Kalkül erweist. Man kann in einer ersten Approximation annehmen, daß die Kompliziertheit eines Kalküls durch die Anzahl der Erzeugenden und die Anzahl der definierenden Relationen charakterisiert wird. Sehr einfache Bemerkungen (s. Übung 12, § 13) zeigen, daß zu einem assoziativen Kalkül mit p Erzeugenden und l definierenden Relationen und unlösbarem Wortproblem auch ein assoziativer Kalkül mit unlösbarem Wortproblem existiert, der dieselbe Anzahl l von definierenden Relationen und nur 2 Erzeugende hat. Es entsteht die Aufgabe, einen assoziativen Kalkül mit unlösbarem Wortproblem und der kleinsten Anzahl definierender Relationen zu finden. Es gibt Gründe, anzunehmen (s. S. I. ADJAN [4]), daß assoziative Kalküle mit einer definierenden Relation ein lösbares Wortproblem haben. Andererseits hat G. S. CEJTIN [11] gezeigt, daß der assoziative Kalkül mit Erzeugenden a, b, c, d, e und der Familie

$$ac \equiv ca, \quad ad \equiv da, \quad bc \equiv cb, \quad bd \equiv db,$$

$$eca \equiv ce, \quad edb \equiv de, \quad cca \equiv ccae$$

definierender Relationen ein unlösbares Wortproblem hat. Ein assoziativer Kalkül mit unlösbarem Wortproblem und weniger als 7 definierenden Relationen ist einstweilen unbekannt.

Ein assoziativer Kalkül heißt *Gruppen-* (manchmal Inversionen-) Kalkül, wenn man seine Erzeugenden so in Paare zerlegen kann, daß sich unter den definierenden Relationen die Relationen

$$a_1 b_1 \equiv \Lambda, \ldots, a_p b_p \equiv \Lambda$$

treffen, wobei Λ das leere Wort ist. Eine durch einen Gruppenkalkül definierte Halbgruppe ist eine Gruppe, in der die Elemente $[a_i]$ und $[b_i]$ zueinander invers sind.

In der Gruppentheorie selbst wie auch in mehreren wichtigen Anwendungen der Gruppentheorie spielt die Angabe von Gruppen mit Hilfe von Gruppenkalkülen, d. h. mit Hilfe von Erzeugenden und definierenden Relationen eine große Rolle. Deshalb wurde in der Gruppentheorie schon zu Beginn des 20. Jahrhunderts das Wortproblem bekannt. Es erwies sich jedoch als äußerst schwierig, und eine Lösung wurde erst im Jahre 1952 durch P. S. NOVIKOV [72] erhalten. Später wurden von W. BOONE [8], D. BRITTON [9], G. HIGMAN [43] andere Lösungen dieses Problems gefunden. Alle diese Lösungen sind ziemlich kompliziert und werden deshalb hier nicht ausgeführt.

Natürlich sind im Zusammenhang mit assoziativen und Gruppenkalkülen viele verschiedene Probleme algorithmischen Charakters entstanden. Eine allgemeine Übersicht darüber wird in den Arbeiten von A. A. MARKOV [61], S. I. ADJAN [3] und auch M. RABIN [85] gegeben. In der Regel wird eine Lösung dieser Probleme durch diese oder jene Reduktion auf das Wortproblem in einem assoziativen oder Gruppenhilfskalkül mit einem bekanntermaßen unlösbaren Wortproblem verwirklicht.

13.2. Allgemeingültige Ausdrücke des Prädikatenkalküls der ersten Stufe. Die grundlegende formale Logiksprache ist der Prädikatenkalkül der ersten Stufe. Unser Ziel ist, das Theorem von Church zu zeigen, daß die Gesamtheit aller allgemeingültigen Ausdrücke des Prädikatenkalküls der ersten Stufe nicht rekursiv ist. Bringen wir einige Definitionen in Erinnerung.

Es wird eine besondere zweielementige Menge ε betrachtet, deren Elemente „wahr" und „falsch" heißen und durch W und F respektive bezeichnet werden. Auf der Menge ε werden normalerweise die Operationen der Konjunktion **&**, der Alternation $\vee$, der Implikation $\rightarrow$ und der Negation $\neg$ definiert: $a \,\&\, b$ hat den Wert W für $a = W$, $b = W$ und $a \,\&\, b = F$ in den übrigen Fällen für a, b; ferner

$$a \vee b = F \Leftrightarrow a = b = F,$$

$$a \rightarrow b = F \Leftrightarrow a = W, b = F,$$

$$\neg\, a = W \Leftrightarrow a = F.$$

Ist M eine beliebige nicht leere Menge, so heißt eine auf M definierte n-stellige Funktion $P(x_1, \ldots, x_n)$ mit Werten in $\{W, F\}$ n-stelliges Prädikat auf M. Für zweistellige Prädikate benutzt man statt der Schreibweise $P(x, y)$ gewöhnlich die kürzere Schreibweise xPy. Zum Beispiel haben wir für die auf der Menge der natürlichen Zahlen definierte übliche Relation $<$

$$1 < 2 = W, 3 < 2 = F.$$

Das Identitätszeichen $=$ wird ebenfalls als Symbol eines auf einer beliebigen Menge definierten zweistelligen Prädikats betrachtet.

Das Alphabet A des betrachteten Prädikatenkalküls besteht aus den Symbolen $\&, \vee, \rightarrow, \neg, \exists, \forall, (,), ', =, P, F, \alpha, \beta, \gamma$. Die Worte der Gestalt $(F\alpha \cdots \alpha\beta \cdots \beta) = (F\alpha^m \beta^n)$ und $(P\alpha^m \beta^n)$ werden wir durch $F_n{}^m$, $P_n{}^m$ bezeichnen und respektive m-stellige Funktions- und Prädikatensymbole nennen. Die Worte $x_i = (\gamma^{i+1})$ $(i = 0, 1, \ldots)$ heißen Objektsymbole.

Den „Wert" irgendeines Objektsymbols x_i in einer Menge M anzugeben bedeutet, diesem Symbol irgendein Element aus M zuzuordnen. Den Wert irgendeines Funktionszeichens $F_n{}^m$ auf der Menge M anzugeben bedeutet, ihm eine m-stellige auf M definierte Operation zuzuordnen. Den „Wert" eines Prädikatensymbols $P_n{}^m$ anzugeben bedeutet analog, ihm irgendein m-stelliges Prädikat auf M zuzuordnen.

Worte im Alphabet A, welche die unten definierte spezielle Gestalt haben, heißen Terme und Ausdrücke. Der Begriff des Terms wurde bereits in § 1 eingeführt: Term heißen Objektsymbole x_i und auch Ausdrücke der Gestalt $F_n{}^m$ $(\mathfrak{a}_1, \ldots, \mathfrak{a}_m)$, wobei $\mathfrak{a}_1, \ldots, \mathfrak{a}_m$ Terme kleinerer Länge sind. Zum Beispiel sind die Worte

$$F_1{}^2(F_1{}^1(x_0), x_1), \ F_0{}^3(x_1, x_2, x_1)$$

Terme, während das Wort $P_1{}^1(x_0)$ kein Term ist.

$\mathfrak{a}$ sei irgendein Term und die Werte aller in der Darstellung von $\mathfrak{a}$ vorkommenden Funktions- und Objektsymbole seien auf einer gewissen Menge M gegeben. Führen wir dann über den Werten der Objektvariablen sukzessive die in der Darstellung des Terms angegebenen Operationen aus, so erhalten wir ein gewisses Element aus M, das eben Wert des Terms $\mathfrak{a}$ für die gegebenen Werte der Objekt- und Funktionsvariablen heißt. Betrachten wir zum Beispiel den Term

$$F_1{}^2(x_0, F_0{}^2(x_0, x_1)) \,.$$

Die Werte der Symbole x_0, x_1, $F_1{}^2$, $F_0{}^2$ seien entsprechend die Zahlen 3, 2 und die auf der Menge der natürlichen Zahlen definierten Operationen $+$, $\times$. Dann wird

$$3 + (3 \times 2) = 9$$

der Wert des Terms.

Sind in irgendeinem Term $\mathfrak{a}$ die Werte aller Funktions- und gewisser Objektvariablen fixiert, so wird der Wert dieses Terms eine Funktion der Werte der übrigen Objektvariablen, die an der Darstellung des Terms Anteil haben. Funktionen solcher Art heißen termal oder durch Terme darstellbar.

Gehen wir zur Definition des Begriffs des Ausdrucks über.

a) Sind $\mathfrak{a}_1, \ldots, \mathfrak{a}_m$ Terme, so heißen die Worte der Gestalt

$$P_n{}^m(\mathfrak{a}_1, \ldots, \mathfrak{a}_m), \ \mathfrak{a}_{i_1} = \mathfrak{a}_{i_2}$$

Primformeln. Auf einer Menge M seien der Wert des Prädikatensymbols $P_n{}^m$ und die Werte aller in der Darstellung der Terme $\mathfrak{a}_1, \ldots, \mathfrak{a}_m$ auftretenden Objekt- und Funktionszeichen gegeben. Dann werden die Werte der Terme $\mathfrak{a}_i$ wohldefinierte Elemente $a_1, \ldots, a_m$ aus M und wird der Ausdruck $\tilde{P}_n{}^m (a_1, \ldots, a_m)$ ($\tilde{P}$ ist der Wert des Symbols P) gleich W oder F. Das eben wird der Wert der betrachteten Primformel.

Ein Objektsymbol x_i heißt im Wort $\mathfrak{b}$ gebunden, wenn das Wort $\mathfrak{b}$ das Teilwort $(\exists x_i)$ oder das Teilwort $(\forall x_i)$ enthält. Wenn ein Objektsymbol x_i, das sich im

Wort $\mathfrak{b}$ antrifft, in diesem Wort nicht gebunden ist, so heißt es frei. Insbesondere sind in den Primformeln alle Objektvariablen frei. Die unten definierten „Werte" von Ausdrücken sind von den Werten gebundener Variablen unabhängig und hängen nur von den Werten der freien Objektsymbole und den Werten der Funktions- und Prädikatensymbole ab.

b) Sind $\mathfrak{A}$, $\mathfrak{B}$ Ausdrücke, für die keine gebundene Objektvariable des einen Ausdrucks sich im anderen findet, so sind auch die Worte

$$(\mathfrak{A} \,\&\, \mathfrak{B}), \ (\mathfrak{A} \lor \mathfrak{B}), \ (\mathfrak{A} \to \mathfrak{B}), \ \neg\, \mathfrak{A}$$

Ausdrücke.

Um den Wert irgendeines dieser komplizierteren Ausdrücke zu finden, muß man die Werte der Ausdrücke $\mathfrak{A}$, $\mathfrak{B}$ finden und dann über diesen Werten (gleich W oder F) die entsprechende Operation $\&$, $\lor$, $\to$, $\neg$ ausführen.

c) Ist $\mathfrak{A}$ ein Ausdruck, der ein freies Objektsymbol x_i enthält, so sind auch die Worte

$$(\forall x_i)\ \mathfrak{A}, \ (\exists x_i)\ \mathfrak{A}$$

Ausdrücke.

Es seien eine Menge M und auf dieser Menge die Werte aller im Ausdruck $\mathfrak{A}$ vorkommenden Prädikaten-, Funktions- und freien Objektsymbole gegeben. Dann wird in dem Ausdruck $\mathfrak{A}$ der Wert nur eines freien Objektsymbols x_i nicht gegeben. Für jeden Wert von x_i in M und feste Werte der übrigen Symbole wird der Wert des Ausdrucks $\mathfrak{A}$ gleich W oder F. Hat $\mathfrak{A}$ für beliebige Werte von x_i in M den Wert W, so sagt man, daß der Ausdruck $(\forall x_i)\ \mathfrak{A}$ für die festen Werte der in ihm frei vorkommenden Symbole den Wert W hat. Wenn aber der Ausdruck $\mathfrak{A}$ für mindestens einen Wert von x_i in M den Wert F hat, so hat auch der Ausdruck $(\forall x_i)\mathfrak{A}$ den Wert F.

Wenn analog für feste Werte der Funktions-, Prädikaten- und freien Objektsymbole des Ausdrucks $(\exists x_i)\mathfrak{A}$ der Ausdruck $\mathfrak{A}$ für beliebige Werte des Objektsymbols x_i in der Menge M falsch ist, so sagt man, daß der Ausdruck $(\exists x_i)\mathfrak{A}$ für die festen Werte der Symbole den Wert F hat. Im entgegengesetzten Fall sagt man, daß $(\exists x_i)\mathfrak{A}$ auf M den Wert W hat.

Ein Wort $\mathfrak{A}$ ist ein Ausdruck, wenn es nach den Vorschriften a), b), c) ein Ausdruck ist.

Für die praktische Verwendung von Ausdrücken ist es geeignet, eine verkürzte Schreibweise der Ausdrücke zu benutzen. Man schreibt zum Beispiel den Ausdruck $\neg\,(\mathfrak{a} = \mathfrak{b})$ gewöhnlich in der Form $\mathfrak{a} \neq \mathfrak{b}$. Außenklammern werden gewöhnlich weggelassen; ist T ein zweistelliges Prädikaten- oder Funktionszeichen, so schreibt man statt $T(x, y)\ xTy$ usw. Oft schreibt man statt der Symbole x_i, $P_n{}^m$, $F_n{}^m$ selbst ihre Bezeichnungen. Man sagt zum Beispiel „Es sei P ein zweistelliges Prädikatensymbol, f ein zweistelliges Funktionszeichen, x, y, Objektvariablen. Betrachten wir den Ausdruck

$$P(x, f(y, x)) \ \& \ P(x, x)".$$

(1)

Man denkt hier in der Tat an den Ausdruck, den man aus (1) nach Ersetzung der Symbole P, f, y, x durch die entsprechenden Worte im Alphabet A erhält.

$P_1, \ldots, P_s, F_1, \ldots, F_t$ seien Bezeichnungen von Prädikats- und Funktionszeichen einer angegebenen Stellenzahl und $y_1, \ldots, y_u$ Bezeichnungen von Objektsymbolen. Ein Modell der Signatur $\sigma = (P_1, \ldots, P_s, F_1, \ldots, F_t, y_1, \ldots, y_u)$ anzugeben bedeutet, eine nicht-leere Menge M (die Grundmenge der Elemente des Modells) und auf M die Werte aller angegebenen Symbole der Signatur anzugeben. Das erhaltene Modell wird durch $\langle M; P_1, \ldots, P_s, F_1, \ldots, F_t, y_1, \ldots, y_u \rangle$ bezeichnet. Zum Beispiel ist $\langle N; + \rangle$, wobei $+$ Symbol einer binären Operation ist, die als Wert die Operation der Addition natürlicher Zahlen hat, und N die Gesamtheit aller natürlichen Zahlen ist, die additive Halbgruppe der natürlichen Zahlen. In dieser Halbgruppe sind die Ausdrücke

$$(\forall x)\,(\forall y)\,(x + y = y + x), \ (\forall x)\,(\forall y)\,(\exists z)\,(x + z = y \lor y + z = x)$$

wahr und definiert der Ausdruck

$$(\exists z)\,(x + z = y)$$

ein Formel-Prädikat, das mit der üblichen Relation $x \leq y$ zusammenfällt.

Ein Ausdruck $\mathfrak{A}$ heißt Ausdruck der Signatur σ, wenn (mit Ausnahme des Symbols $=$) alle seine Prädikaten-, Funktions- und freien Objektsymbole in σ enthalten sind. Deshalb wird für irgendein gegebenes Modell $\mathfrak{M}$ einer Signatur σ jeder Ausdruck der Signatur σ in diesem Modell wahr oder falsch. Ein beliebiges System von Modellen einer gegebenen Signatur σ heißt Klasse von Modellen der Signatur σ. Insbesondere kann eine Klasse aus einem einzigen konkreten Modell bestehen und auch aus „allen" Modellen einer gegebenen Signatur.

Ein Ausdruck $\mathfrak{A}$ einer Signatur σ heißt in einer Klasse von Modellen der Signatur σ *wahr*, wenn er in jedem Modell dieser Klasse wahr ist. Die Gesamtheit $T(\mathfrak{K})$ aller in der Klasse $\mathfrak{K}$ wahren Ausdrücke der Signatur σ heißt nach A. TARSKI [108] die *elementare Theorie* der Klasse $\mathfrak{K}$.

Ein beliebiger Ausdruck des betrachteten Kalküls heißt *allgemeingültig*, wenn er für beliebige Werte der in ihm vorkommenden Funktions-, Prädikaten- und freien Objektsymbole wahr ist. Insbesondere ist die elementare Theorie der Klasse „aller" Modelle einer gegebenen Signatur σ die Gesamtheit aller allgemeingültigen Formeln der Signatur σ.

Betrachten wir ein beliebiges System Σ irgendwelcher Ausdrücke einer gegebenen Signatur σ. Die Gesamtheit $K(\Sigma)$ aller Modelle der Signatur σ, in denen jeder Ausdruck des Systems Σ wahr ist, heißt die durch das Axiomensystem Σ definierte Modellklasse. Ein System Σ heißt *erfüllbar*, wenn die Klasse $K(\Sigma)$ nicht leer ist. Im entgegengesetzten Falle heißt das System Σ nicht-erfüllbar.

Zum Beispiel diene $\cdot$ als Bezeichnung einer gewissen binären Operation. Dann drückt das Axiom

$$(\forall x_1)\,(\forall x_2)\,(\forall x_3)\,((x_1 \cdot x_2) \cdot x_3 = x_1 \cdot (x_2 \cdot x_3)) \tag{2}$$

die Assoziativität der Operation $\cdot$ aus, und die durch das angegebene Axiom definierte Modellklasse ist die Klasse der Halbgruppen mit einer Operation.

Jedes Axiom eines Systems Σ und jeder Ausdruck der Theorie $T(K(\Sigma))$ sind Worte in einem endlichen Alphabet A. Es hat daher einen Sinn, sich die Frage nach der algorithmischen Natur der Gesamtheiten Σ, $T(K(\Sigma))$ zu stellen: ob sie rekursiv, kreativ usw. werden oder nicht. Die beiden unten folgenden fundamentalen Theoreme geben in den hauptsächlichen Fällen eine Antwort auf diese Frage.

Theorem 1 (HILBERT — GÖDEL). *Wenn Σ ein rekursiv aufzählbares System von Ausdrücken einer gegebenen Signatur σ ist, dann ist die elementare Theorie $T(K(\Sigma))$ ebenfalls rekursiv aufzählbar.*

Für den Beweis wird zuerst die Gesamtheit $\mathfrak{T}$ aller allgemeingültigen Ausdrücke (beliebiger Signatur) überhaupt betrachtet. In Kursen über mathematische Logik (s. zum Beispiel [46]) wird gezeigt, daß die Ausdrücke aus $\mathfrak{T}$ folgendermaßen erhalten werden können. Es wird eine gewisse Klasse von allgemeingültigen Ausdrücken, Axiome des Kalküls genannt, ausgewählt. In verschiedenen Kursen wird diese Klasse verschiedenartig ausgewählt. Es erweist sich jedoch stets als völlig offensichtlich, daß die Axiome eine rekursive Menge bilden. Dann wird eine endliche Anzahl besonderer „Beweisregeln" aufgezeigt. Eine dieser Regeln (Regel des Modus Ponens) hat die Gestalt: sind Ausdrücke $\mathfrak{A}$ und $\mathfrak{A} \to \mathfrak{B}$ gegeben, so erzeugen wir den Ausdruck $\mathfrak{B}$. Im Grunde sind diese Regeln einfach Wortfunktionen, überdies rekursiv im Alphabet A. Der Regel des Modus Ponens zum Beispiel entspricht eine Funktion der Art:

$$Q(\mathfrak{A}, Y) = \begin{cases} \mathfrak{B}, \text{ falls } Y \text{ die Gestalt } \mathfrak{A} \to \mathfrak{B} \text{ hat,} \\ \mathfrak{A} \text{ in den übrigen Fällen.} \end{cases}$$

Dann wird gezeigt, daß alle allgemeingültigen Ausdrücke mit Hilfe der Beweisoperationen aus den Axiomen erhalten werden, d. h. daß die Gesamtheit aller allgemeingültigen Ausdrücke von der Menge der Axiome mit Hilfe der Beweisoperationen *erzeugt* wird. Da die Menge der Axiome rekursiv ist und die Beweisoperationen rekursive Funktionen sind, ist die Gesamtheit $\mathfrak{T}$ aller allgemeingültigen Ausdrücke nach dem Theorem über erzeugte Mengen aus § 4.3. rekursiv aufzählbar.

Um Theorem 1 in der allgemeinen Form zu zeigen, bezeichnen wir durch $\mathfrak{F}_0$, $\mathfrak{F}_1$, ... die rekursive Folge aller Ausdrücke aus Σ. Es ist bekannt, daß ein Ausdruck $\mathfrak{A}$ dann und nur dann zu $T(K(\Sigma))$ gehört, wenn für ein gewisses n der Ausdruck

$$\mathfrak{F}_0 \,\&\, \mathfrak{F}_1 \,\&\, \cdots \,\&\, \mathfrak{F}_n \to \mathfrak{A} \tag{3}$$

allgemeingültig ist. Wir bilden deshalb die Menge $\mathfrak{M}$ aller Ausdrücke der Gestalt (3), indem wir n die natürliche Zahlenreihe und $\mathfrak{A}$ die Gesamtheit aller Ausdrücke der Signatur σ durchlaufen lassen. Die Menge $\mathfrak{M}$ ist rekursiv aufzählbar. Deshalb ist auch ihr Durchschnitt $\mathfrak{M}_t$ mit der Menge aller allgemeingültigen Ausdrücke rekursiv aufzählbar. Seien $\mathfrak{B}_0$, $\mathfrak{B}_1$, ... die Ausdrücke dieses Durchschnitts. $\mathfrak{B}_i$ hat die Form

$$\mathfrak{F}_0 \,\&\, \mathfrak{F}_1 \,\&\, \cdots \,\&\, \mathfrak{F}_{n_i} \to \mathfrak{A},$$

und deshalb besteht $T(K(\Sigma))$ aus den Gliedern der rekursiv aufzählbaren Folge $\mathfrak{A}_0$, $\mathfrak{A}_1$, ..., $\mathfrak{A}_n$, ..., was auch verlangt war.

Theorem 2 (CHURCH [14]). *Die Gesamtheit aller allgemeingültigen Ausdrücke des Prädikatenkalküls ist eine kreative (und deshalb nicht-rekursive) Menge.*

Der Kürze halber bezeichnen wir durch einen Punkt ein binäres Funktionszeichen $F_0{}^2$ und betrachten die durch das Axiom (2) definierte Klasse $\mathfrak{P}$ aller Halbgruppen. Nach dem Theorem von POST-MARKOV (§ 13.1.) gibt es einen assoziativen Kalkül mit erzeugenden Elementen x_1, ..., x_n und definierenden Relationen

$$\mathfrak{a}_1 = \mathfrak{b}_1,\, \mathfrak{a}_2 = \mathfrak{b}_2,\, ...,\, \mathfrak{a}_s = \mathfrak{b}_s \tag{4}$$

der Art, daß die Menge U aller zu einem geeigneten Wort $\mathfrak{a}$ äquivalenten Worte kreativ ist. Wir werden jedes Wort $x_{i_1} x_{i_2} \cdots x_{i_m}$ dieses assoziativen Kalküls als Term $((x_{i_1} \cdot x_{i_2}) \cdot x_{i_3}) \cdots x_{i_m}$ betrachten.

Aus der Definition der Äquivalenz von Worten in $\mathfrak{P}$ folgt, daß das Wort $\mathfrak{a}$ zu einem Wort $\mathfrak{x}$ genau dann äquivalent ist, wenn für beliebige in einer beliebigen die Relationen (4) erfüllenden Halbgruppe genommene Werte x_1, ..., x_n die Werte der Terme $\mathfrak{a}$, $\mathfrak{x}$ gleich werden, d. h. wenn der Ausdruck

$$(\forall x_{n+1})\, (\forall x_{n+2})\, (\forall x_{n+3})\, (x_{n+1} \cdot (x_{n+2} \cdot x_{n+3})$$
$$= (x_{n+1} \cdot x_{n+2}) \cdot x_{n+3}\, \&\, (\mathfrak{a}_1 = \mathfrak{b}_1 \,\&\, \cdots \,\&\, \mathfrak{a}_s = \mathfrak{b}_s) \to \mathfrak{a} = \mathfrak{x} \tag{5}$$

allgemeingültig ist. Also ist für ein beliebiges Wort $\mathfrak{x}$

$$\mathfrak{x} \in U \Leftrightarrow F(\mathfrak{x}) \in \mathfrak{T},$$

wobei durch $F(\mathfrak{x})$ das Wort (5) bezeichnet wird. Es ist klar, daß die Wortfunktion $F(\mathfrak{x})$ rekursiv ist. Somit läßt die kreative Menge U sich auf die rekursiv aufzählbare Menge $\mathfrak{T}$ m-reduzieren, und deshalb (§ 8.2.) ist die Menge $\mathfrak{T}$ kreativ.

Nachdem an der Grenze vom vorigen zu unserem Jahrhundert die Sprache des Prädikatenkalküls schließlich beschrieben worden war, entstand naturgemäß die Aufgabe, alle in dieser Sprache formulierten logischen Gesetze aufzufinden, d. h. alle allgemeingültigen Ausdrücke aufzufinden, sowie einen Algorithmus zu finden, der für jeden vorgegebenen Ausdruck zu wissen gestattet, ob er allgemeingültig ist oder nicht. Die letztere Aufgabe blieb für eine Reihe von Jahren offen und erhielt den Namen Entscheidungsproblem des Prädikatenkalküls. Im Jahre 1936 zeigte A. CHURCH [14], daß bei Annahme der jetzt seinen Namen tragenden These (§ 2.3.) das Entscheidungsproblem negativ gelöst wird. Das war der erste große Erfolg der in diesen Jahren gerade entstehenden Algorithmentheorie. Theorem 2 stellt eine modernisierte Version des ursprünglichen Theorems von CHURCH dar, weil der Begriff der kreativen Menge erst viel später von E. POST eingeführt wurde.

13.3. Arithmetische Mengen. Betrachten wir die natürliche Zahlenreihe N, in der wir die Operationen der Addition $+$, der Multiplikation $\times$ und die Zahlen 0, 1 hervorheben. Das erhaltene Modell

$$\mathfrak{A} = \langle N; +, \times, 0, 1 \rangle$$

nenn wir arithmetisch. Wir werden die Symbole $+$, $\times$, 0, 1 als binäre Funktions- und als Objektsymbole mit festgelegten Werten betrachten. Ein Ausdruck $\mathfrak{a}$ des Prädikatenkalküls heißt arithmetisch, wenn er keine Prädikatensymbole enthält, seine Funktionszeichen $+$ oder $\times$ sind und seine Objektsymbole 0, 1 in ihm nicht gebunden sind. Die Objektsymbole mit festgelegten Werten heißen *Individuensymbole*. Die übrigen in dem Ausdruck $\mathfrak{a}$ vorkommenden Objektsymbole heißen *Objektvariablen*. Ein arithmetischer Ausdruck ohne freie Objektvariablen heißt *abgeschlossen*. Jeder abgeschlossene arithmetische Ausdruck hat in der natürlichen Zahlenreihe den Wert W oder F. Man kann diejenigen dieser Ausdrücke, die den Wert W haben, als Ausdrücke betrachten, die in der Sprache des Prädikatenkalküls Eigenschaften der natürlichen Zahlenreihe ausdrücken.

$\mathfrak{a}$ sei ein arithmetischer Ausdruck mit freien Objektvariablen $y_1, \ldots, y_n$. Man sagt, daß der Ausdruck $\mathfrak{a}$ in $\mathfrak{A}$ wahr (oder identisch wahr) ist, wenn $\mathfrak{a}$ für alle Werte $x_1, \ldots, x_n$ in N wahr ist. Hieraus ist klar, daß ein Ausdruck $\mathfrak{a}$ mit freien Objektvariablen $y_1, \ldots, y_n$ dann und nur dann in $\mathfrak{A}$ wahr ist, wenn der abgeschlossene Ausdruck $(\forall y_1) \cdots (\forall y_n)\, \mathfrak{a}$ in $\mathfrak{A}$ wahr ist. Im allgemeinen Fall wird der Wert des Ausdrucks von den Werten der Variablen $y_1, \ldots, y_n$ abhängig sein, und man kann daher den Wert von $\mathfrak{a}$ als Wert eines n-stelligen Prädikats $P(y_1, \ldots, y_n)$ betrachten, das durch den Ausdruck $\mathfrak{a}$ definiert oder „dargestellt" wird. Die durch airthmetische Ausdrücke definierten Prädikate heißen *arithmetische* (oder Formel-) *Prädikate*. Die Prädikate $x < y$ und $x|y$ (x teilt y) zum Beispiel sind arithmetisch, weil

$$x < y \Leftrightarrow x \neq y \,\&\, (\exists z)\, (x + z = y),$$

$$x|y \Leftrightarrow (\exists z)\, (y = x \times z).$$

Eine Menge von n-Tupeln natürlicher Zahlen $\langle y_1, \ldots, y_n \rangle$ heißt (nach GÖDEL) *arithmetisch*, wenn dasjenige n-stellige Prädikat arithmetisch ist, das auf den n-

Tupeln dieser Menge wahr und auf den übrigen n-Tupeln falsch ist. Eine partielle zahlentheoretische Funktion $y = f(x_1, \ldots, x_n)$ heißt *arithmetisch*, wenn ihr Graph eine arithmetische Menge ist.

Der Kürze halber bezeichnet man einen Term der Gestalt $1 + 1 + \cdots + 1$ (a Einsen) in arithmetischen Ausdrücken durch die Zahl a. Man sagt, daß eine Menge M oder eine Funktion f durch einen Ausdruck $\mathfrak{a}$ dargestellt werden, wenn das M oder f entsprechende Prädikat durch den Ausdruck $\mathfrak{a}$ dargestellt wird. Zum Beispiel stellt der Ausdruck $y = 2$ die aus der einen Zahl 2 bestehende Menge dar; der Ausdruck $(\exists z)\,(y = 2 \times z)$ stellt die Gesamtheit aller geraden Zahlen dar; der Ausdruck

$$y \neq 0 \,\&\, y \neq 1 \,\&\, (\forall u)(\forall v)(y = uv \to u = 1 \lor v = 1)$$

stellt die Gesamtheit aller Primzahlen dar; der Ausdruck $(\exists u)((z \times z) + u = y)\&$

$$\&(\exists v)((z + 1) \times (z + 1) = y + v) \,\&\, y \neq (z + 1) \times (z + 1)$$

stellt die Funktion $z = \left[\sqrt{y}\right]$ dar usw.

Theorem 1. (Gödel). *Jede partiell rekursive Funktion und deshalb auch jede rekursiv aufzählbare Menge von n-Tupeln ist arithmetisch.*

Nach dem Korollar zu Theorem 3 in § 3.4. und dem Normalformtheorem von Kleene (§ 6.1.) kann jede partiell rekursive Funktion aus den Funktionen Γ, c, l, r, $x + y$, $x \dot- y$, $x + 1$, $I_n{}^m$ durch die Operationen der Substitution und der Minimalisierung erhalten werden. Deshalb wird Theorem 1 gezeigt, wenn wir zeigen, daß alle angegebenen Ausgangsfunktionen arithmetisch sind und die Anwendung der Operationen der Substitution und der Minimalisierung auf arithmetische Funktionen arithmetische Funktionen liefert.

A. Die Zusammensetzung

$$f(x_1, \ldots, x_m) = g(g_1(x_1, \ldots, x_m), \ldots, g_n(x_1, \ldots, x_m))$$

arithmetischer Funktionen $g, g_1, \ldots, g_n$ ist eine arithmetische Funktion.

Denn wenn Ausdrücke $G(x_1, \ldots, x_n, y)$ und $G_i(x_1, \ldots, x_n, y)$ die Funktionen g, g_i darstellen, so stellt der Ausdruck

$$(\exists z_1) \cdots (\exists z_n)(G(z_1, \ldots, z_n, y)\, G_1(x_1, \ldots, x_m, z_1) \cdots G_n(x_1, \ldots, x_m, z_n))$$

offensichtlich die Funktion $y = f(x_1, \ldots, x_n)$ dar.

B. Wenn ein Ausdruck $G(x_1, \ldots, x_{n+1}, u)$ eine partielle Funktion $g(x_1, \ldots, x_{n+1}) = u$ darstellt, so stellt der Ausdruck

$$G(x_1, \ldots, x_n, y, 0) \,\&\, (\forall z)\,(z < y \to (\exists u)(G(x_1, \ldots, x_n, z, u,)\, \&\, u \neq 0))$$

die partielle Funktion

$$y = \mu_z \left(g(x_1, \ldots, x_n, z) = 0 \right)$$

dar.

Somit gibt die Anwendung des Minimalisierungsoperators auf arithmetische Funktionen arithmetische Funktionen.

C) Die Funktionen $+, x + 1, x \doteq y, I_m{}^m$ werden respektive durch die Ausdrücke

$$z = x + y, z = x + 1, (y < x \to y + z = x) \,\&\, (x \le y \to z = 0),$$
$$z = 0 \cdot x_1 + \cdots + x_m + \cdots + 0 \cdot x_n$$

dargestellt und sind deshalb arithmetisch.

D) Die Funktionen $x^2, [x/2], c(x, y), l(x), r(x)$ werden durch die Ausdrücke

$$z = x \times x, (2 \times z \le x) \,\&\, (x < 2 \times (z + 1)),$$
$$\frac{(x + y)^2 + 3 \times x + y}{2}, (\exists y)\,(x = c(z,y)), (\exists y)\,(x = c(y, z))$$

dargestellt und sind deshalb arithmetisch.

E) Die Funktionen $z = \text{rest}\,(x, y), z = \Gamma\,(x, y)$ werden respektive durch die Ausdrücke

$$\exists u(x = uy + z \,\&\, z < y) \lor (y = 0 \,\&\, z = x),$$
$$z = \text{rest}\,(l(x), 1 + (y + 1)\,r(x))$$

dargestellt.

Nach der oben gebrachten Bemerkung folgt Theorem 1 unmittelbar aus A) bis E).

Jeder arithmetische Ausdruck kann als Wort in einem endlichen Alphabet $J = \{\&, \lor, \neg, \forall, \exists, (,), ', +, \times, =, 0, 1, x, \alpha\}$ angesehen werden, wobei man das Wort $x_i = (x\alpha \cdots \alpha)$ als Code für Objektsymbole verwenden kann. Alle Worte im Alphabet J und also auch alle arithmetischen Ausdrücke haben einen wohlbestimmten lexikographischen Index. Eine Menge arithmetischer Ausdrücke heißt arithmetisch, wenn die Menge der Indizes dieser Ausdrücke arithmetisch ist.

Korollar. *Die Menge aller abgeschlossenen wahren arithmetischen Ausdrücke ist nicht-rekursiv und nicht rekursiv aufzählbar.*

$f(x)$ sei eine primitiv rekursive Funktion, deren Wertemenge U nicht rekursiv ist. Nach Theorem 1 gibt es einen arithmetischen Ausdruck $\mathfrak{a}(x, y)$, der die Funktion $y = f(x)$ darstellt, und folglich ist

$$y \in U \Leftrightarrow (\exists x)\,\mathfrak{a}(x, y) \qquad (y = 0, 1, 2, \ldots).$$

Gäbe es somit einen Algorithmus, der die wahren abgeschlossenen Ausdrücke erkennt, so könnte man mit Hilfe dieses Algorithmus die zu U gehörenden Zahlen bestimmen, was jedoch der Nicht-Rekursivität von U widerspricht.

Nehmen wir nun an, die Gesamtheit V aller wahren abgeschlossenen arithmetischen Ausdrücke sei rekursiv aufzählbar. Es sei

$$V_0, V_1, \ldots, V_n, \ldots$$

eine rekursive Folge aller Ausdrücke aus V. Dann wäre die rekursive Folge

$$\neg V_0, \neg V_1, \ldots, \neg V_n, \ldots$$

eine Folge aller *falschen* abgeschlossenen arithmetischen Ausdrücke, d. h. die Gesamtheit W aller falschen abgeschlossenen arithmetischen Ausdrücke wäre rekursiv aufzählbar. Es ist klar, daß die Gesamtheit aller abgeschlossenen arithmetischen Ausdrücke rekursiv ist. Diese Gesamtheit wird in die Summe der zueinander disjunkten Mengen V und W zerlegt. Nach dem Theorem von POST folgt auf jeden Fall, daß V und W rekursiv sind, entgegen der bereits gezeigten Nicht-Rekursivität der Menge V.

Nach Theorem 1 sind alle rekursiv aufzählbaren Mengen arithmetisch. Die Umkehrung ist natürlich nicht wahr. Eine Menge M sei durch einen arithmetischen Ausdruck $\mathfrak{P}$ definiert. Dann definiert der Ausdruck $\neg \mathfrak{P}$ das Komplement $M' = N - M$. Deshalb sind auch die Komplemente rekursiv aufzählbarer Mengen arithmetisch. Man kann leicht auch kompliziertere arithmetische Mengen konstruieren, die weder rekursiv aufzählbar noch Komplemente rekursiv aufzählbarer Mengen sind.

Theorem 2 (A. TARSKI). *Die Gesamtheit der Indizes aller wahren (abgeschlossenen) arithmetischen Ausdrücke ist nicht arithmetisch.*

Zum Beweis benutzen wir die übliche Methode universeller Funktionen. Nehmen wir nämlich an, das Theorem sei *falsch*, und bemühen wir uns, einen arithmetischen Ausdruck $\mathfrak{P}(x, y)$ mit zwei freien Objektvariablen x, y zu konstruieren, der folgende Universalitätseigenschaft besitzt: Ist a Index eines arithmetischen Ausdrucks $\mathfrak{Q}(y)$ mit nur einer freien Objektvariablen y, so ist für alle Werte y

$$\mathfrak{P}(a, y) \Leftrightarrow \mathfrak{Q}(y), \tag{1}$$

Nehmen wir an, daß es uns gelingt, einen derartigen Ausdruck $\mathfrak{P}$ zu finden. a sei der Index des Ausdrucks $\neg \mathfrak{P}(y, y)$. Aus (1) erhalten wir, daß

$$\mathfrak{P}(a, y) \Leftrightarrow \neg \mathfrak{P}(y, y)$$

für einen beliebigen Wert y. Nehmen wir für y den Wert a, so erhalten wir die widersprüchliche Beziehung

$$\mathfrak{P}(a, a) \Leftrightarrow \neg \mathfrak{P}(a, a),$$

die eben das Theorem beweist.

Es sei also das Theorem falsch, und so gibt es einen arithmetischen Ausdruck $\mathfrak{W}(y)$ der Art, daß für jede natürliche Zahl $n\,\mathfrak{W}(\tilde{n}) = W$[1]) dann und nur dann, wenn n Index eines Wortes ist, das ein wahrer abgeschlossener arithmetischer Ausdruck ist.

Wir bezeichnen für jede natürliche Zahl n durch $\mathfrak{a}_n(i)$ das folgendermaßen erhaltene Wort: Ist n Index eines Wortes $\mathfrak{a}_n$, das ein arithmetischer Ausdruck mit einer einzigen freien Objektvariablen y ist, so setzen wir

$$\mathfrak{a}_n(i) = \mathrm{Sb}(\mathfrak{a}_n; y, \tilde{i});$$

wenn n hingegen Index eines Wortes $\mathfrak{a}_n$ ist, das den angegebenen Forderungen nicht genügt, so setzen wir $\mathfrak{a}_n(i) = \mathfrak{a}_n$.

Wir bezeichnen den Index des Wortes $\mathfrak{a}_n(i)$ durch $f(n, i)$. Auf diese Art und Weise ist für einen Ausdruck $\mathfrak{a}_n$ mit einer einzigen freien Objektvariablen y für jedes natürliche i

$$\mathfrak{W}(f(n, i)) = W \Leftrightarrow \mathfrak{a}_n(i) = W. \tag{2}$$

Auf der Basis der Ergebnisse von § 11.2. ist es leicht, zu zeigen, daß die Funktion $f(n, i)$ rekursiv ist. Deshalb gibt es einen arithmetischen Ausdruck $\mathfrak{F}(x, y, u)$ mit drei freien Objektvariablen x, y, u, der die Beziehung $u = f(x, y)$ darstellt. Setzen wir

$$\mathfrak{P}(x,y) \overset{df}{=\!=} (\exists u)\,(\mathfrak{F}(x, y, u)\,\&\,\mathfrak{W}(u))$$

und zeigen wir, daß der Ausdruck $\mathfrak{P}(x, y)$ der Forderung (1) genügt. Es sei nämlich n der Index eines Ausdrucks $\mathfrak{Q}(y)$. Dann fällt für ein beliebiges natürliches i der Ausdruck $\mathfrak{Q}(\tilde{i})$ mit dem Ausdruck $\mathfrak{a}_n(\tilde{i})$ zusammen, und deshalb ist nach (2)

$$\mathfrak{W}(\tilde{f}(n, i)) \Leftrightarrow \mathfrak{Q}(\tilde{i}). \tag{3}$$

Sei $\mathfrak{Q}(\tilde{i}) = W$. Dann ist $\mathfrak{W}(\tilde{a}) = W$, wobei $a = f(n, i)$ vorausgesetzt wird. Aus der letzten Gleichung schließen wir, daß $\mathfrak{F}(\tilde{n}, \tilde{i}, \tilde{a}) = W$, $\mathfrak{F}(\tilde{n}, \tilde{i}, \tilde{a})\,\&\,\mathfrak{W}(\tilde{a}) = W$ und deshalb

$$\mathfrak{P}(\tilde{n}, \tilde{i}) = (\exists u)(\mathfrak{F}(\tilde{n}, \tilde{i}, u)\,\&\,\mathfrak{W}(u)) = W. \tag{4}$$

Sei umgekehrt für beliebige feste n, i die Beziehung (4) wahr. Das bedeutet, daß es eine natürliche Zahl a der Art gibt, daß

$$\mathfrak{F}(\tilde{n}, \tilde{i}, \tilde{a})\,\&\,\mathfrak{W}(\tilde{a}) = W.$$

Aus $\mathfrak{F}(\tilde{n}, \tilde{i}, \tilde{a}) = W$ folgt, daß $a = f(n, i)$ und also

$$\mathfrak{W}(\tilde{f}(n, i)) = \mathfrak{W}(\tilde{a}) = W.$$

---

[1]) $\tilde{n}$ bezeichnet den Term $1 + \cdots + 1$

Aus (3) erhalten wir, daß $\mathfrak{Q}(\bar{\imath}) = W$. Also ist die Äquivalenz (1) gezeigt, und zusammen damit ist Theorem 2 gezeigt.

13.4. Ausdrücke der zweiten Stufe. In den oben betrachteten prädikativen Ausdrücken sind alle Prädikaten- und Funktionszeichen frei. Wenn die Regeln a), b) aus § 13.2. zur Ausdruckserzeugung noch durch die Regel d) ist X ein Prädikaten- oder Funktionszeichen, das im Ausdruck $\mathfrak{A}$ frei ist, so werden auch die Worte

$$(\forall X)\mathfrak{A},\ (\exists X)\mathfrak{A}$$

Ausdrücke,
ergänzt werden, so heißt die erhaltene umfassendere Ausdrucksklasse Klasse der Ausdrücke 2-ter Stufe. Der „Wert" eines Ausdrucks 2-ter Stufe für gegebene Werte seiner freien Prädikaten-, Funktions- und Objektsymbole wird genauso definiert wie auch für Ausdrücke der 1-ten Stufe.

Ausdrücke 2-ter Stufe, die weder freie Funktions- noch Prädikaten- noch Objektsymbole enthalten, heißen absolut abgeschlossen. Über einer nicht leeren Menge M ist ein absolut abgeschlossener Ausdruck entweder wahr oder falsch, wobei der Wert des Ausdrucks über M nur von der Mächtigkeit von M abhängt. Ein (nicht unbedingt absolut abgeschlossener) Ausdruck zweiter Stufe heißt allgemeingültig, wenn er über einer beliebigen nicht-leeren Menge M für beliebige Werte über M aller seiner freien Symbole wahr ist.

Theorem 1. *Die Menge aller allgemeingültigen Ausdrücke zweiter Stufe ist nicht rekursiv aufzählbar.*

Es sei $'$ ein einstelliges, $+$, $\times$ zweistellige Funktionszeichen, P ein einstelliges Prädikatensymbol, $0, 1, x, y$ Objektsymbole. Betrachten wir folgendes System von Ausdrücken:

1. $\forall(x)\ (x' \neq 0\ \&\ 0' = 1)$,
2. $(\forall x)(\forall y)(x' = y' \to x = y)$,
3. $(\forall P)\big(P(0)\ \&\ (\forall x)(P(x) \to P(x')) \to (\forall y)\ P(y)\big)$,
4. $(\forall x)\ (x + 0) = x)$,
5. $(\forall x)\ (\forall y)\ (x + y' = (x + y)')$,
6. $\forall(x)\ (x \times 0 = 0)$,
7. $(\forall x)(\forall y)\ (x \times y' = (x \times y) + x)$.

Die Bedeutung dieser Ausdrücke ist offensichtlich. Ausdruck (3) zum Beispie ist das Prinzip der vollständigen Induktion für die natürliche Zahlenreihe. Bezeichnen wir durch $\mathfrak{S}$ die Konjunktion der Ausdrücke 1)—7). Der Ausdruck $\mathfrak{S}$ enthält die freien Symbole $'$, $+$, $\times$, 0, 1. Wenn die Werte dieser Symbole auf einer Menge M so gegeben sind, daß der Ausdruck $\mathfrak{S}$ wahr wird, so ist das Modell $\langle M; +, \times, 0, 1\rangle$ bekanntlich isomorph zu der in § 13.3. betrachteten üblichen Arithmetik $\langle N; +, \times, 0, 1\rangle$. Deshalb ist für jeden abgeschlossenen (im Sinne von

§ 13.3.) arithmetischen Ausdruck $\mathfrak{x}$ der Ausdruck zweiter Stufe

$$\mathfrak{S} \to \mathfrak{x}$$

genau dann allgemeingültig, wenn $\mathfrak{x}$ in der Arithmetik $\langle N; +, \times, 0, 1 \rangle$ wahr ist.

Es ist klar, daß die Gesamtheit aller abgeschlossenen arithmetischen (wahren und falschen) Ausdrücke $\mathfrak{x}$ rekursiv ist. Deshalb ist auch die Gesamtheit $\mathfrak{M}$ aller Ausdrücke der Gestalt $\mathfrak{S} \to \mathfrak{x}$ rekursiv. Wäre die Gesamtheit $\mathfrak{T}$ aller allgemeingültigen Ausdrücke zweiter Stufe rekursiv aufzählbar, so wäre auch der Durchschnitt $\mathfrak{M} \cap \mathfrak{T}$ eine rekursiv aufzählbare Gesamtheit und könnte man seine Ausdrücke in einer rekursiven Folge

$$\mathfrak{S} \to \mathfrak{x}_0, \; \mathfrak{S} \to \mathfrak{x}_1, \; ..., \; \mathfrak{S} \to \mathfrak{x}_n, \; ...$$

aufschreiben. Aber dann bestünde die rekursive Folge $\mathfrak{x}_0, \mathfrak{x}_1, ...$ aus allen abgeschlossenen arithmetischen wahren Ausdrücken und wäre also die Gesamtheit der letzteren Ausdrücke rekursiv aufzählbar, entgegen dem grundlegenden Resultat von § 13.3.

Theorem 1 des vorliegenden § 13.4. und Theorem 1 aus § 13.2. zeigen einen tiefen Unterschied zwischen den Sprachen der ersten und der zweiten Stufe. Obwohl die Menge der in der Sprache der ersten Stufe formulierten Gesetze nicht rekursiv ist, gibt es trotzdem einen Algorithmus, der schrittweise alle diese Gesetze zu konstruieren gestattet. Was die in der Sprache der zweiten Stufe formulierten Gesetze betrifft, so ist die Gesamtheit dieser Gesetze nicht nur nicht rekursiv, sondern auch nicht rekursiv aufzählbar.

Ergänzungen und Beispiele

1. $\mathfrak{C}$ sei ein assoziativer Kalkül mit erzeugenden Elementen $c_1, ..., c_s$ und definierenden Relationen $\mathfrak{a}_\alpha = \mathfrak{b}_\alpha$ $(\alpha = 1, ..., l)$. Für ein beliebiges Wort $\mathfrak{x}$ im Alphabet $c_1, ..., c_s$ bezeichnen wir durch $\mathfrak{x}^*$ das aus $\mathfrak{x}$ durch die Ersetzung $c_i = aba^{i+1}b^{i+1}$ $(i = 1, ..., s)$ erhaltene Wort. Bezeichnen wir mit $\mathfrak{C}^*$ den assoziativen Kalkül mit den erzeugenden Elementen a, b und den definierenden Relationen $\mathfrak{a}_\alpha{}^* = \mathfrak{b}_\alpha{}^*$ $(\alpha = 1, ..., l)$. Man zeige, daß für beliebige Worte $\mathfrak{a}, \mathfrak{b}$ im Alphabet $c_1, ..., c_s$ $\mathfrak{a} = \mathfrak{b}$ im Kalkül $\mathfrak{C}$ genau dann wenn $\mathfrak{a}^* = \mathfrak{b}^*$ im Kalkül $\mathfrak{C}^*$. Insbesondere ist das Wortproblem im Kalkül $\mathfrak{C}^*$ unlösbar, wenn es in $\mathfrak{C}$ unlösbar ist (HALL [42]).

2. Man sagt, daß in einem assoziativen Kalkül $\mathfrak{C}$ das Problem der Teilbarkeit *von links lösbar* ist, wenn es einen Algorithmus gibt, der für beliebige zwei Worte $\mathfrak{a}, \mathfrak{b}$ aus $\mathfrak{C}$ zu zeigen gestattet, ob es in $\mathfrak{C}$ eine Lösung $\mathfrak{x}$ der Gleichung $\mathfrak{a}\mathfrak{x} = \mathfrak{b}$ gibt oder nicht. Analog sagt man, daß in $\mathfrak{C}$ das Problem der Teilbarkeit von links *eines gegebenen Elementes* c lösbar ist, wenn es einen Algorithmus gibt, der für ein beliebiges Wort $\mathfrak{a}$ aus $\mathfrak{C}$ zu zeigen gestattet, ob in $\mathfrak{C}$ eine Lösung $\mathfrak{x}$ der Gleichung $\mathfrak{a}\mathfrak{x} = c$ existiert oder nicht. Man zeige, daß in dem in § 13.1. im Verlauf des Beweises von Theorem 3 konstruierten assoziativen Kalkül $A(\mathfrak{T})$ das Problem der Teilbarkeit von links des Elements $q_0 v$ nicht lösbar ist (s. S. I. ADJAN [2]).

3. Im vorigen Beispiel wurden in dem assoziativen Kalkül $A(\mathfrak{T})$ nur nicht leere Worte betrachtet. Lassen wir unter den Worten auch das leere Wort zu, so erhalten wir einen assoziativen Kalkül mit leerem Wort. Da $[A][\mathfrak{a}] = [A\mathfrak{a}] = [\mathfrak{a}]$ und $[\mathfrak{a}][A] = [\mathfrak{a}]$, ist das leere Wort Repräsentant der Klasse $[A]$, die als Einheit der durch diesen Kalkül definierten Halbgruppe dient. Befindet sich unter den definierenden Relationen des Kalküls eine Relation der Gestalt $\mathfrak{a} \equiv A$, so ist eine dieser Relation entsprechende rechte elementare Transformation eine Transformation, die ein gegebenes Wort $\mathfrak{x}\mathfrak{y}$ in eines der Worte $\mathfrak{a}\mathfrak{x}\mathfrak{y}$, $\mathfrak{x}\mathfrak{a}\mathfrak{y}$, $\mathfrak{x}\mathfrak{y}\mathfrak{a}$ überführt. Eine der angegebenen Relation entsprechende linke elementare Transformation ist eine Transformation $\mathfrak{a} \to A$, die Worte der Gestalt $\mathfrak{a}\mathfrak{x}\mathfrak{y}$, $\mathfrak{x}\mathfrak{a}\mathfrak{y}$, $\mathfrak{x}\mathfrak{y}\mathfrak{a}$ in das Wort $\mathfrak{x}\mathfrak{y}(\mathfrak{x}, \mathfrak{y}$ können auch leere Worte sein) überführt.

Man sagt, daß in einem assoziativen Kalkül das Problem des Auffindens des Rechtsinversen lösbar ist, wenn die Gesamtheit aller Worte $\mathfrak{a}$, für welche die Gleichung $\mathfrak{a}\mathfrak{y} \equiv A$ im gegebenen Kalkül eine Lösung hat, rekursiv ist. Es ist leicht, einen assoziativen Kalkül mit leerem Wort und unlösbarem Problem des Auffinden des Rechtsinversen zu konstruieren. Dafür nehmen wir den in § 13.1. im Verlauf des Beweises von Theorem 3 konstruierten assoziativen Kalkül $A(\mathfrak{T})$. Wir fügen zum Alphabet dieses Kalküls einen neuen Buchstaben u, zu den definierenden Relationen die Relation $uq_0v \equiv A$ hinzu und bezeichnen den neuen Kalkül mit leerem Wort durch $B(\mathfrak{T})$. Analog zu Theorem 2 aus § 13.1. zeige man, daß im Kalkül $B(\mathfrak{T})$ $uaq_ubv \equiv A$ genau dann, wenn im Kalkül $A(\mathfrak{T})$ $aq_wbv \equiv q_0v$. Wir sehen hieraus durch Vergleich mit der vorigen Aufgabe, daß in $B(\mathfrak{T})$ das Problem des Auffindens des Rechtsinversen nicht lösbar ist.

4. $\mathfrak{T}$ sei eine TURING-Maschine, welche die im Beweis von Theorem 3 aus § 13.1. erwähnte Funktion $E(x)$ korrekt berechnet. Bezeichnen wir durch $\mathfrak{B}$ den assoziativen Kalkül mit erzeugenden Elementen 0, 1, $q_0, q_1, \ldots, q_n$ und den Relationen (5), (6), (7) aus § 13.1. (im Vergleich zu $A(\mathfrak{T})$ haben wir kein erzeugendes Element v und nicht die Relation (8)). Man zeige, daß in $\mathfrak{B}$ das Wortproblem lösbar, jedoch das folgende Problem unlösbar ist: Von gegebenen Worten $\mathfrak{a}$, $\mathfrak{b}$ zu wissen, ob es eine natürliche Zahl x der Art gibt, daß $\mathfrak{a}0^x \equiv \mathfrak{b}0^x$ ist.

5. $f(x)$ sei eine rekursive zahlentheoretische Funktion und $\mathfrak{G}$ ein Gruppenkalkül mit erzeugenden Elementen $a, a^{-1}, b, b^{-1}, c, c^{-1}, d, d^{-1}$ und einer (rekursiv aufzählbaren) unendlichen Gesamtheit von definierenden Relationen

$$aa^{-1} \equiv bb^{-1} \equiv cc^{-1} \equiv dd^{-1} \equiv A,$$

$$b^{f(x)}a(b^{-1})^{f(x)} \equiv d^{f(x)} c(d^{-1})^{f(x)} \quad (x = 0, 1, 2, \ldots).$$

Ist die Gesamtheit der Werte der Funktion f nicht rekursiv, so ist das Wortproblem von $\mathfrak{G}$ unlösbar (RABIN [85], HIGMAN [43]).

6. $\mathfrak{A}$ sei ein Gruppenkalkül mit erzeugenden Elementen $a_1, a_1^{-1}, \ldots, a_s, a_s^{-1}$ und einer unendlichen rekursiv aufzählbaren Menge definierender Relationen. Dann gibt es einen Gruppenkalkül $\mathfrak{B}$ mit den erzeugenden Elementen $a_1, a_1^{-1}, \ldots, a_s, a_s^{-1}$ und gewissen zusätzlichen erzeugenden Elementen $b_1, b_1^{-1}, \ldots, b_t, b_t^{-1}$, der eine endliche Anzahl definierender Relationen der Art hat, daß die Äquivalenz beliebiger zweier Worte im Alphabet $a_1, a_1^{-1}, \ldots, a_s, a_s^{-1}$ in der Gruppe $\mathfrak{A}$ gleichbedeutend ist mit der Äquivalenz dieser Worte in der Gruppe $\mathfrak{B}$ (d. h. $\mathfrak{A}$ ist Untergruppe der Gruppe $\mathfrak{B}$). Nehmen wir für $\mathfrak{A}$ die in der vorigen Übung konstruierte Gruppe und konstruieren wir dafür die Gruppe $\mathfrak{B}$, so erhalten wir einen Gruppenkalkül mit einer endlichen Anzahl definierender Relationen und unlösbarem Wortproblem (HIGMAN [43]).

7. $\mathfrak{A}$ sei ein freie Halbgruppe mit freien erzeugenden Elementen a, b, $\mathfrak{A}^2$ das Cartesische Quadrat von $\mathfrak{A}$, d. h. die Halbgruppe der nach dem Gesetz

$$(\mathfrak{a}, \mathfrak{b})(\mathfrak{c}, \mathfrak{d}) = (\mathfrak{a}\mathfrak{c}, \mathfrak{b}\mathfrak{d})$$

multiplizierten Paare $(\mathfrak{a}, \mathfrak{b})$ $(\mathfrak{a}, \mathfrak{b} \in \mathfrak{A})$.

16*

Die diagnonale Unterhalbgruppe ist die Gesamtheit der Paare der Gestalt $(\mathfrak{a}, \mathfrak{a})$. *Das allgemeine kombinatorische Problem von* POST: Gibt es einen Algorithmus, der für ein beliebiges endliches System von Paaren $(\mathfrak{a}_1, \mathfrak{b}_1)$, $(\mathfrak{a}_2, \mathfrak{b}_2)$, ..., $(\mathfrak{a}_t, \mathfrak{b}_t)$ zu entscheiden gestattet, ob der Durchschnitt der diagonalen Unterhalbgruppe mit der durch das gegebene System von Paaren erzeugten Unterhalbgruppe leer ist oder nicht.

Das eingeschränkte kombinatorische Problem von POST: Für eine fest gewählte natürliche Zahl $s > 0$ ist ein Algorithmus anzugeben, der für ein beliebiges aus s Paaren $(\mathfrak{a}_1, \mathfrak{b}_1)$, $(\mathfrak{a}_2, \mathfrak{b}_2)$, ..., $(\mathfrak{a}_s, \mathfrak{b}_s)$ bestehendes System zu entscheiden gestattet, ob der Durchschnitt der diagonalen Unterhalbgruppe mit der durch die erwähnten Paare erzeugten Unterhalbgruppe leer ist oder nicht.

Man zeige, daß das eingeschränkte Problem von POST (für große s) negativ gelöst wird (POST [78], MARKOV [61]).

8. In der Halbgruppe aller ganzzahligen Matrizen der 4.ten Ordnung gibt es eine endliche Anzahl von Matrizen der Art, daß die von ihnen erzeugte Unterhalbgruppe nicht rekursiv ist (A. A. MARKOV [62]).

9. Das direkte Produkt zweier freier Gruppen mit zwei erzeugenden Elementen enthält eine nicht rekursive Untergruppe mit einer endlichen Anzahl erzeugender Elemente. Hieraus folgt, daß die Gruppe ganzzahliger Matrizen 4.ter Ordnung mit Determinante 1 eine nicht rekursive Untergruppe mit einer endlichen Anzahl von erzeugenden Elementen enthält (K. A. MICHAÏLOVA [64]).

10. In § 13.2. wurde gezeigt, daß die elementare Theorie der Klasse aller Halbgruppen nicht rekursiv ist. In dem Buch von TARSKI, MOSTOWSKI und ROBINSON [108] und in dem zusammenfassenden Bericht von TAJMANOV, TAYZLIN, ERŠOV und LAVROV [31] werden eingehend die elementaren Theorien vieler wichtiger Klassen von Modellen und Algebren untersucht. Mehrere der hierhergehörenden Ergebnisse werden in dieser und den folgenden Übungen angegeben.

Man zeige, daß die elementare Theorie der Halbgruppe $\langle N; + \rangle$ rekursiv ist (PRESBURGER, s. [31]).

11. Die Gesamtheit aller wahren absolut abgeschlossenen Ausdrücke zweiter Stufe, die keine Funktionszeichen und an Prädikatensymbolen nur das Identitätszeichen und einstellige prädikative Symbole enthalten, ist rekursiv.

12. Die elementaren Theorien des Ringes $\langle C; +, \times \rangle$ aller reellen Zahlen und des Ringes aller komplexen Zahlen sind rekursiv (A. TARSKI [109]).

13. Die elementare Theorie des Ringes aller ganzen Zahlen ist nicht rekursiv.

14. Die elementare Theorie des Körpers aller rationalen Zahlen ist nicht rekursiv (Ju. ROBINSON).

15. Die elementaren Theorien aller metabelschen Gruppen und aller endlichen metabelschen Gruppen sind nicht lösbar (A. I. MALCEW [56]).

16. Die elementaren Theorien aller endlichen symmetrischen Gruppen und aller endlichen einfachen Gruppen sind nicht lösbar (YU. L. ERSOV [30]).

17. Man sagt, daß ein auf der Menge N der natürlichen Zahlen definiertes Prädikat $P(x_1, ..., x_n)$ zu der Klasse $\boldsymbol{P_s}$ der KLEENE-Hierarchie gehört, wenn man es in der Gestalt

$$P(\mathfrak{x}) \Leftrightarrow \forall \mathfrak{y}_1 \exists \mathfrak{y}_2 ... \forall \mathfrak{y}_{s-1} \exists \mathfrak{y}_s (F(\mathfrak{x}, \mathfrak{y}_1, ..., \mathfrak{y}_s) = 0) \ (s \text{ gerade})$$

oder entsprechend in der Gestalt

$$P(\mathfrak{x}) \Leftrightarrow \exists \mathfrak{y}_1 \forall \mathfrak{y}_2 ... \forall \mathfrak{y}_{s-1} \exists \mathfrak{y}_s (F(\mathfrak{x}, \mathfrak{y}_1, ..., \mathfrak{y}_s) = 0) \ (s \text{ ungerade})$$

darstellen kann, wobei $F(\mathfrak{x}, \mathfrak{y}_1, \ldots, \mathfrak{y}_s)$ eine geeignete allgemein rekursive Funktion ist. Das Prädikat gehört zur Klasse Q_s, wenn $\neg P$ zur Klasse P_s gehört. Schließlich sagt man, daß das Prädikat P zur Klasse R_s gehört, wenn P gleichzeitig zur Klasse P_s und zur Klasse Q_s gehört. Hieraus folgt, daß die Klasse P_1 mit der Klasse aller rekursiv aufzählbarer Prädikate und die Klasse R_1 mit der Klasse der rekursiven Prädikate zusammenfällt. Ferner ist

$$P_s \subset P_{s+1},\, P_s \subset Q_{s+1},\, Q_s \subset P_{s+1},\, Q_s \subset Q_{s+1}.$$

Mit Hilfe der Aufzählungsfunktionen C^n, C_{ni} zeigt man leicht, daß jedes Prädikat $P(\mathfrak{x})$ der Klasse P_s in der Form

$$P(\mathfrak{x}) \Leftrightarrow \forall y_1 \exists y_2 \ldots \forall y_{s-1} \exists y_s (F(\mathfrak{x}, y_1, \ldots, y_s) = 0)$$

(F ist eine allgemein rekursive Funktion) für gerade s und in analoger Form für ungerade s darstellbar ist.

18. Die Vereinigung der Klassen P_1, P_2, ... fällt mit der Klasse aller arithmetischen Prädikate zusammen.

19. Neben der KLEENE-Hierarchie betrachtet man manchmal auch die arithmetische Hierarchie. In der Tat sagt man, daß ein Ausdruck der Gestalt

$$(Q_1 \mathfrak{y}_1) \ldots (Q_s \mathfrak{y}_s)\, \mathfrak{A}(\mathfrak{x}, \mathfrak{y}_1, \ldots, \mathfrak{y}_s),$$

wobei die Symbole Q_i die Quantoren $\forall$, $\exists$ bezeichnen, $Q_i \neq Q_{i+1}$, $\mathfrak{y}_i = \langle y_{i_1}, \ldots, y_{im_i} \rangle$, $\mathfrak{A}$ ein arithmetischer Ausdruck ohne Quantoren ist und also aus Objektsymbolen 0, 1, x_1, ..., x_n, y_{ij}, den Funktionszeichen $+$, $\times$ und den logischen Symbolen $=$, $\&$, $\vee$, $\neg$ konstruiert, den Typ $Q_1 \cdots Q_s$ hat. Der Ausdruck

$$\forall x \forall y \exists u \forall v (x + y = 0 \vee (x + y)(u + v) \neq 0)$$

zum Beispiel hat den Typ $\forall \exists \forall$. Ein auf der natürlichen Zahlenreihe definiertes Prädikat $P(\mathfrak{x})$ heißt vom Typ $Q_1 \cdots Q_s$, wenn es einen arithmetischen Ausdruck $\mathfrak{A}(\mathfrak{x})$ des gegebenen Typs gibt, sodaß $P(\mathfrak{x}) \Leftrightarrow \mathfrak{A}(\mathfrak{x})$, wobei $\mathfrak{A}$ keine freien von x_1, ..., x_n verschiedenen Objektvariablen enthält. Jedes arithmetische Prädikat vom Typ $(\forall \exists)^s$ gehört zur Klasse P_{2s} der KLEENE-Hierarchie und analog gehören die arithmetischen Prädikate vom Typ $\exists (\forall \exists)^s$, $(\forall \exists)^s \forall$, $(\forall \exists)^s$ zu den Klassen P_{2s+1}, Q_{2s+1}, Q_{2s} respektive.

20. In § 16.2. wurde gezeigt, daß jedes rekursive Prädikat gleichzeitig die Typen $\forall \exists$ und $\exists \forall$ hat. Deshalb hat ein Prädikat der Klasse P_{2s} offensichtlich den Typ $(\forall \exists)^s \forall$.

21. Eine Menge M natürlicher Zahlen ist von einer gegebenen Klasse in der KLEENE-Hierarchie, wenn das entsprechende einstellige Prädikat von dieser Klasse ist. Analog wird auch der arithmetische Typ einer Menge definiert. Man zeige, daß die Menge der Indizes der *abgeschlossenen* wahren arithmetischen Ausdrücke vom Typ $(\forall \exists)^s$ von der Klasse P_{2s} ist, derjenigen vom Typ $(\exists \forall)^s$ von der Klasse Q_{2s} usw. Umgekehrt hat jede Menge der Klasse P_{2s} den Typ $(\forall \exists)^s \forall$ usw.

22. Gehörten für ein s alle Mengen der Klasse P_s zur Klasse Q_s oder alle Mengen der Klasse Q_s zur Klasse P_s, so würden, wie leicht zu sehen ist, alle höheren Klassen P_{s+1}, P_{s+2}, ... zusammenfallen und wäre also (s. vorige Übung) die Gesamtheit der Indizes aller wahren arithmetischen Ausdrücke arithmetisch. Somit ist für jedes s $P_s \not\subseteq Q_s$, $Q_s \not\subseteq P_s$ (Hierarchietheorem von KLEENE) s. zum Beispiel DAVIS [19], S. 156).

23. Durchschnitt und Vereinigung endlich vieler zu einer der Klassen P_s, Q_s, R_s gehörenden Mengen gehören zu derselben Klasse. Die Klasse einer Menge ändert sich nicht unter einer eineindeutigen rekursiven[1]) Abbildung der natürlichen Zahlenreihe auf sich selbst. Ist M_0 eine Menge gerader Zahlen, welche die Klasse P_s hat und nicht zur Klasse Q_s gehört, und ist M_1 eine Menge ungerader Zahlen, welche die Klasse Q_s hat und nicht zur Klasse P_s gehört, so gehört $M_0 \cup M_1$ zur Klasse R_{s+1}, aber nicht zu einer der Klassen P_s, Q_s.

24. Ist $P(x_1, \ldots, x_m)$ ein Prädikat einer der KLEENEschen Klassen und $f(x, \ldots, x_n)$ eine allgemein rekursive Funktion, so gehört das Prädikat $P(f(x_1, \ldots, x_n), x_2, \ldots, x_m)$ zu derselben Klasse wie auch P.

25. Die Klasse einer partiellen Funktion ist die Klasse ihres Graphen. Die Klasse eines Prädikats ist in der Klasse dessen charakteristischer Funktion enthalten. Ist ein Prädikat von der Klasse P_s oder der Klasse Q_s, so liegt die charakteristische Funktion dieses Prädikats in der Klasse R_{s+1}.

26. Man zeige die Formeln

$$(\exists x \leqq z) \, \forall y \, P(x, y, u) \Leftrightarrow \forall y (\exists x \leqq z) \, P(x, \Gamma(y, x), u),$$

$$(\forall x \leqq z) \, \exists y \, P(x, y, u) \Leftrightarrow \exists y \, (\forall x \leqq z) \, P(x, \Gamma(y, x), u),$$

wobei P ein beliebiges Prädikat und Γ die GÖDEL-Funktion ist.

27. Die Zusammensetzung überall definierter Funktionen der Klasse R_s gehört eben zur Klasse R_s.

28. Gehört eine Funktion $f(x, y, z)$ zur Klasse R_s und ist die Funktion $g(x, y) = \mu_z(f(x, y, z) = 0)$ überall definiert, so gehört auch die Funktion g zur Klasse R_s (s. die in Übung 26 angegebenen Formeln). Aus diesem Ergebnis und dem in der vorigen Übung angegebenen Ergebnis folgt das *Theorem von Post über die Quantorendarstellung*: Gehören die überall defierten Funktionen $f_1, \ldots, f_m$ zur Klasse R_s, so gehört jede bezügliche $f_1, \ldots, f_m$ rekursive überall definierte Funktion zu derselben Klasse R_s (S. KLEENE [50], S. 261).

29. Die charakteristische Funktion eines beliebigen Prädikats der Klasse R_{s+1} ist rekursiv bezüglich der charakteristischen Funktionen geeigneter Prädikate, welche die Klasse P_s und entsprechend Q_s haben.

30. $\mathfrak{A}$ sei ein abgeschlossener Ausdruck des Prädikatenkalküls der ersten Stufe, der in einem Modell mit unendlich vielen Elementen wahr ist und außer den logischen Symbolen (das Identitätszeichen eingeschlossen) nur noch die Prädikatensymbole $A_1, \ldots, A_m$ enthält. Dann gibt es über der Reihe N der natürlichen Zahlen Prädikate $A_1^0, \ldots, A_m^0$ der Klasse R_2 der Art, daß der Ausdruck $\mathfrak{A}$ im Modell $\langle N; A_1^0, \ldots, A_m^0 \rangle$ wahr ist (S. KLEENE [50]) S. 349).

31. Es gibt den Bedingungen der vorigen Übung genügende Ausdrücke $\mathfrak{A}$, die in jeder Algebra $\langle N, A_1^0, \ldots, A_m^0 \rangle$ falsch sind, deren Prädikate $A_1^0, \ldots, A_m^0$ zur Klasse $P_1 \cup Q_1$ gehören (A. MOSTOWSKI [66]).

---

[1]) im russischen Original fehlt hier versehentlich das Wort „rekursiv" (Anm. d. Übers.).

Kapitel IV

Varianten der Maschinen und Algorithmen von Turing und Post

In diesem Kapitel werden mehrere Algorithmenklassen betrachtet, die von der Klasse der durch TURING-Maschinen ausgeführten Algorithmen verschieden sind, dieser jedoch ziemlich nahestehen. In § 14 werden die normalen Algorithmen untersucht, die Operator-Algorithmen und die sogenannten POST-Produktionen und in § 15 Mehrband-TURING-Maschinen, 2-Band-Maschinen mit unveränderbaren Zuständen der Felder (MINSKY-Maschinen) und unter dem Namen TAG-Systeme bekannte POST-Produktionen spezieller Gestalt. Die angegebenen Algorithmenklassen finden sich besonders häufig in theoretischen Anwendungen, in denen nicht solche Algorithmen betrachtet werden sollen, die durch endliche Automaten realisierbar sind, welche letzteren im vorliegenden Buch nicht untersucht werden und Gegenstand einer besonderen Disziplin, der Theorie der endlichen Automaten, bilden.

§14. Normale Algorithmen und Operator-Algorithmen

Jeder Augenblickszustand einer TURING-Maschine wird natürlicherweise entweder durch ein Maschinenwort oder durch eine natürliche Zahl beschrieben, die Index des Maschinenwortes ist. Nach diesen Beschreibungen entspricht dem Übergang einer TURING-Maschine von einem Zustand in einen anderen eine wohlbestimmte Transformation des Maschinenwortes oder eine entsprechende Operation an einer Zahl. Eine Analyse der Worttransformationen führt unmittelbar zum Begriff des durch das Programm der oben in § 12.1. beschriebenen Substitutionen gegebenen Algorithmus und zu dem von A. A. MARKOV [61] eingeführten Begriff des normalen Algorithmus. Eine Analyse der Operationen über den Indizes von Maschinenworten führt unmittelbar zum Begriff des Operator-Algorithmus von HAO WANG [117]. Wir lassen der Darstellung all dieser Begriffe einige Bemerkungen über den noch allgemeineren Begriff des formalen Systems oder des formalen Kalküls vorangehen, der in der Logik und anderen Disziplinen eine wichtige Rolle spielt.

14.1. Formale Systeme. Post-Produktionen. Ein formales System wird vorgegeben durch sein Alphabet $C = \{c_1, c_2, \ldots, c_p\}$ und eine endliche Gesamtheit von „Schlußregeln" $P_1, P_2, \ldots, P_s$. Eine (n-stellige) Schlußregel P im Alphabet C

ist hier einfach eine beliebige *rekursive* Gesamtheit von n-Tupeln $(\mathfrak{x}_1, \ldots, \mathfrak{x}_n)$ von Worten im Alphabet C. Man gibt die Gesamtheit P gewöhnlich durch irgendeine „einfache" Regel an, welche zu wissen gestattet, ob ein beliebig gewähltes n-Tupel von Worten das angegebene Merkmal von P besitzt oder nicht.

Ein Wort $\mathfrak{x}$ heißt unmittelbare Folgerung aus einer Gesamtheit $\mathfrak{A}$ von Worten, symbolisch $\mathfrak{A} \vDash \mathfrak{x}$, wenn es möglich ist, eine Schlußregel P_i und Worte $\mathfrak{a}_1, \ldots, \mathfrak{a}_m$ in der Gesamtheit $\mathfrak{A}$ anzugeben der Art, daß die Folge $\langle \mathfrak{a}_1, \ldots, \mathfrak{a}_m, \mathfrak{x} \rangle$ zu P_i gehört.

Ein Wort $\mathfrak{x}$ heißt Folgerung aus einer Gesamtheit $\mathfrak{A}$ von Worten, symbolisch $\mathfrak{A} \vdash \mathfrak{x}$, wenn man eine derartige endliche Folge $\mathfrak{x}_1, \ldots, \mathfrak{x}_t$ von Worten angeben kann, daß

$$\mathfrak{A} \vDash \mathfrak{x}_1, \{\mathfrak{A}, \mathfrak{x}_1\} \vDash \mathfrak{x}_2, \ldots, \{\mathfrak{A}, \mathfrak{x}_1, \ldots, \mathfrak{x}_t\} \vDash \mathfrak{x}.$$

Zusätzlich setzt man fest, daß jedes Wort unmittelbare Folgerung von sich selbst ist. Somit ist $\mathfrak{A} \vDash \mathfrak{x}$, wenn $\mathfrak{x} \in \mathfrak{A}$.

Statt „$\mathfrak{x}$ ist eine Folgerung aus der Gesamtheit $\mathfrak{A}$" sagt man auch, daß $\mathfrak{x}$ (in einem gegebenen formalen System) *aus $\mathfrak{A}$ herleitbar* ist.

Aus der Definition der formalen Herleitbarkeit folgen unmittelbar die folgenden Eigenschaften der formalen Herleitbarkeit:

a) *Wenn $\mathfrak{A} \vdash \mathfrak{x}$ und $\mathfrak{A} \subseteq \mathfrak{B}$, dann $\mathfrak{B} \vdash \mathfrak{x}$.*

b) *Wenn $\mathfrak{A} \vdash \mathfrak{x}$ und $\{\mathfrak{A}, \mathfrak{x}\} \vdash \mathfrak{y}$, dann $\mathfrak{A} \vdash \mathfrak{y}$.*

c) *Ist ein Wort $\mathfrak{x}$ aus einer unendlichen Gesamtheit $\mathfrak{A}$ von Worten herleitbar, so ist $\mathfrak{x}$ aus einer gewissen endlichen Untergesamtheit der Gesamtheit $\mathfrak{A}$ herleitbar.*

Als Beispiel formaler Systeme können die in § 13.1. betrachteten assoziativen Kalküle dienen. $\mathfrak{C}$ sei ein assoziativer Kalkül mit dem Alphabet C und den definierenden Relationen $\mathfrak{a}_i \equiv \mathfrak{b}_i$ $(i = 1, 2, \ldots, l)$. Wir ordnen jeder Relation $\mathfrak{a}_i \equiv \mathfrak{b}_i$ zwei binäre Schlußregeln P_i und P_i' zu, indem wir $P_i(\mathfrak{x}, \mathfrak{y})$ als wahr setzen, wenn das Wort $\mathfrak{y}$ aus $\mathfrak{x}$ durch Substitution in $\mathfrak{x}$ des Wortes $\mathfrak{b}_i$ an der Stelle irgendeines Vorkommens von $\mathfrak{a}_i$ erhalten werden kann, und durch eine analoge Definition von $P_i'(\mathfrak{x}, \mathfrak{y})$. Es ist klar, daß in dem formalen System $\mathfrak{F}$ mit dem Alphabet C und den Schlußregeln P_i, P_i' $(i = 1, 2, \ldots, l)$ $\mathfrak{x} \vdash \mathfrak{y}$ genau dann, wenn in dem gegebenen assoziativen Kalkül $\mathfrak{x} \equiv \mathfrak{y}$.

$\mathfrak{A}$ sei eine Gesamtheit von Worten eines formalen Systems $\mathfrak{F}$. Jede endliche Kette $\langle \mathfrak{x}_0, \mathfrak{x}_1, \ldots, \mathfrak{x}_t \rangle$ von Worten aus $\mathfrak{F}$, welche die folgende Eigenschaft besitzt, heißt formaler Beweis auf der Grundlage von $\mathfrak{A}$:

für jedes $\mathfrak{x}_i, 0 \leq i \leq t$ ist entweder $\mathfrak{x}_i \in \mathfrak{A}$ oder $\{\mathfrak{x}_0, \mathfrak{x}_1, \ldots, \mathfrak{x}_{i-1}\} \vDash \mathfrak{x}_i$.

Das letzte Wort $\mathfrak{x}_t$ eines formalen Beweises heißt dessen *Behauptung*, und der gesamte formale Beweis $\langle \mathfrak{x}_0, \mathfrak{x}_1, \ldots, \mathfrak{x}_t \rangle$ heißt formale Herleitung von $\mathfrak{x}_t$ aus $\mathfrak{x}_0$ auf der Grundlage von $\mathfrak{A}$.

Theorem 1. *$\mathfrak{F}$ sei irgendein formales System und $\mathfrak{A}$ irgendeine rekursiv aufzählbare Menge von Worten in $\mathfrak{F}$. Dann ist auch die Gesamtheit aller formalen Beweise in $\mathfrak{F}$ auf der Grundlage von $\mathfrak{A}$ rekursiv aufzählbar.*

Wir nennen den Cantorschen Index der Zahlenfolge $\langle c(\mathfrak{x}_1), \ldots, c(\mathfrak{x}_n), n-1 \rangle$ Index des (beliebigen) n-Tupels $\langle \mathfrak{x}_1, \ldots, \mathfrak{x}_n \rangle$ von Worten, wobei $c(\mathfrak{x}_i)$ der lexikographische Index des Wortes $\mathfrak{x}_i$ ist. $\alpha(m)$ sei die Wortfolge, die den Index m hat. Nach Voraussetzung gibt es eine primitiv rekursive Funktion $\varphi(x)$ der Art, daß $\varphi(0)$, $\varphi(1), \ldots$ die lexikographischen Indizes aller Worte aus $\mathfrak{A}$ sind. Wir können für jede endliche Wortfolge $\langle \mathfrak{x}_0, \mathfrak{x}_1, \ldots, \mathfrak{x}_t \rangle$ das Problem lösen, ob diese Folge ein Beweis auf der Grundlage der Gesamtheit $\mathfrak{A}_u$ der Worte mit den Indizes $\varphi(0)$, $\varphi(1), \ldots, \varphi(u)$ ist oder nicht. Wir konstruieren jetzt eine Folge $\alpha(u_{00})$, $\alpha(u_{10}), \ldots$ von Beweisen mittels des folgenden Prozesses.

a) Setzen wir u_{00} gleich dem Index des Beweises $\langle \mathfrak{a}, \mathfrak{a} \rangle$, wobei $\mathfrak{a}$ das Wort mit Index $\varphi(0)$ ist.

b) Die Beweise

$$\alpha(u_{00}), \alpha(u_{10}), \ldots, \alpha(u_{1p_1}), \ldots, \alpha(u_{t0}). \ldots, \alpha(u_{tp_t}) \tag{1}$$

seien konstruiert. Aus der Folge der Wortketten $\alpha(0), \alpha(1), \ldots, \alpha(t+1)$ wählen wir diejenigen Ketten von Worten aus, die Beweis auf der Grundlage der Gesamtheit der Worte mit den Indizes $\varphi(0), \varphi(1), \ldots, \varphi(t+1)$ sind. Das seien die Beweise $\alpha(u_{t+10}), \ldots, \alpha(u_{t+1f_{t+1}})$. Wir schließen diese Beweise ebenfalls an die Beweise (1) an.

Es ist klar, daß die so konstruierte Folge von Beweisen alle Beweise auf der Grundlage von $\mathfrak{A}$ enthält. Die Glieder dieser Folge werden auf der Basis eines klaren Algorithmus konstruiert, und deshalb ist die Gesamtheit aller ihrer Glieder rekursiv aufzählbar.

Korollar. *In einem beliebigen formalen System $\mathfrak{F}$ ist die Gesamtheit aller aus einer beliebigen rekursiv aufzählbaren Wortmenge $\mathfrak{A}$ herleitbaren Worte rekursiv aufzählbar.*

In der Tat ist nach Theorem 1 die Gesamtheit aller Beweise auf der Grundlage von $\mathfrak{A}$ rekursiv aufzählbar. Aber dann ist die Gesamtheit aller Beweise, deren Anfangsworte sich in $\mathfrak{A}$ befinden, und die von uns benötigte Gesamtheit aller letzten Worte der mit einem Wort aus $\mathfrak{A}$ beginnenden Beweise rekursiv aufzählbar.

Oben wurde gezeigt, daß man assoziative Kalküle als formale Systeme einer bestimmten speziellen Gestalt betrachten kann. Wir beschreiben jetzt formale Systeme zweier weiterer spezieller Formen: Die manchmal Thue-Semisysteme oder Semi-Thue-Systeme genannten Ersetzungssysteme und die Produktionssysteme.

Systeme von Substitutionen (= Ersetzungssysteme) werden durch ein Alphabet $C = \{c_1, c_2, \ldots, c_p\}$ und Basissubstitutionen

$$\mathfrak{a}_i \to \mathfrak{b}_i \quad (i = 1, \ldots, l) \tag{2}$$

gegeben, wobei $\mathfrak{a}_i, \mathfrak{b}_i$ (möglicherweise auch leere) Worte im Alphabet C sind.

Wir werden jede Ersetzung $\mathfrak{a}_i \to \mathfrak{b}_i$ aus (2) als eine Schlußregel P_i auffassen, indem wir annehmen, daß $P_i(\mathfrak{x}, \mathfrak{y})$ wahr ist, wenn das Wort $\mathfrak{y}$ aus dem Wort $\mathfrak{x}$ durch eine Ersetzung in $\mathfrak{x}$ des Wortes $\mathfrak{b}_i$ an Stelle irgendeines Vorkommens des Wortes $\mathfrak{a}_i$ erhalten wird.

Hieraus wird unmittelbar offensichtlich, daß man einen assoziativen Kalkül mit dem Alphabet C und definierenden Relationen

$$\mathfrak{a}_i \equiv \mathfrak{b}_i \qquad (i = 1, \ldots, l)$$

als Ersetzungssystem mit den Basissubstitutionen

$$\mathfrak{a}_i \to \mathfrak{b}_i, \ \mathfrak{b}_i \to \mathfrak{a}_i$$

betrachten kann. Somit enthält das Ersetzungssystem (2) nur die „Hälfte" der Substitutionen, die in dem assoziativen Kalkül mit den entsprechenden definierenden Relationen enthalten sind.

Assoziative Kalküle heißen manchmal THUE-Systeme zu Ehren des norwegischen Mathematikers AXEL THUE, in dessen Arbeiten das Wortproblem in assoziativen Kalkülen anscheinend zum ersten Mal klar formuliert wurde. Das gab auch die Veranlassung, Ersetzungssysteme THUE-*Semisysteme* oder sogar Semi-THUE-Systeme zu nennen.

$\mathfrak{S}$ sei ein Ersetzungssystem mit Alphabet C und den Basissubstitutionen (2). Ein Wort $\mathfrak{a}$ im Alphabet $\mathfrak{F}$ heißt *Endwort im System* $\mathfrak{S}$, wenn keines der linken Worte $\mathfrak{a}_1, \ldots, \mathfrak{a}_l$ der Ersetzungen (2) in $\mathfrak{a}$ vorkommt. Man sagt, daß das System (2) ein Wort $\mathfrak{x}$ in ein Wort $\mathfrak{y}$ *verarbeitet*, wenn $\mathfrak{x} \vdash \mathfrak{y}$ und das Wort $\mathfrak{y}$ ein Endwort ist. Es kann vorkommen, daß für jedes Wort $\mathfrak{x}$ aus einer rekursiven Menge $\mathfrak{M}$ nicht mehr als ein der Relation $\mathfrak{x} \vdash \mathfrak{y}$ genügendes Endwort $\mathfrak{y}$ existiert. Dann erhalten wir durch Zuordnung des Wortes $\mathfrak{y}$ zum Wort $\mathfrak{x}$ eine partielle Funktion auf $\mathfrak{M}$, die durch das System $\mathfrak{S}$ berechenbare Funktion genannt wird. Da die Menge der Wortepaare $\langle \mathfrak{x}, \mathfrak{y} \rangle$, die der Beziehung $\mathfrak{x} \vdash \mathfrak{y}$ genügen, rekursiv aufzählbar und die Menge aller Endworte rekursiv ist, ist die erwähnte Funktion offensichtlich partiell rekursiv. Das einer TURING-Maschine entsprechende Programm von Substitutionen zeigt, daß man bei einer geeigneten Zahlkodierung eine beliebige partiell rekursive Funktion mit Hilfe von Ersetzungssystemen berechnen kann.

Ein *System von* POST-*Produktionen* wird durch sein Alphabet $C = \{c_1, \ldots, c_p\}$ und ein System von Basisproduktionen

$$\mathfrak{a}_i W \to W \mathfrak{b}_i \qquad (i = 1, \ldots, l) \tag{3}$$

gegeben, wobei $\mathfrak{a}_i$, $\mathfrak{b}_i$ irgendwelche Worte im Alphabet C sind. Ein gewisses Wort $\mathfrak{x}$ beginne mit dem Wort $\mathfrak{a}_i$. Über $\mathfrak{x}$ die Produktion $\mathfrak{a}_i W \to W \mathfrak{b}_i$ durchzuführen, bedeutet, den Abschnitt $\mathfrak{a}_i$ aus $\mathfrak{x}$ zu streichen und dann zu dem übriggebliebenden Wort das Wort $\mathfrak{b}_i$ von rechts hinzuzuschreiben. Führen wir zum Beispiel die Produktion $abW \to Wc$ über dem Wort aba durch, so erhalten wir das Wort ac.

Jedes System von Produktionen (3) wird gewöhnlich als formales System mit Schlußregeln P_i $(i = 1, ..., l)$ aufgefaßt, wobei $P_i(\mathfrak{x}, \mathfrak{y})$ als wahr angenommen wird, wenn man das Wort $\mathfrak{y}$ aus $\mathfrak{x}$ mit Hilfe der Produktion $a_i W \to W b_i$ enthält.

Das folgende einfache Theorem zeigt, daß man ein beliebiges Ersetzungssystem in ein System von Produktionen einbetten kann.

Theorem 2. *Gegeben sei ein Ersetzungssystem $\mathfrak{S}$ mit Basissubstitutionen* (2) *und dem Alphabet $C = \{c_1, ..., c_p\}$. Betrachten wir das neue Alphabet $D = \{c_1, ..., c_p, c_1', ..., c_p'\}$. a' bezeichne das Wort, das aus dem Wort a in C durch Ersetzung aller dessen Buchstaben durch die entsprechenden, mit einem Strich versehenen Buchstaben erhalten wird (zum Beispiel $(c_1 c_2)' = c_1' c_2'$). Bezeichnen wir durch $\mathfrak{P}$ das System von Produktionen mit dem Alphabet D und den Basisproduktionen*

$$a_i W \to W b_i' \quad (i = 1, ..., l),$$
$$c_j W \to W c_j',$$
$$c_j' W \to W c_j \quad (j = 1, ..., p). \qquad (4)$$

Für zwei beliebige Worte $\mathfrak{x}, \mathfrak{y}$ im Alphabet C ist die Beziehung $\mathfrak{x} \vdash \mathfrak{y}$ im Ersetzungssystem $\mathfrak{S}$ genau dann wahr, wenn sie im System von Produktionen $\mathfrak{P}$ wahr ist.

Es ist nämlich unmittelbar klar, daß man $\mathfrak{y}$ aus $\mathfrak{x}$ durch die Gesamtheit von Produktionen der Gestalt (4) erhalten kann, wenn das Wort $\mathfrak{y}$ in C aus dem Wort $\mathfrak{x}$ durch die Ersetzung $a_i \to b_i$ erhalten wird. Deshalb folgt aus $\mathfrak{x} \vdash \mathfrak{y}$ in $\mathfrak{S}$ $\mathfrak{x} \vdash \mathfrak{y}$ in $\mathfrak{P}$.

Es sei umgekehrt, daß wir für gewisse Worte $\mathfrak{x}, \mathfrak{y}$ im Alphabet C $\mathfrak{x} \vdash \mathfrak{y}$ in $\mathfrak{P}$ haben. Dann findet sich eine endliche Kette $\mathfrak{x}_1, \mathfrak{x}_2, ..., \mathfrak{x}_t$ von Worten im Alphabet D der Art, daß in der Kette

$$\mathfrak{x} = \mathfrak{x}_0, \mathfrak{x}_1, ..., \mathfrak{x}_t, \mathfrak{x}_{t+1} = \mathfrak{y}$$

jedes Wort $\mathfrak{x}_{i+1}$ aus dem vorhergehenden Wort $\mathfrak{x}_i$ mittels einer beliebigen der Produktionen (4) erhalten wird. Wir überzeugen uns zunächst durch Induktion nach i leicht, daß jedes Wort $\mathfrak{x}_i$ die Gestalt $\mathfrak{x}_i = \mathfrak{y}_i \mathfrak{z}_i'$ oder $\mathfrak{x}_i = \mathfrak{z}_i' \mathfrak{y}_i$ hat, wobei $\mathfrak{y}_i, \mathfrak{z}_i$ Worte im Alphabet C sind. Setzen wir $(\mathfrak{y} \mathfrak{z}')^* = (\mathfrak{y}' \mathfrak{z})^* = \mathfrak{z} \mathfrak{y}$. Beobachten wir die Produktionen (4), so sehen wir eben sofort ein, daß für jedes i entweder $(\mathfrak{x}_i)^* = (\mathfrak{x}_{i+1})^*$ ist oder $(\mathfrak{x}_{i+1})^*$ aus $(\mathfrak{x})^*$ durch eine der Substitutionen (2) erhalten wird, was auch gefordert war.

Korollar. *Es gibt ein System von Produktionen $\mathfrak{P}$, in dem die Gesamtheit aller aus einem geeigneten festen Wort a herleitbaren Worte nicht rekursiv ist.*

Es sei nämlich $A(\mathfrak{X})$ ein assoziativer Kalkül mit dem Alphabet $\{0, 1, q_0, q_1, ..., q_n, v\} = C$, in dem das Problem der Identität mit dem Wort $q_0 v$ unlösbar ist. Ein solcher Kalkül wurde in § 13.1. konstruiert. Bezeichnen wir durch $\mathfrak{P}$ das System von Produktionen mit dem Alphabet $D = \{0, 1, q_0, ..., q_n, v, 0', 1', q_0', ..., q_n', v'\}$, das durch den in Theorem 2 beschriebenen Prozeß aus dem assoziativen Kalkül gewonnen wird. Dann wird die Gesamtheit derjenigen Worte im Alphabet C, die aus dem Wort q_0v durch die Produktionen herleitbar sind, mit der Gesamtheit aller im Kalkül $A(\mathfrak{X})$ zum Wort q_0v äquivalenten Worte zusammenfallen. Da die letztere Gesamtheit nicht rekursiv ist, ist auch die Gesamtheit aller durch die Produktionen aus q_0v herleitbaren Worte im Alphabet D nicht rekursiv.

14.2. Normale Algorithmen. Halten wir irgendein Alphabet A fest und mögen die Symbole $\rightarrow$ und $\cdot$ in A nicht vorkommen. Mit A. A. MARKOV nennen wir Formeln der Gestalt

$$\mathfrak{a} \rightarrow \mathfrak{b}, \quad \mathfrak{a} \rightarrow \cdot \mathfrak{b} \tag{1}$$

für irgendwelche (möglicherweise auch leere) Worte $\mathfrak{a}$, $\mathfrak{b}$ im Alphabet A respektive *einfache* und *End-Substitutions*formeln. Das Wort $\mathfrak{a}$ heißt linkes und das Wort $\mathfrak{b}$ rechtes Wort der Formel.

Eine beliebige endliche Folge von Substitutionsformeln heißt *Schema*. Die folgende Vorschrift zur Verarbeitung von Worten im Alphabet A heißt ein *normaler Algorithmus mit dem gegebenen Schema* $\mathfrak{A}$ *im Alphabet* A.

Gegeben sei ein beliebiges Wort $\mathfrak{x}$ im Alphabet A. Wir setzen per definitionem $\mathfrak{x}_0 = \mathfrak{x}$ und sagen, daß das Wort $\mathfrak{x}_0$ nach Null Verarbeitungsschritten aus dem Wort $\mathfrak{x}$ erhalten wird. Für eine natürliche Zahl n sei uns das aus $\mathfrak{x}$ nach n Verarbeitungsschritten erhaltene Wort $\mathfrak{x}_n$ bereits bekannt. Dann wird der $n+1$-te Verarbeitungsschritt aus den folgenden Operationen bestehen. Wir suchen im Schema $\mathfrak{A}$ die erste der Substitutionsformeln (1), deren linkes Glied $\mathfrak{a}$ Unterwort des Wortes $\mathfrak{x}_n$ ist, und setzen dann in $\mathfrak{x}_n$ statt des ersten Vorkommens von $\mathfrak{a}$ das rechte Wort $\mathfrak{b}$ dieser Formel ein. Das als Ergebnis der Substitution entstandene Wort wird mit $\mathfrak{x}_{n+1}$ bezeichnet. War die für das Ergebnis $\mathfrak{x}_{n+1}$ benutzte Substitutionsformel einfach, so sagen wir, daß $\mathfrak{x}_{n+1}$ das aus $\mathfrak{x}_n$ nach $n+1$ Verarbeitungsschritten erhaltene Wort ist. War die angegebene Substitutionsformel jedoch Endformel, so heißt das Wort $\mathfrak{x}_{n+1}$ Substitutions*ergebnis* des Wortes $\mathfrak{x}$ mittels des Algorithmus $\mathfrak{A}$ und wird durch $\mathfrak{A}(\mathfrak{x})$ bezeichnet.

Es kann vorkommen, daß sich im Schema $\mathfrak{A}$ keine Substitutionsformel findet, deren linkes Wort als Unterwort im Wort $\mathfrak{x}_n$ vorkommt. Wir setzen in diesem Fall $\mathfrak{x}_{n+1} = \mathfrak{x}_n$ und sagen ebenfalls, daß $\mathfrak{x}_{n+1}$ Ergebnis der Verarbeitung des Wortes $\mathfrak{x}$ mittels des Algorithmus $\mathfrak{A}$ ist. Man sagt in den letzten beiden Fällen, daß der Verarbeitungsprozeß des Wortes nach dem $n+1$-ten Schritt *abbricht*. Bricht der Prozeß der Verarbeitung des Wortes $\mathfrak{x}$ nach keinem Schritt ab, so sagt man, daß das Ergebnis der Verarbeitung des Wortes $\mathfrak{x}$ mittels des Algorithmus *nicht definiert* ist. In diesem letzten Falle wird dem Symbol $\mathfrak{A}(\mathfrak{x})$ ein *nicht definierter* Wert zugeschrieben.

In den Substitutionsformeln (1) können die Worte $\mathfrak{a}$, $\mathfrak{b}$ leer sein. In diesem Zusammenhang entsteht die Frage, was es bedeutet, im gegebenen Wort $\mathfrak{x}$ statt des ersten Vorkommens in $\mathfrak{x}$ des leeren Wortes $\mathfrak{a} = \varLambda\,\mathfrak{b}$ einzusetzen. Man setzt per definitionen, daß das Wort $\mathfrak{b}\mathfrak{x}$ Ergebnis der angegebenen Substitution ist. Zum

Beispiel verarbeitet ein nur aus einer Formel $A \to \cdot\, \mathfrak{a}$ bestehender normaler Algorithmus $\mathfrak{A}$ jedes Wort $\mathfrak{x}$ in das Wort $\mathfrak{a}\mathfrak{x}$.

Oben wurde der Begriff des normalen Algorithmus im Alphabet A definiert. Ist ein Algorithmus $\mathfrak{A}$ in einer gewissen Erweiterung des Alphabets A gegeben, so sagt man, daß $\mathfrak{A}$ ein normaler Algorithmus *über* A ist. Eine im Alphabet A gegebene einstellige partielle Wortfunktion $F(\mathfrak{x})$ heißt *normal-berechenbar*, wenn es einen normalen Algorithmus $\mathfrak{A}$ über dem Alphabet A gibt, so daß die Gleichung $F(\mathfrak{x}) = \mathfrak{A}(\mathfrak{x})$ für jedes Wort $\mathfrak{x}$ im Alphabet A erfüllt ist.

Insbesondere berechnet der Algorithmus mit dem Schema $A \to \cdot\, A$ die Funktion $F(\mathfrak{x}) = \mathfrak{x}$ und der Algorithmus mit dem Schema $A \to A$ die nirgends definierte Funktion.

Als anschauliches Beispiel betrachten wir die durch die Formel $F(\mathfrak{x}) = \mathfrak{x}\mathfrak{a}$ gegebene Wortfunktion im Alphabet $0, 1$. $\mathfrak{A}$ sei der normale Algorithmus im umfassenderen Alphabet $\{0, 1, 2\}$, der das Schema

$$20 \to 02, \quad 21 \to 12, \quad 2 \to \cdot\, \mathfrak{a}, \quad A \to 2$$

hat.

Nehmen wir irgendein Wort im Alphabet $0, 1$, zum Beispiel das Wort $0110 = \mathfrak{x}$. Nach dem ersten Schritt erhalten wir das Wort 20110. Jeder folgende Verarbeitungsschritt verschiebt das Symbol 2 um eine Stelle nach rechts, und nach dem 5ten Schritt werden wir das Wort 01102 haben, welches nach Ausnutzung der Endformel das Wort $0110\mathfrak{a} = \mathfrak{x}\mathfrak{a}$ gibt.

Somit berechnet der Algorithmus *über* dem Alphabet $\{0, 1\}$ mit dem angegebenen Schema die im Alphabet $\{0, 1\}$ gegebene Funktion $\mathfrak{x}\mathfrak{a}$.

Wir betrachten keine komplizierteren Beispiele, weil man leicht das folgende allgemeine

Theorem 1 (DETLOVS [29]) herleitet. *Die Klasse der in einem beliebigen Alphabet A gegebenen normal-berechenbaren partiellen Funktionen fällt mit der Klasse aller einstelligen partiell rekursiven Wortfunktionen im Alphabet A zusammen.*

Für den Beweis genügt es, die Definition des normalen Algorithmus mit der Definition des Algorithmus nach TURING mittels eines Programms von Substitutionen zu vergleichen. Es sei in der Tat $F(\mathfrak{x})$ eine beliebige im Alphabet A gegebene partiell rekursive Wortfunktion. Nach § 12.3. gibt es eine TURING-Maschine $\mathfrak{T}$ mit äußerem Alphabet a_0, A (a_0 ist ein neues, in A nicht vorkommendes Symbol), die die Funktion $F(\mathfrak{x})$ berechnet.

$q_0, q_1, \ldots, q_n$ seien die inneren Zustände von $\mathfrak{T}$ und $\mathfrak{P}$ das Programm der Substitutionen für $\mathfrak{T}$. Ersetzen wir die in $\mathfrak{P}$ vorkommenden Ausdrücke der Gestalt $q_i a_j \to q_0 a_k$ durh die Ausdrücke $q_i a_j \to \cdot\, q_0 a_k$, so erhalten wir ein Schema eines normalen Algorithmus $\mathfrak{A}$ im Alphabet $\{a_0, A, q_0, \ldots, q_n\}$. Vergleichen wir die Beschreibung der Arbeit der Maschine $\mathfrak{T}$ und die durch den Algorithmus $\mathfrak{A}$ vorgeschriebenen Operationen, so sehen wir unmittelbar, daß für jedes Wort $\mathfrak{x}$ im Alphabet A $\mathfrak{P}(\mathfrak{x}) = \mathfrak{A}(\mathfrak{x})$. Somit ist jede partiell rekursive Wortfunktion normal-berechenbar.

Sei umgekehrt ein normaler Algorithmus mit dem Schema $\mathfrak{A}$ im Alphabet A gegeben. Das Symbol q_0 komme in A nicht vor. Ersetzen wir die Punkte in den Formeln von $\mathfrak{A}$ durch das Symbol q_0 und fügen wir am Anfang die Formel $q_0 \to q_0$ und am Ende die Formel $\Lambda \to q_0$ hinzu, so erhalten wir ein Programm von Substitutionen (im Sinne von § 12.2.). In § 12.2. wurde gezeigt, daß die im Alphabet A gegebene und mit Hilfe des angegebenen Programms von Substitutionen berechenbare partielle Wortfunktion $F(\mathfrak{x})$ partiell rekursiv ist. Da klar ist, daß die Funktionen $F(\mathfrak{x})$ und $\mathfrak{A}(\mathfrak{x})$ zusammenfallen, kommen wir zu der Schlußfolgerung, daß jede normal-berechenbare Funktion partiell rekursiv ist.

14.3. Operator-Algorithmen. Ein Operator-Algorithmus ist gegeben durch eine Folge von Befehlen, jeder von denen eine wohlbestimmten Nummer hat und die Angabe enthält, welche Operation über dem gegebenen Objekt ausgeführt werden soll und welches die Nummer des Befehls ist, der fernerhin über dem Ergebnis der gegebenen Operation ausgeführt werden soll. Als Objekt werden wir die natürlichen Zahlen nehmen und Befehle der Gestalt

$$i: \boxed{\;w\;|\;\alpha\;|\;\beta\;} \tag{1}$$

betrachten, wobei i die Nummer des Befehls ist, w Symbol einer festen einstelligen partiellen Funktion, α, β Nummern gewisser Befehle. Den Befehl (1) über einer Zahl x auszuführen bedeutet, die Zahl $w(x)$ zu finden und dann zur Ausführung des Befehls mit der Nummer α über $w(x)$ überzugehen. Wenn jedoch $w(x)$ nicht definiert ist, so ist zur Ausführung des Befehls mit der Nummer β über der Zahl x überzugehen. Zum Beispiel erhalten wir nach Ausführung des Befehls

$$i: \boxed{\;:6\;|\;7\;|\;13\;}$$

über der Zahl 24 die Zahl 4 und die Anweisung, weiterhin über der Zahl 4 den Befehl mit der Nummer 7 auszuführen. Nach Ausführung des erwähnten Befehls über der Zahl 23 erhalten wir jedoch wieder die Zahl 23 und die Anweisung, über 23 den Befehl mit der Nummer 13 auszuführen.

Außer Befehlen der Gestalt (1) benötigt man noch den Befehl

$$i: \boxed{\;\text{stop}\;}, \tag{2}$$

welcher bedeutet, daß die Berechnung stoppen soll und daß die Zahl, über welcher der Befehl (2) auszuführen ist, *Ergebnis* der Berechnung ist.

Wir werden das Ausführungsergebnis eines Befehls (1) über einer Zahl x als Paar (z, γ) darstellen, wobei z die erhaltene Zahl und γ die Nummer des Befehls ist, der weiterhin über z ausgeführt werden muß.

Das Programm eines Operator-Algorithmus ist eine Folge von Befehlen der Gestalt

$$0: \boxed{\text{stop}}, \quad 1: \boxed{w_1 \mid \alpha_1 \mid \beta_1}, \ldots, \quad s: \boxed{w_s \mid \alpha_s \mid \beta_s} \tag{3}$$

mit gegebenen partiellen Funktionen $w_1(x), \ldots, w_s(x)$ und irgendwelchen natürlichen Zahlen $\alpha_1, \beta_1, \ldots, \alpha_s, \beta_s$ aus der Folge $0, 1, \ldots, s$.

Gegeben sei eine beliebige Zahl x. x nach dem angegebenen Programm zu verarbeiten, bedeutet, über x die Folge der folgenden Operationen auszuführen:

1ter Schritt: Wir machen $w_1(x)$ ausfindig. Ist $w_1(x)$ definiert, so wird das Zahlenpaar $(w_1(x), \alpha_1)$ Ergebnis des ersten Schrittes. Ist $w_1(x)$ nicht definiert, so wird das Paar (x, β_1) Ergebnis des ersten Schrittes.

2ter Schritt: Das Paar (x_1, γ) sei das Ergebnis des vorigen Schrittes. Wir führen über x_1 den Befehl mit der Nummer γ aus dem Programm (3) aus, d. h., wir machen $w_\gamma(x_1)$ ausfindig. Ist $w_\gamma(x_1)$ definiert, so wird das Paar $(w_\gamma(x_1), \alpha_\gamma)$ Ergebnis des zweiten Schrittes. Ist $w_\gamma(x_1)$ jedoch nicht definiert, so wird das Paar (x_1, β_γ) Ergebnis des zweiten Schrittes usw.

Erhalten wir im n-ten Schritt ein Paar der Gestalt $(a, 0)$, so bricht nach Definition der Prozeß ab und heißt die Zahl a *Ergebnis der Verarbeitung* der ursprünglichen Zahl x nach dem Programm (3). Entsteht jedoch bei keinem Schritt ein Paar der Gestalt $(a, 0)$, so wird das Ergebnis der Verarbeitung von x ein „nicht definierter Wert".

Wir geben im folgenden dem Befehl „Stop" immer die Nummer 0 und dem Anfangsbefehl die Nummer 1. Die übrigen Befehle werden wir manchmal nicht nur mit natürlichen Zahlen abzählen, sondern auch mit Zahlenpaaren und mit Symbolen irgendeines Alphabets. Wichtig ist nur eins: Enthält ein Programm einen Befehl

$$\boxed{w \mid \alpha \mid \beta},$$

so muß es auch Befehle mit den Nummern α, β enthalten. Ist im erwähnten Befehl die Funktion w überall definiert, so zeigt das Symbol β auf den Gang der Berechnung keinen Einfluß und wird deshalb gewöhnlich nicht angegeben. Dann schreibt man auch so:

$$\boxed{n \mid \alpha}.$$

Man sagt, daß ein Operator-Algorithmus A mit dem Programm (3) eine partielle Funktion $f(x)$ bearbeitet, wenn der Algorithmus A jede natürliche Zahl x in $f(x)$ verarbeitet. Insbesondere muß der Verarbeitungsprozeß von x nach dem Programm (3) unendlich sein, wenn $f(x)$ nicht definiert ist.

Die Natur der mittels Operator-Algorithmen berechenbaren Funktionen hängt natürlich davon ab, welche Funktionen w_i beim Ausschreiben der Befehle vorkommen. Eine einfacher Sachverhalt in dieser Richtung ist das

Theorem 1. *Für die Berechenbarkeit einer partiellen Funktion $f(x)$ mit Hilfe eines Operator-Algorithmus, dessen Programm (3) nur partiell rekursive Funktionen $w_i(x)$ mit rekursivem Definitionsbereich enthält, ist es notwendig und hinreichend, daß $f(x)$ partiell rekursiv ist.*

Die Notwendigkeit der Bedingungen ist offensichtlich, und wir beschränken uns auf den Beweis nur ihrer Hinlänglichkeit. Es ist klar, daß der Algorithmus mit dem Programm

$$0: \boxed{\text{stop}}\ ;\quad 1: \boxed{\ +2\ \vert\ 1\ \vert\ }$$

die nirgends definierte Funktion $f(x)$ berechnet.

Die partiell rekursive Funktion $f(x)$ habe einen nicht leeren Graph. Dann kann man diesen Graph in der Form der Gesamtheit von Paaren $\langle \alpha(t), \beta(t) \rangle$ $(t = 0, 1, \ldots)$ mit geeigneten primitiv rekursiven Funktionen α, β darstellen. Bezeichnen wir durch $v(x)$ den Ausdruck 2^x und führen wir eine partielle Funktion $w(x)$ durch die Festsetzung

$$w(x) = \begin{cases} 3x, & \text{falls } ex_0 x \neq \alpha(ex_1 x)\,, \\ \text{nicht def.,} & \text{falls } ex_0 x = (ex_1 x) \end{cases}$$

ein.

Die Funktion $w(x)$ ist partiell rekursiv mit rekursivem Definitionsbereich. Man überzeugt sich leicht, daß der Operator-Algorithmus mit dem Programm

$$0: \boxed{\text{stop}}\ ;\quad 1: \boxed{\ v\ \vert\ 2\ }\ ;\quad 2: \boxed{\ w\ \vert\ 2\ \vert\ 3\ }\ ;$$

$$3: \boxed{\ ex_1\ \vert\ 4\ }\ ;\quad 4: \boxed{\ \beta\ \vert\ 0\ }$$

gerade die Funktion $f(x)$ berechnet. Nach Ausführung des Befehls (1) über einer beliebigen Zahl x erhalten wir nämlich das Paar $(2^x, 2)$. Wenn $x \neq \alpha(0)$, so erhalten wir nach Ausführung des Befehls 2 über 2^x das Paar $(2^x \cdot 3^1, 2)$. Wenn $x \neq \alpha(1)$, so erhalten wir nach Ausführung des Befehls 2 über $2^x \cdot 3^1$ das Paar $(2^x \cdot 3^2, 2)$ usw. Der Prozeß wird fortgesetzt, bis schließlich das Paar $(2^x \cdot 3^n, 2)$ erreicht wird, für das $x = \alpha(n)$ ist. Da $w(2^x \cdot 3^n)$ nicht definiert ist, muß man jetzt über der Zahl $2^x \cdot 3^n$ den Befehl 3 ausführen, als dessen Ergebnis wir das Paar $(n, 4)$ erhalten. Nach Ausführung des Befehls 4 über n erhalten wir das Paar $(\beta(n), 0)$. Da $x = \alpha(n)$, ist dann $\beta(n) = f(x)$, und also verarbeitet der Algorithmus x in $f(x)$, was auch verlangt war.

Das oben konstruierte Programm zur Berechnung der Funktion $f(x)$ erwies sich als ziemlich trivial infolge der Tatsache, daß der Vorrat der in den Befehlen zulässigen Funktionen sehr groß war. Natürlich ist es um so schwieriger, das erforderliche Programm zu konstruieren, je enger dieser Vorrat ist. Deshalb ist das folgende Theorem, dessen Maschineninterpretation wir in § 15.2. weiter untersuchen, von unzweifelhaftem Interesse.

Theorem 2 (MINSKY [65]). *Zu jeder partiell rekursiven Funktion $f(x)$ gibt es einen Operator-Algorithmus, dessen Programm aus Befehlen der Gestalt*

$$\boxed{\text{stop}}, \qquad \boxed{\times \mid \alpha \mid \quad}, \qquad \boxed{:d \mid \alpha \mid \beta} \tag{4}$$

$$(c = 2, 3, 5; d = 2 \cdot 3 \cdot 5)$$

besteht, die für beliebiges x 2^x in $2^{f(x)}$ verarbeiten.

Mit anderen Worten ist eine beliebige partiell rekursive Funktion $f(x)$ mit Hilfe eines geeigneten Algorithmus, dessen Programm aus Befehlen der Gestalt (4) besteht, unter der Voraussetzung berechenbar, daß Argumente- und Funktions·werte durch die Zahlen 2^x, $2^{f(x)}$ kodiert werden. Aus dem Beweis des Theorems wird offenkundig, daß man in der Formulierung des Theorems die Zahlen 3, 5 durch beliebige andere gegenseitig teilerfremde ungerade Zahlen ersetzen kann.

Wir zeigen zunächst, wie man zu einer beliebigen TURING-Maschine $\mathfrak{T}$ mit äußerem Alphabet 0, 1 ein Programm eines Operator-Algorithmus konstruieren kann, der grob gesprochen dieselbe Arbeit ausführt wie die Maschine $\mathfrak{T}$. Wir können voraussetzen, daß die Maschine $\mathfrak{T}$ während des Arbeitsprozesses das Band nicht von links anbaut. $q_0, q_1, \ldots, q_n$ seien die inneren Zustände der Maschine $\mathfrak{T}$. Ein Augenblickszustand der gesamten Maschine wird durch ein Maschinenwort

$$\mathfrak{x} = b_r b_{r-1} \cdots b_0 q_i a_0 a_1 \cdots a_s \quad (b_\lambda, a_\mu = 0, 1) \tag{5}$$

beschrieben, das wir durch das Zahlenpaar $(2^a \cdot 3^b, i)$ zu kodieren vereinbaren, wobei

$$a = a_0 + a_1 \cdot 2 + \cdots + a_s \cdot 2^s,$$
$$b = b_0 + b_1 \cdot 2 + \cdots + b_r \cdot 2^r. \tag{6}$$

Die Maschine $\mathfrak{T}$ geht in Abhängigkeit von i und a_0 aus der Konfiguration $\mathfrak{x}$ in die Konfiguration $\mathfrak{x}^1$ über. Nehmen wir an, die Konfiguration $\mathfrak{x}^1$ wird durch das Paar $(2^c \cdot 3^d, j)$ kodiert. Die Zahl $2^c \cdot 3^d$ hängt von den Zahlen $2^a \cdot 3^b$, i, a_0 und die Zahl j von i und a_0 ab. Deshalb setzen wir $j = h(i, a_0)$.

Die Zahl a_0 selbst ist jedoch eine Funktion der Zahl $z = 2^a \cdot 3^b$:

$$a_0 = \begin{cases} 0, & \text{falls } ex_0 z \text{ gerade,} \\ 1, & \text{falls } ex_0 z \text{ ungerade.} \end{cases}$$

Also werden c und d von $z = 2^a \cdot 3^b$ und i abhängen, und wir können für jedes $i = 1, \ldots, n$ zwei partielle Funktionen w_{i0}, w_{i1} einführen durch die definitorische

Festsetzung

$$w_{i0}(z) = \begin{cases} 2^c \cdot 3^d, & \text{falls } ex_0 z \text{ gerade,} \\ \text{undef.,} & \text{falls } ex_0 z \text{ ungerade,} \end{cases}$$

$$w_{i1}(z) = \begin{cases} 2^c \cdot 3^d, & \text{falls } ex_0 z \text{ ungerade,} \\ \text{undef.,} & \text{falls } ex_0 z \text{ gerade.} \end{cases} \tag{7}$$

Betrachten wir den Operator-Algorithmus A mit dem Programm

$$0 : \boxed{\text{stop}}$$

$$1 : \boxed{w_{10} \mid h(1,0) \mid 1^*} \qquad 1^* : \boxed{w_{11} \mid h(1,1) \mid } \tag{8}$$

$$\cdot\ \cdot\ \cdot\ \cdot\ \cdot\ \cdot\ \cdot\ \cdot\ \cdot\ \cdot\ \cdot\ \cdot\ \cdot\ \cdot\ \cdot\ \cdot\ \cdot\ \cdot$$

$$n : \boxed{w_{n0} \mid h(n,0) \mid n^*} \qquad n^* : \boxed{w_{n1} \mid h(n,1)}$$

Das Befehlspaar

$$i : \boxed{w_{i0} \mid h(i,0) \mid i^*} \ ; \quad i^* \boxed{w_{i1} \mid h(i,1) \mid }$$

führt das oben angegebene der Konfiguration $\mathfrak{x}$ entsprechende Zahlenpaar $(2^a \cdot 3^b, i)$ in das der Konfiguration $\mathfrak{x}^1$ entsprechende Zahlenpaar $(2^c \cdot 3^d, j)$ über. Verarbeitet insbesondere die Maschine $\mathfrak{T}$ irgendeine Anfangskonfiguration

$$b_r b_{r-1} \cdots b_0 q_1 a_0 a_1 \cdots a_s \tag{9}$$

in eine Endkonfiguration

$$d_u d_{u-1} \cdots d_0 q_0 c_0 c_1 \cdots c_v, \tag{10}$$

so verarbeitet der Algorithmus A mit dem Programm (8) die Zahl $2^a \cdot 3^b$ in die Zahl $2^c \cdot 3^d$, wobei a, b durch die Formeln (6) ausgedrückt und c, d nach denselben Formeln für (10) berechnet werden.

Die Befehle von Programm (8) enthalten kompliziertere Funktionen als die in Theorem 2 angegebenen. Unsere Aufgabe besteht darin, jeden Befehl aus Programm (8) durch eine Reihe von Befehlen der Gestalt (4) zu ersetzen.

Betrachten wir den Befehl $i : \boxed{w_{i0} \mid j \mid i^*}$. Uns ist ein Zahlenpaar $(2^a \cdot 3^b, i)$ angegeben, das eine Konfiguration (5) der Maschine $\mathfrak{T}$ kodiert. Wir müssen in Übereinstimmung mit Formel (7) zuallererst wissen, ob a gerade ist oder nicht. Dazu schreiben wir die Reihe von Befehlen

$$i: \boxed{\;:4\;|\;i.1\;|\;i.2\;}\;;\quad i.1: \boxed{\;\times 5\;|\;i\;|\;}\;;\quad i.2: \boxed{\;:2\;|\;i.3\;|\;i.4\;}$$

Das Paar $(2^a \cdot 3^b,\, i)$ wird als Ergebnis dieser Befehle in das Paar $\left(3^b \cdot 5^{\frac{a-1}{2}}\;i.3\right)$ transformiert, wenn a ungerade ist, und in das Paar $\left(3^b \cdot 5^{\frac{a}{2}}, i.4\right)$, wenn a gerade ist. Im ersten Fall müssen wir weiter übergehen zum Paar $(2^a \cdot 3^b, i^*)$. Offensichtlich erreichen wir das durch die Befehle

$$i.3: \boxed{\;:5\;|\;i.5\;|\;i.6\;}\;;\quad i.5: \boxed{\;\times 4\;|\;i.3\;}\;;\quad i.6: \boxed{\;\times 2\;|\;i^*\;}\,.$$

Im zweiten Fall müssen wir vom Paar $\left(3^b \cdot 5^{\frac{a}{2}}, i.4\right)$ zum Paar $(2^c \cdot 3^d, j)$ übergehen, welches das unmittelbar auf $\mathfrak{x}$ folgende Maschinenwort $\mathfrak{x}^1$ kodiert. Um $\mathfrak{x}^1$ zu finden, müssen wir uns an das Programm der Maschine $\mathfrak{T}$ wenden. Da das betrachtete Feld a_0 sich im Zustand 0 befindet, betrachten wir denjenigen der Befehle

$$q_i 0 \to q_j e, \quad q_i 0 \to q_j L, \quad q_i 0 \to q_j R,$$

der im Programm von $\mathfrak{T}$ enthalten ist. Dies sei zum Beispiel der Befehl $q_i 0 \to q_j R$. Dann ist

$$\mathfrak{x}^1 = b_r b_{r-1} \cdots b_0 0 q_j a_1 \cdots a_s$$

und ist das kodierende Paar das Paar $\left(2^{\frac{a}{2}} \cdot 3^{2b},\, j\right)$.

Um vom Paar $\left(3^b \cdot 5^{\frac{a}{2}}, i.4\right)$ zu diesem Paar überzugehen, schreiben wir die Befehle

$$i.4: \boxed{\;:5\;|\;i.7\;|\;i.8\;}\;;\quad i.7: \boxed{\;\times 2\;|\;i.4\;}\,,$$

als deren Ergebnis wir aus dem Paar $\left(3^b \cdot 5^{\frac{a}{2}}, i.4\right)$ das Paar $\left(2^{\frac{a}{2}} \cdot 3^b, i.8\right)$ erhalten. Durch die Befehle

$$i.8: \boxed{\;:3\;|\;i.9\;|\;i.10\;}\;;\quad i.9: \boxed{\;\times 5\;|\;i.8\;}$$

führen wir das Paar $\left(2^{\frac{a}{2}} \cdot 3^b, i.8\right)$ in das Paar $\left(2^{\frac{a}{2}} \cdot 5^b, i.10\right)$ über. Dann führen wir durch die Befehle

$$i.10: \boxed{\;:5\;|\;i.11\;|\;j\;}\;;\quad i.11: \boxed{\;\times 9\;|\;i.10\;}$$

das Paar $\left(2^{\frac{a}{2}} \cdot 5^b,\; i.10\right)$ in das verlangte Paar $\left(2^{\frac{a}{2}} \cdot 3^{2b},\, j\right)$ über.

17*

Wir haben also für den Fall, daß die Maschine $\mathfrak{T}$ den Befehl $q_i0 \to q_jR$ ausführt, gezeigt, wie man eine zum ursprünglichen Befehl i äquivalente Reihe neuer Befehle $i, i.\,1, \ldots, i.\,11$ konstruiert. Es ist klar, daß man mit derselben Methode auch in denjenigen Fällen entsprechende Reihen von Befehlen konstruieren kann, in denen die Maschine statt des Befehls $q_i0 \to q_jR$ einen Befehl $q_i0 \to q_jL$ oder einen Befehl $q_i0 \to q_je$ ausführt.

Schließlich wird mit derselben Methode auch eine Reihe neuer Befehle konstruiert, die den alten Befehl mit der Nummer i^* ersetzt.

Unter den neuen Befehlen finden sich noch Befehle, die nicht die von Theorem 2 geforderte Gestalt haben. Es ist jedoch leicht, diesem Mangel abzuhelfen.

Ein Befehl $\gamma: \boxed{\times\,9\;\mid\;\alpha}$ zum Beispiel ist äquivalent zum Paar

$$\gamma: \boxed{\times\,3\;\mid\;\gamma^*}\;; \qquad \gamma^* \boxed{\times\,3\;\mid\;\alpha}$$

von Befehlen und ein Befehl der Gestalt $\gamma: \boxed{:2\;\mid\;\alpha\;\mid\;\beta}$ äquivalent zu den Befehlen

$$\gamma: \boxed{\times\,3\;\mid\;\gamma.\,0}\;; \qquad \gamma.\,0: \boxed{\times\,5\;\mid\;\gamma.\,1}\;; \qquad \gamma.\,1: \boxed{:30\;\mid\;\alpha\;\mid\;\gamma.\,2}\;;$$

$$\gamma.\,2: \boxed{\times\,2\;\mid\;\gamma.\,3}\;; \qquad \gamma.\,3: \boxed{:30\;\mid\;\beta}\;,$$

die bereits die in Theorem 2 geforderte Standardform haben. Ebenso verhält es sich auch mit den Befehlen

$$\boxed{\times\,4\;\mid\;\alpha}\;, \qquad \boxed{:5\;\mid\;\alpha\;\mid\;\beta}\;, \qquad \boxed{:3\;\mid\;\alpha\;\mid\;\beta}\;.$$

Nach allen angegebenen Ersetzungen erhalten wir einen Operator-Algorithmus B, dessen Programm aus Befehlen der von Theorem 2 geforderten Gestalt besteht. Nach Konstruktion ist klar, daß der neue Algorithmus B die gleichen wesentlichen Eigenschaften besitzt wie auch der Algorithmus A, denn wenn die Maschine $\mathfrak{T}$ aus irgendeiner Anfangkonfiguration (9) nach einer endlichen Anzahl von Arbeitstakten zu einer Endkonfiguration (10) übergeht, dann verarbeitet der Algorithmus B die Zahl $2^a \cdot 3^b$ in die Zahl $2^c \cdot 3^d$.

Es sei uns jetzt irgendeine partiell rekursive Funktion $f(x)$ vorgegeben. Wir konstruieren in Übereinstimmung mit § 12.3. eine TURING-Maschine $\mathfrak{T}$, die das äußere Alphabet 0, 1 hat und ein Maschinenwort q_101^x in das Wort $q_001^{f(x)}$ verarbeitet. Bezeichnen wir mit B den Operator-Algorithmus, der der Maschine $\mathfrak{T}$ entspricht und ein Programm der Gestalt (4) hat. Da die erwähnten Maschinenworte durch die Paare

$$(2^{2^{x+1}-2},\,1),\ (2^{2^{f(x)+1}-2},\,0)$$

kodiert werden, verarbeitet der Algorithmus $\boldsymbol{B}$ dann eine Zahl $2^{2^{x+1}-2}$ in die Zahl $2^{2^{f(x)+1}-2}$. Wir verändern den Algorithmus $\boldsymbol{B}$ zunächst so, daß er 2^{2^x} in $2^{2^{f(x)}}$ überführt.

Es ist leicht zu sehen, daß der Algorithmus $\boldsymbol{C}$ mit dem Programm

$$1:\boxed{:2\ \vert\ 2\ \vert\ 3}\ ;\quad 2:\boxed{\times 3\ \vert\ 1}\ ;\quad 3:\boxed{:3\ \vert\ 4\ \vert\ 5}$$

$$4:\boxed{\times 4\ \vert\ 3}\ ;\quad 5:\boxed{:4\ \vert\ 0}$$

eine Zahl 2^{2^x} in die Zahl $2^{2^{x+1}-2}$ verarbeitet und daß der Algorithmus $\boldsymbol{D}$ mit dem Programm

$$1:\boxed{\times 4\ \vert\ 2}\ ;\quad 2:\boxed{:4\ \vert\ 3\ \vert\ 4}\ ;\quad 3:\boxed{\times 3\ \vert\ 2}\ ;$$

$$4:\boxed{:3\ \vert\ 5\ \vert\ 0}\ ;\quad 5:\boxed{\times 2\ \vert\ 4}$$

$2^{2^{x+1}-2}$ in 2^{2^x} verarbeitet. Somit verarbeitet der Algorithmus $\boldsymbol{CBD}$ 2^{2^x} in $2^{2^{f(x)}}$.

Es bleibt uns, die Programme der Algorithmen zu konstruieren die 2^x in 2^{2^x} und entsprechend 2^{2^x} in 2^x verarbeiten. Die Befehle

$$1:\boxed{:2\ \vert\ 2\ \vert\ 3}\ ;\quad 2:\boxed{\times 5\ \vert\ 1}\ ;\quad 3:\boxed{\times 2\ \vert\ 4}$$

führen ein Paar $(2^x, 1)$ in das Paar $(2 \cdot 5^x, 4)$ über, und die Befehle

$$4:\boxed{:5\ \vert\ 5\ \vert\ 0}\ ;\quad 5:\boxed{:2\ \vert\ 6\ \vert\ 7}\ ;\quad 6:\boxed{\times 3\ \vert\ 5}\ ;$$

$$7:\boxed{:3\ \vert\ 8\ \vert\ 4}\ ;\quad 8:\boxed{\times 4\ \vert\ 7}$$

führen $(2 \cdot 5^x, 4)$ zuerst in das Paar $(2^2 \cdot 5^{x-1}, 4)$, dann in das Paar $(2^{2 \cdot 2} \cdot 5^{x-2}, 4)$ über, und nach x Zyklen erhalten wir das geforderte Paar $(2^{2^x}, 0)$.

Ist andererseits ein Paar $(2^{2^x}, 1)$ gegeben, so führen die Befehle

$$1:\boxed{:4\ \vert\ 2\ \vert\ 7}\ ;\quad 2:\boxed{\times 20\ \vert\ 3}\ ;$$

$$3:\boxed{:4\ \vert\ 4\ \vert\ 5}\ ;\quad 4:\boxed{\times 3\ \vert\ 3}$$

das angegebene Paar in $(3^{2^{x-1}} \cdot 5, 5)$ über und führen die Befehle

$$5:\boxed{:3\ \vert\ 6\ \vert\ 1}\ ;\quad 6:\boxed{\times 2\ \vert\ 5}$$

das Paar $(3^{2^{x-1}} \cdot 5,5)$ in das Paar $(2^{2^{x-1}} \cdot 5,1)$ über. Wenden wir auf das letzte Paar wieder den ganzen Zyklus der Transformationen 1—6 an, so erhalten wir das Paar $(2^{2^{x-2}} \cdot 5^2,1)$ usw. Nach Ausschöpfung aller Quadrupel erhalten wir das Paar $(2 \cdot 5^x, 7)$, welches die Befehle

$$7: \boxed{\quad :5 \mid 8 \mid 9 \quad}; \quad 8: \boxed{\quad :2 \mid 7 \quad}; \quad 9: \boxed{\quad :2 \mid 0 \quad}$$

in das endgültige Paar $(2^x, 0)$ verarbeiten.

Transformieren wir also zunächst 2^x in 2^{2^x} dann 2^{2^x} in $2^{2^{f(x)}}$ und schließlich $2^{2^{f(x)}}$ in $2^{f(x)}$, so erhalten wir einen Operator-Algorithmus mit einem Programm der Gestalt (4), der 2^x in $2^{f(x)}$ transformiert.

Theorem 2 ist gezeigt. Die darin angegebene Kodierung der Werte x und $f(x)$ in der Form 2^x und $2^{f(x)}$ ist in einem bestimmten Sinne unvermeidbar, weil Ja. M. Bardzin [5] zum Beispiel gezeigt hat, daß ein Operator-Algorithmus mit einem Programm der Gestalt (4), der x in x^2 verarbeiten würde, nicht möglich ist. Wollen wir deshalb Operator-Algorithmen haben, die für eine beliebige partiell rekursive Funktion x in $f(x)$ verarbeiten, so müssen wir an die Liste (4) von Befehlen andere Befehle anschließen. Insbesondere folgt aus Theorem 2 unmittelbar, daß *es zu jeder partiell rekursiven Funktion $f(x)$ einen Operator-Algorithmus gibt, der x in $f(x)$ verarbeitet und dessen Programm nur aus Befehlen der Gestalt (4) und den Befehlen* $\boxed{2^x \mid \alpha}$, $\boxed{ex_0 \mid \alpha}$ *besteht.*

Nach Theorem 2 gibt es nämlich einen Operator-Algorithmus mit einem Programm

$$0: \boxed{\text{stop}}; \quad 1: \boxed{\quad}; \ldots; \quad s: \boxed{\quad}$$

von Befehlen der Form (4), der 2^x in $2^{f(x)}$ verarbeitet. Dann verarbeitet die Reihe von Befehlen

$$0': \boxed{\text{stop}}; \quad 1': \boxed{2^x \mid 1}; \quad 1: \boxed{\quad}; \ldots;$$

$$s: \boxed{\quad}; \quad 0: \boxed{ex_0 \mid 0'}$$

x in $f(x)$.

Es ist leicht, den Begriff des Operator-Algorithmus zu verallgemeinern. Man kann zum Beispiel Befehle der Gestalt

$$\boxed{w \mid \varphi \mid \psi}$$

betrachten, welche bedeuten, daß man ausgehend von einer Zahl x $w(x)$ herausfinden und dann dazu übergehen soll, über der Zahl $w(x)$ den Befehl mit der Nummer $\varphi(x)$ auszuführen, wenn $w(x)$ definiert ist, und dazu übergehen, über x den Befehl mit der Nummer $\psi(x)$ auszuführen, wenn $w(x)$ nicht definiert ist. Man zeigt jedoch für alle diese Verallgemeinerungen leicht, daß die Klasse der berechenbaren Funktionen mit der Klasse der partiell rekursiven Funktionen in Übereinstimmung bleibt.

Eine sehr interessante Klasse von Algorithmen, die Graphen verarbeiten, wurde von A. N. KOLMOGOROV und V. A. USPENSKIĬ [51] definiert und untersucht. Wie die Autoren schreiben, wurden diese Algorithmen bei dem Versuch gewonnen, in einer abstrakten Definition die größte Anzahl von Zügen nachzubilden, die für die Arbeit einer nach einem ihr gegebenen Programm arbeitenden Rechenmaschine charakteristisch ist. Die Klasse der mit Hilfe von KOLMOGOROV-USPENSKIĬ-Algorithmen berechenbaren Funktionen erweist sich wieder als identisch mit der Klasse aller partiell rekursiven Funktionen.

Ergänzungen und Beispiele

1. In § 14 wurde erwähnt, daß jede in einem Alphabet A definierte partiell rekursive Wortfunktion $F(\mathfrak{x})$ mit Hilfe eines normalen Algorithmus in einer geeigneten Erweiterung des Alphabets A berechenbar ist. Man zeige, daß $F(\mathfrak{x})$ bereits mit Hilfe eines normalen Algorithmus im Alphabet $\{a_0, A\}$ berechenbar ist, welches sich von A nur durch einen zusätzlichen Buchstaben a_0, $a_0 \notin A$ unterscheidet (A. A. MARKOV [61], N. M. NAGORNYJ [71]).

2. Es ist nicht möglich, einen normalen Algorithmus im Alphabet A zu definieren, welcher ein beliebiges Wort $\mathfrak{x}$ im Alphabet A in seine Verdoppelung $\mathfrak{xx}$ verarbeitet (N. M. NAGORNYJ [71]).

3. Welche Funktionen sind durch Operator-Algorithmen berechenbar, deren Programme nur Befehle der Gestalt

$$\boxed{+1\ \vert\ \alpha}\ , \qquad \boxed{-1\ \vert\ \alpha\ \vert\ \beta}$$

und den Stop-Befehl enthalten?

4. Nach Theorem 2 aus § 14.2. gibt es zu jeder partiell rekursiven Funktion $f(x)$ einen Operator-Algorithmus, der 2^x in $2^{f(x)}$ verarbeitet, wobei das Programm dieses Algorithmus nur aus Befehlen der im Theorem angegebenen besonderen Form besteht. Man zeige, daß kein Algorithmus dieses Typs x in x^2 verarbeiten kann (Ja. M. BARDZIN [5]).

5. Man zeige, daß jede partiell rekursive Funktion mit Hilfe eines Operator-Algorithmus berechenbar ist, dessen Programm aus Befehlen der Gestalt

$$\boxed{+1\ \vert\ \alpha}\ , \qquad \boxed{\times c\ \vert\ \alpha}\ , \qquad \boxed{q\ \vert\ \alpha}\ , \qquad \boxed{:c\ \vert\ \alpha\ \vert\ \beta}$$

mit $q(x) = x - \left[\sqrt{x}\right]^2$ und dem Stop-Befehl besteht.

§ 15. Mehrbandmaschinen und Tag-Systeme

Im Unterschied zu den oben untersuchten TURING-Maschinen mit einem Band werden in diesem Paragraphen TURING-Maschinen mit mehreren Bändern eingeführt. Es ist leicht, zu zeigen, daß die Klasse der auf Mehrbandmaschinen berechenbaren Funktionen genau mit der Klasse der rekursiven Funktionen zusammenfällt. Dies ist eine neue Bestätigung der These von CHURCH. Unter den Mehrbandmaschinen bilden diejenigen Maschinen eine interessante Klasse, die die Zuständer der Bandfelder nicht ändern. Die Elemente der Theorie dieser Maschinen werden in der ersten Hälfte dieses Paragraphen dargelegt.

In der zweiten Hälfte des Paragraphen werden die Eigenschaften einer weiteren speziellen Klasse von Algorithmen betrachtet, die von E. POST unter dem Namen Systeme von Produktionen eingeführt wurden. Es wird gezeigt, daß sogar die auf eine besondere Weise definierten *homogenen* Systeme von Produktionen ausreichen, um mit ihrer Hilfe die Werte einer beliebigen partiell rekursiven Funktion berechnen zu können.

15.1. Allgemeine Mehrbandmaschinen. Eine k-Band-TURING-Maschine besteht aus einem mechanischen Apparat (Automaten) A und k in Felder aufgeteilten Bändern (Fig. 3). Jedes Feld kann sich in einem Zustand aus einer fest gewählten

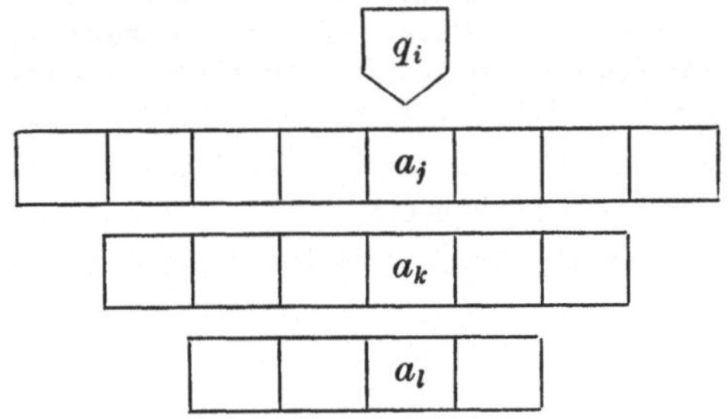

Fig. 3

endlichen Zustandsmenge befinden. Wir vereinbaren, diese möglichen Zustände durch die Symbole $a_0, a_1, \ldots, a_m$ zu bezeichnen, deren Gesamtheit wir das äußere Alphabet der Maschine nennen werden. Wie früher heißen Felder im Zustand a_0 *leer*. Nach Voraussetzung befindet sich der Automat A zu jedem Zeitpunkt in einem Zustand aus einer endlichen Menge von Zuständen $q_0, q_1, \ldots, q_n$. Die Zustände q_1 und q_0 heißen respektive *Anfangs-* und *Endzustand*. Die Maschine arbeitet in diskreter Zeit, so daß man vom „Zustand der Maschine", „Zustand des Automaten", „Zustand der Bandfelder" zum Zeitpunkt $t = 0$, zum Zeitpunkt $t = 1$ usw. sprechen kann. Es wird angenommen, daß die Maschine zu jedem Zeitpunkt ein Feld jedes Bandes betrachtet. Nach Definition wird der Zustand (die Konfiguration) einer Maschine als gegeben angenommen, wenn der Zustand q_i, in dem der Automat A sich befindet, bekannt ist und die Zustände aller Felder, aller Bänder und die Stellungen der von der Maschine betrachteten Felder angegeben sind. Auf diese Weise wird die Konfiguration einer Maschine vollständig beschrieben durch ein System von k Maschinenworten — je ein Wort für jedes

Band — der Gestalt

$$a_{i_{11}} \cdots a_{i_{1s}} q_i a_{i_{1s+1}} \cdots a_{i_{1t}},$$

$$\cdots \cdots \cdots \cdots \cdots \cdots \tag{1}$$

$$a_{i_{k1}} \cdots a_{i_{ku}} q_i a_{i_{ku+1}} \cdots a_{i_{kv}}$$

Die Maschine $\mathfrak{T}$ geht in Abhängigkeit vom inneren Zustand q_i des Automaten A und den Zuständen $a_{i_{1s+1}}, \ldots, a_{i_{ku+1}}$ der zum gegebenen Zeitpunkt betrachteten Felder mittels Operationen der folgenden Art in die Folgekonfiguration über: a) die Maschine ersetzt den Zustand jedes betrachteten Feldes durch einen neuen Zustand (der mit dem alten übereinstimmen kann); b) die Maschine verschiebt jedes Band um ein Feld nach links, nach rechts oder läßt es unbewegt; c) die Maschine führt den inneren Zustand q_i des Automaten A in einen neuen Zustand q_j über. Es wird angenommen, daß die Maschine $\mathfrak{T}$ stoppt und daß sich die Konfiguration in den Folgezeitpunkten nicht verändert, wenn der Automat A zu irgendeinem Zeitpunkt den Endzustand q_0 erreicht.

Man sagt, daß die Maschine $\mathfrak{T}$ den Befehl

$$q_i a_{\alpha_1} \cdots a_{\alpha_k} \to q_j a_{\beta_1} T_{\gamma_1} \cdots \alpha_{\beta_k} T_{\gamma_k} \qquad (\gamma_1, \ldots, \gamma_k = -1, 0, 1) \tag{2}$$

ausführt (oder ausführen kann), wenn die Maschine $\mathfrak{T}$ im inneren Zustand q_i und bei Betrachtung der Felder in den Zuständen $a_{\alpha_1}, \ldots, a_{\alpha_k}$ q_i durch q_j und die angegebenen Zustände durch die Zustände $a_{\beta_1}, \ldots, a_{\beta_k}$ ersetzt, wonach sie die Bänder in die Richtungen $T_{\gamma_1}, \ldots, T_{\gamma_k}$ respektive bewegt (T_{-1}, T_1, T_0 bezeichnen Bewegung um ein Feld nach links, nach rechts und Unbewegtlassen des Bandes respektive). Wie im Fall von Einbandmaschinen wird angenommen, daß die Maschine in den erforderlichen Fällen vor den Bewegungen an die Bänder leere Felder anbauen kann.

Das Programm einer Maschine anzugeben bedeutet, für jedes Wort

$$q_i a_{\alpha_1} \cdots a_{\alpha_k} \qquad (i = 1, \ldots, n; \alpha_1, \ldots, \alpha_k = 0, 1, \ldots, m)$$

einen Befehl der Gestalt (2) zu geben.

Es ist klar, daß wir bei Kenntnis des Programms einer Maschine $\mathfrak{T}$ mittels einer Reihe der angegebenen Operationen für eine beliebige Konfiguration (1) der Maschine $\mathfrak{T}$ zu einem gegebenen Zeitpunkt ihre Konfiguration zu irgendwelchen nachfolgenden Zeitpunkten berechnen können. Mit anderen Worten definiert jede k-Band-TURING-Maschine einen Algorithmus zur Verarbeitung von Maschinenwortsystemen der Gestalt (1).

Es sei $f(x_1, \ldots, x_s)$ irgendeine partielle Funktion von s Variablen. Wir sagen, daß f auf einer $(s + k)$-Band-TURING-Maschine $\mathfrak{T}$ mit äußerem Alphabet $0, 1, a_2, \ldots, a_m$ normal berechenbar ist, wenn die Maschine $\mathfrak{T}$ für beliebige natürliche Zahlen $n_1, \ldots, n_s$ bei Arbeitsbeginn in der Konfiguration $10^{n_1-1} q_1 0, \ldots, 10^{n_s-1} q_1 0, q_1 1, \ldots,$

$q_1 1$ $(10^{-1} q\alpha = q1\alpha)$ nach Ablauf einer endlichen Zeit in die Konfiguration

$$10^{f(n_1,\ldots,n_s)-1}q_0 0 \ldots 0, q_0 10 \cdots 0, \ldots, q_0 10 \ldots 0$$

übergeht unter der Voraussetzung, daß $f(n_1, \ldots, n_s)$ definiert ist, und daß sie im entgegengesetzten Fall unendlich lange arbeitet, d. h. daß sie nicht in den inneren Zustand q_0 übergeht. Wir können hier wie auch im Fall einer 1-Band-Maschine voraussetzen, daß die Maschine im Verlaufe der gesamten Arbeit von links keine Felder an irgendeines der Bänder anbaut.

Theorem 1. *Für die Berechenbarkeit einer partiellen Funktion $f(x_1, \ldots, x_s)$ auf einer $(s + k)$-Band-*Turing-*Maschine mit äußerem Alphabet $0, 1, a_2, \ldots, a_m$ (m ist eine beliebige natürliche Zahl) ist eine notwendige und hinreichende Bedingung, daß f partiell rekursiv ist.*

Wir werden den Beweis dieses Theorems nicht ausführlich vorführen. Wir bemerken lediglich, daß die Berechenbarkeit einer partiell rekursiven Funktion auf einer $(s + k)$-Band-Maschine eine direkte Folge der Berechenbarkeit dieser Funktionen auf einer 1-Band-Maschine ist, und die umgekehrte Behauptung ist eine unmittelbare Folge des Satzes über die partielle Rekursivität der mit Hilfe eines normalen Algorithmus berechenbaren Funktionen (§ 14.2.).

15.2. Minsky-Maschinen. Die Fähigkeit, die Zustände der Felder eines Bandes zu verändern, ist eine wesentliche Eigenschaft einer Turing-Maschine. Für Mehrbandmaschinen hört diese Fähigkeit jedoch auf, notwendig zu sein. Von Lambek [53] wurde nämlich gezeigt, daß jede partiell rekursive Funktion berechenbar ist auf einer Maschine mit einer hinreichenden Anzahl von Bändern derart, daß die Maschine die Zustände der Felder der Bänder nicht verändert und keine Felder von links anbaut. Fast gleichzeitig zeigte Minsky [65], daß 2-Band-Maschinen dies ohne die Zustände der Felder zu verändern und ohne von links Felder anzubauen unter der Bedingung tun können, daß die Argumente- und Funktionswerte durch Potenzen von 2 kodiert werden, wie das in Theorem 2 aus § 14.3. gemacht worden ist.

Wir nennen Mehrbandmaschinen, bei denen die Bänder nicht von links angebaut werden, alle Bandfelder mit Ausnahme der linksäußersten stets leer und die Zustände der linksäußersten Felder konstant sind, Minsky-Maschinen. Das äußere Alphabet dieser Maschinen wird als aus den Symbolen 0, 1 bestehend angenommen, wobei 0 das Symbol des leeren Zustands ist und alle linksäußersten Felder im Zustand 1 auftreten.

Es genügt für eine vollständige Beschreibung einer Minsky-Maschine, die Gesamtheit aller ihrer inneren Zustände und das Programm der Maschine anzugeben, d. h. eine Gesamtheit von Befehlen der Gestalt

$$q_i a_1 \cdots a_s \to q_\alpha T_{\alpha_1} \cdots T_{\alpha_s}$$

$$(i = 1, \ldots, n;\ a_\lambda = 0, 1;\ \alpha = 0, 1, \ldots, n;\ \alpha_\lambda = 0, 1, -1), \tag{1}$$

die die Maschine durchzuführen in der Lage ist. Da 1 der Zustand der linksäußersten Felder ist, muß

$$a_\lambda \neq -1 \tag{2}$$

aus $a_\lambda = 1$ in den Befehlen (1) folgen. Die Freiheit bei der Angabe von Befehlen (1) ist somit durch diese Bedingung eingeschränkt.

Theorem 1. *Zu jeder partiell rekursiven Funktion $f(x)$ gibt es eine 3-Band-Minsky-Maschine, die diese Funktion berechnet, d. h. die von einer Konfiguration $10^{x-1} q_1 0, q_1 1, q_1 1$ in die Konfiguration $10^{f(x)-1} q_0 0, q_0 1, q_0 1$ übergeht, wenn $f(x)$ definiert ist, und unendlich lange arbeitet, wenn $f(x)$ nicht definiert ist.*

Wir kommen überein, durch das Zahlenquadrupel $(a, b, c; i)$ diejenige Konfiguration einer 3-Band-Minsky-Maschine darzustellen, die durch die Maschinenworte $10^{a-1} q_i 0$, $10^{b-1} q_i 0$, $10^{c-1} q_i 0$ chrakterisiert wird. Wir rufen in Erinnerung, daß $10^{-1} q_i 0$ das Wort $q_i 10$ ist. Somit sind die Zahlen a, b, c einfach gleich den Längen der links von den durch die Maschine betrachteten Feldern auftretenden Bandabschnitte und ist i die Nummer (oder das Symbol) des inneren Zustands der Maschine.

Nach Theorem 2 aus § 14.3. gibt es einen Operator-Algorithmus A, der 2^x in $2^{f(x)}$ verarbeitet und ein Programm der Gestalt

$$0: \boxed{\text{stop}}\,; \quad 1: \boxed{\zeta_1 \mid \alpha_1 \mid \beta_1}\,; \quad \ldots; \quad n: \boxed{\zeta_n \mid \alpha_n \mid \beta_n} \tag{2}$$

hat, wobei ζ_i eine der Operationen $\times 2$, $\times 3$, $\times 5$, $:30$ bezeichnet. Alle diese Operationen verarbeiten Zahlen der Gestalt $2^a 3^b 5^c$ in Zahlen der gleichen Gestalt. Beginnen wir also eine Zahl 2^x nach dem Programm (2) zu verarbeiten, so erhalten wir nach dem k-ten Schritt der Berechnungen (s. § 14.3.) ein Paar der Gestalt $(2^a \cdot 3^b \cdot 5^c, i)$, wobei $2^a \cdot 3^b \cdot 5^c$ die in diesem Augenblick erreichte Zahl und i die Nummer desjenigen Befehls im Programm (2) ist, der weiterhin über der Zahl $2^a \cdot 3^b \cdot 5^c$ ausgeführt werden muß.

Wir assoziieren zu einem Paar $(2^a \cdot 3^b \cdot 5^c, i)$ die Konfiguration $(a, b, c; i)$ einer 3-Band-Minsky-Maschine mit den inneren Zuständen $q_0, q_1, \ldots, q_n$. Es bleibt uns das Programm (1) der Maschine M so auszuwählen, daß die Bedingung erfüllt wird: *Wenn der Algorithmus A ein Paar $(2^a \cdot 3^b \cdot 5^c, i)$ in ein Paar $(2^u \cdot 3^v \cdot 5^w, j)$ überführt, dann muß die Maschine M von der Konfiguration $(a, b, c; i)$ in die Konfiguration $(u, v, w; j)$ übergehen.*

Dieses Ziel wird offensichtlich erreicht, wenn wir in der folgenden Weise vorgehen:

a) Ist $\zeta_i = :30$, so führen wir in das Programm von M die Befehle

$$q_i 000 \to q_{\alpha_i} T_{-1} T_{-1} T_{-1}\,,$$
$$q_i abc \to q_{\beta_i} T_0 T_0 T_0 \qquad (a + b + c \neq 0)$$

ein.[1]

---

[1] Im russ. Text steht hier $T_1 T_1 T_1$ statt $T_{-1} T_{-1} T_{-1}$ (Anm. d. Übers.)

b) Ist $\zeta_i = \times 2$, so führen wir in das Programm von M die Befehle

$$q_i abc \to q_{\alpha_i} T_1 T_0 T_0 \qquad (a, b, c = 0, 1)$$

ein.

c) Ist $\zeta_i = \times 3$, so führen wir die Befehle

$$q_i abc \to q_{\alpha_i} T_0 T_1 T_0$$

ein.

d) Ist $\zeta_i = \times 5$, so führen wir die Befehle

$$q_i abc \to q_{\alpha_i} T_0 T_0 T_1$$

ein.

Da der Algorithmus A ein Paar $(2^x, 1)$ in das Paar $(2^{f(x)}, 0)$ verarbeitet, geht die Maschine M mit den Befehlen a)—d) von der Konfiguration $(x, 0, 0; 1)$ in die Konfiguration $(f(x), 0, 0; 0)$ über, was auch verlangt war.

Wir betrachten nun in mehr Detail die *2-Band*-MINSKY-Maschinen. Seien q_0, q_1, ..., q_n die inneren Zustände irgendeiner 2-Band-MINSKY-Maschine M. Dann genügt es für eine vollständige Bestimmung der Maschine M, ihr aus Bedingung (2) genügenden Befehlen der Gestalt

$$q_i ab \to q_\alpha T_\beta T_\gamma$$

bestehendes Programm anzugeben.

Bei weitem nicht alle partiell rekursiven Funktionen sind im oben angegebenen Sinne auf 2-Band-MINSKY-Maschinen berechenbar. Es gibt zum Beispiel keine 2-Band-MINSKY-Maschine, die x in x^2 verarbeitet (s. JA. M. BARDZIN [5]). Wenn die Argumente- und Funktionswerte in Potenzen von zwei kodiert werden, ist die Berechenbarkeit der partiell rekursiven Funktionen hingegen zurückgewonnen.

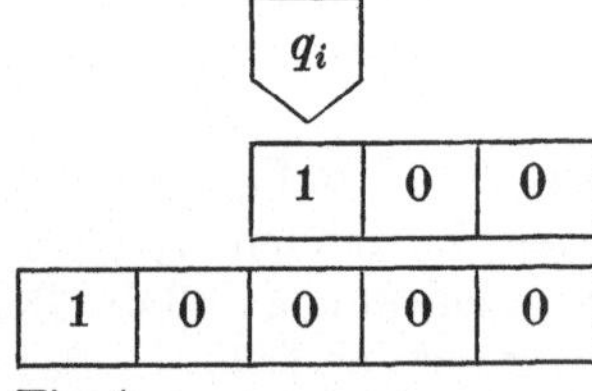

Fig. 4

Theorem 2. (MINSKY [65]). *Zu jeder partiell rekursiven Funktion $f(x)$ gibt es eine 2-Band-MINSKY-Maschine, die für beliebige natürliche Zahlen x die Zahl 2^x in die Zahl $2^{f(x)}$ verarbeitet, wenn $f(x)$ definiert ist, und die ohne in den inneren Endzustand q_0 überzugehen unendlich lange arbeitet, wenn $f(x)$ nicht definiert ist.*

Der Kürze halber vereinbaren wir, durch das Tripel $(a, b; q_i)$ diejenige Konfiguration der MINSKY-Maschine zu bezeichnen, für die q_i der innere Zustand der Maschine ist und a, b die Abstände der von der Maschine betrachteten Felder

---

¹) Im russ. Original steht in b), c), d) resp. $T_{-1} T_0 T_0$, $T_0 T_{-1} T_0$, $T_0 T_0 T_{-1}$, statt $T_1 T_0 T_0$, $T_0 T_1 T_0$, $T_0 T_0 T_1$ (Anm. d. Übers.).

von den Enden des ersten und respektive zweiten Bandes sind. $(0, 2; q_i)$ zum Beispiel ist die durch das Maschinenwort q_i1, $10q_i0$ bestimmte und in Fig. 4 herausgestellte Konfiguration. Wir bezeichnen durch die Formel $(a, b; q_i) \vdash (c, d; q_j)$ die Behauptung, daß die Maschine bei Arbeitsbeginn in der Konfiguration $(a, b; q_i)$ nach einer endlichen Anzahl von Arbeitstakten die Konfiguration $(c, d; q_j)$ erreicht. Geht die Maschine unmittelbar von der Konfiguration $(a, b; q_i)$ zur Konfiguration $(c, d; q_j)$ über, so schreiben wir

$$(a, b; q_i) \to (c, d; q_j). \tag{3}$$

Wie bereits gesagt bedeutet eine Minsky-Maschine zu definieren, ihr Programm anzugeben. Wir schreiben jedoch, statt die das Programm der Maschine bildenden Befehle anzugeben, die von der Maschine ausgeführten Transformationen (3). In diesem Zusammenhang müssen wir die folgenden Umstände im Auge halten. Nehmen wir zum Beispiel an, es sei anzugeben, daß die Maschine die Transformationen

$$(2, 5; q_i) \to (1, b; q_l) \tag{4}$$

ausführt. Daraus folgt, daß die Maschine den Befehl

$$q_i00 \to q_jT_{-1}T_1$$

ausführt[1]), und also haben wir für beliebige positive a, b

$$(a, b; q_i) \to (a - 1, b + 1; q_j) \tag{5}$$

Gleichzeitig sagt die Anwesenheit der Transformationen (4) im Maschinenprogramm noch nichts darüber aus, wohin die Konfigurationen $(0, b; q_i)$ oder die Konfigurationen $(b, 0; q_i)$, $(0, 0; q_i)$ mit $b > 0$ übergehen. Deshalb können wir bei Hinzunahme der Transformationen (4) zum Maschinenprogramm keine den Transformationen (5) widersprechenden Transformationen zum Programm hinzunehmen, aber wir können noch beliebig Transformationen

$$(0, b; q_i) \to (u, v; q_\alpha) \qquad (u = 0, 1; \quad v = b, b \pm 1),$$
$$(b, 0; q_i) \to (u_1, v_1; q_\beta) \qquad (v_1 = 0, 1; \quad u_1 = b, b \pm 1),$$
$$(0, 0; q_i) \to (u_2, v_2; q_\gamma) \qquad (u_2, v_2 = 0, 1)$$

hinzunehmen.

Für jede partiell rekursive Funktion $f(x)$ müssen wir das Programm einer Minsky-Maschine angeben, die 2^x in $2^{f(x)}$ verarbeitet. Das unten folgende Lemma reduziert dieses Problem auf zwei einfache Spezialfälle.

Lemma 1. *Ein Operator-Algorithmus A mit dem Programm*

$$0: \boxed{\text{stop}}; \quad 1: \boxed{\ \zeta_1\ |\ \alpha_1\ |\ \beta_1\ }; \ \ldots; \quad s: \boxed{\ \zeta_s\ |\ \alpha_s\ |\ \beta_s\ } \tag{6}$$

---

[2]) Im russ. Original steht hier $q_jT_1T_{-1}$ (Anm. d. Übers.).

berechne eine Funktion $g(x)$ *und für eine* MINSKY-*Maschine* M *mit inneren Zu-ständen* $q_0, q_1, \ldots, q_s, q_{1i}, \ldots, q_{si}(i = 1, 2, \ldots)$ *mögen wir haben*

$$(z, 0; q_i) \vdash (\zeta_i(z), 0; q_{\alpha_i}), \text{ falls } \zeta_i(z) \text{ definiert ist,} \tag{7}$$

$$(z, 0; q_i) \vdash (z, 0; q_{\beta_i}), \text{ falls } \zeta_i(z) \text{ nicht definiert ist.} \tag{8}$$

Dann berechnet die Maschine M *die gleiche Funktion* $g(x)$ *wie der Algorithmus* A.

Nehmen wir nämlich an, daß der Algorithmus A, startend mit einer gegebenen Zahl x, nach m Schritten eine Zahl x_m und die Anweisung ergibt, den Befehl mit der Nummer i auszuführen. Wir werden zeigen, daß in diesem Fall

$$(x, 0; q_1) \vdash (x_m, 0; q_i).$$

Für $m = 0$ ist diese Behauptung trivial. Sei sie für ein gewisses m richtig. Wenn $\zeta_i(x_m)$ definiert ist, liefert der Algorithmus A nach dem $(m + 1)$-ten Schritt die Zahl $\zeta_i(x_m)$ und die Anweisung, den Befehl mit der Nummer α_i auszuführen. Aber in diesem Falle

$$(x_m, 0; q_i) \vdash (\zeta_i(x_m), 0; q_{\alpha_i})$$

und also

$$(x, 0; q_1) \vdash (\zeta_i(x_m), 0; q_{\alpha_i}).$$

Analog wird diese Beziehung auch in dem Falle gezeigt, daß $\zeta_i(x_m)$ undefiniert ist.

Nehmen wir nun an, daß der Algorithmus A die Zahl x in die Zahl y verarbeitet. Dies bedeutet, daß der Algorithmus A nach einer gewissen Anzahl m von Schritten die Zahl y liefert und die Anweisung, den Befehl mit der Nummer 0 auszuführen. Nach dem bereits Bewiesenen

$$(x, 0; q_1) \vdash (y, 0; q_0),$$

d. h. die Maschine M verarbeitet x in y.

Wenn der Algorithmus A, startend mit x, unendlich lange arbeitet, so erhalten wir eine unendliche Folge

$$(x, 0; q_1) \vdash (x_1, 0; q_{i_1}) \vdash \ldots,$$

welche zeigt, daß die Maschine in diesem Falle unendlich lange arbeitet.

Wir gehen nun zum Beweis des Haupttheorems über. $f(x)$ sei eine gegebene partiell rekursive Funktion. Nach Theorem 2 von § 14.3. gibt es einen Operator-Algorithmus A, der 2^x in $2^{f(x)}$ verarbeitet, dessen Programm die Gestalt (6) hat, wobei der i-te Befehl entweder

$$i: \boxed{\times c \mid \alpha} \qquad\qquad (c = 2, 3, 5) \tag{9}$$

oder

$$i:\ \boxed{\ :c\ \mid\ \alpha\ \mid\ \beta\ }\qquad\qquad (c = 30)\qquad\qquad (10)$$

ist.

M sei eine Minsky-Maschine mit den inneren Zuständen $q_0, q_1, \ldots, q_n$, jeder von denen einem bestimmten Befehl aus dem Programm (6) entspricht, und den zusätzliche Zuständen q_{ij} $(i = 1, \ldots, j = 0, 1, \ldots)$, deren genaue Anzahl unten bestimmt wird. Wir müssen ein Programm für die Maschine der Art finden, daß die Bedingungen (7), (8) von Lemma 1 erfüllt sind. Wir betrachten irgendein $i, 1 \leq i \leq s$. Der i-te Befehl in Programm (6) habe die Gestalt (9). Wir werden uns bemühen, eine solche Reihe von Befehlen für die Maschine M zu schreiben, welche nur die inneren Zustände $q_i, q_{i0}, \ldots, q_{ic}, q_o$ enthält, als ein Ergebnis wovon die Bedingung (7) für dieses i erfüllt sein wird. Sei a > 0. Wir führen in das Programm der Maschine M die folgende Reihe von Transformationen ein:

$$(a, 0; q_i) \rightarrow (a, 1; q_{i1})$$
$$\rightarrow (a, 2; q_{i2}) \rightarrow \cdots \rightarrow (a, c; q_{ic}) \rightarrow (a - 1, c; q_i) \qquad (11)$$

und ergänzen es noch durch die Transformationen

$$(a, 1; q_i) \rightarrow (a, 2; q_{i1}). \qquad (12)$$

Wenn dann in der Reihe (11) $a - 1 > 0$, so, ändert sich auf Grund der den Transformationen (11), (12) entsprechenden Befehle die Konfiguration $(a - 1, c; q_i)$ weiterhin auf die folgende Weise:

$$(a - 1, c; q_i) \rightarrow (a - 1, c + 1; q_{i1}) \rightarrow \cdots$$
$$\rightarrow (a - 1, 2c; q_{ic}) \rightarrow (a - 2, 2c; q_i) \rightarrow (a - 2, 2c + 1; q_{i1})$$
$$\rightarrow \cdots \rightarrow (0, ac; q_i).$$

Um die Zahlen 0 und ac zu vertauschen, ergänzen wir das Programm durch die Transformationen

$$(0, ac; q_i) \rightarrow (1, ac - 1; q_{i0}) \rightarrow (2, ac - 2; q_{i0})$$
$$\rightarrow \cdots \rightarrow (ac, 0; q_{i0}) \rightarrow (ac, 0; q_a). \qquad (13)$$

Als ein Ergebnis der Bedingungen (11), (12) und (13) wird die Bedingung

$$(a, 0; q_i) \vdash (ca, 0; q_a)\ (a > 0) \qquad (14)$$

für die Maschine M garantiert. Um die Eigenschaft (14) auch für $a = 0$ zu garantieren, führen wir in das Programm von M die Transformationen

$$(0, 0; q_i) \rightarrow (0, 0; q_a) \qquad (15)$$

ein.

Durch Einführung der Befehle (11), (12), (13), (15) in das Programm von M für diejenigen i, für welche der i-te Befehl von A die Gestalt (9) hat, sichern wir somit für diese Werte die Erfüllung der Bedingung (7) aus Lemma (1).

Wir betrachten nun den komplizierteren Fall, wenn der i-te Befehl die Gestalt (10) hat. Zuallererst führen wir die für $x \geq c$, $y \geq 0$ der folgenden Reihe von Transformationen

$$(x, y; q_i) \rightarrow (x - 1, y + 1; q_{i1}) \rightarrow (x - 2, y + 1; q_{i2})$$
$$\rightarrow \cdots \rightarrow (x - c, y + 1; q_{ic}) \rightarrow (x - c, y + 1; q_i) \tag{16}$$

entsprechenden Befehle und die den Transformationen (13) und (14) entsprechenden Befehle in das Programm von M ein. Als eine Folge der Befehle (16) haben wir für $x \geq c$, $y \geq 0$

$$(x, y; q_i) \vdash (x - c, y + 1; q_i)$$

und also

$$(x, 0; q_i) \vdash (0, x{:}c; q_i),$$

wenn x durch c teilbar ist. Da aus (16), (13), (14)

$$(0, x{:}c; q_i) \vdash (x{:}c, 0; q_\alpha)$$

folgt, ist also

$$(x, 0; q_i) \vdash (x{:}c, 0; q_\alpha), \text{ wenn } x{:}c \text{ definiert ist.}$$

x werde jetzt nicht durch c geteilt und es sei $x = cz + r$, $0 < r < c$.

Nach (16) erhalten wir

$$(x, 0; q_i) \vdash (r, z; q_i) \vdash (0, z + 1, q_{ir}).$$

Wir müssen nun von der Konfiguration $(0, z + 1; q_{ir})$ zur Konfiguration $(x, 0; q_\beta)$ übergehen. Deshalb fügen wir zum Programm von M die Transformationen $(z = 1, 2, \ldots; r = 1, \ldots, c - 1)$:

$$(0, z + 1; q_{ir}) \rightarrow (1, z; q_{ir1}) \rightarrow \cdots \rightarrow (c, z; q_{irc})$$
$$\rightarrow (c + 1, z - 1; q_{ir1}) \tag{17}$$

hinzu, auf Grund von welchen wir

$$(0, z + 1; q_{ir}) \vdash (cz + 1, 0; q_{ir1})$$

haben werden. Schließlich erhalten wir durch Hinzufügung der Transformationen

$$(cz + 1, 0; q_{ir1}) \rightarrow (cz + 2, 0; q_{ir2})$$
$$\cdots \rightarrow (cz + r, 0; q_{irr}) \rightarrow (cz + r, 0; q_\beta) \tag{18}$$

zum Programm

$$(x, 0; q_i) \vdash (x, 0; q_\beta), \text{ wenn } x{:}c \text{ nicht definiert ist.}$$

Wir sehen, daß die MINSKY-Maschine mit dem nach den Regeln (11)—(13), (15)—(18) konstruierten Programm den Bedingungen von Lemma 1 genügt, was ja auch verlangt war.

Ebenso wie auch für 1-Band TURING-Maschinen (§ 12.5) werden natürlicherweise die folgenden beiden Probleme für MINSKY-Maschinen formuliert.

1) *Stopproblem. Eine MINSKY-Maschine M sei (durch ihr Programm) gegeben. Man gebe einen Algorithmus an, der diejenigen Konfigurationen $(a, b; q_1)$ erkennt, beginnend mit welchen die Maschine nach einer endlichen Anzahl von Arbeitstakten stoppt.*

2) Konfigurationsproblem. *M sei eine gegebene MINSKY-Maschine. Man gebe einen Algorithmus an, der für irgendeine gegebene Konfiguration $(x, 0; q_0)$ zu erkennen gestattet, ob es eine Anfangskonfiguration $(a, 0; q_1)$ gibt, die nach einer endlichen Anzahl von Arbeitstakten in die Konfiguration $(x, 0; q_0)$ übergeht, oder nicht.*

Beide Probleme sind negativ gelöst. Es sei nämlich $f(x)$ eine partiell rekursive Funktion, deren Definitionsbereich nicht rekursiv ist. Wir konstruieren eine 2-Band-MINSKY-Maschine, die 2^x in $2^{f(x)}$ verarbeitet. Gäbe es einen das Stoppproblem der Maschine M lösenden Algorithmus, so würde dieser Algorithmus auch das Problem des Vorkommens einer Zahl x im Definitionsbereich der Funktion $f(x)$ lösen, weil x genau dann im Definitionsbereich von f vorkommt, wenn die Maschine M bei Arbeitsbeginn in der Konfiguration $(2^x, 0; q_1)$ nach einer endlichen Anzahl von Arbeitstakten stoppt.

Analog sei $f(x)$ eine primitiv rekursive Funktion, deren Wertemenge nicht rekursiv ist. Wir konstruieren eine 2-Band-MINSKY-Maschine M, die 2^x in $2^{f(x)}$ verarbeitet. Man prüft wie oben leicht, daß das Konfigurationsproblem für M nicht lösbar ist.

Beim Beweis von Theorem 2 wurde Gebrauch gemacht von Theorem 2 aus § 14.3 über die Existenz eines Operator-Algorithmus zu jeder partiell rekursiven Funktion $f(x)$, welcher 2^x in $2^{f(x)}$ verarbeitet und dessen Programm nur aus Befehlen der Gestalt

$$\boxed{\,:30\,}\boxed{\,\alpha\,}\boxed{\,\beta\,}\,,\qquad \boxed{\,\times c\,}\boxed{\,\alpha\,}\qquad\qquad (c = 2, 3, 5)$$

besteht.

Man kann seinerseits mit Hilfe von Theorem 2 diese Liste von Befehlen noch reduzieren, und zwar dadurch, daß man die Kodierung verkompliziert. Wir werden zeigen, daß das folgende

Theorem 3 (MINSKY [65]) gilt. *Zu jeder partiell rekursiven Funktion $f(x)$ gibt es einen 2^{2^x} in $2^{2^{f(x)}}$ verarbeitenden Algorithmus, dessen Programm nur aus Befehlen* *der Gestalt*

$$\boxed{\times \;\; 2 \;\; | \;\; \alpha \;} \;, \qquad \boxed{\times \;\; 3 \;\; | \;\; \alpha \;} \;, \qquad \boxed{\;: 6 \;\; | \;\; \alpha \;\; | \;\; \beta \;}$$

besteht.

M sei eine 2-Band-MINSKY-Maschine mit inneren Zuständen $q_0, q_1, \ldots, q_n$, die von einer Konfiguration $(2^x, 0; q_1)$ in die Konfiguration $(2^{f(x)}, 0, q_0)$ übergeht, wenn $f(x)$ definiert ist, und die im entgegengesetzten Fall unendlich lange arbeitet. Die Maschine kann gleichzeitig beide oder nur ein Band bewegen. Wir werden zuerst zeigen, daß man M durch eine Maschine M' ersetzen kann, welche in jedem Arbeitstakt unmittelbar entweder beide Bänder um einen Schritt nach links oder nur ein Band (das erste oder das zweite) um einen Schritt nach rechts bewegt[1]. Sei nämlich (1) das Programm der Maschine M. Enthält dieses Programm einen Befehl

$$q_i 00 \to q_\alpha T_{-1} T_1, \tag{19}$$

so führen wir die zusätzlichen Zustände q_{i1}, q_{i2} ein und schreiben statt des Befehls (19) die Befehle

$$
\begin{aligned}
q_i 00 &\to q_{i1} T_{-1} T_{-1}, \\
q_{i1} ab &\to q_{i2} T_0 T 1 \qquad\quad (a, b = 0, 1), \\
q_{i2} ab &\to q_\alpha T_0 T 1
\end{aligned}
\tag{20}
$$

auf[2].

Analog gehen wir auch mit den anderen Befehlen aus Programm (1) vor. Es ist klar, daß die Maschine M' mit den inneren Zuständen q_i, q_{ij} und Befehlen der Gestalt (20) wie vorher von einer Konfiguration $(2^x, 0, q_1)$ in die Konfiguration $(2^{f(x)}, 0, q_0)$ übergeht und gleichzeitig die Bänder in Übereinstimmung mit den auferlegten Forderungen bewegt. Wir werden die inneren Zustände der Maschine M' durch $q_0, q_1, \ldots, q_n, q_{n+1}, \ldots, q_s$ bezeichnen. Das Programm der Maschine M' ist eine Gesamtheit von Befehlen der Gestalt

$$
\begin{aligned}
q_i 00 &\to q_{\alpha_i} R_{\varkappa_i} & (\varkappa_i = 0, 1, -1), \\
q_i 10 &\to q_{\beta_i} R_{\lambda_i}, & \\
q_i 01 &\to q_{\gamma_i} R_{\mu_i} & (\lambda_i, \mu_i, \nu_i = 0, 1, \; i = 1, \ldots, s), \\
q_i 11 &\to q_{\delta_i} R_{\nu_i} &
\end{aligned}
\tag{21}
$$

wobei R_{-1} Bewegung beider Bänder nach links, R_0 Bewegung des ersten Bandes nach rechts und R_1 Bewegung des zweiten Bandes nach rechts bezeichnet.

Wir vereinbaren, eine Konfiguration (a, b, q_i) durch das Paar $(2^a \cdot 3^b, q_i)$ darzustellen. Dann wird eine Bewegung beider Bänder nach links die Division

---

[1]) Im russischen Original ist auf dieser und der folgenden Seite fortlaufend „rechts" und „links" vertauscht (Anm. d. Übers.).

[2]) Im russischen Original sind in den Formeln (19) und (20) die Rollen von T_1 und T_{-1} vertauscht (Anm. d. Übers.).

der ersten Zahl des Paares durch 6 und eine Bewegung eines der beiden Bänder nach rechts die Multiplikation dieser Zahl mit 2 oder 3 nach sich ziehen. Startet man mit Programm (21), so ist es leicht, sofort das Programm eines Operator-Algorithmus A zu schreiben, der eine Zahl $2^a \cdot 3^b$ und eine Instruktion i in eine Zahl $2^c \cdot 3^d$ und eine Instruktion j verarbeitet, wenn die Maschine M' von der Konfiguration $(2^a \cdot 3^b, q_i)$ unmittelbar übergeht in die Konfiguration $(2^c \cdot 3^d, q_j)$. Zu diesem Zweck zählen wir einen Teil der Befehle des Algorithmus A durch die Zahlen $0, 1, \ldots, s$ und einen Teil durch Zahlenpaare ij auf und gehen auf die folgende Weise weiter vor. Nehmen wir für irgendein i das Quadrupel (21) von Befehlen aus dem Programm der Maschine M' und sei $\varkappa_i = -1$. Um aus der Zahl $2^a \cdot 3^b$ mit Hilfe des Befehls (21) die Zahl $2^c \cdot 3^d$ zu erhalten, müssen wir erkennen, ob es unter den Zahlen a, b Nullen gibt. Dazu dividieren wir $2^a \cdot 3^b$ durch 6. Wenn es ohne Rest geteilt wird, dann wird nach dem ersten Befehl des Quadrupels (21) der Quotient eben die geforderte Zahl. Wenn $2^a \cdot 3^b$ nicht durch 6 geteilt wird, dann ist unter den Zahlen a, b eine gleich 0, und deshalb muß man einen der nachfolgenden Befehle des Systems (21) benutzen. Folglich führen wir den Befehl

$$i:\ \boxed{\ :6\ \ \vert\ \ \alpha_i\ \ \vert\ \ i.\,0\ } \tag{22}$$

in das Programm des Algorithmus A ein, der das verlangte Paar $(2^c \cdot 3^d, q_{\alpha_i})$ liefert, wenn $2^a \cdot 3^b$ durch 6 teilbar ist, und auf Befehl $i.\,0$ verweist, wenn $2^a \cdot 3^b$ von 6 nicht geteilt wird. Ist im letzten Fall die Zahl $2^a \cdot 3^b \cdot 3$ durch 6 teilbar, so ist $a > 0, b = 0$ und müssen wir von dem zweiten der Befehle (21) Gebrauch machen. Wir führen in Entsprechung dazu die Befehle

$$i.\,0:\ \boxed{\ \times\,3\ \vert\ i.\,1\ }\,;\quad i.\,1:\ \boxed{\ :6\ \vert\ i.\,2\ \vert\ i.\,4\ }\,;$$

$$i.\,2:\ \boxed{\ \times\,2\ \vert\ i.\,3\ }\,;\quad i.\,3:\ \boxed{\ \times\,p_{\lambda_i}\ \vert\ \beta_i\ }\qquad (p_0 = 2,\ p_1 = 3) \tag{23}$$

in das Programm von A ein, welche das gesuchte Paar $(2^c \cdot 3^d, q_{\beta_i})$ liefern, falls $a > 0$, und das Paar $(2^a \cdot 3^{b+1}, i.\,4)$ im entgegengesetzten Fall. Die Befehle

$$i.\,4:\ \boxed{\ \times\,2\ \vert\ i.\,5\ }\,;\quad i.\,5:\ \boxed{\ :6\ \vert\ i.\,6\ } \tag{24}$$

überführen das Paar $(2^a \cdot 3^{b+1}, i.\,4)$ in das Paar $(2^a \cdot 3^b, i.\,6)$, wobei $a = 0$. Ist $b > 0$, so muß der dritte der Befehle (21) benutzt wurden und fügen wir also zum Programm von A die Befehle

$$i.\,6:\ \boxed{\ \times\,2\ \vert\ i.\,7\ }\,;\quad i.\,7:\ \boxed{\ :6\ \vert\ i.\,8\ \vert\ i.\,10\ }\,;$$

$$i.\,8:\ \boxed{\ \times\,3\ \vert\ i.\,9\ }\,;\quad i.\,9:\ \boxed{\ \times\,p_{\mu_i}\ \vert\ \gamma_i\ } \tag{25}$$

18*

hinzu, die für $b > 0$ zum Paar $(2^c \cdot 3^d, q_j)$ und für $b = 0$ zum Paar $(2^{a+1}, i.\,10)$ führen. Die Befehle

$$i.\,10:\;\boxed{\times\,3\;\vert\;i.\,11}\;;\qquad i.\,11:\;\boxed{:6\;\vert\;i.\,12}\;;\qquad i.\,12:\;\boxed{\times\,p_{v_i}\;\vert\;\delta_i}$$

schließlich liefern auch für den Fall $a = b = 0$ das geforderte Paar $(2^c \cdot 3^d, q_j)$.

Analog werden auch für $\varkappa_i = 0, 1$ Befehle (22)—(26) geschrieben. Kombinieren wir die in der angegebenen Weise konstruierten Befehle für $i = 1, 2, \ldots, s$ und gliedern wir an sie den Anfangs-Stopbefehl an, so erhalten wir ein Programm eines Operator-Algorithmus A der von Theorem 3 geforderten Gestalt. Nach Annahme wird die Maschine M von einer Konfiguration $(2^x, 0, q_1)$ in die Konfiguration $(2^{f(x)}, 0, q_0)$ transformiert oder wird bei der neuen Kodierung von einer Konfiguration $(2^{2^x}, q_1)$ in die Konfiguration $(2^{2^{f(x)}} q_0)$ transformiert. Daraus folgt, daß der Algorithmus A mit dem gemäß den Regeln (22)—(26) konstruierten Programm eine Zahl 2^{2^x} in die Zahl $2^{2^{f(x)}}$ verarbeitet.

15.3. Homogene Produktionen. TAG-Systeme. In § 14.1. wurde der Begriff des durch ein Alphabet $C = \{c_1, c_2, \ldots, c_m\}$ und ein System von Basisproduktionen

$$\mathfrak{a}_i W \to W \mathfrak{b}_i \tag{P}$$

bestimmten Produktionssystems eingeführt.

Um mit Hilfe dieses Systems P den Begriff der P-berechenbaren partiellen zahlentheoretischen Funktion zu definieren, muß man im Alphabet C auf irgendeine Weise die Zahlen kodieren. Wir treffen die folgende Vereinbarung. Das Alphabet C des Systems P enthalte die Symbole $a_0, a_1, A_0, A_1, B_0, B_1$ und eine beliebige Anzahl anderer Zeichen. Halten wir außerdem noch eine beliebige positive natürliche Zahl w fest und kodieren wir eine beliebige natürliche Zahl x durch das Symbol $A_1 a_1{}^x B_1{}^{w-1}$. Wir werden sagen, daß eine partielle zahlentheoretische Funktion $f(x)$ durch das Produktionssystem P berechnet wird, wenn das System P das Wort $A_1 a_1{}^x B_1{}^{w-1}$ in das Wort $A_0 A_0{}^{f(x)} B_1{}^{w-1}$ verarbeitet für diejenigen x, für die $f(x)$ definiert ist, und wenn das System P das Wort $A_1 a_1{}^x B_1{}^{w-1}$ unendlich lange transformiert für diejenigen x, für die $f(x)$ nicht definiert ist.

Aus den Ergebnissen von § 14.2. folgt unmittelbar, daß jede durch irgendein Produktionssystem berechenbare partielle zahlentheoretische Funktion notwendigerweise partiell rekursiv ist. Es wäre nicht schwierig, aus den gleichen Ergebnissen auch die umgekehrte Behauptung herzuleiten. Wir möchten stattdessen hier jedoch ein subtiles Theorem beweisen, welches die Berechenbarkeit zahlentheoretischer Funktionen mittels eines Systems von Produktionen einer speziellen Gestalt betrifft.

Per definitionem wird ein *homogenes* System von Produktionen (oder ein TAG-System) bestimmt durch ein Alphabet $C = \{a_1, a_2, \ldots, a_m\}$, eine positive, *Schritt* des Systems genannte natürliche Zahl w und spezielle elementare Transformationen

$$a_1 \xrightarrow{w} \mathfrak{b}_1, \; a_2 \xrightarrow{w} \mathfrak{b}_2, \; \ldots, a_m \xrightarrow{w} \mathfrak{b}_m, \tag{T}$$

wobei $\mathfrak{b}_1, \ldots, \mathfrak{b}_m$ irgendwelche Worte über dem Alphabet C sind.

Der folgende Prozeß heißt eine T-Produktion über irgendeinem im Alphabet C aufgeschriebenen Wort $\mathfrak{x}$: Wir suchen in der Folge (T) das dem Anfangsbuchstaben a_i des Wortes $\mathfrak{x}$ entsprechende Wort $\mathfrak{b}_i$. Wir streichen dann in $\mathfrak{x}$ die ersten w Buchstaben und schreiben von rechts das Wort $\mathfrak{b}_i$ hinzu. Ist die Länge des Wortes $\mathfrak{x}$ kleiner als w, so heißt die T-Produktion über $\mathfrak{x}$ nicht ausführbar oder auf $\mathfrak{x}$ nicht anwendbar.

Homogene Produktionssysteme können als den folgenden Forderungen unterworfene gewöhnliche Produktionssysteme der Gestalt (P) betrachtet werden:

1) alle Anfangsworte $a_1, \ldots, a_s$ des Systems (P) haben ein und dieselbe Länge w;

2) die Worte $\mathfrak{b}_1, \ldots, \mathfrak{b}_s$ in den Produktionen von (P) hängen nur von den Anfangsbuchstaben der Worte $a_1, \ldots, a_s$ ab;

3) unter den Worten $a_1, \ldots, a_s$ des Systems (P) befinden sich alle Worte der Länge w über dem gegebenen Alphabet.

Um ein durch den Schritt w und die elementaren Transformationen (T) bestimmtes homogenes Produktionssystem in der Form eines Systems (P) gewöhnlicher Produktionen zu schreiben, genügt es, jede Transformation $a_i \rightarrow \mathfrak{b}_i$ in der Kette (T) durch die Folge aller möglichen Produktionen der Gestalt $a_i \mathfrak{a} W \rightarrow W \mathfrak{b}_i$ zu ersetzen, wobei $\mathfrak{a}$ ein beliebiges Wort der Länge $w - 1$ im gegebenen Alphabet ist.

In einem homogenen Produktionssystem mit Schritt w haben Worte, auf welche die Produktionen nicht anwendbar sind, eine Länge kleiner als w. Um von diesem Mangel loszukommen, führen wir noch den Begriff eines homogenen Produktionssystems mit Endbuchstaben ein.

Ein Produktionssystem im Alphabet $a_0, a_1, \ldots, a_m$ heißt *homogenes Produktionssystem vom Schritt w mit Endbuchstaben a_0*, wenn man die Gesamtheit seiner Produktionen in der Form

$$a_1 \xrightarrow{w} \mathfrak{b}_1, \; a_2 \xrightarrow{w} \mathfrak{b}_2, \; \ldots, a_m \xrightarrow{w} \mathfrak{b}_m \qquad (T_0)$$

(der Buchstabe a_0 findet sich nicht auf der linken Seite) darstellen kann, wobei $\mathfrak{b}_1, \ldots, \mathfrak{b}_m$ nichtleere Worte im Alphabet $a_0, a_1, \ldots, a_m$ sind.

Im Unterschied zu einem homogenen Systemen (T) sind in einem System (T_0) nicht nur Worte einer Länge kleiner als w, sondern auch alle mit dem Endbuchstaben beginnenden Worte den Produktionen nicht unterworfen.

Theorem 1 (MINSKY [65]). *Zu jeder partiell rekursiven Funktion $f(x)$ gibt es ein homogenes Produktionssystem mit Endbuchstaben A_0 und Schritt w, das für jedes x für definiertes $f(x)$ das Wort $A_1 a_1{}^{2^x} B_1{}^{w-1}$ in das Wort $A_0 a_0{}^{2^{f(x)}} B_0{}^{w-1}$ verarbeitet und das für undefiniertes $f(x)$ unendlich lange arbeitet.*

Zu jeder beschränkten partiell rekursiven Funktion $f(x)$ gibt es ein homogenes Produktionssystem (ohne Endbuchstaben) vom Schritt $w > 2^{f(x)}$, das ein Wort $A_1 A_1{}^{2^x} B_1{}^{w-1}$ in das Wort $a_0{}^{2^{f(x)}}$ verarbeitet.

Nach § 14.3. gibt es einen Operator-Algorithmus, der 2^x in $2^{f(x)}$ verarbeitet und ein Programm der Gestalt

$$0:\; \boxed{\text{stop}}\; ; \quad 1:\; \boxed{\;\zeta_1\;|\;\alpha_1\;|\;\beta_1\;}\; ; \ldots ; \quad s:\; \boxed{\;\zeta_s\;|\;\alpha_s\;|\;\beta_s\;} \qquad (1)$$

besitzt, wobei ζ_i einen der Werte $\times 2$, $\times 3$, $\times 5$, $:30$ hat. Wir nehmen die Zahl $w = 30$ als Schritt des gewünschten Produktionssystems. Das Alphabet dieses Systems wird aus paarweise den Befehlen (1) entsprechenden Grundbuchstaben $A_0, a_0, A_1, a_1, \ldots, A_s, a_s$ und einer Reihe anderer Buchstaben $b_i, b_{i_0}, B_i, B_{ij}, C_i$ $(i, j = 0, 1, \ldots)$ bestehen.

Der Prozeß der Verarbeitung einer gegebenen Zahl 2^x mittels des Algorithmus (1) zerfällt in Schritte so, daß nach dem k-ten Schritt eine Zahl z (Zwischenergebnis) und die Nummer z_i desjenigen Befehls erhalten wird, der bei dem folgenden Schritt der Berechnung über der Zahl z ausgeführt werden muß. Ist $i = 0$, so endet der Berechnungsprozeß und ist z das Ergebnis der Verarbeitung von 2^x mittels des Algorithmus (1). Wir setzen das Wort $A_i a_i{}^z B_i{}^{w-1}$ mit dem

Zahlenpaar (z, i) in Entsprechung und bemühen uns, ein Produktionssystem T der Art zu konstruieren, daß dieses Systen ein Wort $A_i a_i{}^z B_i{}^{w-1}$ in das Wort $A_j a_j{}^u B_j{}^{w-1}$ transformiert, wenn der Algorithmus (1) das Paar (z, i) in das Paar (u, j) transformiert.

E_s kann für jedes i $(1 \leq i \leq s)$ zwei Fälle geben: $\zeta_i = \times c$, $\zeta_i = :w$. Wir betrachten sie getrennt.

Erster Fall: i: $\boxed{\times c \mid \alpha}$.

Wir schreiben die folgenden homogenen Produktionen auf:

$$A_i \to B_{i_0} \cdots B_{i_{w-1}}, \; a_i \to b_i{}^{w^2}, \; B_i \to b_i{}^w, \; B_{i_0} \to C_i{}^w A_\alpha,$$
$$b_i \to a_\alpha{}^c, \; C_i \to B_\alpha{}^{w-1}, \; B_{i\,w-r} \to b_i{}^{r(w-1)} C_i{}^w A_\alpha (r = 1, \ldots, w - 1). \tag{2}$$

Betrachten wir, in was diese Produktionen ein Wort $A_i a_i{}^z B_i{}^{w-1}$ überführen. Stellen wir z in der Form $z = lw + r$, $0 \leq r < w$ dar und nehmen wir an, daß $lr \neq 0$, so erhalten wir aus (2) unmittelbar[1])

$$A_i a_i{}^z B_i{}^{w-1} \to a_i{}^{(l-1)w+r+1} B_i{}^{w-1} B_{i_0} \cdots B_{i\,w-1}$$
$$\vdash a_i{}^{r+1} B_i{}^{w-1} B_{i_0} \cdots B_{i\,w-1} b_i{}^{(l-1)w^2}$$
$$\vdash B_i{}^r B_{i_0} \cdots B_{i\,w-1} b_i{}^{lw^2} \vdash B_{i\,w-r} \cdots B_{i\,w-1} b_i{}^{lw^2+w}$$
$$\vdash b_i{}^{lw^2+rw} C_i{}^w A_\alpha \vdash C_i{}^w A_\alpha a_\alpha{}^{cz} \vdash A_\alpha a_\alpha{}^{cz} B_\alpha{}^{w-1}.$$

Wir überzeugen uns leicht, daß die erhaltene Beziehung

$$A_i a_i{}^z B_i{}^{w-1} \vdash A_\alpha a_\alpha{}^{cz} B_\alpha{}^{w-1}$$

auch für den Fall $lr = 0$ richtig ist.

Zweiter Fall: i $\boxed{:w \mid \alpha \mid \beta}$

Wir schreiben die Produktionen

$$A_i \to B_{i_0} \cdots B_{i\,w-1}, \; a_i \to b_i b_{i_0}{}^{w-1}, \; b_{i_0} \to a_\alpha{}^w, \tag{3}$$
$$B_{i_0} \to C_i{}^w A_\alpha, \; C_i \to B_\alpha{}^{w-1}, \; b_i \to a_\alpha,$$
$$B_i \to C_i{}^w, \; B_{i\,w-r} \to C_i{}^{r-1} A_\alpha a_\alpha{}^r (r = 1, \ldots, w - 1). \tag{4}$$

Um herauszufinden, in was diese Produktionen ein Wort $A_i a_i{}^z B_i{}^{w-1}$ transformieren, stellen wir z wieder in der Form $z = lw + r$ $(0 \leq r < w)$ dar. Nach (3)

$$A_i a_i{}^{lw+r} B_i{}^{w-1} \vdash B_i{}^r B_{i_0} \cdots B_{i\,w-1} (b_i b_{i_0}{}^{w-1})^l. \tag{5}$$

Der weitere Verlauf der Transformationen hängt von der Teilbarkeit von z durch w ab. Sei z durch w teilbar und also $r = 0$. In diesem Fall haben wir nach (4) weiterhin

$$\vdash (b_i b_{i_0}{}^{w-1})^l C_i{}^w A_\alpha \vdash C_i{}^w A_\alpha a_\alpha{}^l \vdash A_\alpha a_\alpha{}^l B_\alpha{}^{w-1}.$$

Und ist $r > 0$, so wird (5) in der folgenden Weise fortgesetzt:

$$\vdash B_{i\,w-r} \cdots B_{i\,w-1} (b_i b_{i_0}{}^{w-1})^l C_i{}^w$$
$$\vdash (b_{i_0}{}^{w-r} b_i b_{i_0}{}^{r-1})^{l-1} b_{i_0}{}^{w-r} C_i{}^{w+r-1} A_\alpha a_\alpha{}^r$$
$$\vdash b_{i_0}{}^{w-r} C_i{}^{w+r-1} A_\alpha a_\alpha{}^{r+(l-1)w} \vdash C_i{}^w A_\alpha a_\alpha{}^z \vdash A_\alpha a_\alpha{}^z B_\alpha{}^{w-1}.$$

---

[1]) Im russischen Original steht als erste Produktion $A_i \to B_{i_0} \cdots B_{iw}$ (Anm. d. Übers.).

Transformiert somit der Algorithmus (1) ein Paar (z, i) in das Paar (u, j), so transformieren die Produktionen (2) — (4) das Wort $A_i a_i{}^z B_i{}^{w-1}$ in das Wort $A_j a_j{}^u B_j{}^{w-1}$.

Für $i = 0$ nehmen wir schließlich die Produktion

$$B_0 \xrightarrow{w} a_0 \tag{6}$$

hinzu und nennen den Buchstaben A_0 Endbuchstaben.

Wir bezeichnen mit T das für Programm (1) in Entsprechung mit den Regeln (2) — (4), (6) konstruierte homogene Produktionssystem mit Endbuchstaben A_0. x sei eine beliebige Zahl. Nehmen wir das Wort $A_1 a_1{}^{2x} B_1{}^{w-1}$. Führen wir die Produktionen T über ihm aus, so erhalten wir zuerst mit einem der Hilfsbuchstaben B_i, B_{ij}, C_i, b_i, b_{i_0} beginnende Worte. Das erste mit einem der Buchstaben A_0, A_1, ..., A_8 beginnende Wort wird $A_i a_i{}^z B_i{}^{w-1}$ sein, wobei die Zahl z und die Nummer i Ergebnis der Ausführung des Befehls mit der Nummer i über der Zahl 2^x sind. Führen wir die Produktionen T über dem Wort $A_i a_i{}^z B_i{}^{w-1}$ aus, so erhalten wir wiederum zuerst mit Hilfsbuchstaben beginnende Worte und erhalten danach das Wort $A_j a_j{}^u B_j{}^{w-1}$, wobei das Paar (u, j) Ergebnis der Ausführung des Befehls mit der Nummer i über der Zahl z ist usw. Ist $(f)x$ undefiniert, so geht der Prozeß unendlich lange weiter. Ist $f(x)$ jedoch definiert, so erhalten wir nach einer endlichen Anzahl von Produktionen das dem Endpaar $(2^{f(x)}, 0)$ entsprechende Wort $A_0 a_0{}^{2^{f(x)}} B_0{}^{w-1}$. Da der Buchstabe A_0 im System T Endbuchstabe ist, ist das angegebene Wort das Ergebnis der Verarbeitung des Anfangsworts mittels des Systems T. Ebendadurch ist die erste Behauptung des Theorems bewiesen.

Zum Beweis der zweiten Behauptung machen wir von der in § 14.3. bezüglich Theorem 2 gemachten Bemerkung Gebrauch, wonach die Zahl 5 in der Formulierung dieses Theorems durch eine beliebige Zahl $p > 1$ ersetzen kann, die weder durch 2 noch durch 3 teilbar ist.

$f(x)$ sei eine partiell rekursive Funktion, deren Werte eine gewisse Zahl l nicht überschreiten. Dann werden die Werte von $2^{f(x)}$ kleiner sein als die Zahl $p = 5^{l+1}$, die weder durch 2 noch durch 3 teilbar ist. Nach der erwähnten Bemerkung findet sich ein Operator-Algorithmus, der 2^x in $2^{f(x)}$ verarbeitet und dessen Programm nur Befehle der Gestalt $\boxed{\zeta_i\ \vert\ \alpha_i\ \vert\ \beta_i}$ enthält, wobei ζ_i die Werte $\times 2$, $\times 3$, $\times p$, $:2 \cdot 3 \cdot p$ annehmen. Oben wurde gezeigt, auf welche Weise man ein homogenes Produktionssystem T mit Endbuchstaben A_0 konstruieren kann, welches den Schritt $w = 6p$ hat und ein Wort $A_1 a_1{}^{2x} B_1{}^{w-1}$ in das Wort $A_0 a_0{}^{2^{f(x)}} B_1{}^{w-1}$ verarbeitet. Fügen wir den Produktionen (2) — (4), (6) des Systems T noch die Produktion

$$A_0 \xrightarrow{w} a_0{}^{w-1} \tag{7}$$

hinzu, so verwandeln wir T in ein homogenes Produktionssystem ohne Endbuchstaben, das ein Wort $A_1 a_1{}^{2x} B_1{}^{w-1}$ in das Wort $A_0 a_0{}^{2^{f(x)}} B_0{}^{w-1}$ transformiert. Nun ist aber das letzte Wort kein Endwort, und wir haben nach (7), (6) weiterhin

$$A_0 a_0{}^{2^{f(x)}} B_0{}^{w-1} \to B_0{}^{2^{f(x)}} a_0{}^{w-1} \to a_0{}^{2^{f(x)}}.$$

Insofern als die Länge des Wortes $a_0{}^{2^{f(x)}}$ kleiner ist als der Schritt w der Produktionen, ist es nun Ergebnis der Verarbeitung des Anfangsworts.

E. Post verband mit jedem (nicht notwendig homogenen) Produktionssystem T die folgenden beiden grundlegenden algorithmischen Probleme.

1) **Stopproblem.** *Ist die Gesamtheit $\mathfrak{S}$ aller derjenigen Worte, beginnend mit welchen der Prozeß der T-Produktion nach einer endlichen Anzahl von Schritten endet, rekursiv oder nicht?*

2) **Ableitbarkeitsproblem.** *Ist für jedes Wort $\mathfrak{a}$ die Gesamtheit $\mathfrak{S}\mathfrak{a}$ aller Worte, die von $\mathfrak{a}$ durch eine endliche Anzahl von T-Produktionen erhalten werden können, rekursiv?*

E. Post zeigte, daß es Produktionssysteme gibt, für die beide Probleme eine negative Lösung haben (s. § 13. 1). Er ließ jedoch die Frage danach offen, ob es *homogene* Produktionssysteme mit negativ lösbarem Stoppproblem gibt (TAG-Problem). Eine Lösung dieses spezielleren Problems folgt unmittelbar aus den vorhergehenden Ergebnissen.

Theorem 2 (Post — Minsky). *Es gibt ein homogenes Produktionssystem, für welches die Gesamtheit $\mathfrak{S}$ aller derjenigen Worte, beginnend mit welchen der Prozeß der T-Produktionen endet, eine nicht-rekursive Menge ist.*

Betrachten wir irgendeine rekursiv aufzählbare, nicht rekursive Menge S natürlicher Zahlen und bezeichnen wir mit $f(x)$ die Funktion, die in den Punkten von S gleich 0 und außerhalb von S undefiniert ist. Die Funktion $f(x)$ ist partiell rekursiv. Nach Theorem 1 findet sich ein homogenes Produktionssystem T, das $A_1a_1^{2^x}B_1^{w-1}$ in a_0 verarbeitet, wenn $x \in S$, und das im Fall $x \notin S$ einen unendlichen Prozeß liefert.

Wir bezeichnen mit $\mathfrak{M}$ die Gesamtheit aller Worte der Gestalt $A_1a_1^{2^x}B_1^{w-1}$ und mit $\mathfrak{M}_f$ die Gesamtheit aller Worte der Gestalt $A_1a_1^{2^u}B_1^{w-1}$ mit $u \in S$. Nach § 11.1 ist die Gesamtheit $\mathfrak{M}$ rekursiv und die Gesamtheit $\mathfrak{M}_f$ (gemeinsam mit der Menge S) nicht-rekursiv. Aber $\mathfrak{M}_f = \mathfrak{S} \cap \mathfrak{M}$, also ist die Gesamtheit $\mathfrak{S}$ nicht rekursiv.

Theorem 3. *Es gibt ein homogenes Produktionssystem T und ein Wort $\mathfrak{a}$ der Art, daß die Gesamtheit $\mathfrak{S}\mathfrak{a}$ aller von $\mathfrak{a}$ durch eine endliche Anzahl von T-Produktionen erhaltenen Worte nicht rekursiv ist.*

Sei $g(x)$ eine allgemein rekursive Funktion, die für verschiedene Argumentewerte verschiedene Werte annimmt und eine nicht-rekursive Wertemenge S hat. Wir führen eine neue Funktion f ein durch die Festsetzung

$$f(g(n)) = g(n+1) \quad (n = 0, 1, \ldots).$$

Als Definitionsbereich der Funktion $f(x)$ dient die Menge S, und ihr Graph besteht aus den Paaren $\langle g(n), g(n+1)\rangle$ und ist also rekursiv aufzählbar. Folglich ist die Funktion $f(x)$ partiell rekursiv. U sei die Folge der ausgehend von Programm (1) mit Hilfe der Regeln (2) — (5) konstruierten Produktionen. Statt der Produktionen (6) fügen wir zu U die gemäß Regel (2) für den Befehl

$$0:\boxed{\ \times 1\ \vert\ 1\ } \tag{8}$$

erhaltenen Produktionen hinzu. Bezeichnen wir mit V das in dieser Weise erhaltene erweiterte Produktionssystem. Das System V ist homogen. Nehmen wir das Wort $A_1a_1B_1^{w-1}$. Aus (2) bis (5) und (8) erhalten wir

$$A_1a_1^{2^0}B_1^{w-1} \to \cdots \to A_0a_0^{2^{f(0)}}B_0^{w-1} \to \cdots \to A_1A_1^{2^{f(0)}}B_1^{w-1} \to$$

$$\cdots \to A_0a_0^{2^{f(f(0))}}B_0^{w-1} \to \cdots \to A_1a_1^{2^{f(f(0))}}B_1^{w-1} \vdash \ldots, \tag{9}$$

wobei in der Folge (9) nur die explizit ausgeschriebenen Worte mit dem Buchstaben A_1 beginnen. Sei $\mathfrak{a} = A_1a_1B_1^{w-1}$, $\mathfrak{S}\mathfrak{a}$ die Gesamtheit der aus $\mathfrak{a}$ durch eine endliche Anzahl von V-Produktionen (d. h. aller Worte der Folge (9)) erhaltenen Worte, $\mathfrak{A}$ die Gesamtheit der Worte der Gestalt $A_1a_1^{2^x}B_1^{w-1}$ und $\mathfrak{B}$ die Gesamtheit der Worte der Gestalt $A_1a_1^{2^u}B_1^{w-1}$ ($u \in S$). Da die Gesamtheit $\mathfrak{A}$ rekursiv, $\mathfrak{B}$ nicht rekursiv und $\mathfrak{B} = \mathfrak{A} \cap \mathfrak{S}\mathfrak{a}$ ist, ist dann $\mathfrak{S}\mathfrak{a}$ nicht rekursiv, was auch verlangt war.

Wir haben die Theoreme 2 und 3 für homogene Produktionssysteme vom Schritt 30 bewiesen. Soll Theorem 3 aus § 15.2 benutzt werden und sollen statt des Programms (1) nur aus Befehlen der Gestalt

$$\boxed{\ \times 2\ \vert\ \alpha\ }\ ;\quad \boxed{\ \times 3\ \vert\ \alpha\ }\ ;\quad \boxed{\ :6\ \vert\ \alpha\ \vert\ \beta\ } \tag{10}$$

gebildete Programme betrachtet werden, die 2^{2^x} in $2^{2^{f(x)}}$ verarbeiten, so werden die aus Programmen der Gestalt (10) erhaltenen Produktionen entsprechend den Regeln (2)—(5), (8) Schritt 6 haben. Alle Überlegungen, die uns zu Theorem 2 und 3 geführt haben, bleiben auch für die Kodierung 2^{2^x}, $2^{2^{f(x)}}$ in Kraft. Also *gibt es homogene Produktionssysteme vom Schritt 6, welche die Bedingungen der angegebenen Theoreme erfüllen.*

Es ist klar, daß es keine homogenen Produktionssysteme vom Schritt 1 gibt, für welche die Behauptungen der Theoreme 2 und 3 richtig wären. HAO WANG [118] konstruierte jedoch durch eine Veränderung des Kodierungssystems ein homogenes Produktionssystem, dessen Schritt gleich 2 ist und für welches das Stopproblem nicht lösbar ist. In HAO WANGS Systemen überschreiten darüberhinaus die Längen aller Worte $\beta_1, \ldots, \beta_m$ in den Transformationen $T\,3$ nicht.

Ergänzungen, Beispiele und Übungen

1. Eine partielle Funktion $f(x)$ ist auf einer 2-Band-MINSKY-Maschine bei der gewöhnlichen Kodierung genau dann berechenbar, wenn $f(x)$ mit Hilfe eines Operator-Algorithmus berechenbar ist, dessen Programm nur aus Befehlen der Gestalt

$$\boxed{+1\ \ \alpha}\ ; \qquad \boxed{-1\ \ \alpha\ \ \beta}\ ; \qquad \boxed{\times\,p\ \ \alpha}\ ; \qquad \boxed{:p\ \ \alpha\ \ \beta}$$

und dem Stopbefehl besteht (Ja. M. BARDZIN [5]).

2. HAO WANG betrachtet in der Arbeit [117] nicht-löschende TURING-Maschinen, die den Zustand leerer Felder verändern, Zustände nicht-leerer Felder jedoch nicht variieren können. Mit anderen Worten heißt eine TURING-Maschine mit äußerem Alphabet $\{0, 1\}$ nicht-löschend, wenn sie nur Befehle der Gestalt

$$q_i\,0 \to q_j a T_\varepsilon, \quad q_i 1 \to q_j\,1\,T_\varepsilon \ (a = 0, 1; \varepsilon = 0 \pm 1)$$

ausführt.

Man zeige, daß bei einer geeigneten Kodierung eine beliebige partiell rekursive Funktion auf einer geeigneten nicht-löschenden TURING-Maschine berechenbar ist (HAO WANG [117]); Vereinfachung und Verallgemeinerung ZYKIN [121].

3. Sind in einem homogenen Produktionssystem des Schritts w die Längen aller Produktionen definierenden rechten Worte $\mathfrak{b}_i$ nicht kleiner als w oder ist die Länge jedes dieser Worte nicht größer als w, so werden das Stop- und das Ableitbarkeitsproblem positiv gelöst.

4. Ein homogenes Produktionssystem T_0 habe Schritt 1 und darüberhinaus mögen einige der die Produktionen definierenden rechten Worte $\mathfrak{b}_i$ leer sein können. Dann sind die Bedingungen der vorhergehenden Übung nicht erfüllt. Nichtsdestoweniger wird auch in diesem Falle das Stopproblem positiv gelöst (HAO WANG [118]).

5. Betrachten wir die folgenden „vereinfachten" Befehle. Der Befehl $\boxed{\times\,2}$ bedeute, die eingegebene Zahl mit 2 zu multiplizieren und zum folgenden Befehl in der Reihe überzugehen.

Analog definieren wir den Befehl $\boxed{\times\,3}$. Der Befehl $\boxed{:6\ \ \alpha}$ bedeutet, die gegebene Zahl durch 6 zu dividieren und dazu überzugehen, den Befehl mit der Nummer α auszuführen; ist die gegebene Zahl jedoch nicht durch 6 teilbar, so gehen wir dazu über, über der gegebenen Zahl den nächstenBefehl in der Reihe auszuführen. Die Reihe

$$\boxed{\times\,2}\ ; \qquad \boxed{\times\,2}\ ; \qquad \boxed{\times\,3}\ ; \qquad \boxed{:6\ \ \alpha}$$

vereinfachter Befehle zum Beispiel ist zum Befehl $\boxed{\;\times\,2\;|\;\alpha\;}$ äquivalent, die gegebene Zahl mit 2 zu multiplizieren und dann dazu überzugehen, den Befehl mit der Nummer α auszuführen. Analog ist die Reihe

$$\boxed{\;:6\;|\;\alpha\;}\;;\qquad \boxed{\;\times\,2\;}\;;\qquad \boxed{\;\times\,3\;}\;;\qquad \boxed{\;:6\;|\;\beta\;}$$

vereinfachter Befehle zum Befehl $\boxed{\;:6\;|\;\alpha\;|\;\beta\;}$ äquivalent. Man zeige mit Hilfe von Theorem 3 aus § 15.2., daß zu jeder partiell rekursiven Funktion $f(x)$ ein Operator-Algorithmus existiert, der 2^{2^x} in $2^{2^{f(x)}}$ verarbeitet, in welchem Zusammenhang das Programm dieses Algorithmus nur aus dem Stopbefehl und vereinfachten Befehlen der Gestalt

$$\boxed{\;\times\,2\;}\;,\qquad \boxed{\;\times\,3\;}\quad\text{und}\quad \boxed{\;:6\;|\;\alpha\;}$$

besteht.

6. Der Algorithmus in der vorhergehenden Übung verarbeitet Zahlen. Es ist nicht schwierig, entsprechende Operator-Algorithmen zu beschreiben, die Worte in einem passenden Alphabet verarbeiten. Betrachten wir zum Beispiel das aus den Ziffern 0, 1, 2, 3, 4, 5, 6 bestehende Alphabet. Wir bezeichnen mit $\boxed{\;\;i\;\;}$ den Befehl, an ein gegebenes Wort rechts die Ziffer i ($0 \leq i \leq 6$) anzuhängen und dann dazu überzugehen, über dem erhaltenen Wort den nächsten Befehl in der Reihe auszuführen.

Wir bezeichnen mit $\boxed{\;\alpha_0\;|\;\alpha_1\;|\;\alpha_2\;|\;\alpha_3\;|\;\alpha_4\;|\;\alpha_5\;|\;\alpha_6\;}$ den Befehl, in einem gegebenen Wort die erste Ziffer zu streichen, weiter dazu überzugehen, den Befehl mit der Nummer α_i auszuführen, wenn die weggelassene Ziffer i ist, und zum Stopbefehl überzugehen, wenn das gegebene Wort leer ist.

Die Reihe von Befehlen

$$1:\quad \boxed{\;6\;}\;,\quad \boxed{\;2\;|\;3\;|\;4\;|\;5\;|\;6\;|\;7\;|\;\alpha\;}$$

$$2:\; \boxed{\;0\;}\;,\quad \boxed{\;6\;}\;,\quad \boxed{\;2\;|\;3\;|\;4\;|\;5\;|\;6\;|\;7\;|\;\alpha\;}$$

$$\cdots\cdots\cdots\cdots\cdots\cdots\cdots\cdots\cdots$$

$$7:\; \boxed{\;5\;}\;,\quad \boxed{\;6\;}\;,\quad \boxed{\;2\;|\;3\;|\;4\;|\;5\;|\;6\;|\;7\;|\;\alpha\;}$$

zum Beispiel verarbeitet irgendein Wort $a_0 a_1 a_2 \cdots a_s$ im Alphabet 0, 1, 2, 3, 4, 5 in das Wort $a_0 6 a_1 6 a_2 6 \cdots a_s 6$ und in die Anweisung, den Befehl mit der Nummer α auszuführen. Wir vereinbaren des weiteren, jede natürliche Zahl $n \geq 1$ durch das Wort $a_0 a_1 \cdots a_s$ zu kodieren, wobei

$$n = a_0 + a_1 \cdot 6 + \cdots + a_s \cdot 6^s \;(0 \leq a_i \leq 5;\, a_s \geq 1),$$

d. h. durch die „umgekehrte" 6-adische Darstellung von n zu kodieren. Dann ist der Befehl $\boxed{\;:6\;|\;\alpha\;|\;\beta\;}$ äquivalent zum Befehl

$$\boxed{\;\alpha\;|\;\beta\;|\;\beta\;|\;\beta\;|\;\beta\;|\;\beta\;|\;\gamma\;}\;,$$

wenn er über der „umgekehrten" Beschreibung der gegebenen Zahl zur Basis 6 ausgeführt wird. Man zeige auf der Grundlage von Theorem 3 aus § 15.2. (s. die vorhergehende Übung), daß es zu jeder partiell rekursiven Funktion $f(x)$ einen Operator-Algorithmus A gibt, der Worte im Alphabet 0, 1, ..., 6 verarbeitet, dessen Programm aus Befehlen der Gestalt

$$\boxed{\text{stop}} \; , \quad \boxed{i} \; , \quad \boxed{\alpha_0 \mid \alpha_1 \mid \alpha_2 \mid \alpha_3 \mid \alpha_4 \mid \alpha_5 \mid \alpha_6}$$

besteht und der die umgekehrte 6-adische Darstellung einer beliebigen Zahl der Gestalt 2^{2^x} in die umgekehrte 6-adische Darstellung der Zahl $2^{2^{f(x)}}$ verarbeitet.

7. Betrachten wir Worte im binären Alphabet 0, 1. Der Befehl $\boxed{i}$ $(i = 0, 1)$ bedeutet, rechts an das gegebene Wort i zu schreiben und zum nachfolgenden Befehl überzugehen. Der Befehl $\boxed{\alpha_0 \mid \alpha_1}$ bedeutet, die erste Ziffer zu streichen und zum Befehl mit der Nummer α_i überzugehen, wenn die gestrichene Ziffer i ist $(i = 0, 1)$; dann stehenzubleiben, wenn das gegebene Wort leer ist. Nehmen wir die 6-adische Darstellung einer natürlichen Zahl und ersetzen in ihr die Ziffern, 0, 1, ..., 5 durch deren dyadische Zerlegung, so erhalten wir die sogenannte binäre 6-adische Darstellung dieser Zahl. Die binäre 6-adische Darstellung der Zahl 2^7 zum Beispiel ist 010 011 011. Man zeige, daß es zu jeder partiell rekursiven Funktion $f(x)$ einen Algorithmus gibt, der Worte im Alphabet 0, 1 verarbeitet, dessen Programm nur aus Befehlen der Gestalt

$$\boxed{\text{stop}} \; , \quad \boxed{0} \; , \quad \boxed{1} \; , \quad \boxed{\alpha_0 \mid \alpha_1}$$

besteht und der die umgekehrte binäre 6-adische Darstellung einer Zahl 2^{2^x} in die gleiche Darstellung der Zahl $2^{2^{f(x)}}$ verarbeitet.

8. Der Befehl $\boxed{\setminus \mid \alpha}$ bedeutet, den ersten Buchstaben zu streichen, zum Befehl mit der Nummer α überzugehen, wenn 0 gestrichen wird, zum nächsten Befehl in der Reihe überzugehen, wenn 1 gestrichen wird, und zu stoppen, wenn das gegebene Wort leer ist. Es gibt einen Operator-Algorithmus, der Worte im Alphabet 0, 1 verarbeitet, dessen Programm nur aus Befehlen der Gestalt $\boxed{0} \; , \quad \boxed{1} \; , \quad \boxed{\setminus \mid \alpha}$ (ausgenommen den Stoppbefehl) besteht und für den die Gesamtheit der in das leere Wort verarbeiteten Worte kreativ ist (SHEPHERDSON-STURGIS [100]).

Eben dieses Ergebnis wird zur Konstruktion einer universellen TURING-Maschine mit den Symbolen a_0, a_1, a_2, a_3 und inneren Zuständen q_0, q_1, ..., q_6 benutzt, der bis heute „kleinsten" der bekannten universellen TURING-Maschinen (TRITTER [111])[1].

9. Was ist der kleinste Wert von n, für den es eine universelle TURING-Maschine $\mathfrak{T}$ mit Symbolen 0, 1 und Zuständen q_0, q_1, ..., q_n gibt? Was sind die minimalen n, für die es eine TURING-Maschine $\mathfrak{T}$ gibt, so daß $\mathfrak{T}_{fin}$ nicht-rekursiv, kreativ, einfach und maximal ist?

10. Nach BÜCHI [10] ist ein *reguläres* System über einem Alphabet $\{c_1, ..., c_m\}$ ein durch das angegebene Alphabet und ein System von Basistransformationen der Gestalt

$$\mathfrak{a}_i \, W \to \mathfrak{b}_i \, W \; (i = 1, ..., s) \tag{A}$$

definierbares System, wobei $\mathfrak{a}_i$, $\mathfrak{b}_i$ feste Worte im oben angegebenen Alphabet sind.

---

[1]) Die von HAO WANG [116] zitierte Arbeit von TRITTER ist nicht veröffentlicht worden. Die Frage der Existenz einer universellen TURING-Maschine mit vier Symbolen und sieben Zuständen ist in der Literatur bisher nicht gelöst. (Briefl. Mitteilung von HAO WANG an EGON BÖRGER vom 10. 3. 1971).

Büchi zeigte, daß eine Wortmenge M durch ein endliches System von Worten mit Hilfe von Transformationen der Gestalt (A) genau erzeugt wird, wenn M durch ein endliches System von Worten mit Hilfe von Transformationen der Gestalt

$$\mathfrak{a}_i \, W \to \mathfrak{a}_i \mathfrak{p}_i \, W \qquad (\mathfrak{p}_i \neq \Lambda)$$

erzeugt wird.

Hieraus folgt insbesondere, daß alle in *regulären* Systemen durch endliche Wortsysteme erzeugte Gesamtheiten rekursiv sind.

§ 16. Diophantische Gleichungen

Im Jahre 1900 isolierte D. Hilbert [45] auf dem internationalen Mathematiker-Kongreß in Paris 23 Probleme, deren Lösung ein besonderes Interesse für die Entwicklung der Mathematik darstellen würde.

Unter diesen Problemen befindet sich auch das von Hilbert auf folgende Weise formulierte Problem Nr. 10:

10. Entscheidung der Lösbarkeit einer beliebigen diophantischen Gleichung: *Man soll ein Verfahren angeben, nach welchem sich mittels einer endlichen Anzahl von Operationen entscheiden läßt, ob die Gleichung in ganzen rationalen Zahlen lösbar ist.*

Wir verstehen gegenwärtig das Verfahren, von dessen Suche in diesem Problem die Rede ist, als einen Algorithmus. Im Jahre 1900 war die Algorithmentheorie noch nicht geschaffen und konnte nur von einer positiven Lösung des Problems gesprochen werden. Die großen Schwierigkeiten jedoch, die gewöhnlich bei der Untersuchung diophantischer Gleichungen auftreten, führten zu der Vermutung, daß der oben erwähnte Algorithmus nicht existiert. Unten werden Ergebnisse von M. Davis, H. Putnam und J. Robinson [23] vorgeführt, welche zeigen, daß eine Reihe ihrem Charakter nach dem Hilbertschen 10-ten Problem naheliegender arithmetischer Probleme eine negative Lösung haben. Was Hilberts 10-tes Problem angeht, so bleibt dieses vorläufig noch offen.[1]

16.1. Diophantische Prädikate und Funktionen. In Hilberts 10-tem Problem ist die Rede von ganzen rationalen Lösungen, d. h. Lösungen in den Zahlen 0, ± 1, ± 2, ... Wir werden zeigen, daß dieses Problem dem Problem der Existenz von Lösungen in den natürlichen Zahlen 0, 1, 2, ... äquivalent ist. Nehmen wir nämlich an, daß wir für jede Gleichung

$$F(x_1, \ldots, x_n) = 0, \tag{1}$$

---

[1] Ju. V. Matijasevič hat 1970 die rekursive Unlösbarkeit dieses Problems nachgewiesen. Zu einem Beweis siehe den Anhang. (Anm. d. Übers.)

wobei F ein Polynom mit ganzen rationalen Koeffizienten ist, die Frage lösen
können, ob sie eine Lösung in den *natürlichen* Zahlen hat oder nicht. Es wird
gefragt, ob die Gleichung (1) eine Lösung in den ganzen rationalen Zahlen hat.
Bilden wir die Gleichung

$$F(x_1, \ldots, x_n) \times F(-x_1, \ldots, x_n) \times$$
$$\cdots \times F(-x_1, \ldots, -x_n) = 0. \tag{2}$$

Es ist klar, daß die Gleichung (1) in ganzen rationalen Zahlen lösbar ist genau dann
wenn Gleichung (2) in natürlichen Zahlen lösbar ist.

Nehmen wir umgekehrt an, wir wüßten das Problem zu lösen, ob eine beliebig
gegebene Gleichung der Gestalt (1) eine Lösung in ganzen rationalen Zahlen hat
oder nicht. Wir fragen: Hat Gleichung (1) eine Lösung in natürlichen Zahlen oder
nicht? Jede natürliche Zahl ist nach dem allgemein bekannten Satz von LA-
GRANGE in der Gestalt der Summe der Quadrate vierer natürlicher Zahlen darstellbar. Deshalb hat die Gleichung (1) genau dann eine Lösung in natürlichen
Zahlen, wenn die Gleichung

$$F(x_1^2 + y_1^2 + z_1^2 + u_1^2, \ldots, x_n^2 + y_n^2 + z_n^2 + u_n^2) = 0$$

eine Lösung $\langle x_1, y_1, z_1, u_1, \ldots, x_n, y_n, z_n, u_n \rangle$ in ganzen rationalen Zahlen hat. Unter
Berücksichtigung des oben Ausgeführten wird unten nur das Problem der Existenz
von Lösungen in natürlichen Zahlen betrachtet und bezeichnen die Symbole
$(\exists x)$, $(\forall x)$, $(\forall x \leq a)$ respektive „es gibt eine natürliche Zahl x", „für jede natürliche Zahl x", „für jede natürliche Zahl x aus dem Abschnitt 0, 1, 2, $\ldots, a$".

Ein auf der Menge der natürlichen Zahlen definiertes Prädikat $P(x_1, \ldots, x_n)$
heißt *diophantisch*, wenn es ein Polynom $F(x_1, \ldots, x_n, y_1, \ldots, y_m)$ mit ganzzahligen
Koeffizienten gibt, so daß

$$P(x_1, \ldots, x_n) \Leftrightarrow$$
$$(\exists y_1) \cdots (\exists y_m)\, (F(x_1, \ldots, x_n, y_1, \ldots, y_m) = 0). \tag{3}$$

Eine Menge M von n-Tupeln $\langle x_1, \ldots, x_n \rangle$ natürlicher Zahlen heißt eine *diophantische* Menge, wenn das n-stellige Prädikat P, das auf den n-Tupeln von M
wahr und auf den übrigen n-Tupeln natürlicher Zahlen falsch ist, *diophantisch* ist.

Nach der Beziehung (3) ist klar, daß jede diophantische Menge rekursiv aufzählbar ist. Hätte das HILBERTsche Problem eine positive Lösung, so wäre jede
diophantische Menge rekursiv. Es ist deshalb für eine negative Lösung des HIL-
BERTschen Problems hinreichend, zu zeigen, daß es nicht-rekursive diophantische
Mengen gibt. Es ist jedoch bis zum gegenwärtigen Zeitpunkt unbekannt, ob es
nicht-rekursive diophantische Mengen gibt[1]).

---

[1]) Die Antwort auf diese Frage ist „Ja", da nach MATIJASEVIČ jede rekursiv aufzählbare Menge
diophantisch ist (s. Anhang). (Anm. d. Übers.).

Wir vereinbaren der Kürze halber, durch die Symbole $\mathfrak{x}^{(n)}$, $\mathfrak{y}^{(n)}$ die n-Tupel $\langle x_1, \ldots, x_n \rangle$, $\langle y_1, \ldots, y_n \rangle$ zu bezeichnen.

Aus den soeben eingeführten Definitionen folgt unmittelbar

Korollar 1. *Sind die Prädikate* $P(\mathfrak{x}^{(n)})$, $Q(\mathfrak{x}^{(n)})$, $R(\mathfrak{x}^{(n)}, \mathfrak{y}^{(m)})$ *diophantisch, so sind auch die Prädikate* $P(\mathfrak{x}^{(n)})$ & $Q(\mathfrak{x}^{(n)})$, $P(\mathfrak{x}^{(n)}) \vee Q(\mathfrak{x}^{(n)})$, $(\exists y_1 \cdots y_m)\, R(\mathfrak{x}^{(n)}, \mathfrak{y}^{(m)})$ *diophantisch. Sind* $F(\mathfrak{x}^{(n)})$, $G(\mathfrak{x}^{(n)})$ *Polynome mit ganzzahligen Koeffizienten, so sind die durch die Beziehungen*

$$S(\mathfrak{x}^{(n)}) \Leftrightarrow F(\mathfrak{x}^{(n)}) = G(\mathfrak{x}^{(n)}),$$

$$T(\mathfrak{x}^{(n)}) \Leftrightarrow F(\mathfrak{x}^{(n)}) \neq G(\mathfrak{x}^{(n)}),$$

$$U(\mathfrak{x}^{(n)}) \Leftrightarrow F(\mathfrak{x}^{(n)}) < G(\mathfrak{x}^{(n)})$$

definierten Prädikate $S(\mathfrak{x}^{(n)})$, $T(\mathfrak{x}^{(n)})$, $U(\mathfrak{x}^{(n)})$ *diophantisch.*

Es sei in der Tat

$$P(\mathfrak{x}^{(n)}) \Leftrightarrow (\exists \mathfrak{y}^{(m)})\, (H(\mathfrak{x}^{(n)}, \mathfrak{y}^{(m)}) = 0),$$

$$Q(\mathfrak{x}^{(n)}) \Leftrightarrow (\exists \mathfrak{z}^{(k)})\, (L(\mathfrak{x}^{(n)}, \mathfrak{z}^{(k)}) = 0),$$

wobei H, L Polynome mit ganzen Koeffizienten sind. Dann ist

$$P(\mathfrak{x}^{(n)}) \,\&\, Q(\mathfrak{x}^{(n)}(\Leftrightarrow (\exists \mathfrak{y}^{(m)})\, (\exists \mathfrak{z}^{(k)})\, (H + L = 0),$$

$$P(\mathfrak{x}^{(n)}) \vee Q(\mathfrak{x}^{(n)}) \Leftrightarrow (\exists \mathfrak{y}^{(m)}\, (\exists \mathfrak{z}^{(k)})\, (H \cdot L = 0).$$

Wir haben weiterhin

$$T(\mathfrak{x}^{(n)}) \Leftrightarrow (\exists y)\, ((F - G)^2 = y + 1),$$

$$U(\mathfrak{x}^{(n)}) \Leftrightarrow (\exists y)\, (1 + y + F = G),$$

was auch gefordert war.

Eine zahlentheoretische Funktion $f(x_1, \ldots, x_n)$ heißt diophantische Funktion, wenn die $(n + 1)$-stellige Relation $y = f(x_1, \ldots, x_n)$ diophantisch ist.

Hieraus folgt insbesondere, daß jedes Polynom mit ganzen Koeffizienten eine diophantische Funktion seiner Argumente ist.

Theorem 1. *Die Zusammensetzung diophantischer Funktionen ist eine diophantische Funktion. Sind ein Prädikat* $P(\mathfrak{x}^{(n)})$ *und Funktionen* $F_1(\mathfrak{x}^{(m)})$, $\ldots$, F_n $(\mathfrak{x}^{(m)})$ *diophantisch, so ist auch das Prädikat* $P(F_1(\mathfrak{x}^{(m)}), \ldots, F_n(\mathfrak{x}^{(m)}))$ *diophantisch.*

Seien nämlich die Funktion $F(\mathfrak{x}^{(n)}$ und die Funktionen $F_i(\mathfrak{x}^{(m)})$ diophantisch. Da die Beziehung

$$y = F(F_1(\mathfrak{x}^{(m)}), \ldots, F_n(\mathfrak{x}^{(m)}))$$

für natürliche Zahlen $x_1, \ldots, x_m$ zur Beziehung

$$(\exists z_1 \cdots z_n) \prod_{\varepsilon_1,\ldots,\varepsilon_n = \pm 1} \left((y - F(\varepsilon_1 z_1, \ldots, \varepsilon_n z_n))^2 \right.$$
$$\left. + \sum (\varepsilon_i z_i - F_i(\mathfrak{x}^{(m)}))^2 \right) = 0$$

äquivalent und die letztere Beziehung nach Korollar 1 diophantisch ist, ist dann die Funktion $F(F_1, \ldots, F_n)$ diophantisch. Analog wird auch die zweite Behauptung des Theorems gezeigt.

Theorem 2. *Die Funktionen* $x \mathbin{\dot-} y$, $[x/y]$, $\mathrm{rest}(x, y)$, $\boldsymbol{c}(x, y)$, $\boldsymbol{l}(x)$, $\boldsymbol{r}(x)$, $\Gamma(x, y)$ *sind diophantisch.*

Es ist nämlich

$$z = x \mathbin{\dot-} y \Leftrightarrow (x \leqq y \ \&\ z = 0) \lor (x = z + y),$$
$$z = [x/y] \Leftrightarrow (y = 0 \ \&\ z = x) \lor (\exists u)(x = yz + u \ \&\ u < y),$$
$$\mathrm{rest}\,(x, y) = x \mathbin{\dot-} y \cdot [x/y], \ \boldsymbol{c}(x, y) = \left[\frac{(x + y)^2 + 3x + y}{2} \right],$$
$$z = \boldsymbol{l}(x) \Leftrightarrow (\exists v)(\boldsymbol{c}(z, v) = x),$$
$$z = \boldsymbol{r}(x) \Leftrightarrow (\exists v)(\boldsymbol{c}(v, z) = x),$$
$$\Gamma(x, y) = \mathrm{rest}\,(\boldsymbol{l}(x), 1 + (y + 1)\,\boldsymbol{r}(x)).$$

Unter Anwendung von Korollar 1 und Theorem 1 überzeugen wir uns, daß die rechts vom Zeichen $\Leftrightarrow$ stehenden Ausdrücke diophantische Prädikate darstellen.

Bezeichnen wir mit A die Gesamtheit aller Potenzen der Zahl 2: $A = \{1, 2, 4, 8, \ldots\}$ und sei $A' = N - A$. Es ist interessant, zu bemerken, daß die Menge A' diophantisch ist, weil

$$x \in A' \Leftrightarrow (\exists uv)(x = (2u + 3)v).$$

Gleichzeitig ist es bisher unbekannt, ob die Menge A diophantisch ist. Es ist insbesondere nicht bekannt, ob die Funktion 2^x diophantisch ist (s. J. ROBINSON [93]). Augenscheinlich ist zum gegenwärtigen Zeitpunkt kein einzelnes konkretes diophantisches Prädikat bekannt, das ein nicht-diophantisches Negat hat, obgleich man sehr einfach (nicht konstruktiv) das

Theorem 3 zeigt. *Es gibt diophantische Prädikate, deren Negate nicht diophantisch sind*[1]).

Nehmen wir das Gegenteil an, d. h., nehmen wir an, daß es zu jedem Polynom $F(\mathfrak{x}, \mathfrak{y})$ mit ganzen Koeffizienten ein Polynom $F^*(\mathfrak{x}, \mathfrak{y}_1)$ mit ganzen Koeffizienten

---

[1]) Da nach MATIJASEVIČ [228] jede rekursiv aufzählbare Menge diophantisch ist, ist auch A diophantisch und hat jedes rekursiv aufzählbare, nicht-rekursive Prädikat kein diophantisches Komplement, ist aber selbst diophantisch (s. Anhang). (Anm. d. Übers.).

gibt, so daß

$$\neg\, (\exists\mathfrak{y})\,(F(\mathfrak{x}, \mathfrak{y}) = 0) \Leftrightarrow (\exists\mathfrak{y}_1)\,(F^*(\mathfrak{x}, \mathfrak{y}_1) = 0) \tag{4}$$

und also

$$(\exists\mathfrak{y})\,(F(\mathfrak{x}, \mathfrak{y}) = 0) \Leftrightarrow (\forall\mathfrak{y}_1)\,(F^*(\mathfrak{x}, \mathfrak{y}_1) \neq 0). \tag{5}$$

Wir zeigen, daß in diesem Fall jede arithmetische Menge (§ 13.3.) diophantisch ist. Betrachten wir zum Beispiel das Prädikat

$$(\forall\mathfrak{y})\,(\exists\mathfrak{z})\,(G(\mathfrak{x}, \mathfrak{y}, \mathfrak{z}) = 0),$$

wobei G ein Polynom ist. Wir haben auf der Grundlage von (4), (5)

$$(\forall\mathfrak{y})\,(\exists\mathfrak{z})\,(G(\mathfrak{x}, \mathfrak{y}, \mathfrak{z}) = 0) \Leftrightarrow (\forall\mathfrak{y})\,(\forall\mathfrak{z}_1)(G^*(\mathfrak{x}, \mathfrak{y}, \mathfrak{z}_1) \neq 0)$$

$$\Leftrightarrow \neg\, (\exists\mathfrak{y})\,(\exists\mathfrak{z}_1)\,(G^*(\mathfrak{x}, \mathfrak{y}, \mathfrak{z}_1) = 0) \Leftrightarrow (\exists\mathfrak{z}_2)\,(G^{**}(\mathfrak{x}, \mathfrak{z}_2) = 0).$$

Die diskutierten Transformationen zeigen, daß man auch in Ausdrücken mit komplizierteren Präfixen der Gestalt $\forall\exists$, $\exists\forall\exists$ usw. die universellen Quantoren schrittweise durch Existenzquantoren ersetzen und so jedes arithmetische Prädikat in diophantischer Form darstellen kann. Wir sind zu einem Widerspruch gekommen, weil alle diophantischen Prädikate rekursiv aufzählbar sind und es nach § 13.3. unter den arithmetischen Prädikaten auch nicht-rekursiv-aufzählbare gibt.

Es wird vermutet, daß alle rekursiv aufzählbaren Prädikate diophantisch sind[1]) Die in Theorem 2 angegebenen Funktionen haben ein langsames Wachstum. J. Robinson [93] hat gezeigt, daß alle rekursiv aufzählbaren Prädikate diophantisch sind und Hilberts Problem negativ gelöst wird, wenn es wenigstens eine diophantische Funktion gibt, die nicht langsamer als 2^x wächst.

Im Zusammenhang mit Theorem 3 führen wir den folgenden Begriff ein, der uns unten von Nutzen sein wird.

Wir vereinbaren, ein Prädikat $P(x_1, \ldots, x_m)$ *zweifach diophantisch* zu nennen, wenn es selbst und sein Negat diophantisch sind. Dementsprechend nennen wir eine Funktion $f(x_1, \ldots, x_n)$ *zweifach diophantisch*, wenn die Beziehung $f(x_1, \ldots, x_n) = x_{n+1}$ zweifach diophantisch ist.

Nach dieser Definition ist klar, daß ein Prädikat $P(x_1, \ldots, x_m)$ genau dann zweifach diophantisch ist, wenn es Polynome F, G mit ganzen Koeffizienten gibt, so daß

$$P(x_1, \ldots, x_m)$$

$$\Leftrightarrow (\exists y_1 \cdots y_s)(F(x_1, \ldots, x_m; y_1, \ldots, y_s) = 0), \tag{6}$$

$$P(x_1, \ldots, x_m)$$

$$\Leftrightarrow (\forall z_1) \cdots (\forall z_t)\,(G(x_1, \ldots, x_m, z_1, \ldots, z_t) \neq 0). \tag{7}$$

---

[1]) Siehe Fußnote Seite 287.

Da eine zweifach diophantische Menge und ihr Komplement diophantisch und diophantische Mengen rekursiv aufzählbar sind, ist jede zweifach diophantische Menge rekursiv[1]). Es ist nicht bekannt, ob die Umkehrung gilt. Theorem 3 behauptet die Existenz einer diophantischen Menge, die nicht zweifach diophantisch ist. Wären alle rekursiven Mengen zweifach diophantisch, so wäre die oben erwähnte diophantische Menge mit nicht-diophantischem Komplement nicht rekursiv und hätte das HILBERTsche Problem eine negative Lösung.

Wir diskutieren einige einfache Eigenschaften zweifach diophantischer Mengen und Funktionen.

Theorem 4. *Konjunktion, Alternation und Negation zweifach diophantischer Prädikate sind zweifach diophantische Prädikate. Die Zusammensetzung zweifach diophantischer überall definierter Funktionen ist eine zweifach diophantische Funktion. Ist ein Prädikat $P(x_1, \ldots, x_m)$ und eine Funktion $f(x_1, \ldots, x_m)$ zweifach diophantisch, so ist auch das Prädikat $P(f(x_1, \ldots, x_m), x_2, \ldots, x_m)$ zweifach diophantisch.*

Wir zeigen zum Beispiel die letzte Behauptung. Wir haben

$$P(f(x_1, \ldots, x_m), \ldots, x_m)$$
$$\Leftrightarrow (\exists u)\, (f(x_1, \ldots, x_m) = u \;\&\; P(u, x_2, \ldots, x_m)), \tag{8}$$

$$P(f(x_1, \ldots, x_m), \ldots, x_m)$$
$$\Leftrightarrow (\forall u)\, (f(x_1, \ldots, x_m) \neq u \;\vee\; P(u, x_2, \ldots, x_m)). \tag{9}$$

Nach Voraussetzung gibt es Polynome F, G mit ganzen Koeffizienten, so daß

$$f(x_1, \ldots, x_m) = u \;\&\; P(u, x_2, \ldots, x_m)$$
$$\Leftrightarrow (\exists y_1 \cdots y_s)\, (F(u, x_1, \ldots, x_m; y_1, \ldots, y_s) = 0),$$
$$f(x_1, \ldots, x_m) \neq u \;\vee\; P(u, x_2, \ldots, x_m)$$
$$\Leftrightarrow (\forall z_1) \cdots (\forall z_t)\, (G(u, x_1, \ldots, x_m, z_1, \ldots, z_t) \neq 0).$$

Betrachten wir diese Äquivalenzen mit den entsprechenden Äquivalenzen (8), (9), so sehen wir, daß das Prädikat $P(f(x_1, \ldots, x_m), x_2, \ldots, x_m)$ in den Formen (6), (7) darstellbar ist, und also ist dieses Prädikat zweifach diophantisch.

Theorem 5. *Jedes Polynom mit ganzen Koeffizienten ist eine zweifach diophantische Funktion. Die Relationen $x < y$, $x = y$ und die Funktionen $[x/y]$, rest (x, y), $l(x)$, $r(x)$, $\Gamma(x, y)$ sind zweifach diophantisch.*

---

[1]) Da nach MATEJASEVIČ [128] jede rekursiv aufzählbare Menge diophantisch ist, gilt auch die Umkehrung; jedes rekursive Prädikat P ist wie auch sein Komplement rekursiv aufzählbar, also zweifach diophantisch (s. Anhang) (Anm. d. Übers.).

Denn

$$y = f(\mathfrak{x}) \Leftrightarrow y - f(\mathfrak{x}) = 0 \Leftrightarrow (\forall z)\left(z + 1 - (y - f(\mathfrak{x}))^2 \neq 0\right),$$

$$x < y \Leftrightarrow (\exists z)(x + z + 1 - y = 0) \Leftrightarrow (\forall z)\,(x - y - z \neq 0),$$

$$z = [x/y] \Leftrightarrow (zy \leq x \;\&\; x < (z + 1)y) \;\vee\; (y = 0 \;\&\; z = x),$$

$$\text{rest}\,(x, y) = x - [x/y]y,$$

$$y = l(x) \Leftrightarrow (\exists z)\,(c(y, z) - x = 0)$$

$$\Leftrightarrow (\forall z)\,(\forall u)\,(c(z, u) \neq x \;\vee\; z = y),$$

$$\Gamma(x, y) = \text{rest}\,(l(x), (1 + (y + 1)\,r(x))).$$

Es ist klar, daß das Prädikat $(\exists x_1)P(x_1, \ldots, x_m)$ diophantisch ist, wenn das Prädikat $P(x_1, \ldots, x_m)$ zweifach diophantisch ist. In Anbetracht von Theorem 3 ist das erste Prädikat jedoch allgemein gesprochen nicht zweifach diophantisch.

16.2. Arithmetische Darstellung. Es wurde bereits gesagt, daß es die Vermutung gibt, derzufolge jede rekursiv aufzählbare Menge eine diophantische Darstellung gestattet[1]). Die Frage nach der Richtigkeit dieser Vermutung ist zur Zeit offen. Wir können jedoch beweisen, daß jede rekursiv aufzählbare Menge eine arithmetische Darstellung gestattet, die sich von einer diophantischen Darstellung nur durch zwei Quantoren unterscheidet. Diese Darstellung liegt der Herleitung einer Anzahl anderer Darstellungen für rekursiv aufzählbare Mengen zugrunde.

Theorem 1 (DAVIS [19]). *Zu jeder rekursiv aufzählbaren Menge M gibt es ein Polynom $F(x, y, z, x_1, \ldots, x_n)$ mit ganzen Koeffizienten der Art, daß*

$$x \in M \Leftrightarrow (\exists y)\,(\forall z \leq y)\,(\exists x_1)$$
$$\cdots (\exists x_n)\,(F(x, y, z, x_1, \ldots, x_n) = 0), \tag{1}$$

wobei die Quantoren $\exists$, $\forall$ sich, wie überall, auf die Menge natürlicher Zahlen beziehen.

Betrachten wir zuerst, was dieses Theorem für das Problem der Lösung algebraischer Gleichungen in natürlichen Zahlen liefert. Wir nehmen als M irgendeine nicht-rekursive rekursiv aufzählbare Menge und konstruieren das entsprechende Polynom F. Betrachten wir das folgende Problem: für eine beliebig gegebene natürliche Zahl x zu erkennen, ob das Gleichungssystem

$$\left.\begin{array}{l}
F(x, y, 0, x_{01}, \ldots, x_{0n}) = 0, \\
F(x, y, 1, x_{11}, \ldots, x_{1n}) = 0, \\
\;\cdot\;\cdot\;\cdot\;\cdot\;\cdot\;\cdot\;\cdot\;\cdot\;\cdot\;\cdot\;\cdot\;\cdot\; \\
F(x, y, y, x_{y1}, \ldots, x_{yn}) = 0
\end{array}\right\} \tag{2}$$

---

[1]) S. Anmerkung zu Seite 289 (Anm. d. Übers.).

für natürliche Zahlen y, x_{ij} lösbar ist.[1]) Nach Theorem 1 ist die Lösbarkeit dieses Systems zur Zugehörigkeit der Zahl x zur Menge M äquivalent. Folglich hat das Problem der Lösbarkeit des angegebenen Systems für eine beliebig gegebene Zahl x keinen Algorithmus zu seiner Lösung.

Gehen wir nun zum Beweis von Theorem 1 über. Betrachten wir die Funktion $f(x)$, die für $x \in M$ gleich 0 und für $x \notin M$ undefiniert ist. Diese Funktion ist partiell rekursiv, und also gibt es nach Theorem 2 aus § 14.3. einen Operator-Algorithmus, der 2^x in $2^{f(x)}$ verarbeitet und ein Programm der Gestalt

$$0: \boxed{\text{stop}}; \quad 1: \boxed{\;\zeta_1\;|\;a_1\;|\;b_1\;}; \; \ldots; \quad n: \boxed{\;\zeta_n\;|\;a_n\;|\;b_n\;} \tag{3}$$

hat, wobei ζ_i eine der Operationen $\times 2$, $\times 3$, $\times 5$, $:30$ bezeichnet. Diese Operationen verarbeiten eine Zahl der Form $2^u \cdot 3^v \cdot 5^w$ in eine Zahl von der gleichen Form. Beginnen wir, gemäß dem angegebenen Programm ein Paar $(2^x, 1)$ zu verarbeiten, so werden wir also nach dem n-ten Schritt der Berechnung ein Paar der Gestalt $(2^{u_s} \cdot 3^{v_s} \cdot 5^{w_s}, c_s)$ haben, wobei 2^{u_s}, 3^{v_s} 5^{w_s} die erhaltene Zahl und c_s die Nummer desjenigen Befehls aus Programm (3) ist, der im nächsten Schritt ausgeführt werden muß.

Bezeichnen wir durch $P_1(u, v, w, c, u', v', w', c')$ das Prädikat, welches genau dann wahr ist, wenn das Paar $(2^u \cdot 3^v \cdot 5^w, c)$ als Ergebnis der Ausführung des Befehls mit der Nummer c aus dem Programm (3) in das Paar $(2^{u'} \cdot 3^{v'} \cdot 5^{w'}, c')$ übergeht. Wir betrachten in diesem Zusammenhang $P_1(u, v, w, c, u', v', w', c')$ als für beliebige u', v', w', c' falsch, wenn $c > n$; und für $c = 0$ setzen wir P_1 als wahr nur dann, wenn $c' = 0$ und $u = u'$, $v = v'$, $w = w'$.

Wir werden zeigen, daß das Prädikat P_1 diophantisch ist. Wir führen für jedes i, $1 \le i \le n$, ein zur Behauptung

$$c = i \; \& \; P_1(u, v, w, c; u', v', w', c')$$

äquivalentes Prädikat $P_1^i(u, v, w, c; u', v', w', c')$ ein und zeigen, daß die Prädikate $P_1^0, P_1^1, \ldots, P_1^n$ diophantisch sind. Für P_1^0 ist dies offensichtlich, weil nach dem oben Ausgeführten

$$P_1^0(u, v, w, c; u', v', w', c')$$
$$\Leftrightarrow c = c' = 0 \; \& \; u = u' \; \& \; v = v' \; \& \; w = w.$$

Betrachten wir nun P_1^i für $i \ge 1$. Im entsprechenden Befehl $i: \boxed{\;\zeta_i\;|\;a_i\;|\;b_i\;}$ kann das Zeichen ζ_i einen der vier Werte: $\times 2$, $\times 3$, $\times 5$, $:30$ haben. Nehmen wir an, daß der oben erwähnte Befehl die Gestalt

$$i: \boxed{\;:30\;|\;a_i\;|\;b_i\;}$$

---

[1]) Es wird auch die Anzahl der Gleichungen in diesem System, gleich $y + 1$, gesucht.

19*

hat. Ist folglich $c = i$ und die Zahl $2^u \cdot 3^v \cdot 5^w$ durch 30 teilbar, so geht das Paar $(2^u \cdot 3^v \cdot 5^w, c)$ in das Paar $(2^{u-1} \cdot 3^{v-1} \cdot 5^{w-1}, a_i)$ über. Und ist die angegebene Zahl nicht durch 30 teilbar, so geht das oben erwähnte Paar in das Paar $(2^u \cdot 3^v \cdot 5^w, b_i)$ über. Mit anderen Worten ist im betrachteten Fall die Relation $P_1{}^i(u, v, w, c; u', v', w', c')$ zum Ausdruck

$$c = i \,\&\, (u > 0 \,\&\, v > 0 \,\&\, w > 0 \to u' = u - 1 \,\&\, v'$$
$$= v - 1 \,\&\, w' = w - 1 \,\&\, c' = a_i) \,\&\, (u \cdot v \cdot w = 0 \to u'$$
$$= u \,\&\, v' = v \,\&\, w' = w \,\&\, c' = b_i)$$

äquivalent, der zur Formel

$$c = i \,\&\, u \cdot v \cdot w = 0 \,\lor\, (u = u' + 1 \,\&\, v = v' + 1 \,\&\, w$$
$$= w' + 1 \,\&\, c' = a_i) \,\&\, (u > 0 \,\&\, v > 0 \,\&\, u > 0) \,\lor\,$$
$$= (u = u' \,\&\, v = v' \,\&\, w = w' \,\&\, c' = b_i)$$

äquivalent ist.

Nach dem vorhergehenden Punkt sind die Prädikate $c = i$, $u > 0$, $u = u' + 1$ usw. diophantisch, ihre Konjunktionen und Alternationen sind ebenfalls diophantisch. Folglich ist das Prädikat $P_1{}^i$ diophantisch.

Nehmen wir nun an, daß der betrachtete Befehl die Gestalt

$$i: \boxed{\times\, 2 \,\big|\, a_i}$$

hat.

In diesem Fall geht das Paar $(2^u \cdot 3^v \cdot 5^w, c)$ in das Paar $(2^{u+1} \cdot 3^v \cdot 5^w, a_i)$ über und schreibt sich das Prädikat $P_1{}^i(u, v, w, c; u', v', w', c')$ in der Form

$$c = i \,\&\, u' = u + 1 \,\&\, v' = v \,\&\, w' = w \,\&\, c' = a_i$$

und ist also diophantisch.

Die Fälle $\zeta_i = \times 3, \times 5$ betrachtet man analog. Wir können also als bewiesen annehmen, daß alle Prädikate $P_1{}^i$ diophantisch sind. Aber

$$P_1 \Leftrightarrow P_1{}^0 \,\lor\, P_1{}^1 \,\lor\, \cdots \,\lor\, P_1{}^n,$$

weshalb das Prädikat P_1 ebenfalls diophantisch ist.

Wir bezeichnen mit $P_s\,(u, v, w, c; u', v', w', c')$ das Prädikat, das für $c \leq n$ genau dann wahr ist, wenn das Paar $(2^u \cdot 3^v \cdot 5^w, c)$ nach s Bearbeitungsschritten gemäß Programm (3) in das Paar $(2^{u'} \cdot 3^{v'} \cdot 5^{w'}, c')$ übergeht. Durch Einführung der Bezeichnung $\mathfrak{x}_i = \langle x_{i1}, x_{i2}, x_{i3}, x_{i4} \rangle$ und unter Berücksichtigung der Bedeutung der Relation P_1 sehen wir, daß die Relation $P_{s+1}\,(\mathfrak{x}, \mathfrak{y})$ dem Ausdruck

$$(\exists \mathfrak{x}_1, \mathfrak{x}_2, \cdots \mathfrak{x}_s)\, (P_1(\mathfrak{x}, \mathfrak{x}_1) \,\&\, P_1\,(\mathfrak{x}_1, \mathfrak{x}_2) \,\&\, \cdots \,\&\, P_1(\mathfrak{x}_s, \mathfrak{y})) \qquad (4)$$

äquivalent ist.

Nach der grundlegenden Eigenschaft der GÖDEL-Funktion $\Gamma(z, x)$ (§ 3.3.) gibt es zu beliebigen natürlichen Zahlen x_{ij} $(i = 0, 1, \ldots, s + 1; j = 1, 2, 3, 4)$ ein a der Art, daß

$$\Gamma(a, i) = c^4(x_{i1}, x_{i2}, x_{i3}, x_{i4}) \ (i = 0, 1, \ldots, s + 1)$$

und folglich

$$x_{ij} = c_{4j}(\Gamma(a, i)) \ (i = 0, 1, \ldots, s + 1; j = 1, 2, 3, 4), \tag{5}$$

wobei c, c_{41}, c_{42}, c_{43}, c_{44} die in § 3.3. definierten Aufzählungsfunktionen sind und $\mathfrak{x}_0 = \mathfrak{x}$, $\mathfrak{x}_{s+1} = \mathfrak{y}$. Alle diese Funktionen sind Zusammensetzungen der Funktionen c, l, r, deren Diophantizität im vorigen Punkt hergeleitet wurde. Hieraus folgt, daß die Funktionen $c_{4j}(\Gamma(x, y))$ ebenfalls diophantisch sind.

Aus der Lösbarkeit des Systems (5) bezüglich a folgt, daß der Ausdruck (4) zur Behauptung

$$(\exists a) \ (\forall_i \leqq s) \ (P_1(d_1(a, i), \ldots, d_4(a, i), d_1(a, i + 1),$$
$$\ldots, d_4(a, i + 1)) \ \& \ x_1 = d_1(a, 0) \ \& \ \cdots \ \& \ x_4 = d_4(a, 0) \ \& \ y_1$$
$$= d_1(a, s + 1) \ \& \ \cdots \ \& \ y_4 = d_4(a, s + 1)) \tag{6}$$

äquivalent ist, wobei $d_j(a, i) = c_{4j}(\Gamma(a, i))$.

Die Bedingung $x \in M$ bedeutet, daß der Prozeß der Verarbeitung des Quadrupels $(x, 0, 0, 1)$ bei einem geeigneten $(s + 1)$-ten Schritt abbricht, d. h., es findet sich ein derartiges s, daß wir in dem im $(s + 1)$-ten Schritt erhaltenen Quadrupel (y_1, y_2, y_3, y_4) $y_4 = 0$ haben. Mit anderen Worten liefert der Ausdruck (6)

$$x \in M \Leftrightarrow (\exists s) \ (\exists a) \ (\forall i \leqq s) \ \{P_1(d_1(a, i), \ldots$$
$$\ldots, d_4(a, i), d_1(a, i + 1), \ldots, d_4(a, i + 1)) \ \& \ x = d_1(a, 0)$$
$$\& \ 0 = d_2(a, 0) \ \& \ 0 = d_3(a, 0) \ \& \ 1 = d_4(a, 0) \ \& \ 0 = d_4(a, s + 1)\}. \tag{7}$$

Wir haben bereits gesehen, daß das Prädikat P_1, die Funktion $d_2(a, i)$ und die Relationen $x = d_1(a, 0)$, $\ldots$, $0 = d_4(a, s + 1)$ diophantisch sind. Deshalb stellt der in der Formel (7) in geschweiften Klammern auftretende Ausdruck ein diophantisches Prädikat der Variablen x, i, a, s dar. Bezeichnen wir dieses Prädikat mit Q, so haben wir

$$x \in M \Leftrightarrow (\exists s) \ (\exists a) \ (\forall i \leqq s) \ Q(x, a, i, s). \tag{8}$$

Aber die Behauptung der Existenz eines Paars von Zahlen s, a ist zur Behauptung der Existenz der Zahl $y = c(s, a)$, die Index dieses Paars ist, äquivalent. Also erhalten wir aus den Beziehungen (8)

$$x \in M \Leftrightarrow (\exists y) \ (\forall i \leqq l(y)) \ Q(x, r(y), i, l(y))$$
$$\Leftrightarrow (\exists y) \ (\forall_i \leqq y) \ \big(Q(x, r(y), i, l(y)) \ \vee \ i > l(y)\big). \tag{9}$$

Das Prädikat $Q(x, r(y), i, l(y)) \lor i > l(y)$ ist diophantisch, und also kann man es in der Form

$$(\exists x_1, \ldots, x_n)\, (F(x, y, i, x_1, \ldots, x_n) = 0) \tag{10}$$

darstellen, wobei F ein geeignetes Polynom mit ganzen Koeffizienten ist. Durch Kombination der Formeln (9) und (10) kommen wir zu dem verlangten Ausdruck (1).

Mit Hilfe unbedeutender formaler Transformationen (DAVIS [19]) ist es leicht, aus Theorem 1

Theorem 2 zu bekommen. *Zu jeder rekursiv aufzählbaren Menge M gibt es ein Polynom G mit ganzzahligen Koeffizienten der Art, daß*

$$x \in M \Leftrightarrow (\exists y)\, (\forall z \leqq y)\, (\exists x_1 \leqq y)$$
$$\ldots (\exists x_m \leqq y)\, (G(x, y, z, x_1, \ldots, x_m) = 0).$$

Nach Theorem 1 gibt es ein der Beziehung (1) genügendes Polynom F, und also ist die Behauptung $x \in M$ äquivalent zur Lösbarkeit des Gleichungssystems (2) bezüglich $x_{ij}(i = 0, \ldots, y; j = 1, \ldots, n)$ für ein y. Bezeichnen wir mit u eine Zahl, die größer als jede Zahl x_{ij} ist, so sehen wir, daß die Beziehung (1)

$$x \in M \Leftrightarrow (\exists y)\, (\exists u)\, (\forall z \leqq y)\, (\exists x_1 \leqq u) \cdots (\exists x_n \leqq u)\, (F = 0)$$

impliziert.

Führen wir statt des Zahlenpaares y, u seinen Index $v = c(y, u)$ ein, so kommen wir zu der Schlußfolgerung, daß die Beziehung $x \in M$ zur Formel

$$(\exists v)\, (\forall z \leqq l(v))\, (\exists x_1 \leqq r(v))$$
$$\ldots (\exists x_n \leqq r(v))\, (F(x, l(v), z, x_1, \ldots, x_n) = 0)$$

äquivalent ist, welche ihrerseits zum Ausdruck

$$(\exists v)\, (\forall z \leqq v)\, (\exists x_1 \leqq v) \cdots (\exists x_n \leqq v)\, (\exists w_1 \leqq v)$$
$$(\exists w_2 \leqq v)\, \big(c(w_1, w_2) = v \,\&\, [(F(x, w_1, z, x_1, \ldots, x_n) = 0) \tag{11}$$
$$\lor\; (w_1 < z \leqq v)]\, \&\, x_1 \leqq w_2\, \&\, \cdots\, \&\, x_n \leqq w_2\big)$$

äquivalent ist. Da innerhalb der Formel (11)

$$w_1 < z \leqq v$$
$$\Leftrightarrow (\exists w_3 \leqq v)\, (\exists w_4 \leqq v)\, (w_1 + w_3 + 1 = z \,\&\, z + w_4 = v),$$
$$x_i \leqq w_2 \Leftrightarrow (\exists y_i \leqq v)\, (x_i + y_i = w_2),$$

ist dann

$$w_1 < z \leqq v \Leftrightarrow (\exists w_3 \leqq v)\, (\exists w_4 \leqq v)\, (U = 0),$$
$$x_1 \leqq w_2\, \&\, \ldots\, \&\, x_n \leqq w_2 \Leftrightarrow \left(\mathop{\exists y_i}_{i=1}^{n} \leqq v\right) (V = 0), \tag{12}$$

wobei $\left(\overset{n}{\underset{i=1}{\exists}} y_i \leqq v\right)$ das Wort $(\exists y_1 \leqq v) \cdots (\exists y_n \leqq v)$ bezeichnet und wir

$$U = (w_1 + w_3 + 1 - z)^2 + (z + w_4 - v)^2,$$
$$V = (x_1 + y_1 - w_2)^2 + \cdots + (x_n + y_n - w_2)^2$$

gesetzt haben.

Wir reduzieren Formel (11) mit Hilfe der Beziehung (12) auf

$$(\exists v)\ (\forall z \leqq v)\ \left(\overset{n}{\underset{i=1}{\exists}} x_i \leqq v\right) \left(\overset{n}{\underset{i=1}{\exists}} y_i \leqq v\right) \left(\overset{4}{\underset{i=1}{\exists}} w_1 \leqq v\right)$$
$$\big(4\ (\mathbf{c}(w_1, w_2) - v)^2 + U(F^2(x, w_1, z, x_1, \dots, x_n) + V^2 = 0)\big),$$

was Theorem 2 erfüllt.

Die oben geführten Beweise von Theorem 1 und Theorem 2 sind konstruktiv. Dies bedeutet, daß wir im Prinzip die den Forderungen der Theoreme 1, 2 genügenden Polynome F, G aufschreiben können, wenn wir das Programm eines Operator-Algorithmus haben, der die partielle charakteristische Funktion $f(x)$ der Menge M berechnet. Dies ist jedoch nur eine prinzipielle Möglichkeit, denn wenn irgendeines der jetzt bekannten, einer nicht-rekursiven Menge M entsprechenden Programme zu nehmen ist und nach den in den Beweisen der Theoreme 1, 2 diskutierten Regeln die Polynome F, G zu konstruieren sind, dann erweisen sich solche Polynome als zu kompliziert. Das Problem, mehr oder weniger einfache Polynome (zum Beispiel nicht zu hohen Grades und mit einer nicht zu großen Anzahl von Variablen) zu finden, die eine nicht-rekursive Menge M liefern, ist anscheinend bisher nicht gelöst.

16.3. Repräsentierbarkeit natürlicher Zahlen durch Polynome. Wir sagen, daß eine Zahl a durch ein Polynom $F(x_1, \dots, x_m)$ *darstellbar* ist, wenn es *natürliche* Zahlen $a_1, \dots, a_m$ der Art gibt, daß $F(a_1, \dots, a_m) = a$, d. h. wenn die Formel

$$(\exists x_1) \cdots (\exists x_m)\ (F(x_1, \dots, x_m) = a)$$

wahr ist.

Man sagt, daß eine Gesamtheit M natürlicher Zahlen durch ein Polynom F darstellbar ist, wenn M die Gesamtheit aller derjenigen *natürlichen* Zahlen ist, die durch das Polynom F darstellbar sind. In der Zahlentheorie ist für eine Reihe von Polynomen F das Problem untersucht worden, ob *alle* natürlichen Zahlen durch dieses Polynom darstellbar sind. Der Satz von LAGRANGE zum Beispiel, von dem wir bereits Gebrauch gemacht haben, behauptet, daß das Polynom $x_1{}^2 + x_2{}^2 + x_3{}^2 + x_4{}^2$ jede natürliche Zahl darstellt. Natürlicherweise entsteht die Frage: Kann man einen Algorithmus angeben, mittels dessen man für ein beliebig vorgegebenes Polynom mit ganzen Koeffizienten sagen könnte, ob dieses Polynom alle natürlichen Zahlen darstellt oder nicht? Wir werden, H. PUTNAM

[83] folgend, zeigen, daß dieses Problem eine negative Lösung hat. Wir beweisen zuerst das folgende Theorem:

Theorem 1 (PUTNAM [83]). *Zu jeder rekursiv aufzählbaren Menge M gibt es ein Polynom $F(x, y, z, \ldots, z_n)$ mit ganzzahligen Koeffizienten der Art, daß*

$$x \in M \Leftrightarrow (\exists y)\, (\forall z_1) \cdots (\forall z_n)\, (F(x, y, z_1, \ldots, z_n) \neq 0). \tag{1}$$

Nach DAVIS' Theorem (§ 16.2) kann man ein Polynom $G(x, y, z, x_1, \ldots, x_m)$ mit ganzzahligen Koeffizienten der Art finden, daß

$$x \in M \Leftrightarrow (\exists y)\, (\forall z \leqq y)\, (\exists x_1)$$
$$\cdots (\exists x_m)\, (G(x, y, z, x_1, \ldots, x_m) = 0). \tag{2}$$

Wir bezeichnen für gegebene y und $z \leqq y$ durch x_{zi} natürliche Zahlen, die nach Theorem 2 die Gleichung

$$G(x, y, z, x_{z1}, \ldots, x_{zm})$$

erfüllen. Nach der grundlegenden Eigenschaft der GÖDEL-Funktion $\Gamma(a, t)$ haben die Systeme

$$\Gamma(a_i, z) = x_{zi} \qquad (z = 0, 1, \ldots, y)$$

Lösungen $a_1, \ldots, a_m$ in natürlichen Zahlen, und also ist

$$x \in M \Leftrightarrow (\exists y)\, (\exists a_1) \cdots (\exists a_m)\, (\forall z \leqq y)$$
$$\{G(x, y, z, \Gamma(a_1, z), \ldots, \Gamma(a_m, z)) = 0\}$$

oder

$$x \in M \Leftrightarrow (\exists y)\, (\exists a_1) \cdots (\exists a_m)\, (\forall z)$$
$$\{z > y \ \vee \ G(x, y, z, \Gamma(a_1, z), \ldots, \Gamma(a_m, z)) = 0\}. \tag{3}$$

Nach den Theoremen 4, 5 aus § 16.1 stellt der in geschweiften Klammern auftretende Ausdruck ein zweifach diophantische Prädikat dar und ist also zu einer Formel der Gestalt

$$(\forall z_1) \cdots (\forall z_{s-1})\, (H(x, y, a_1, \ldots, a_m, z, z_1, \ldots, z_{s-1}) \neq 0) \tag{4}$$

äquivalent, wobei H ein Polynom mit ganzzahligen Koeffizienten ist. Setzen wir (4) in (3) ein, so erhalten wir

$$x \in M \Leftrightarrow (\exists y)\, (\exists a_1) \cdots (\exists a_m)\, (\forall z_1) \cdots (\forall z_s)$$
$$(H(x, y, a_1, \ldots, a_m, z_1, \ldots, z_s) \neq 0).$$

Führen wir statt der Reihe $\langle y, a_1, \ldots, a_m \rangle$ ihren Index $u = \mathbf{c}(y, a_1, \ldots, a_m)$ ein, so haben wir

$$x \in M \Leftrightarrow (\exists u) \, (\forall z_1) \cdots (\forall z_s)$$
$$\{H(x, c_{m+1\,1}(u), \ldots, c_{m+1\,m+1}(u), z_1, \ldots, z_s) \neq 0\}.$$

Das in geschweiften Klammern auftretende Prädikat ist zweifach diophantisch und kann also durch einen Ausdruck der Gestalt

$$(\forall z_{s+1}) \cdots (\forall z_n) \, (F(x, u, z_1, \ldots, z_s, z_{s+1}, \ldots, z_n) \neq 0)$$

ersetzt werden, wobei F ein geeignetes Polynom mit ganzzahligen Koeffizienten ist. Nach der angegebenen Ersetzung nimmt die Formel die erforderliche Gestalt (1) an.

Theorem 2. *Zu jeder rekursiv aufzählbaren Menge M gibt es ein Polynom $G(x, z_1, \ldots, z_m)$ mit ganzzahligen Koeffizienten, so daß*

$$x \notin M \Leftrightarrow (\forall y) \, (\exists z_1) \cdots (\exists z_m) \, (G(x, z_1, \ldots, z_m) = y). \tag{5}$$

Wir finden zuerst nach Theorem 1 ein Polynom F derart, daß

$$x \in M \Leftrightarrow (\exists y) \, (\forall z_1) \cdots (\forall z_n) \, (F(x_1, y, z_1, \ldots, z_n) \neq 0)$$

und folglich

$$x \notin M \Leftrightarrow (\forall y) \, (\exists z_1) \cdots (\exists z_n) \, (F(x, y, z_1, \ldots, z_n) = 0).$$

Offensichtlich ist Theorem 2 bewiesen, wenn die folgende Formel von PUTNAM bewiesen wird:

$$(\exists \mathfrak{z}) \, (F(x, y, \mathfrak{z}) = 0) \Leftrightarrow (\exists \mathfrak{z}) \, (\exists u_1, \ldots, u_4)$$
$$(G(x, u_1, u_2, u_3, u_4, \mathfrak{z}) = y), \tag{6}$$

wobei $\mathfrak{z} = \langle z_1, \ldots, z_n \rangle$ und

$$G(x, u_1, \ldots, u_4, \mathfrak{z}) = (1 - F^2(x, u_1^2 + u_2^2 + u_3^2 + u_4^2, \mathfrak{z}))$$
$$(u_1^2 + u_2^2 + u_3^2 + u_4^2 + 1) - 1 \tag{7}$$

Sei für natürliche Zahlen x, y die linke Seite der Äquivalenz (6) wahr und also $F(x, y, \mathfrak{z}) = 0$ für geeignetes $\mathfrak{z}$. Nach dem Theorem von LAGRANGE finden sich natürliche Zahlen u_1, u_2, u_3, u_4, sodaß $y = u_1^2 + u_2^2 + u_3^2 + u_4^2$. Aus (7) erhalten wir

$$G(x, u_1, \ldots, u_4, \mathfrak{z}) = (1 - F^2(x, y, \mathfrak{z})) \, (1 + y) - 1 = y$$

und also ist die rechte Seite der Äquivalenz (6) wahr.

Sei umgekehrt für natürliche Zahlen x, y die rechte Seite der Äquivalenz (6) wahr und also

$$(1 - F^2(x, u_1{}^2 + u_2{}^2 + u_3{}^2 + u_4{}^2, \mathfrak{z}))\,(u_1{}^2 + u_2{}^2 + u_3{}^2 + u_4{}^2 + 1)$$
$$= y + 1 \tag{8}$$

für geeignete natürliche Zahlen $u_1, \ldots, u_4$. Das rechte Glied dieser Gleichung ist eine positive natürliche Zahl. Also muß der erste Faktor auf der linken Seite ebenfalls eine positive Zahl sein. Aber dies ist nur in dem Fall möglich, daß

$$F(x, u_1{}^2 + u_2{}^2 + u_3{}^2 + u_4{}^2, \mathfrak{z}) = 0,$$

und dann erhalten wir aus (8) zusätzlich $u_1{}^2 + u_2{}^2 + u_3{}^2 + u_4{}^2 = y$, woraus $F(x, y, \mathfrak{z}) = 0$ folgt, was auch verlangt war.

Korollar. *Es gibt keinen Algorithmus, der für ein beliebig vorgegebenes Polynom mit ganzzahligen Koeffizienten zu erkennen gestattet, ob dieses Polynom alle natürlichen Zahlen darstellt oder nicht.*

Nehmen wir in der Tat irgendeine nicht-rekursive, rekursiv aufzählbare Menge M und konstruieren wir dazu ein Bedingung (5) erfüllendes Polynom G. Wir nehmen eine Zahl a und betrachten das Polynom $G(a, z_1, \ldots, z_m)$ in den Variablen z_1, $\ldots, z_m$. Die Formel (5) bedeutet, daß $a \notin M$ genau dann, wenn das Polynom $G(a, z_1, \ldots, z_m)$ alle natürlichen Zahlen darstellt. Gäbe es den oben erwähnten Algorithmus, so wären wir mit seiner Hilfe auch imstande, das Problem des Vorkommens von Zahlen in M zu lösen, was der Nicht-Rekursivität der Menge M widerspricht.

16.4. Exponentielle Gleichungen. Gleichungen der Gestalt

$$F(x_1, \ldots, x_n, x_1{}^{x_1}, x_1{}^{x_2}, \ldots, x_n{}^{x_n}) = 0, \tag{1}$$

wo $F(x_1, \ldots, x_n, x_{11}, x_{12}, \ldots, x_{nn})$ ein Polynom der Variablen x_i, x_{ij} $(i, j = 1, \ldots, n)$ mit ganzen rationalen Koeffizienten ist, heißen exponentielle Gleichungen. In diesem Zusammenhang wird angenommen, daß $x^0 = 1$ für alle ganzen Zahlen x, speziell $0^0 = 1$. Man sucht gewöhnlich natürliche Lösungen der Gleichung (1). Die in der Literatur bereits untersuchten Gleichungen

$$x^x + y^y = z^z, \ (2 - x)^2 + (x^y - y)^2 = 0, \ 2^x + 11^y = 5^z$$

können als typische Beispiele exponentieller Gleichungen dienen.

Es ist nach Definition klar, daß jede diophantische Gleichung exponentiell ist. Oben wurde bemerkt, daß das Problem der Existenz eines Algorithmus, der die Frage nach der Lösbarkeit einer beliebig gegebenen diophantischen Gleichung beantwortet, zur Zeit offen bleibt[1]). Die Situation ist für exponentielle Gleichun-

---

[1]) Daß es keinen solchen Algorithmus gibt und somit HILBERTS zehntes Problem rekursiv unlösbar ist, folgt aus MATIJASEVIČ Satz: jedes rekursiv aufzählbares Prädikat ist diophantisch (s. Anhang) (Anm. d. Übers.).

gen anders. Vor relativ kurzer Zeit haben DAVIS, H. PUTNAM und J. ROBINSON [23] gezeigt, daß das Problem der Lösbarkeit einer beliebig gegebenen exponentiellen Gleichung in natürlichen Zahlen algorithmisch nicht lösbar ist. Der Beweis dieses bemerkenswerten Theorems der angegebenen Autoren wird unten geführt.

Ein über der Menge der natürlichen Zahlen definiertes Prädikat $P(x_1, \ldots, x_m)$ heißt *exponentiell diophantisch*, wenn es ein Polynom der Variablen x_i, x_{ij} ($i, j = 1, \ldots, n$) mit ganzzahligen Koeffizienten gibt, so daß

$$P(x_1, \ldots, x_m) \Leftrightarrow (\exists x_{m+1}) \cdots (\exists x_n)$$
$$(F(x_1, \ldots, x_n, x_1{}^{x_1}, x_1{}^{x_2}, \ldots, x_n{}^{x_n}) = 0).$$

Eine zahlentheoretische Funktion $f(x_1, \ldots, x_m)$ heißt *exponentiell diophantisch*, wenn die Relation $f(x_1, \ldots, x_m) = x$ exponentiell diophantisch ist.

Hieraus folgt, daß alle diophantischen Relationen und Funktionen exponentiell diophantisch sind.

Theorem 1. *Sind Prädikate* $P(x_1, \ldots, x_n)$, $Q(x_1, \ldots, x_n)$ *und Funktionen* $f(x_1, \ldots, x_n)$, $g_1(x_1, \ldots, x_m)$, $\ldots$, $g_n(x_1, \ldots, x_m)$ *exponentiell diophantisch, so sind auch die Funktion*

$$f(g_1(x_1, \ldots, x_m), \ldots, g_n (x_1, \ldots, x_m))$$

und die Prädikate

$$P(x_1, \ldots, x_n) \ \lor \ Q(x_1, \ldots, x_n),$$
$$P(x_1, \ldots, x_n) \ \& \ Q(x_1, \ldots, x_n),$$
$$(\exists x_n) \, P(x_1, \ldots, x_n),$$
$$P(g_1(x_1, \ldots, x_m), \ldots, g_n(x_1, \ldots, x_m)),$$
$$g_1(x_1, \ldots, x_m) = g_2(x_1, \ldots, x_m),$$
$$g_1(x_1, \ldots, x_m) < g_2(x_1, \ldots, x_m)$$

exponentiell diophantisch.

Der Beweis ist der gleiche wie der Beweis des entsprechenden Theorems über diophantische Funktionen und Prädikate in § 16.1.

Aus Theorem 1 folgt zum Beispiel, daß die folgenden Funktionen und Prädikate exponentiell diophantisch sind:

$$2^{x^z}, \ (2^x + 1)^x, \ (3^x + 1)^y - 2^z, \ 3^x < 2^y.$$

Wir wollen DAVIS, PUTNAM und ROBINSON folgend beweisen, daß alle partiell rekursiven Funktionen und rekursiv aufzählbaren Prädikate exponentiell diophantisch sind.

Lemma 1. (J. Robinson [93]). *Die Funktion*

$$\binom{n}{k} = \frac{n(n-1)\cdots(n-k+1)}{k!}$$

der Variablen n, k *ist exponentiell diophantisch.*

Sei $0 < k \leqq n$, dann ist

$$2^{nk}(1 + 2^{-n})^n = 2^{nk} \sum_{i=0}^{n} \binom{n}{i} 2^{-ni} < \sum_{i=0}^{k} \binom{n}{i} 2^{n(k-i)} + (2^n - 1)/2^n.$$

Folglich

$$[2^{nk}(1 + 2^{-n})^n] = \sum_{i=0}^{k} \binom{n}{i} 2^{n(k-i)},$$

wobei $[x]$ die größte x nicht überschreitende ganze Zahl ist.

Unter der gleichen Voraussetzung $0 < k \leqq n$ erhalten wir analog die Formel

$$2^n[2^{n(k-1)}(1 + 2^{-n})^n] = \sum_{i=0}^{k-1} \binom{n}{i} 2^{n(k-i)}$$

und folglich

$$\binom{n}{k} = [2^{nk}(1 + 2^{-n})^n] - 2^n[2^{n(k-1)}(1 + 2^{-n})^n]. \tag{1}$$

Aus der Gültigkeit der Formel (1) für $0 < k \leqq n$ folgt, daß für beliebige k, n die Äquivalenz

$$y = \binom{n}{k} \Leftrightarrow (n < k \ \& \ k > 0 \ \& \ y = 0) \ \vee \ (k = 0 \ \& \ y = 1)$$

$$\vee \left(n \geqq k \ \& \ k > 0 \ \& \ y = \left[\frac{2^{nk}(2^n + 1)^n}{2^{n^2}} \right] - 2^n \left[\frac{2^{n(k-1)}(2^n + 1)^n}{2^{n^2}} \right] \right)$$

gilt.

Alle hier rechts vom Symbol $\Leftrightarrow$ auftretenden Relationen sind exponentiell diophantisch. Also ist die Funktion $\binom{n}{k}$ exponentiell diophantisch.

Lemma 2. (J. Robinson [93]). *Die Funktion* $y = x!$ *ist exponentiell diophantisch.*

Wir beweisen die Formel

$$r > (2x)^{x+1} \Rightarrow x! = \left[r^x / \binom{r}{x} \right]. \tag{2}$$

Diese Formel ist für $x = 0$ offensichtlich. Sei $x > 0$. Dann

$$1/(1 - \vartheta) < 1 + 2\,\vartheta \text{ für } 0 < \vartheta < \frac{1}{2},$$

$$(1 + \vartheta)^x < 1 + 2^x\vartheta \text{ für } 0 < \vartheta < 1,$$

$$x! < r^x \left/ \binom{r}{x}\right. = x! \left/ \left[\left(1 - \frac{1}{r}\right)\left(1 - \frac{2}{r}\right) \cdots \left(1 - \frac{x-1}{r}\right)\right.\right.$$

$$< x! \left/ \left(1 - \frac{x}{r}\right)^x\right. < x! \left(1 + \frac{2x}{r}\right)^x$$

$$< x! \left(1 + 2^x \frac{2x}{r}\right) < x! + 1.$$

Setzen wir in der Formel (2) $r = (2(x + 1))^{x+1}$, so erhalten wir

$$x! = \left[(2(x + 1))^{x(x+1)} \left/ \binom{(2(x+1))^{x+1}}{x}\right.\right].$$

Auf Grund von Theorem 1 und Lemma 1 schließen wir, daß die Funktion $x!$ exponentiell diophantisch ist.

Lemma 3. *Die durch Formel*

$$\frac{x}{y} = \binom{p/q}{k} \ \& \ p > qk$$

ausgedrückte Relation zwischen den Zahlen x, y, p, q, k ist exponentiell diophantisch.

Sei $\alpha = p/q$, $\alpha < k$. Nach TAYLORS Formel mit Restglied in LAGRANGE-Form haben wir

$$a^{2k+1}(1 + a^{-2})^\alpha = \sum_{j=0}^{k} \binom{\alpha}{j} a^{2k-2j+1}$$

$$+ \binom{\alpha}{k+1} a^{-1}(1 + \vartheta a^{-2})^{\alpha-k-1}$$

$$= \sum_{j=0}^{k} \binom{\alpha}{j} a^{2k-2j+1} + \vartheta'\alpha^{k+1}a^{-1}2^{\alpha-1} \tag{3}$$

mit $0 \leqq \vartheta \leqq 1$, $0 \leqq \vartheta' \leqq 1$. Wir setzen

$$S_k(a) = \sum_{j=0}^{k} \binom{\alpha}{j} a^{2k-2j+1} \tag{4}$$

und suchen eine ganze Zahl a der Art, daß

$$S_k(a) = [a^{2k+1} (1 + a^{-2})^\alpha],\qquad(5)$$

$$S_{k-1}(a) = [a^{2k-1} (1 + a^{-2})^\alpha].\qquad(6)$$

Nehmen wir an, daß a durch $q^k k!$ teilbar ist. Dann sind $S_k(a)$ und $S_{k-1}(a)$ ganze Zahlen (s. Formel (4)). Auf der anderen Seite sind die übrigen Glieder in Formel (3) und in der analogen Formel für $k - 1$ kleiner als 1, wenn $a > 2^{p-1}p^{k+1}$. Also sind die Formeln (5) und (6) für $a = 2^p p^{k+1} q^k k!$ wahr. Aber aus (4) folgt

$$\binom{p/q}{k} = a^{-1}S_k(a) - aS_{k-1}(a).$$

Alle in dieser Formel rechts vom Gleichheitszeichen auftretenden Funktionen sind exponentiell diophantisch, und Lemma 3 ist bewiesen.

Lemma 4. *Die durch die Gleichung*

$$\psi(a, b, y) = \prod_{i=0}^{y} (a + bi)$$

definierte Funktion $\psi(a, b, y)$ ist exponentiell diophantisch.
Dies ist eine unmittelbare Folge des vorhergehenden Lemmas und der Formel

$$\prod_{i=0}^{y} (a + bi) = \binom{a/b + y}{y} ab^y y!.$$

Wir kommen nun zum Beweis des Hauptergebnisses.
Theorem 2 (DAVIS—PUTNAM-ROBINSON [23]). *Jedes rekursiv aufzählbare Prädikat ist exponentiell diophantisch.*

Es genügt, den Fall zu betrachten, daß das Prädikat einstellig und also zur Beziehung $x \in M$ äquivalent ist, wo M eine rekursiv aufzählbare Zahlenmenge ist. Nach dem Theorem von DAVIS (§ 16.2) gibt es ein Polynom $G(x, y, z, x_1, \ldots, x_m)$ mit ganzen Koeffizienten der Art, daß

$$x \in M \Leftrightarrow (\exists y) (\forall z \leqq y) (\exists x_1 \leqq y) \cdots (\exists x_m \leqq y) (G = 0)$$

Es bleibt also nur zu zeigen, daß die Beziehung

$$(\forall z \leqq y) (\exists x_1 \leqq y) \cdots (\exists x_m \leqq y) (G(x, y, z, x_1, \ldots, x_m) = 0)$$

exponentiell diophantisch ist.
u sei der Grad von G, s die Summe der Absolutbeträge der Koeffizienten von G Setzen wir

$$H(x, y) = (s + 1) (x + 1)^u (y + 1)^u,$$

so haben wir

$$H(x, y) \geq y,$$

$$(\forall z \leq y)\,(\forall x_1 \leq y)\,\cdots\,(\forall x_m \leq y)\,(|G(x, y, z, x_1, \ldots, x_m)| \leq H(x, y)).$$

Wir zeigen, daß die Äquivalenz gilt

$$(\forall z \leq y)\,(\exists x_1 \leq y)\,\cdots\,(\exists x_m \leq y)\,(G(x, y, z, x_1, \ldots, x_m) = 0)$$

$$\Leftrightarrow (\exists c)\,(\exists t)\,(\exists a_1)\,\cdots\,(\exists a_m)\,\{t = H(x, y)!$$

$$\&\ 1 + (1 + c)\,t = \prod_{i=0}^{y+1} (1 + it)\ \&\ (1 + (1 + c)\,t\,|G(x, y, c, a_1, \ldots, a_m)$$

$$\&\ (1 + (1 + c)t)|\prod_{i \leq y} (a_1 - i)\ \&\ \cdots\ \&\ (1 + (1 + c)t)|\prod_{i \leq y} (a_m - i)\}. \tag{7}$$

Sei für gewisse x, y die rechte Seite dieser Äquivalenz wahr. Wir werden zeigen, daß auch die linke Seite wahr ist. Wir betrachten irgendeine natürliche Zahl z, die y nicht überschreitet, und sei p_z eine Primzahl, die $1 + (z + 1)t$ teilt. Setzen wir dann

$$\text{rest}\,(a_j, p_z) = x_{zj}\ (j = 1, \ldots, m),$$

so genügt es, zu zeigen, daß

$$x_{zj} \leq y \tag{8}$$

und

$$G(x, y, z, x_{z1}, \ldots, x_{zm}) = 0. \tag{9}$$

Nach (7) teilt $p_z \prod_{i \leq y} (a_j - i)$, und also $p_z | a_j - i$ für geeignetes i, $0 \leq i \leq y$. Folglich

$$\text{rest}\,(a_j, p_z) = \text{rest}\,(i, p_z) \leq y$$

und (8) ist bewiesen.

Weiterhin folgt aus $(p_z, t) = 1$ und $t = H(x, y)!$, daß $p_z > H(x, y)$. Da $x_{zj} \leq y$, $z \leq y$ ist dann

$$|G(x, y, z, x_{z1}, \ldots, x_{zm})| \leq H(x, y) < p_z. \tag{10}$$

Aber $1 + (c + 1)t \equiv 0\ (\text{mod}\ 1 + (z + 1)t)$, deshalb $c \equiv z(\text{mod}\ 1 + (z + 1)t)$ und $c \equiv z(\text{mod}\ p_z)$. Da

$$x_{zi} \equiv a_i\ (\text{mod}\ p_z)\ \text{und}\ (1 + (1 + c)t)|\ G(x, y, c, a_1, \ldots, a_m),$$

ist

$$G(x, y, z, x_{z1}, \ldots, x_{zm}) \equiv G(x, y, c, a_1, \ldots, a_m) \equiv 0\ (\text{mod}\ p_z). \tag{11}$$

Aus (10) und (11) erhalten wir (9).

Nehmen wir umgekehrt an, daß für feste x, y die linke Seite der Äquivalenz (7) wahr ist und folglich für jedes $z = 0, 1, \ldots, y$ Zahlen $x_{z1}, \ldots, x_{zm} \leqq y$ existieren, so daß

$$G(x, y, z, x_{z1}, \ldots, x_{zm}) = 0.$$

Wir setzen $H(x, y)! = t$ und definieren c durch die Bedingung

$$1 + (c + 1)t = \prod_{i=0}^{y+1} (1 + it).$$

Dann sind für alle $i, j \leqq y$, $i \neq j$ die Zahlen $1 + (i + 1)t$ und $1 + (j + 1)t$ relativ prim.

Denn wenn eine Primzahl p die oben angegebenen Zahlen gleichzeitig teilt, dann teilt p auch $(j - i)t$. Aber

$$|i - j| \leqq y \leqq H(x, y), t = H(x, y)!,$$

also teilt p auch die Zahl t, was unmöglich ist, weil p nicht gleichzeitig t und $1 + (i + 1)t$ teilen kann.

Also sind die Zahlen $1 + (i + 1)t$ für $i = 0, 1, \ldots, y$ paarweise teilerfremd. Nach dem bekannten Restsatz (s. § 3.3) folgt hieraus die Existenz den Kongruenzen

$$a_i \equiv x_{zi}(\bmod\ (1 + (z + 1)t))\ (z = 0, 1, \ldots, y; i = 1, 2, \ldots, m) \tag{12}$$

genügender natürlicher Zahlen $a_1, \ldots, a_m$.

Wie vorher ist $c \equiv z \left(\bmod\ (1 + (z + 1)t)\right)$, also

$$G(x, y, c, a_1, \ldots, a_m) \equiv G(x, y, z, x_{z1}, \ldots, x_{zm}) \equiv 0 \left(\bmod\ (1 + (z + 1)t)\right)$$

für $z = 0, \ldots, y$. Da die Moduln relativ prim sind, gilt

$$1 + (c + 1)\, t\, |\, G(x, y, c, a_1, \ldots, a_m).$$

Analog haben wir aus (12)

$$(1 + (z + 1)t\, |a_i - x_{zi}, \quad x_{zi} \leqq y$$

und also

$$1 + (z + 1)t\, |\prod_{j=0}^{y} (a_i - j)$$

für jedes $z \leqq y$. Da die Divisoren paarweise teilerfremd sind, gilt

$$\prod_{i=0}^{y+1} (1 + it)\, |\prod_{j=0}^{y} (a_i - j)$$

und also ist die rechte Seite der Äquivalenz (7) wahr.

Zum Abschluß des Beweises des Theorems bleibt nur zu prüfen, daß alle auf der rechten Seite der Äquivalenz (7) vorkommenden Relationen exponentiell diophantisch sind. Daß die ersten drei an dieser Seite teilhabenden Relationen exponentiell diophantisch sind, wurde oben festgestellt. Was die übrigen Relationen betrifft, so sind sie ebenfalls exponentiell diophantisch, weil

$$1 + (1 + c)\, t| \prod_{j=0}^{y} (a_i - j) \Leftrightarrow a_\iota \leqq y$$

$$\vee \ (\exists u)\, (a_i = y + u + 1 \ \& \ 1 + (1 + c)t \mid \prod_{j=0}^{y} (u + 1 + j)).$$

Das Theorem ist gezeigt.

Beispiele und Übungen

1. Für beliebiges ganzzahliges $w \geqq 2$ ist die Gesamtheit der natürlichen Zahlen, die keine Potenzen von w sind, diophantisch. Es ist noch ein ungelöstes Problem, ob für ein $w \geqq 2$ die Gesamtheit aller Potenzen von w diophantisch ist oder nicht. (J. ROBINSON [93]).[1]

2. Für jedes $n \geqq 1$ ist die Relation

$$P(a_0, a_1, \ldots, a_n) \Leftrightarrow (\exists x)(a_0 x^n + \cdots + a_{n-1} x + a_n = 0)$$

zweifach diophantisch. Insbesondere ist die Relation $(\exists y)\, (F(x, y) = 0)$, wobei F ein Polynom in den Variablen x, y mit ganzen Koeffizienten ist, zweifach diophantisch (A. TARSKI, s. [93]).

3. Die durch das Symbol $x * n$ bezeichnete n-te Superpotenz von x wird durch die Rekursion

$$x * 0 = 1, \ x * (n + 1) = x^{x*n}$$

definiert. J. ROBINSON [93] zeigte, daß jede rekursiv aufzählbare Relation diophantisch ist, wenn es eine den Forderungen

$$(\exists n)(\forall xy)(P(x, y) \to y < x * n),$$
$$(\forall n)(\exists xy)(P(x, y) \ \& \ y \geqq x^n)$$

genügende diophantische Relation $P(x, y)$ gibt.

4. In Theorem 2 von § 16.2. wurde die Zahl m nicht fixiert. R. ROBINSON [95] hat einen anderen Beweis angegeben, aus welchem folgt, daß wir in dem oben erwähnten Theorem $m = 4$ nehmen können, d. h. daß es zu jeder rekursiv aufzählbaren Menge M ein Polynom F von sieben Variablen mit ganzen Koeffizienten gibt, für das

$$x \in M \Leftrightarrow (\exists y)\, (\forall z \leqq y)(\exists x_1 \leqq y)$$
$$\ldots (\exists x_4 \leqq y)(F(x, y, z, x_1, x_2, x_3, x_4) = 0).$$

---

[1] Für jede natürliche Zahl w ist die Menge aller Potenzen von w rekursiv aufzählbar und somit nach MATIJASEVIČ [128] diophantisch (S. Anhang). (Anm. d. Übers.).

5. Es gibt keinen Algorithmus, der uns für ein beliebiges Polynom mit ganzen Koeffizienten zu sagen gestattet, ob es von einer natürlichen Zahl an alle natürlichen Zahlen darstellt. (H. PUTNAM [83]).

6. Es gibt zu jeder rekursiv aufzählbaren Menge M ein Polynom F mit ganzzahligen Koeffizienten, so daß

$$x \in M \Leftrightarrow (\exists y \geqq x)(\forall x_1 \leqq y) \cdots (\forall x_n \leqq y)(F(x, y, x_1, \ldots, x_n) = 0)$$

(H. PUTNAM [83]).

7. HILBERTs 10-tes Problem ist unlösbar, wenn es zu jeder positiven ganzen Zahl k a, b, x, y der Art gibt, daß $ax^3 - by^3 = 1$ und wenigstens eine der Zahlen x, y größer ist als $(a + b)^k$ (DAVIS und PUTNAM [22], DAVIS [20]).

8. Im Ring $N[\zeta]$ aller Polynome in einer Variablen ζ mit ganzen Koeffizienten ist jede rekursiv aufzählbare Menge M positiver Zahlen diophantisch. Das bedeutet, daß es ein Polynom $F(X, Y_1, \ldots, Y_n)$ mit Koeffizienten aus $N(\zeta)$ der Art gibt, daß

$$a \in M \Leftrightarrow (\exists Y_1) \cdots (\exists Y_n)(F(a, Y_1, \ldots, Y_n) = 0),$$

wobei die Quantoren über die Gesamtheit aller Elemente des Rings $N(\zeta)$ rangieren (DAVIS und PUTNAM [22]).

Anhang

Die rekursive Unlösbarkeit
des zehnten Hilbertschen Problems

(Verfaßt von Egon Börger)

Im Jahre 1970 hat Ju. V. Matijasevič die rekursive Unlösbarkeit des zehnten Hilbertschen Problems nachgewiesen. Er stützt sich bei seinem Beweis in Matijasevič [128] einerseits auf den Satz 2 aus Abschnitt 16.4., daß jedes rekursiv aufzählbare Prädikat exponentiell diophantisch ist, andererseits auf ein schon sehr lange bekanntes Ergebnis von J. Robinson, wonach eine diophantische Beschreibung der Exponentiation gegeben werden kann, wenn es gelingt, mindestens ein zweistelliges diophantisches Prädikat P mit im wesentlichen exponentiellem Wachstum aufzuweisen. D. h. genauer gesprochen ein Prädikat P, welches den beiden Abschätzungen

$$\exists n \forall x \forall y (Pxy \Rightarrow y \leq x * n)$$

und

$$\forall n \exists x \exists y (Pxy \ \& \ x^n < y)$$

genügt, wobei $x*n$ rekursiv definiert ist durch $x*0 := 1$ und $x*(n+1) := x^{(x*n)}$ (s. Übung 3). Matijasevič hat ein solches Prädikat angegeben: sei φ_n das n-te Glied der Fibonacci — Folge — bekanntlich wird diese festgelegt durch die rekursive Bestimmung $\varphi_0 := 0$, $\varphi_1 := 1$, $\varphi_{n+2} := \varphi_n + \varphi_{n+1}$; das durch die Äquivalenz

$$Pxy \Leftrightarrow \varphi_{2x} = y$$

definierte Prädikat P genügt den obigen Ungleichungen von J. Robinson und ist diophantisch.

Also ist jedes rekursiv aufzählbare Prädikat diophantisch und stimmen die Klassen der rekursiv aufzählbaren und der diophantischen Prädikate überein. Aus der Existenz nicht-rekursiver, rekursiv aufzählbarer Prädikate ergibt sich damit die Existenz rekursiv unentscheidbarer diophantischer Prädikate und dadurch auch die rekursive Unlösbarkeit des zehnten Hilbertschen Problems. Es beantworten sich auch die weiteren in § 16 formulierten und bis zu Matijasevič' Ergebnis offen gebliebenen Fragen: alle (und nur die) nicht-rekursiven, rekursiv aufzählbaren Mengen sind nicht-rekursiv und diophantisch (vgl. S. 285); die Menge aller Potenzen einer Zahl w ist (für beliebiges w) rekursiv aufzählbar und somit diophantisch (vgl. S. 287 und Übung 1); die Funktion $\lambda x 2^x$ ist als rekursive Funktion, d. h. Funktion mit rekursiv aufzählbarem Graphen diophantisch; und jedes nicht-rekursive, rekursiv aufzählbare Prädikat ist diophantisch und hat ein nicht-diophantisches Negat (vgl. S. 287); jede rekursive Menge M ist zweifach diophantisch, da die Rekursivität von M rekursive Aufzählbarkeit (d. h. Diophantizität) von M und seines Komplements bedeutet (vgl. S. 289).

Im Anschluß an MATIJASEVIČ [128] haben mehrere Autoren (DAVIS [124], DAVIS (125], G. V. CHUDNOVSKI [123], N. K. KOSOVSKII (zit. in DAVIS [124] Fußnote S. 137)) andere Beweise angegeben, die statt der FIBONACCI-Folge die Folge aller ganzzahligen nicht negativen Lösungen der PELL-Gleichung $x^2 - (a^2 - 1) y^2 = 1$ für irgendeine natürliche Zahl $a > 1$ verwenden. Insbesondere kann dadurch die Benutzung der Ungleichungen von J. ROBINSON vermieden werden; in der Tat hat J. ROBINSON selbst bei ihren Untersuchungen hinreichender Bedingungen für die Diophantizität der Exponentiation bereits 1952 eine einfache explizite Beschreibung des Prädikats $\lambda xyz \, x^y = z$ angegeben, die bis auf die Verwendung des Prädikats $\lambda akl(l$ ist die k-te nicht-negative ganzzahlige Lösung in x der PELL-Gleichung $x^2 - (a^2 - 1)y^2 = 1)$ diophantisch ist (s. J. ROBINSON [130] S. 443). Es genügt also, eine diophantische Charakterisierung dieses Prädikates anzugeben; und gerade dies haben die oben angeführten Autoren durch geeignete Übertragung der Grundgedanken des MATIJASEVIČ'schen Beweises erreicht. Uns scheint, daß die dabei auftretenden zahlentheoretischen Beziehungen durchsichtiger sind als bei der Verwendung von FIBONACCI-Folgen wie in MATIJASEVIČ [128] oder MATIJASEVIČ [129]. Vor allem ist die diophantische Beschreibung der Exponentation mit Hilfe der Lösungen von PELL-Gleichungen in der neueren Version von J. ROBINSON [131] sehr übersichtlich und elegant geworden. Wir halten uns deshalb im Folgenden im Wesentlichen an die Abschnitte 2 und 3 der Arbeit DAVIS (125], die sich eng an die Methoden aus J. ROBINSON [130], [131] anlehnen.

Übersicht. Nach Einführung der benötigten PELL-Gleichungen und ihrer nichtnegativen ganzzahligen Lösungen geben wir die diophantische Charakterisierung von $\lambda xyz \, x = y^z$ mittels des Prädikats, Lösung einer PELL-Gleichung mit einem bestimmten Index zu sein, sowie unter Benutzung zweier Teilbarkeits- und einer Wachstumseigenschaft der Lösungen von PELL-Gleichungen. Unmittelbar danach werden diese (zahlentheoretisch einfachen) Eigenschaften bewiesen. Dann wird gezeigt, wie sich mit einigen weiteren Teilbarkeits- und Kongruenzeigenschaften sowie einer gewissen Periodizität der Lösungen von PELL-Gleichungen eine diophantische Beschreibung des Prädikats erreichen läßt, Lösung einer PELL-Gleichung mit bestimmtem Index zu sein. Zum Schluß werden die dort benötigten Hilfsmittel über PELL-Gleichungen bewiesen.

Die verwendeten Ergebnisse über die Lösungen geeigneter PELL-Gleichungen sind dem Zahlentheoretiker zumeist gut bekannt. Sie könnten in vielen Lehrbüchern der Zahlentheorie nachgelesen bzw. mit den dort bereitgestellten Mitteln leicht bewiesen werden (s. z. B. LeVeque [127], Landau [126], Behnke [122]). Des lehrbuchartigen Charakters der vorliegenden Darstellung wegen wollen wir jedoch alle benötigten zahlentheoretischen Ergebnisse über Pell-Gleichungen vollständig beweisen, um weiteres Nachschlagen in Lehrbüchern unnötig zu machen.

1. Pell-Gleichungen und ihre Lösungen. Es ist technisch bequem, für das Folgende die Zahl 0 aus dem Bereich der natürlichen Zahlen herauszunehmen, weil damit in $x = y^z$ die lästigen Ausnahmefälle $z = 0$ oder $y = 0$ ausgeschlossen werden. Wir wollen also, wenn nicht ausdrücklich anderes bestimmt wird, kleine lateinische Buchstaben (evtl. indiziert) als Variablen für positive natürliche Zahlen verwenden und auch die Quantoren entsprechend interpretieren. Natürlich gelten auch bei dieser Auffassung von natürlichen Zahlen die Überlegungen aus § 16 dieses Buches mit nur trivialen Veränderungen, die man sich leicht überlegt.

N(resp. N_0) sei die Menge der (positiven) natürlichen Zahlen, Z die Menge der ganzen Zahlen. Man lernt i. a. in einführenden Algebra- oder Zahlentheorievorlesungen den zu einer beliebigen von Null verschiedenen ganzen Zahl $m \in Z$-$\{0\}$ gehörenden *quadratischen Zahlbereich* $Z(m)$ kennen, dessen Grundmenge

$$\{x + y \sqrt{m} \mid x, y \in Z\}$$

zusammen mit den durch

$$(x + y \sqrt{m}) + (a + b \sqrt{m}) := (x + a) + (y + b) \sqrt{m}$$
$$(x + y \sqrt{m}) \cdot (a + b \sqrt{m}) := (xa + ybm) + (xb + ya) \sqrt{m}$$

definierten Operationen der Addition und der Multiplikation einen Ring bildet, der übrigens genau dann ein Integritätsring ist, wenn m keine Quadratzahl ist. Die Darstellung eines Elementes aus $Z(m)$ in der Form $x + y\sqrt{m}$ ist eindeutig, d. h., es gilt:

(E) $\forall x, y, a, b (x + y \sqrt{m} = a + b \sqrt{m} \Rightarrow x = a \,\&\, y = b)$. Zudem ist der Teilbereich $\{x + y \sqrt{m} \mid x, y \in N\}$, den wir im Folgenden mit $N(m)$ bezeichnen, gegen die oben definierte Addition und Multiplikation abgeschlossen, so daß es zu beliebigem natürlichen $a > 1$ und beliebigem $n \in N$ genau ein Paar (x, y) von Elementen aus N gibt, welches der Gleichung

$$x + y \sqrt{a^2 - 1} = (a + \sqrt{a^2 - 1})^n$$

genügt. Wir bezeichnen diese durch $a > 1$ und $n \in N$ eindeutig bestimmten Zahlen mit resp. $X(n, a)$ und $Y(n, a)$. *Die Zahlen $X(n, a)$ und $Y(n, a)$ sind gerade die nicht-*

negativen ganzzahligen Lösungen der Pell-*Gleichung* $x^2 - (a^2 - 1)y^2 = 1$ *von* a, d..h., es gilt:

Lemma 1: $\forall a > 1: \{(X(n, a), Y(n, a)) \mid n \in N\} = \{(x, y) \mid x, y \in N,$

$$x^2 - (a^2 - 1)y^2 = 1\}.$$

Wir nennen deshalb $X(n, a)$ bzw. $Y(n, a)$ auch die n-te Lösung für x bzw. y der Pell-Gleichung von a. Die trivialen Lösungen $X(0, a)$, $Y(0, a)$ und $X(1, a)$, $Y(1, a)$ sind offensichtlich 1, 0 und a, 1.

2. Wir wollen nun ansetzen, mit Hilfe des dreistelligen Prädikats $x = X(k, a)$ der Argumente x, k, a eine *diophantische Beschreibung der Exponentiation* zu finden. Der Beweisverlauf kann wie folgt skizziert werden (Auffinden für $m = n^k$ hinreichender diophantischer Bedingungen): man versucht, zu vorgegebenen positiven Zahlen m, n, k die Beziehung $m = n^k$ dadurch festzulegen, daß m und n^k als (α) bezüglich eines geeigneten Moduln kongruent und (β) kleiner als dieser beschrieben werden. Als Modul bietet sich nach einem hierzu von J. Robinson eingeführten Lemma (J. Robinson [130] S. 445, [131] S. 109ff) die Zahl 2 $an\text{-}n^2$ — 1 mit einem beliebigen $a > 1$ an:

Lemma 2: $\forall a > 1: \forall k, n: X(k, a) - Y(k, a) \cdot (a - n) \equiv n^k \bmod (2\,an - n^2 - 1)$

Denn so kann man die Kongruenzbedingung (α) durch die diophantisch formulierbare Forderung erreichen, daß m der Zahl $x - y \cdot (a - n)$ für eine Lösung (x, y) der Pell-Gleichung von a modulo $(2\,an - n^2 - 1)$ kongruent ist und daß diese Lösung (x, y) den Index k hat, d. h. $x = X(k, a)$ erfüllt (s. Gleichungen G1, G2 von Theorem 1).

Die erste Abschätzung $m < 2an - n^2 - 1$ von (β) ist nach den Sätzen aus § 16.1. diophantisch und steht in G3.

Die zweite Abschätzung $n^k < 2an - n^2 - 1$ aus (β) folgt zahlentheoretisch aus $n^k < a$. Um diese Bedingung diophantisch auszudrücken, benutzen wir zwei Wachstumseigenschaften der X-Lösungen von Pell-Gleichungen, mit denen die Werte der Exponentialfunktion nach oben hin abgeschätzt werden können (wir notieren bei dieser Gelegenheit weitere Ungleichungen, die wir erst später brauchen):

Lemma 3: (*Wachstumseigenschaften der Lösungen von* Pell-*Gleichungen*)

$$\forall a > 1: \forall n \in N: a^n \leq X(n, a) \leq (2a)^n \qquad n \leq Y(n, a)$$

$$X(n, a) < X(n + 1, a) \qquad\qquad Y(n, a) < Y(n + 1, a)$$

Man kann also $n^k < a$ diophantisch dadurch erreichen, daß a als X-Lösung einer Pell-Gleichung mit genügend hohem Index dargestellt wird, etwa $a = X(i, b)$ für ein $b > 1$ und ein i mit $i \geq b - 1 \geq n, k$, so daß aus Wachstumsgründen gilt:

$$a = X(i, b) \geq X(b - 1, b) \geq b^{b-1} \geq b^k > n^k.$$

$n, k < b$ und $1 < b$ stehen in G4. Die hinreichende Größe des Indexes i für a diophantisch zu formulieren kommt uns die folgende *Kongruenzbeziehung zwischen Y-Lösung einer* PELL-*Gleichung und deren Lösungsnummer* zu Hilfe:

Lemma 4: $\forall b > 1: \forall i: Y(i, b) \equiv i \bmod (b - 1)$[1].

Denn da i als Lösungsnummer von a wegen $1 < a$ nicht die Nummer 0 der trivialen Lösung $X(0, b) = 1$ sein kann, folgt $b - 1 \leqq i$ aus der Kongruenz von i und 0 modulo $(b - 1)$ und diese nach•Lemma 4 aus der Teilbarkeit der zur X-Lösung a gehörenden Y-Lösung durch $b - 1$: siehe Gleichung G5. Also formulieren wir:

Satz 1 (Diophantische Beschreibung der Exponentiation mittels der Relation $x = X(k, a)$ von x, k, a)

Für beliebige positive Zahlen m, n, k gilt $m = n^k$ genau dann, wenn es positive natürliche Zahlen a, x, b, z und $y \in N$ gibt, die den folgenden Bedingungen G1 bis G5 genügen:

(G1) $x = X(k, a)$ (x, y) ist Lösung der PELL-Gleichung von a mit der Nummer k
$$x^2 - (a^2 - 1)y^2 = 1$$

(G2) $x - y(a - n) \equiv m \bmod (2\,an - n^2 - 1)$

(G3) $m < 2an - n^2 - 1$

(G4) $1 < a, b \;\&\; k, n < b$

(G5) $a^2 - (b^2 - 1)\,((b - 1)\,(z - 1))^2 = 1$ a ist X-Lösung der PELL-Gleichung von $b - 1$ mit einer durch $b - 1$ teilbaren Y-Lösung.

Mit Satz 1 folgt die Diophantizität der Funktion $\lambda nk\, n^k$ aus der weiter unten bewiesenen Diophantizität von $\lambda xka\, (x = X(k, a))$, weil die Bedingungen (G2) bis (G5) nach den Ergebnissen von § 16.1 diophantisch sind.

Beweis von Satz 1: $\Leftarrow$ Seien positive Zahlen a, x, b, z, k, m, n und $y \in N$ gegeben, die (G1)—(G5) erfüllen. Wegen $1 < a$ ist $X(k, a)$ wohldefiniert und nach (G1) und Lemma 1 $x = X(k, a)$ und $y = Y(k, a)$. Also ist nach den vor der Formulierung von Satz 1 angestellten Überlegungen (Auffinden für $m = n^k$ hinreichender diophantischer Bedingungen, e. g. G1—G5) $m = n^k$, was zu beweisen war. Wir hatten lediglich übergangen, wie $n^k < 2an - n^2 - 1$ aus $n^k < a$ folgt: für $n = 1$ gilt dies wegen $2 \leqq a$, und für $n \neq 1$ gilt $a < na$, d. h. $a \leqq na - 1$, also $a < na - 1 + n(a - n) = 2an - n^2 - 1$ (da nach Voraussetzung $n \leqq n^k < a$).

$\Rightarrow$. Sei $m = n^k$ und $1 \leqq n, m, k$. Man wähle b für (G4) beliebig und setze a: $= X(b - 1, b)$, sodaß nach (G4) und Lemma 3:

$$1 \leqq n^k < b^k \leqq b^{b-1} \leqq X(b - 1, b) = a,$$

---

[1] Vgl. die entsprechende Beziehung in MATIJASEVIČ [128], Lemma 7.

also wie eben $m = n^k < 2an - n^2 - 1$ und damit (G3) gilt. Wegen $1 < a$ ist $x := X(k, a)$, $y := Y(k, a)$ wohldefiniert. Das erfüllt (G1) und $0 < x$ nach Lemma 1 und mit der Voraussetzung $m = n^k$ nach Lemma 2 auch (G2). Wegen $Y(b - 1, b) \equiv b - 1 \equiv 0 \bmod (b - 1)$ nach Lemma 4 gibt es ein positives z mit $Y(b - 1, b) = (b - 1)(z - 1)$, so daß mit diesem z auch (G5) erfüllt ist.

3. Theorie der Pell-Gleichungen zum Nachweis der Lemmata 1—4 aus Abschn. 2.

Beweis von Lemma 1: Sei a mit $1 < a$ beliebig.

„$\subseteq$": Nach Definition von $(X(n, a), Y(n, a))$ folgt die Behauptung $\forall n : X(n, a) + Y(n, a) \sqrt{a^2 - 1} \in \{ x + y \sqrt{a^2 - 1} \mid x, y \in N \ \& \ x^2 - (a^2 - 1)y^2 = 1 \}$ durch vollständige Induktion nach n aus der Abgeschlossenheit dieser Menge gegen die Multiplikation mit $a + \sqrt{a^2 - 1}$ im zu $a^2 - 1$ gehörenden quadratischen Zahlbereich $Z(a^2 - 1)$ und der Erfüllung der Pell-Gleichung von a durch $(X(0, a), Y(0, a)) = (1, 0)$. Letzteres ist trivial, während sich die Abgeschlossenheitseigenschaft leicht nachrechnen läßt: $\bigl($NB: $(X(1, a), Y(1, a)) = (a, 1)\bigr)$:

$$x^2 - (a^2 - 1)y^2 = 1 \ \& \ u^2 - (a^2 - 1)v^2 = 1 \ \& \ x, y, u, v \in Z$$

$$\Rightarrow \bigl(x + y \sqrt{a^2 - 1}\bigr) \cdot (u + v \sqrt{a^2 - 1}) = (xu + yv(a_2 - 1)) + (xv + yu)$$

$$\sqrt{a^2 - 1}$$

$$\bigl(x - y \sqrt{a^2 - 1}\bigr) \cdot \bigl(u - v \sqrt{a^2 - 1}\bigr) = (xu + yv(a^2 - 1)) - (xv + yu)$$

$$\sqrt{a^2 - 1}$$

$$\Rightarrow (xu + yv(a^2 - 1))^2 - (a^2 - 1)(xv + yu)^2$$

$$= \bigl((xu + yv(a^2 - 1)) + (xv + yu) \sqrt{a^2 - 1}\bigr) \cdot \bigl((xu + yv(a^2 - 1))$$

$$- (xv + yu) \sqrt{a^2 - 1}\bigr)$$

$$= \bigl(x + y \sqrt{a^2 - 1}\bigr) \bigl(u + v \sqrt{a^2 - 1}\bigr) \bigl(x - y \sqrt{a^2 - 1}\bigr) \bigl(u - v \sqrt{a^2 - 1}\bigr)$$

$$= (x^2 - (a^2 - 1)y^2)(u^2 - (a^2 - 1)v^2)$$

$$= 1$$

„$\supseteq$": ist (x, y) eine Lösung der Pell-Gleichung von a und $x, y \in N$, so kann $x + y \sqrt{a^2 - 1}$ wegen der streng wachsenden Monotonie von $\lambda n \bigl(a + \sqrt{a^2 - 1}\bigr)^n$ zwischen zwei Lösungen $(X(n, a), Y(n, a))$ und $(X(n + 1, a), Y(n + 1, a))$ der Pell-Gleichung von a für ein $n \in N$ eingebettet werden durch

$$X(n, a) + Y(n, a) \sqrt{a^2 - 1} = \bigl(a + \sqrt{a^2 - 1}\bigr)^n \leq x + y \sqrt{a^2 - 1}$$

$$< \bigl(a + \sqrt{a^2 - 1}\bigr)^{n+1}.$$

Also gilt für solch ein n auch

$$1 \leqq \left(x + y\sqrt{a^2 - 1}\right)\left(a + \sqrt{a^2 - 1}\right)^{-n} = \left(x + y\sqrt{a^2 - 1}\right)\left(a - \sqrt{a^2 - 1}\right)^n$$
$$< \left(a + \sqrt{a^2 - 1}\right)^{n+1} \cdot \left(a - \sqrt{a^2 - 1}\right)^n$$
$$= a + \sqrt{a^2 - 1}$$
$$\Rightarrow 1 = \left(x + y\sqrt{a^2 - 1}\right) \cdot \left(a - \sqrt{a^2 - 1}\right)^n$$

denn nach der oben gezeigten Abgeschlossenheitseigenschaft liefert für Lösungen (x, y), $(a, - 1)$ der PELL-Gleichung von a auch $\left(x + y\sqrt{a^2 - 1}\right)\left(a - \sqrt{a^2 - 1}\right)^n$ eine solche, und deren Komponenten sind nicht negativ wegen $1 \leqq \left(x + y\sqrt{a^2 - 1}\right)\left(a - \sqrt{a^2 - 1}\right)^n$; $(a, 1)$ ist jedoch die kleinste positive Lösung der PELL-Gleichung von a (d. h. mit kleinster erster Komponente)

$$\Rightarrow x + y\sqrt{a^2 - 1} = \left(a - \sqrt{a^2 - 1}\right)^{-n} = (a + \sqrt{a^2 - 1})^n$$
$$= X(n, a) + Y(n, a)\sqrt{a^2 - 1}.$$

Beweise für die Lemmate 2—4 führt man elegant mittels der folgenden beiden Formeln für beliebige $a \leqq 2$ und $m, n \in N$:

Additionsformeln:
$$X(m \pm n, a) = X(m, a)\, X(n, a) \pm (a^2 - 1)\, Y(m, a)\, Y(n, a)$$
$$Y(m \pm n, a) = X(n, a)\, Y(m, a) \pm X(m, a)\, Y(n, a)$$

Rekursionsformeln:
$$X(n + 2, a) = 2aX(n + 1, a) - X(n, a)$$
$$Y(n + 2, a) = 2aY(n + 1, a) - Y(n, a)$$

Beweis von Lemma 2 durch Induktion nach k mit den Rekursionsformeln:
$$X(0, a) - Y(0, a) \cdot (a - n) = 1 = n^0$$
$$X(1, a) - Y(1, a) \cdot (a - n) = n = n^1$$

Induktionsschluß:
$$X(k + 2, a) - Y(k + 2, a) \cdot (a - n)$$
$$= 2aX(k + 1, a) - X(k, a) - (2aY(k + 1, a) - Y(k, a)) \cdot (a - n),$$
$$= 2a(X(k + 1, a) - Y(k + 1, a)\,(a - n)) - (X(k, a) - Y(k, a)(a - n))$$
$$\equiv 2an^{k+1} - n^k \bmod (2an - n^2 + 1) \text{ nach Indvor.}$$
$$= n^k(2an - 1)$$
$$\equiv n^k \cdot n^2 \quad \bmod (2an - n^2 - 1)$$
$$= n^{k+2}$$

Beweis von Lemma 3 mit den Rekursions- und Additionsformeln: die Monotonie der X- und Y-Lösungen folgt aus den Additionsformeln (setze $m = 1$) mit $2 \leqq a$. Die Abschätzungen zeigt man durch Induktion nach n:

$$a^0 = 1 = X(0, a), a^1 = X(1, a), 0 = Y(0, a), 1 = Y(1, a). \text{ Indschluß:}$$

$$a^{n+2} \leqq aX(n + 1, a) \qquad \text{nach Induktionsvoraussetzung für } n + 1$$
$$\leqq X(n + 2, a) \qquad \text{nach den Additionsformeln}$$
$$\leqq (2a) X(n + 1, a) \qquad \text{nach den Rekursionsformeln}$$
$$\leqq (2a) (2a)^{n+1} \qquad \text{nach Induktionsvor.}$$

$$n + 1 \leqq Y(n + 1, a) < Y(n + 2, a) \Rightarrow n + 2 \leqq Y(n + 2, a).$$

Beweis von Lemma 4 durch Induktion nach i (für beliebiges $b > 1$):

$$Y(0, b) = 0, Y(1, b) = 1.$$

$$Y(i + 2, b) = 2bY(i + 1, b) - Y(i, b) \text{ nach den Rekursionsformeln}$$

$$\equiv 2 \cdot (i + 1) - i \bmod (b - 1) \text{ nach Induktionsvor.}$$

Beweis der Additionsformeln nach der Eindeutigkeitseigenschaft (E):

$$X(m + n, a) + Y(m + n, a) \sqrt{a^2 - 1} = \left(a + \sqrt{a^2 - 1}\right)^{m+n}$$
$$= \left(X(m, a) + Y(m, a) \sqrt{a^2 - 1}\right) \cdot \left(X(n, a) + Y(n, a) \sqrt{a^2 - 1}\right)$$
$$= (X(m, a) X(n, a) + (a^2 - 1) Y(m, a) Y(n, a)) + (X(m, a) Y(n, a)$$
$$+ X(n, a) Y(m, a)) \sqrt{a^2 - 1}$$

und analog

$$X(m - n, a) + Y(m - n, a)\sqrt{a^2 - 1}$$
$$= \left(X(m - n, a) + Y(m - n, a) \sqrt{a^2 - 1}\right) \left(X(n, a) + Y(n, a) \sqrt{a^2 - 1}\right)$$
$$\left(X(n, a) - Y(n, a) \sqrt{a^2 - 1}\right)$$
$$= \left(a + \sqrt{a^2 - 1}\right)^{m-n} \left(a + \sqrt{a^2 - 1}\right)^{n} \left(X(n, a) - Y(n, a) \sqrt{a^2 - 1}\right)$$
$$= \left(X(m, a) + Y(m, a) \sqrt{a^2 - 1}\right) \left(X(n, a) - Y(n, a) \sqrt{a^2 - 1}\right)$$
$$= (X(m, a) X(n, a) - Y(m, a) Y(n, a) (a^2 - 1)) + \left(X(n, a) Y(m, a)\right.$$
$$\left. - X(m, a) Y(n, a)\right) \sqrt{a^2 - 1}$$

Beweis der Rekursionsformeln aus den Additionsformeln:

$$X(n+2,a) = a \cdot X(n+1,a) + (a^2-1)\,Y(n+1,a),\ X(n,a) = a \cdot X$$
$$(n+1,a) - (a^2-1)\,Y(n+1,a)$$
$$\Rightarrow X(n+2,a) + X(n,a) = 2aX(n+1,a)$$

Und ebenso erhält man

$$Y(n+2,a) = a \cdot Y(n+1,a) + X(n+1,a),\ Y(n,a) = a \cdot Y(n+1,a)$$
$$- X(n+1,a) \Rightarrow Y(n+2,a) + Y(n,a) = 2a \cdot Y(n+1,a)$$

4. Nach den Beweisen der für Satz 1 aufgestellten Lemmata bleibt uns also noch zu zeigen, daß *die Relation* $x = X(k,a)$ *zwischen* x, k *und* a *diophantisch* charakterisiert werden kann (für $2 \leq a$). Wir leiten dazu hinreichende diophantische Bedingungen her, um das unten angegebene Gleichungssystem zu motivieren. Man erhält $x = X(k,a)$, wenn x eine X-Lösung der PELL-Gleichung von a ist (s. G1) und deren Index i gleich k. Wie schon beim Beweis von Satz 1 werden wir versuchen, Eigenschaften von Indizes von Lösungen der PELL-Gleichungen durch Bedingungen an diese Lösungen zu formulieren. Hier kommt uns folgendes Lemma zustatten (DAVIS [125] S. 27):

Lemma 4.1. $\forall a, i, j: 1 < a\ \&\ 0 < i \leqq n$
$\Rightarrow (X(j,a) \equiv X(i,a)\ \mathrm{mod}\ X(n,a) \Rightarrow j \equiv i\ \mathrm{mod}\ 4n\ \text{oder}\ j \equiv -i\ \mathrm{mod}\ 4n)$.
$i = k$ kann diophantisch formuliert werden durch die Kongruenz von i und k bzgl. einem Modul und die Tatsache, daß i und k in einem zusammenhängenden Vertretersystem der Restklassen bzgl. dieses Moduln liegen. Die *Kongruenzbedingung* erreicht man unter Verwendung von Lemma 4 durch die folgende Kongruenzenkette: k ist kongruent einer Lösung $t = Y(j,b)$ einer PELL-Gleichung modulo $4 \cdot Y(i,a)$ (s. G2); $Y(j,b) \equiv j\ \mathrm{mod}\ (b-1)$ nach Lemma 4, also auch modulo $4 \cdot Y(i,a)$, falls $b-1$ Vielfaches von $4Y(i,a)$ (s. G3); und schließlich nach Lemma 4.1 $j \equiv i\ \mathrm{mod}\ 4Y(i,a)$, falls für eine X-Lösung $u = X(n,a)$ gilt $0 < i \leqq n$, $X(j,a) \equiv X(i,a)\ \mathrm{mod}\ X(n,a)$ und n Vielfaches von $Y(i,a)$. Eine geeignete Lösung u wird in G4 gefordert. Wegen der Monotonieeigenschaft von Y-Lösungen kann $i \leqq n$ durch $y = Y(i,a) \leqq Y(n,a) = v$ und nach

Lemma 4.2. $\forall a > 1, i, n\ (Y(i,a)^2 \mid Y(n,a) \Rightarrow Y(i,a) \mid n)$ [in Worten: Eine Lösung einer PELL-Gleichung von a teilt den Index einer anderen Lösung (bzgl. des gleichen a), wenn ihr Quadrat diese Lösung teilt.][1]
die Bedingung $Y(i,a) \mid n$ durch $y^2 \mid v$ erreicht werden (s. G5). Die noch ausstehende Kongruenz $X(j,a) \equiv X(i,a)\ \mathrm{mod}\ X(n,a)$ sichern $X(i,a) \equiv X(j,b)\ \mathrm{mod}\ u$ und $b \equiv a\ \mathrm{mod}\ u$ in G6 nach

Lemma 4.3. $\forall a, b > 1 \forall c\ (a \equiv b\ \mathrm{mod}\ c \Rightarrow \forall n: Y(n,a) \equiv Y(n,b)\ \mathrm{mod}\ c)$

---

[1] vgl. die entsprechende Beziehung für FIBONACCI-Zahlen in MATIJASEVIČ [128] (Korollar zu Lemmata 12 und 17).

Die Größenabschätzung $i, k \leq Y(i, a)$ für i und k gilt für i nach $i \leq Y(i, a)$ (Lemma 3) und wird für k in G7 gefordert.

Diese Überlegungen führen uns zu folgendem

Satz 2 ($x = X(k, a)$ *ist diophantisch*):

Für beliebige natürliche Zahlen x, k, a mit $2 \leq a$ gilt $x = X(k, a)$ genau dann, wenn es positive natürliche Zahlen b, s, u und Zahlen $y, t, v \in N$ gibt, die den folgenden Bedingungen G1—G7 genügen:

(G1) (x, y) löst die PELL-Gleichung von a

(G2) $k \equiv t$ mod $4y$ und (s, t) löst die PELL-Gleichung von b

(G3) $b - 1$ ist Vielfaches von $4y$ und größer als 1

(G4) (u, v) löst die PELL-Gleichung von a

(G5) $y \leq v$ und $y^2 | v$

(G6) $x \equiv s$ mod u und $b \equiv a$ mod u

(G7) $k \leq y$

Da die Bedingungen (G1)—(G6) nach den Ergebnissen aus § 16.1. diophantisch sind, ist das Prädikat $\lambda x k a$ $(1 < a \ \& \ x = X(k, a))$ nach § 16.1. diophantisch. (NB: (x, y) löst die PELL-Gleichung von a bedeutet $x^2 - (a^2 - 1)y^2 = 1$.)

Beweis von Satz 2: $\Leftarrow$ folgt nach der oben durchgeführten Herleitung der für $x = X(k, a)$ hinreichenden Bedingungen G1—G6 mit den Lemmata 4.1—4.3.

$\Rightarrow$: Sei $x = X(k, a)$ mit $2 \leq a$. Das Paar $(X(k, a), Y(k, a))$ erfüllt (G1). Mit $n := 2kY(k, a)$ erfüllt $(X(n, a), Y(n, a))$ die Bedingung G4. (G5) gilt bei dieser Wahl von u und v, weil nach den folgenden beiden Teilbarkeitsbeziehungen

$T1: \forall c > 1: \forall n, k: Y(n, c) \mid Y(k, c) \Leftrightarrow n | k^1)$

$T2: \forall a > 1: \forall k: Y(k, a)^2 \mid Y(k \cdot Y(k, a), a)^2)$

zum einen $(Y(k, a))^2 \mid Y(k \cdot Y(k, a), a)$ zum anderen $Y(k \cdot Y(k, a), a) \mid Y(2kY(k, a), a)$, also $Y(k, a)^2 \mid Y(n, a)$ nach Definition von n; und damit ist natürlich $Y(k, a) \leq Y(n, a)$, da $1 \leq k \Rightarrow 0 < Y(k, a)$.

Nach dem Chinesischen Restsatz der Zahlentheorie gibt es ein $b > 1$, das modulo u kongruent a und modulo $4 \cdot y$ kongruent 1 ist (G3, G6), weil 4y und u paarweise teilerfremd sind. [Beweis: Nach

Lemma 4.4. $\forall a > 1, n$ (n *geradzahlig* $\Leftrightarrow$ $Y(n, a)$ *geradzahlig*)

ist $v = Y(2kY(k, a), a)$ geradzahlig, also u wegen $u^2 - (a^2 - 1)v^2 = 1$ ungerade; nach

Lemma 4.5. $\forall a > 1, n: X(n, a)$ *und* $Y(n, a)$ *sind teilerfremd*

sind u und v teilerfremd, also auch u und $4y$; denn ein gemeinsamer Primteiler von u und $4y$ müßte wegen der Ungeradzahligkeit von u auch y und damit wegen $y | v$ aus G5 auch v teilen.]

---

1) Vgl. die entsprechende Aussage in MATIJASEVIČ [128] Korollar zu Lemma 12.

2) Vgl. analoge Eigenschaften der FIBONACCI-Zahlen in MATIJASEVIČ [128], Lemma 13.

$(s, t)\colon = (X(k, b),\ Y(k, b))$ lösen die PELL-Gleichung von b, wie im 2-ten Teil von G2 gefordert. Dabei gilt $x \equiv s \bmod u$ aus G6; denn aus der bereits nachgewiesenen Kongruenz $b \equiv a \bmod u$ aus G6 folgt mit Lemma $4 \cdot 3\ s = X(k, b) \equiv X(k, a) = x$ modulo u. Ebenso gilt $k \equiv t \bmod 4y$, weil $t = Y(k, b) \equiv k \bmod (b - 1)$ — nach Lemma 4 — und somit auch modulo $4y$, da nach G3 $b - 1$ Vielfaches von $4y$ ist. Die Bedingung $k \leq Y(k, a) = y$ aus G7 schließlich ist richtig nach Lemma 3 über Wachstumseigenschaften der Lösungen von PELL-Gleichungen.

5. Uns bleibt somit noch der *Nachweis der Lemmata 4.1—4.5 und der Teilbarkeitseigenschaften T1 und T2.*

Beweis von Lemma 4.5.: $t|X(n, a)$ & $t|Y(n, a) \Rightarrow t|X(n, a)^2 - (a^2 - 1) Y(n, a)^2$, aber $X(n, a)^2 - (a^2 - 1) Y(n, a)^2 = 1$.

Beweis von T1: $\Leftarrow: n|k \Rightarrow \exists i: ni = k$. Wir zeigen die Behauptung durch Induktion nach i. Der Fall $i = 1$ ist trivial (NB: nach unserer Generalvoraussetzung ist $n, k \geq 1$). Den Induktionsschluß vollzieht man mit den Additionsformeln: $Y(n(i + 1), a) = X(n, a) \cdot Y(ni, a) + X(ni, a)\ Y(n, a)$ & $Y(n, a)\ |Y(ni, a)$ [nach Indvor.] $\Rightarrow Y(n, a)|Y(n(i + 1), y)$. $\Rightarrow$: Annahme: $Y(n, a)\ |Y(k, a)$ & $n \times k$

$$\Rightarrow \exists r, i: k = in + r\ \&\ 0 < r < n\ \&\ 0 \leq i$$

$$\Rightarrow Y(n, a)\ |X(ni, a)\ Y(r, a),\ \text{weil nach den Additionsformeln}$$

$$Y(k, a) = X(r, a)\ Y(in, a) + X\ (in, a)\ Y(r, a)\ \text{und nach Vor.}$$

$$Y(n, a)\ |\ Y(k, a),\ \text{nach} \Leftarrow \text{dieses Lemmas aber auch}$$

$$Y(n, a)\ |\ Y(in, a)$$

$\Rightarrow Y(n, a)\ |Y(r, a)$, weil $Y(n, a)$ und $X(ni, a)$ teilerfremd sind [denn ein Teiler von $Y(n, a)$ teilt nach $\Leftarrow$ dieses Lemmas auch $Y(ni, a)$, das nach Lemma 4.5 zu $X(ni, a)$ teilerfremd ist.]
im Widerspruch zu $Y(r, a) < Y(n, a)$ aus Wachstumsgründen nach $r < n$ der Annahme.

ad Lemma 4.2.: Mit $Y(i, a)^2\ |Y(n, a)$ gilt nach der gerade bewiesenen Aussage T1 auch $i|n$. Also gibt es ein k mit $n = ik$. Zeigt man nun:

Hilfsbeh. 1: $\forall a > 1: \forall i, k: Y(ik, a) \equiv kX(i, a)^{k-1}\ Y(i, a) \bmod Y(i, a)^3$, so erhält man damit aus der Voraussetzung und der zahlentheoretischen Beziehung $(c^2/d$ & $d \equiv e \bmod c^3 \Rightarrow c^2|e)$, daß $Y(i, a)^2$ auch $kX(i, a)^{k-1}\ Y(i, a)$ und somit $Y(i, a)$ die Zahl $kX(i, a)^{k-1}$ teilt. Dann aber teilt $Y(i, a)$ wegen der Teilerfremdheit zu $X(i, a)$ die Zahl k und damit $n = ik$.

Die Hilfsbehauptung 1 zeigt man leicht mit der Eindeutigkeitseigenschaft (E) für die Darstellung der Elemente eines quadratischen Zahlbereichs unter Benutzung des Binomischen Lehrsatzes:

$$X(ik, a) + Y(ik, a)\sqrt{a^2 - 1} = \left(a + \sqrt{a^2 - 1}\right)^{ik}$$

$$= \left(X(i, a) + Y(i, a)\sqrt{a^2 - 1}\right)^k$$

$$= \sum_{0 \leq j \leq k} \binom{k}{j} X(i, a)^{k-j} \cdot Y(i, a)^j (a^2 - 1)^{j/2}$$

$$= \sum_{0 \leq j \leq k} \binom{k}{j} X(i, a)^{k-j}\, Y(i, a)^j (a^2 - 1)^{j/2}$$

j ungerade

$$+ \left(\sum_{0 \leq j \leq k} \binom{k}{j} X(i, a)^{k-j}\, Y(i, a)^j (a^2 - 1)^{(j-1)/2}\right) \cdot \sqrt{a^2 - 1}$$

j ungerade

$$\Rightarrow Y(ik, a) = \sum_{0 \leq j \leq k} \binom{k}{j} X(i, a)^{k-j}\, Y(i, a)^{\,j}(a^2 - 1)^{(j-1)/2}$$

j ungerade

$$\equiv \binom{k}{1} X(i, a)^{k-1}\, Y(i, a) \bmod Y(i, a)^3$$

Die Aussage $Y(i, a)^2 \mid Y(i \cdot Y(i, a), a)$ von T2 ist ein Spezialfall von Hilfsbehauptung 1 (mit $k = Y(i, a)$) nach der zahlentheoretisch einfachen Beziehung $u \equiv v^2 w \bmod v^3 \Rightarrow v^2 \mid u$.

Lemma 4.4. folgt unmittelbar aus den Rekursionsformeln $Y(n + 2, a) = 2aY(n + 1, a) - Y(n, a) \equiv Y(n, a) \bmod 2$, wonach $Y(2n, a) \equiv Y(0, a) = 0 \bmod 2$ und $Y(2n + 1, a) \equiv Y(1, a) = 1 \bmod 2$.

Lemma 4.3. ergibt sich ebenfalls mit den Rekursionsformeln leicht durch Induktion nach n: $Y(0, a) = 0 = Y(0, b)$, $Y(1, a) = 1 = Y(1, b)$ und $Y(n + 2, a) = 2aY(n + 1, a) - Y(n, a) \equiv 2bY(n + 1, b) - Y(n, b) \bmod c$ [nach Indvor. sowie $a \equiv b \bmod c$] $= Y(n + 2, b)$.

Wir kommen nun zur Untersuchung von *Periodizitätseigenschaften der Folge $\lambda k X$ (k, a)* von Lösungen der Pell-Gleichung von a im Hinblick auf einen Beweis von Lemma 4.1.. Zunächst erhalten wir als einfache Anwendung der Additionsformeln die Periodizitätseigenschaft

$$P1\!: X(2n \pm j, a) \equiv -X(j, a) \bmod X(n, a) \text{ für alle } a > 1,\, j,\, n \in N$$

$$X(4n \pm j, a) \equiv X(j, a) \bmod X(n, a) \text{ für alle } a > 1,\, j,\, n \in N$$

Denn $X(n + (n \pm j), a) = X(n, a) X(n \pm j, a) + (a^2 - 1) Y(n, a) Y(n \pm j, a)$

$$\equiv (a^2 - 1) Y(n, a) (X(j, a) Y(n, a) \pm X(n, a) Y(j, a)) \bmod X(n, a)$$

$$\equiv (a^2 - 1) Y(n, a)^2 X(j, a) \bmod X(n, a)$$

$$= (X(n, a)^2 - 1) X(j, a), \text{ da } X(n, a)^2 - (a^2 - 1) Y(n, a)^2 = 1$$

$$\equiv -X(j, a) \bmod X(n, a)$$

und daraus $X(2n + (2n \pm j), a) \equiv -X(2n \pm j, a) \equiv X(j, a) \bmod X(n, a)$.
Mit der Periodizitätsbedingung

$$P2:\ \forall a > 1 \, \forall n > 0 \, \forall i, j (X(i, a) \equiv X(j, a) \bmod X(n, a) \ \& \ 0 < i \leq n \ \& \ 0 \leq j < 4n$$

$$\Rightarrow j = i \text{ oder } j = 4n - i)$$

erhält man einen *Beweis von Lemma* 4.1 wie folgt:

Sei $0 < i \leq n$, $X(i, a) \equiv X(j, a) \bmod X(n, a)$ und $j = 4nq + r$ mit $0 \leq r < 4n$.
$2q$-fache Anwendung der Periodizitätseigenschaft P1 liefert $X(4nq + r, a)$
$\equiv X(r, a) \bmod X(n, a)$, also mit der Voraussetzung $X(i, a) \equiv X(j, a) \bmod X(n, a)$
und $j = 4nq + r$ die Kongruenz $X(i, a) \equiv X(r, a) \bmod X(n, a)$, aus der nach der
Periodizitätseigenschaft P2 folgt: $i = r$ oder $i = 4n - r$, also jedenfalls $i \equiv r$
$\bmod 4n$ oder $-i \equiv r \bmod 4n$ und wegen $j = 4nq + r \equiv r \bmod 4n$ damit wie ge-
wünscht $i \equiv j \bmod 4n$ oder $-i \equiv j \bmod 4n$.

Für den Beweis von P2 zeigen wir zunächst die folgende Behauptung:

$$P2a:\ \forall a, n, i, j (1 < a \ \& \ 0 < n \ \& \ i, j \leq 2n \ \& \ \neg (a = 2 \ \& \ n = 1 \ \&$$

$$i = 0 \ \& \ j = 2)$$

$$\Rightarrow (X(i, a) \equiv X(j, a) \bmod X(n, a) \Rightarrow i = j))$$

Beweis von P2a durch Fallunterscheidung:

1. Fall: $X(n, a)$ ist ungerade. Sei $q := (X(n, a) - 1)/2$. Wir zeigen, daß die
Folgenglieder $X(0, a)$, $X(1, a)$, ..., $X(n - 1, a)$ paarweise teilerfremd sind; da
andererseits nach der Periodizitätsbedingung P1 die Folgenglieder $X(n + 1, a)$,
$X(n + 2, a)$, ..., $X(2n - 1, a)$, $X(2n, a)$ modulo $X(n, a)$ kongruent sind zu respektive $-X(n - 1, a)$, $-X(n - 2, a)$, ..., $-X(1, a)$, $-X(0, a)$ und wegen

$$-q \leq -X(n - 1, a) < - X(n - 2, a) < ... < -X(0, a) < X(0, a)$$

$$< ... < X(n - 1, a) \leq q$$

alle diese Zahlen $X(i, a)$, $-X(i, a)$ im vollständigen Repräsentantensystem $-q$,
$-q + 1$, ..., 0, ..., q der Restklassen modulo $X(n, a)$ liegen, sind $X(0, a)$, $X(1, a)$,
..., $X(2n, a)$ paarweise teilerfremd modulo $X(n, a)$. Deshalb haben die nach Vor-

aussetzung modulo $X(n, a)$ kongruenten Zahlen $X(i, a)$ und $X(j, a)$ wegen $0 \leqq i$, $j \leqq 2n$ einen gleichen Index $i = j$.

Daß $X(0, a), \ldots, X(n - 1, a)$ paarweise teilerfremd sind und $X(n - 1, a) \leqq q$, liegt an Folgendem: nach den Additionsformeln (NB: $0 < n$) gilt mit $2 \leqq a$

$$X(n - 1, a) \leqq X(n - 1, a) + ((a^2 - 1)\, Y(n - 1, a))/a = X(n, a)/a$$

$$\leqq X(n, a)/2,$$

also $X(n - 1, a) \leqq (X(n, a) - 1)/2 = q$, da nach Voraussetzung $X(n, a)$ ungerade ist. Damit aber liegt die monoton wachsende Folge $X(0, a)$, $X(1, a)$, $\ldots$, $X(n - 1, a)$ zwischen 1 und q und sind also alle ihre Glieder paarweise teilerfremd.

2. Fall: $X(n, a)$ ist geradzahlig. Sei $q: = X(n, a)/2$. Wie oben gilt $X(n - 1, a) \leqq q$. Wegen $-q \equiv q$ mod $X(n, a)$ ist nun die Folge $-q + 1, \ldots, 0, \ldots, q - 1, q$ ein vollständiges Repräsentatensystem der Restklassen modulo $X(n, a)$ und folgt die Behauptung wie im ersten Fall, wenn nicht $X(n - 1, a) = q = X(n, a)/2$. Dies bedeutet aber $X(n, a) = 2X(n - 1, a)$ und hat nach den Additionsformeln $(NB: 0 < n)\, 2X(n - 1, a) = X(n, a) = aX(n - 1, a) + (a^2 - 1)\, Y(n - 1, a)$ und somit $a = 2$ und $Y(n - 1, a) = 0$ zur Folge, also $n - 1 = 0$ und $i = 0$. Wegen $j \leqq 2$ und $X(0, a) \equiv X(j, a)$ mod $X(n, a)$, aber $X(0, a) = 1 \neq 2 = X(1, a)$ mod $X(1, a)$ und $j \neq 2$ ist auch $j = 0$.

Mit P2a läßt sich nun leicht ein *Beweis für P2* angeben. 1. Fall: $j \leqq 2n$. Weil wegen $i \leqq n$ nicht alle Bedingungen $a = 2, n = 1, j = 0, i = 2$ gleichzeitig gelten können und $0 < i$, sind die Voraussetzungen der Periodizitätsbedingung P2a erfüllt und können wir demnach auf $i = j$ schließen.

2. Fall: $2n < j$. Wegen der Voraussetzung $j < 4n$ ist $0 < 4n - j < 2n$ und somit nach der Periodizitätsbedingung (P1) $X(4n - j, a) \equiv X(j, a)$ mod $X(n, a)$, also $X(4n - j, a)$ nach der Voraussetzung $X(j, a) \equiv X(i, a)$ mod $X(n, a)$ auch kongruent $X(i, a)$ mod $X(n, a)$. Weil $0 < 4n - j, i$, sind die Voraussetzungen der Periodizitätseigenschaft P2a wieder erfüllt und erlauben den Schluß auf $i = 4n - j$.

Literatur

[1] ACKERMANN, W.: Zum Hilbertschen Aufbau der reellen Zahlen. Math. Ann. **99** (1928) 118—133.

[2] ADJAN, S. I.: Über das Problem der Teilbarkeit in Halbgruppen. Dokl. AN SSSR **103**, Nr. 5 (1955) 747—750 (Russ.).

[3] ADJAN, S. I.: Unlösbarkeit gewisser algebraischer Probleme der Gruppentheorie. Tr. Mosk. matem. o-va **6** (1957) 231—298 (Russ.).

[4] ADJAN, S. I.: Über das Problem der Identität in assoziativen Systemen einer speziellen Form. Dokl. AN SSSR **135**, Nr. 6 (1960) 1297—1300 (Russ.).

[5] BARDZIN, Ja. M.: Über eine Klasse von Turing-Maschinen (Minsky-Maschinen). Algebra i Logika (Seminar) **1**, Nr. 6 (1962) 42—51.

[6] BAUMSLAG, G., BOONE, W., NEUMANN, B.: Some unsolvable problems about elements and subgroups of groups. Math. Scand. **7** (1959) 191—201.

[7] BERECKI, I.: Nem-elemi rekurziv függveny létezésc. Comptes Rendus du Premier Congrès des Mathématiciens Hongrois, (1950) 409—417.

[8] BOONE, W.: The word problem. Ann. Math. **70**, Nr. 2 (1959) 207—265.

[9] BRITTON, J. L.: The word problem. Ann. Math. **77**, Nr. 1 (1963) 16—32.

[10] BÜCHI, J. R.: Regular canonical systems. Archiv für Math. Logik und Grundlagenf. **6**, Nr. 3—4 (1964) 91—111.

[11] CEJTIN, G. S.: Assoziativer Kalkül mit unlösbarem Äquivalenzproblem. Tr. matem. in-ta AN SSSR **52** (1958) 172—189 (Russ.).

[12] CEJTIN, G. S.: Diskussion der Algorithmentheorie in der Sprache binärer Relationen. 5. Allunionskolloquium über allgemeine Algebra, Résumé der Mitteilungen und Berichte, Novosibirsk, Mathematischen Institut, 1963, p. 55. (Russ.).

[13] CHURCH, A.: An unsolvable problem of elementary number theory, Amer. J. Math. **58** (1936) 345—363.

[14] CHURCH, A.: A note on the Entscheidungsproblem. J. Symbolic Logic 1 (1936) 40—41 (Korrektur, ibid., pp. 101—102).

[15] CHURCH, A.: The Calculi of Lambda-conversion. Princeton, N. J., 1941.

[16] CLEAVE, J. P.: Creative functions. Z. mäth. Logik und Grundl. Math. **7** (1961) 205—212.

[17] CLEAVE, J. P.: A hierarchy of primitive recursive functions. Z. math. Logik und Grundl. Math. **9**, Nr. 4 (1963) 331—345.

[18] COCKE, A. B., MINSKY, M. I.: Universality of p = 2 Tag systems. A. I. Memo. Nr. 52, Cambridge, Mass. (1963).

[19] DAVIS, M.: Computability and unsolvability. N. Y., 1958.

[20] DAVIS, M.: Unsolvable problems. A review. Proc. Sympos. Math. Theory of Automata, N. Y., 1962.

[21] DAVIS, M.: Extensions and corollaries of recent work on Hilbert's tenth problem. Illinois J. Math. **7**, Nr. 2 (1963) 246—250.

[22] DAVIS, M., PUTNAM, H.: Diophantine sets over polynomial rings, Illinois J. Math. **7**, Nr. 1 (1963) 251—256.

[23] DAVIS, M., PUTNAM, H., ROBINSON, J.: The decision problem for exponential Diophantine equations. Ann. Math. **74** (1961) 425—436.
(Russische Übersetzung s. Matematika, Nr. 5 (1964)).

[24] DECKER, J. C.: Two notes on recursively enumerable sets. Proc. Amer. Math. Soc. **4** (1953) 495—501.

[25] DECKER, J. C.: Productive sets. Trans. Amer. Math. Soc. **73** (1955), 129—149.

[26] DECKER, J. C., MYHILL, J.: Some theorems on classes of recursively enumerable sets. Trans. Amer. Math. Soc. **89** (1958), 25—59.

[27] DECKER, J. C., MYHILL, J.: Retraceable sets. Canad. J. Math. **10** (1958), 357—373.

[28] DECKER, J. C., MYHILL, J.: Recursive equivalence types, Univ. of California Publ. in Math., New Ser. **3**, Nr. 3 (1960) 67—214.

[29] DETLOVS, V. K.: Normale Algorithmen und rekursive Funktionen. Dokl. AN SSSR **90** (1953) 723—725 (Russ.).

[30] ERŜOV, YU. L.: Unlösbarkeit der Theorie symmetrischer und einfacher endlicher Gruppen, Dokl. AN SSSR 158, Nr. 4 (1964) 777—779 (Russ.).

[31] ERŜOV, YU. L., LAVROV, I. A., TAJMANOV, A. D., TAYZLIN, M. A.: Elementare Theorien. Uspechi matem. nauk 20, Nr. 4 (1965) (Russ.).

[32] FEFERMAN, S.: Classification of recursive functions by means of hierarchies. Trans. Amer. Math. Soc. **104** (1962) 101—122.

[33] FISCHER, P. O.: A note on bounded-truth-table reducibility. Proc. Amer. Math. Soc. **14** (1963) 875—877.

[34] FRIEDBERG, R. M.: Three theorems on recursive functions: I. Decomposition. II. Maximal sets. III. Enumeration without duplication. J. Symbolic Logic **23** (1958) 309 —318.

[35] FRIEDBERG, R. M., ROGERS, H., Jr.: Reducibility and completeness for sets of integers. J. Symbolic Logic **24** (1959) 117—125.

[36] GINSBURG, S., ROSE, G. F.: A comparison of the work done by generalized sequential machines and Turing machines. Trans. Amer. Math. Soc. **103** (1962) 394—402.

[37] GLUŜKOV, V. M.: Theorie der Algorithmen. Kiew 1961, S. 1—168 (Russ.).

[38] GLUŜKOV, V. M.: Synthese digitaler Automaten. Fizmatgiz, Moskau 1962 (Russ.).

[39] GÖDEL, K.: Über formal unentscheidbare Sätze der Principia Mathematica und verwandter Systeme I. Monatsh. Math. u. Phys. **38** (1931) 173—198.

[40] GRZEGORCZYK, A.: Some classes of recursive functions. Rozprawy Matematyczne, Warsaw 1953.

[41] GUREVIČ, YU, Š.: Elementare Eigenschaften geordneter abelscher Gruppen. Algebra i Logika (Seminar) **3**, Nr. 1 (1964) 5—39 (Russ.).

[42] HALL, M.: The word problem for semi-groups with two generators. J. Symbolic Logic **14** (1949), 115—118.

[43] HIGMAN, G.: Subgroups of finitely presented groups. Proc. Roy. Soc., **262**, Nr. 1311 (1961) 455—475.

[44] HILBERT, D.: Über das Unendliche. Math. Ann. **95** (1926) 161—190.

[45] HILBERT, D.: Mathematische Probleme. Nachr. K. Ges. Wiss. Göttingen, Math.-Phys. Kl., 1900, 253—297.

[46] HILBERT, D., Bernays, P.: Grundlagen der Mathematik, Berlin, Bd. 1, 1934, Bd. 2, 1939.

[47] KALMÁR, L.: Egyszerü példa eldönthetetlen arithmetikai problémáta. Matematikai és Fizikai Lapok **50** (1943) 1—23.

[48] KLEENE, S. C.: General recursive functions of natural numbers. Math. Ann. **112** (1936) 727—742.

[49] KLEENE, S. C.: λ-definability and recursiveness. Duke Math. J. 2 (1936) 340—353.

[50] KLEENE, S. C.: Introduction to metamathematics. Princeton, N. J. 1952, (Russische Übersetzung: IL, 1957.).

[51] KOLMOGOROV, A. N., USPENSKIJ, V. A.: Zur Definition des Algorithmus. Uspechi matem. nauk 13, Nr. 4 (1958) 3—28 (Russ.).

[52] KUZNECOV, A. V.: Über primitiv rekursive Funktionen großer Schwankung. Dokl. AN SSSR 71, Nr. 2 (1950) 233—236 (Russ.).

[53] LAMBEK, J.: How to program an infinite abacus. Canad. Math. Bull. 4, Nr. 3 (1961).

[54] LIU, S. C.: Proof of the conjecture of Routlege. Proc. Amer. Math. Soc. 11, Nr. 6 (1960) 967—969.

[55] LIU, S. C.: A theorem on general recursive functions. Proc. Amer. Math. Soc. 11, Nr. 2 (1960), 184—187.

[56] MALCEV', A. I.: Effektive Inseparierbarkeit der Mengen identisch wahrer und endlich widerlegbarer Ausdrücke gewisser elementarer Theorien. Dokl. AN SSSR 139, Nr. 4 (1961) 802—804 (Russ.).

[57] MALCEV', A. I.: Konstruktive Algebren. 1, Uspechi matem. nauk 16, Nr. 3 (1961) 3—60 (Russ.).

[58] MALCEV', A. I.: Total aufgezählte Mengen. Algebra i Logika (Seminar) 2, Nr. 2 (1963) 4—30 (Russ.).

[59] MALCEV', A. I. Über die Theorie der berechenbaren Familien von Objekten. Algebra i Logika (Seminar) 3, Nr. 4 (1964) 5—31 (Russ.).

[60] MARKOV, A. A.: Über die Darstellung rekursiver Funktionen. Izv. AN SSSR, serija matem. 13, Nr. 5 (1949) 417—424 (Russ.).

[61] MARKOV, A. A.: Theorie der Algorithmen. Tr. matem. in-ta AN SSSR, Bd. 42 (1954) (Russ.).

[62] MARKOV, A. A.: Über das Problem der Darstellbarkeit von Matrizen. Z. math. Logik und Grundl. Math. 4, Nr. 2 (1958) 157—168 (Russ.).

[63] MEDVEDEV, Ju. T.: Über nicht-isomorphe rekursiv aufzählbare Mengen. Dokl. AN SSSR 102, Nr. 2 (1955) 211—214 (Russ.).

[64] MICHAÎLOVA, K. A.: Das Problem des Vorkommens für direkte Produkte von Gruppen. Dokl. AN SSSR 119, Nr. 6 (1958), 1103—1105 (Russ.).

[65] MINSKY, M. L.: Recursive unsolvability of Post's problem of „Tag" and other topics in theory of Turing machines. Ann. Math. 74 (1961) 437—455.

[66] MOSTOWSKI, A.: A formula with no recursively enumerable model. Fundam. Math. 41, Nr. 1 (1955) 125—140.

[67] MUČNIK, A. A.: Über die Separierbarkeit rekursiv aufzählbarer Mengen. Dokl. AN SSSR 109, Nr. 1 (1956) 29—32 (Russ.).

[68] MUČNIK, A. A.: Isomorphismen von Systemen rekursiv aufzählbarer Mengen mit effektiven Eigenschaften. Tr. Mosk. matem o-va 7 (1958) 407—412 (Russ.).

[69] MYHILL, J.: Creative sets. Z. math. Logik und Grundl. Math. 1 (1955) 97—108.

[70] MYHILL, J.: A stumbling block in constructive mathematics. J. Symbolic Logic 18 (1953) 190—191.

[71] NAGORNYJ, N. M.: Über eine Verstärkung des Reduktionstheorems der Theorie normaler Algorithmen. Dokl. AN SSSR 90, Nr. 3 (1953) 341—342 (Russ.).

[72] NOVIKOV, P. S.: Über die algorithmische Unlösbarkeit des Problems der Identität von Worten in der Gruppentheorie. Tr. matem. in-ta AN SSSR, Bd. 44, 1955, pp. 1—144 (Russ.).

[73] PÉTER, Rózsa: Rekursive Funktionen, Budapest 1951, (Russische Übersetzung: IL, 1954; dt. Übersetzung: Berlin 1957).

[74] PÉTER, Rózsa: Programmierung und partiellrekursive Funktionen. Acta math. hung. 14 (1963) 337—401.

[75] POLJAKOV, E. A.: Algebren rekursiver Funktionen. Algebra i Logika (Seminar) 3, Nr. 1 (1964) 41—55 (Russ.).

[76] POST, E. L.: Finite combinatory processes — Formulation. J. Symbolic Logic 1 (1936) 103—105.

[77] POST, E. L.: Formal reductions of the combinatorial decision problem. Amer. J. Math. 65 (1943) 197—215.

[78] POST, E. L.: A variant of a recursively unsolvable problem. Bull. Amer. Math. Soc. 52, Nr. 4 (1946) 264—268.

[79] POST, E. L.: Recursive unsolvability of a problem of Thue. J. Symbolic Logic 12, Nr. 1 (1947) 1—11.

[80] POST, E. L.: Recursively enumerable sets of positive integers and their decision problems. Bull. Amer. Math. Soc. 50 (1944) 284—316.

[81] POUR-EL, M. B.: Gödel numberings versus Friedberg numberings. Proc. Amer. Math. Soc. 15, Nr. 2 (1964) 252—255.

[82] POUR-EL, M. B., HOWARD, W. A.: A structural criterion for recursive enumeratio without repetition. Z. math. Logik und Grundl. Math. 10, Nr. 2 (1964) 105—114.

[83] PUTNAM, H.: An unsolvable problem in number theory. J. Symbolic Logic 25, Nr 3 (1960) 220—232.

[84] PUTNAM, H.: On hierarchies and systems of notations. Proc. Amer. Math. Soc. 15, Nr. 1 (1964) 44—50.

[85] RABIN, M. O.: Recursive unsolvability of group theoretic problems. Ann. Math. 67 (1958) 172—194.

[86] RABIN, M. O.: Computable algebra, general theory and theory of computable fields. Trans. Amer. Math. Soc. 95, Nr. 2 (1960) 341—360.

[87] RICE, H. G.: Classes of recursively enumerable sets and their decision problems. Trans. Amer. Math. Soc. 74 (1953) 358—366.

[88] RICE, H. G.: On completely recursively enumerable classes and their key arrays. J. Symbolic Logic 21 (1956) 304—308.

[89] RICE, H. G.: Recursive and recursively enumerable orders. Trans. Amer. Math. Soc. 83 (1956) 277—300.

[90] RITCHIE, R. W.: Classes of predictable computable functions. Trans. Amer. Math. Soc. 106 (1963) 109—163.

[91] ROBINSON, A.: Introduction to model theory and to the metamathematics of algebra. Amsterdam 1963.

[92] ROBINSON, J.: General recursive functions. Proc. Amer. Math. Soc. 1 (1950) 703—718.

[93] ROBINSON, J.: Existential definability in arithmetic. Trans. Amer. Math. Soc. 72 (1952) 437—439.

[94] ROBINSON, R. M.: Primitive recursive funktions. Bull. Amer. Math. Soc. 53 (1947) 925—943.

[95] ROBINSON, R. M.: Arithmetical representation of recursively enumerable sets. J. Symbolic Logic 21 (1956) 162—186.

[96] ROGERS, H., Jr.: Gödel numberings of partial recursive functions. J. Symbolic Logic 23 (1958) 331—341.

[97] ROUTLEGE, N. A.: Ordinal recursion. Proc. Cambridge Phil. Soc. 49 (1953) 175—182.

[98] SACKS, G. E.: A simple set which is not effectively simple. Proc. Amer. Math. Soc. 15, Nr. 1 (1964) 51—55.

[99] SHANNON, C. E.: A universal Turing machine with two internal stats. Automata Studies, Princeton 1956. (Russische Übersetzung s. Sammelband „Avtomaty", IL, 1956).

[100] SHEPHERDSON, J. C., STURGIS, H. E. Computability of recursive functions. J. Ass. Comput. Machinery 4 (1963) 217—255.

[101] SKOLEM, TH.: Remarks on recursive functions and relations. Det Kongelige Norske Videnskabers Selskab, Fordhandlinger **17** (1944) 89—92.

[102] SKOLEM, TH.: Some remarks on recursive arithmetic. Det Kongelige Norske Videnskabers Selskab, Forhandlinger **17** (1944) 103—106.

[103] SKOLEM, TH.: A theorem on recursively enumerable sets, Abstr. of short comm. Int. Congress Math., 1962, Stockholm, p. II.

[104] SMULLYAN, R. M.: On Post's canonical systems. J. Symbolic Logic **27** (1962) 55—57.

[105] SMULLYAN, R. M.: Theory of formal systems. Ann. Math. Studies, 1961.

[106] SZMIELEW, W.: Elementary properties of Abelian groups. Fund. math. **41**, Nr. 2 (1955) 203—271.

[107] TARSKI, A.: Der Wahrheitsbegriff in den formalisierten Sprachen. Studia Philosophica **1** (1936) 261—405.

[108] TARSKI, A., MOSTOWSKI, A., ROBINSON, R. M.: Undecidable theories. Amsterdam 1953.

[109] TARSKI, A., MCKINSEY, J. C. C.: A decision method für elementary algebra and geometry. 2-nd Ed, Berkeley 1951.

[110] TRACHTENBROT, B. A.: Algorithmen und die maschinelle Lösung von Problemen. Fizmatgiz, Moskau 1960.

[111] TRITTER, A.: Universal Turing machine with 4 symbols and 6 states (s. Wang, H. [118]).

[112] TURING, A. M.: On computable numbers with an application to the Entscheidungsproblem. Proc. London Math. Soc. (2) **42** (1937) 230—265 (Korrektur: **43** (1947) 544—546).

[113] TURING, A. M.: Computability and λ-definability. J. Symbolic Logic **2** (1937) 153—163.

[114] USPENSKIJ, V. A.: Systeme aufzählbarer Mengen und ihre Aufzählungen. Dokl. AN SSSR **105**, Nr. 6 (1955) 1155—1158 (Russ.).

[115] USPENSKIJ, V. A.: Einige Bemerkungen über aufzählbare Mengen. Z. math. Logik und Grundl. Math. **3** (1957) 157—170 (Russ.).

[116] USPENSKIJ, V. A.: Vorlesungen über berechenbare Funktionen. Fizmatgiz, Moskau 1960 (Russ.).

[117] WANG, H.: A variant to Turing's theory of computing machines. J. Assoc. Comp. Mach. **4**, Nr. 1 (1957) 63—92.

[118] WANG, H.: Tag systems and lag systems. Math. Ann. **152**, Nr. 1 (1963) 65—74.

[119] WATANABE, C.: 5-symbol 8-state and 5-symbol 6-state universal Turing machines. J. Assoc. Comp. Mach. **8**, Nr. 4 (1964) 476—483. (Russische Übersetzung: Kibernetičeskij sbornik **6** (1963) 80—90).

[120] YATES, C. E.: Recursively enumerable sets and retracing functions. Z. math. Logik Grundl. Math. **8** (1962) 331—345.

[121] ZYKIN, G. P.: Bemerkungen zu einem Theorem von Hao Wang. Algebra i Logika (Seminar) **2**, Nr. 1 (1963) 33—34 (Russ.).

Literatur zum Anhang

[122] BEHNKE, H.: Vorlesungen über allgemeine Zahlentheorie. Münster i. W., 1956.

[123] CHUDNOVSKI, G. V.: Diophantische Prädikate (Russ.). in Usp. Matem. Nauk **25**,4 Nr. 4 (1970) 185—186.

[124] DAVIS, M.: An explicite diophantine definition of the exponential function. in: Comm. on pure and appl. Math. **XXIV** (1971) 137—145. Eine frühere fast gleichlautende Version ist am 12. 3. 1970 am Courant Institute mimeographiert erschienen.

[125] DAVIS, M.: Hilbert's tenth problem is unsolvable. Courant Institute (mimeographiert) pp. 86.

[126] Landau, E.: Vorlesungen über Zahlentheorie. Band 1. Leipzig 1927.
[127] LeVeque, W. J.: Topics in number theory. Bd. I. Reading (Mass.)
[128] Matijasevič, Ju. V.: Enumerable sets are diophantine. in: Soviet Math. Dokl. 11,
      Nr. 2 (1970) 354—358.
[129] Matijasevič, Ju. V.: Diophantine representation of recursively enumerable predicates.
      in: J. E. Fenstadt (Hg.): Proceedings of the Second Scandinavian Logic Symposium.
      Oslo 1971.
[130] Robinson, J.: Existential definability in arithmetic. in: Trans. Amer. Math. Soc. 72
      (1952) 437—449.
[131] Robinson, J.: Diophantine decision problems. in: W. J. LeVeque (Hg.): Studies in
      number theory. Englewood Cliffs (N. J.) 1969, 76—116.

Hauptsächlich verwendete Bezeichnungen

Für eine Reihe von grundlegenden Bezeichnungen werden unten die Seiten des Buches angegeben, wo die entsprechenden Begriffe oder Objekte zum ersten Mal eingeführt oder definiert werden. Nur die Bezeichnungen gewisser allgemeiner mathematischer Begriffe werden kurz erläutert.

$\{a, b, \ldots, c\}$ — die aus den Elementen $a, b, \ldots, c$ bestehende Menge

$\{x \mid A(x)\}$ — die Menge aller der Bedingung $A(x)$ genügenden Werte x (d. h. für die $A(x)$ wahr ist)

$x \in A$ — das Element x gehört zur Menge A

$x \notin A$ — das Element x gehört nicht zur Menge A

$A \subseteq B$ — A ist Teilmenge von B

$A \nsubseteq B$ — A ist keine Teilmenge von B

$A \cup B$ — die Vereinigung der Mengen A und B

$A \cap B$ — der Durchschnitt der Mengen A und B

$A - B$ — die Differenz der Mengen A und B, d. h. die Menge aller Elemente von A, die in B nicht vorkommen

$\emptyset$ — die leere Menge

A' — das Komplement der Menge A

$\bigcup$ — die Vereinigung eines Mengensystems

$\bigcap$ — der Durchschnitt eines Mengensystems

$\langle a, b, \ldots, c \rangle$ — die geordnete Folge $a, b, \ldots, c$

$A_1 x \ldots x A_n$ — das Cartesische Produkt der Mengen $A_1, \ldots, A_n$

A^n — die Cartesische Potenz der Menge A

N — die Menge der natürlichen Zahlen

$A \overset{df}{=} B$ — A ist per definitionem B

$A \,\&\, B$ — A und B

$A \; B$ — A oder B

A — Nicht A

$A \Rightarrow B$ — A impliziert B

$A \Leftrightarrow B$ — A ist äquivalent zu B, d. h. A genau dann, wenn B

$(\exists x) (\ldots)$ — es existiert ein Wert x der Art, daß …

$(\forall x) (\ldots)$ — für jeden Wert x…

Zahlentheoretische Funktionen und Operatoren

$s, o, l_m{}^n$	6	$c^n(x_1, \ldots, x_n)$	41
$x + y$	17	$c_{ni}(x)$	42
$x \cdot y$	17	$\Gamma(x, y)$	42
x^y	17	$D(n, x)$	78
$\mathrm{sg}\, x, \overline{\mathrm{sg}}\, x$	17—18	$D^{n+1}(x_0, x_1, \ldots, x_n)$	80
$x - y$	18	$T^{n+1}(x_0, x_1, \ldots, x_n)$	98
$x \div y$	18	$E(x)$	100
$\lvert x - y \rvert$	19	$[x, y]$	108
$\left[\dfrac{x}{y}\right]$ oder $[x/y]$	28	$[x_1, \ldots, x_n]$	109
		$[x]_{ni}$	109
$\mathrm{rest}\,(x, y)$	28	$K^{n+1}(x_0, x_1, \ldots, x_n)$	110
$\mathrm{div}\,(x, y)$	34	$*$	26
$\mathrm{nd}\, x$	34	J	49
p_n	34	μ_y	20
$\pi(x)$	35	f^{-1}	21
$\mathrm{ex}\,(x, y)$ oder $\mathrm{ex}_x(y)$	36	$\min_t$	105
$[x]$	36	S^{n+1}	12
$q(x)$	36	R	15
$\left[\sqrt{x}\right]$	37	M	21
$c(x, y)$	39	M^l	26
$l(x)$	39	Σ	30
$r(x)$	39	Π	30

Wortfunktionen und -Operatoren

Λ	175	$D_i(\mathfrak{x})$	182
$S_i(\mathfrak{x})$	176	$D(\mathfrak{x}, \mathfrak{y})$	183
$O(\mathfrak{x})$	178	$W_{n+1}(\mathfrak{x}_1, \ldots, \mathfrak{x}_{n+1}, \mathfrak{y}_1, \ldots, \mathfrak{y}_n)$	183
$I_m{}^n(\mathfrak{x}_1, \ldots, \mathfrak{x}_n)$	178	$E(\mathfrak{x}, \mathfrak{y})$	184
$a_i{}^n = a_i \ldots a_i$	180	$\mathfrak{x} \in \mathfrak{y}$	184
$\mu\mathfrak{y}$	180	$\mathrm{Sb}\,(\mathfrak{x}; \mathfrak{y}, \mathfrak{z})$	184
$\mathfrak{x}^{\smile}$	181	$\mathrm{Sb}_{a_i}(\mathfrak{x}, \mathfrak{y})$	185
$\mathfrak{x}\mathfrak{y}$	181	$V(\mathfrak{a}, \mathfrak{x})$	198
$\mathrm{Sg}_{\mathfrak{x}}\mathfrak{y}$	182	$\mathrm{Com}\,(\mathfrak{b}, \mathfrak{x})$	217
$\mathfrak{x} - \mathfrak{y}$	182	$\mathrm{St}\,(\mathfrak{x})$	216
$\mathfrak{x} \div \mathfrak{y}$	182	$\mathrm{Rest}\,(\mathfrak{x}, \mathfrak{y})$	216
$\Delta(\mathfrak{x}, \mathfrak{y})$	182	$\mathrm{Dir}\,(\mathfrak{x})$	217

Andere Zeichen

Sachverzeichnis